Herbert Paul, Volrad Wollny
Instrumente des strategischen Managements

Herbert Paul, Volrad Wollny

Instrumente des strategischen Managements

Grundlagen und Anwendungen

2., aktualisierte und erweiterte Auflage

ISBN   978-3-11-035059-3
e-ISBN 978-3-11-035307-5

Bibliografische Information der Deutschen Nationalbibliothek
Die Deutsche Nationalbibliothek verzeichnet diese Publikation in der Deutschen Nationalbiblio-
grafie; detaillierte bibliografische Daten sind im Internet über http://dnb.dnb.de abrufbar.

Library of Congress Cataloging-in-Publication Data
A CIP catalog record for this book has been applied for at the Library of Congress.

© 2014 Oldenbourg Wissenschaftsverlag GmbH
Rosenheimer Straße 143, 81671 München, Deutschland
www.degruyter.com
Ein Unternehmen von De Gruyter

Lektorat: Dr. Stefan Giesen
Herstellung: Tina Bonertz
Titelbild: thinkstockphotos.com
Druck und Bindung: Hubert & Co. GmbH & Co. KG, Göttingen

Gedruckt in Deutschland
Dieses Papier ist alterungsbeständig nach DIN/ISO 9706.

Inhaltsverzeichnis

Abbildungsverzeichnis

Abkürzungsverzeichnis

ADL	Arthur D. Little
Apps	Applications
ARM	Advanced Risk Machines
ASEAN	Association of Southeast Asian Nations
B2B	Business to Business
B2 C	Business to Consumer
BCG	Boston Consulting Group
BHAG's	Big Hairy Audacious Goals
BSC	Balanced Scorecard
CAGR	Compounded Annual Growth Rate
CEO	Chief Executive Officer
CF	Cash Flow
CFROI	Cash Flow Return on Investment
COO	Chief Operating Officer
CO_2	Kohlendioxid
DB	Deckungsbeitrag
DCF	Discounted Cash Flow
dgq	Deutsche Gesellschaft für Qualität
Diss.	Dissertation
EBIT	Earnings before Interest and Tax
EFAS	External Factor Analysis Summary
EFQM	European Foundation for Quality Management
ERP	Enterprise Resources Planning
F&E	Forschung & Entwicklung
FMEA	Failure Mode and Effect Analysis
GE	General Electric
GSM	Global System for Mobile
HR	Human Resources
I + K	Information + Kommunikation
IEA	International Energy Agency
IFAS	Internal Factor Analysis Summary

IPCC   International Panel on Climate Change
IT   Information Technology
KMU   Kleine und mittelständische Unternehmen
KW   Kapitalwert
LBO   Leveraged Buyout
LED   Light-Emitting Diode
M&A   Mergers & Acquisitions
MA   Marktanteil
MBA   Master of Business Administration
MBNQA   Malcolm Baldrige National Quality Award
NAFTA   North American Free Trade Agreement
NGO   Non-Governmental Organization
PDA   Personal Digital Assistance
PEST   Political, Economic, Social, Technological
P&G   Procter & Gamble
PIMS   Profit Impact of Market Strategy
PPP   Private Public Partnership
PR   Public Relations
QSPM   Quantitative Strategic Planning Matrix
RBV   Resource Based View
RIM   Research in Motion
ROCE   Return on Capital Employed
ROI   Return on Investment
RONA   Return on Net Assets
ROS   Return on Sales
RPK   Revenue Passenger Kilometres
SBU   Strategic Business Unit
SGE   Strategische Geschäftseinheit
SGF   Strategisches Geschäftsfeld
SRI   Stanford Research Institute
STEEP   Social, Technological, Ecological, Economical, Political
SWOT   Strengths, Weaknesses, Opportunities, Threats
TOWS   Threats, Opportunities, Weaknesses, Strengths
TQM   Total Quality Management
UE   Unternehmensentwicklung
USct/lb   US Cent pro Pfund
VRIO   Value, Rareness, Imitability, Organization
ZVEI   Zentralverband Elektrotechnik- und Elektronikindustrie e. V.

Vorwort zur zweiten Auflage

In der zweiten Auflage haben wir auf Anregung von Lesern ein Kapitel zum Benchmarking neu hinzugefügt. Weiterhin haben wir den Text und die Grafiken überarbeitet und die Quellen auf den neuesten Stand gebracht. Dabei wurden wir unterstützt von Frau Eva-Maria Hartmann (cand. BA in Kommunikationsdesign) und den Herren Philipp Schneemann (MSc International Business) und Niklas Roßmann (cand. BA in BWL), denen wir herzlich danken. Ebenfalls bedanken wir uns bei Herrn Egbert Lenat, Lektor und Herrn Dr. Giesen vom Oldenbourg Verlag für ihre tatkräftige Unterstützung.

Auch zur zweiten Auflage freuen wir uns über Anregungen und Kritik. Bitte senden Sie Ihre Kommentare per E-Mail an herbert.paul@fh-mainz.de oder volrad.wollny@fh-mainz.de.

Mainz im März 2014   Herbert Paul und Volrad Wollny

Vorwort

Das Angebot an Büchern und Artikeln zum strategischen Management ist fast unüberschaubar. Im Schrifttum wird meist eine recht unterschiedliche Auswahl der bekannten Instrumente behandelt und aus unterschiedlichen Perspektiven bewertet. Aber nur selten erfolgt eine genaue Beschreibung der Anwendung dieser Instrumente in der betrieblichen Praxis. Die bisher angebotenen Übersichten zu den Instrumenten bieten entweder keine genaue Anleitung zur praktischen Anwendung (dies gilt auch für zahlreiche Internet-Websites) oder sind so stark anwendungsorientiert, dass sie dabei die theoretischen Grundlagen der Instrumente vernachlässigen. Die Autoren haben sich deshalb vorgenommen, die wichtigsten Instrumente des strategischen Managements für Studierende und Praktiker sowohl im Hinblick auf die theoretischen Grundlagen als auch die praktische Anwendung zusammenzustellen.

Diese bereits länger in den Köpfen der Autoren vorhandene Idee konkretisierte sich im Frühjahr 2009 bei frischem Spargel und Rheinwein in einem Mainzer Weinhaus. Das Konzept stieß beim Oldenbourg-Verlag schnell auf Interesse. Frau Christiane Engel-Haas hat das Buch seitens des Verlags verständnisvoll und sachkundig unterstützt. Das Lektorat wurde von Herrn Ulrich Callenberg übernommen und hat wesentlich zur Qualität des Buchs beigetragen. Mit eigenständigen Beiträgen haben unsere Kollegen Prof. Dr. Lothar Rolke (Stakeholder-Kompass) und Prof. Dr. Randolf Schrank (GE-/McKinsey-Matrix) das Buch bereichert. Ihre Beiträge sind namentlich gekennzeichnet. Herr Prof. Dr. Bernd Wieth (FH Mainz) hat das Manuskript vollständig, Herr Christof Michel (MBA, Projektleiter Heidelberger Druckmaschinen AG) hat Teile des Buchs kritisch gegengelesen und beide haben uns zahlreiche wertvolle Anregungen gegeben.

Bei diesem Buchprojekt wurden wir unterstützt von den Herren Eray Aydin (MSc in International Business), Frank Hirsch (MSc in International Business), Jochen Pühler (cand. MA in BWL) und Christoph Mayer (cand. MA in BWL). Die Grafiken und Tabellen wurden von Frau Mareike Eidner (Dipl.-Ingenieurin) angefertigt. Allen, die zum Entstehen dieses Buches beigetragen haben, danken wir ganz herzlich. Dem Fachbereich Wirtschaft, vertreten durch den Dekan Herrn Prof. Dr. Ulrich Schüle und die Geschäftsführerin Frau Dagmar Lehr (Dipl.-Betriebswirtin), danken wir für die finanzielle Unterstützung des Projekts.

In diesem Buch wird auf eine geschlechtsneutrale Darstellung wie z. B. „Unternehmer" oder „UnternehmerInnen" verzichtet. Grundsätzlich wird die männliche Form verwendet, um eine bessere Lesbarkeit zu erreichen.

Über Anregungen zu Verbesserungen, über Kritik und auch über Lob seitens der Leser freuen wir uns. Bitte senden Sie Ihre Kommentare an die Verfasser unter herbert.paul@wiwi.fh-mainz.de oder volrad.wollny@wiwi.fh-mainz.de.

Mainz im März 2011   Herbert Paul und Volrad Wollny

1   Strategieinstrumente

In den letzten Jahrzehnten ist eine fast unüberschaubare Zahl von Strategieinstrumenten vorgestellt worden, die alle neue Lösungen für jeweils aktuelle Probleme versprechen. Dieses Buch stellt theoretisches Grundwissen und praktische Anleitungen für die Nutzung ausgewählter Strategieinstrumente bereit. Weiterhin wird erklärt, welchen Nutzen solche Instrumente haben und wie sie am besten eingesetzt werden.

1.1   Ziele und Aufbau dieses Buchs

Zielgruppe, Nutzen und Auswahl der Instrumente
Dieses Buch wurde für alle Personen geschrieben, die sich mit Fragen des strategischen Managements befassen oder sich dafür interessieren – also Unternehmer, Manager, Unternehmensberater, Hochschullehrer und Studierende der Betriebswirtschaftslehre, insbesondere in MBA-Programmen.

Nutzen: In diesem Buch werden zum einen die theoretischen Grundlagen für die wichtigsten Strategieinstrumente kurz dargestellt. Dies ist nach Ansicht der Autoren notwendig, um eine qualifizierte Anwendung zu erreichen. Zum anderen wird für jedes Instrument eine schrittweise Anleitung zur Umsetzung gegeben. Die praktische Umsetzung ist ein besonderes Anliegen der Autoren, weil in den klassischen Strategielehrbüchern diesem Thema häufig nur eine geringe Bedeutung zukommt. Das Buch ist als Ergänzung zu den Lehrbüchern und Monographien des strategischen Managements gedacht und soll diese keineswegs ersetzen.

Der Leser kann das Buch als Nachschlagewerk nutzen und muss es nicht zwingend von Anfang an lesen. Er erhält spezifische Informationen zu einem Strategieinstrument, er kann sich mit seiner Anwendung vertraut machen oder sich in Vergessenheit geratene Details wieder in Erinnerung zurückrufen. Die Instrumente sind zwar nach den wesentlichen Strategiephasen gegliedert, stehen aber innerhalb dieser Strukturierung jeweils isoliert und sind einzeln lesbar und verständlich.

Auswahl der Instrumente: Die hier vorgestellten Instrumente sind universell im strategischen Management einsetzbar und nicht auf spezifische Branchen, Funktionen oder Lebenszyklusphasen des Unternehmens beschränkt. Instrumente, die in erster Linie einen operativen Charakter haben, wie bspw. Effizienzkennziffern, oder sich in allgemeiner Form auf das Management beziehen, wie bspw. Projektmanagement oder Mind-Mapping, werden nicht behandelt. Die Auswahl der Instrumente orientiert sich an der Literatur, den bekannten Strategielehrbüchern, Erkenntnissen zum Einsatz von Instrumenten in der Praxis und den eigenen Erfahrungen der Autoren. Die vorgestellten Instrumente sind als „Best of ...“-Auswahl zu verstehen; diese Auswahl ist zwangsläufig subjektiv.

Aufbau des Buchs

Das Buch beginnt mit zwei kurzen Kapiteln zu den „Strategieinstrumenten“ und zum „strategischen Managementprozess“. Im ersten Kapitel werden Zielsetzung und Struktur des Buchs erläutert sowie der Nutzen und die Anwendung von Strategieinstrumenten erklärt. Der strategische Managementprozess wird anhand eines einfachen Modells im zweiten Kapitel vorgestellt.

Die Gliederung des Buches und die Einordnung der Instrumente folgen den Phasen des strategischen Managementprozesses (Abb. 1—1). In dieser Abbildung werden außerdem die drei grundsätzlichen Strategiephasen den unterschiedlichen Ausprägungen des SWOT-Modells zugeordnet (vgl. Kap. 4).

Die Darstellung zeigt die Zielbildung am Anfang des Prozesses und nochmals nach der strategischen Analyse, um der betrieblichen Realität besser gerecht zu werden. In der Regel kommt es nach der Analyse der Ausgangslage zu einer Zielrevision. Die Zuordnung der einzelnen Instrumente zu den verschiedenen Prozessphasen ist komplex. Jedes Instrument beinhaltet meist mehrere Aspekte und kann in verschiedenen Phasen eingesetzt werden. So können z. B. Szenarien sowohl als Instrument der externen Analyse als auch für die Entwicklung von alternativen Strategien genutzt werden. Die Autoren ordnen ein Instrument nach seinem wichtigsten Beitrag zu einer der drei Phasen des Strategieprozesses ein.

Die Analyse beginnt mit den allgemeinen „Rahmen-Instrumenten“. Dazu gehören die allgemeinen Analyseinstrumente (z. B. das 7-S-System und das EFQM-Modell) und die richtunggebenden Instrumente wie z. B. Vision, Mission/Leitbild und Lückenanalyse.

Danach wird das „SWOT-Modell“ umfassend dargestellt. Die SWOT-Analyse ist ein Ansatz zur Zusammenfassung der Ergebnisse einer internen und externen Analyse. Die Transformation der SWOT- in eine TOWS-Matrix liefert wichtige Ansätze für die Strategieentwicklung. Das SWOT-Grundmodell kann als QSPM (Quantitative Strategic Planning Matrix) zur Bewertung von strategischen Optionen genutzt werden.

Die folgenden Kapitel stellen dann entsprechend den drei Phasen des strategischen Managementprozesses „externe Analyse“ und „interne Analyse“, „Entwicklung von Strategien“ und „Umsetzung der Strategien“ ausgewählte Strategieinstrumente vor.

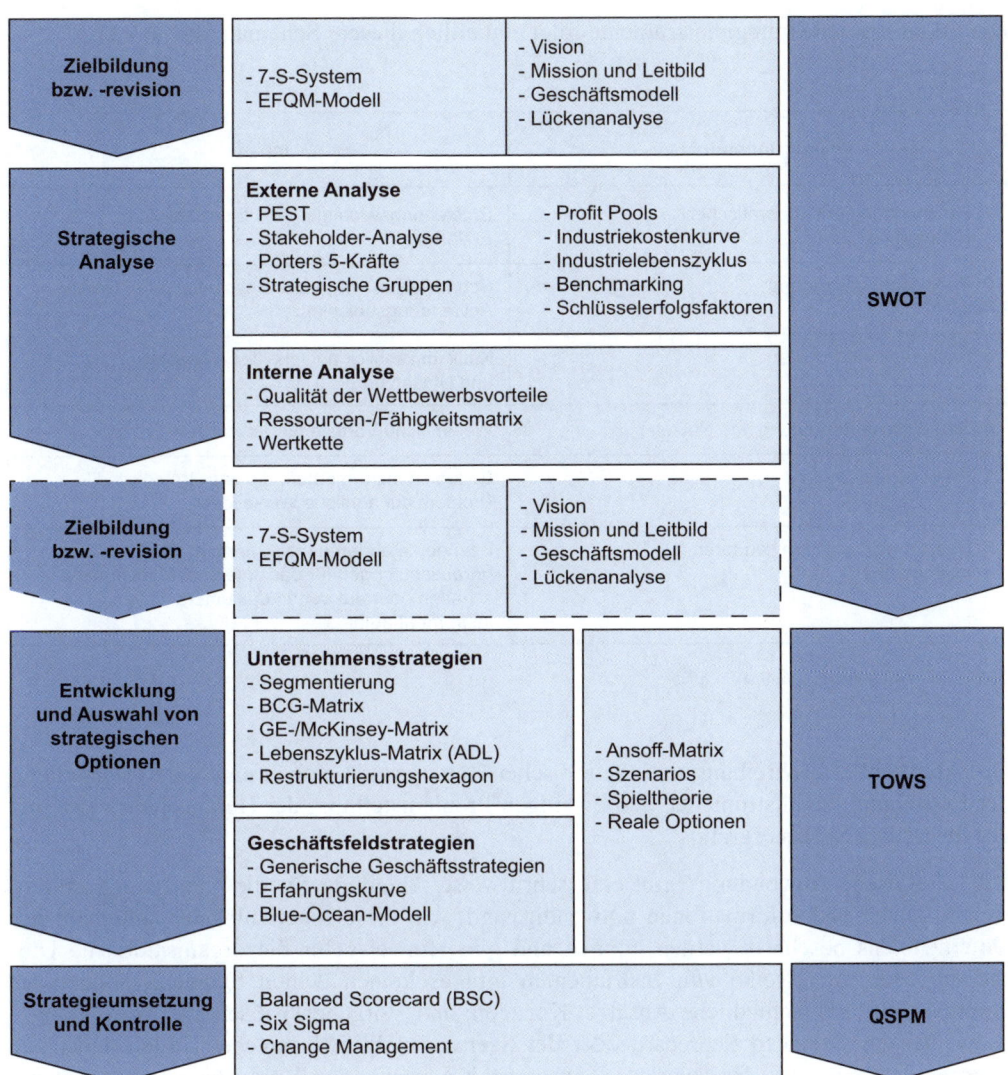

Abb. 1—1: Überblick Strategieprozess und -instrumente

Die Erklärung der Strategieinstrumente folgt einheitlich diesem Schema (Abb. 1—2):

Gliederungspunkte	Inhalte
1. Beschreibung und theoretischer Hintergrund	Entstehung: wichtige Theoriebezüge und Erklärungen
2. Praktische Anwendung	Schrittweises Vorgehen: Beschaffung der Daten; Anwendungsbeispiel
3. Kritik des Instruments	Kritik im Hinblick auf inhaltliche Aspekte und Umsetzung
4. Strategische Bedeutung und Nutzen	Wesentliche Vorteile für den Nutzer
5. Ähnliche Instrumente	Bezug zu Instrumenten, die das strategische Problem auf ähnliche Weise lösen
6. Überschneidungen mit anderen Instrumenten	Bezüge zu anderen Instrumenten, die Voraussetzungen für das untersuchte Instrument schaffen oder auf denen das untersuchte Instrument aufbaut

Abb. 1—2: Gliederungsschema

Der Abschnitt „Beschreibung und theoretischer Hintergrund" enthält eine kurze Darstellung der Entstehung des Instruments, der jeweiligen Problemstellung, der Herangehensweise und des theoretischen Hintergrunds.

Die „Praktische Anwendung" gibt eine schrittweise Anleitung für die Umsetzung, erklärt, welche Daten und Informationen notwendig sind, wie diese innerhalb oder außerhalb des Unternehmens beschafft werden können und gibt Hinweise für die organisatorische Umsetzung. Bei einer Reihe von Instrumenten gibt es keinen echten Standard, sondern es kommen sehr unterschiedliche Ansätze, Konzepte und Vorgehensweisen zur Anwendung – bspw. bei der Balanced Scorecard oder der Szenarioanalyse. In solchen Fällen haben die Autoren eine einfache „Basisvariante" ausgewählt oder aus den Vorschlägen verschiedener Autoren ein stringentes Vorgehen zusammengestellt. Um die praktische Anwendung zu veranschaulichen, sind reale oder fiktive, an die Realität angelehnte Beispiele und deren Ergebnisse integriert.

Die „Kritik des Instruments" stellt die wichtigsten Einwände aus der Literatur vor, die sich zum Teil auf den Ansatz und zum Teil auf die Anwendungspraxis beziehen, leitet Einschränkungen aus den theoretischen Grundlagen ab und bezieht eigene Erfahrungen der Autoren in Praxis und Lehre mit ein. So können die Leser die Probleme, die bei der Nutzung von spezifischen Instrumenten auftauchen können, besser beurteilen.

„Strategische Bedeutung und Nutzen" stellt zusammenfassend den Einsatzbereich und den Nutzen des Instruments für das strategische Management dar.

Um die Instrumentenvielfalt im strategischen Management besser abdecken zu können, werden unter „Ähnliche Instrumente" solche Instrumente erfasst, die den gleichen Zweck erfüllen. Dabei kann es sich um Instrumente handeln, die in einem eigenen Kapitel dargestellt sind, oder Instrumente, die aus Sicht der Autoren weniger bedeutsam und auch weniger verbreitet sind und kein eigenes Kapitel rechtfertigen.

Unter „Überschneidungen mit anderen Instrumenten" werden diejenigen Instrumente beschrieben, die einen ähnlichen methodischen Ansatz verfolgen, sich aber teilweise überschneiden oder sich ergänzen.

Unter der Überschrift „Literatur" unternehmen die Autoren den Versuch, aus der überbordenden Flut an Publikationen für jede Gruppe von Instrumenten wichtige Quellen anzugeben.

1.2   Entwicklung und Kritik

1.2.1   Entstehung und Verbreitung

Strategieinstrumente werden zur Lösung von strategischen Managementaufgaben eingesetzt. Sie machen Ursache-Wirkungs-Beziehungen verständlich, ermöglichen die Sammlung und Auswertung von Daten, liefern Entscheidungshilfen und unterstützen den Umsetzungsprozess. Mit dem Einsatz von Strategieinstrumenten ist in der Regel ein Wissenstransfer verbunden. Best Practices und theoretisches Know-how werden in spezifische Einzelschritte transformiert. Im Zuge der Realisierung entsteht praktisches Wissen, das zu einem effektiven Strategieprozess beiträgt (Stenfors/Tanner 2007). In diesem Sinne bilden Instrumente des strategischen Managements einen Teil der Intelligenz einer Organisation (March 2006).

Trotz der weiten Verbreitung in Lehre und Weiterbildung scheint allerdings nur wenig bekannt zu sein, ob und wie diese strategischen Instrumente in der Praxis tatsächlich genutzt werden (Whittington 2006). Die jährlichen Untersuchungen von Bain & Company (Bain et al. 2009) konzentrieren sich auf Managementinstrumente. Sie belegen zwar die Bedeutung der strategischen Planung, treffen aber mit Ausnahme der Vision und Mission und des Balanced-Scorecard-Modells keine Aussagen zu weiteren Strategieinstrumenten. Solche Aussagen zur Nutzung sind bspw. in den Untersuchungen von Kerth et al. (2009), Knott (2008) und Stenfors/Tanner (2007) zu finden.

Ungeachtet ihres nicht eindeutig nachweisbaren Nutzens werden dennoch ständig neue Strategieinstrumente vorgestellt und aggressiv vermarktet. Für diese Entwicklung sind drei wesentliche Gründe zu nennen:

Die Umweltveränderungen

Der Einsatz von Strategieinstrumenten wird in hohem Maße von den Veränderungen der Umweltbedingungen geprägt. So waren die großen Erfolge der japanischen Industrie auf den westlichen Märkten in den 1970er Jahren der Auslöser für eine intensive Auseinandersetzung mit der Unternehmenskultur. Vor diesem Hintergrund ist das 7-S-System entstanden. Heute zählt das Thema des nachhaltigen und umweltverträglichen Wirtschaftens zu den großen unternehmerischen Herausforderungen. Ob zur Lösung dieser Fragen neue Strategieinstrumente benötigt werden oder ob das vorhandene Instrumentarium ausreicht, ist zum jetzigen Zeitpunkt nicht klar.

Der Einfluss der Beratungsbranche

Die Beratungsbranche und teilweise auch die akademische Welt spielen eine zentrale Rolle in der Entwicklung und Verbreitung von Strategieinstrumenten. Sie sind ein wichtiger Bestandteil der Differenzierungsstrategie von Beratungsunternehmen. Viele sind mit Publikationen, mit Trainingsseminaren, in einigen Fällen mit einer speziellen Software (z. B. die BSC) und natürlich mit Beratungsprojekten verbunden. Dabei unterscheiden sich diese neuen Instrumente nur wenig, wie die Beispiele der BCG-, GE-/McKinsey- und ADL-Portfolio-Matrizen (vgl. Abschn. 7.2.2, 7.2.3, 7.2.4) deutlich zeigen.

Ein neues, populäres Instrument kann einen „Lemming-Effekt" in den Unternehmen auslösen. Nutzt der Konkurrent oder Partner das neue Instrument, wird ihm blind gefolgt, schon um dem Vorwurf der Rückständigkeit zu entgehen. Die Unternehmensberater treiben und unterstützen diesen Prozess. So wurde z. B. zu Beginn der 1980er Jahre das 7-S-System von McKinsey propagiert. In der Folge standen viele Unternehmen Schlange, um sich (oft ohne einen besonderen Grund!) einer 7-S-Diagnose zu unterziehen, die dann wiederum zahlreiche Folgeprojekte für das Beratungsunternehmen auslöste. In den 1990er Jahren war eine ähnliche Entwicklung für die Balanced Scorecard zu beobachten.

Die persönlichen Ambitionen der Führungskräfte

Für den Einsatz neuer Strategieinstrumente ist letztlich das Management verantwortlich. Führungskräfte wollen den aktuellen Stand des Wissens demonstrieren und nutzen deshalb gerne die neuesten Konzepte. Gerade weniger erfahrene oder weniger erfolgreiche Führungskräfte verfallen dem Charme einer eleganten Präsentation und dem Versprechen einer lange erhofften Problemlösung.

Die geschilderten Begründungen für die Entwicklung und Verbreitung von Instrumenten wirken nicht isoliert. In vielen Fällen verstärken sie sich gegenseitig und führen zu einer übersteigerten Instrumentengläubigkeit, die Rigby (1993) als „Toolism" beschreibt.

Einen großen Einfluss auf die Verbreitung neuer Instrumente haben auch die Rotationszyklen der Führungskräfte in großen Konzernen. Im klassischen Fall tritt eine ambitionierte Führungskraft eine Position als Geschäftsführer oder Vorstand an. Der neue Chef steht unter Erfolgsdruck und möchte sich profilieren. Nichts eignet sich dazu besser als der Einsatz eines neuen Instruments. Kaum hat er das neue Konzept eingeführt, steht seine Versetzung an, ein Phänomen, das häufig in US-Unternehmen mit relativ kurzen Rotationszyklen zu beobachten ist. Wenn auf diese Weise ein Instrument dem anderen folgt, ist die Interesselosigkeit und Demotivation der nachgeordneten Ebenen leicht nachvollziehbar.

1.2.2 Kritik

Managementkonzepte als Trendthemen
Neue Konzepte haben oft nur einen sehr beschränkten, punktuellen Erfolg und deshalb auch nur eine kurze Lebensdauer. Es sind Modekonzepte, im Englischen als „Fads" bezeichnet. Beispiele dafür sind das Business Reengineering (Hammer/Champy 1994) oder der „Good to Great"-Ansatz (Collins 2001). Modekonzepte (nach Miller/Hartwick 2002) sind typischerweise:

- Einfach, schnell zu verstehen und zu kommunizieren.
- Präskriptiv. Durch Befolgen eines einfachen Vorgehensmusters wird das Problem gelöst.
- Ermutigend. Es wird häufig ein großer und schneller Erfolg versprochen.
- Allgemeingültig. Sie können unabhängig von der Branche, der Unternehmensgröße oder dem kulturellen Umfeld angewendet werden.
- Dem Zeitgeist entsprechend. Sie setzen bei aktuellen Problemen an und liefern punktuelle Lösungen.
- Neu, aber nicht radikal anders. Sie erregen kurzfristig großes Aufsehen, oft handelt es sich aber nur um „neuen Wein in alten Schläuchen".
- Von Managementexperten legitimiert. Sie profitieren vom Ruf und dem Image des Erfinders (oder des Beratungsunternehmens) und entgehen so einer objektiven Beurteilung.

Wenn diese Merkmale auf ein neues Konzept zutreffen, sind die Voraussetzungen für eine erfolgreiche Vermarktung – insbesondere durch die großen Beratungsunternehmen – gegeben. Erst bei der Umsetzung wird erkennbar, ob das neue Konzept einen echten Nutzen liefert. Müller-Stewens (2004, S. 31) argumentiert: „Das Bestehende nicht immer gleich zu Gunsten des Nächsten (zum Beispiel einer neuen Modewelle) aufzugeben, aber trotzdem offen für Neues zu bleiben, heißt die Devise." Letztlich verbleiben nur wenige Instrumente im Werkzeugkasten eines Unternehmens. Sie haben dann oft über viele Jahre Bestand – das sind die Klassiker wie z. B. die Portfolio-Modelle, oder Vision und Leitbild, die nachhaltig die strategische Ausrichtung des Unternehmens beeinflussen und zu tiefgreifenden organisatorischen Veränderungen führen.

Instrumenteneinsatz und Unsicherheit
Strategieinstrumente werden oft kritisiert, weil sie Unsicherheit über zukünftige Entwicklungen ausklammern oder eine stabile Umweltentwicklung unterstellen. Grundsätzlich ist jede Strategie in die Zukunft gerichtet und deshalb immer mit Unsicherheit behaftet. Viele Strategieinstrumente verlieren mit zunehmender Unsicherheit und Komplexität der Rahmenbedingungen ihren Nutzen und führen aufgrund methodischer Vereinfachungen und Fehleinschätzungen zu katastrophalen Strategieentscheidungen (March 2006).

Der Anwender muss sich über diese Problematik im Klaren sein und die Nutzung von Instrumenten bewusst auf die zukünftige Entwicklung abstellen. So fordert z. B. Porter bei der 5-Kräfte-Analyse, die einzelnen Kräfte dynamisch, also im Hinblick auf ihre zukünftigen Veränderungen, zu untersuchen. Weiter stehen Instrumente zur Verfügung, die sich explizit mit Unsicherheit auseinandersetzen, wie die Szenariotechnik, die Realoptionstheorie oder die Spieltheorie. Grant fordert in diesem Sinne grundsätzlich eine Weiterentwicklung des vorhandenen Instrumentariums: "If existing analytical techniques do not adequately address the problems of strategy making and strategy implementation under conditions of uncertainty, technological change and complexity, we need to augment and extend our analytical toolkit" (Grant 2013, S. 24).

Mangelnde Kreativität bei der Anwendung

Die Nutzung definierter Instrumente gerät oft zwangsläufig zu einer „mechanischen" (Hungenberg 2011, S. 470) und formalen Übung. Die Kreativität kommt dabei zu kurz. Dieser Vorwurf wurde vor allem den Portfolio-Modellen gemacht, die auf der Basis sehr stark aggregierter Daten, verbunden mit teilweise subjektiven Einschätzungen, den Führungskräften eine Scheingenauigkeit vortäuschen und sehr allgemeine Strategieempfehlungen anbieten. Das Ergebnis ist dann oft eine Me-too-Lösung, die innerhalb des Unternehmens wenig Akzeptanz findet und das eigentliche Problem nicht löst. Notwendig ist das kritische Infragestellen des Nutzens eines Instruments sowie seine kreative und intelligente Anwendung. Auch kann der Einsatz mehrerer Instrumente bei der gleichen Problemstellung zu einer kreativen Lösung beitragen.

1.3   Der Nutzen von Strategieinstrumenten

Instrumenteneinsatz und finanzieller Erfolg

Die Messung des Zusammenhangs zwischen Instrumenteneinsatz und finanziellem Erfolg ist sehr problematisch. Denn der Erfolg eines Instruments hängt nicht nur von der korrekten Anwendung dieses Instruments per se ab, sondern auch davon, ob das Unternehmen in der Lage ist, die Prozesse, für die das Instrument genutzt wird, entsprechend zu gestalten (Müller-Stewens 2004). Sehr einfach angelegte Untersuchungen zu Managementinstrumenten kommen zu dem Ergebnis, dass es keine Korrelation zwischen dem Einsatz von Instrumenten und dem finanziellen Erfolg eines Unternehmens gibt (Rigby 2001). Sowohl erfolgreiche als auch weniger erfolgreiche Unternehmen nutzen in etwa die gleiche Zahl von Instrumenten.

Nutzenversprechen

Der Nutzen eines Instruments lässt sich unter rationalen, politischen als auch prozessbezogenen Aspekten betrachten. Grant (2013, S. 24) definiert aus *rationaler Sicht* die folgenden Nutzenversprechen:

* *Verständnis einer strategischen Herausforderung*. Sie helfen, wichtige Bestimmungsfaktoren von strategischen Entscheidungen zu identifizieren, zu klassifizieren und zu analysieren.
* *Reduktion der Komplexität*. Mit Hilfe eines spezifischen Instruments wie z. B. der Porter 5-Kräfte-Analyse wird das komplexe Thema „Analyse der Branchenattraktivität" beherrschbar; das Gesamtproblem wird systematisch in mehrere einfacher zu bearbeitende Teilbereiche aufgeteilt.

- *Unterstützung des Problemlösungsprozesses.* Die Anwendung eines Instruments markiert oft den Start auf dem Weg zu einer Problemlösung. Mit dem Instrument sollen die richtigen Fragen gestellt und die relevanten Informationen gesammelt werden.
- *Erhöhung der Flexibilität der Führungskräfte.* Strategieinstrumente sind universell in vielen Branchen und Unternehmen anwendbar. Sie vermitteln den Führungskräften Zuversicht in neuen Situationen und unter neuen Bedingungen.

Der Einsatz eines Strategieinstruments hat in der Regel auch einen *politischen Nutzen*, der vom praktischen Nutzen nur schwer zu trennen ist. Bei der Anwendung eines Instruments, z. B. der GE-/McKinsey-Portfolio-Matrix (vgl. Abschn. 7.2.3) oder der Ressourcen-/Fähig-keits-Matrix von Grant (vgl. Abschn. 6.2.2) werden subjektive Einschätzungen der Füh-rungskräfte integriert. Auf diese Weise hilft das Instrument, unterschiedliche Vorstellungs-welten zusammenzubringen. Es vermag so zur Beeinflussung der Entscheidungsträger und zur Schaffung eines Konsensus beizutragen. Die Anwendung eines Instruments legitimiert also ebenso die Entscheidung wie auch die Entscheidungsträger.

Neben dem rationalen ist mit dem Einsatz eines Strategieinstruments auch ein *prozessbezo-gener Nutzen* verbunden (Kaplan/Jarzabkowski 2008; Stenfors/Tanner 2007). Indem eine bestimmte Frage beantwortet wird, werden gleichzeitig auch neue Fragen aufgeworfen. Auf diese Weise entsteht ein Prozess, der zu einer Integration der planungs- und der erfahrungs-orientierten Sichtweise der Strategieentwicklung beiträgt (vgl. hierzu Kap. 2). Im Hinblick auf den prozessbezogenen Nutzen eines Instruments stehen dann nicht mehr das Instrument und sein unmittelbarer Nutzen im Mittelpunkt, sondern vielmehr die Aktionen und Prozesse („strategizing"), die das Instrument in Gang gesetzt hat bzw. in Gang hält. "The strategizing activities accomplished with and through the use of tools are what interest organizations, not the tools per se" (Stenfors/Tanner 2007, S. 10).

1.4   Die Anwendung von Strategieinstrumenten

Um ein Instrument erfolgreich nutzen zu können, sollten alle Details sowie seine Stärken und Schwächen bekannt sein. Auf dieser Basis ist das für die zu lösende Problemstellung am besten geeignete Instrument auszuwählen und an die Bedingungen des Unternehmens anzu-passen (Rigby/Bilodeau 2005). Dazu vermittelt die folgende Darstellung einen Überblick (Abb. 1—3).

Zu den Rahmenbedingungen zählt das Prinzip „Tiefe statt Breite", d. h., die Zahl der zu nutzenden Instrumente ist zu beschränken. Die Instrumente, die dann wirklich genutzt wer-den sollen, sind mit vollem Einsatz umzusetzen (Rigby 2001; Hilmer/Donaldson 1996). Die Art der Beschränkung bleibt letztlich der Beurteilung der Unternehmensführung überlassen. Für eine erfolgreiche Umsetzung ist überdies die Rückendeckung der Spitzenführungskräfte notwendig. Müller-Stewens (2004) weist auf zwei weitere Bedingungen hin: Die Nutzung eines Instruments muss in einen Prozess eingebettet sein. Ohne diese Integration sinkt der Nutzenbeitrag eines spezifischen Instruments. Weiter fordert Müller-Stewens Methodenkompetenz, d. h., ein bestimmtes Problem ist mit mehreren Methoden von verschiedenen Seiten zu bearbeiten.

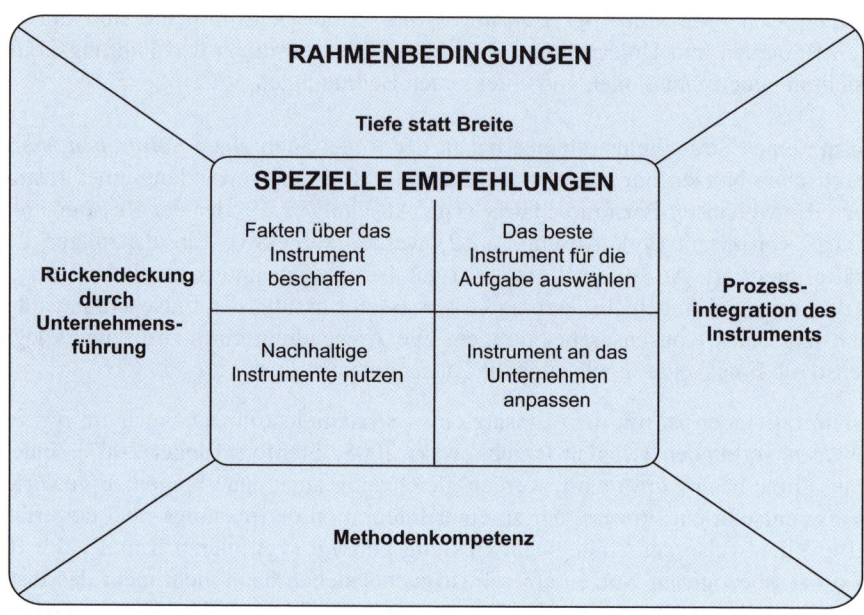

Abb. 1—3: Die richtige Nutzung von Strategieinstrumenten

1.5   Literatur

Bain & Company/Rigby, D./Bilodeau, B. (2009): Management Tools and Trends 2009, www.bain.com/management_tools/home.asp. Abrufdatum 13.10.2010

Collins, J. (2001): Good to Great: Why Some Companies Make the Leap … and Others Don't. New York

Grant, R.M. (2013): Contemporary Strategy Analysis. 8. Aufl., Chichester, West Sussex, UK

Hammer, M./Champy, J. (1994): Business Reengineering: Die Radikalkur für das Unternehmen. Frankfurt

Hilmer, F.G./Donaldson, L. (1996): The Trivialization of Management, in: The McKinsey Quarterly, o. Jg., Nr. 4, S. 26–37

Hungenberg, H. (2011): Strategisches Management in Unternehmen. Ziele – Prozesse – Verfahren. 6. Aufl., Wiesbaden

Kaplan, S./Jarzabkowski, P. (2008): Using Strategy Tools in Practice: An Exploration of "Technologies of Rationality" in Use, in: Proceedings, Business Policy and Strategy, Academy of Management, August 7–13, Anaheim, CA, USA

Kerth, K./Asum, H./Stich, V. (2009): Die besten Strategietools in der Praxis. 4. Aufl., München

Knott, P. (2008): Strategy tools: who really uses them?, in: Journal of Business Strategy, 29. Jg., Nr. 5, S. 26–31

March, J.G. (2006): Rationality, Foolishness, and Adaptive Intelligence, in: Strategic Management Journal, 27. Jg., Nr. 3, S. 201–214

Miller, D./Hartwick, S. (2002): Spotting Management Fads, in: Harvard Business Review, 80. Jg., Nr. 10, S. 26–27

Müller-Stewens, G. (2004): Auf die Prozesse kommt es an, in: Harvard Business Manager, 26. Jg., Nr. 10, S. 28–32

Rigby, D. (2001): Management Tools and Techniques: A Survey, in: California Management Review, 43. Jg., Nr. 2, S. 139–160

Rigby, D. (1993): How to Manage the Management Tools, in: Strategy & Leadership, 21. Jg., Nr. 6, S. 8–15

Rigby, D./Bilodeau, B. (2005): The Bain 2005 Management Tool Survey, in: Strategy & Leadership, 33. Jg., Nr. 4, S. 4–12

Stenfors, S./Tanner, L. (2007): Evaluating Strategy Tools through Activity Lens. Working Paper Nr. W-419, Helsinki School of Economics. Helsinki

Whittington, R. (2006): Completing the practice turn in strategy research, in: Organization Studies, 27. Jg., Nr. 5, S. 613–634

2   Der strategische Managementprozess

„Ja, mach nur einen Plan, sei ein großes Licht! Und mach dann noch 'nen zweiten Plan, geh'n tun sie beide nicht" (Brecht 1928).

Das strategische Management umfasst alle Entscheidungen der Unternehmensführung zum Aufbau, der Nutzung und Pflege von Erfolgspotenzialen und ist als Teil eines Integrierten Managementkonzepts zu verstehen. Es ist positioniert zwischen normativen Vorgaben (Vision, Leitbild) und operativer Umsetzung. Zentrales Thema ist die Entwicklung von Strategien, die mit Planungs- oder Erfahrungs- bzw. Lernprozessen erklärt werden können. Strategische Analysen und damit die Anwendung von Strategieinstrumenten verbinden diese beiden grundsätzlich verschiedenen Ansätze und treiben den Strategieprozess voran.

2.1   Grundlagen des strategischen Managements

2.1.1   Der Begriff des strategischen Managements

Der Begriff Strategie stammt aus dem militärischen Bereich. Sun Tsu's Klassiker „Die Kunst des Krieges" (ca. 500 v. Christus) wird allgemein als erste Strategieabhandlung bezeichnet (Sun Tsu 2009). Das Wort „Strategie" ist abgeleitet vom griechischen „Strategos" – die Kunst der Heeresführung. Im deutschen Sprachgebrauch definiert Clausewitz Strategie als die Lehre vom Gebrauch des Gefechts zum Zwecke des Kriegs (zitiert nach Strategieinstitut 2008).

In die Wirtschaftswissenschaften haben von Neumann und Morgenstern (1944) den Begriff Strategie mit der Spieltheorie eingeführt. Die ersten renommierten Forschungsarbeiten zum Thema Strategie stammen von Chandler (1962), Ansoff (1965) und Andrews (1971). An der Harvard Business School und anderen amerikanischen Universitäten wurden in den 1960er und 1970er Jahren Vorlesungen zum Thema Business Policy gehalten, die sich mit Unternehmensplanung und Unternehmensstrategien beschäftigten. Heute laufen diese Vorlesungen in der Regel unter dem Titel „Strategisches Management". In Deutschland wird strategisches Management häufig als Teil der Unternehmensführung gelehrt.

Viele Unternehmen erkannten in den 1970er Jahren und zu Beginn der 1980er Jahre, dass traditionelle, rational geprägte und sehr detaillierte Systeme der Unternehmensplanung keine praktikablen Antworten auf die strategischen Herausforderungen einer zunehmend turbulenten Umwelt (Ansoff 1979) geben konnten. Zu nennen sind hier die Ölpreisschocks in 1974 und 1979 sowie die Intensivierung des internationalen Wettbewerbs, vor allem seitens japanischer Unternehmen. Der Fokus des Managements verschob sich von der Formulierung detaillierter Pläne für die zukünftige Unternehmensentwicklung auf die Positionierung des Unternehmens im Markt und auf das Verhältnis des Unternehmens zu seinen Wettbewerbern (Ansoff 1976; Grant 2013). In den 1980er Jahren bildeten die Analyse des Wettbewerbs und der Aufbau von Wettbewerbsvorteilen zentrale Bestandteile des strategischen Denkens. In den 1990er Jahren kamen Fragen nach den internen Ressourcen und Kompetenzen des Unternehmens sowie der Umsetzung der Strategien und den damit einhergehenden notwendigen Veränderungen hinzu.

Bleicher (2004) definiert strategisches Management als den Aufbau, die Pflege und die Ausbeutung von Erfolgspotenzialen, für die Ressourcen eingesetzt werden müssen. Solche Erfolgspotenziale (Gälweiler 2005) bestehen aus von der Unternehmensführung geschaffenen wichtigen und dominierenden Kombinationen von unternehmensspezifischen Ressourcen, Beziehungen und Kompetenzen. Beispiele dafür sind das Lean Manufacturing von Toyota oder das Markenmanagement von P&G. Die Erfolgspotenziale werden über Lernprozesse aufgebaut und drücken die gewonnenen Erfahrungen eines Unternehmens mit spezifischen Märkten oder Technologien aus. Sie ermöglichen es der Unternehmung, im Vergleich zur Konkurrenz langfristig überdurchschnittliche Ergebnisse zu erzielen.

Strategische Entscheidungen haben immer die Veränderung von Erfolgspotenzialen im Fokus. Hungenberg (2011, S. 5 ff.) nennt die folgenden Merkmale von strategischen Entscheidungen:

- Sie bestimmen oder beeinflussen maßgeblich die grundsätzliche Richtung der Unternehmensentwicklung.
- Sie sollen durch den Aufbau und die Pflege von Wettbewerbsvorteilen den langfristigen Erfolg des Unternehmens sichern.
- Sie versuchen, den zukünftigen Erfolg des Unternehmens durch seine externe (Positionierung im Markt) und seine interne Ausrichtung (Ausstattung mit Ressourcen und Kompetenzen) zu sichern.
- Sie sollen Handlungsmöglichkeiten für die zukünftige Unternehmensentwicklung schaffen.
- Sie besitzen einen bereichsübergreifenden und grundsätzlichen Charakter und werden in erster Linie durch die obersten Führungskräfte, sozusagen aus einer „Vogel-Perspektive", getroffen.

In Abhängigkeit von der Unternehmensebene lassen sich Unternehmens- und Geschäftsfeldstrategien unterscheiden (Abb. 2—1).

Die *Unternehmensstrategie* beschreibt die Branchen, in denen Geschäftsaktivitäten entwickelt werden. Weiterhin gehören zur Unternehmensstrategie Fragen der Diversifikation, der vertikalen Integration, Akquisitionen, die Gründung von neuen Geschäften, Desinvestitionen, Restrukturierungen und die Allokation von Ressourcen.

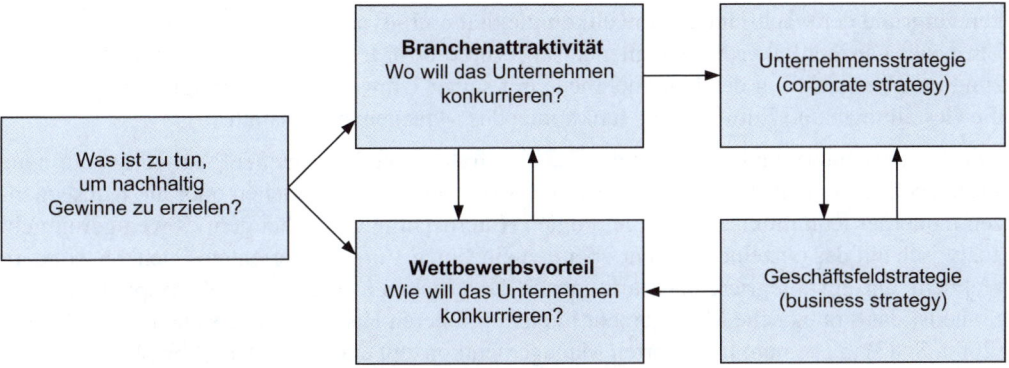

Abb. 2—1: Strategieebenen (Quelle: in Anlehnung an Grant 2013, S. 20)

Die *Geschäftsfeldstrategie* definiert, auf welche Art und Weise das Geschäftsfeld innerhalb einer bestimmten Branche dem Kunden einen Mehrwert bieten und wie ein Wettbewerbsvorteil gegenüber den Konkurrenten aufgebaut werden kann.

Die *funktionalen Strategien* gehören in den Bereich der Umsetzung. Die Vorgaben kommen aus der Geschäftsfeldstrategie. Es geht um die Entwicklung und Nutzung von funktionsbezogenen Ressourcen und Kompetenzen bspw. im Marketing oder in der Produktion.

Letztlich wird der Unternehmenserfolg durch den Grad der Integration und Konsistenz zwischen diesen drei Ebenen bestimmt. Ein gutes Beispiel für einen solchen konsistenten Strategieansatz über alle drei Ebenen liefert der Billigflieger Ryanair. Die Unternehmensstrategie konzentriert sich auf das Angebot von Flügen innerhalb Europas. Die Geschäftsfeldstrategie und der Wettbewerbsvorteil des Unternehmens basieren auf dem Angebot von Flugleistungen zu niedrigen Preisen. Die funktionalen Strategien setzen die Geschäftsfeldstrategie konsequent um. Dazu gehören z. B. der Einsatz nur eines Flugzeugtyps, die Nutzung von peripheren Flughäfen, das „No-frills"-Konzept im Flugzeug (Extras nur gegen Bezahlung) oder das weitgehende Outsourcing von unterstützenden Aktivitäten. Alle Strategieelemente passen zueinander; sie unterstützen und ergänzen sich.

2.1.2 Strategisches Management als Teil eines Integrierten Managementkonzepts

Die zentralen Aufgaben des Managements beschreibt Ulrich, H. (1984) als das *Gestalten* eines institutionellen Rahmens, das *Lenken* durch die Bestimmung von Zielen und das Festlegen, Auslösen und Kontrollieren von Aktivitäten zur Zielerreichung und das *Entwickeln,* das sich teilweise aus den Gestaltungs- und Lenkungsprozessen und teilweise aus eigenständigen Lernprozessen ergibt. Für das Verständnis der Besonderheiten und der Erfolgsbedingungen des strategischen Managements ist die Einordnung in ein gesamthaftes Managementkonzept sinnvoll.

Das Managementdenken der 1950er/1960er Jahre konzentrierte sich auf die Lenkungsfunktion und hat Management als das „Konstruieren und Ölen einer perfekt gestalteten Unternehmensmaschinerie" verstanden (Bleicher 2004, S. 50). Seit den 1970er Jahren ist dieses Denken aufgrund der wachsenden Umweltkomplexität und -dynamik an seine Grenzen gestoßen. Ein neuer ganzheitlicher Managementansatz wurde erforderlich, der die wachsende Vernetzung und Verflechtung des Unternehmens mit seiner Umwelt berücksichtigt und stärker auf die Gestaltungs- und Entwicklungsfunktionen des Managements abstellt.

Vor diesem Hintergrund musste und muss das strategische Management Antworten auf neue strategische Herausforderungen wie die Globalisierung vieler Branchen oder die Konsequenzen moderner Kommunikationstechnologien (Internet) finden. Dabei geht es weniger um ein analytisch auf das einzelne Element oder den einzelnen Vorgang gerichtetes Denken, sondern vielmehr um ein integrierendes, am ganzen Unternehmen orientiertes Konzept. In diesem Sinne ist das strategische Management in einen größeren Rahmen einzuordnen, den Bleicher (2004, S. 83) mit seinem Integrierten Managementkonzept entwickelt hat (Abb. 2—2).

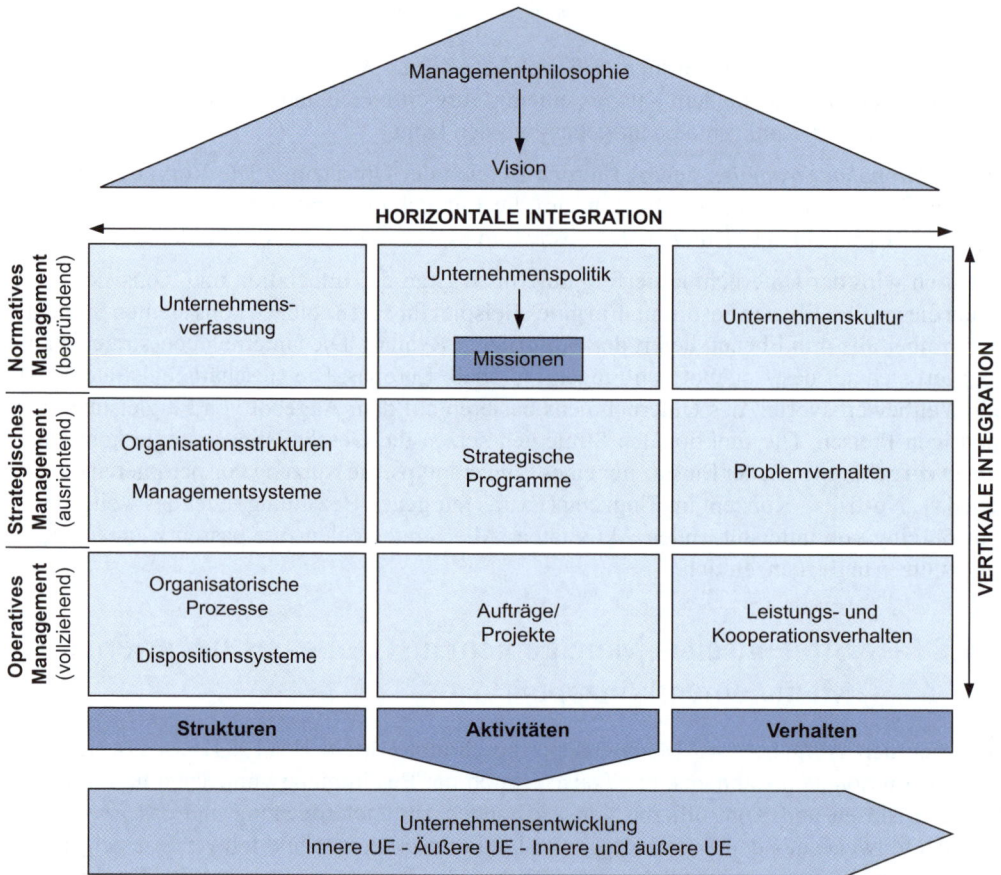

Abb. 2—2: Das Integrierte Managementkonzept (Quelle: Bleicher 2004, S. 83)

Die verschiedenen Dimensionen dieses Modells werden durch eine pragmatische Leitidee, die *Managementphilosophie,* zusammengehalten. Diese Managementphilosophie beschreibt die Einstellung des Unternehmens zu seiner Rolle und seinem Verhalten in der Gesellschaft. Sie findet ihren Niederschlag in der Vision und im Leitbild.

Das Integrierte Managementkonzept unterscheidet drei Managementebenen:

- Das *normative Management* konzentriert sich auf generelle Ziele sowie Normen, Spiel- und Verhaltensregeln zur Sicherung der Lebens- und Entwicklungsfähigkeit des Unternehmens. Das normative Management wirkt begründend für alle Handlungen des Managements. Auf der Basis der Vision werden Unternehmenspolitik und Ziele definiert. Die Unternehmenspolitik wird auf der normativen Ebene unterstützt einerseits durch die Unternehmensverfassung, die einen konstitutiven Rahmen vorgibt, und anderseits durch die Unternehmenskultur, die als ein System von im Unternehmen fest verankerten Werten spezifische Verhaltens- und Denkweisen umfasst.
- Das *strategische Management* beschäftigt sich mit den Erfolgspotenzialen des Unternehmens. Es soll richtungsweisend wirken. Die normativen Unternehmensziele werden durch eine entsprechende strategische Planung und die Entwicklung von spezifischen Strategien oder Strategieprogrammen zur Veränderung von Erfolgspotenzialen umgesetzt. Die Realisierung der strategischen Programme erfordert sowohl geeignete Organisationsstrukturen und Managementsysteme als auch ein geeignetes Problemlösungsverhalten, das durch das Personalmanagement beeinflusst wird.
- Das *operative Management* bezeichnet den operativen Vollzug der normativen und strategischen Vorgaben. Es orientiert sich an den Ressourcen und Fähigkeiten des Unternehmens. Im Zentrum steht die Lenkung von Aufträgen und Projekten, wobei die organisatorischen Prozesse und Systeme sowie das Mitarbeiterverhalten an die jeweiligen situativen Gegebenheiten anzupassen sind.

Ein besonderes Merkmal des Integrierten Managementkonzepts ist die horizontale und die vertikale Integration. Die *horizontale Integration* strebt auf jeder Ebene, von links nach rechts, eine Harmonisierung der einzelnen Module an. Konkret bedeutet dies, dass Unternehmenspolitik, Unternehmensverfassung und Unternehmenskultur zueinander passen müssen. Dies gilt in gleicher Weise auf der strategischen Ebene für die strategischen Programme, die Organisationsstrukturen/Managementsysteme und das Problemlösungsverhalten sowie auf der operativen Ebene für Aufträge/Projekte, Organisationsprozesse und Leistungs- und Kooperationsverhalten der Mitarbeiter.

Was unter *horizontaler Integration* zu verstehen ist, soll das folgende Beispiel auf der Ebene des strategischen Managements verdeutlichen: Wenn ein Unternehmen eine neue kundenserviceorientierte *Strategie* realisieren will, muss in der Regel die *Organisationsstruktur* angepasst werden, damit der Kunde einen schnell reagierenden und mit Entscheidungskompetenzen ausgestatteten Ansprechpartner hat. Zusätzlich muss sich auch das *Problemlösungsverhalten* der Mitarbeiter und der Führungskräfte ändern. Sie sollen Probleme aus der Kundenperspektive betrachten, die Kunden wirklich ernst nehmen und auf die Kundenanforderungen flexibel reagieren.

Die *vertikale Integration,* also die Harmonisierung der einzelnen Module von oben nach unten, bezieht sich auf Aktivitäten, Strukturen und Verhalten. Die Integration durch *Aktivitäten* erfolgt über Unternehmensziele und das Leitbild (Mission) als normative Vorgaben, die in strategische Programme umzusetzen sind und die dann wiederum zu konkreten Aufträgen und Projekten auf der operativen Managementebene führen. Die Integration durch *Strukturen* bezieht sich auf die normative Unternehmensverfassung, die Organisationsstrukturen und Managementsysteme auf der strategischen Ebene und die operativen Prozesse und Systeme. Die Integration durch *Verhalten* umfasst die normative Unternehmenskultur, das strategische Problemlösungsverhalten und im operativen Bereich das Leistungs- und Kooperationsverhalten der Mitarbeiter. Analog zum oben angeführten Beispiel muss eine Unternehmenskultur entstehen, die der Leistung für den Kunden einen zentralen Wert zumisst. Auf dieser Basis kann sich dann ein flexibles, schnelles und kundenorientiertes Problemlösungsverhalten entwickeln, das auf der operativen Ebene zu einem kooperativen Verhalten der Mitarbeiter innerhalb des Unternehmens und gegenüber dem Kunden führt und so eine hohe Servicequalität sicherstellt.

Die *Unternehmensentwicklung* ist das Ergebnis des gesamten Managementprozesses. Die innere Unternehmensentwicklung bezieht sich auf die Entwicklung und Nutzung von Chancen (Potenzialen) aus eigner Kraft, z. B. mit neuen Produkten oder neuen Geschäftsmodellen. Bei der äußeren Entwicklung verschafft sich das Unternehmen Zugang zu externen Chancen durch Akquisitionen und Kooperationen.

Vor dem Hintergrund einer zunehmend turbulenten und schwer zu prognostizierenden Umweltentwicklung kann ein Integriertes Managementkonzept als Leitfaden für ein ganzheitliches Managementdenken genutzt werden (Bleicher 2004, S. 89 f.). Gerade für die Strategieentwicklung bietet dieses Konzept eine Systematik, die es Führungskräften ermöglicht, von isolierten Teilentscheidungen Abstand zu nehmen, Gesamtzusammenhänge zu erkennen, Interdependenzen von strategischen Entscheidungen in ihre Überlegungen einzubeziehen und aus früheren Entscheidungen für die Zukunft zu lernen. In diesem Sinne bezeichnet Hungenberg (2011, S. 6 f.) das strategische Management als eine „geplante Evolution".

2.2   Ansätze zur Erklärung der Strategieentwicklung

2.2.1   Strategieentwicklung als Planungsprozess

Zur Erklärung der Entwicklung von Strategien wurden im Laufe der Jahre zahlreiche Modelle vorgestellt. Mintzberg et al. (2008, S. 5) hat diese Modelle in zehn Denkschulen übersichtlich zusammengefasst. Hier werden nur zwei grundsätzliche Ansätze behandelt: (1) Strategieentwicklung als Planungsprozess und (2) Strategieentwicklung als Erfahrungs- und Lernprozess.

Die Strategieentwicklung als Planungsprozess unterstellt ein rationales Vorgehen. Strategien werden präskriptiv mit einem idealtypischen Prozess geplant. Als Beispiele hierfür sollen das klassische Konzept der Harvard Business School (Andrews 1971) und die darauf aufbauende strategische Planung vorgestellt werden. Das Harvard-Konzept kennt zwei Phasen: eine Phase der Strategieformulierung, in der wichtige strategische Entscheidungen getroffen werden, und eine Phase der Strategieimplementierung, in der die für die Umsetzung notwendigen organisatorischen und personellen Bedingungen zu schaffen sind. Für Phase 1 trägt die Unternehmensführung die Verantwortung. Die Umsetzung erfolgt in logisch strukturierten Teilschritten, die an nachgeordnete Unternehmensebenen delegiert werden können.

Aufbauend auf diesem Ansatz wurden im Laufe der Jahre Planungssysteme entwickelt, die sehr detailliert die einzelnen Arbeitsschritte zur Setzung von Zielen, der Analyse des Marktes und der Umwelt, der Formulierung und Auswahl von Strategien, der Umsetzung und der Kontrolle vorgeben.

In der nachfolgenden Übersicht (Abb. 2—3) steht die Zielbildung am Beginn des Prozesses; sie entspricht damit dem Modell von Bleicher (2004), das ebenfalls mit normativen Vorgaben beginnt. Die Darstellung trifft zunächst einmal auf das Vorgehen bei einer Unternehmensgründung zu. Nach der strategischen Analyse wird es meist zu einer Zielrevision kommen. Wie aber bereits angesprochen, dürfte der tatsächliche Ablauf des Strategieprozesses in einem bestehenden Unternehmen meist mit der Analyse der strategischen Ausgangslage beginnen, an die sich dann eine Zielbildung anschließt, die oft mehr als eine Revision vergangener Ziele darstellt (ähnlich Grünig/Kühn 2011). So entwickelte die EON AG 2010 aufgrund einer externen Analyse (stagnierende Energiemärkte in den Industriestaaten) eine neue Internationalisierungsstrategie mit dem Schwerpunkt auf Schwellenländer und definierte damit auch neue, formale Unternehmensziele.

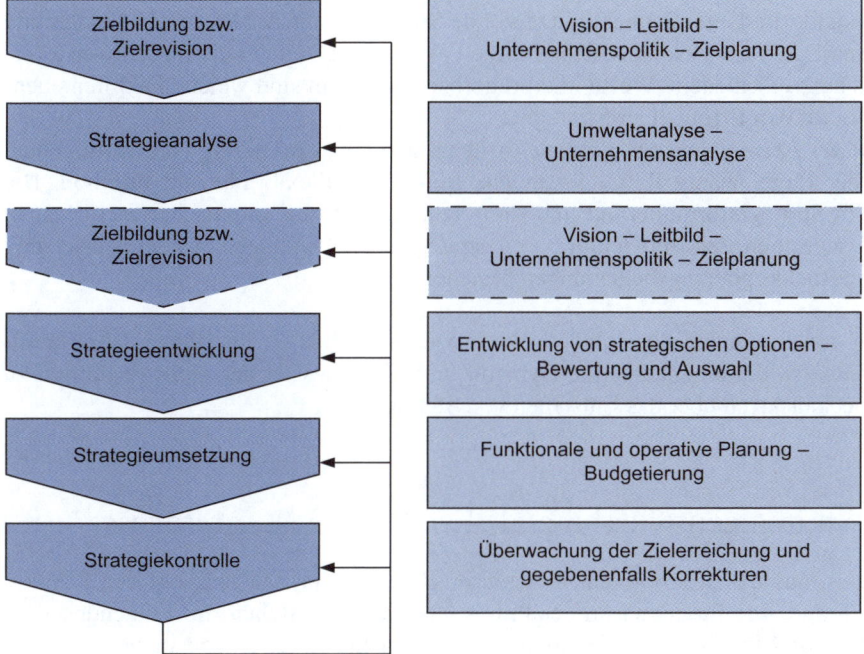

Abb. 2—3: Der strategische Planungsprozess

Der Planungsansatz bietet eine Reihe von Vorteilen (Johnson et al. 2011). Dazu zählen die Unterstützung bei der Analyse und Strukturierung komplexer strategischer Probleme, das Hinterfragen von grundlegenden Annahmen, der Fokus auf eine langfristige Denkweise und die Koordination von Geschäftsfeldstrategien im Rahmen einer umfassenden Unternehmensstrategie. Die Strategie wird explizit formuliert und von der Unternehmensführung an die operativen Einheiten kommuniziert; sie gibt Ziele und strategische Prioritäten vor und liefert Vorgaben für die Allokation von Ressourcen. In den Planungsprozess können Führungskräfte aus verschiedenen Ebenen und Einheiten eingebunden werden, um einen Konsens innerhalb des Managements und auch eine Verpflichtung zur Erfüllung der Pläne zu schaffen. Ein Strategieplan kann dem Unternehmen und den Führungskräften ein Gefühl der Sicherheit über die zukünftige Richtung geben. Das Vorgehen bei einem planerischen Ansatz ist faktenbasiert; es unterstellt eine stabile Umwelt, deren zukünftige Entwicklung prognostizierbar ist, und eine klare Trennung zwischen Strategieentwicklung und Strategieumsetzung.

Diese Annahmen des strategischen Planungsmodells wurden jedoch von Mintzberg (1994, S. 72 ff.) heftig kritisiert. Er sieht darin drei Trugschlüsse:

- Der *Irrtum der Vorherbestimmung.* Die Umwelt ist in der Regel nicht stabil, sondern dynamisch und komplex – damit können zukünftige Entwicklungen auch nicht prognostiziert werden.
- Der *Irrtum der Objektivität.* Die strikte Trennung von Strategieformulierung und Umsetzung unterstellt, die Unternehmensspitze könne Strategien auf der Basis von Fakten und quantitativen Daten entwickeln. Oft sind diese Fakten jedoch nicht oder nur teilweise verfügbar und auf verschiedene Weise interpretierbar; außerdem sind weiche Faktoren ebenfalls wichtig für den Erfolg einer Strategie.
- Der *Irrtum der Formalisierung.* Formale Systeme und die Anwendung von Instrumenten lassen in der Regel wenig Raum für eigene Initiativen, Flexibilität und Intuition. Die Trennung in Strategieformulierung und -umsetzung macht aus praktischer Sicht keinen Sinn, weil zwischen der Entwicklung von strategischen Optionen und der Umsetzung permanente Rückkoppelungsbeziehungen bestehen.

Die Erklärung von Strategien über planerische Prozesse war bis in die 1980er Jahre dominant. Die bereits erwähnte zunehmende Dynamik und Komplexität der Umwelt führten zu alternativen Denkansätzen über das Entstehen von Strategien.

2.2.2   Strategieentwicklung als Erfahrungs-/Lernprozess

Dieser Ansatz ist aus der deskriptiven Strategieforschung entstanden und legt den Schwerpunkt auf die Frage, wie Strategien in der Praxis tatsächlich entstehen. Im Folgenden wird auf die Arbeiten von Mintzberg und den logischen Inkrementalismus eingegangen.

Mintzberg (2003, S. 13 ff.) definiert Strategie relativ weit gefasst mit Hilfe seiner fünf „P": Demnach kann Strategie sich beziehen auf einen Plan („Plan"), ein Verhaltensmuster („Pattern"), eine Perspektive, wie Ziele erreicht werden können („Perspective"), eine Positionierung im Markt („Position") und ein Manöver, um im Wettbewerb zu überleben („Ploy"). Die Strategie eines Unternehmens weist in der Regel alle fünf Merkmale auf, wobei die einzelnen Elemente je nach Unternehmenssituation und -entwicklung unterschiedliches Gewicht haben können.

In seinen Arbeiten legt Mintzberg großen Wert auf die unbewusste oder lern- und erfahrungsorientierte (emergente) Strategieentwicklung. Ein Unternehmen kann also durchaus
eine gute Strategie verfolgen, ohne zuvor einen rationalen Strategieprozess durchlaufen zu
haben. In diesem Fall stellt die Strategie das Ergebnis einer Reihe von konsistenten Entscheidungen auf einem bestimmten Entwicklungspfad dar (Abb. 2—4).

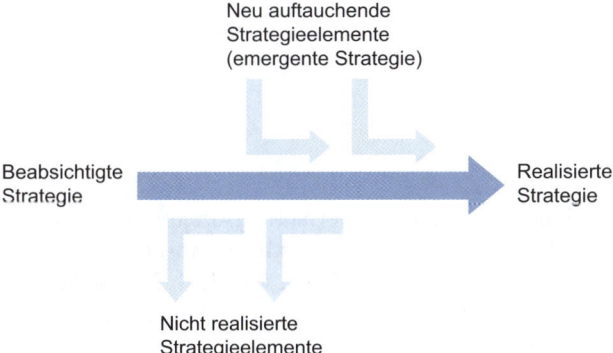

Abb. 2—4: Die lern-/erfahrungsorientierte Strategieentwicklung (Quelle: in Anlehnung an Mintzberg 2003, S. 15)

Ein Beispiel für eine solche gewachsene Strategie wäre der Einstieg eines Exportunterneh-
mens in den südostasiatischen Markt. Das Unternehmen lernt aus dem Feedback der Kunden,
passt das Produkt den jeweiligen Marktbedingungen an und gründet lokale Vertriebsgesell-
schaften. Eine ursprünglich geplante Produktionsstätte wird nicht gebaut, stattdessen wird
später ein Konkurrenzunternehmen akquiriert. Das Schaffen einer Position in diesem Markt
beschreibt die beabsichtigte Strategie. Der Verzicht auf die eigene Produktionsstätte stellt ein
nicht realisiertes Strategieelement und der Kauf eines Konkurrenten ein neu auftauchendes
Strategieelement dar.

Ebenfalls zu den erfahrungs-/lernbasierten Ansätzen gehört der logische Inkrementalismus
(Quinn 2003). Hierbei entsteht Strategie nicht als gesamthaftes Konzept in einem großen
Wurf, sondern durch Experimente, über Versuch-und-Irrtum in einem Lernprozess auf der
Basis von kleinen Schritten. Dieses Vorgehen ist durchaus zielorientiert im Sinne der Ausrichtung auf eine Vision und langfristige Unternehmensziele, verlässt sich aber weitgehend
auf soziale Prozesse innerhalb des Unternehmens, um die Umweltentwicklung richtig einzuschätzen, die geeigneten ersten Schritte und Versuche zu finden und aus den Ergebnissen zu
lernen. Strategieinstrumente können hierbei helfen, die Erfahrungen aus den Versuchen zu
ordnen, zu verstehen und inkrementell neue Antworten zu entwickeln.

Eine wichtige Rolle bei der Entwicklung von Strategien spielen organisationspolitische Aspekte und die Unternehmenskultur. Denn Strategien entstehen aus Verhandlungsprozessen
zwischen mehreren Anspruchsgruppen und Individuen. Die Beteiligten versuchen, ihre Interessen unter Einsatz ihres Machtpotenzials und ihrer Einflussmöglichkeiten zu realisieren.
Die Unternehmenskultur als Ausdruck der grundsätzlichen Annahmen, Verhaltens- und
Vorgehensweisen innerhalb eines Unternehmens bestimmt dabei, wann und wie strategische

Herausforderungen bearbeitet und gelöst werden, z. B. wie schnell und mit welchen Mitteln ein Unternehmen auf einen neu in den Markt eintretenden Konkurrenten reagiert.

Gemeinsam ist diesen Erklärungsansätzen, dass ihnen zufolge Strategien durch einen permanenten Prozess des Anpassens und Lernens entstehen, wobei die kontinuierliche Rückkopplung zwischen Strategieformulierung und -umsetzung dazu führt, dass die Strategien auf der Basis von neuen Erfahrungen ständig angepasst und revidiert werden.

2.3   Instrumente als Verbindung zwischen Planung und Lernen

Während in der akademischen Welt rationale und lern- und erfahrungsorientierte Strategiekonzepte gerne kontrovers diskutiert werden, zeigt die Praxis, dass beide Ansätze notwendig sind, um den Prozess der Strategieentwicklung zu erklären. Grant (2013, S. 23) macht dies sehr deutlich: "In practice, strategy making almost always involves a combination of centrally driven rational design and decentralized adaptation."

Eine besondere Rolle weist Grant (2013) den strategischen Analysen und damit den Instrumenten zu, die sozusagen das Bindeglied zwischen einem rationalen Prozess der Strategieplanung und einer Strategieentwicklung auf der Basis von Erfahrungen und Lernen schaffen. Ohne systematische und rationale Analysen werden strategische Entscheidungen schnell politisch angreifbar. Es besteht die Gefahr, dass die Führungskräfte nur ihre „Lieblingsthemen" und ihre subjektiv favorisierten Alternativen in die Debatte und Planung einbeziehen (Müller-Stewens 2004).

"Concepts, theories, and analytic tools are complements not substitutes for experience, commitment and creativity. Their role is to provide frameworks for organizing discussion, processing information and opinion and assisting consensus" (Grant 2013, S. 24). Rationale Analysen unterstützen und lenken den Strategieprozess. Sie geben Antworten auf bestimmte Fragen. Allerdings liefert eine Analyse selten eine finale, spezifische Lösung, einen Algorithmus oder eine Formel, wie dies bspw. im Finanz- und Rechnungswesen der Fall ist. Dazu sind die in vielen Unternehmen zu lösenden strategischen Herausforderungen zu sehr situationsabhängig und komplex. So werden mit einer Analyse zwar bestimmte Fragen beantwortet, gleichzeitig aber auch wieder neue Fragen aufgeworfen. Daraus entsteht ein strategischer Managementprozess.

2.4   Literatur

Andrews, K.R. (1971): The Concept of Corporate Strategy. Homewood, IL, USA

Ansoff, H.I. (1979): Strategic Management. Basingstoke, Hampshire und London

Ansoff, H.I. (1965): Corporate Strategy. Harmondsworth, Middlesex, UK et al.

Ansoff, H.I./Declerck, R.P./Hayes, R.L. (1976): From Strategic Planning to Strategic Management, in: Ansoff, H.I./Declerck, R.P./Hayes, R.L. (Hrsg.): From Strategic Planning to Strategic Management. London et al., S. 39–78

Bleicher, K. (2004): Das Konzept Integriertes Management. Visionen – Missionen – Programme. 7. Aufl., Frankfurt

Brecht, B. (2010): Die Dreigroschenoper: Der Erstdruck 1928: Text und Kommentar. Berlin

Chandler, A.D. (1962): Strategy and Structure: Chapters in the History of the American Industrial Enterprise. Cambridge, MA, USA

Gälweiler, A. (2005): Strategische Unternehmensführung. 3. Aufl., Frankfurt/New York

Grant, R.M. (2013): Contemporary Strategy Analysis. 8. Aufl., Chichester, West Sussex, UK

Grünig, R./Kühn, R. (2011): Methodik der strategischen Planung. 6. Aufl., Bern/Stuttgart

Hungenberg, H. (2011): Strategisches Management in Unternehmen. Ziele – Prozesse – Verfahren. 6. Aufl., Wiesbaden

Johnson, G./Whittington, R./Scholes, K. (2011): Exploring Corporate Strategy. 9. Aufl., Harlow, Essex, UK

Mintzberg, H. (2003): Five Ps for Strategy, in: Mintzberg, H./Lampel, J./Quinn, J.B./Goshal, S. (Hrsg.): The Strategy Process: Concepts, Context, Cases. 4. Aufl., Harlow, Essex, UK, S. 3–7

Mintzberg, H. (1994): The Rise and Fall of Strategic Planning. New York

Mintzberg, H./Ahlstrand, B./Lampel, J. (2009): Strategy Safari: The Complete Guide through the Wilds of Strategic Management. 2. Aufl., Harlow, Essex, UK

Müller-Stewens, G. (2004): Auf die Prozesse kommt es an, in: Harvard Business Manager, 26. Jg., Oktober, S. 28–32

Quinn, J.B. (2003): Logical Incrementalism: Managing Strategy Formation, in: Mintzberg, H./Lampel, J./Quinn, J.B./Goshal, S. (Hrsg.): The Strategy Process: Concepts, Context, Cases. 4. Aufl., Harlow, Essex, UK, S. 183–188

Strategieinstitut der Boston Consulting Group (Hrsg.) (2008): Clausewitz Strategie denken. 6. Aufl., München/Wien

Sun Tsu (2009): Die Kunst des Krieges. Frankfurt/Leipzig

Ulrich, H. (1984): Management. Gesammelte Beiträge. Bern/Stuttgart

Von Neumann, J./Morgenstern, O. (1944): Theory of Games and Economic Behaviour. Princeton, NJ, USA

3 Allgemeine Instrumente

Dieses Kapitel behandelt allgemeine Instrumente, die, vereinfacht ausgedrückt, entweder die allgemeine Ausgangslage des Unternehmens als Ausgangspunkt für den strategischen Prozess analysieren (7-S-System und EFQM-Modell) oder als richtunggebende Instrumente (Vision, Mission/Leitbild und Lückenanalyse) Ausrichtung und Ziele des Unternehmens formulieren, zu deren Erreichung der Strategieprozess den Weg zeigt. Diese vorab festgelegten Zielsetzungen können nach der strategischen Analyse revidiert oder im Sinne einer lern- bzw. erfahrungsorientierten Strategieentwicklung laufend angepasst werden.

3.1 Überblick

Um Zielsetzung und Ausrichtung des Unternehmens zu bestimmen, ist eine umfassende *Analyse der Ausgangslage* des Unternehmens notwendig. Ohne ein zutreffendes Verständnis der Ausgangslage ist es wenig sinnvoll, sich über zukünftige Ziele Gedanken zu machen. Eine solche Analyse beurteilt die Leistungsfähigkeit des Unternehmens umfassend und nimmt eine Diagnose von Leistungsdefiziten vor. Dazu gehört nicht nur eine ökonomische Bewertung der Geschäftsaktivitäten, sondern auch eine Einschätzung der sozialen (unternehmenskulturellen) Aspekte. In die Analyse der Ausgangslage fließt ebenfalls eine Beurteilung bisher verfolgter Strategien mit ein.

Die *richtunggebende Funktion* des strategischen Managements erfordert mehr denn je die Auseinandersetzung mit der wachsenden Dynamik und Komplexität der Umwelt. Daraus resultieren zunehmende Unsicherheiten über die zukünftige Entwicklung, die mit den traditionellen, rational geprägten Managementmethoden und -instrumenten nur schwer zu bewältigen sind. Bleicher (2004, S. 24 f.) spricht in diesem Zusammenhang von einem Paradigmenwechsel im Management. Die technokratische Unternehmensführung wandelt sich zu einer humanistischen oder sozio-ökonomischen mit einer balancierten Synthese von harten und weichen Faktoren.

Die Bedeutung weicher Faktoren und hier vor allem der Werte für die Unternehmensführung und den Erfolg haben Peters/Waterman (1982, S. 322) mit den „shared values" und später Collins/Porras (1996, S. 73) mit der „core ideology" oder Managementphilosophie, die wiederum aus Unternehmenszweck und grundsätzlichen Werten besteht, in ihren Untersuchungen herausgearbeitet. Kritisch zu hinterfragen ist, wie diese Werte entstehen und wie in einem Unternehmen Einigkeit über Grundannahmen und Werte hergestellt wird – sie werden zum Gegenstand des „normativen Managements" (Bleicher 2004, S. 80 ff.; Ulrich, H. 1981, S. 332).

In der europäischen Sichtweise und hier vor allem der des St. Galler Managementmodells werden Unternehmen als gesellschaftliche Institutionen betrachtet. Das Einzelunternehmen wird als ein soziales System aufgefasst, das selbst wiederum ein Subsystem innerhalb der Wirtschaft und der Gesellschaft ist (Ulrich, H. 1970, S. 102). Die Bewältigung von unternehmenspolitischen Wert- und Interessenkonflikten, die Herstellung von Konsens und die Legitimation des Unternehmens werden so zwangsläufig zu wichtigen Erfolgsvoraussetzungen. Auf der Basis einer Managementphilosophie, also den Werthaltungen und Überzeugungen der maßgeblichen Führungskräfte, deren Menschenbild, deren Vorstellungen über die Wirtschaft und Gesellschaft im Allgemeinen und über das Unternehmen im Besonderen, wird eine Unternehmenspolitik entwickelt. Die Unternehmenspolitik definiert den Grundzweck des Unternehmens. Sie setzt die unternehmensinternen und -externen Ziele und legt grundlegende Beziehungen, Verhaltensgrundsätze und Normen fest (Ulrich, P./Fluri 1995). In ähnlicher Form argumentiert Bleicher (2004, S. 157). Diese Grundorientierung dient der Harmonisierung interner und externer Interessen, um die Lebens- und Entwicklungsfähigkeit des Unternehmens zu gewährleisten. Das normative Management ist Teil eines Integrierten Managementkonzepts (Abb. 2—2). Die Ergebnisse des normativen Managementprozesses bleiben indes informell, wenn sie nicht explizit formuliert und als Leitbild schriftlich fixiert werden.

In einer vor allem in der angelsächsischen Welt verbreiteten Sichtweise werden Unternehmen hingegen in erster Linie als Träger privater wirtschaftlicher Aktivitäten gesehen, deren Verantwortung – dem bekannten Diktum von Milton Friedman (1970) folgend – in der Maximierung der Gewinne unter Einhaltung der Gesetze eines freien und fairen Wettbewerbs besteht. Aus dieser Perspektive bedarf es weniger einer Abstimmung mit der Gesellschaft und ihren Subsystemen als einer unternehmerisch einzigartigen und konsequent verfolgten Idee, um den Erfolg herbeizuführen. Die Idee kann und soll durchaus im (begrenzten) Konflikt zur Unternehmensumwelt stehen; dies entspricht dem Konzept des Unternehmers als kreativer Zerstörer von Schumpeter (1942).

In ihrer Untersuchung langfristig erfolgreicher Unternehmen, die als visionäre Unternehmen bezeichnet werden, kommen Collins/Porras (2005, S. 220 ff.) zu dem Schluss, dass diese durch eine unverwechselbare und konstante Kernideologie und eine klare Beschreibung der Zukunft charakterisiert werden (Abb. 3—1).

Die Kernideologie verleiht dem Unternehmen einen zeitlosen Charakter und hält das Unternehmen zusammen. Sie bedeutet Stabilität und Orientierung, während die Beschreibung der Zukunft auf Fortschritt und Veränderungen abzielt. Dabei unterscheiden Collins/Porras (2005) zwischen den „BHAGs" (Big Audacius Hairy Goals), also herausfordernden und langfristigen Zielen (10 bis 30 Jahre), und einer klaren Beschreibung, wie die Welt aussieht, wenn diese Ziele erreicht worden sind. Letztlich geht es in diesem Modell darum, den bestehenden Kern zu bewahren und die Weiterentwicklung zu fördern.

In der Praxis beschreiben Unternehmer und Unternehmen seit jeher ihren Geschäftszweck, ihre Grundsätze und ihre langfristigen Ziele in kurzen, prägnanten Sätzen oder formellen Erklärungen. Etwa ab Mitte der 1980er Jahre tauchen in der Literatur zum strategischen Management die Begriffe Vision (Bennis/Nanus 1985), Strategic Intent (Hamel/Prahalad 1989), Unternehmensleitbild (Bleicher 1992) und Mission (Bleicher 1992) auf. Alle diese Begriffe bezeichnen gleichzeitig Konzepte und Instrumente.

Abb. 3—1: Yin und Yang der visionären Unternehmen (Quelle: in Anlehnung an Collins/Porras 2005, S. 220)

Das umfassendste Konzept ist das Unternehmensleitbild. Es „... enthält die grundsätzlichsten und damit allgemeingültigsten, gleichzeitig aber auch abstraktesten Vorstellungen über angestrebte Ziele und Verhaltensweisen der Unternehmung. Es ist ein realistisches Idealbild, ein Leitsystem, an dem sich alle unternehmerischen Tätigkeiten orientieren (oder auch orientieren sollten)" (Bleicher 1992, S. 21). Die Mission erklärt den Unternehmenszweck und definiert häufig die Geschäftsfelder, in denen das Unternehmen im Wettbewerb steht, während die Vision zukunftsgerichtet „... artikuliert, was das Unternehmen zu werden wünscht oder wohin es strebt" (Grant/Nippa 2006, S. 91). Wenn eine Vision erreicht ist, verliert sie ihre motivierende und richtunggebende Kraft und muss neu definiert werden. Die Mission hingegen ist beständig; die Organisation und ihre Mitglieder können Stärke aus dem gemeinsamen und zeitlosen Zweck beziehen (Campbell/Yeung 1991). Werte und Verhaltensstandards beschreiben die Grundlage des Verhaltens des Unternehmens und seiner Mitarbeiter. Den Zusammenhang der verschiedenen Begriffe zeigt die folgende Darstellung (Abb. 3—2):

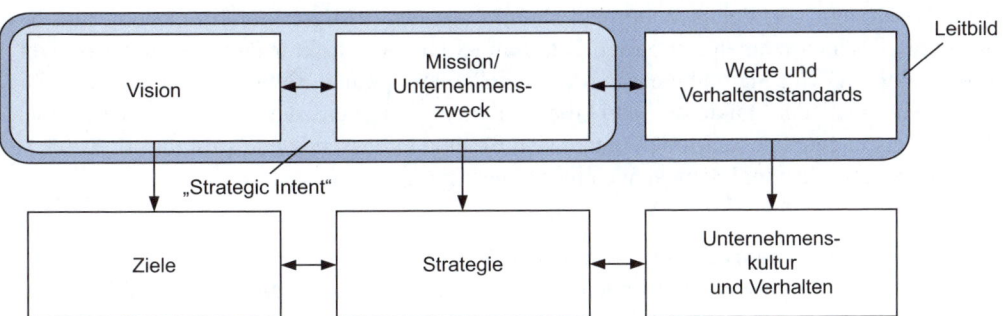

Abb. 3—2: Zusammenhang der verwendeten Begriffe

Leider werden diese Begriffe in der Literatur nicht einheitlich verwendet. Grünig/Kühn (2011, S. 127) etwa verstehen die Begriffe Leitbild, Vision, Mission, Charter und Unternehmensgrundsätze synonym. Der Begriff Leitbild wird ausschließlich im deutschsprachigen Raum verwandt.

Dieses Kapitel befasst sich mit zwei Instrumenten zur *Analyse der Ausgangslage*:

- Das 7-S-System als allgemeines Diagnoseinstrument für Unternehmen, das sowohl harte als auch weiche Dimensionen erfasst und das Management von Veränderungen unterstützen kann. Das 7-S-System konzentriert sich auf interne Aspekte des Unternehmens.
- Das EFQM-Modell basiert auf dem TQM-Ansatz der kontinuierlichen Verbesserung und verknüpft die Managementprozesse mit einer Bewertung der Leistungen des Unternehmens im Hinblick auf verschiedene Kriterien. Es bezieht die Unternehmensumwelt in Form der Erwartungen der Anspruchsgruppen explizit ein.

Weiterhin werden vier *Instrumente mit richtunggebendem Charakter* vorgestellt:

- Die Vision als Zukunftsbild gibt ein großes Ziel für die Entwicklung des Unternehmens und die Strategie vor.
- Mission und Leitbild werden zusammengefasst. Sie erklären einen beständigen Unternehmenszweck und legen Werte und Verhaltensgrundsätze des Unternehmens fest.
- Das Geschäftsmodell erklärt, wie die Mission erfüllt wird, wie ein Mehrwert für den Kunden erzielt und wie das Geschäft rentabel betrieben werden kann.
- Die Gap- oder Lückenanalyse konfrontiert die angestrebten langfristigen Umsatz- und Gewinnziele des Unternehmens mit einer Prognose der zukünftigen Unternehmensentwicklung. Die sich in der Regel ergebende Lücke kann mit unterschiedlichen Ansätzen geschlossen werden.

3.2   Allgemeine Analyseinstrumente

3.2.1   Das 7-S-System

"Soft is hard" (Peters/Waterman 1982).

Das 7-S-System von Peters/Waterman stammt aus der Erfolgsfaktorenforschung und beschreibt ein Unternehmen mit harten Faktoren (Strategie, Struktur und Systeme) und weichen Faktoren (Stil, Stammbelegschaft, Spezialkenntnisse und Selbstverständnis). Das Zusammenwirken der Faktoren und die Balance zwischen den Faktoren bestimmen Spitzenleistungen. Dieses Modell eignet sich für eine umfassende und strukturierte Analyse der internen Stärken und Schwächen eines Unternehmens.

Beschreibung und theoretischer Hintergrund
Die wirtschaftliche Entwicklung Ende der 1970er Jahre war durch die großen Erfolge japanischer Unternehmen geprägt, vor allem in der Autoindustrie und der Unterhaltungselektronik. Zu dieser Zeit konzentrierte sich die Diskussion in erster Linie auf die Beziehung zwischen

Strategie und Struktur entsprechend dem von Chandler (1962, S. 14) entwickelten Grundsatz „structure follows strategy". Diesem Konzept folgten zunächst auch Peters/Waterman, beide Berater bei McKinsey & Company, die aber schnell erkannten, dass neue Strategie- und Strukturideen nicht ausreichen, um dauerhafte Unternehmenserfolge zu schaffen. "Our assertion is that productive organization change is not simply a matter of structure, although structure is important. It is not so simple as the interaction between strategy and structure, although strategy is critical too. Our claim is that the effective organizational change is really the relationship between structure, strategy, systems, style, skills, staff and something we call superordinate goals" (Peters et al. 1980, S. 17). Unterstützt wurden diese Überlegungen von Pascale und Athos (1981, S. 80 ff.), die das 7-S-System zur gleichen Zeit als konzeptionelle Grundlage für ihre Untersuchung des japanischen Managements verwendeten.

Der 1982 publizierte Managementbestseller „In Search of Excellence. Lessons from America's Best-Run Companies" baut auf einer Untersuchung von 62 US-amerikanischen Großunternehmen aus verschiedenen Branchen auf. Um als exzellent eingestuft zu werden, mussten diese Unternehmen im Zeitraum 1961 bis 1980 bei mindestens vier von sechs Finanzkriterien wie z. B. Gewinn oder ROI bestimmte Anforderungen erfüllen. Außerdem beurteilten Branchenkenner die Innovationskraft dieser Unternehmen für den gleichen Zeitraum. Den gestellten Anforderungen genügten letztlich 43 Unternehmen wie z. B. IBM, Hewlett-Packard, Digital Equipment, Wang Laboratories oder P&G. Diese Unternehmen wurden anhand von veröffentlichten Informationen und ausführlichen Interviews detailliert untersucht. Von den 19 weniger erfolgreichen Unternehmen wurden 12, die die Kriterien nur knapp verfehlten, ausführlich interviewt.

In diesem Modell (Abb. 3—3) werden Strategie (Strategy), Struktur (Structure) und Systeme (Systems) als harte Faktoren bezeichnet. Die Strategie bezieht sich auf alle Maßnahmen des Unternehmens, die als Reaktion auf Umweltveränderungen ergriffen werden. Die Struktur umschreibt die Aufbauorganisation, also die Bildung von Geschäftseinheiten und Abteilungen. Mit Systemen sind die Prozessorganisation sowie die damit verbundenen Systeme bspw. in der IT, der Budgetierung, der Qualitätskontrolle oder der Herstellung gemeint.

Die traditionelle Sicht der Unternehmensführung unterstellt, dass ein Unternehmen mit den harten Faktoren gesteuert werden kann; die weichen Faktoren, also Stil (Style), Stammbelegschaft (Staff), Spezialkenntnisse (Skills) und Selbstverständnis (Shared Values)[1] wurden vernachlässigt und als wenig beeinflussbar betrachtet. Der Stil umfasst sowohl die vorhandene Unternehmenskultur als auch den Führungsstil und das Rollenmodell der Führungskräfte. Unter Stammbelegschaft sind die Mitarbeiter und alle Prozesse im HR-Bereich, z. B. die Karriereentwicklung oder die Integration neuer Mitarbeiter, zu verstehen. Die Spezialkenntnisse beziehen sich auf die Kenntnisse und Fähigkeiten des Unternehmens und die entsprechenden Maßnahmen zur Entwicklung dieser Kenntnisse. Das Selbstverständnis bildet das Bindeglied zwischen allen anderen Elementen – es umfasst die gemeinsamen Werte oder die Kultur des Unternehmens.

---

[1]   Ursprünglich wird der Begriff Superordinate Goals (übergeordnete Ziele) in das Zentrum des Modells gestellt (Peters et al. 1980); dieser Begriff wird später ersetzt durch Shared Values oder gemeinsame Werte (Peters/ Waterman 1982).

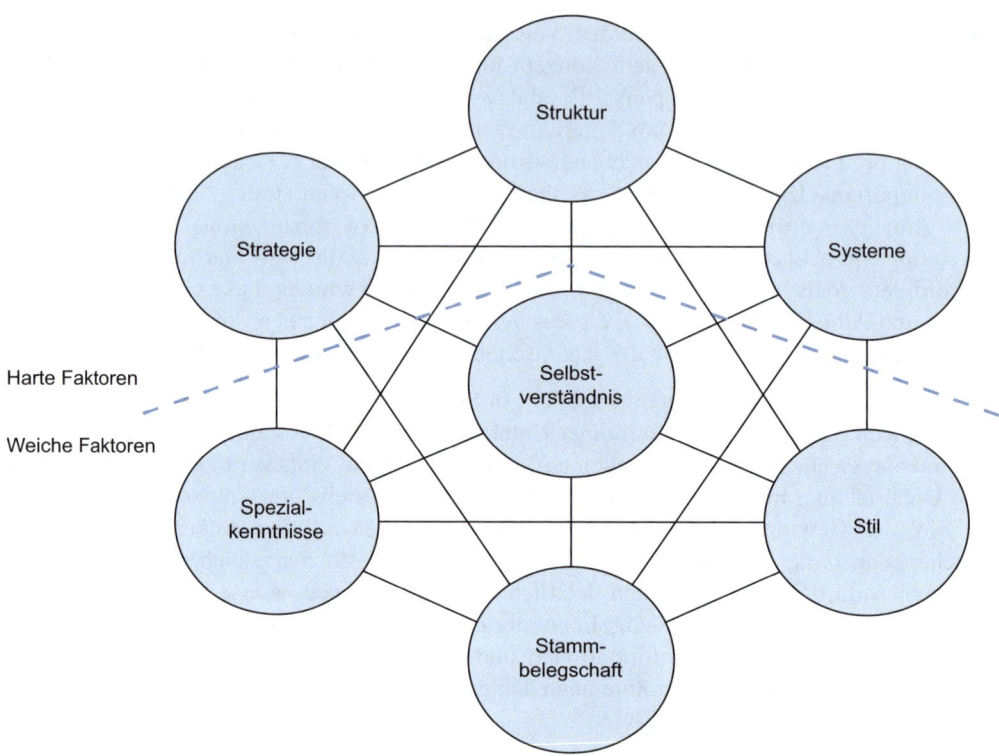

Abb. 3—3: Das 7-S-System (Quelle: in Anlehnung an Peters/Waterman 1982, S. 10)

Peters/Waterman (1982, S. 11 f.) argumentieren, dass in der Vergangenheit in der Theorie und der praktischen Umsetzung zu viel Gewicht auf die harten und zu wenig auf die weichen Faktoren gelegt wurde. Nach ihrer Ansicht sind es nämlich die weichen Faktoren, die den Ausschlag für Spitzenleistungen geben – deshalb „soft is hard".

Die Bedeutung des Modells liegt zum einen in der Diagnose und zum anderen in der Planung und Umsetzung von Veränderungsprojekten. Dabei weisen Peters/Waterman (1982, S. 9 ff.) auf die folgenden wichtigen Aspekte hin:

- Veränderungen in Organisationen werden nicht durch einen Faktor, sondern durch mehrere Faktoren beeinflusst.
- Diese Faktoren sind interdependent. Damit ist die Veränderung eines einzelnen Faktors nicht möglich, ohne die anderen Faktoren ebenfalls zu verändern.
- Ein Großteil der geplanten Strategien wird in der Praxis nicht realisiert bzw. erfüllt nicht die gesetzten Ziele. Die niedrige Erfolgsquote kann darauf zurückgeführt werden, dass den übrigen Faktoren nicht die notwendige Aufmerksamkeit gewidmet wurde.
- Die Form des Diagramms impliziert, dass es keinen Anfangspunkt und keine Hierarchie gibt. Es ist nicht auszumachen, welcher Faktor die treibende Kraft für eine Veränderung ist. Dieser Faktor wird von der spezifischen Unternehmenssituation bestimmt.

Zusätzlich beschreiben Peters/Waterman (1982, S. 13 ff.) verschiedene Grundsätze, die Unternehmen mit Spitzenleistungen charakterisieren und die teilweise auch Vorgaben zur Gestaltung der einzelnen Faktoren machen.

Praktische Anwendung
Die Analyse eines Unternehmens oder eines Geschäftsbereichs erfolgt in vier Schritten. Dazu bietet es sich an, ein Projektteam mit Mitarbeitern aus verschiedenen Unternehmensbereichen zu bilden. Die Durchführung kann kompakt als Workshop erfolgen. Mit diesem Vorgehen wird zwar schnell ein guter Überblick gewonnen und vor allem auch ein Konsens gefunden, aber meist auf Kosten der Objektivität. Besser ist eine umfassende und systematische Befragung des mittleren und unteren Managements.

Schritt 1: Überblick über die Lage des Unternehmens
Informationen über das Unternehmen werden im Hinblick auf die allgemeine Unternehmenssituation zusammengetragen und analysiert. Grundlagen dafür sind Geschäftsberichte mit den entsprechenden finanziellen Ergebnissen, Berichte von Börsenanalysten, Branchenanalysen, Zeitungsberichte sowie interne Unterlagen wie Marktuntersuchungen, Mitarbeiterbefragungen, Organigramme und Strategiepläne. Ergänzend werden Gespräche mit der Geschäftsführung zur Lage des Unternehmens durchgeführt.

Schritt 2: Entwickeln des Fragebogens und Durchführen der Befragung
Auf dieser Grundlage kann nun ein Fragebogen für die 7-S-Faktoren entwickelt werden. Bei der Formulierung der Fragen ist nicht nur der jeweilige Faktor zu erfassen, sondern auch das Zusammenwirken der einzelnen Faktoren. Im Folgenden sind einige Beispielfragen für jeden 7-S-Faktor aufgeführt (Müller-Stewens/Lechner 2005, S. 220):

Strategie:

- Ist Ihnen die Unternehmensstrategie bekannt?
- Ist diese Strategie geeignet, die zukünftigen Herausforderungen des Unternehmens zu meistern?
- Ist die Strategie realisierbar?

Struktur (Aufbauorganisation):

- Ist die Struktur einfach und klar zu verstehen?
- Passt die vorhandene Struktur in die Marktlage des Unternehmens?
- Entspricht die Struktur der geplanten Strategie?

Systeme (Prozessorganisation):

- Welche Systeme haben in Ihrem Unternehmen eine besondere Bedeutung?
- Wie beurteilen Sie die Qualität dieser Systeme?
- Welche Systeme fehlen oder sind unterentwickelt?
- Behindern die vorhandenen Systeme die Struktur und Strategie?

Stammbelegschaft:

- Wo liegen die Stärken und Schwächen des Stammpersonals?
- Wie sind die Stärken im Verhältnis zur Konkurrenz zu beurteilen?
- Welche Arten von Mitarbeitern fehlen für die Umsetzung der Strategie?

Spezialkenntnisse:

- Über welche herausragenden Fähigkeiten verfügt Ihr Unternehmen?
- Wie sind diese Fähigkeiten im Verhältnis zum Wettbewerb zu beurteilen?
- Welche Fähigkeiten sind unterentwickelt und müssen noch weiterentwickelt werden?

Stil:

- Wie beurteilen Sie die Zusammenarbeit zwischen Führungskräften und Mitarbeitern?
- Auf welche Art und Weise werden Entscheidungen getroffen?
- Wie sollten Entscheidungen in der Zukunft getroffen werden?

Selbstverständnis (Werte):

- Welche gemeinsamen Werte existieren in Ihrem Unternehmen?
- Sind Sie mit diesen Werten einverstanden?
- Unterstützen diese Werte die geplante Strategie?

Vor der Durchführung der Befragung ist es sinnvoll, den Fragebogen mit zwei oder drei Führungskräften zu testen und ggfs. anzupassen. Der Fragebogen sollte von einer repräsentativen Auswahl von Führungskräften unterhalb der Geschäftsführung ausgefüllt werden. Eine zentrale Voraussetzung für eine ehrliche Beantwortung ist die Gewährleistung der Anonymität. Die Ergebnisse sind zusammenzufassen und der Geschäftsleitung zu präsentieren.

Schritt 3: Ableiten der Beziehungen zwischen den Faktoren

In der Diskussion mit der Geschäftsführung wird das Zusammenwirken der Faktoren diskutiert und herausgearbeitet. Zunächst wird untersucht, ob zwischen den Faktoren eine ausreichende Übereinstimmung (Fit) besteht und ob sich ein Veränderungsbedarf ergibt. Weiter ist die Übereinstimmung mit der Unternehmensumwelt zu untersuchen; falls notwendig, sind Veränderungen zu definieren.

Schritt 4: Entwicklung von Veränderungsprojekten

Auf dieser Grundlage kann nun über weitere Aktivitäten entschieden werden. Dies sind häufig einzelne Projekte, die dezidiert zur Behebung spezifischer Schwächen beitragen sollen. Im Sinne der Organisationsentwicklung ist es ebenfalls denkbar, für die einzelnen Faktoren bzw. Beziehungen zwischen Faktoren Sollzustände seitens der Geschäftsführung zu definieren und anschließend Projekte zum Erreichen dieser Zustände aufzusetzen. Nach Durchführung der Projekte kann das 7-S-Modell zur Erfolgsmessung genutzt werden.

Das folgende Beispiel (Abb. 3—4) zeigt für ein mittelständisches Technologieunternehmen, wie das 7-S-System zur Diagnose der Ist-Situation genutzt werden kann.

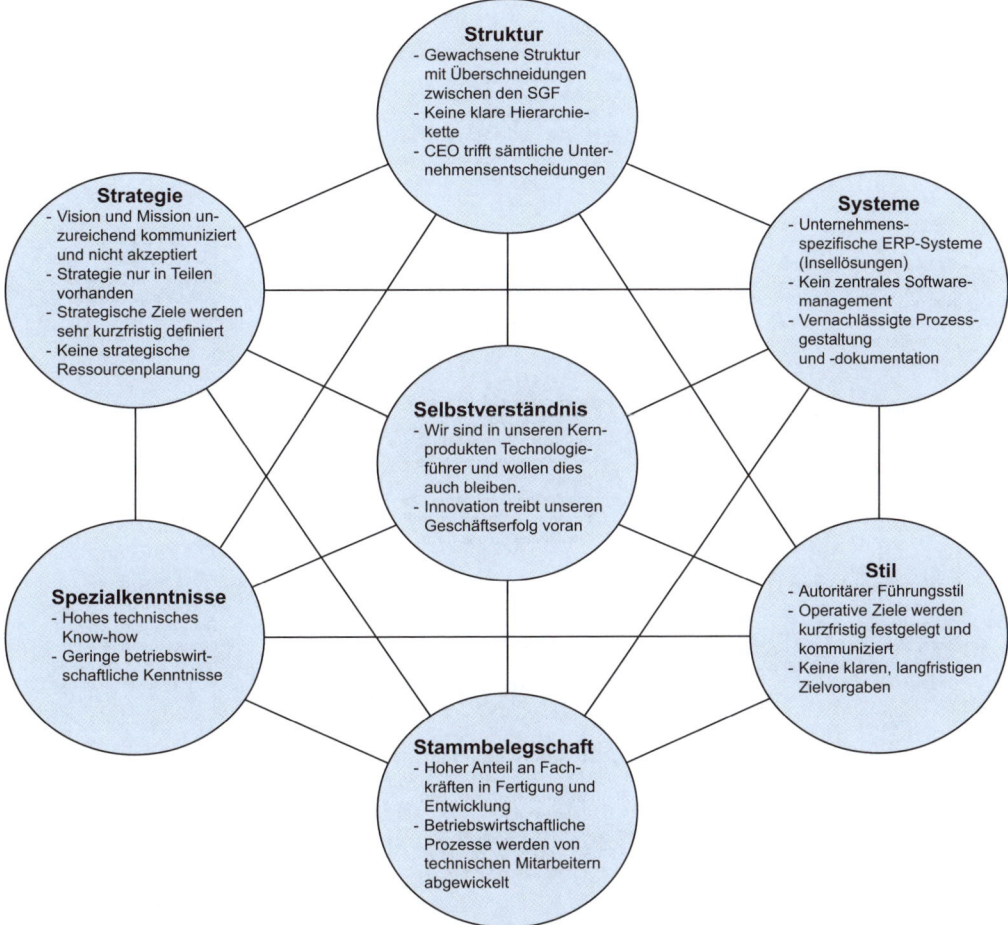

Abb. 3—4: Beispiel zur Analyse der Ist-Situation mit dem 7-S-System

Das 7-S-System kann ebenfalls herangezogen werden, um die gewünschte Soll-Situation darzustellen (Abb. 3—5). Die Soll-Situation ist von der Unternehmensführung zu definieren. Aus der Gegenüberstellung von Ist und Soll lassen sich Maßnahmen zur Veränderung ableiten.

Kritik des Instruments
Grundsätzliche Kritik übte Krüger (1989), der in eigenen empirischen Untersuchungen zu anderen Ergebnissen als Peters/Waterman kommt. Nach seiner Ansicht haben die harten Faktoren und hier vor allem die Strategie eine deutlich größere Bedeutung für die Erklärung von Spitzenleistungen als die weichen Faktoren. Das Krüger-Modell trifft allerdings keine Aussagen, wie die Strategie zu formulieren ist. Weiter argumentiert Krüger, dass Erfolge und Misserfolge weit weniger einfach zu durchschauen und zu erklären seien, als dies Peters/ Waterman mit ihren Grundsätzen behaupten.

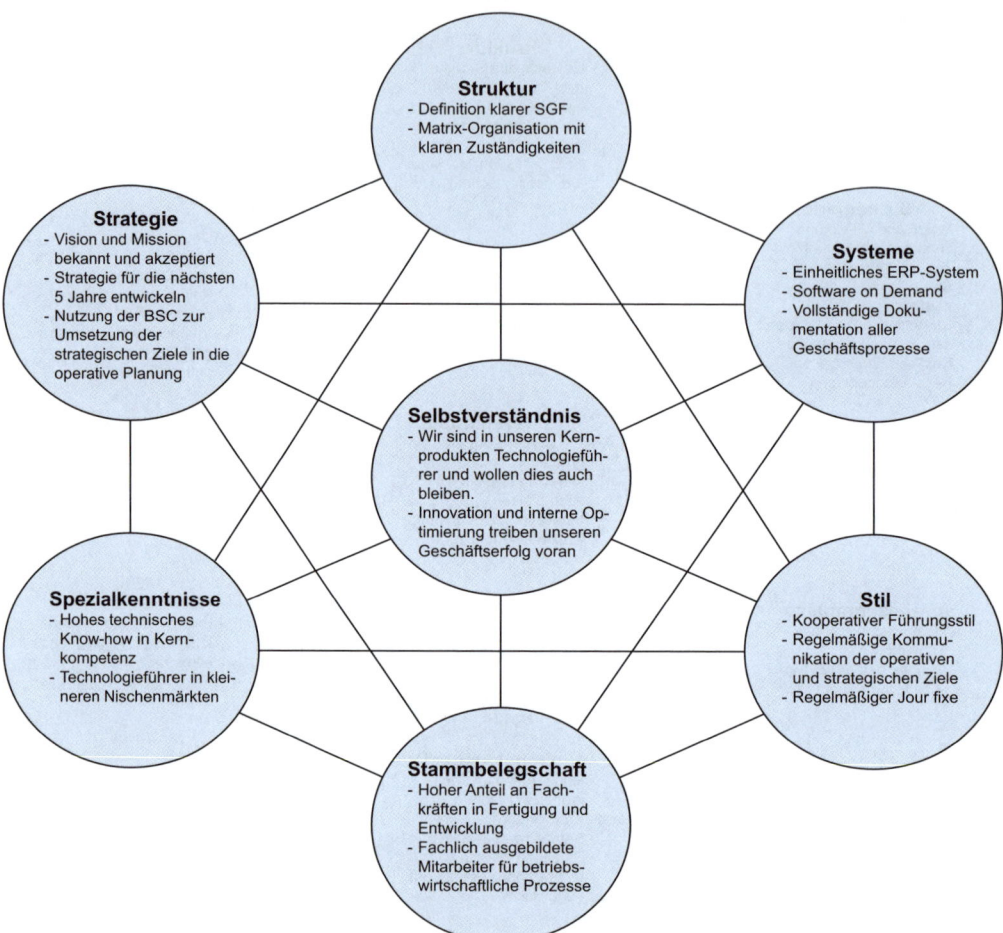

Abb. 3—5: Beispiel zur Darstellung der Soll-Situation mit dem 7-S-System

Die wichtigsten Kritikpunkte am 7-S-Modell lassen sich wie folgt zusammenfassen:

1. Die Untersuchung hat methodische Schwächen. Die Kontrollgruppe ist mit 19 Unternehmen recht klein; die untersuchten 12 weniger erfolgreichen Unternehmen unterscheiden sich nur wenig von den erfolgreichen Unternehmen (Frese 1985).
2. Eine Reihe von Aussagen ist sehr allgemein formuliert und in diesem Sinne „oberflächlich, journalistisch überhöht und apodiktisch" (Macharzina/Wolf 2012, S. 976). In ähnlicher Form sprechen Steinle et al. (1996, S. 14) von einer „plakativen Übervereinfachung" und „ungenügenden Problembewältigung".
3. Das 7-S-System ist ein geschlossenes Modell mit sieben Faktoren; damit sind andere wichtige Faktoren zur Erklärung von Spitzenleistungen von vornherein ausgeschlossen. Krüger (1989) ist der Ansicht, dass die Autoren ein S, nämlich die Situation des Unternehmens im Markt und Wettbewerb – die externe Seite –, schlichtweg vergessen haben.

4. Das Modell weist zwar explizit auf das Zusammenwirken der einzelnen Faktoren hin; es fehlen aber Aussagen im Hinblick auf die sachlichen und zeitlichen Abhängigkeiten zwischen diesen Beziehungen (Krüger 1989).

5. Die Autoren entwickeln keine Vorgaben, wie die Daten für das 7-S-Modell zu erfassen sind. Gerade die Ermittlung der weichen Faktoren stellt aber ein grundsätzliches Problem dar.

6. Letztlich ist der Begriff „exzellent" relativ, d. h., er gilt nur für eine bestimmte Zeitspanne. Einige der 1982 als exzellent definierten Unternehmen existieren heute nicht mehr, wie z. B. Digital Equipment oder Wang Laboratories, andere hatten in den vergangenen Jahren große Probleme, wie z. B. IBM zu Beginn der 1990er Jahre.

Vor allem von den Vertretern einer kritisch-rationalen Sicht der Unternehmensführung wie z. B. Frese (1985) wurde das 7-S-System heftig angegriffen. Das weist darauf hin, dass die explizite Integration der weichen Faktoren, die rational nicht erfasst und gemessen werden können, als Erklärungsansatz für Spitzenleistungen das traditionelle, rationale Verständnis des Managements ins Wanken gebracht hat.

Strategische Bedeutung und Nutzen

Wächter (1985) sieht den Wert dieses Systems im Sinne einer handlungsorientierten Wissenschaft eher darin, auf den tiefgreifenden Wandel in Unternehmen und Gesellschaft hinzuweisen: Organisationen müssen in einer hochkomplexen Umwelt arbeiten und sind nur beschränkt rational steuerbar; Sinnfragen gewinnen eine wachsende Bedeutung. Daher sind ein anderes Managementsystem und auch eine andere Managementausbildung erforderlich.

Gerade im Herausarbeiten der Bedeutung der weichen Faktoren, die bis zum Zeitpunkt der Publikation des Buchs von Peters/Waterman (1982) weitgehend ignoriert wurden, liegt der eigentliche Wert des 7-S-Systems. Auf einen sehr praktischen Nutzen des Buchs verweist überdies Sparberg (1985); er ist der Ansicht, das die von Peters/Waterman (1982) gewählte Vorgehensweise, nämlich unmittelbar an den Erfahrungen erfolgreicher Unternehmen anzusetzen und die theoretischen Prämissen um diese „Vorbilder" herumzubauen, von besonderem Interesse für die Führungskräfte anderer Unternehmen ist – weit größer als das Interesse an theoriegeleiteten Überlegungen.

In den 1980er und 1990er Jahren hat dieses System sicherlich dazu beigetragen, die weichen Faktoren als integralen Bestandteil der Unternehmensführung vor allem in US-Konzernen zu etablieren.

Aus heutiger Sicht liefert das 7-S-System eine umfassende Checkliste, um eine strukturierte Analyse der Stärken und Schwächen eines Unternehmens oder Unternehmensbereichs durchzuführen. Weiter kann das Modell helfen, sich auf die Beziehungen zwischen den Faktoren und dem Fit mit der Umwelt zu konzentrieren, um auf dieser Basis Veränderungen zu definieren. Das 7-S-System kann auch eine sinnvolle Grundlage bilden, um Veränderungsprojekte zu planen, umzusetzen und zu überwachen.

Ähnliche Instrumente

Schlüsselerfolgsfaktoren

Das Konzept von Peters/Waterman (1982) gehört zu den ersten Ansätzen der Erfolgsfaktorenforschung, nämlich von den Besten zu lernen und auf diese Weise Prinzipien und Vorgehensweisen für eine erfolgreiche Unternehmensführung abzuleiten (vgl. Abschn. 5.2.9). In
den folgenden Jahren gab es zahlreiche Studien mit ähnlicher Zielsetzung. Beispielhaft hierfür sind in Deutschland die Arbeiten von Steinle et al. (1996) oder von Simon (1996 und
2007) für mittelständische Unternehmen. Diese Untersuchungen verwenden allerdings andere Begriffe und Strukturen zur Erfassung und Beschreibung der Erfolgsfaktoren.

Aus den USA ist die Studie von Nohria et al. (2003, S. 1) zu erwähnen, die 200 etablierte
Managementmethoden in 160 Unternehmen über einen Zehnjahreszeitraum untersucht hat.
Das Ergebnis ist als „4+2"-Formel bekannt geworden. Führungskräfte von erfolgreichen
Unternehmen sollen sich auf sechs Managementdimensionen fokussieren. Von primärer
Bedeutung sind Strategie, Umsetzung der Strategie, Unternehmenskultur und Unternehmens-
struktur. Zusätzlich sollen die Führungskräfte aus vier sekundären Managementdimensionen
(Talente, Innovationen, Führung und Akquisitionen/Partnerschaften) zwei weitere auswäh-
len. Derartige Schlussfolgerungen sind sicherlich nicht neu, aber sie zeigen doch, wie schnell
Führungskräfte grundlegende Führungsaspekte vergessen.

Überschneidungen mit anderen Instrumenten

Ressourcen- und Fähigkeits-Portfolio

Eine Untersuchung der Ressourcen- und Kompetenzbasis eines Unternehmens liefert wichtige Informationen für das 7-S-System. Beide Ansätze verfolgen das Ziel, Stärken und Schwächen des Unternehmens zu erfassen. Das 7-S-System gibt mit den sieben Faktoren ein Untersuchungsraster vor; allerdings erfolgt keine Gewichtung der einzelnen Faktoren. Die Analyse
der Ressourcen und Kompetenzen mit Hilfe des Ressourcen-/Fähigkeitsportfolios hingegen
erfolgt ohne Vorgaben, aber mit einer Bewertung der Ressourcen und Kompetenzen im Hinblick auf die strategische Bedeutung und die relative Stärke im Vergleich zum Wettbewerb.
Daraus ergeben sich Schlüsselstärken und -schwächen (vgl. Abschn. 3.2.1).

SWOT-Analyse

Eine weitere Überschneidung ergibt sich mit dem internen Teil (Stärken/Schwächen) der
SWOT-Analyse. Während die SWOT-Analyse ohne vorgegebene Kriterien arbeitet, stellt
das 7-S-System auf der Basis der Erfolgsfaktoren ein Untersuchungsraster bereit. Weiter
unterscheidet es sich durch eine Berücksichtigung der Beziehungen zwischen den 7-S-
Faktoren, während die SWOT-Methode die einzelnen Faktoren lediglich als Stärken bzw.
Schwächen auflistet (vgl. Kap. 4).

Die Wertkette

Die Wertkette (vgl. Abschn. 6.2.3) kann ebenfalls einen wichtigen Input für das 7-S-System
bereitstellen. In der Wertkettenanalyse werden die Kosten und der Wertbeitrag jeder Aktivität für den Kunden systematisch und umfassend für den gesamten Prozess der Leistungs-

erstellung und des Leistungsabsatzes analysiert. Das 7-S-System hingegen analysiert Stärken und Schwächen sehr viel aggregierter aus einer Gesamtsicht des Unternehmens bzw. eines Unternehmensbereichs.

3.2.2   EFQM-Modell

Das EFQM-Modell ist eine Weiterentwicklung von Total-Quality-Management-Ansätzen und ermöglicht eine Bewertung der Managementsysteme, der Ressourcen und der erzielten Leistungen eines Unternehmens. Damit soll ein kontinuierlicher Verbesserungsprozess unterstützt werden. Auf der Basis der Bedürfnisse und Interessen der Anspruchsgruppen des Unternehmens werden exzellente Leistungen angestrebt. Das Modell definiert hierzu vier Ergebniskategorien, die auf fünf internen Befähigungsfaktoren (im Englischen „enabler") beruhen, und gibt einen Untersuchungsansatz und eine Bewertungsmethode vor. Das EFQM-Modell unterstützt die strategische Analyse sowie die Umsetzung und die Kontrolle von Strategien.

Beschreibung und theoretischer Hintergrund

Das EFQM-Modell basiert auf den Prinzipien des Total Quality Managements (TQM); es integriert Mitarbeiter, Prozesse und Ergebnisse und strebt eine kontinuierliche Verbesserung an. Ziel ist die Entwicklung eines exzellenten Unternehmens mit dauerhaft herausragenden Leistungen, die die Erwartungen der Anspruchsgruppen erfüllen oder übertreffen (EFQM 2010a). Das EFQM-Modell wurde von der 1988 von vierzehn europäischen Unternehmen gegründeten European Foundation for Quality Management (EFQM 2010a) geschaffen. Es war die Antwort auf das US-amerikanische Programm des Malcom Baldrige National Quality Awards, zu dem das EFQM-Modell große Ähnlichkeiten aufweist. Wie in den USA wird jährlich eine Auszeichnung auf Basis des Modells verliehen, der Europäische Qualitätspreis (EFQM-Excellence Award). Dem in Japan seit 1951 verliehenen Deming-Preis für TQM hingegen liegt kein eigenes Modell zugrunde (JUSE 2010).

Das EFQM-Modell liefert Vorgaben zu Unternehmenswerten und -zielen sowie zu grundlegenden Managementprozessen. Diese Leistungen werden in die vier Zieldimensionen Geschäft, Mitarbeiter, Kunden und Gesellschaft unterteilt. Im Modell bilden die fünf Befähigungsfaktoren Führung, Mitarbeiter, Strategie, Partner sowie Ressourcen und Prozesse die Grundlage für die erzielten Leistungen. Die Rückkopplung der gemessenen Ergebnisse zu den befähigenden internen Faktoren soll weitere Verbesserungen bringen. Die angestrebte Exzellenz wird mit Hilfe von acht Prinzipien definiert (EFQM 2010a):

- Ausgewogene Ergebnisse (kurz- und langfristig, Berücksichtigung der verschiedenen Anspruchsgruppen).
- Werte für den Kunden schaffen.
- Führung durch Vision, Inspiration und Integrität.
- Strukturierte, strategisch ausgerichtete und faktenbasierende Managementprozesse.
- Erfolg durch Mitarbeiter (Achtung der Mitarbeiter und Verantwortungskultur, Balance zwischen persönlichen Zielen und denen der Organisation).

- Förderung von Kreativität und Innovation.
- Partnerschaften zu Lieferanten, Kunden, der Gesellschaft, zu Bildungseinrichtungen oder Nichtregierungsorganisationen.
- Verantwortung für eine nachhaltige Zukunft (ethische Orientierung, Werte und Verhaltensstandards, wirtschaftliche, soziale und ökologische Nachhaltigkeit).

Diese Prinzipien benötigen real erbrachte Leistungen, Indikatoren zu ihrer Messung und Managementsysteme zur kontinuierlichen Verbesserung. Unternehmen können sich auf der Basis eines Scoring-Modells mit einer strukturierten Methodik selbst bewerten, einen Vergleich zu anderen Unternehmen ziehen und so mögliche Verbesserungen identifizieren. Die Schlüsselergebnisse (für Unternehmen sind dies vor allem finanzielle Kenngrößen, Wachstum und Produktivität) und die kundenbezogenen Ergebnisse werden mit 15 % gewichtet, alle anderen Bereiche mit jeweils 10 %.

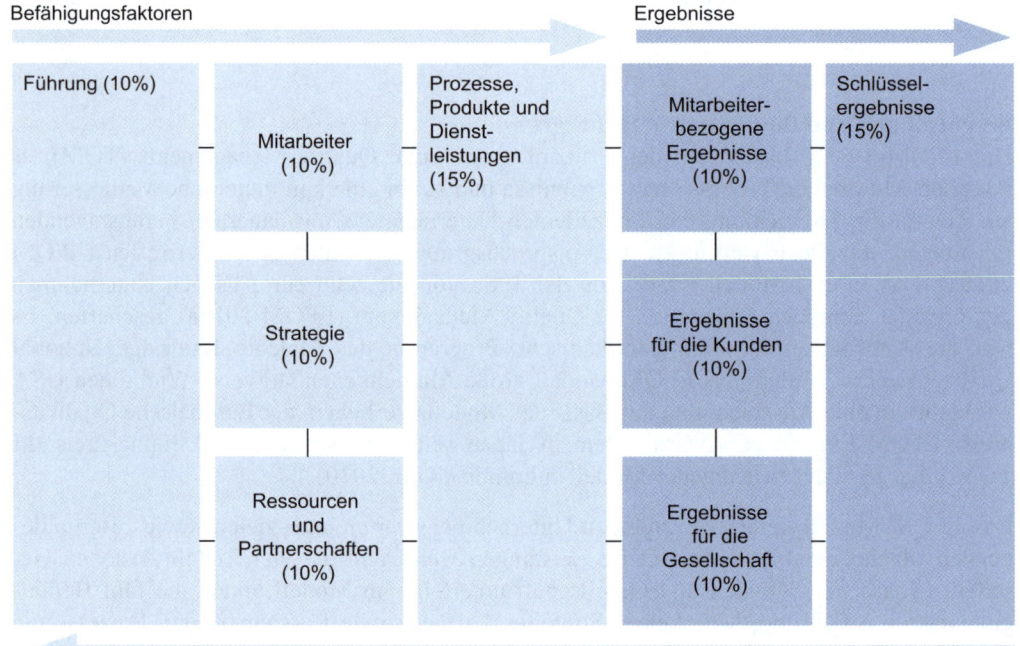

Abb. 3—6: Das EFQM-Modell

Das EFQM-Modell (Abb. 3—6) entspricht weitgehend einer ressourcenbasierenden Sichtweise des Unternehmens (Ruiz-Carillo/Fernández-Ortiz 2005); so werden in der Kategorie Führung die Managementfähigkeiten, in der Kategorie Mitarbeiter die funktionalen Fähigkeiten des Personalmanagements, in der Kategorie Partner und Ressourcen die Managementfähigkeiten, materiellen Ressourcen und technologischen Fähigkeiten betrachtet und in der Kategorie Prozesse die Organisationsroutinen, dynamischen Fähigkeiten und die Fähigkeiten zum Management von Geschäftsprozessen und technischen Prozessen. Die Ergebnisse berücksichtigen zudem die Reputation des Unternehmens bei Kunden und in der Gesellschaft sowie das Vertrauen der Kunden in das Unternehmen.

Das EFQM-Modell bildet die Grundlage zahlreicher nationaler Qualitätswettbewerbe in Europa. 500 Mitgliedsunternehmen bei EFQM sprechen für eine beachtliche Verbreitung und Anwendung des Modells (EFQM 2010c). Weltweit wenden 30.000 Organisationen (davon 3.000 in Deutschland) das Exzellenzmodell der EFQM an (dgq 2011).

Praktische Anwendung
Die Bewertung nach dem EFQM-Modell kann in unterschiedlicher Form vorgenommen werden: als Selbstbewertung des Unternehmens durch eine einzelne Person, durch eine Arbeitsgruppe oder durch einen oder mehrere externe Experten. Die Bewertung kann mittels der EFQM-Standardfragen (EFQM 2010a) oder eines eigens an das Unternehmen angepassten Fragebogens erfolgen. Management-Workshops oder die Beteiligung von Mitarbeitern ergänzen das Vorgehen.

Schritt 1: Planung
Die an der Selbstbewertung beteiligten Mitarbeiter und Führungskräfte werden ausgewählt. Eine typische Gruppengröße umfasst 4–12 Mitarbeiter und Führungskräfte, wobei die Geschäftsführung vertreten sein muss. Der weitere Zeitablauf wird geplant. Informationen zum Unternehmen und zu den einzelnen Bereichen werden zusammengetragen und den Teilnehmern vorab zur Verfügung gestellt. Benötigt werden grundlegende Dokumente, Berichte, Analysen, Dokumentationen der Managementsysteme, Prozessbeschreibungen, Kennzahlen, Berichtsysteme, gemessene Ergebnisse sowie Benchmark-Daten der Branche.

Schritt 2: Selbstbewertung
Die Selbstbewertung erfolgt anhand des Modells für jeden der neun Bereiche und der dazu gestellten Fragen (vgl. EFQM 2010b). Ein EFQM-kundiger externer Moderator kann ein stringentes Vorgehen und eine realistische Bewertung gewährleisten und zudem die nicht ganz einfache Abgrenzung der einzelnen Fragen und Kategorien erleichtern.

Die fünf Befähigungsfaktoren sind:

- Führung
- Mitarbeiter
- Strategie
- Partner
- Ressourcen und Prozesse

Jeder der Befähigungsfaktoren wird mit drei Fragenkomplexen untersucht:

1. Geht das Unternehmen im jeweiligen Bereich fundiert und integriert vor? Ist das Vorgehen klar begründet, basiert es auf definierten Prozessen, ist es auf die Bedürfnisse der Interessengruppen ausgerichtet und wird es weiterentwickelt? (Als integriert ist es zu bezeichnen, wenn es auf die Strategie ausgerichtet und, falls notwendig, mit dem Vorgehen in anderen Bereichen verzahnt ist.)

2. Wurde das Vorgehen in allen Bereichen des Unternehmens systematisch umgesetzt?
3. Wird die Effizienz und Effektivität des Vorgehens und der Umsetzung regelmäßig mit aussagefähigen Kriterien gemessen? Werden gute Praktiken intern und extern identifiziert und werden kreativ neue Vorgehensweisen entwickelt? Werden die identifizierten guten Praktiken und neu entwickelten Vorgehensweisen zur Verbesserung eingesetzt?

In den vier Dimensionen Geschäft, Mitarbeiter, Kunden und Gesellschaft werden die gemessenen Ergebnisse nach Relevanz, Nutzen, Integrität und in ihrer Segmentierung beurteilt. Es wird geprüft, ob sie der Strategie entsprechen und im Einklang mit den Bedürfnissen und Erwartungen der Interessengruppen stehen. Zudem wird bewertet, ob im Unternehmen die gegenseitigen Wechselwirkungen verstanden und die Schlüsselergebnisse identifiziert werden.

Inhaltlich wird untersucht, ob bei den Ergebnissen positive Trends oder dauerhaft positive Ergebnisse erzielt werden und ob für die Schlüsselergebnisse Ziele gesetzt und real erreicht werden. Die eigenen Leistungen werden mit denen anderer Unternehmen in der Branche oder mit Best-Practice-Organisationen verglichen und bewertet (Benchmarking, vgl. Abschn. 5.2.8). Abschließend wird bewertet, ob das Unternehmen die Ursachen für die Leistungen kennt und laufend verfolgt und daraus begründete Annahmen über die zukünftig erzielbaren Leistungen treffen kann. Für die Ergebnisse erfolgt die quantitative Bewertung über den Anteil (0-100 %) der Indikatoren, für die ein angemessener Vergleich durchgeführt wurde und bei denen der Vergleich zu günstigen Ergebnissen führte.

Beispiel: Ein Unternehmen untersucht seinen Befähigungsfaktor Strategie. EFQM fordert, dass die Strategieentwicklung auf dem Verständnis der Bedürfnisse und Erwartungen der Interessengruppen basiert. Das Unternehmen stellt fest, dass die Auswirkungen von Gesetzen und Standards, Rückmeldungen auf Chancen und Risiken sowie Veränderungen im Hinblick auf das Unternehmen sehr intensiv beobachtet werden. Weniger fundiert und systematisch erfolgt die Beobachtung von allgemeinen Trends und der Interessen und Bedürfnisse der Anspruchsgruppen, so dass für diesen Teil des Strategieprozesses der Erfüllungsgrad mit insgesamt 55 % bewertet wird.

Nach EFQM soll die Strategie auf einer sorgfältigen internen Analyse beruhen, die Kernkompetenzen erfasst, die Kompetenzen der Partner und den Einfluss neuer Technologien und Geschäftsmodelle berücksichtigt und Leistungen vergleicht. Besonders gut ist das Unternehmen nach eigener Einschätzung in Leistungsvergleichen und Best-Practice-Anwendungen, während Kernkompetenzen nur in einigen Bereichen erfasst werden. Das Vorgehen bei der internen Analyse, die Umsetzung, die Bewertung und die Verbesserungen werden für die internen Aspekte mit 58 % bewertet.

Die Anforderungen von EFQM an die Strategieentwicklung in klaren Leitlinien mit der Benennung von Schlüsselergebnissen, Identifizierung der Erfolgsfaktoren und die Verbindung zu den Kernkompetenzen werden deutlich erfüllt. Zum Risikomanagement gibt es vollständige Nachweise, zur Integration von Nachhaltigkeit in die Strategie dagegen nur vereinzelte, so dass die Strategieentwicklung mit 64 % Erfüllung bewertet wird.

Die nach EFQM geforderte intensive Kommunikation der Strategie, ihre Umsetzung in zeitlich gestaffelte Pläne, in messbare Ziele und eine adäquate Organisationsstruktur sowie die Integration der Innovationsstrategie bewertet das Unternehmen mit 83 % als exzellent. Wie die Analyse zeigt, erfolgt die von EFQM geforderte Umsetzung der strategischen Unternehmensziele in individuelle und Teamziele zwar, aber nur in der Hälfte der Unternehmensbereiche. Insgesamt ergibt sich im Durchschnitt für alle zu berücksichtigenden Aspekte eine 65 %-ige Erfüllung für den Befähigungsfaktor Strategie.

Schritt 3: Auswertung der Ergebnisse

Das Ergebnis aus Schritt 2 ist eine Übersicht über die zentralen Stärken und Schwächen eines Unternehmens. Grafisch kann dies mit einem Balkendiagramm der Prozentergebnisse in den neun Bereichen verdeutlicht werden. Häufig wird das Ergebnis so aussehen, dass zahlreiche gute Ansätze vorhanden sind, diese aber nur in einzelnen Abteilungen oder Geschäftsbereichen angewendet werden. Damit wird eine Reihe von Potenzialen sichtbar. Ein weiteres typisches Ergebnis wird aufdecken, dass das Management Maßnahmen nicht immer ausreichend plant, umsetzt, steuert und kontrolliert.

Zusätzlich kann eine Validierung durch externe Prüfer in einem Anerkennungsverfahren der EFQM (Zertifizierung „Committed to Excellence") oder in einem nationalen oder internationalen Exzellenz-Wettbewerb erfolgen.

Die quantitative Bewertung erlaubt eine Einordung des Zustands des Unternehmens. Als Benchmark können die folgenden Daten dienen: Die meisten Organisationen erreichen Durchschnittswerte von 20 %, sehr gute Organisationen von 50 % und exzellente Organisationen von 75 % (EFQM 2010b).

Das folgende Beispiel (Abb. 3—7) zeigt, wie ein Unternehmen EFQM auswertet. Insgesamt erzielt es mit 50 % eine sehr gute Bewertung. Besonders gut schneiden die Befähigungsfaktoren Führung, Strategie und die Schlüsselergebnisse ab. Im Vergleich am schlechtesten bewertet wurden die Befähigungsfaktoren Mitarbeiter und Ressourcen und Partnerschaften sowie die mitarbeiterbezogenen Ergebnisse. Das Unternehmen zieht daraus den Schluss, dass Verbesserungen in diesen beiden Befähigungsfaktoren notwendig sind. Während beim Befähigungsfaktor Mitarbeiter operative Verbesserungen bzw. funktionale Strategien in einzelnen Abteilungen im Vordergrund stehen, sind Ressourcen und Partnerschaften in der Unternehmensstrategie genauer zu analysieren und zu planen. Zudem wird die Unausgewogenheit als langfristiges Risiko für das Unternehmen gesehen. Die Strategie soll daher überarbeitet werden und in Zukunft mitarbeiterbezogene Zielsetzungen explizit berücksichtigen. Für die mitarbeiterbezogenen Ergebnisse sollen neue Messgrößen eingeführt und ihre Bedeutung für Führungskräfte erhöht werden. Das Unternehmen erwartet sich davon in der Folge eine Verbesserung der Prozesse, Produkte und Dienstleistungen sowie der kundenbezogenen Ergebnisse.

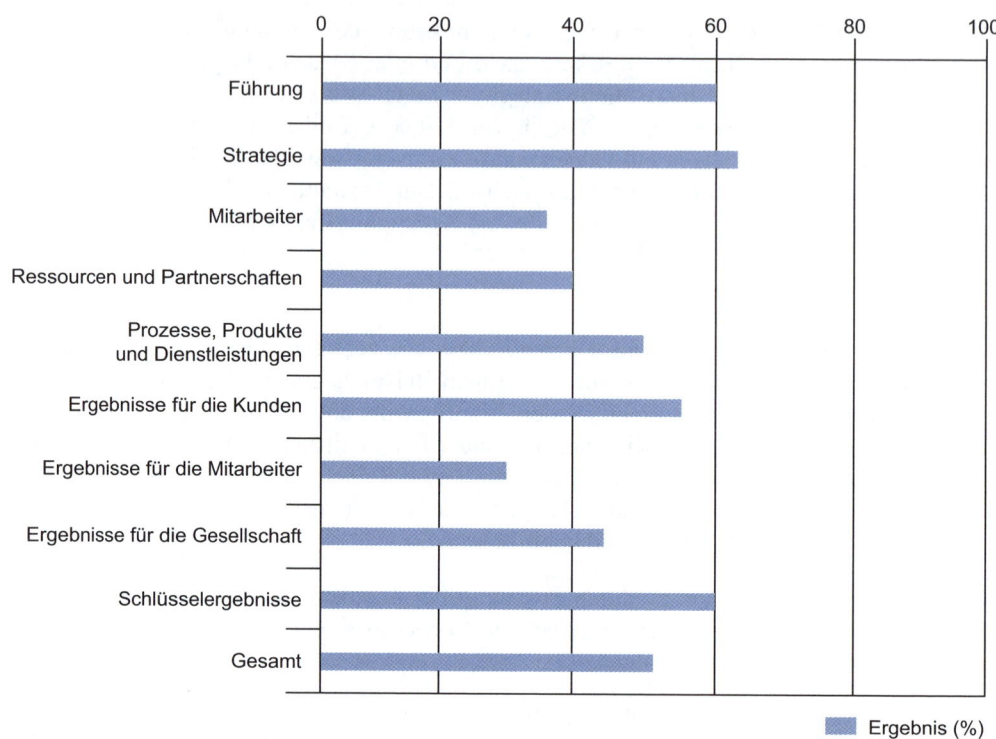

Abb. 3—7: Bewertung eines Unternehmens nach EFQM

Schritt 4: Maßnahmen und Umsetzung

In einem zweiten Workshop sind die Ergebnisse zu priorisieren und Verbesserungsmaßnahmen zu planen. Der Workshop sollte in einem kurzen zeitlichen Abstand zum ersten erfolgen, um eine Diskussion der Ergebnisse zu ermöglichen und das Moment der Veränderung zu erhalten. Das Unternehmen sollte sich auf zwei bis drei Maßnahmen und Bereiche konzentrieren und eine präzise Zielvorgabe und Planung erarbeiten. Nach sechs bis neun Monaten wird die Umsetzung der vereinbarten Maßnahmen geprüft, evtl. werden dann weitere Maßnahmen in Angriff genommen.

Beispiel: Ein EDV-Unternehmen bewertet sich nach EFQM selbst. Bei Partnerschaften und Ressourcen steht das Wissensmanagement auf dem Prüfstand. Die operative Tätigkeit des Unternehmens findet im Wesentlichen in Form von Projekten statt. Projekte werden sehr strukturiert und systematisch geführt, Mitarbeiter und Projektleiter werden geschult, ein Projektmanagementhandbuch ist vorhanden und wird strikt befolgt. Das Unternehmen bewertet seine Projektmanagementressourcen daher als exzellent. Bei der weiteren Prüfung stellt sich jedoch heraus, dass nur gelegentlich aus den Projekten Lehren gezogen werden. Zur Verbesserung wird ein Lessons-Learned-Prozess für jeden Projektabschluss definiert und eingeführt. Über ein Wiki-Tool stehen diese Projekterfahrungen allen Projekten und deren Mitarbeitern zur Verfügung. Nach einem Jahr zeigt sich, dass völlig unterschiedliche Projekte zu überwiegend gleichen Lessons-Learned-Ergebnissen kommen. Sie verweisen auf Unzulänglichkeiten in anderen Geschäftsprozessen wie der Abstimmung zwischen Vertrieb und Projekten sowie auf Kommunikationsprobleme zwischen Standorten. Daraus sind Konsequenzen zu ziehen, die auch den Aufwand für den Lessons-Learned-Prozess verringern.

Kritik des Instruments

Der EFQM-Ansatz ist aufwendig und prüft in mehreren Bereichen des Modells ähnliche Aspekte – z. B. die Berücksichtigung von Bedürfnissen und Interessen der Anspruchsgruppen. Diese Überschneidungen führen zu einer hohen Komplexität. Eine genaue Abgrenzung zwischen den einzelnen Bereichen und der Behandlung des jeweiligen Themas ist schwierig. Ohne viel Erfahrung mit der Methode und eine diese Mängel reflektierende Einstellung der Bewertenden ist eine zügige Anwendung mit aussagefähigen Ergebnissen schwer möglich.

Das komplexe Modell mit fixen Bewertungsfaktoren erhebt den Anspruch, alle Situationen und Branchen erfassen zu können. Aus Sicht des Qualitätsmanagements mag dies sogar seine Berechtigung haben. Bei ganz unterschiedlichen strategischen Problemstellungen wird die Bedeutung der einzelnen Befähigungsfaktoren jedoch stark branchen- und situationsabhängig; das Gleiche wird für die Ergebnisse gelten.

Theorie und Praxis des strategischen Managements zeigen, dass in einer Branche mit einer komplexen und dynamischen Umwelt meist nur mit Erkenntnissen von zeitlich kurzer Gültigkeit gearbeitet werden kann oder mit Hypothesen, auf deren Zu- oder Nichtzutreffen flexibel reagiert werden muss. Gegenüber einer aufwendigen und langwierigen Suche nach validen Ursache-Wirkungsbeziehungen dürfte dies oft effektiver und erfolgversprechender sein.

Der Anspruchsgruppen-Ansatz des EFQM-Modells enthält keine Hinweise, wie Interessenkonflikte zwischen den Anspruchsgruppen oder Konflikte mit der im EFQM-Modell geforderten sozialen und ökologischen Nachhaltigkeit zu behandeln sind. Es bleibt bei der Aufforderung, eine Balance zwischen unterschiedlichen Interessen herzustellen und die Nachhaltigkeit zu berücksichtigen.

EFQM basiert auf kontinuierlichen Verbesserungsprozessen, mit denen bereits Vorhandenes immer weiter optimiert wird. Allerdings ist der Ansatz weniger geeignet, etwas wirklich Neues zu schaffen. EFQM könnte somit unabsichtlich zu einem Strategieverständnis führen, das den Schwerpunkt auf Fortschreibung und Verbesserung der Strategie setzt.

Die EFQM-Befähigungsfaktoren sind Derivate aus TQM-Erfahrungen, eine eigenständige theoretische Ableitung oder empirische Überprüfung fehlt jedoch. In anderen Modellen verwendete Faktoren wie z. B. die Organisation oder die Unternehmenskultur werden im EFQM-Modell nicht explizit behandelt oder sind unter den Befähigungsfaktoren und den Ergebnisdimensionen subsumiert. Dies erschwert das Verständnis des Modells.

Strategische Bedeutung und Nutzen

Das EFQM-Modell ist langfristig angelegt und orientiert sich an den verschiedenen Anspruchsgruppen eines Unternehmens Es geht über das strategische Management hinaus und beinhaltet sowohl Elemente des normativen als auch des operativen Managements. Die Ergebnisse einer Anwendung des EFQM-Modells können für einzelne operative Prozesse, funktionale Strategien oder die Unternehmensstrategie relevant sein. Das Modell bietet mit der Unterscheidung in Befähigungsfaktoren und Ergebnisse einen nachvollziehbaren Zusammenhang zwischen dem Management und den vom Unternehmen erzielten Leistungen. Als Grundlage eines umfassenden, ganzheitlichen Managementsystems verlangt und fördert EFQM Veränderungen in der Unternehmenskultur und systematische Verbesserungsprozesse (Dror 2008), für die Ursache-Wirkungsbeziehungen ermittelt werden müssen.

Aus Strategiesicht hat das EFQM-Modell drei Nutzenaspekte:

- *Strategische Analyse:* Es ermöglicht einen Überblick über den Gesamtzustand des Unternehmens, seiner Managementprozesse und seiner Leistungen (auch im Vergleich zu Konkurrenten). Es bietet einen Ansatz zur Analyse der internen Ressourcen und zu deren Management. Ähnlich wie bei der SWOT-Analyse können unter dem EFQM-Modell weitere Instrumente eingesetzt werden. EFQM verlangt z. B. eine Stakeholder-Analyse (vgl. Abschn. 5.2.2). Es kann aber nur einen Überblick über den Zustand des Unternehmens bieten, genauere interne und externe Analysen sind daher meist notwendig.
- *Umsetzung der Strategie:* Es fördert die Ausrichtung aller Managementprozesse auf die Unternehmensstrategie und unterstützt deren Implementierung. Die geforderten Messsysteme und Messgrößen ermöglichen die Steuerung und Kontrolle der operativen Umsetzung. EFQM prüft jedoch nur, ob diese vorhanden sind und stellt sie in einer festen Systematik bereit, kann also als „Ideengeber" für Schlüsselindikatoren dienen.
- *Überprüfung der Strategie:* Es überprüft den strategischen Managementprozess selbst im Unternehmen und damit die Grundlage, auf der die Strategie beruht. Mit der Leistungsmessung und dem Benchmarking in mehreren Dimensionen wird die Umsetzung und der Erfolg der Strategie – allerdings nur nachlaufend, also mit zeitlicher Verzögerung – bestimmt.

Ähnliche Instrumente

7-S-System

Ähnlich wie das EFQM-Modell dient das einfachere 7-S-System (vgl. Abschn. 3.2.1) zur Diagnose der Unternehmenssituation. Das EFQM-Modell geht stringenter vor, erfasst explizit die Anforderungen der Anspruchsgruppen und gibt eine Beurteilungsmethodik vor. Im 7-S-System ist die Beziehung zwischen den Faktoren in der Untersuchung zu ermitteln. Erzielte Leistungen des Unternehmens werden nicht explizit berücksichtigt.

Malcom Baldridge National Quality Award (MBNQA)

In den USA wurde 1987 per Gesetz ein Programm zur Förderung der Qualität in Unternehmen und zur Revitalisierung der US-Wirtschaft geschaffen. Kernstück dieses Programms ist eine umfassende (Selbst-)Bewertung der Prozesse und Resultate von Unternehmen, mit der sie sich auch für eine Auszeichnung auf nationaler Ebene bewerben können. Dies haben bisher 1.800 Unternehmen getan. Der Ansatz kann als Vorläufer des europäischen EFQM-Modells gelten. Die folgende Darstellung zeigt die Struktur des MBNQA-Modells (Abb. 3—8).

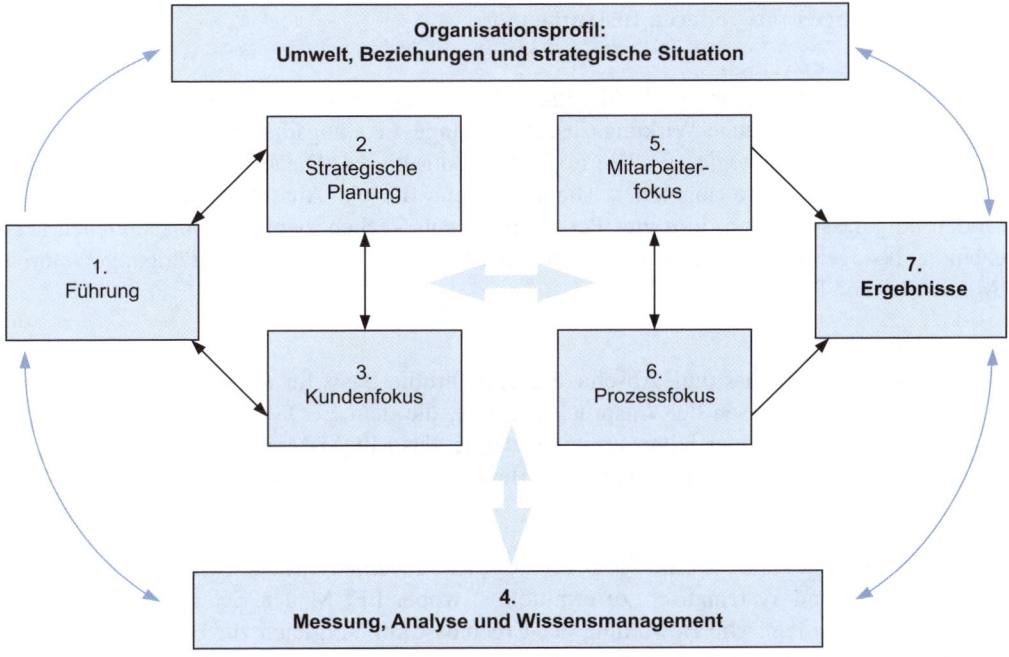

Abb. 3—8: Modell des MBNQA als Systemperspektive (Quelle MBNQA 2010)

Ein Unternehmen erhebt zunächst sein Profil mit Produktangebot, Vision/Mission, Vermögen, gesetzlichen Rahmenbedingungen, Struktur, Beziehungen und Wettbewerbssituation. Anschließend erfolgt eine Bewertung anhand von sieben gewichteten Kategorien, von denen jede zahlreiche Einzelkriterien enthält: Führung (120 Punkte), strategische Planung (85 Punkte), Kunden (85 Punkte), Wissensmanagement (85 Punkte), Arbeitskräfte (85 Punkte), Prozesse (85 Punkte) und Ergebnisse (450 Punkte). Ergebnisse beziehen sich auf die Kategorien Produkte und Prozesse, Kunden, Arbeitskräfte, Führung und Unternehmensverfassung sowie Finanzen und Markt (MBNQA 2010). Der Bewertung erfolgt verbal-argumentativ anhand eines Stufenmodells:

1. Es wird auf Probleme reagiert (0-25 %).
2. Es gibt systematische Ansätze (30-45 %).
3. Prozesse werden wiederholt und regelmäßig bewertet und sind an den strategischen Zielen des Unternehmens orientiert (50-65 %).
4. Integrierte Ansätze werden wiederholt angewendet, systematisch verknüpft, geprüft und verbessert und ihr Beitrag zum Erreichen der strategischen Ziele wird bestimmt (> 65 %).

Der MBNQA-Ansatz überträgt den TQM-Ansatz auf wichtige Bereiche des Unternehmens. Die Bewertung erlaubt, sich ein Bild über den Zustand und die Leistungsfähigkeit sowie Verbesserungsnotwendigkeiten zu machen. Unterschiede zum EFQM-Modell bestehen im zugrunde liegenden Modell, den Kategorien und der Gewichtung der Bewertung.

Überschneidungen mit anderen Instrumenten

Balanced Scorecard (BSC)

Mit der Balanced Scorecard (vgl. Abschn. 8.2.1) werden aus der Vision und den strategischen Zielen über Ursache-Wirkungszusammenhänge Leistungsindikatoren abgeleitet, um die Umsetzung der Strategie zu steuern und zu kontrollieren. Die BSC ist aus einer Shareholder-Value-Perspektive abgeleitet. Die BSC kann als ein Ausschnitt aus dem EFQM-Modell aufgefasst werden, ihre vier Perspektiven entsprechen zwei Ergebnisbereichen (Ergebnisse bezogen auf Kunden und Geschäftsergebnisse) und zwei Befähigungsfaktoren (Mitarbeiter und Prozesse).

Stakeholder-Kompass

Der Stakeholder-Kompass (vgl. Abschn. 5.2.2) liefert die Basis für die Berücksichtigung der Bedürfnisse und Interessen der Anspruchsgruppen, die dem EFQM-Modell zugrunde liegt. Ebenso wie der Stakeholder-Kompass unterscheidet das EFQM-Modell zwischen messbaren realen Leistungen für die Kunden und deren Bewertung der Leistung.

SWOT-Analyse

Das EFQM-Modell kann als eine Möglichkeit gesehen werden, interne Schwächen und Stärken umfassend und systematisch zu ermitteln – wobei EFQM den Schwerpunkt auf Managementprozesse legt. Die Bewertung der Ergebnisse im Vergleich zur Branche entspricht teilweise dem SWOT-Ansatz (vgl. Kap. 4).

3.3   Richtunggebende Instrumente

3.3.1   Die Vision

„Wenn Du ein Schiff bauen willst, trommle nicht Männer zusammen, um Holz zu beschaffen, Werkzeuge vorzubereiten, Aufgaben zu vergeben und die Arbeit zu erleichtern, sondern lehre die Männer die Sehnsucht nach dem endlosen weiten Meer" (Antoine de Saint-Exupéry zugeschrieben, als Quelle jedoch nicht belegt).

> Die Vision formuliert in anschaulicher Form ein angestrebtes Bild des Unternehmens und seiner Umwelt in der ferneren Zukunft. Die zukünftige Situation soll sich deutlich von der heutigen Situation unterscheiden, für die Adressaten erstrebenswert sein und (wenn auch mit großen Anstrengungen) als erreichbar erscheinen. Die Vision dient zur Kommunikation der langfristigen Ziele des Unternehmens nach innen und außen. Sie dient als Leitplanke bei Entscheidungen und will zugleich emotional ansprechen und motivieren.

Beschreibung und theoretischer Hintergrund

In der Managementliteratur wird der Begriff Vision etwa ab Mitte der 80er Jahre des letzten Jahrhunderts unter dem Stichwort visionäre Führung benutzt: Topmanager sollen große Visionäre sein, um Mitarbeiter zu inspirieren, emotional anzusprechen und sie zu Höchstleistungen anzuspornen (Boyett/Boyett 1998). Bleicher (2004, S. 106) nennt die folgenden Komponenten einer Vision:

- *Kreativität:* Wunschvorstellungen (Träume) über einen zukünftigen Zustand artikulieren.
- *Offenheit nach außen:* Aufgeschlossenheit gegenüber dem Zeitgeist und den echten Bedürfnissen der Menschen.
- *Realitätssinn:* Dinge so sehen, wie sie sich in der Realität darstellen.
- *Spontaneität:* Fähigkeit, verschiedene Blickpunkte einzunehmen.
- *Erfahrung:* Eigene Vorstellungen an den Erfolgen und Misserfolgen der Vergangenheit messen.

Die Vision soll sinnstiftend wirken, Komplexität reduzieren und Orientierung bieten (Müller-Stewens/Lechner 2005, S. 235). Dazu muss sie ein einfaches, überzeugendes, emotional ansprechendes und erstrebenswertes Bild der Zukunft des Unternehmens entwerfen. Dieses Bild darf jedoch nicht zu utopisch sein und sollte in etwa 10 bis 30 Jahren erreichbar sein; es muss sich aber ganz deutlich vom gegenwärtigen Zustand unterscheiden. Eine Vision richtet sich zunächst an die Mitarbeiter und Führungskräfte, sie soll ihnen Orientierung und Sinn bieten, sie emotional ansprechen und motivieren, zugleich aber auch Kapitalgeber und Kunden für das Unternehmen und seine Pläne gewinnen.

Praktische Anwendung
Die Formulierung einer überzeugenden, emotionalen und sinnstiftenden Vision in freiem Denken durch Kreativität, Intuition und Inspiration dürfte einen Glücksfall darstellen. So etwas ist am ehesten bei Unternehmensgründern zu finden, die mit der Gründung des Unternehmens ihren Lebenstraum verwirklichen. Für die Formulierung einer Vision gibt es unterschiedliche Vorschläge zur Vorgehensweise (z. B. Bennis/Nanus 1985; Coenenberg/Salfeld 2003). Über die Erfolgsaussichten eines solchen klassischen analytischen Prozesses gehen die Meinungen jedoch auseinander (vgl. z. B. Boyett/Boyett 1998; Coenenberg/Salfeld 2003). Die im Folgenden beschriebene Vorgehensweise lehnt sich an die Vorschläge von Coenenberg/Salfeld (2003) und Bennis/Nanus (1985) an.

Zur Vorbereitung wird ein Team von ausgewählten Führungskräften und Mitarbeitern zusammengestellt, deren Leistung für das Unternehmen als Auswahlkriterium dient. Als leicht verständliche Leitfrage dazu gilt: Welche Personen sollten dabei sein, wenn das Unternehmen auf dem Mars neugegründet werden müsste? Das weitere Vorgehen erfolgt in fünf Schritten:

Schritt 1: Brainstorming anhand von Leitfragen
Hier könnte bspw. gefragt werden, was in 10 Jahren der Geschäftsbericht oder die Presse über das Unternehmen mitteilen sollten. Eine weitere Frage könnte der Entwicklung der Industrie, der Produktpalette und des Unternehmens in den nächsten 20 Jahren gelten. Visionen können sich auf wirtschaftliche Ziele, auf Beiträge des Unternehmens zur Bewältigung gesellschaftlicher Zukunftsfragen, auf neue Technologien, Märkte oder Vertriebswege, auf die Mitarbeiter oder die Kunden beziehen.

Müller-Stewens/Lechner (2005, S. 235 f.) zufolge lassen sich bei Visionen mehrere Kategorien unterscheiden:

- Zielfokussierte Visionen (quantitativ definiert): GE will in allen Geschäftsbereichen global die Nr. 1 oder Nr. 2 sein.
- Feindfokussierte Visionen (einen Konkurrenten zu übertreffen): Volkswagen will Toyota 2018 als größten Autohersteller ablösen.
- Rollenfokussierte Visionen (Vorbildfunktion): Ökostromunternehmen wie Lichtblick wollen den Wandel zu einer nachhaltigen Energieversorgung herbeiführen.
- Wandelfokussierte Visionen: Die Deutsche Bahn – vom Staatsbetrieb zum kundenfreundlichen Dienstleister.

Eine andere Systematik (Collins/Porras 2005, S. 219 ff.; Coenenberg/Salfeld 2003, S. 26) unterscheidet Visionen nach:

- Außenperspektive – Orientierung an anderen Unternehmen, Konkurrent schlagen, Vorbildunternehmen, Orientierung an Marktverhältnissen, Orientierung an Kunden.
- Innenperspektive – Perfektion und Ausbau des bestehenden Geschäftsmodells oder Wandel zu einem neuen Geschäftsmodell.

Schritt 2: Sichtung und Bewertung der Vorschläge

Eine Bewertung der Vorschläge erfolgt anhand der vier Kriterien: Richtung, Ansporn, Plausibilität und Prägnanz. Die Auswahl der Vision sollte im Konsens erfolgen. Prüfsteine (in Anlehnung an Lynch 2009, S. 228) dafür sind:

- Beinhaltet die Vision langfristig erreichbare und gleichzeitig herausfordernde Ziele?
- Ist die Vision breit genug, um Raum für Veränderungen und Anpassungen zu lassen?
- Welche Kräfte müssen wirken, um die Vision zu realisieren?
- Auf welchen Zukunftsprognosen beruht die Vision?
- Erscheint die Vision als erreichbar und erstrebenswert?
- Eröffnet die Vision ein wirtschaftliches Erfolgspotenzial?
- Ist die Vision etwas Besonderes und unterscheidet sich damit das Unternehmen deutlich von seinen Konkurrenten?
- Wird die Sicht auf die Zukunft und die Vision von der Mehrheit der Mitarbeiter und Führungskräfte im Unternehmen geteilt bzw. wie kann eine hohe Akzeptanz der Vision erreicht werden?
- Sind die Auswirkungen der Vision auf den gegenwärtigen Zustand des Unternehmens und seiner Aktivitäten ausreichend durchdacht?

Schritt 3: Formulierung der Vision

In diesem Schritt ist die Vision sprachlich in wenigen Sätzen zu formulieren. Sie kann zusätzlich in einem zentralen Slogan zusammengefasst werden. Das Ergebnis soll eine kraftvolle, überzeugende und leicht verständliche, bildhafte Beschreibung der Vision sein. Die folgenden drei Beispiele machen dies deutlich.

Marktorientierte Vision der LG (südkoreanischer Produzent von elektronischen Geräten): "LG continues to pursue its 21st century vision of becoming a worldwide leader in digital that ensures customer satisfaction through innovative products and superior service" (LG 2009).

Kundenorientierte Vision der SAP AG: "Our vision is for companies of all sizes to become best-run businesses. In today's challenging business environment, best-run companies have clarity across all aspects of their business, which allows them to act quickly with increased insight, efficiency, and flexibility. By using SAP solutions, companies of all sizes – including small businesses and midsize companies – can reduce costs, optimize performance, and gain the insight and agility needed to close the gap between strategy and execution. To help our customers get the most out of their IT investments so that they can maximize their business performance, our professionals deliver the highest level of service and support" (SAP 2010).

Gesellschaftsbezogene Vision der Asian Development Bank: "Our Vision – an Asia and Pacific Free of Poverty" (ADB 2010).

Schritt 4: Kommunikation der Vision

Die Vision muss im Unternehmen verankert und gelebt werden. Dies erfordert eine gleichermaßen breite wie intensive Kommunikation, sowohl unternehmensintern auf allen Ebenen als auch extern gegenüber Kunden, Aktionären und anderen Anspruchsgruppen. Die Präsentation der Vision erfolgt in der Regel multimedial mit speziellen Events und direkter Beteiligung der Unternehmensführung. In diesem Kommunikationsprozess wird erst deutlich, ob die Vision wirklich verständlich ist. Weiterhin muss die Vision auf Abteilungs- und Mitarbeiterebene heruntergebrochen und ihre spezielle Bedeutung für den betreffenden Bereich vermittelt werden. Dazu dienen Diskussionen in kleinen Gruppen, Workshops oder Vieraugengespräche. Die Verbindlichkeit der Vision für jeden Mitarbeiter muss deutlich werden. Gleichzeitig wird ein Erwartungsdruck erzeugt. Eine ganz besonders wichtige Rolle spielt in diesem Zusammenhang der Einsatz der Spitzenführungskräfte für die Umsetzung der Vision.

Schritt 5: Umsetzung der Vision

Die Geschäftsplanung von der Strategie bis hin zu Maßnahmen und Aktionen muss auf die Vision ausgerichtet werden (Abb. 3—9). Die Vision ist über geeignete Anreize bei der Zielerreichung in Lohn- und Beförderungssystemen zu verankern. Sie wird integraler Bestandteil der Innen- und Außenkommunikation. Das Ziel muss sein, dass die Vision bei Mitarbeitern und Führungskräften ständig präsent ist und intern als auch im Hinblick auf externe Partner und Kunden deutlich erkennbar gelebt und konsequent angestrebt wird.

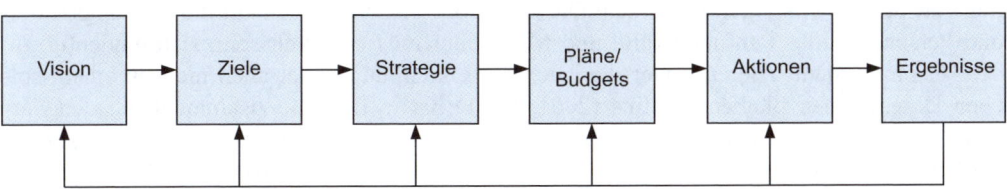

Abb. 3—9: Umsetzung der Vision

Schritt 6: Überprüfung der Vision

Die Vision und die Erfolge bei der Umsetzung sind regelmäßig zu überprüfen. Eine neue Vision muss dann entwickelt werden, wenn die bisherige Vision erreicht oder verwirklicht wurde oder wenn klar erkennbar wird, dass die vorhandene Vision nicht mehr verwirklicht werden kann. Massive Veränderungen (Markt, Technik, Wertschöpfungskette, Wettbewerbssituation oder Kundenbedürfnisse) können eine Vision obsolet werden lassen.

Kritik des Instruments

Die Financial Times Deutschland (o.V. 2010, S. 28) kritisiert die Vision in satirischer Form: „Vision, die, dt., Vorstellung, auf die Zukunft bezogen, Halluzination, Wahnvorstellung; Entwurf des Managements, wo das Unternehmen in x Jahren stehen soll. Damit die Belegschaft der V. folgt, wird die Realität partiell oder ganz ausgeblendet. Jede V. muss einen Namen haben, in dem eine Jahreszahl sowie ein englisches Wort vorkommen, und möglichst oft in Rundbriefen, Mitarbeiterversammlungen, Pressekonferenzen und Hauptversammlungen verbreitet werden. Merke: Falls Umsatz und Ergebnis nicht stimmen, schnell eine (neue) V. entwickeln."

Für neue Unternehmen mit einem starken Unternehmer ist es meist einfacher als für reife, bereits etablierte Unternehmen, eine emotional ansprechende und bildhafte Vision zu entwerfen. Bei großen Unternehmen bilden Visionen und das, was das Unternehmen in Zukunft erreichen will, oft den kleinsten gemeinsamen Nenner, auf den sich die Unternehmensführung einigen kann. Solche Visionen enthalten oft den Satz: „Wir wollen der führende Anbieter von ... sein!" Solche Erklärungen sind wenig aussagekräftig, wenn sie nicht weiter spezifiziert werden. Die Formulierung eines einfachen, glaubhaften Unternehmenszwecks ist dann doch weitaus sinnvoller.

Die besondere Rolle der Unternehmensführung in der Entwicklung und Umsetzung einer Vision zeigt das Beispiel von Apple und Steve Jobs. Hier ist die Vision in hohem Maße geprägt von der Führungspersönlichkeit Steve Jobs. Eine schriftliche und veröffentlichte Vision von Apple ist nicht bekannt (Apple 2010). Möglicherweise existiert ein internes Dokument, das bewusst nicht veröffentlicht wird, um Nachahmungen zu erschweren. Jedenfalls scheinen das Design, die Bedienerfreundlichkeit der Geräte sowie die Vorgabe von Standards (die dem Unternehmen die vollständige Kontrolle über Produkt und Produktumfeld sichern) wesentliche Elemente der Vision zu sein – ebenso wie die neuen Möglichkeiten der Kommunikation und Unterhaltung, die zu weitreichenden Änderungen des Kommunikationsverhaltens in der Gesellschaft führen können. Auch ohne eine veröffentlichte Vision genießt Apple Kultstatus und gilt als ein Musterbeispiel für ein visionär geführtes Unternehmen.

Soll in einem Unternehmen die Vision als zentrales Führungsinstrument genutzt werden, muss sie auch intensiv gelebt werden. Dies hat große Auswirkungen auf die Führungskräfte- und Personalpolitik. Führungskräfte und Mitarbeiter müssen bereit sein, sich eindeutig mit der Vision zu identifizieren – wer dies nicht will, kann auf Dauer auch nicht in einem solchen Unternehmen bleiben. Collins (2001, S. 41) hat in diesem Zusammenhang den Satz geprägt: "… the right people on the bus (and the wrong people off the bus) …" Visionäre Unternehmen laufen in solchen Fällen Gefahr, totalitäre Züge zu entwickeln.

Aber auch aufgrund ihrer bildhaften Kraft können Visionen negativ wirken und zur Lähmung bei der Suche nach Alternativen und zum Beharren auf ungeeigneten Lösungen führen. Ein Beispiel dafür ist die BMW AG mit ihrer Vision „Clean Energy" (Wasserstoffverbrennungsmotor als Antrieb der Zukunft), die technische Alternativen ignorierte. BMW musste das Motorenkonzept schließlich aufgeben (Fasse 2009). Letztlich verlor das Unternehmen bei Alternativen wie Hybrid- oder Elektroantrieben viel Zeit gegenüber den Konkurrenten.

Ein wesentlicher Kritikpunkt bezieht sich auf die mangelnde Umsetzung von Visionen. Die Entwicklung und Formulierung einer Vision ist herausfordernd. Oft bleibt es dann aber bei der Deklaration – es folgen keine oder nur halbherzige Umsetzungsmaßnahmen. Bennis (1989, S. XV) weist auf den Zusammenhang zwischen Vision und Umsetzung hin: "Action without vision is stumbling in the dark, and vision without action is poverty-stricken poetry." In einem solchen Fall verliert die Vision offensichtlich sehr schnell ihre richtunggebende und motivierende Kraft.

Strategische Bedeutung und Nutzen
Die Vision stellt für die Strategieentwicklung sozusagen einen Rahmen oder eine Vorsteuerung dar. Im Einzelnen erfüllt sie die folgenden Funktionen:

- Sie gibt dem Unternehmen eine klare Vorstellung, in welche Richtung es sich entwickeln soll und schafft damit eine grundlegende Orientierung für die Strategieentwicklung. Während des Entwicklungsprozesses für eine Vision entsteht ein gemeinsames Verständnis der Führungskräfte über die zukünftige Ausrichtung des Unternehmens.
- Die Vision unterstützt die Strategieimplementierung, weil aus der Vision konkrete Ziele für alle Unternehmensebenen entwickelt werden können. Als weiches Steuerungsinstrument kann eine Vision mit einem klaren und verständlichen Zukunftsbild Einzelentscheidungen bei der Strategieimplementierung in die richtige Richtung lenken.
- Die Vision wirkt sinnstiftend und motivierend unter der Voraussetzung, dass die Vision von den Führungskräften und den nachgeordneten Ebenen akzeptiert wird.

Die Bedeutung der Vision als Managementinstrument zeigt die jährliche Führungskräftebefragung der Unternehmensberatung Bain & Company (Bain et al. 2009). In der Rangliste der 20 untersuchten Managementinstrumente für 2008 werden Vision und Mission auf Platz 3 sowohl im Hinblick auf Nutzung als auch Zufriedenheit eingestuft. Den empirischen Nachweis des Nutzens einer Vision für den Unternehmenserfolg erbrachten eindrucksvoll Collins/ Porras (2005) mit ihrer langfristig angelegten Untersuchung.

Ähnliche Instrumente

Leitbild und Mission
Sie haben im Gegensatz zur zukunftsgerichteten Vision die Gegenwart im Auge. Aus dem Zweck des Unternehmens ergibt sich die Begründung für sein Handeln – Anpassungen und Veränderungen werden vorgenommen, um den Zweck des Unternehmens auch in Zukunft erfüllen zu können. Leitbild und Mission (vgl. Abschn. 3.3.2) vermitteln dem Unternehmen und seinen Mitarbeitern Sicherheit und Beständigkeit.

Überschneidungen mit anderen Instrumenten

Balanced Scorecard (BSC)

Die BSC bezieht ausdrücklich die Vision mit ein. Das BSC-System schafft ein logisches und umfassendes Implementierungssystem von der Vision über die Strategie bis zu Einzelmaßnahmen. Vision und Strategie liefern die Vorgaben, die in Ziele, Messgrößen, Prioritäten und konkrete Maßnahmen umzusetzen sind (vgl. Abschn. 8.2.1).

Change Management

Das Change Management sieht starke Veränderungen in Unternehmen als einen kritischen Prozess, der auf Lernen, Kommunikation und Überzeugung, Führung und Organisation beruht. Die Vision ist dabei der Ausgangspunkt für Veränderungsprozesse und spielt eine wichtige Rolle in der Kommunikation, der Überzeugung und der Steuerung des Verhaltens der Führungskräfte und der Mitarbeiter (vgl. Abschn. 8.2.3).

Szenarioanalyse

Die Szenarioanalyse (vgl. Abschn. 7.2.7) entwirft aus erkennbaren Trends und aus Kombinationen jeweils unterschiedlicher Trendverläufe mögliche Zukunftsbilder – also gesellschaftliche Visionen, die allerdings nicht unbedingt erstrebenswert sind, sondern häufig negative Entwicklungen beschreiben. Das Handeln des Unternehmens kann ebenfalls als Trend beschrieben und in Beziehung zu anderen Trendverläufen gesetzt werden. So lassen sich Visionen des Unternehmens auf Vorteilhaftigkeit und Realisierbarkeit überprüfen.

3.3.2 Leitbild und Mission

"We shall build good ships here – at a profit if we can – at a loss if we must – but always good ships" (Newport News Shipbuilding 1886, zitiert nach Wheelen/Hunger 2012, S. 41).

> Leitbild und Mission beschreiben explizit den Zweck des Unternehmens, seine Tätigkeiten sowie grundlegenden Ziele und Werthaltungen. Sie kommunizieren gegenüber internen und externen Anspruchsgruppen, was vom Unternehmen zu erwarten ist und was nicht. Im Gegensatz zur Vision beziehen sich Leitbild und Mission immer auf den heutigen Zustand. Sie dienen als weiches Steuerungsinstrument für alle Unternehmensebenen, wenn Manager und Mitarbeiter ihr Handeln an einem akzeptierten Leitbild oder einer akzeptierten Mission ausrichten.

Beschreibung und theoretischer Hintergrund

Der grundlegende Unternehmenszweck als wesentliches Element der Unternehmenspolitik wird von den Eigentümern festgelegt. Gründer von Unternehmen haben hier in der Regel einen prägenden Einfluss, vor allem im Hinblick auf die ethischen Standards des Unternehmens und seine gesellschaftliche Verantwortung. In großen Publikumsgesellschaften definiert die Unternehmensverfassung (Corporate Governance) den Rahmen für die Festlegung und Veränderung des Unternehmenszwecks. Innerhalb dieses Rahmens versuchen die einzelnen Anspruchsgruppen des Unternehmens, auf der Basis ihres Machtpotenzials die Festlegung des Unternehmenszwecks zu beeinflussen.

Ein Unternehmensleitbild enthält für gewöhnlich fünf typische Bestandteile (Grünig/Kühn 2011, S. 129 f.):

- Eine Erklärung des Zwecks des Unternehmens und seines Selbstverständnisses.
- Die obersten Ziele und Werthaltungen.
- Eine Beschreibung der Tätigkeiten und der Bedürfnisse, die das Unternehmen befriedigen will.
- Aufgabenspezifische Grundsätze.
- Das Verhältnis zu bedeutenden Anspruchsgruppen des Unternehmens.

Die Aufzählung kann ergänzt werden durch eine Vision – die bildhafte Beschreibung der langfristigen Ziele des Unternehmens.

Ein Leitbild vermittelt den Führungskräften eine Orientierung. Seine gemeinsame Erarbeitung schafft den Konsens für eine breite Akzeptanz. Die grundlegende strategische Positionierung des Unternehmens im Leitbild mit seinen Werten und Zielen setzt sozusagen Leitplanken für die Strategieentwicklung und führt zu einer besseren Koordinierung der nachfolgenden Entscheidungen. Das Leitbild unterstützt die Implementierung der Strategie durch eine weiche Verhaltenssteuerung und stiftet Identität. Gleichzeitig informiert es die Anspruchsgruppen des Unternehmens darüber, welches Verhalten, welchen Nutzen und welche Leistungen sie erwarten können und trägt so dazu bei, Vertrauen in das Unternehmen aufzubauen.

Viele Unternehmen fassen den Unternehmenszweck gerne auch in einem einzelnen griffigen Satz zusammen, der dann wiederum durch eine umfassende Erklärung zum Unternehmenszweck (Mission Statement) ergänzt wird. Ob und welche Bestandteile eines Unternehmensleitbilds erarbeitet und schriftlich fixiert werden, handhaben die Unternehmen in der Praxis sehr unterschiedlich.

Praktische Anwendung
Ein Leitbild wird oft von den Unternehmensgründern explizit oder implizit vorgegeben. Dessen Weiter- oder Neuentwicklung ist dann Aufgabe der Unternehmensführung, wobei nach den Erfahrungen in der Praxis eine ständige Rückkopplung mit den verschiedenen Unternehmensebenen im Sinne eines Top-down-/Bottom-up-Prozesses sinnvoll ist. Die Formulierung und Erarbeitung eines Leitbildes erfolgt am besten in einer Projektgruppe (Müller-Stewens/Lechner 2005, S. 241 f.). Für die praktische Erarbeitung eines Leitbilds haben sich die folgenden Schritte bewährt:

Schritt 1: Zielsetzung des Leitbilds
Was soll mit dem Leitbild erreicht werden? Typische Zielsetzungen sind: die Schaffung von Stabilität und Kontinuität im Unternehmen oder umgekehrt, die Unterstützung von Veränderungen, eine klare Positionierung im Vergleich zum Wettbewerb, eine gezielte Information der Anspruchsgruppen zur Schaffung von Vertrauen, die gezielte Beeinflussung der Unternehmenskultur und des Verhaltens von Führungskräften und Mitarbeitern.

Die Bestimmung der Themenbereiche in einem Leitbild ergibt sich aus den Spezifika der Branche und des Unternehmenszwecks. Dabei ist zu ermitteln, welche Probleme und Fragen die Adressaten heute und zukünftig beschäftigen werden und welche Entscheidungen das Unternehmen legitimieren und intern beeinflussen will – sowohl im Sinne eines Herbeiführens als auch eines Verhinderns. Daraus lässt sich dann im Einzelnen auch der erforderliche Detaillierungsgrad und Umfang des Leitbilds sowie die sprachliche Formulierung ableiten.

Das Leitbild ist nach Abschluss der strategischen Planung zu überprüfen und im Sinne einer Rückkopplung, falls notwendig, zu überarbeiten und anzupassen.

Schritt 2: Festlegung der Inhalte

Zweck/Selbstverständnis

Unternehmen erfüllen wirtschaftliche und sachliche Zwecke durch ihre Tätigkeit und ihr Angebot an Produkten und Dienstleistungen. Diese Zwecke sind kurz zu beschreiben. Für gemeinnützige Unternehmen steht die Aufgabe an sich im Vordergrund, die Wirtschaftlichkeit ist nur eine Nebenbedingung. Die genauere, engere oder weitere Beschreibung der Zwecke liefert erste Ansatzpunkte für das Selbstverständnis des Unternehmens. Sieht das Unternehmen sich als Produzent, Dienstleister oder Problemlöser? Das Selbstverständnis ergibt sich weiter aus der Bedeutung, die das Unternehmen diesen Zwecken zuschreibt, aus der Rolle, die es dabei einnimmt oder einnehmen will und wie es diese Zwecke erfüllen will.

Werthaltungen und Ziele

Werthaltungen sind normative Entscheidungen des Managements und der Eigentümer des Unternehmens. Sie werden zudem beeinflusst durch die Rechtsform des Unternehmens. So räumt bspw. eine Aktiengesellschaft dem Unternehmenswert bzw. der Gewinnausschüttung in der Regel eine hohe Priorität ein. Auch der Unternehmenszweck, das Branchenumfeld und allgemein die gesellschaftliche Entwicklung beeinflussen die Werthaltungen. Die Ziele ergeben sich dann üblicherweise aus den Werthaltungen und dem Unternehmenszweck. Doch können Ziele wie Wachstum gleichzeitig selbst eine Werthaltung darstellen, wenn ihnen über konkrete Pläne und Anlässe hinaus eine Rolle für das unternehmerische Selbstverständnis zukommt. Inhalte und Auswahl zentraler Unternehmenswerte geben Auskunft zum Selbstverständnis des Unternehmens und des von ihm zu erwartenden Verhaltens und beschreiben zentrale Elemente der Managementphilosophie des Unternehmens.

Folgende Bereiche sind für das Unternehmensleitbild relevant:

- Definition der Gewinnerzielungsabsicht, Bedeutung des Gewinns im Verhältnis zu anderen ökonomischen Größen wie Wachstum und Risiko, Umgang und Begrenzung von Risiken.
- Zeitliche Perspektiven des Unternehmens (bezogen auf seine Ziele).
- Bedeutung der Unabhängigkeit und des Erhalts des Unternehmens.
- Wem gegenüber trägt das Unternehmen Verantwortung und wofür (Eigentümer, Mitarbeiter, Branche, Standort, Gesellschaft, Umwelt)? Was für ein Menschen- und Gesellschaftsbild liegt der Tätigkeit des Unternehmens zugrunde?
- Wie wird die Gewinnerzielungsabsicht im Verhältnis zu anderen Zielen und Verpflichtungen gewichtet? Welche Ziele und Werte schränken die Gewinnerzielungsabsicht ein

(soziale Ziele, Berücksichtigung ökologischer Ziele, Verhältnis zu Lieferanten und Kunden, Verhältnis zu Konkurrenten)?
- Branchenspezifische Werte wie Qualität, Ästhetik, Technologie.
- Werte der angestrebten internen Unternehmenskultur, z. B. Kontrolle und Führung.

Die Mitarbeiter müssen sich mit den Werten identifizieren können. Deshalb sind die Werte so konkret zu formulieren, dass sie Verhaltensstandards setzen. Nur wenn es den Mitarbeitern jederzeit möglich ist, zu erkennen, ob sie sich wertekonform verhalten oder nicht, ist eine weiche Verhaltenssteuerung zu erreichen.

Tätigkeiten des Unternehmens
Die Tätigkeiten zur Erfüllung des Zwecks werden über die angebotenen Produkte und Dienstleistungen, die angestrebte Stellung in der Wertschöpfungskette und die bearbeiteten Märkte und Kunden beschrieben. Oft ist es sinnvoll, die Tätigkeiten des Unternehmens an bestimmten Auswahlkriterien festzumachen – z. B. an den Bedürfnissen bestimmter Kundengruppen, Marktmerkmalen, der Technologie oder anderer Ressourcen oder Kompetenzen des Unternehmens. Sinnvoll sind überdies Angaben über die Besonderheiten und Leistungen des Angebots und die Unterscheidbarkeit des Angebots von der Konkurrenz. Wie positioniert sich das Unternehmen grundsätzlich im Markt?

Aufgabenspezifische Grundsätze
Aufgabenspezifische Grundsätze präzisieren die grundlegenden Werte bezogen auf das Tätigkeitsfeld und den Unternehmenszweck weiter, falls dies sinnvoll und notwendig erscheint. Dabei können Grundregeln formuliert werden, um die Beachtung der Kernwerte sicherzustellen. So stellen Unternehmen z. B. Grundsätze für Einkaufs- und Kontrollprozesse auf, um Korruption zu verhindern. Ein Unternehmen, das der Gesundheit der Mitarbeiter einen besonderen Wert zumisst, wird für die Produktion den Grundsatz aufstellen, stets die beste verfügbare Technik im Sinne des Arbeitsschutzes einzusetzen.

Verhältnis zu einzelnen Anspruchsgruppen
Das Unternehmen beschreibt die Bedeutung der einzelnen Anspruchsgruppen und sein Verhältnis zu ihnen. Die folgende Liste zeigt eine Auswahl von Anspruchsgruppen und von Definitionen des Verhältnisses zu ihnen. Sie betreffen einerseits das in Aussicht gestellte Verhalten des Unternehmens und andererseits das von diesen Gruppen oder Personen erwartete Verhalten:

- *Eigentümer/Anteilseigner:* Kontrollrechte und Einflussnahme, Gewinnausschüttung, gewünschte Eigentümer.
- *Kunden:* Maximierung Kosten/Nutzen oder partnerschaftliches Verhältnis, langfristige Kundenbeziehungen, Auswahlkriterien für die Kunden.
- *Lieferanten:* Maximierung Kosten/Nutzen oder partnerschaftliches Verhältnis, langfristige Lieferantenbeziehungen, Auswahlkriterien für die Lieferanten.
- *Staat:* Abwehrhaltung, politische Abstinenz/Neutralität, politische Aktivität in bestimmter Richtung, Unterstützung oder Unterordnung.

- *Führungskräfte und Mitarbeiter:* Kostenfaktor oder „wertvollstes Kapital", Partizipation an Entscheidungen, Verantwortung des Unternehmens ihnen gegenüber, Auswahlkriterien für die Mitarbeiter und Führungskräfte. (Dieser Punkt wird oft in zusätzlichen Führungsleitlinien oder Verhaltenskodizes für Mitarbeiter detailliert geregelt.)
- *Gewerkschaften:* Abwehrhaltung oder Kooperation.
- *Öffentlichkeit/Medien:* Verschlossenheit oder Transparenz.
- *Konkurrenten:* Fairer Wettbewerb, Absprachen, Kooperation.

Schritt 3: Formulierung des Leitbilds

Zwischen den Werten selbst, zur Mission und zur gültigen oder noch zu formulierenden Strategie dürfen keine grundlegenden, nicht aufzulösenden Widersprüche bestehen. Deshalb sind die verschiedenen Dimensionen des Leitbilds vor der endgültigen Formulierung auf Konsistenz zu prüfen. Zentrales Problem einer glaubwürdigen Erklärung eines Unternehmens zu seinen Werten ist der Umgang mit in der Praxis unausweichlichen Wertkonflikten, z. B. zwischen dem Umweltschutz (Kosten!) und den Gewinnzielen. Hier helfen klare Prioritäten oder Abwägungsregeln. Die allgemeinen Mechanismen für wertekonforme Entscheidungen müssen benannt werden.

Ein wirksames Leitbild muss möglichst konkret, eindeutig und für alle Adressaten verständlich formuliert sein. Ein typisches Leitbild besteht aus einer Präambel zum Anlass und zur Bedeutung, aus je einem Kernsatz zu mehreren zentralen Themenbereichen und einem erweiterten Leitbild, in dem die einzelnen Themenbereiche nochmals vertieft und erklärt werden (Müller-Stewens/Lechner 2005, S. 239 f.).

> Beispiel: Die REpower AG (2010) hat ein umfangreiches Leitbild erarbeitet, dass zuerst den Unternehmenszweck benennt: „Die REpower Systems Gruppe entwickelt Anlagen und Produkte mit dem Ziel, eine wettbewerbsfähige Erzeugung von Strom aus Windenergie zu leisten. Damit stellt sich REpower den Anforderungen des wachsenden Energiebedarfes, des Klimaschutzes und der Verringerung von Energieimporten in den jeweiligen Ländern."
>
> Unter der Überschrift *„Wirtschaftliche Leistungsfähigkeit"* werden die Themen Kunden, Aktionäre, Lieferanten, Technologieführerschaft; Qualitätsmanagement, wirtschaftlicher Erfolg und fairer Wettbewerb behandelt. Unter dem Stichwort *„Soziale Verträglichkeit"* werden Aussagen zu Gesellschaft, zum Verhalten, zu Mitarbeitern, zur wirtschaftlichen Integrität und Arbeitssicherheit getroffen. Im Hinblick auf die Überschrift *„Ökologische Verantwortung"* sieht das Unternehmen sich als Entwickler und Anwender umweltfreundlicher Technologien, das damit einen wichtigen Beitrag zu Umweltschutz und Ressourcenschonung leistet.
>
> Die folgenden Beispiele (REPower AG 2010) zeigen, wie das Unternehmen die o. g. Themen im Leitbild inhaltlich konkretisiert:
>
> *Werte:* „Wachstum und Ertragskraft sind für uns die wichtigsten Kennziffern in der Beurteilung nachhaltigen wirtschaftlichen Erfolgs. ... REpower respektiert die marktwirtschaftliche Ordnung und handelt daher im Wettbewerb auf faire Weise."
>
> *Kunden:* „Der Kunde steht im Mittelpunkt all unserer Aktivitäten."

Aktionäre: „Unser Unternehmensziel ist es, den Unternehmenswert für unsere Aktionäre nachhaltig zu steigern. ... Die Erwartungen der Aktionäre, am Unternehmenserfolg auch durch Zahlungen von Dividenden beteiligt zu werden, wollen wir durch eine kontinuierliche Dividendenpolitik erfüllen."

Wirtschaftlicher Erfolg: „REpower zeichnet sich seit mehreren Jahren durch eine über dem Branchendurchschnitt liegende Ertragskraft aus. Mit unserer einzigartigen Kombination von Geschäftsfeldern konzentrieren wir uns auf die Teile der Wertschöpfungskette der Windenergienutzung, die neben zusätzlichen Synergien eine hohe Profitabilität aufweisen."

Mitarbeiter: „REpower schafft Arbeitsplätze in allen Märkten, in denen wir präsent sind. Wir legen dabei Wert auf einen hohen Anteil lokaler Mitarbeiter."

Selbstverpflichtungen: „REpower unterstützt innerhalb seines Einflussbereiches den Schutz der international gültigen Menschenrechte und stellt sicher, dass keine REpower-Gesellschaft an Menschenrechtsverletzungen jedweder Art beteiligt ist."

Führungsgrundsätze: „Mitarbeiter werden rechtzeitig durch offene Information und Kommunikation, auch über Hierarchie- und Einheitsgrenzen hinweg, in Arbeits- und Entscheidungsprozesse eingebunden."

Arbeitssicherheit und Arbeitsschutz: „Wirtschaftliche Belange haben keinen Vorrang gegenüber Sicherheit und Gesundheitsschutz. ... Arbeitssicherheit und Gesundheitsschutz als Aufgabe jedes Mitarbeiters bedeuten: – das Einhalten der Sicherheitsvorschriften und Anweisungen …"

Erwartungen an Dritte: „Von den Lieferanten wird erwartet, dass sie unsere Qualitätsstandards akzeptieren und einhalten. Um zu gewährleisten, dass die Lieferanten auch dauerhaft den REpower-Qualitätsanspruch erfüllen, werden die Beziehungen zu diesen regelmäßigen Audits unterzogen."

Ein Leitbild braucht eine gezielte Umsetzung, soll es nicht abstrakt und wirkungslos bleiben. Doch schon eine partizipierende Erarbeitung des Leitbilds ist der erste Schritt zur Implementierung und führt zu den notwendigen Lernprozessen (Bleicher 1992, S. 55 f.). Ist das Leitbild erarbeitet und formuliert, wird es – ausgehend von der Projektgruppe – über Multiplikatoren in das Unternehmen hineingetragen. Die Unternehmensführung wird das neue Leitbild üblicherweise in einer Auftaktveranstaltung, z. B. Betriebsversammlung, vorstellen. Außerdem sind gezielte Veranstaltungen zu einzelnen Aspekten wie z. B. Führungsgrundsätze oder Verhaltensgrundsätze für Mitarbeiter zur Vertiefung wichtiger Aspekte und zum Lernen erforderlich. Eine Konkretisierung des Leitbildes kann dabei anhand von realen oder illustrativen Fallbeispielen aus dem Unternehmensalltag erfolgen.

Das Leitbild wird außerdem Bestandteil des Einstellungstrainings und sollte in die Weiterbildungsveranstaltungen einbezogen werden. Und da die Aktivitäten und Verhaltensweisen der Unternehmensführung für die gesamte Organisation einen hohen Symbolcharakter haben, müssen gerade Spitzenführungskräfte im Alltag ein vorbildliches und leitliniengerechtes Verhalten zeigen. Speziell für die Verhaltensrichtlinien kann ein Ombudsmann für Beschwerden eingerichtet werden (Bleicher 1992, S. 56). Mitarbeiter und Führungskräfte dür-

fen und sollen sich, vor allem bei wichtigen Entscheidungen, immer auf das Leitbild beziehen. Seine Befolgung muss belohnt werden, Verstöße hingegen müssen negative Konsequenzen nach sich ziehen.

Schritt 5: Kontrolle des Leitbildes

Die folgenden Fragen bilden wichtige Prüfsteine für ein wirksames Leitbild (in Anlehnung
an Wheelen/Hunger 2012, S. 42):

1. Ist das Leitbild vom Führungsteam selbst erarbeitet worden?
2. Wird das Leitbild von den Mitarbeitern akzeptiert und verteidigt?
3. Ist das Leitbild konkret?
4. Ist das Leitbild allgemeingültig?
5. Bezieht sich das Leitbild auf einen langen Zeithorizont?
6. Findet das Leitbild seinen Niederschlag im Verhalten des Unternehmers und/oder der obersten Führungskräfte?
7. Lassen sich die Unternehmensgrundsätze an interne und externe Veränderungen an-passen?
8. Lässt sich die Einhaltung der Unternehmensgrundsätze überprüfen?
9. Fördert die Unternehmenspolitik den kritischen Diskurs?
10. Wird das Leitbild im Unternehmen ausreichend verbreitet?
11. Gibt es Aktionspläne zur Implementierung und einen Durchhaltewillen des Manage-ments?

In größeren Abständen ist zu überprüfen, ob das Leitbild noch der Entwicklung des Unternehmens und seiner Umwelt entspricht. Gegebenenfalls muss es angepasst oder aufgegeben
oder ein neues Leitbild erstellt werden.

Kritik des Instruments

Die schriftliche Fixierung des Unternehmensleitbilds führt zum Verlust von Flexibilität und
einer möglicherweise zu starken Beschäftigung mit Formulierungen statt Inhalten und kann
zudem Firmengeheimnisse preisgeben (Bleicher 1992, S. 42). Ein Leitbild ist für ein Unternehmen nicht unbedingt notwendig, die Strategieplanung kann auch ohne eine solche normative Basis erfolgen. Dies gilt natürlich erst recht, wenn Strategien in einem Erfahrungs- und
Lernprozess entstehen (vgl. Abschn. 2.2.2).

Viele Unternehmensleitbilder sind in einer formelhaften PR-Sprache abgefasst, nichtssagend
und deshalb unglaubwürdig (Beispiele bei Stewart 1996). Sie enthalten oft auch Selbstver-
ständlichkeiten (z. B. zur Einhaltung von Menschenrechten) oder dienen nur der Absicherung
des Managements, wenn die Einhaltung von Vorschriften und Anweisungen gefordert wird
(vgl. hierzu das Beispiel von REpower). Auch werden offensichtliche Zielkonflikte nicht
ausreichend reflektiert. Dies gilt bspw. für die mitarbeiterbezogenen Werthaltungen, die
gegenüber Gewinnzielen nicht abgewogen werden, oder für das neue gesellschaftliche Leitbild einer nachhaltigen Entwicklung, bei dem die Forderung nach einer nachhaltigen gesell-
schaftlichen ökonomischen Entwicklung fälschlicherweise mit der wirtschaftlichen Entwicklung des Einzelunternehmens gleichgesetzt wird.

Empirische Erhebungen weisen auf häufig unrealistische oder schwammige Ziele, eine fehlende Kongruenz zwischen Leitbild und Unternehmen, Defizite bei der Umsetzung und eine mangelnde Akzeptanz bei Mitarbeitern aufgrund fehlender Partizipation bei der Erstellung hin (Müller-Stewens/Lechner 2005, S. 243 ff.). Allzu offensichtliche Diskrepanzen zwischen Leitbildern und Unternehmensrealität oder den Entscheidungen des Managements konterkarieren die intendierte Wirkung der Instrumente: Zusätzliche Verluste an Vertrauen und Motivation sind die Folge. Wenn es dem Management allerdings gelingt, derartige Diskrepanzen offen zu kommunizieren, anzuerkennen und durch entschlossenes Handeln aufzulösen, kann dadurch das Vertrauen in das Unternehmen besonders gestärkt werden.

> Ein positives Beispiel hierfür lieferte das Unternehmen Mercedes-Benz, als bei einem Autotest die neue A-Klasse ins Schleudern geriet und umkippte („Elchtest"). Die Öffentlichkeit nahm die offene Kommunikation und schnelle Reaktion des Herstellers sehr positiv auf. Dagegen gelang es dem Unternehmen Toyota bei seinen echten und vermeintlichen Qualitätsproblemen im Jahr 2010 nicht so recht, das Vertrauen in das Unternehmen aufrechtzuerhalten.
>
> Besonders ehrgeizig formulierte Unternehmensziele hinsichtlich Gewinn, Rendite oder Shareholder Value in Mission und Vision können dagegen heftige Kritik bei Kunden und in der Gesellschaft hervorrufen. Dies erlebte der Vorstandsvorsitzende der Deutschen Bank mit der von ihm propagierten und zeitweise realisierten Zielsetzung einer Eigenkapitalrendite von 25 % (Spiegel-online 2009). Es ist allerdings gut denkbar, dass diese Zielsetzung in der Unternehmenskultur der Finanzindustrie nach wie vor eine erhebliche Motivationskraft ausübt (Goffee/Jones 1997)!

Generell sind formale Unternehmensziele bezüglich ihrer internen Motivationswirkung kritisch zu hinterfragen. Viele Unternehmen, die hinsichtlich Gewinnerzielung und Schaffung von Shareholder Value außerordentlich erfolgreich waren und sind, haben diese Ziele hintenan gestellt zugunsten der Formulierung eines Unternehmenszwecks, der sich an technischen Errungenschaften, Kundenzufriedenheit oder sozialem Wandel orientiert. Umgekehrt gilt, dass viele der Unternehmen, die sich am resolutesten der Rentabilität und dem Shareholder Value verschrieben hatten, mittel- und langfristig erhebliche Ertrags- und Existenzprobleme hatten (Grant/Nippa 2006, S. 89 f.).

Diese Kritikpunkte legen nahe, dass ein Unternehmen ein vollständiges oder partielles Leitbild nur erstellen sollte, wenn die damit verbundenen Ziele und Möglichkeiten ausreichend klar definiert werden können. Das Unternehmen muss gewillt sein, sie auch zu verwirklichen und eine zu große Diskrepanz zur Unternehmensrealität zu vermeiden.

Strategische Bedeutung und Nutzen
Mit einem Unternehmensleitbild wird ein zentrales Führungsdokument geschaffen, das ein klar definierter Ausgangspunkt für die strategische Planung ist und die folgende Entwicklung und Umsetzung der Strategie unterstützt. Es handelt sich um ein weiches Steuerungsinstrument, die Unternehmensführung kann damit eine gemeinsame Ausrichtung erreichen und den internen Koordinations- und Kontrollaufwand verringern. Auch bei sehr schnellen und dezentralen Entscheidungen soll so ohne direkte Anweisungen ein grundsätzlich strategie-

konformes Handeln erreicht werden. "It's the ideas of a business that are controlling, not the manager in authority" (Haas 1990, S. 135). Die schriftliche Fixierung eines Leitbilds zwingt das Management zu präziserem Nachdenken, sie aktiviert das Problembewusstsein, macht die Normen verbindlicher und beständiger und erleichtert die Kommunikation (Bleicher 1992, S. 42).

Das Leitbild wird zum Prüfstein für strategische Optionen – passen sie zum Unternehmen und dessen Unternehmenskultur? Gleichzeitig ermöglicht es ein frühzeitiges Erkennen von Veränderungsbedarfen. Die weitere Strategieentwicklung hat eine gemeinsame Grundlage, die nicht erst erarbeitet werden muss. Einzelfragen können schneller geklärt werden.

Das Leitbild unterstützt intern und extern die Kommunikation und Erklärung der Strategie. Deren Überzeugungskraft ergibt sich aus der direkten Ableitung aus der Vision, dem eindeutigen Zusammenhang zur Mission und der Konformität zu den Werten des Unternehmens. Das Leitbild formuliert diese Zwecksetzung und kann damit als Überzeugungs- und Motivationsinstrument für die Strategien wirken, die erkennbar aus dem Unternehmenszweck und der Vision abgeleitet wurden. Eine Erklärung zu den Werten der Organisation und ihrer Mitglieder begründet deren Handeln und macht es erklärbar und berechenbar. Bei erkennbarer Einhaltung der Werte wird intern und extern Vertrauen geschaffen und damit die Umsetzung von Strategien erleichtert.

Ähnliche Instrumente

Corporate Identity
Das Konzept der Corporate Identity zielt darauf ab, ein Unternehmen wiedererkennbar und unverwechselbar zu machen, ihm eine eigene Identität zu geben. Dabei spielt die Unternehmenskultur, vor allem deren äußere Zeichen wie Design, Kleidung, Klänge, Logos, Marken etc., eine entscheidende Rolle (Kiessling/Babel 2007, S. 95 ff.).

Überschneidungen mit anderen Instrumenten

Stakeholder-Kompass
Mit dem Stakeholder-Kompass (vgl. Abschn. 5.2.2) können wichtige Anspruchsgruppen, ihre Interessen und Einflussmöglichkeiten identifiziert werden. Das Leitbild sollte diese Ergebnisse berücksichtigen und Auskunft darüber geben, welche Gruppen und Interessen das Unternehmen berücksichtigen und wie es die Balance zwischen unterschiedlichen Interessen herstellen will.

Vision
Die Vision (vgl. Abschn. 3.3.1) ist ein Bestandteil des Leitbilds, der die Zukunft des Unternehmens und seine langfristigen Ziele anschaulich beschreibt und damit ergänzend zu den Werten und dem Unternehmenszweck eine Orientierung über die zukünftige Unternehmensrichtung und eventuelle Veränderungen dieser Richtung gibt.

3.3.3 Das Geschäftsmodell

Geschäftsmodelle (Business Models) beschreiben die Kunden, deren Bedürfnisse und die ökonomische Logik des Unternehmens, d. h. wie mit der Erfüllung der Kundenbedürfnisse Gewinne zu erzielen sind. Geschäftsmodelle können verbal erklärt oder in Zahlen formuliert werden. Sie machen die Grundannahmen des unternehmerischen Erfolgs deutlich.

Beschreibung und theoretischer Hintergrund
Das Internet versprach zum Ende des letzten Jahrhunderts schier unendliche neue Möglichkeiten für Unternehmen. Hohe Beträge wurden in neugegründete Unternehmen investiert – bis der Internetboom zur Internetblase wurde und platzte. Die zahlreichen insolventen Internetunternehmen hatten den Kunden keinen eindeutigen Nutzen und kein klares Konzept zur Erzielung von Erlösen geboten. Ein tragfähiges Geschäftsmodell fehlte.

Seitdem ist der Begriff Geschäftsmodell zu einem der wichtigsten Modewörter in der Unternehmensführung avanciert. Die Zahl von Veröffentlichungen zum Thema ist exponentiell angestiegen, trotzdem gibt es für den Begriff bis heute keine einheitliche Definition (Zott et al. 2010). Für Afuah (2004, S. 9 f.) bilden Geschäftsmodelle den Rahmen für das Erzielen von Gewinnen und umfassen daher alle finanziellen Aspekte, die sich aus Strategien auf Unternehmens- und Geschäftsfeldebene, aus den Funktionsstrategien und der operativen Effizienz ergeben. Dieser sehr umfassende Anspruch widerspricht aber dem Charakter eines Modells, das die Realität repräsentativ und vereinfachend darstellen sollte.

Aus der Sicht des strategischen Managements ist der Begriff des Geschäftsmodells als eine Zusammenfassung der ökonomischen Logik zu verstehen, die aus einem unternehmerischen Zweck oder einer Mission abgeleitet wird (Magretta 2002). Folgende Aspekte sind in einem Geschäftsmodell sinnvoll aufeinander zu beziehen:

- Die angesprochenen Kunden.
- Die Produkte und deren Wertarchitektur.
- Das Wertangebot an die Kunden.
- Der Nutzen für andere Beteiligte.
- Die Erlösgenerierung.
- Die grundlegenden Unterschiede zur Konkurrenz.

Nicht nur in der Internetwirtschaft bieten technische Innovationen (z. B. das Elektroauto) immer wieder neue unternehmerische Möglichkeiten, bei denen aber häufig noch unklar ist, ob und wie sie geschäftlich erfolgreich genutzt werden können. Als Folge des Technologiemanagements sind daher oft auch Geschäftsmodelle neu zu definieren.

Die Mission eines Automobilherstellers, effiziente Autos zu entwickeln und zu produzieren und individuelle Mobilität zu ermöglichen, kann beim Umstieg auf Elektroautos unverändert bleiben, aber in unterschiedlichen Geschäftsmodellen umgesetzt werden: traditioneller Verkauf von Autos, Verkauf von Autos, aber mit Leasing der Batterien, nur noch Leasing der Fahrzeuge oder weitergehende Konzepte analog zum Car-Sharing, bei dem kein individueller Fahrzeugbesitz mehr vorgesehen ist und die Kunden nur für die Nutzungszeit bezahlen.

Die Strategie ist dann die erfolgreiche Umsetzung des Geschäftsmodells im Wettbewerb mit anderen Unternehmen mit dem gleichen Geschäftsmodell oder im Wettbewerb mit anderen Geschäftsmodellen in der Branche (Magretta 2002). Das Geschäftsmodell dient der Motivation von und der Kommunikation mit Mitarbeitern, Geldgebern und Partnern. Gegenüber den Kunden wird normalerweise immer das Nutzenversprechen, selten aber das Geschäftsmodell kommuniziert.

Geschäftsmodelle als Standardmodelle oder Archetypen
Nach Wheelen/Hunger (2012, S. 166) können Geschäftsmodelle ähnlich wie generische Strategien in verschiedenen Branchen und geschäftlichen Situationen angewandt werden. Der Nutzer kann eine Auswahl unter den Geschäftsmodellen treffen und prüfen, ob sie für seine Branche und Situation geeignet sind; einzelne ihrer Elemente können angepasst oder miteinander kombiniert werden.

Auf diese Weise wurde beispielsweise das Geschäftsmodell des Discounters im Lebensmitteleinzelhandel entwickelt und in der Folge auf andere Sortimente (Textilien, Schuhe, Unterhaltungselektronik oder Tierfutter) übertragen, teilweise in Kombination mit einem Franchise-Modell. Unternehmen beschäftigen sich mit dem Entwerfen, Erstellen, Verkaufen, Vermieten, Vermitteln und Finanzieren von Produkten und Dienstleistungen. Durch die Konzentration auf bestimmte Aktivitäten oder die Art, wie daraus Erlöse generiert werden, entstehen die allgemeinen Geschäftsmodelle (Abb. 3—10). Weit verbreitete grundlegende Geschäftsmodelle sind das „All Inclusive"-Prinzip, bei dem die Kunden das Basisprodukt und alle Komplementärprodukte ohne Zusatzkosten nutzen können (z. B. im Tourismus). Im Gegensatz dazu bieten Aufpreis-Modelle ein günstiges Basisprodukt. Der Kunde nimmt nach der Kaufentscheidung meistens noch weitere Komplementärprodukte hinzu, z. B. beim Neuwagenkauf die Sonderausstattungen, die mit hohen Margen verbunden sind.

Internetbasierte Geschäftsmodelle
Das Internet hat in vielen Branchen zu neuen oder stark veränderten Geschäftsmodellen beigetragen. Für internetbasierte Geschäftsmodelle (Abb. 3—11) sind hohe Fixkosten und geringe variable Kosten typisch. Daher wurden mit der Werbefinanzierung, dem Abonnementsmodell und dem Nutzermodell zunächst Geschäftsmodelle für Zeitungen, Rundfunk, Fernsehen und die Telekommunikation übertragen. Für die neueren Internet-Geschäftsmodelle sind vor allem das Nutzenversprechen, die Kostenstruktur, die Herkunft der Inhalte, die Erlösgenerierung, die Kundensegmentierung, die Beziehungen zu den jeweiligen Beteiligten, die Netzwerk-Externalitäten und die erforderlichen Fähigkeiten relevant (Zott et al. 2010).

Modell	Beispiel	Beschreibung	Erfolgsvoraussetzungen
Problem-lösungen	IBM	Dem Kunden werden nicht prioritär Produkte, sondern spezifische Problemlösungen verkauft. Die Beratung und das Consulting sind entscheidend.	Lösungskonzept, das Vorliegen individueller Probleme und Ansprüche des Kunden
Rasier-Klingen-System	Gilette: Rasierer und Klingen HP: Druckerpatronen Nestlé: Nespresso-kapseln	Ein Teil des Produktionssystems wird sehr günstig oder umsonst angeboten. Verbrauchsmaterial, Betriebsstoffe oder Ersatzteile sind teuer und bringen die Erlöse. Als Variante wird das Produkt umsonst abgegeben; die Erlöse entstehen aus der Wartung und anderen Serviceleistungen (Open-Source-Ansatz).	Monopol oder Quasi-Monopol bei Nachkaufprodukten durch rechtlichen oder technischen Schutz (entfällt bei Open Source)
Gewinn-pyramide	General Motors	Das Unternehmen deckt das ganze Produktsortiment ab. Der Kunde soll mit günstigen, margenschwachen Einstiegsprodukten an die Marke gebunden werden, um ihn dann zum Kauf von teureren und margenstarken Produkten zu bewegen.	Breite Produktpalette, Kundenbindung z.B. über Händler
De-facto-Standard	Microsoft Windows, Apple iPhone mit Apps	Das Unternehmen schafft einen De-facto-Standard, der eine monopolartige Stellung für das Unternehmen ermöglicht. Die Kontrolle über den Standard und dessen Nutzung liegt beim Unternehmen.	Hohe Netzwerk-Externalitäten, nichtöffentliche Standards, Inkompatibilität mit anderen Standards
Gewinn-Multiplikator-System	Filme, Medienbranche	Generieren von Gewinnen mit Merchandising, Zusatzprodukten und Lizenzierung	Attraktive Inhalte, Urheberrechte
Blockbuster-Modell (Film, Musik)	Filme, Medikamente	Eine risikoreiche Produktentwicklung führt bei Erfolg zu einem sprunghaften Gewinnanstieg.	Schutz vor Kopien durch Patente oder Urheberrechte
Gewinn-Multiplikations-Modell	Biotechnologie, Software	Neugegründete Unternehmen werden bis zur Erfolgsschwelle entwickelt und dann mit hohem Gewinn an Großunternehmen verkauft, die das Geschäft weiterentwickeln.	Schutz vor Kopien durch Patente, Urheberrechte oder Know-how, neue Ideen und Technologien
Schaltzentrale	eBay, Finanzberater	Der Kunde erhält Angebote von Dritten und muss dafür Provisionen zahlen (im Internet z.B. die Preisvergleichsportale).	Große Probleme für den Kunden, einen Überblick über die Angebote zu erhalten

Abb. 3—10: Allgemeine Geschäftsmodelle (Quelle: in Anlehnung an Wheelen/Hunger 2012, S. 166 f.)

Modell	Beispiel	Beschreibung	Erfolgsvoraussetzungen
Werbe-finanzierung	Google Suchmaschine, E-Mail-Dienste, Youtube	Inhalt und Dienste sind für den Kunden kostenlos. Dieser muss jedoch Werbung in Kauf nehmen, die Erlöse über Werbe-banner und -einblendungen generiert. Eine Alternative ist die Erlösgenerierung über die Platzierung der Ergebnisse.	Attraktive Seite mit vielen Nutzern
Abonnement-Modell	Informations-dienste	Für ein zeitbezogenes Entgelt erhält der Nutzer Informationen oder Dienste.	Preis- Leistungsverhältnis, Zahlungsbereitschaft, viele Nutzer
Nutzer	Informations-dienste	Für einzelne Informationen oder Nutzungszeit wird ein Entgelt erhoben.	Messbarkeit der Nutzung, weniger häufige Nutzung, hoher Wert für Kunden, Mikro-Payment-Angebot
Community	Wikipedia, Open Source Software, spezielle Wissens-netzwerke und Foren	Eine engagierte und loyale Gemeinschaft investiert Zeit und Fähigkeiten für Betrieb, Pflege und Inhalte. Erlöse entstehen durch Spenden oder Anzeigen.	Erreichbarkeit der Nutzer, Internetaffinität, emotionale Bindung, Möglichkeit zur Selbstverwirklichung (Hobby)
Web-Shop	amazon.de, Internetbanking	Oft Direktvertrieb, reine Web-Shops oder e-Ergänzung klassischer Händler, Direktvertrieb von Herstellern, oft auch Web-Mall mit verschiedenen Shops unter einem Markennamen	Günstige Preise, logistische Infrastruktur, standardisierte (unpersönliche) Waren, Bestell- und Zahlungssysteme
Web-Auktionen	eBay	Auktionsplattform, Erlös über Angebotseinstellung und/oder Anteil am Verkaufserlös	Reichweite, Zusatzdienste, Zugriffe
Treuhand-dienste, Bezahldienste	Zertifikate, PayPal	Erlöse aus Zertifikaten, Zahlungsabwicklung oder Garantieleistungen bei Transaktionen	Zuverlässigkeit und Sicherheit vor Missbrauch
Virtuelle Gemeinschaften, soziale Netzwerke	Facebook	Ermöglicht Mitgliedern einfachen Informationsaustausch und Kommunikation, Erlöse kommen aus Werbung, Datennutzung oder Mitgliedsgebühren	Bekanntheitsgrad, Vertrauen, Bedienbarkeit, Zugriffe

Abb. 3—11: Geschäftsmodelle für das Internet (Quelle: eigene Zusammenstellung in Anlehnung an Zott et al. 2010)

Praktische Anwendung

Entwicklung und Prüfung eines Geschäftsmodells
Der Aufbau eines neuen Geschäfts erfordert immer die Wahl eines Geschäftsmodells (die nicht unbedingt bewusst erfolgt). In einem bestehenden Geschäft können massive Veränderungen dazu führen, dass das Nutzenversprechen an den Kunden mit der bisherigen Ertragsformel nicht mehr rentabel erfüllt werden kann, völlig andere Schlüsselressourcen und -prozesse benötigt werden und neue Messgrößen, Regeln und Standards angewendet werden müssen. Dann kann ein bislang erfolgreiches Geschäftsmodell nicht mehr weiterverfolgt werden. Ein klassischer Fall ist die als Reaktion auf einen veränderten Wettbewerb benötigte Einführung neuer paralleler Geschäftsmodelle zur Abwehr von Billigkonkurrenten.

Zu bedenken ist, dass in einer Branche das Geschäftsmodell von vielen Faktoren im Hinblick auf Kunden, Produkte und Märkte beeinflusst werden kann. Einige dieser Faktoren sind für das Geschäftsmodell dieser Branche bedeutsam, in einer anderen aber nicht so wichtig.

In der Pharmaindustrie erforderte die Einführung biotechnologischer Forschungsmethoden als Teilersatz für die klassische chemische Forschung den Aufbau oder die Akquisition neuer Schlüsselressourcen, ohne das grundlegende Geschäftsmodell zu verändern, das durch eine hohe Regulierungsdichte und definierte Patentlaufzeiten bestimmt wird. Dagegen steht die Pharmaindustrie in Schwellenländern wegen der niedrigen Margen, die dort zu realisieren sind, und wegen der hohen Kosten bei der Entwicklung von Medikamenten gegen Krankheiten wie Malaria, die sie zu Kooperationen zwingt, vor Herausforderungen, für die neue Geschäftsmodelle erforderlich sind.

In der Elektronikbranche hingegen sind De-facto-Standards eine entscheidende Ressource, deren Verfügbarkeit oder Durchsetzbarkeit die Geschäftsmodelle in erheblichem Maße beeinflusst. Im klassischen Maschinenbau sind die Standards über ISO und DIN quasi vorgegeben. Ein Unternehmen in dieser Branche kann diese Standards weder verändern noch neu entwickeln, sondern muss sich anpassen.

Immer dann, wenn Veränderungen von für das Geschäftsmodell entscheidenden Faktoren nicht mehr mit Anpassungen bewältigt werden können, muss ein neues Geschäftsmodell entwickelt (oder eines aus dem bekannten Repertoire ausgewählt und angepasst) werden. Die Entwicklung und Prüfung eines Geschäftsmodells erfolgt in vier Schritten (Magretta 2002).

Schritt 1: Definition des Nutzenversprechens für den Kunden
Ausgangspunkt sind die Bedürfnisse der Kunden: Können diese durch neue Lösungen besser befriedigt werden? Zu hohe Preise, Schwierigkeiten beim Zugang zu den Angeboten, das Fehlen benötigter Fähigkeiten beim Kunden oder der Zeitbedarf für die Nutzung des Produkts können dem entgegenstehen. Auch für eine neue Technologie oder für die Einführung einer bereits bestehenden Technologie in ein neues Anwendungsfeld sind die Kundenbedürfnisse in den Vordergrund zu stellen. Eine konsequente Analyse der Probleme vermag neue Geschäftsmöglichkeiten zu eröffnen. Als Analyseinstrument ist hierfür die Wertkurve (vgl. Abschn. 7.3.4) geeignet. Weiterhin können eine Spezialisierung oder Fokussierung neue Geschäftsmodelle erforderlich machen.

Beispiel: Für das Produkt Tee wurde 1985 ein neues Nutzenversprechen für die Kunden entwickelt, indem „hochwertigste Qualität zu einem günstigen Preis unter Einhaltung hoher sozialer Standards für die indischen Produzenten und ökologischer Qualität von Produktion und Produkt" angeboten wurde. Diese Nutzenkombination war damals neu. Der Anbieter konzentrierte sich zunächst auf nur eine Teesorte für den deutschen Markt (Teekampagne 2010).

Schritt 2: Gewinnformel, Ressourcen und Prozesse gestalten und prüfen

Für die gewinnbringende Bereitstellung des Nutzenversprechens sind auf der Ebene des Geschäftsmodells drei Bereiche maßgeblich:

- Das *Erlösmodell* definiert, wer für welche Leistungen zu welchem Zeitpunkt zahlt und damit Erlöse generiert.
- Die *Schlüsselressourcen* beinhalten das Personal, die Technologie und die Produkte, notwendige Ausrüstungen, Informationen, Kanäle, Partnerschaften und Allianzen sowie Marken. Ihre Verfügbarkeit bestimmt einerseits die Kosten, andererseits die Prozessgestaltung und schließlich die mögliche Wertschöpfungsarchitektur. Die Schlüsselressourcen lassen sich mit dem Modell der Wertkette analysieren.
- Das *Prozessmodell* bestimmt, wie die Kernprozesse durchgeführt werden, welchen Regeln sie unterliegen und mit welchen Messgrößen sie gesteuert und kontrolliert werden und schließlich, welche Normen und Standards sie einzuhalten haben.

Als Ergebnis ist für das Geschäftsmodell dann eine Wertschöpfungsarchitektur festzulegen, in der die Wertschöpfungskette gestaltet wird. Weiterhin ist zu entscheiden, wo sich das Unternehmen innerhalb der Wertschöpfungskette positioniert und welche Aktivitäten es selbst durchführt (vgl. Abschn. 6.2.3).

Die Erlöse im Beispiel Teekampagne entstehen durch den Verkauf von Tee. Das ist nichts Neues. Neu war hingegen die Gewinnformel, die Kosten stark zu senken durch Beschränkung auf ein Produkt, wenige Packungsgrößen und Großpackungen, Direktvertrieb und Postversand. Die Ausschaltung des Zwischenhandels, das Kampagnenprinzip (das Produkt ist nicht immer verfügbar) und Marketing durch Mund-zu-Mund-Propaganda wirken ebenfalls kostensenkend. Zusätzliche Kosten für die Rückstandskontrollen, die Qualitätssicherung und die an die Erzeuger gezahlten höheren Einkaufspreise konnten damit kompensiert werden. Allianzen wurden mit den Produzenten und dem Tea Board of India eingegangen. Damit wird das Nutzenversprechen an die Kunden – Produktqualität sowie ökologische und soziale Qualität der Produktion – ermöglicht und glaubhaft. Die Rückverfolgbarkeit des Tees schützt Kunden vor gefälschten Produkten. Damit wurden neue Standards gesetzt, die die bislang verborgenen ökologischen und sozialen Qualitäten des Produkts glaubhaft garantieren und kommunizieren. Da die erzeugte Menge Darjeeling-Tee begrenzt ist, stellt der direkte Kontakt zu den indischen Produzenten eine Schlüsselressource dar.

Schritt 3: Vergleich mit bestehenden Modellen

Anschließend wird der Entwurf mit den existierenden Geschäftsmodellen verglichen – wo liegen die Unterschiede und welche deutlichen Vorteile und Nachteile ergeben sich daraus? Unterscheidet sich das Nutzenversprechen deutlich und wahrnehmbar für die Kunden? Können die existierenden Geschäftsmodelle dieses Nutzenversprechen wirklich nicht oder nur mit einem sehr großen Zusatzaufwand bereitstellen?

Unternehmensintern ist bei der Entwicklung eines neuen Geschäftsmodells zu prüfen, ob es in die bestehende Organisation, Wertschöpfungsketten und Prozesse integriert werden kann. Davon ist auszugehen, wenn eine Identität oder große Ähnlichkeit des Erlösmodells, der Kostenstruktur, der Gewinnformel, der Schlüsselressourcen und -prozesse und der verwendeten Kennzahlen, Regeln und Normen vorliegt. Ist dies nicht der Fall, muss das neue Geschäftsmodell in einer separaten Organisationseinheit realisiert werden, wobei an einzelnen Punkten der Wertschöpfungsketten Synergien genutzt werden können. So verfolgt ein Markenartikler, der im Auftrag von Discountern ähnliche Handelsmarkenprodukte produziert, zwei unterschiedliche Geschäftsmodelle, die in unterschiedlichen Organisationseinheiten umgesetzt werden. Gewinnformel, Vertrieb und Marketing unterscheiden sich deutlich – Synergien innerhalb der Organisation im Einkauf und der Produktion werden jedoch selbstverständlich genutzt.

> Im Teebeispiel könnte die wahrnehmbare Qualität und der Nutzen für den Kunden durch andere Geschäftsmodelle kaum ohne zusätzliche Kosten bereitgestellt werden. Das Geschäftsmodell ist aufgrund des notwendigen Zugriffs auf die beschränkte Primärproduktion schwierig. Fraglich ist, ob sich durch die Nutzung von anderen Kostensenkungspotenzialen durch Kopplung mit anderen Produkten oder Vertriebswegen eine ähnliche Kostensenkung erreichen ließe, die eine ähnlich hohe Produktqualität und ähnlich hohe Erlöse für die Produzenten ermöglicht.

Schritt 4: Zusammenfassung

Bei der Formulierung des Geschäftsmodells kommt es darauf an, dass sich eine verständliche, logische und plausible Geschichte ergibt. Ist die ökonomische Logik einfach nachvollziehbar und überzeugend? Ist dies der Fall, ist das Geschäftsmodell gut durchdacht und wird möglicherweise funktionieren.

Zuvor muss das Geschäftsmodell jedoch noch einen groben Zahlentest bestehen, wobei Erlöse und Kosten gegenübergestellt werden. Die ökonomische Logik muss quantifiziert werden können; eine qualitative Abschätzung von Erlösen und Kosten reicht nicht aus.

> Das Geschäftsmodell der Teekampagne ist auf Anhieb plausibel und enthält eine klare ökonomische Logik. Tee ist im Vergleich zu Kaffee relativ leicht und ergiebig (Verhältnis Rohstoffmenge zu resultierender Getränkemenge), das Kampagnenprinzip und der Direktversand sind somit realisierbar. Das Versandgewicht und die als Ergebnis des Kampagnenprinzips beim Kunden benötigte Lagermenge sind handhabbar. Der Marktanteil für losen Tee liegt insgesamt bei 60 %, so dass mit einer ausreichend großen Kundengruppe gerechnet werden darf, die potenziell einen hohen Qualitätsanspruch stellt.

Der von der Teekampagne vertriebene Darjeeling-Tee wird in Deutschland besonders geschätzt, er erreicht heute einen Marktanteil von etwa 3 % am losen Tee. Der Kilogrammpreis für einen hochwertigen Darjeeling-Tee liegt mit 24 € meist deutlich unter dem Kilogrammpreis im Handel für offenen Tee und weit unter dem Preis für nur durchschnittliche Teequalitäten in Beuteln. Die offengelegte Kalkulation weist die hohen an die Erzeuger gezahlten Preise nach und belegt mit dem günstigen Endverkaufspreis die Tragfähigkeit des gesamten Geschäftsmodells (Teekampagne 2010).

Kritik des Instruments

Der Begriff des Geschäftsmodells ist sehr unklar definiert. Dies zeigt sich vor allem in der Überlappung zwischen Strategien und operativen Prozessen. Die verschiedenen Autoren, die den Begriff nutzen, haben ein sehr unterschiedliches Verständnis (Zott et al. 2010). Erschwerend kommt hinzu, dass im praktischen Sprachgebrauch die Begriffe Geschäftsmodell und Strategie teilweise als Synonyme genutzt werden. In Großunternehmen bildet die Konzernstrategie den Rahmen, innerhalb dessen für einzelne Geschäftsfelder oder neue Produkte das Geschäftsmodell geprüft wird.

Wird der Modellcharakter ernst genommen, ist erst bei deutlich unterschiedlichen Nutzungsversprechen, Erlösmodellen, Gewinnformeln, Schlüsselressourcen und Schlüsselprozessen von spezifischen Geschäftsmodellen auszugehen. Marginale Unterschiede können mit den bekannten Instrumenten und Theorien wie den generischen Strategien, Wertkette oder Wertarchitektur besser gehandhabt werden. Der modisch verwendete Begriff des Geschäftsmodells führt oft zu einem Verlust an Präzision.

Weiterhin gaukelt der Begriff vor, jederzeit mit etwas Kreativität neue Geschäftsmodelle entwickeln zu können. Kennzeichnend für ein neues Geschäftsmodell ist jedoch seine Neuartigkeit in der bisherigen Branchenpraxis, die bei einem Erfolg zur Entstehung einer neuen Branche oder einer starken Veränderung der bestehenden Branche führen kann. Damit wird deutlich, dass erfolgreiche neue Geschäftsmodelle eher selten zu finden sind.

Strategische Bedeutung und Nutzen

Ein neues Geschäftsmodell stellt die Kombination eines veränderten Nutzenversprechens und einer neuen Gewinnformel dar und basiert auf anderen Ressourcen als die bisher gängigen Modelle. Dies kann eine Branche stärker verändern und den Wettbewerb nachhaltiger beeinflussen als eine neue Strategie, die am zugrunde liegenden Geschäftsmodell ja wenig ändert. Technologische, gesellschaftliche oder politische Veränderungen liefern Anlässe dafür, die Chancen systematisch zu entwickeln und zu prüfen. Dies gilt besonders für Investoren, welche die Plausibilität eines Geschäftsmodells anhand seiner Formulierung wie auch der Zahlentests prüfen können. Dagegen ist eine Strategie, die auf einem bestehenden Geschäftsmodell basiert, grundsätzlich bereits plausibel. Allerdings sind die einzelnen Annahmen, die der Strategie zugrunde liegen, und deren Verknüpfung kritisch zu prüfen.

Der Ansatz des Geschäftsmodells ermöglicht die Analyse von Grundstrukturen eines bestehenden erfolgreichen Geschäfts. Viele unternehmerische Erfolge beruhen darauf, dass erfolgreiche Geschäftsmodelle kopiert und auf andere Branchen übertragen wurden. Geschäftsmodelle liefern nämlich einen sehr viel genaueren Plan zur Gestaltung des Geschäfts als bspw. die generischen Strategien. Aus ihnen lassen sich Hinweise für die operative Umsetzung und Gestaltung der Prozesse ableiten. Sie sind damit einfacher umsetzbar und für die Praxis recht wertvoll.

Der Ansatz des Geschäftsmodells ist sinnvoll für die Nutzung neuer Technologien. Statt zu überlegen, wie neue Technologien zu Produkten werden und für welche Märkte sie geeignet sind, bildet im Geschäftsmodell das Nutzenversprechen für den Kunden den Ausgangspunkt, dem dann die Frage nach einer erfolgreichen wirtschaftlichen Umsetzung folgt.

Geschäftsmodelle als Kommunikationsinstrument vermitteln dem Unternehmen intern ein gemeinsames Verständnis für die Gewinnerzielung und die zugrunde liegenden Annahmen. Sie bieten einen Plausibilitätstest für neue Ideen. Gewinne sind letztlich der Realitätstest für ein Geschäftsmodell.

Ähnliche Instrumente

Blue-Ocean-Strategien
Bei der Blue-Ocean-Strategie steht ebenfalls das Nutzenversprechen an den Kunden im Vordergrund. Mit Hilfe des Analyseinstruments Wertkurve wird die relative Leistungsfähigkeit des Unternehmens innerhalb einer Branche untersucht und dann ein andersartiges Nutzenversprechen und Leistungsangebot konstruiert (blaue Ozeane). Auf diese Weise soll der Wettbewerb in gesättigten Märkten mit gleichen Produkten/Dienstleistungen und niedrigen Margen (rote Ozeane) umgangen werden. Dabei steht die Innovation stärker im Vordergrund, während der Geschäftsmodellansatz den Aspekten Nutzenversprechen, Leistungserstellung und Erlösgenerierung die gleiche Aufmerksamkeit widmet (vgl. Abschn. 7.3.4).

Überschneidungen mit anderen Instrumenten

Business Case und Business Plan
Mit dem Begriff Business Case wird allgemein die Begründung von Projekten oder Aufgaben aus geschäftlicher Sicht bezeichnet – ein Geschäftsmodell ist sehr viel umfassender. Ein Business Plan umfasst die geschäftlichen Ziele, eine Begründung, warum diese erreichbar sind, und die Planung zur Erreichung der Ziele (vgl. z. B. McKinsey & Company 2010, S. 4). Basierend auf einem bestimmten Geschäftsmodell werden die Strategie, das operative Geschäft und die Finanzierung für 2-5 Jahre geplant. Der Business Plan ist somit eine über das Geschäftsmodell hinausgehende umfassende Planung eines konkreten Geschäfts, oft eine Unternehmensneugründung.

Marktsegmentierung
Eine Marktsegmentierung (Pepels 2007, S. 17 ff.) liefert Hinweise auf bestimmte Teilmärkte und Kundengruppen. Nach der Analyse der dort bestehenden spezifischen Werterwartungen und Restriktionen kann ein neues Wertangebot formuliert und zum Ausgangspunkt für ein neues Geschäftsmodell werden.

Profit Pools

Die vertikale Analyse der Wertschöpfungskette (vgl. Abschn. 6.2.3) mit den Gewinnanteilen pro Wertschöpfungsstufe kann zum Ausgangspunkt für ein neues Geschäftsmodell werden – wenn es gelingt, eine neue Gewinnformel zu entwickeln. Eine neue Wertarchitektur ohne weitere Veränderung ist noch nicht als ein neues Geschäftsmodell zu sehen.

Wertkette

Die Wertkette (vgl. Abschn. 6.2.3) bietet als Analyse- und Gestaltungsinstrument Unterstützung bei der Entwicklung eines Geschäftsmodells für die Schlüsselressourcen, Prozesse und Kostenstruktur. Zuvor muss jedoch das Wertangebot an den Kunden definiert werden (oder aus den potenziellen Möglichkeiten einer bestehenden Wertkette abgeleitet werden).

3.3.4   Gap- oder Lückenanalyse

Die Gap- oder Lückenanalyse ist ein Instrument zur Analyse und Visualisierung der Zielsetzung. Sie dient der Identifikation von zukünftigen Problemen in der Entwicklung des Unternehmens. Dazu wird eine Zielgröße definiert (Sollgröße) und die Entwicklung des Basisgeschäfts ohne spezielle unternehmenspolitische Maßnahmen prognostiziert (Ist-größe). Differieren beide Entwicklungslinien, ergibt sich eine Lücke. Im nächsten Schritt sind Maßnahmen zu definieren und umzusetzen, um die Lücke, das „Gap", zu schließen.

Beschreibung und theoretischer Hintergrund

Die Lückenanalyse geht zurück auf Ansoff (1965, S. 33 ff.). Das Prinzip der Lückenanalyse beruht auf zwei Zukunftsprojektionen. Weiterhin werden die Zielerreichungsgrade dieser Größe im Zeitablauf ermittelt. Dazu wird in der Regel eine Extrapolation der Entwicklung dieser Größe auf der Basis der Vergangenheit vorgenommen. Es wird außerdem unterstellt, dass das Basisgeschäft unverändert weitergeführt wird (vgl. Kreikebaum 1997; Welge/Al-Laham 2012, S. 416).

Praktische Anwendung

Schritt 1: Festlegung der Zielgröße

Als Zielgröße werden in der Regel Umsatz oder Gewinn verwandt. Aus Vereinfachungsgründen wird hier auf den Umsatz Bezug genommen. Ausgangspunkt ist der gegenwärtig erreichte Umsatz. In der Regel enthalten Leitbild oder Vision und damit die Vorstellungen der Eigentümer bzw. des Managements eine quantitative Größe (z. B. eine Verdoppelung des Umsatzes), die nach Ablauf einer bestimmten Zeitperiode erreicht werden soll. Der aktuelle Umsatz und die gewünschte Entwicklung innerhalb eines bestimmten Zeitrahmens werden auf einer Zeitachse abgetragen. Der Zeitrahmen sollte bei 3-5 Jahren liegen; er ist aber letztlich branchen- bzw. unternehmensabhängig zu bestimmen.

Schritt 2: Prognose des Basisgeschäfts

Im zweiten Schritt muss die Entwicklung des Umsatzes für das Basisgeschäft geplant werden. Dabei wird ceteris paribus unterstellt, dass dieses Geschäft unverändert weitergeführt wird. Hierzu muss die Unternehmensleitung auf der Basis der Entwicklung in den vergangenen Jahren eine Prognose erstellen. Eine Produktlebenszyklusanalyse hilft dabei. Das Ergebnis stellt die Entwicklung des Basisgeschäfts dar. Wenn kurzfristige, also operative Verbesserungen in die Prognose integriert werden, ergibt sich eine zweite Entwicklungslinie, die dann das potenzielle Basisgeschäft zeigt.

Schritt 3: Ableitung der Lücken

Nun können die beiden Lücken definiert werden. Die Differenz der Entwicklungslinien zwischen Basisgeschäft und potenziellem Basisgeschäft zeigt die operative Lücke. Die eigentliche strategische Lücke ergibt sich dann aus dem Vergleich zwischen potenziellem Basisgeschäft und der gewünschten Entwicklung der Zielgröße.

Schritt 4: Maßnahmen auswählen

Im letzten Schritt sind Ideen und Maßnahmen zu fixieren, die zu einer Schließung der Lücken beitragen. Die Umsetzung eines Rationalisierungsprogramms bspw. trägt zur Schließung der operativen Lücke bei; der Einstieg in neue Märkte zählt zu den strategischen Maßnahmen, mit denen die strategische Lücke geschlossen werden kann. Hier bietet sich ein Brainstorming an. Die dabei gewonnenen Ideen sind als operative und strategische einzuteilen und detailliert im Hinblick auf ihren Beitrag zur Schließung der Lücke, den notwendigen Ressourcenbedarf und ihre Umsetzbarkeit zu analysieren.

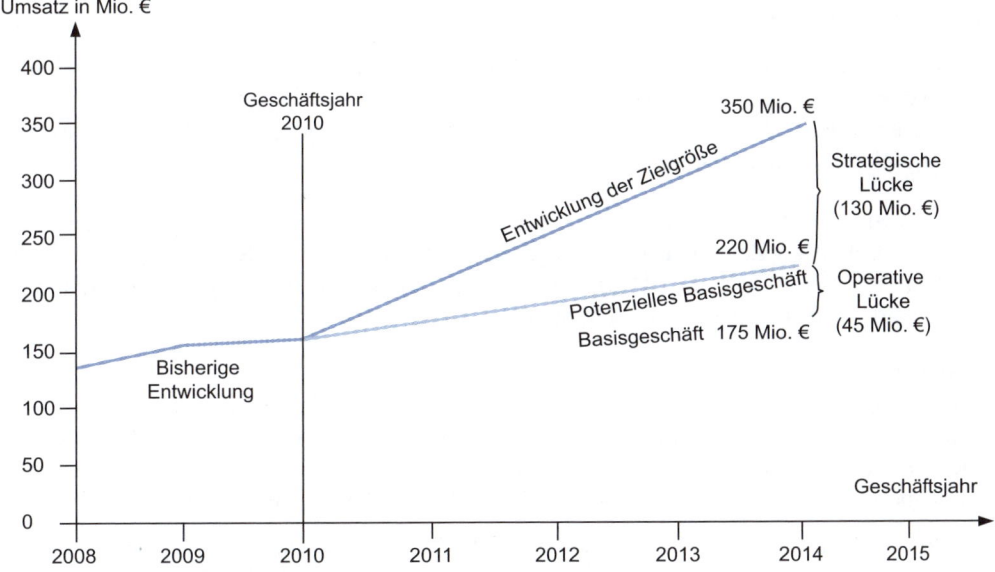

Abb. 3—12: Beispiel zur Gap- oder Lückenanalyse (Quelle: in Anlehnung an Dillerup/Stoi 2008, S. 367)

Die Abb. 3—12 zeigt die Anwendung der Lückenanalyse für einen Fahrradhersteller, der verschiedene Fahrradtypen und Einzelfertigungen anbietet. Dieses Unternehmen hat im Geschäftsjahr 2010 einen Umsatz von 150 Mio. € erzielt. Das Basisgeschäft wird unter der Aufnahme einer fortlaufend stabilen Marktentwicklung ohne zusätzliche Aktivitäten des Unternehmens in 2015 ein Umsatzvolumen von 175 Mio. € erreichen. Diese Basis kann optimiert werden durch den Ausbau des Händlernetzes, verstärkte Marketingaktivitäten und eine bessere Steuerung der Außendienstmitarbeiter. Mit diesen Maßnahmen lässt sich eine Entwicklungslinie für das potenzielle Basisgeschäft von 220 Mio. € projizieren. Die Unternehmensführung plant eine Verdoppelung des Umsatzes bis zum Geschäftsjahr 2015 auf etwa 350 Mio. €. Damit ist die Entwicklung der Zielgröße definiert.

Die Differenz zwischen dem Basisgeschäft und dem potenziellen Basisgeschäft wird als operative Lücke (45 Mio. €) bezeichnet, die mit kurzfristig ausgelegten Optimierungsmaßnahmen geschlossen werden kann. Die strategische Lücke bezieht sich auf die Differenz zwischen potenziellem Basisgeschäft und gewünschter Entwicklung der Zielgröße (130 Mio. €). Sie ist mit langfristigen Maßnahmen, welche die strategische Ausrichtung des Unternehmens verändern, zu schließen. So plant das Unternehmen bspw. den Einstieg in den amerikanischen Markt und die Einführung eines Elektrofahrrads.

Strategische Bedeutung und Nutzen

Die Lückenanalyse ist ein sehr einfaches und plausibles Instrument, das hilft, strategische Probleme schnell zu erkennen. Das Modell zwingt die Unternehmensführung, Zielvorstellungen zu konkretisieren und vor allem zu quantifizieren. Die Lückenanalyse kann auf unterschiedlichen Ebenen eingesetzt werden, z. B. für das Gesamtunternehmen, für einzelne Geschäftsbereiche oder für Geschäftseinheiten bzw. Produktlinien. Sie beantwortet zwei grundsätzliche Fragen:

1. Welche Erfolge sind mit dem gegenwärtigen Basisgeschäft in der Zukunft bei einer unveränderten Unternehmensstrategie zu erzielen?
2. Wie entwickelt sich die Lücke zwischen Basisgeschäft und gewünschter Entwicklung einer Zielgröße im Zeitablauf?

In diesem Sinne erzwingt die Lückenanalyse eine längerfristige Betrachtung. Sie zeigt, wie das Basisgeschäft im Zeitablauf nachlässt und belegt, dass neue strategische Impulse erforderlich sind (Scheuss 2008, S. 102 f.). Eine Anwendung der Lückenanalyse im internationalen Geschäft findet sich bei Perlitz/Schrank (2013, S. 238 ff.).

Kritik des Instruments

Bei der Extrapolation der Zielgrößen wird oft unterstellt, dass sich die Entwicklung der Vergangenheit in der Zukunft fortsetzt. Im Hinblick auf die heutige Umweltdynamik dürfte dies sicherlich die größte Schwäche dieser Methode sein. Schwache Signale und Diskontinuitäten werden nicht erkannt (Welge/Al-Laham 2012, S. 419; Macharzina/Wolf 2012, S. 323 ff.).

Wenn dieses Instrument auf der Geschäftsbereichsebene angewandt wird, verführt es außerdem dazu, strategische Überlegungen nur innerhalb des Geschäftsbereichs oder des Geschäftsfelds anzustellen und damit eine Gesamtbetrachtung des Unternehmens außer Acht zu lassen (Trux/Kirsch 1979; Macharzina/Wolf 2012, S. 323 ff.).

Zudem ist die Lückenanalyse ein sehr einfaches Instrument, das lediglich eine Lücke aufzeigt. Es macht keine Angaben, wie die Lücke geschlossen werden kann und zieht den Einsatz weiterer Instrumente nach sich. Die Methode hat nur dann einen Nutzen, wenn eine intensive Suche nach Alternativen zur Schließung der Lücke folgt (Macharzina/Wolf 2012, S. 323 ff.).

Ähnliche Instrumente

Das Restrukturierungshexagon
Wenn als Zielgröße der Shareholder-Value gewählt wird, können im Restrukturierungshexagon (vgl. Abschn. 7.2.5) ebenfalls Lücken identifiziert werden. Die Wertlücke geht von einer Differenz zwischen dem aktuellen Marktwert (Istgröße) und dem Unternehmenswert nach Ausschöpfung aller operativen, strategischen und finanziellen Maßnahmen (Zielgröße) aus (Günther 1997, S. 339 f.; Macharzina/Wolf 2012, S. 323 ff.). Die Wertlücke kann wiederum in verschiedene Teillücken entsprechend den Ecken des Restrukturierungshexagons aufgeteilt werden: Wahrnehmungslücke, interne Restrukturierungslücke, externe Restrukturierungslücke und finanzielle Restrukturierungslücke (Günther 1997, S. 339).

Überschneidungen mit anderen Instrumenten

Vision/Mission/Leitbild
Ein klarer Bezug besteht zur Vision bzw. dem Leitbild des Unternehmens, sofern in der Vision eine quantitative Zielgröße enthalten ist. Aus der Vision sollten die Zielvorstellungen abgeleitet werden, um die gewünschte Entwicklung im Hinblick auf Umsatz oder Gewinn für den geplanten Zeitrahmen darzustellen (vgl. Abschn. 3.3).

Industrielebenszyklus
Eine Analyse des Industrielebenszyklus kann genutzt werden, um zu verstehen, warum das Basisgeschäft sich im Zeitablauf verschlechtert. In diesem Sinne könnte die Lücke dann durch die Neueinführung bzw. den Relaunch von Produkten geschlossen werden (vgl. Abschn. 5.2.7).

Wertkettenanalyse
Die Analyse der Wertkette (vgl. Abschn. 6.2.3) kann genutzt werden, um Maßnahmen zur Deckung der operativen Lücke zu identifizieren. Dabei geht es sowohl um eine Optimierung der Wertkette als auch einen radikalen Umbau im Sinne eines Business-Reengineering-Ansatzes (vgl. Hammer/Champy 2003, S. 34 ff.).

Ansoff-Matrix
Lückenanalyse und Ansoff-Matrix (vgl. Abschn. 7.3.1) ergänzen sich in besonders sinnvoller Weise. Während die Lückenanalyse den ersten Schritt darstellt, bildet die Ansoff-Matrix den zweiten Schritt – sie liefert die Strategien, um die Lücke zu schließen. Dieser Zusammenhang wird in der folgenden Abb. 3—13 deutlich.

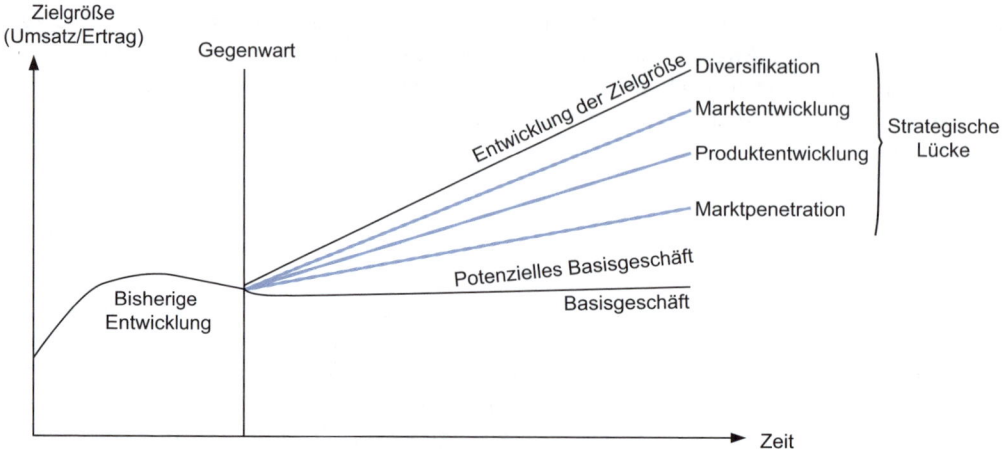

Abb. 3—13: Lückenanalyse und Ansoff-Matrix (Quelle: Dillerup/Stoi 2008, S. 367; Scheuss 2008, S. 103)

Portfolio-Modelle

Die BCG-Matrix (vgl. Abschn. 7.2.2) oder die GE-/McKinsey-Matrix (vgl. Abschn. 7.2.3) haben ebenfalls einen engen Bezug zur Lückenanalyse. Zum einen können diese Instrumente auch auf eine Lücke hinweisen, bspw. auf eine ungenügende Zahl von Fragezeichen-Produkten. Zum anderen liefern die Portfolio-Modelle einen Entscheidungsrahmen, um festzulegen, welche Maßnahmen und Projekte zur Schließung der Lücke tatsächlich umgesetzt werden.

3.4   Literatur

ADB Asian Development Bank (2010): Our Vision – an Asia and Pacific Free of Poverty. Manila, http://www.adb.org/about. Abrufdatum 23.11.2010

Afuah, A. (2004): Business Models. New York

Ansoff, I.H. (1965): Corporate Strategy. Harmondsworth, Middlesex, UK et al.

Apple (2010): Apple, http://www.apple.com. Abrufdatum 03.02.2010

Bain & Company/Rigby, D./Bilodeau, B. (2009): Management Tools and Trends 2009, http://www.bain.com/management_tools/home.asp. Abrufdatum 13.10.2010

Bennis, W. (1989): On Becoming a Leader. Reading, MA, USA

Bennis, W./Nanus, B. (1985): Leaders: The Strategies for Taking Charge. New York

Bleicher, K. (2004): Das Konzept Integriertes Management. Visionen – Missionen – Programme. 7. Aufl., Frankfurt

Bleicher, K. (1992): Leitbilder. Entwicklungstendenzen im Management. Bd. 1. Stuttgart

Boyett J./Boyett, J. (1998): The Guru Guide. New York

Campbell, A./Yeung, S. (1991): Brief Case: Mission, Vision and Strategic Intent, in: Long Range Planning, 24. Jg., Nr. 4, S. 144–147

Chandler, A.D. (1962): Strategy and Structure: Chapters in the History of the American Industrial Enterprise. Cambridge, MA, USA

Coenenberg, A./Salfeld, R. (2003): Wertorientierte Unternehmensführung. Stuttgart

Collins, J. (2001): Good to Great – Why Some Companies Make the Leap ... and Others Don't. New York

Collins, J./Porras, J. (2005): Built to Last. Successful Habits of Visionary Companies. 10. Aufl., London

Collins, J./Porras, J. (1996): Building your company's vision, in: Harvard Business Review, 74. Jg., Nr. 2, S. 65–77

Cummings, S./Davies, J. (1994): Mission, Vision, Fusion, in: Long Range Planning, 27. Jg., Nr. 6, S. 147–150

dgq (Deutsche Gesellschaft für Qualität) (2011): Ludwig-Erhard-Preis verliehen, in: Umweltmagazin, o. Jg., Nr. 1/2, S. 58

Dillerup, R./Stoi, R. (2008): Unternehmensführung. 2. Aufl., München

Dror, S. (2008): The Balanced Scorecard versus quality award models as a strategic framework, in: Total Quality Management, 19. Jg., Nr. 6, S. 583–593

EFQM (2010a): EFQM Excellence Modell. Brüssel

EFQM (2010b): Taking the first steps – a questionnaire Approach. Brüssel

EFQM (2010c): List of Affilates, http://www.efqm.org/en/tabid/162/default.aspx. Abrufdatum 10.02.2011

Fasse, M. (2009): BMW verliert Glauben an den Wasserstoffantrieb, Handelsblatt, 07.12.2009, http://www.handelsblatt.com/unternehmen/industrie/autohersteller-bmw-verliert-glauben-an-den-wasserstoffantrieb;2495118;0. Abrufdatum 02.02.2010

Frese, E. (1985): Exzellente Unternehmen – Konfuse Theorien. Kritisches zur Studie von Peters und Waterman, in: Die Betriebswirtschaft, 45. Jg., Nr. 5, S. 604–606

Friedman, M. (1970): The Social Responsibility of Business is to Increase its Profits, in: The New York Times Magazine, 13.09.1970

Goffee, R./Jones, G. (1997): Kultur, der Stoff, der Unternehmen zusammenhält, in: Harvard Business Manager, 19. Jg., Februar, S. 41–54

Grant, R.M./Nippa, M. (2006): Strategisches Management. Analyse, Entwicklung und Implementierung von Unternehmensstrategien. 5. Aufl., München

Grünig, R./Kühn, R. (2011): Methodik der strategischen Planung. 6. Aufl., Bern/Stuttgart

Günther, T. (2000): Unternehmenswertorientiertes Controlling. München

Haas, R. (1990) in: Howard, R. (1990): Values make the Company. An interview with Robert Haas, in: Harvard Business Review, 68. Jg., Nr. 5, S. 133–144

Hamel, G./Prahalad, C.K. (1990): The Core Competence of the Corporation, in: Harvard Business Review, 68. Jg., Nr. 3, S. 79–91

Hamel, G./Prahalad, C.K. (1989): Strategic Intent, in: Harvard Business Review, 67. Jg., Nr. 3, S. 63–76

Hammer, M./Champy, J. (2003): Reengineering the Corporation: A Manifesto for Business Revolution. New York

Hungenberg, H. (2011): Strategisches Management in Unternehmen. Ziele – Prozesse – Verfahren. 6. Aufl., Wiesbaden

Johnson, G./Whittington, R./Scholes, K. (2011): Exploring Corporate Strategy. 9. Aufl., Harlow, Essex, UK

JUSE (Union of Japanese Engineers and Scientists) (2010): The Deming Prize, www.juse.or.jp/e/deming/. Abrufdatum 11.02.2011

Kiessling, W./Babel, F. (2007): Corporate Identity: Strategie nachhaltiger Unternehmensführung. 3. Aufl., Augsburg

Koller, T./Goedhart, M./Wessels, D. (2010): Valuation Measuring and Managing the Value of Companies. 5. Aufl., New York

Kreikebaum, H. (1997): Strategische Unternehmensplanung. 6. Aufl., Stuttgart et al.

Krüger, W. (1989): Hier irrten Peters und Waterman, in: Harvard Business Manager, 10. Jg., Januar, S. 13–18

LG (2009): Our Vision, http://www.lg.com/global/about-lg/corporate-information/our-vision/index.jsp. Abrufdatum 24.11.2010

Lynch, D.R. (2009): Strategic Management. 5. Aufl., Harlow, Essex, UK

Macharzina, K./Wolf, J. (2012): Unternehmensführung – Das Internationale Managementwissen. 8. Aufl., Wiesbaden

Magretta, J. (2002): Why Business Models Matter, in: Harvard Business Review, 80. Jg., Nr. 5, S. 86–92

MBNQA Malcom Baldridge National Quality Award (2010): 2011–2012 Criteria for Performance Excellence. www.nist.gov/baldrige/publications/upload/2011_2012_Business-Nonprofit_Criteria.pdf. Abrufdatum 12.11.2010

McKinsey & Company (2010): Planen, gründen, wachsen: Mit dem professionellen Businessplan zum Erfolg. 5. Aufl., München

Müller-Stewens, G./Lechner, C. (2005): Strategisches Management: Wie strategische Initiativen zum Wandel führen. 3. Aufl., Stuttgart

Newport News Shipbuilding (1886), zitiert nach Wheelen, T.J./Hunger, J.D. (2012): Strategic Management and Business Policy. Achieving Sustainability. 13. Aufl., Upper Saddle, NJ, USA

Nohria, N./Joyce, W./Roberson, B. (2003): What really works. New York

o. V. (2010): Business Talk – Vision, in: Financial Times Deutschland, 01.02.2010, S. 28

Pascale, R.T./Athos, R.G. (1981): The Art of Japanese Management: Applications for American Executives. New York

Pepels, W. (2007): Marktsegmentierung: Erfolgsnischen finden und besetzen. 2. Aufl., Düsseldorf

Perlitz, M./Schrank, R. (2013): Internationales Management. 6. Aufl., Konstanz/München

Peters, T.J./Waterman, R.H. (1982): In Search of Excellence: Lessons from America's Best-Run Companies. New York

Peters, T.J./Waterman, R.H./Phillips, J.R. (1980): Structure is not Organization, in: Business Horizons, 23. Jg., Nr. 3, S. 14–26

REpower AG (2010): Leitlinien der REpower Systems AG, http://www.repower.de/unternehmen/prtrait/leitlinien/?L=0. Abrufdatum 24.11.2010

Ruiz-Carrillo, J./Fernández-Ortiz, R. (2005): Theoretical foundation of the EFQM model: the resource-based view, in: Total Quality Management, 16. Jg, Nr. 1, S. 31–55

SAP (2010): SAP: Delivering IT-Powered Business Innovation, http://www.sap.com/about/index.epx. Abrufdatum 24.11.2010

Scheuss, R. (2008): Handbuch der Strategien. Frankfurt

Schumpeter, J. (1942): Kapitalismus, Sozialismus und Demokratie. Ausgabe Stuttgart

Simon, H. (2007): Hidden Champions des 21. Jahrhunderts: Die Erfolgsstrategien unbekannter Weltmarktführer. Frankfurt/New York

Simon, H. (1996): Die heimlichen Gewinner (Hidden Champions): Die Erfolgsstrategien unbekannter Weltmarktführer. Frankfurt

Sparberg, F.W. (1985): Exzellente Unternehmen – Praxiserfahrungen, in: Die Betriebswirtschaft (DBW), 11. Jg., Nr. 5, S. 606–608

Spiegel-Online (2009): Ackermann prahlt mit Traumrendite, http://www.spiegel.de/wirtschaft/0,1518,621201,00.html. Abrufdatum 02.02.2010

Steinle, C./Kirschbaum, J./Kirschbaum, V. (1996): Erfolgsfaktoren und ihre Gestaltung in der Praxis. Frankfurt

Stewart, T. (1996): A Refreshing Change: Vision Statements that Make Sense, in: Fortune, Nr. 6, 30.09.1996, S. 195–196

Teekampagne (Hrsg.) (2010): Unsere Prinzipien, http://www.teekampagne.de/unsere-prinzipien/kampagnenprinzip. Abrufdatum 22.11.10

Trux, W./Kirsch, W. (1997): Strategisches Management oder die Möglichkeit der „wissen-schaftlichen" Unternehmensführung, in: Die Betriebswirtschaft (DBW), 39. Jg., Nr. 2, S. 215–235

Ulrich, H. (1981): Managementphilosophie für die Zukunft. Bern/Stuttgart

Ulrich, H. (1970): Die Unternehmung als produktives soziales System. 2. Aufl., Bern/Stuttgart

Ulrich, P./Fluri, E. (1995): Management. Eine konzeptionelle Einführung. 7. Aufl., Bern/Stuttgart

Wächter, H. (1985): Zur Kritik an Peters und Waterman, in: Die Betriebswirtschaft (DBW), 45. Jg., Nr. 5, S. 608–609

Welge, M.K./Al-Laham, A. (2012): Strategisches Management. Grundlagen – Prozesse – Implementierung. 6. Aufl., Wiesbaden

Wheelen, T.J./Hunger, J.D. (2012): Strategic Management and Business Policy. Achieving Sustainability. 13. Aufl., Upper Saddle River, NJ, USA

Zott, C./Amit, R./Massa, L. (2010): The Business Model: Theoretical roots, recent develop-ments, and future research. IESE Business School – University of Navarra. Working Paper WP-862, June 2010, http://www.iese.edu/research/pdfs/DI-0862-E.pdf. Abrufdatum 16.11.2010

4   Die SWOT-Analyse als methodischer Rahmen

„Wer zu einer klaren Bestandsaufnahme kommen will, wägt eine Reihe von Voraussetzungen ab, indem er fragt:
Welcher Herrscher hat die Moral auf seiner Seite?
Welcher Feldherr gebietet über die größeren Fähigkeiten?
Für wen sprechen Klima und Gelände?
Wer setzt die Befehle und Gesetze durch?
Wer gebietet über die stärkeren Truppen?
Wessen Offiziere und Mannschaften sind besser ausgebildet?
Auf welcher Seite sind Lohn und Strafe einsichtiger geregelt?
Daran erkenne ich den Sieger und den Verlierer" (Sun Tsu 2009).

> Die SWOT-Analyse untersucht interne Stärken (**S**trengths) und Schwächen (**W**eaknesses) des Unternehmens und externe Chancen (**O**pportunities) und Bedrohungen (**T**hreats) aus der Unternehmensumwelt qualitativ und stellt sie einander gegenüber. Sie kann zu Beginn des strategischen Prozesses bei der Analyse der Ausgangslage genutzt werden, weiter bei der Entwicklung strategischer Optionen und schließlich zur Bewertung dieser Optionen und der daraus folgenden Strategieimplementierung. Aufgrund der vielfältigen Einsatzmöglichkeiten und des umfassenden Ansatzes ist die SWOT-Analyse das bekannteste analytische Rahmenkonzept für die strategische Planung in Unternehmen, gleichzeitig aber auch eines der am stärksten kritisierten Konzepte.

4.1   Überblick

Die SWOT-Analyse entspricht dem strategischen Fit-Konzept, demzufolge der Erfolg dort zu suchen ist, wo das Unternehmen auf Basis seiner eigenen Fähigkeiten in Übereinstimmung mit den Anforderungen der Umwelt agieren kann (Ansoff 1965, S. 92). Sie verknüpft den ressourcenorientierten mit dem marktorientierten Ansatz. Die SWOT-Analyse macht im Vergleich zu anderen Analyseinstrumenten keine detaillierten Vorgaben zum Vorgehen, sondern liefert lediglich einen Rahmen. Heute stehen für die einzelnen Analysen weiterentwickelte Instrumente (vgl. Kap. 5 und 6) zur Verfügung, deren Ergebnisse in der SWOT-Darstellung (Abb. 4—1) übersichtlich zusammengefasst werden können.

	Externe Chancen (Opportunities)	Externe Bedrohungen (Threats)
Interne Stärken (Strengths)	Stärken nutzen, um Chancen zu ergreifen (SO)	Stärken nutzen, um Bedrohungen abzuwehren (ST)
Interne Schwächen (Weaknesses)	Schwächen ausgleichen, um Chancen nutzen zu können (WO)	Schwächen ausgleichen, um Bedrohungen abwehren zu können (WT)

Abb. 4—1: SWOT-Analyse im Überblick

Die SWOT-Analyse stammt aus Forschungsarbeiten am SRI (Stanford Research Institute) in der Zeit von 1960-1970. Die Forschung wurde finanziert von Fortune-500-Unternehmen, um herauszufinden, was in der Unternehmensplanung schiefgelaufen war und um ein neues System zum Management des Wandels zu entwickeln (Humphrey 2005). Aus den Fragen „Was ist gut oder schlecht an den Aktivitäten des Unternehmens?, Was ist gut oder schlecht an der Gegenwart und der Zukunft?" hat sich die SWOT-Analyse entwickelt. Andere Quellen schreiben die Entwicklung der SWOT-Analyse hingegen der Harvard Business School zu, wo in den frühen 1960er Jahren Fallstudien mit dem Fokus auf internen Stärken und Schwächen und deren Bedeutung für Chancen und Bedrohungen aus der Unternehmensumwelt diskutiert wurden (Panagiotou 2003; Welge/Al-Laham 2012). In Lehrbüchern zum strategischen Management wird der SWOT-Ansatz ab dem Jahr 1965 verwendet (vgl. z. B. Learned et al. 1965).

Weihrich (1982) schlug für ein systematisches Vorgehen bei der SWOT-Analyse zunächst die Erstellung eines Unternehmensprofils als Rahmen vor. Es beschreibt das Geschäft des Unternehmens, dessen geografische Ausdehnung, die Betriebsabläufe und die Orientierung des Topmanagements. Intern werden die folgenden Faktoren geprüft: Management und Organisation, Betriebsabläufe, Finanzen, Marketing und andere Faktoren. Extern werden ökonomische, soziale, politische, demografische, produktbezogene, technologische und markt- sowie wettbewerbsbezogene Faktoren analysiert.

In diesem Kapitel wird die SWOT-Analyse in drei Phasen vorgestellt:

- Analyse und Bewertung der Ausgangssituation: SWOT-Analyse.
- Entwicklung von strategischen Optionen und Strategieformulierung: SWOT-Normstrategien (TOWS-Matrix).
- Bewertung der Strategieoptionen und Strategieauswahl: Quantitative Strategische Planungs-Matrix (QSPM).

Die SWOT-Analyse eignet sich vor allem für Situationen, in denen eine grundlegende Bestandsaufnahme und Neuorientierung des Unternehmens notwendig ist – z. B. wenn ein Unternehmen erstmals bewusst strategisch zu planen beginnt, wenn eine vorhandene strategische Planung substanziell überarbeitet werden soll oder wenn starke interne und externe Veränderungen eintreten bzw. zu erwarten sind.

4.2   Die SWOT-Instrumente

4.2.1   Analyse und Bewertung der Ausgangssituation (SWOT)

Mit einer SWOT-Analyse wird ein vereinfachtes, aggregiertes Bild der Unternehmenssituation erstellt. Die internen Faktoren werden selbst eingeschätzt oder im Vergleich zu den Wettbewerbern. Deutliche Unterschiede zum Branchendurchschnitt werden als Stärken oder Schwächen bezeichnet und stehen im Vordergrund. Bei den externen Faktoren sind die Veränderungen der Unternehmensumwelt von Bedeutung, die entweder als Chancen oder als Bedrohungen bewertet werden.

Beschreibung und theoretischer Hintergrund
Die SWOT-Analyse begründet den Unternehmenserfolg durch eine gezielte Nutzung und Förderung der unternehmensinternen Stärken und durch eine erfolgreiche Kompensation der unternehmensinternen Schwächen in Relation zu den Anforderungen der Umwelt. Die Besonderheiten des Unternehmens, seine Stärken und Schwächen ergeben sich in der SWOT-Analyse aus dem Vergleich mit Konkurrenten. Dies unterscheidet die SWOT-Analyse von der Ressourcenanalyse (vgl. Abschn. 6.2.1), die von generell notwendigen Attributen für den Erfolg in der Branche ausgeht, sowie von der Analyse der Wertkette (vgl. Abschn. 6.2.3), die direkt einzelne wertschaffende Aktivitäten identifiziert. Damit ist der SWOT-Ansatz zum einen sehr viel breiter, zum anderen aber weniger gezielt. Unterschiede zu den Wettbewerbern werden zunächst ohne einen kausalen Zusammenhang zum Unternehmenserfolg ermittelt und bewertet. Ob diese Stärken oder Schwächen erfolgsrelevant sind, spielt zunächst keine Rolle. Zudem bezieht die SWOT-Analyse ähnlich wie das 7-S-System und das EFQM-Modell auch allgemeine und weiche Faktoren mit ein (vgl. Kap. 3).

Die SWOT-Analyse bietet für die Analyse der externen Unternehmensumwelt keine eigene Methode, sondern nur allgemeine Themen als Ansatzpunkte. Veränderungen und Trends werden aufgespürt, unmittelbar bewertet und als Chancen oder Bedrohungen eingestuft. Dabei hat sich als Standardvorgehen eine Unterteilung in die allgemeine Unternehmensumwelt (Makro-Umwelt) und die engere Branchenumwelt durchgesetzt. Für die allgemeine Unternehmensumwelt steht der PEST-Rahmen zur Verfügung, in dem politische, ökonomische, sozio-kulturelle und technologische Trends untersucht werden (vgl. Abschn. 5.2.1). Andere Autoren schlagen den Einsatz der Szenariomethode vor (Dyson 2007). Die Trends in der Unternehmensumwelt können aber auch indirekt durch eine Stakeholder-Analyse (vgl. Abschn. 5.2.2) ermittelt werden. Für die branchenbezogene Analyse der Wettbewerbssituation bietet sich die 5-Kräfte-Analyse von Porter (vgl. Abschn. 5.2.3) oder eine gezielte Wettbewerberanalyse an.

Die Bewertung interner Eigenschaften und externer Trends als Stärken oder Schwächen bzw. als Chancen oder Bedrohungen ist in der Realität meist nicht eindeutig – die Bewertung kann in unterschiedlichen Kontexten abweichen. Zudem können Faktoren voneinander abhängig sein oder eine gemeinsame Ursache haben. Dies führt regelmäßig zu Konfusionen. Das liegt am dualistischen Ansatz der SWOT-Analyse – deshalb ist dieses Problem bis zu einem gewissen Grad unvermeidlich. Die Anwender müssen sich also klar darüber sein und damit leben, dass in der Realität die einzelnen Faktoren ambivalent sein können.

Praktische Anwendung

Vorbereitende Maßnahmen

In Unternehmen ist es meist sinnvoll, die SWOT-Analyse mit einem Team von Managern aus verschiedenen Ebenen und Funktionen durchzuführen, um unterschiedliche Sichtweisen und Perspektiven zu berücksichtigen. Nach Stevenson (1976) konzentriert sich das Topmanagement dabei auf finanzielle, personelle und organisatorische Fragen sowie die Führung von Geschäftsbereichen, das mittlere Management eher auf die Themen Marketing und Finanzen und die unteren Managementebenen auf das Marketing und die Technik. Wenn Glaubenssätze über etablierte Praktiken und Rollen im Unternehmen infrage gestellt, unliebsame Fakten aufgedeckt und Leistungen in einzelnen Bereichen angezweifelt werden müssen (Brownlie 1989), können die Diskussionen über die interne Analyse sehr emotional werden. Damit kann eine heterogen zusammengesetzte Gruppe besser umgehen.

Mit der SWOT-Analyse als erstem Schritt des Strategieprozesses sollen die vorhandenen Informationen über das Unternehmen zusammengefasst und bewertet werden. Typische Daten und Informationsgrundlagen wie Branchenberichte, Marktanalysen, Marktforschungsberichte, eigene und fremde Geschäftsberichte, eigene Analysen und die externe Berichterstattung über das Unternehmen, seine Konkurrenten und die Branche insgesamt sind deshalb vorab zusammenzustellen und allen Beteiligten zugänglich zu machen.

Schritt 1: Festlegung und Beschreibung des Analysegegenstands

Zuerst ist der Untersuchungsgegenstand genau zu definieren. Handelt es sich um das ganze Unternehmen oder um eine strategische Geschäftseinheit (SGE)? Die Methode kann auch nur auf einzelne Funktionsbereiche angewendet werden. Darüber hinaus wird die zeitliche Perspektive der Analyse festgelegt.

Das Unternehmen wird zuerst mit Hilfe der folgenden Kriterien genauer beschrieben: Geschäftsmodell, Produkte und Dienstleistungen, Kunden, Kundenwünsche, grundlegende quantitative Kenn- und Ergebnisgrößen, geografische Ausdehnung, Betriebsabläufe, gegenwärtige Zielsetzungen, Beurteilung der Leistung und abschließend die Entwicklung und Veränderungen in den letzten Jahren. Weiter sind die organisatorischen Strukturen, die grundlegenden Werte des Topmanagements und die Grundzüge der Unternehmenskultur zu skizzieren. Die Konkurrenzsituation wird mit dem Marktanteil und den Schlüsselerfolgsfaktoren (z. B. Preis, Qualität, Service, Produktinnovation, Produktion, Standorte, Vertriebs- und Distributionssysteme) beschrieben.

Schritt 2: Analyse der externen Umwelt: Chancen und Bedrohungen

Hierbei werden Trends und Entwicklungen in der Unternehmensumwelt ermittelt. In der allgemeinen Unternehmensumwelt sind ökonomische, politische und demografische Trends aufzuspüren. Dieser Vorschlag entspricht weitgehend dem Vorgehen bei der später entwickelten PEST-Analyse (vgl. Abschn. 5.2.1). In der engeren Unternehmensumwelt stehen produktbezogene und technologische Entwicklungen im Fokus. Die Analyse endet mit der Untersuchung der Veränderungen des Marktes, des erwarteten Verhaltens der bisherigen und potenzieller neuer Wettbewerber sowie Veränderungen bei Lieferanten und Kunden (Weihrich 1982).

Die ermittelten Trends können meistens unmittelbar als Chancen oder als Bedrohungen für das Unternehmen eingestuft werden. Sinnvoll ist das Setzen von Prioritäten oder eine Bewertung der Bedeutung der erkannten Trends (z. B. als Prozentanteil; alle Trends zusammen ergeben 100 %). Die weitere Diskussion beschränkt sich auf die wichtigsten externen Faktoren; Wheelen/Hunger (2012, S. 133 f.) schlagen eine Begrenzung auf 8-10 Faktoren vor.

Wichtig: Chancen und Bedrohungen ergeben sich stets aus der Unternehmensumwelt und dürfen nicht mit Handlungsmöglichkeiten des Unternehmens verwechselt werden. Diese werden erst im nächsten Schritt aus der Kombination von Stärken und Schwächen mit den Chancen und Bedrohungen (TOWS-Matrix) abgeleitet.

Schritt 3: Interne Analyse des Unternehmens: Stärken und Schwächen

Für die interne Analyse im Rahmen der SWOT-Analyse werden Checklisten für eine systematische Prüfung entwickelt. Eine Übersicht über wichtige zu analysierende Themen wird in Abb. 4—2 gegeben. Die Einschätzung der Stärke oder Schwäche des eigenen Unternehmens ist oft stark subjektiv geprägt. Der Maßstab für die untersuchten Eigenschaften ist deshalb der Branchendurchschnitt (Welge/Al-Laham 2012, S. 448 ff.). Ist ein Unternehmen bei einem Faktor deutlich besser als der Branchendurchschnitt, dann weist es dort eine Stärke auf; ist es schlechter, eine Schwäche.

Zur Überprüfung der eigenen Einschätzungen gibt es mehrere Möglichkeiten:

- Die Faktoren soweit wie möglich auf harte Fakten und messbare Kennzahlen stützen.
- Die Sichtweise von neutralen oder externen Unternehmenskennern mit in die Analyse einbeziehen.
- Die Faktoren mit denen der wichtigsten Wettbewerber vergleichen.
- Die Relevanz von Stärken und Schwächen durch einen Vergleich mit den Schlüsselerfolgsfaktoren (vgl. Abschn. 5.2.9) der Branche beurteilen.

Stärken und Schwächen können weiter durch die Auswertung von Projekten und Initiativen der Vergangenheit ermittelt werden. Die Analyse früherer Erfolge oder Misserfolge kann Auskunft über (damals) vorhandene Stärken und Schwächen geben. Bei den Stärken und Schwächen ist nicht allein der derzeitige Zustand zu diskutieren, sondern auch die Dynamik der Entwicklung in der Vergangenheit sowie die geplante oder erwartete Entwicklung. Bei den internen Faktoren sollte ebenfalls die weitere Diskussion auf die wichtigsten Faktoren beschränkt werden.

Bereich/ Kriterium	Ergebnisse und Qualität	Ressourcen und Kosten	Zeit und Flexibilität
Unternehmen allgemein	- Reputation des Unternehmens gegenüber den verschiedenen Anspruchsgruppen - Mix des Leistungsangebotes - Vertikale oder horizontale Integration und Synergie-Effekte - Wachstum	- Übergreifende Kernkompetenzen	- Reaktionsfähigkeit des Unternehmens auf neue Entwicklungen - Kooperationsfähigkeit
Forschung und Entwicklung (F&E)	- Patente, Innovationen, neue Produkte, neue Prozesse - Einnahmen aus Patenten, Lizenzen etc. - Neuprodukte	- F&E-Einrichtungen, Standorte, Ausstattung - F&E-Aufwand - F&E-Personal (Zahl und Qualität)	- Entwicklungsdauer, Kooperationen - Technologische Prognosefähigkeiten
Einkauf und Logistik	- Lieferantenbasis - Umschlagshäufigkeit - Lieferfähigkeit - Lieferzuverlässigkeit - Attraktivität für Lieferanten - Eigene Rohmaterialressourcen	- Beschaffungskosten - Lagerkosten - Kapitalbindung - Logistikkosten - Fehlmengenkosten	- Lieferzeit - Lieferflexibilität - Kontrolle der Bestände
Produktion	- Prozessqualität - Technologie - Know-how - Produktivität - Umweltfreundlichkeit - Ressourcenbedarf - Kapazitäten - Kapazitätsnutzung	- Produktionseinrichtungen, Standorte, Ausstattung, Automatisierung, Integration - Technologie - Skaleneffekte - Produktionskosten - Investitionen - Abschreibungen	- Durchlaufzeiten - Mengenflexibilität - Flexibilität im Hinblick auf Qualität und Produktvarianten
Marketing	- Marktanteil - Kundenzufriedenheit - Wiederkäufer - Marktkenntnis - Externes Rating - Produktimage - Markentreue	- Standorte Vertrieb - Standorte Lager - Standorte Service - Marktforschung - Vertriebs- und Werbeaufwand - Marken - Preisstrategie	- Lieferfähigkeit - Lieferflexibilität

Bereich/ Kriterium	Ergebnisse und Qualität	Ressourcen und Kosten	Zeit und Flexibilität
Produkt/ Dienstleistungen	- Produktqualität - Breite/Tiefe der Produktlinie - Design - Technische Leistungsfähigkeit - Service	- Produktstückkosten - Kosten kundenspezifischer Produkte - Kosten über den gesamten Lebenszyklus des Produkts - Preis-/ Leistungsverhältnis	- Anteil neuer Produkte - Produktlebenszyklus - Flexibilität gegenüber Kundenwünschen
Organisation und Management	- Unternehmenskultur - Werteorientierung - Synergien in der Organisation - Beziehungen zu Anspruchsgruppen - Qualität der Unternehmensverfassung - Interessen und Fähigkeiten des Topmanagements - Verhältnis des Managements zu den Mitarbeitern	- Managementsysteme - Zertifizierungen - Managementkapazität - I+K-Systeme - Managementkosten - Overhead	- Flexibilität - Fähigkeit zur Selbstorganisation - Lernfähigkeit - Teamarbeit/Gruppenarbeit
Finanzen und Controlling	- Eigenkapital - Gewinn - Rendite - Cashflow - Aktienkurs - Dividenden	- Systeme für Cashflow-Management, Finanzprognosen und Rechnungswesen - Kapitalkosten - Controllingkosten - Bestandsbewertung	- Liquidität - Verschuldung - Zugriff auf unterschiedliche Finanzierungen - Kreditrating
Personal	- Motivation - Zufriedenheit - Qualifikation - Betriebsklima - Attraktivität für neue Mitarbeiter - Fluktuationsrate - Produktivität	- Personalstruktur - Fehlquote - Anreizsysteme - Personalkosten - Weiterbildungsaufwand	- Entwicklungsfähigkeit - Flexibilität der Mitarbeiter - Zeitbedarf für Personalanpassungen

Abb. 4—2: Checkliste für Stärken und Schwächen eines Unternehmens (Quelle: Zusammenstellung aus Brownlie 1989; Grant 2013; Grünig/Kühn 2011; Hinterhuber 1996; Welge/Al-Laham 2012)

Schritt 4: Zusammenfassung der Ergebnisse

In Form einer Liste werden die wichtigsten internen Stärken und Schwächen sowie die externen Chancen und Bedrohungen aufgeführt. Zusätzlich können erkannte gegenseitige Abhängigkeiten dargestellt werden. Am Ende stehen eine zusammenfassende Darstellung der gegenwärtigen Gesamtsituation und deren Veränderung im Hinblick auf die Zukunft des Unternehmens. Noch ist es zu früh, Handlungsempfehlungen zu geben.

Kritik des Instruments

Kritik an der Methodik

Die SWOT-Analyse ist als Rahmenkonzept methodisch schwach ausgeprägt. Die Auswahl der Einflussfaktoren bleibt unklar; es kann zu ungleichgewichtigen Bewertungen und letztendlich zu Widersprüchen kommen. Wird rein qualitativ gearbeitet, können ungeprüfte Annahmen und Meinungen leicht zu falschen Ergebnissen führen. Betriebsblindheit kann zu einer zu frühen Fixierung auf Einzelaspekte in der Analyse und Strategieformulierung führen. Andererseits ist die SWOT-Analyse gerade aufgrund der schwachen methodischen Ausprägung ziemlich flexibel; sie lässt sich sowohl mehr informell und intuitiv als auch mehr analytisch und formal durchführen und an die Anforderungen der Unternehmenssituation und der Beteiligten anpassen.

Ein grundsätzliches Problem der SWOT-Analyse ist die Mehrdeutigkeit der Faktoren. Manche Strategieexperten lehnen die SWOT-Analyse deshalb ab (vgl. Grant 2013, S. 11); andere Autoren entwickeln Methoden zur genaueren Bewertung dessen, ob ein Faktor als eine Stärke oder Schwäche bzw. als eine Chance oder Bedrohung einzustufen ist (vgl. z. B. Jacobs et al. 1998; Koch 2000).

Die SWOT-Analyse geht davon aus, dass internen und externen Faktoren die gleiche Bedeutung zukommt. Dies muss aber nicht immer richtig sein und kann dazu führen, dass weniger wichtige Faktoren zu stark in die Analyse und die Entscheidung einbezogen werden. Interne Schwächen und Stärken sowie externe Chancen und Bedrohungen sind oftmals, auch im Hinblick auf mögliche Handlungen und Maßnahmen, nicht einfach voneinander abzugrenzen.

Kritik an der Behandlung der zeitlichen Aspekte

Die Analyse von Stärken und Schwächen hat intern vor allem die gegenwärtige Situation im Blick, bei externen Trends jedoch die Zukunft. Stärken und Schwächen verändern sich aber ebenfalls im Zeitablauf. Deshalb ist zu klären, ob Stärken und Schwächen in Bezug auf die heutige oder auf eine zukünftige Strategie bewertet werden (Müller-Stewens/Lechner 2005, S. 226). Ein weiterer Kritikpunkt wird in der Möglichkeit gesehen, dass das Management die SWOT-Analyse für eine einfache passende Strategie auf der Basis der gegenwärtig bestehenden Unternehmensaktivitäten missbraucht, statt eine Veränderung und Anpassung an eine neue zukünftige Situation in Betracht zu ziehen (Koch 2000). Insgesamt birgt die SWOT-Analyse die Gefahr einer zu statischen Betrachtung des Unternehmens.

Kritik an der Anwendung in der Praxis

Die am häufigsten zitierte Kritik an der SWOT-Analyse speist sich aus empirischen Befunden aus der Beratungspraxis (vgl. z. B. Hill/Westbrook 1997). Demnach führt der Einsatz von SWOT nur zu langen Listen mit vielen zu allgemeinen, unklaren, nicht überprüften und widersprüchlichen Faktoren ohne Gewichtung. Derartige Ergebnisse haben keine weitere Bedeutung für den nachfolgenden Strategieprozess. Da es, wie bereits beschrieben, für die SWOT-Analyse keine exakte Methodik gibt, können solche Fehler in der Durchführung durchaus auf genau diesen Umstand zurückgeführt werden. Die empirischen Ergebnisse von Westbrook/Hill (1997) stützen sich überdies auf ein staatliches Beratungsprogramm für kleine und mittelständische Unternehmen in Großbritannien, das Anfang der 1990er Jahre durchgeführt wurde. Mit diesem Programm sollten funktionale Strategien in der Produktion erarbeitet und die technologische Innovation gefördert werden. Diese besonderen Umstände lassen die Kritik deshalb als nicht repräsentativ erscheinen, zumal andere Autoren über sehr positive Erfahrungen mit der SWOT-Analyse berichten (Dyson 2007).

Die methodischen Lücken der SWOT-Analyse spielen dann keine wichtige Rolle mehr, wenn man sie als Rahmenkonzept für detailliertere Analysemethoden nutzt: "Our preference is to use the technique only as a culmination of other more focused methods" (Angwin et al. 2008, S. 10). Die Kritik an der SWOT-Analyse zeigt aber auch, dass bei ihrem Einsatz besondere Sorgfalt erforderlich ist. Interne und externe Faktoren sind klar zu unterscheiden. Die Faktoren müssen in ihrer Bedeutung gewichtet werden und dürfen nicht nur auf Annahmen beruhen, sondern sollten soweit wie möglich quantifiziert und mit Daten und Fakten belegt werden. Bei der Analyse entstehende offensichtliche Widersprüche und Ungereimtheiten müssen überprüft und aufgelöst werden.

Strategische Bedeutung und Nutzen

Die SWOT-Analyse zwingt zur Auseinandersetzung mit zukünftigen Veränderungen und deren Bedeutung für das eigene Unternehmen – bieten sich Chancen oder entwickeln sich Bedrohungen (Jacobs et al. 1998, S. 122 ff.)? Gleichzeitig muss sich das Management auch mit der internen Situation des Unternehmens beschäftigen, also den vorhandenen Ressourcen und Fähigkeiten. Eine erfolgreiche Strategie lässt sich nur auf im Unternehmen vorhandenen Stärken aufbauen. Die exakte Benennung von Schwächen zwingt indes zu einem kritischen Blick auf mögliche Defizite und die sich daraus ergebenden Grenzen für die Strategiewahl. Das Resultat kann also auch sein, dass das Unternehmen interne Ressourcen verstärken oder neu aufbauen muss. Die besondere Bedeutung der SWOT-Analyse liegt darin, dass sowohl externe als auch interne Faktoren berücksichtigt, analysiert und im Zusammenhang gesehen werden müssen. Erst aus ihrer Kombination lassen sich sinnvolle Handlungsoptionen erschließen, deren Eignung wieder durch Abgleich mit den anderen internen und externen Faktoren überprüft werden kann.

Mit der eindeutigen Einstufung der Faktoren als Stärke oder Schwäche beziehungsweise Chance oder Bedrohung erzeugt die SWOT-Analyse eine starke Polarisierung. Das reduziert die Komplexität und macht die Situation des Unternehmens übersichtlicher. Dabei wird zudem die Notwendigkeit von Entscheidungen und darauffolgenden Maßnahmen und Aktionen deutlich, der Handlungsdruck wird erhöht. Dies kann in vielen Unternehmenssituationen helfen, das organisatorische Trägheitsmoment zu überwinden.

Ähnliche Instrumente

EFAS/IFAS-Matrix

Die EFAS/IFAS-Matrix wertet die Ergebnisse der SWOT-Analyse in Form einer Nutzwertanalyse aus (Wheelen/Hunger 2012, S. 150). Die internen und externen Faktoren werden
nach ihrer Bedeutung gewichtet und die Stärke der Ausprägung beurteilt, so dass ihre Gesamt-
bedeutung quantitativ ausgedrückt werden kann. Zusätzlich wird eine Einschätzung der zeitlichen Wirksamkeit einbezogen. Aus der Addition der Einzelwerte wird ein Gesamtergebnis
berechnet, das eine Einschätzung der Ausgangsposition des Unternehmens im Vergleich zum
Wettbewerb ermöglicht. Dieses zusammengesetzte Ergebnis ist ökonomisch nicht interpretierbar. Die Gewichtung und Bewertung resultiert nur aus der Erfahrung der Beteiligten, eine
Methode oder Formel dafür gibt es nicht. Die EFAS/IFAS-Matrix kann somit als Mittel genutzt werden, die Ergebnisse der SWOT-Analyse stärker zu strukturieren und zu interpretie-
ren. Sie kann aber auch zu verfrühten Festlegungen führen (Wheelen/Hunger 2012, S. 150).

Überschneidungen mit anderen Instrumenten

Im Rahmen einer SWOT-Analyse können alle Methoden zur Analyse der externen Unternehmensumwelt (vgl. Kap. 5) oder der internen Unternehmensumwelt (vgl. Kap. 6) eingesetzt werden. Sie kann genutzt werden, um die Ergebnisse aus der externen und internen
Analyse zusammenzufassen und übersichtlich darzustellen.

4.2.2   SWOT-Normstrategien (TOWS-Matrix)

Um aus der SWOT-Analyse auf systematische Art Handlungsempfehlungen abzuleiten,
werden interne und externe Faktoren in einer Matrix miteinander kombiniert. Daraus ergeben sich vier Normstrategien: Das Unternehmen nutzt seine Stärken, um (1) Chancen zu
ergreifen oder (2) Bedrohungen abzuwehren, oder es gleicht Schwächen aus, um (3) Chancen ergreifen zu können oder um (4) Bedrohungen abzuwehren. Innerhalb der einzelnen
Normstrategien können spezifische Strategieoptionen und Schwerpunkte formuliert werden, die in Pläne und Maßnahmen übersetzt werden.

Beschreibung und theoretischer Hintergrund

Die von Weihrich (1982) unter dem Begriff „TOWS-Matrix" vorgestellte Auswertung der
SWOT-Analyse, bei der interne und externe Faktoren kombiniert werden, gilt heute als ihr
wichtigster Bestandteil (vgl. Wheelen/Hunger 2012, S. 206 f.). Die einzelnen internen Stärken (Strengths) und Schwächen (Weaknesses) einerseits und Chancen (Opportunities) und
Bedrohungen (Threats) andererseits werden dabei auf zwei Achsen angeordnet, so dass sich
aus den Bezügen zwischen den internen und externen Faktoren eine Matrix mit vier Feldern
ergibt. Die Felder entsprechen vier grundsätzlich unterschiedlichen strategischen Ausrich-
tungen und möglichen Handlungsoptionen:

- Erfolg maximieren – Nutzen der Stärken für die Realisierung der Chancen (SO).
- Aufholen gegenüber Konkurrenten – Behebung der Schwächen zur Nutzung von Chancen (WO).
- Erfolg verteidigen – Nutzen der Stärken zur Abwehr von Bedrohungen (ST).
- Überleben sichern – Behebung der Schwächen zur Abwehr von Bedrohungen (WT).

Weihrich (1982) geht davon aus, das die vier SWOT-Normstrategien sich nicht ausschließen. Es muss keine Entscheidung für einen einzelnen Quadranten der Matrix getroffen werden. In seinen Fallbeispielen kombiniert Weihrich einzelne Maßnahmen aus mehreren Quadranten der TOWS-Matrix miteinander. Allerdings wird meistens ein Quadrant aufgrund der spezifischen Unternehmenssituation eine besondere Bedeutung gewinnen. Die SWOT-Normstrategien sind kein Auswahlinstrument für die grundsätzliche Strategiewahl, sondern ein Ansatz zur Entwicklung und Klassifizierung von strategischen Handlungsoptionen.

Praktische Anwendung

Schritt 1: Erstellen der TOWS-Matrix
Aus den Ergebnissen der SWOT-Analyse werden die wichtigsten Faktoren ausgewählt. Mit den ausgewählten Faktoren wird eine Matrix erstellt. Abbildung 4—3 zeigt ein Beispiel für ein regional tätiges Bauunternehmen.

Wenn es sinnvoll erscheint, kann die TOWS-Matrix mehrfach für verschiedene Zeitpunkte (Vergangenheit, Gegenwart und Zukunft) erstellt werden, um Entwicklungen zu analysieren und zu simulieren (Weihrich 1982), wobei dann je nach Analysezweck auch die weiteren Schritte mehrfach bearbeitet werden müssen.

Schritt 2: Bewerten der Wechselwirkungen zwischen internen und externen Faktoren
Im zweiten Schritt erfolgt eine Bewertung der Bedeutung jeder einzelnen Stärke und Schwäche für jeden einzelnen externen Trend (Abb. 4—4). Dieser Schritt kann übersprungen werden, wenn die TOWS-Analyse dem Zweck dient, eine pragmatische Diskussionsgrundlage zu erzeugen oder wenn die Faktoren und Wechselwirkungen eindeutig sind. Wenn darüber aber noch Unklarheit herrscht und z. B. die Gefahr besteht, dass Stärken in Bezug auf bestimmte externe Veränderungen zu Schwächen werden können, ist eine genauere Analyse sinnvoll. Diese Bewertung kann qualitativ (0 = keine Wechselwirkung, + = relevante Wechselwirkung, − = negative Wechselwirkung) oder aber quantitativ gewichtet von − 5 (starke negative Auswirkung) über 0 (keine Bedeutung) bis + 5 (starke positive Wechselwirkung) erfolgen (Jacobs et al. 1998, S. 124 ff.). Die subjektiv geprägte Bewertung wird auf diese Weise differenziert, wobei, wie immer bei Anwendung der Nutzwertanalyse, durchaus die Gefahr besteht, das Ergebnis einer Quantifizierung wegen fälschlicherweise als „objektiv" einzuschätzen.

	Chancen	Steigende Energiepreise und energetische Anforderungen an Gebäude	Demographische Veränderungen - altersgerechtes Bauen	Steigende Ansprüche an Wohnfläche und Qualität	Bedrohungen	Mittelfristig sinkende öffentliche Investitionen	Steigende Materialkosten aufgrund steigender Energiepreise	Sinkendes Neubauvolumen durch Bevölkerungsrückgang
Stärken								
Qualifizierte Mitarbeiter								
Gute Marktstellung bei öffentlichen Aufträgen		SO-Strategien:				ST-Strategien:		
Hohe Reputation bei Architekten		Stärken nutzen, um Chancen zu ergreifen				Stärken nutzen, um Bedrohungen abzuwehren		
Hohe Flexibilität gegenüber Kundenwünschen								
Gute Liquidität und hohe Eigenkapitalquote								
Schwächen								
Ungünstige Altersstruktur der Mitarbeiter		WO-Strategien:				WT-Strategien:		
Beschränktes Leistungsspektrum bei Gewerken		Schwächen ausgleichen, um Chancen zu ergreifen				Schwächen ausgleichen, um Bedrohungen abzuwehren		
Geringe Flexibilität der Kapazitäten								

Abb. 4—3: TOWS-Matrix am Beispiel eines Bauunternehmens

	Chancen	Steigende Energiepreise und energetische Anforderungen an Gebäude	Demografische Veränderungen - altersgerechtes Bauen	Steigende Ansprüche an Wohnfläche und Qualität	Bedrohungen	Mittelfristig sinkende öffentliche Investitionen	Steigende Materialkosten aufgrund steigender Energiepreise	Sinkendes Neubauvolumen durch Bevölkerungsrückgang	Summe
Stärken									
Qualifizierte Mitarbeiter		5	5	5		0	0	0	+15
Gute Marktstellung bei öffentlichen Aufträgen		2	1	0		-3	0	1	+4 /-3
Hohe Reputation bei Architekten		1	3	3		1	0	1	+9
Hohe Flexibilität gegenüber Kundenwünschen		1	4	4		1	0	1	+11
Gute Liquidität und hohe Eigenkapitalquote		0	0	0		1	1	1	+3
Schwächen									
Ungünstige Altersstruktur der Mitarbeiter		-1	-1	-1		0	0	0	-3
Beschränktes Leistungsspektrum bei Gewerken		-4	-4	-4		-1	0	-1	-14
Geringe Flexibilität der Kapazitäten		-2	-1	0		-4	0	-3	-10
Summe		+9 / -7	+13 / -6	+12 / -5		+3 / -8	1	+4 / -4	

Abb. 4—4: TOWS-Matrix mit Wechselwirkungen am Beispiel eines Bauunternehmens

Schritt 3: Ableiten von Handlungsoptionen an den Schnittpunkten

Anhand der in Schritt 2 ermittelten relevanten Wechselwirkungen können Maßnahmen für die einzelnen Quadranten der TOWS-Matrix (Abb. 4—5) entwickelt werden. Eine Maßnahme kann sich in der Praxis auf mehrere externe Trends auswirken und sich auch auf mehrere interne Faktoren beziehen. Im Quadranten Stärken und Chancen (SO) werden Handlungsoptionen untersucht, mit denen das Unternehmen offensiv seine Stärken zur Nutzung der externen Chancen einsetzt. Im Quadranten Stärken und Bedrohungen (ST) werden Handlungsoptionen ermittelt, um mit Hilfe der Stärken defensiv externe Bedrohungen abzuwehren. Im Quadranten Schwächen und Chancen (WO) wird geprüft, wie Schwächen ausgeglichen werden können, um die externen Chancen ergreifen zu können und um gegenüber den Konkurrenten aufzuholen. Im Quadranten Schwächen und Bedrohungen (WT) geht es um das Überleben des Unternehmens, denn Schwächen müssen ausgeglichen werden, um externen Bedrohungen erfolgreich begegnen zu können. Weihrich (1982) empfiehlt, bei jeder Handlungsoption anzumerken, auf welche internen und externen Faktoren sie sich bezieht.

		Chancen			Bedrohungen		
		O1 Steigende Energiepreise und energetische Anforderungen an Gebäude	**O2** Demographische Veränderungen - altersgerechtes Bauen	**O3** Steigende Ansprüche an Wohnfläche und Qualität	**T1** Mittelfristig sinkende öffentliche Investitionen	**T2** Steigende Materialkosten aufgrund steigender Energiepreise	**T3** Sinkendes Neubauvolumen durch Bevölkerungsrückgang
Stärken							
S1	Qualifizierte Mitarbeiter	Angebot Qualitätswohnbau S1, S2, S3, O3			Aufträge erhöhen, um Umsatz zu halten S1, S2, S3, S4, S5, T1		
S2	Gute Marktstellung bei öffentlichen Aufträgen	Angebot energetische Sanierung öffentlicher Gebäude S1, S2, S3, S4, O1			PPP-Modelle für öffentlichen Sektor entwickeln S1, S2, S4, S5, T1		
S3	Hohe Reputation bei Architekten	Angebot energetische Sanierung privater Gebäude S1, S3, S4, O1, O3			Marktanteil bei privaten Aufträgen erhöhen, um Umsatz zu halten S1, S3, S4, S5, T3		
S4	Hohe Flexibilität gegenüber Kundenwünschen	Angebot altersgerechtes Bauen und Umbauen S1, S2, S3, S4, O2, O3					
S5	Gute Liquidität und hohe Eigenkapitalquote						
Schwächen							
W1	Ungünstige Altersstruktur der Mitarbeiter	Jüngere Mitarbeiter mit neuen Berufsperspektiven und Aufgabenfeldern gewinnen W1, O1, O2					
W2	Beschränktes Leistungsspektrum bei Gewerken	Leistungsspektrum erweitern durch a) Kooperation, b) Akquisition, c) Aufbau W2, O1, O2			Kosten reduzieren durch Generalangebote bei öffentlichen Aufträgen, Kooperationen W2, W3, T1		
W3	Geringe Flexibilität der Kapazitäten	Kapazitätsflexibilisierung durch Arbeitszeitmodelle oder Kooperationen W3, O1, O2			Kapazitätsflexibilisierung durch Arbeitszeitmodelle oder Kooperationen W3, T1, T3		

Abb. 4—5: TOWS-Matrix mit Maßnahmen am Beispiel eines Bauunternehmens

Kritik des Instruments

In den SWOT-Normstrategien kommt den internen Faktoren in etwa die gleiche Bedeutung zu wie den externen Faktoren. Wenn Unternehmen einer Branche sich sehr ähneln, lässt sich daher aus den internen Faktoren kaum etwas für die Strategieformulierung ableiten; in sehr stabilen (oder völlig unübersichtlichen) Situationen wiederum lässt sich nur wenig aus der Analyse der externen Umwelt für die Strategieformulierung folgern.

Das Vorgehen ist schematisch und führt eher zu einer Diskussionsgrundlage, als dass die SWOT-Analyse ein tragfähiges Modell für die Entwicklung von strategischen Optionen bietet. Die Auswahl der Faktoren erfolgt durch eine Beurteilung ohne unmittelbare wirtschaftliche Aussagekraft. Dies gilt auch für die Wechselwirkungen zwischen den internen und externen Faktoren. Aus der TOWS-Matrix selbst lassen sich deshalb keine Prioritäten für bestimmte Handlungsoptionen oder Kombinationen ableiten.

Die der TOWS-Matrix zugrunde liegenden Beurteilungen sind ausgesprochen subjektiv. Daran ändern auch quantitative Gewichtungen nichts; immerhin erhöhen sie die Transparenz der Beurteilungen – aber auch die Gefahr, dass die Beteiligten den subjektiven Charakter der Bewertung nicht mehr sehen und das Ergebnis nicht mehr infrage stellen. Aufgrund eines falschen Verständnisses der Normstrategien könnte eine ausschließliche Festlegung auf SO-, WO-, ST- oder WT-Handlungsoptionen als Auswahlprinzip erfolgen. Diese sind im TOWS-Ansatz jedoch nur ein Klassifizierungsschema.

Strategische Bedeutung und Nutzen
Mit der TOWS-Matrix wird das Management gezwungen, die Wechselwirkungen von internen Stärken und Schwächen mit den Entwicklungen in der Unternehmensumwelt in die Strategieentwicklung mit einzubeziehen. Beide Bereiche werden nicht länger separat betrachtet, und es können unternehmensspezifische Handlungsoptionen als Ansätze für die Strategieformulierung abgeleitet werden. Alle als wichtig erkannten externen Trends müssen berücksichtigt, einzelne externe Entwicklungen können nicht einfach ausgeblendet werden. In der Gesamtschau entsteht so eine gute Übersicht über die strategische Lage des Unternehmens und seine Handlungsoptionen. Optional bezieht die Analyse die Wettbewerber mit ein, um zu ermitteln, inwieweit diese aufgrund ihrer internen Stärken und Schwächen besser oder schlechter in der Lage sind, bestimmte Chancen zu ergreifen oder Bedrohungen abzuwehren (Jacobs et al. 1998, S. 122 ff.).

Ähnliche Instrumente

Portfolio-Modelle
Die Portfolio-Modelle BCG-Matrix (vgl. Abschn. 7.2.2) und GE-/McKinsey-Matrix (vgl. Abschn. 7.2.3) benutzen ähnlich wie die TOWS-Matrix eine intern beeinflusste Dimension (Marktanteil bzw. Stärke der Geschäftsposition) und eine externe Dimension (Marktwachstum bzw. Marktattraktivität). Sie eignen sich zwar auch zur Analyse, sind primär aber als Instrument der Strategieentwicklung konzipiert.

Überschneidungen mit anderen Instrumenten

Wertkette
Porters Wertkette (vgl. Abschn. 6.2.3) kann ebenfalls benutzt werden, um Handlungsoptionen zu entwickeln, bspw. um Kosten zu senken, Differenzierungsmerkmale zu verstärken oder Synergien zu entwickeln. Ihr Vorgehen ist dabei sehr viel detaillierter, ohne aber eine direkte Verbindung zu den externen Entwicklungen herzustellen.

4.2.3   Quantitative Strategische Planungs-Matrix (QSPM)

Die QSPM erlaubt eine einfache und teilweise quantitative Bewertung und Auswahl der strategischen Handlungsoptionen aus der TOWS-Matrix. Das Vorgehen der QSPM entspricht dem einer Nutzwertanalyse. Die Bewertungskriterien für die einzelnen strategischen Handlungsoptionen sind die externen und internen Faktoren der SWOT-Analyse. Sie werden zunächst nach ihrer Bedeutung gewichtet. Für die zu untersuchenden Handlungsoptionen wird jeweils bewertet, wie attraktiv die Handlungsoption in Bezug auf interne und externe Faktoren ist. Aus der Gewichtung und der Bewertung wird für jedes Kriterium ein Nutzen errechnet. Die Addition der einzelnen Nutzwerte für jede Handlungsoption ergibt den gesamten Nutzwert. Aus dem Vergleich der Nutzwerte aller Handlungsoptionen lässt sich die zu bevorzugende Option ermitteln und eine Strategie formulieren.

Beschreibung und theoretischer Hintergrund

Mit der TOWS-Matrix lassen sich Wechselwirkungen zwischen internen und externen Faktoren ermitteln, aus denen die Handlungsoptionen abgeleitet werden. Das Ergebnis besteht aus einer Vielzahl von möglichen Handlungsoptionen, die sich inhaltlich und bezüglich ihrer grundsätzlichen Stoßrichtung innerhalb der SWOT-Normstrategien unterscheiden. Da die Handlungsoptionen nur aus den Wechselwirkungen zwischen zwei (oder evtl. mehreren) internen und externen Faktoren abgeleitet werden, ist zu prüfen, in welchem Verhältnis sie zu den restlichen internen und externen Faktoren stehen. Ergeben sich zusätzliche Synergien oder entstehen Hemmnisse? Werden andere Bedrohungen verstärkt oder erschweren Schwächen die Umsetzung? Die QSPM setzt die Handlungsoptionen in Beziehung zu den anderen internen und externen Faktoren (David 1986). Die Wechselwirkungen werden mit einer Nutzwertanalyse bewertet (vgl. zur Nutzwertanalyse die Ausführungen in Abschn. 7.2.3). Das Resultat sind relative Zahlenwerte, welche die Attraktivität der strategischen Handlungsoptionen und die Unterschiede zwischen ihnen für die spezifische Unternehmenssituation widerspiegeln. Das Bewertungsergebnis ermöglicht eine begründete Auswahl der strategischen Handlungsoptionen.

Praktische Anwendung

Schritt 1: Strategische Handlungsoptionen auflisten

Zunächst müssen die strategischen Handlungsoptionen aufgelistet und, um eine präzisere Bewertung zu ermöglichen, genauer beschrieben und quantifiziert werden (Investitionen, Kosten, Beschäftigte, Aufwände, Umsätze etc.). Je nach der Art und der Zahl der Handlungsoptionen sowie den Unterschieden zwischen den strategischen Handlungsoptionen lassen sich diese dann zu grundlegenden Strategien bündeln. Dies hängt auch davon ab, ob eine Entscheidung über die strategische Ausrichtung getroffen werden soll oder zunächst nur die einzelnen Handlungsoptionen weiter untersucht werden sollen.

Schritt 2: QSP-Matrix erstellen

Hierbei werden Chancen und Bedrohungen sowie Stärken und Schwächen untereinander aufgelistet. Die externen Faktoren werden getrennt von den internen Faktoren nach ihrer Bedeutung gewichtet und zwar so, dass für beide Gruppen die Summe aller Einzelgewichtungen 1 ergibt. Ihnen stehen die strategischen Handlungsoptionen oder die bereits zu Strategien zusammengefassten Handlungsoptionen gegenüber. Jede strategische Handlungsoption ist in Bezug auf jeden externen und internen Faktor zu bewerten. Möglicherweise hat ein Faktor keine Bedeutung für die strategische Handlungsoption oder er beeinflusst diese negativ. Im Bewertungsmodell von Jacobs et al. (1998, S. 124 ff.) wird die Attraktivität einer Option im Hinblick auf einen internen oder externen Faktor mit + 1 bis + 5 bewertet, eine fehlende Wechselwirkung mit 0 und eine negative Wechselwirkung mit − 1 bis − 5, so dass sich insgesamt eine Skala von − 5 bis + 5 ergibt. Der ursprüngliche Ansatz von David (1986) sieht mit seiner Bewertungsskala von 1 bis 4 eine derartige Differenzierung nicht vor.

Schritt 3: Nutzwerte berechnen und vergleichen

Im nächsten Schritt wird für jede Handlungsoption der Nutzwert berechnet, und zwar durch Multiplikation der Faktorenbewertung mit der Faktorengewichtung (Abb. 4—6). Anschließend wird die Summe der Nutzwerte gebildet. Ein zusätzlicher Informationsgehalt ergibt sich aus der Unterscheidung der negativen und positiven Nutzwerte. Die negativen Nutzwerte entsprechen den spezifischen Problemen und Risiken der Handlungsoption, die möglicherweise durch eine gezielte Anpassung verringert werden können.

Schritt 4: Überprüfen der Ergebnisse

Als letzter Schritt sind die Ergebnisse auszuwerten, zu diskutieren und zu überprüfen. Dabei werden folgende Prüfkriterien verwendet: Wie groß sind die Unterschiede zwischen den einzelnen Optionen? Gibt es eine eindeutige Priorität? Welche Faktoren machen den Unterschied aus? Ist dieses Ergebnis plausibel? Bestehen zwischen Optionen Abhängigkeiten, so dass eine bestimmte Kombination und Reihenfolge der Umsetzung zwingend ist?

Zusätzlich kann ermittelt werden, wie robust das Ergebnis ist, wenn die Gewichtungsfaktoren geändert werden. Bleibt die Reihenfolge der Optionen gleich, ändert sie sich etwas oder sind die Ergebnisse völlig unterschiedlich? Weniger robuste Ergebnisse sind mit Vorsicht zu betrachten – ihre Interpretation und die Wahl der daraus abgeleiteten Handlungsoptionen erfordern mehr Sorgfalt.

Ist das Ergebnis ausreichend überprüft worden und plausibel, werden die Handlungsoptionen mit dem höchsten Nutzwert ausgewählt.

Im Beispiel (Abb. 4—6) erhält die defensive Strategie „Marktanteile vergrößern" einen deutlich schlechteren Nutzwert. Die drei anderen Strategieoptionen haben einen besseren und im Vergleich untereinander ähnlichen Nutzwert. Die detaillierten Ergebnisse zeigen, dass die Schwierigkeiten und Risiken im privaten Sektor am geringsten sind, allerdings bietet dieser Sektor auch nur beschränkte Chancen.

	Gewichtung	Marktanteile vergrößern, um Umsatz zu halten		Schwerpunkt priv. Sektor energetische Sanierung Bestand		Schwerpunkt priv. Sektor energetische Sanierung öfftl. Sektor u. PPP-Proj.		Schwerpunkt altersgerechtes Bauen und Umbauen	
		Bewertung	Nutzen	Bewertung	Nutzen	Bewertung	Nutzen	Bewertung	Nutzen
Chancen									
Steigende Energiepreise und energetische Anforderungen Gebäude	0,3	0	0	5	1,5	5	1,5	1	0,3
Demografische Veränderungen - altersgerechtes Bauen	0,2	0	0	0	0	0	0	5	1
Steigende Ansprüche an Wohnfläche und Qualität	0,1	2	0,2	1	0,1	0	0	3	0,3
Bedrohungen			0						
Mittelfristig sinkende öffentliche Investitionen	0,2	2	0,4	0	0	-3	-0,6	0	0
Steigende Materialkosten aufgrund von Energiepreisen	0,1	-1	-0,1	-1	-0,1	-1	-0,1	-2	-0,2
Sinkendes Neubauvolumen aufgrund des Bevölkerungsrückgangs	0,1	1	0,1	0	0	0	0	2	0,2
Stärken									
Qualifizierte Mitarbeiter	0,2	2	0,4	4	0,8	4	0,8	4	0,8
Gute Marktstellung bei öffentlichen Aufträgen	0,15	3	0,45	0	0	4	0,6	0	0
Hohe Reputation bei Architekten	0,05	3	0,15	2	0,1	2	0,1	4	0,2
Hohe Flexibilität gegenüber Kundenwünschen	0,2	3	0,6	4	0,8	3	0,6	4	0,8
Gute Liquidität und hohe Eigenkapitalquote	0,1	3	0,3	1	0,1	3	0,3	1	0,1
Schwächen			0		0		0		0
Ungünstige Altersstruktur der Mitarbeiter	0,05	-1	-0,05	-2	-0,1	-2	-0,1	-2	-0,1
Beschränktes Leistungsspektrum bei Gewerken	0,15	-2	-0,3	-3	-0,45	-2	-0,3	-4	-0,6
Geringe Flexibilität der Kapazität	0,1	-1	-0,1	-1	-0,1	-2	-0,2	-1	-0,1
Nutzwert gesamt			**2,05**		**2,65**		**2,6**		**2,7**
Nutzen/Risiken		**+2,6/-0,55**		**+3,4/-0,75**		**+3,9/-1,3**		**+3,7/-1**	

Abb. 4—6: QSP-Matrix am Beispiel eines Bauunternehmens

Kritik des Instruments

Aus technischer Sicht ist die QSPM eine spezifische Form der Nutzwertanalyse, so dass alle Kritikpunkte an dieser Methode (vgl. die Darstellung der Scoring-Methode im Rahmen der GE-/McKinsey-Matrix in Abschn. 7.2.3) auch hier gelten:

- Das Ergebnis ist nicht „objektiv" begründet und ermittelt; die subjektiven Bewertungen sind jetzt lediglich transparenter.
- Das Ergebnis wird sehr stark durch die Auswahl und Aggregation der Zielkriterien, die Gewichtung der Zielkriterien und die Bewertung des jeweiligen Teilnutzens beeinflusst. Fehlbewertungen sind demzufolge möglich.
- Das Ergebnis ist „weich"; der berechnete Gesamtnutzen ist nicht ökonomisch interpretierbar. Daher sollte eine Kombination mit „harten" Methoden, die ein ökonomisches Ergebnis liefern, angestrebt werden.
- Die im Modell unterstellte gegenseitige Substituierbarkeit der Kriterien ist in der Praxis selten gegeben, ebenso die Unabhängigkeit des Nutzens verschiedener Kriterien.
- Das Ergebnis der Bewertung hängt sehr stark von der Wahl der Intervalle auf der Bewertungsskala ab – wo liegt der niedrigste Wert auf der Skala und wo der höchste?

Tendenziell besteht bei der QSPM ebenso wie bei SWOT/TOWS die Gefahr, dass Strategien zu sehr auf den Fit zwischen internen und externen Faktoren zugeschnitten und Möglichkeiten einer grundsätzlichen Veränderung oder revolutionären Strategie (Hamel 1996) außer Acht gelassen werden. Aber gerade in solchen revolutionären Strategielösungen, die Hamel (1996) als die Suche nach weißen Flecken auf der Konkurrenzlandkarte bezeichnet, liegen tendenziell die größten Erfolgspotenziale.

Die Methode bietet außerdem keine Ansätze, die vom Unternehmen gesetzten Ziele als Kriterium in die Bewertung der Handlungsoptionen einfließen zu lassen. Die Ausrichtung an Unternehmenszielen kann also nur über einen weiteren Bewertungsschritt oder indirekt erfolgen.

Strategische Bedeutung und Nutzen

Die QSPM setzt die erarbeiteten strategischen Handlungsoptionen in Beziehung zu allen internen und externen Faktoren und überprüft die Wechselwirkungen. Das Ergebnis ist eine systematisch ermittelte Einschätzung, ob und wie gut sich eine Option in die Gesamtsituation des Unternehmens einfügt.

Die quantitative Bewertung ermöglicht einen Vergleich der verschiedenen strategischen Handlungsoptionen; es kann eine Rangfolge aufgestellt oder sogar eine Aussage zur absoluten Eignung getroffen werden. Die Auswahl von strategischen Handlungsoptionen wird klar begründet. Die Robustheit des Ergebnisses kann durch Veränderungen bei der Gewichtung der Faktoren und der Bewertung der einzelnen strategischen Handlungsoptionen für jeden Faktor überprüft werden.

Ähnliche Instrumente

Bewertung von Strategien

Strategien können als Investitionsentscheidungen betrachtet werden, die sich z. B. mit der Barwertmethode bewerten lassen. Da jedoch die langfristigen finanziellen Konsequenzen unsicher sind und auch nur quantifizierbare Größen erfasst werden, schlagen Grünig/Kühn (2011, S. 25 ff.) eine Bewertung und Auswahl der Einzelstrategien über deren Erfolgspotenziale vor. Dabei wird zunächst die angestrebte Marktposition bewertet (Marktattraktivität, Wettbewerbsintensität und eigene Wettbewerbsstärke), dann die angestrebten Angebote (marktspezifische Erfolgsfaktoren und Stärken-Schwächen-Analyse des eigenen Angebots) und danach die aufzubauenden Ressourcen (Kundennutzen und Verteidigbarkeit der Ressourcen). Die abschließende Gesamtbewertung verbindet die Teilergebnisse im Hinblick auf das ganze Unternehmen unter Berücksichtigung von Durchsetzbarkeit, Finanzierbarkeit und Risiken.

Ein alternativer Vorschlag zur Strategiebewertung kommt von Thompson/Martin (2010, S. 527 f.), die mit drei Hauptkriterien arbeiten. Jedes Hauptkriterium wird weiter untergliedert und teilweise an einzelne Methoden angelehnt (Abb. 4—7). Die Kriterien sind aus der Unternehmenssituation abzuleiten. Die Vielzahl der Kriterien und die fehlenden Prioritäten erschweren die Anwendung des Vorschlags von Thompson/Martin in der Praxis. Das Kriterium der Angemessenheit nimmt direkt Bezug auf SWOT, die Frage könnte also teilweise mit der QSPM beantwortet werden.

Angemessenheit der Strategie	Umsetzbarkeit der Strategie	Attraktivität der Strategie

- SWOT:
  Vergleich mit Ausgangslage
- Einfluss auf die zukünftige
  strategische Perspektive
- Notwendige und
  vorhandene Ressourcen
- Mission und Ziele
- Kultur
- Kongruenz von Umweltanforderungen, Werten und Ressourcen
- Einfachheit
	- Notwendige Veränderungen
	  bei der Umsetzung
	- Verfügbarkeit finanzieller
	  und anderer Ressourcen
	- Fähigkeit, Schlüsselerfolgsfaktoren zu
	  erfüllen
	- Erreichbare
	  Wettbewerbsvorteile
	- Zeitwahl und -folge
		- Risiken
		- Bedürfnisse und Präferenzen
		  der Anspruchsgruppen
		- Synergien
		- Ergebnisse
		- Füllen strategischer Lücken

Abb. 4—7: Hauptkriterien und Einzelkriterien zur Strategiebewertung (Quelle: in Anlehnung an Thompson/Martin 2010, S. 527 f.)

Johnson et al. (2011, S. 368 ff.) schlagen ähnliche Kriterien für die Bewertung von Strategien vor und empfehlen bei Problemen mit der endgültigen Bewertung einen Test mit einer Teilimplementierung.

Überschneidungen mit anderen Instrumenten

Strategy Maps der Balanced Scorecard
Das Aufstellen der Ursache-Wirkungszusammenhänge über die vier Perspektiven hinweg (Strategy Maps) wird im Balanced-Scorecard-Konzept als Schritt zur Überprüfung der Strategie auf Plausibilität und Vollständigkeit verstanden (vgl. Abschn. 8.2.1). Dieser Schritt ist eine implizite Prüfung der Strategie, ohne Vergleich von verschiedenen Alternativen.

4.3   Literatur

Angwin, D./Cummings, S./Smith, C. (2008): The Strategy Pathfinder. Malden, MA, USA

Ansoff, H.I. (1965): Corporate Strategy. Harmondsworth, Middlesex, UK et al.

Brownlie, D. (1989): Scanning the Internal Environment: Impossible Precept or Neglected art? In: The Journal of Marketing Management, 4. Jg., Nr. 3, S. 300–329

David, F. (1986): The Strategic Planning Matrix – A Quantitative Approach, in: Long Range Planning, 19. Jg., Nr. 5, S. 102–107

Dyson, R. (2007): Methods for Creating Strategic Initiatives, in: O'Brien, F./Dyson, G. (Hrsg.): Supporting Strategy, Framework, Methods and Models. Chichester, West Sussex, UK, S. 137–154

Grant, R.M. (2013): Contemporary Strategy Analysis. 8. Aufl., Chichester, West Sussex, UK

Grünig, R./Kühn, R. (2011): Methodik der strategischen Planung. 6. Aufl., Bern/Stuttgart

Hamel, G. (1996): Strategy as Revolution, in: Harvard Business Review, 74. Jg., Nr. 4, S. 69–82

Hill, T./Westbrook, R. (1997): SWOT Analysis: It's Time for a Product Recall, in: Long Range Planning, 30. Jg., Nr. 1, S. 46–52

Hinterhuber, H. (1996): Strategische Unternehmensführung I. Strategisches Denken. 6. Aufl., Berlin

Humphrey, A.S. (2005): SWOT Analysis for Management Consulting, in: SRI Alumni Association Newsletter, December, S. 7–8

Jacobs, T./Shepherd, J./Johnson, G. (1998): Strengths, Weaknesses, Opportunities and Threats (SWOT) analysis, in: Ambrosini, V. (Hrsg.): Exploring Techniques of Analysis and Evaluation in Strategic Management. Harlow, Essex, UK, S. 122–136

Johnson, G./Whittington, R./Scholes, K. (2011): Exploring Corporate Strategy. 9. Aufl., Harlow, Essex, UK

Koch, A. (2000): SWOT Does Not Need To Be Recalled: It Needs to be Enhanced. Part 1: Description of the problem, http://www.westga.edu/~bquest/2000/swot1.html. Abrufdatum 10.05.2010

Learned, E.P./Christensen, C.R./Andrews, K.E./Guth, W.D. (1965): Business Policy: Text and Cases. Irwin, IL, USA

Müller-Stewens, G./Lechner, C. (2005): Strategisches Management: Wie strategische Initiativen zum Wandel führen. 3. Aufl., Stuttgart

Panagiotou, G. (2003): Bringing SWOT into focus, in: Business Strategy Review, 14. Jg., Nr. 2, S. 8–10

Stevenson, H. (1976): Defining Corporate Strength and Weaknesses, in: Sloan Management Review, 17. Jg., Nr. 3, S. 51–68

Sun Tsu (2009): Die Kunst des Krieges. Frankfurt/Leipzig

Thompson, J.D./Martin, F. (2010): Strategic Management. Awareness & Change. 6. Aufl., Florence, KY, USA

Weihrich, H. (1982): The TOWS Matrix – A Tool for Situational Analysis, in: Long Range Planning, 15. Jg., Nr. 2, S. 54–66

Welge, M.K./Al-Laham, A. (2012): Strategisches Management. Grundlagen – Prozesse – Implementierung. 6. Aufl., Wiesbaden

Wheelen, T.L./Hunger, J.D. (2012): Strategic Management and Business Policy. Achieving Sustainability. 13. Aufl., Upper Saddle River, NJ, USA

5 Analyse der Unternehmensumwelt

5.1 Überblick

Die Analyse der externen Umwelt und die darauf aufbauenden Wettbewerbsstrategien dominierten das strategische Managementdenken vor allem in den 1980er Jahren. Ausgangspunkt waren die Ölpreisschocks (1974 und 1979) sowie eine Verschärfung des Wettbewerbs, verursacht durch die Erfolge japanischer Unternehmen in westlichen Märkten. Die Unternehmensführungen erkannten, dass formale, detaillierte und auf Prognosen gestützte Planungssysteme, wie sie in den meisten großen Unternehmen entwickelt wurden, nicht länger dazu taugten, die zukünftige Entwicklung eines Unternehmens zu bestimmen. Stattdessen rückte die Positionierung des Unternehmens im Markt und Wettbewerb in den Vordergrund (Grant 2013, S. 13 ff.).

Dieser marktorientierte Strategieansatz hat seine Wurzeln in der industrieökonomischen Forschung der 1950er Jahre (Mason 1939; Bain 1956, 1959). Das Structure-Conduct-Performance-Paradigma der Industrieökonomik besagt, dass sich das Ergebnis (Preise, Effizienz und Fortschritt) einer Branche durch die Strukturen (Rahmenbedingungen und Wettbewerb) und das Verhalten der Unternehmen in der Branche erklären lässt. Porter (1980) hat in den 1980er Jahren dieses Gedankengut aufgegriffen und daraus das 5-Kräfte-Modell zur Branchenanalyse entwickelt. Demzufolge ergibt sich Unternehmenserfolg aus den Wettbewerbskräften der Branche und aus der generischen Wettbewerbsstrategie, mit der sich ein Unternehmen in der Branche positioniert.

Die Ressourcen des Unternehmens spielen im marktorientierten Ansatz hingegen nur eine nachgeordnete Rolle. "Resources are not valuable in and of themselves but because they allow firms to perform activities that create advantages in particular markets" (Porter 1991, S. 108). Diese Denkweise änderte sich jedoch mit dem ressourcenorientierten Ansatz des strategischen Managements in den 1990er Jahren. Die Ressourcen und Fähigkeiten eines Unternehmens wurden nun als zentrale Parameter in den Mittelpunkt des strategischen Denkens gerückt (vgl. Kap. 6).

Der marktorientierte Strategieansatz basiert also auf einer Analyse des externen Umfelds eines Unternehmens. Aus ihr lassen sich die Chancen und Risiken für das SWOT-Modell (vgl. Kap. 4) ableiten. Für die Analyse wird die Umwelt in mehrere Schichten aufgeteilt (Abb. 5—1). Die natürliche Umwelt umfasst alle Elemente, die für das menschliche Leben notwendig sind. Die Makro-Umwelt wiederum bezieht sich auf die allgemeinen Kräfte und Trends in einer Gesellschaft. Die Branchenumwelt deckt die Anspruchsgruppen (Stakeholder) des Unternehmens ab. Natürliche Umwelt und Makro-Umwelt können nicht oder nur beschränkt durch Unternehmensstrategien beeinflusst werden. Das Unternehmen kann aber unter bestimmten Bedingungen die weitere Unternehmensumwelt verändern.

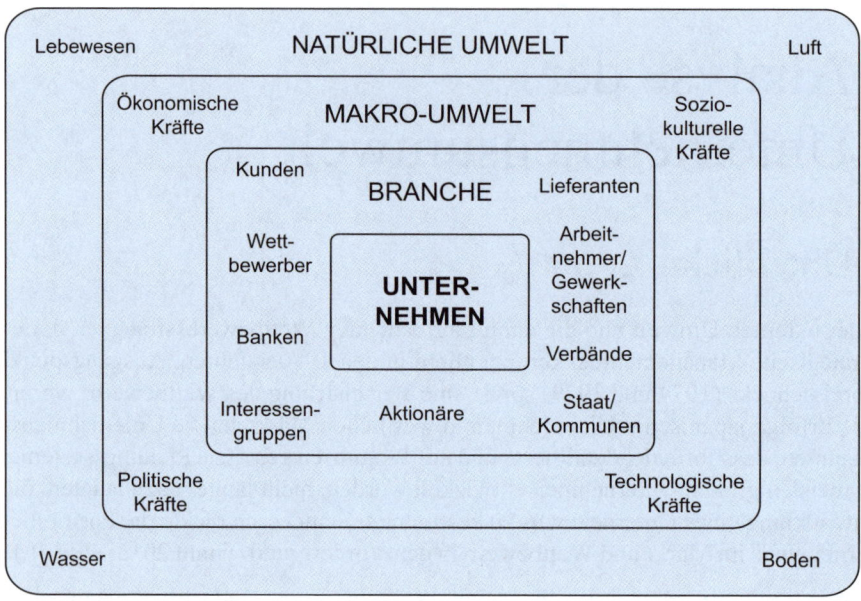

Abb. 5—1: Umweltdimensionen

Grundlage des marktorientierten Ansatzes ist eine sorgfältige Analyse des Umfelds, in der die wichtigen Umweltgrößen identifiziert und Aussagen über ihre zukünftige Entwicklung getroffen werden. Auf dieser Basis werden Strategien entwickelt, um eine vorteilhafte Marktpositionierung des Unternehmens zu erreichen.

Für die externe Analyse können folgende Strategieinstrumente genutzt werden:

- Das *PEST-Modell* ist breit gefasst und geeignet, wichtige Trends in der natürlichen Umwelt und der Makro-Umwelt eines Unternehmens zu erfassen.
- Die Zielsetzung des *Stakeholder-Kompasses* besteht in der Ermittlung der wichtigsten Anspruchsgruppen an das Unternehmen und ihrer Ziele.
- Das *5-Kräfte-Modell* von Porter untersucht die Wettbewerbskräfte innerhalb einer Branche und ermöglicht eine Beurteilung der Branchenattraktivität.
- Die Analyse *strategischer Gruppen* identifiziert innerhalb einer Branche Wettbewerber, die ähnliche Strategien verfolgen.
- Mit dem *Profit-Pool-Konzept* von Bain & Company wird die Wertschöpfungskette segmentiert und die Rentabilität der einzelnen Stufen berechnet.
- Die *Industriekostenkurve* untersucht die Stückkosten unterschiedlicher Anbieter in einer Branche im Verhältnis zu den Produktionskapazitäten dieser Anbieter.
- Das *Industrie- bzw. Produktlebenszyklusmodell* analysiert die Veränderungen von Branchen und Produkten im Zeitablauf und hilft bei der Ermittlung spezifischer strategischer Herausforderungen in den einzelnen Zyklusphasen.

- Das *Benchmarking* vergleicht spezifische Leistungen eines Unternehmens mit dem „Best of Class"-Standard.
- Die Analyse der *Schlüsselerfolgsfaktoren* identifiziert strategische Parameter, mit denen das Management die Wettbewerbsposition und letztlich den Unternehmenserfolg steuern kann.

5.2   Externe Instrumente

5.2.1   Die PEST-Analyse

Die PEST-Analyse ist Teil der Umweltanalyse oder externen Analyse. Sie hat das Ziel, wichtige Entwicklungen im Umfeld der Branchen und Märkte für die Beurteilung der strategischen Ausgangslage zu erfassen. Wegen des schnellen Umweltwandels und der engen Verzahnung zwischen Umwelt und Unternehmen genügt es heute nicht mehr, nur die unmittelbaren Marktpartner wie Lieferanten und Kunden des Unternehmens zu analysieren. Der Einfluss der Umwelt auf die Unternehmensaktivitäten und Managementprozesse sowie die Zunahme der Umweltanforderungen an die Unternehmen erfordert eine explizite und systematische Analyse der politischen, wirtschaftlichen, sozio-kulturellen, technologischen und ökologischen Umweltfaktoren.

Beschreibung und theoretischer Hintergrund
Eine systematische Analyse der Umwelt wurde bereits in den 1960er Jahren von Farmer/Richman vorgeschlagen, die einen ersten Ordnungsrahmen mit den folgenden Dimensionen vorlegten: ökonomische Umwelt, Bildungsstand, Gesellschaft sowie politische und rechtliche Dimension (Farmer/Richman 1965).

Modelle zur Umweltanalyse unterstellen, dass die allgemeinen Umweltfaktoren wie beispielsweise der Bildungsstand oder die politische Lage vom Einzelunternehmen als Vorgegebenes zu betrachten sind (vgl. z. B. Volberda et al. 2011, S. 39). Mit anderen Worten: Das Unternehmen muss sich an diese Parameter anpassen und kann sie nicht oder nur unwesentlich verändern. Davon ist im Regelfall auszugehen, es sei denn, es handelt sich um einen großen internationalen Konzern, der durchaus in der Lage sein kann, nationale Umweltfaktoren in seinem Sinne zu beeinflussen.

Eine solche Analyse folgt in der Regel dem angelsächsischen **PEST**-Modell, wobei die Umwelt in vier Kategorien eingeteilt wird: **P**olitical (politisch), **E**conomical (ökonomisch), **S**ocial (sozio-kulturell) und **T**echnological (technologisch). Gegenstand der PEST-Analyse können Geschäftsfelder, Industrien, Länder oder Regionen sein, wobei nach den jeweils dominierenden Trends „gefahndet" wird (Müller-Stewens/Lechner 2005, S. 205). Dies reicht allerdings nicht aus. Viel wichtiger für die Formulierung einer Strategie ist das Erkennen von Diskontinuitäten (Ansoff 1976). Damit gemeint sind Trendbrüche oder unstetig verlaufende Entwicklungen. Ihre Bedeutung und Intensität hat in den letzten Jahren zugenommen (Macharzina/Wolf 2012, S. 19). Sie sind gerade im Hinblick auf die heutige Finanz- und Wirtschaftskrise in vielen Bereichen der Gesellschaft und Wirtschaft deutlich zu erkennen.

Eine erweiterte Kategoriebildung liefert das PESTLE-Modell, das manchmal auch als PES-TEL bezeichnet wird (Johnson et al. 2011, S. 50). Mit dem „L" (Legal) werden rechtliche Faktoren und mit dem „E" (Ecological) ökologische Faktoren erfasst. Eine gesonderte Analyse der ökologischen Faktoren aufgrund der sich zuspitzenden Umwelt- und Ressourcenkrise ist sinnvoll. Denn kaum ein Unternehmen oder eine Branche bleiben von der Klimaproblematik unbeeinflusst (Deutsche Bank 2007).

Das PEST-Modell entspricht dem STEP-Modell – hier ist lediglich die Reihenfolge der Faktoren verändert worden. STEP kann erweitert werden zu STEEP. Das zweite „E" bezeichnet in diesem Fall die ökologischen Faktoren.

Praktische Anwendung

Schritt 1: Einflussfaktoren definieren

Zunächst sind die zu analysierenden Einflussfaktoren zu definieren, denn sie bestimmen letztlich die Qualität der Umweltanalyse. Welche Faktoren wichtig sind, hängt ab von der Wahrscheinlichkeit ihres Eintretens und den Konsequenzen, die sich daraus für das Unternehmen ergeben. Die Umweltanalyse wird also für einen großen, internationalen Konzern viel umfassender ausfallen als für ein kleineres, mittelständisches Unternehmen, das seine Umweltanalyse auf wenige Faktoren beschränken kann.

Die folgende Abb. 5—2 enthält Beispiele für Einflussgrößen der allgemeinen Umwelt in einem um die ökologische Umwelt erweiterten PEST-Modell.

Ökonomisches Umfeld	Polit.-rechtl. Umfeld	Technologisches Umfeld	Sozio-kulturelles Umfeld	Ökologisches Umfeld
- Entwicklung des BSP - Pro-Kopf-Einkommen - Inflationsrate - Zinssätze - Lohnniveau - Arbeitslosigkeit - Rohstoffversorgung - Infrastruktur - Währungskonvertibilität - Mitgliedschaft in regionalen Wirtschaftsverbänden, z.B. EU, NAFTA, ASEAN - ...	- Steuerrecht - Patentrecht - Regierungsform - Politische Stabilität - Produzentenhaftung - Wirtschaftsregulierung - Subventionspolitik - Handelsbeschränkungen - Terroristische Aktivitäten - Verflechtung zwischen Politik und Wirtschaft - ...	- Bevölkerungsentwicklung - Altersstruktur - Lebenserwartung - Sozialsysteme - Lifestyle - Arbeitseinstellung - Bildungsstand - Religion - Konsumverhalten - Ökologische Orientierung - Mobilitätsverhalten - ...	- Transportinfrastruktur - Qualität der Hochschulen - Telekommunikationsinfrastruktur - Internetverfügbarkeit - Wissenstransfer - Energieverfügbarkeit - Patentschutz - F&E-Ausgaben - Produktinnovationen - Verfahrensinnovationen - ...	- Verfügbarkeit von Ressourcen - Entwicklung des Umweltzustands - Reversibilität der Veränderungen - Bedeutung der Umweltprobleme - Umweltschutzkosten - Umweltschadenskosten - ...

Abb. 5—2: Einflussfaktoren für das PEST-Modell

Schritt 2: Entwicklung beschreiben

Danach sind die vergangene und die aktuelle Entwicklung zu beschreiben. Diese Beschreibung sollte möglichst knapp und präzise ausfallen und – soweit als möglich – auf Fakten beruhen. Die folgende Übersicht in Abb. 5—3 gibt Hinweise über Datenquellen sowie Analyse- und Prognosetechniken für die Erstellung einer PEST-Analyse.

	Ökonomisches Umfeld	Polit.-rechtl. Umfeld	Technologisches Umfeld	Sozio-kulturelles Umfeld	Ökologisches Umfeld
Datentypen	- Sekundärquellen - Überwiegend quantitativ	- Sekundär- u. Primärquellen - Qualitativ	- Sekundär- u. Primärquellen - Qualitativ und quantitativ	- Überwiegend Primärdaten - Überwiegend qualitativ	- Überwiegend Sekundärdaten - Qualitative u. quantitative Auswertungen
Datenquellen (beispielhaft)	- Statistische Ämter - Bundesbank - Branchenverbände	- Ministerien - Zuständige Behörden - Branchen- u. Interessenverbände	- Meinungsforschungsinstitute - Verbände	- Forschungsinstitute, z.B. Fraunhofer - Forschungsministerium - Branchenverbände - Forschungsunternehmen	- Forschungsinstitute - Branchen- u. Interessenverbände - Behörden/ Ministerien
Techniken	- Modelle	- Inhaltsanalyse von politischen Reden, Programmen und Gesetzen - Experten/ Lobbyistenmeinungen - Panels	- Marktforschung - Fokusgruppen - Tiefeninterviews - Panels - Inhaltsanalysen	- Expertenpanels - Experteninterviews	- Auswertung von Umweltberichten der Staaten oder übernationaler Organisationen - Trends in der Umweltforschung - Berichte und Statements von NGO's
Prognosetypen	- Trendextrapolationen - Zeitreihenanalysen - Ökonometrische Modelle - Simulationsmodelle	- Ereigniskettenanalyse - Politische Risikoanalyse	- Simulationen - Profile - Wertprofile - Prioritätenanalysen	- Historische Analysen - Wahrscheinlichkeitsberechnungen - Morphologische Methoden - Delphi-Methode	- Trendextrapolationen - Computermodelle

Abb. 5—3: Techniken für die erweiterte PEST-Analyse (Quelle: in Anlehnung an Rigsby/Greco 2003, S. 44 f.)

Schritt 3: Prognosen erstellen

Diese Fakten über die Vergangenheit und Gegenwart bilden die Basis für die Prognose der zukünftigen Entwicklung. Je nach zu untersuchendem Faktor kann die Prognose qualitativ, quantitativ oder als Kombination qualitativer und quantitativer Elemente erfolgen.

Die folgende Darstellung enthält eine PEST-Analyse für die Luftfahrtindustrie (Abb. 5—4).

Politik (Political)	- Deregulierung der Luftfahrtbranche führt zu mehr Wettbewerb - Langwierige Genehmigungsverfahren für Flughafenaus-, neu-, oder -umbau - Anflug- und Überflugrechte abhängig von zwischenstaatlichen Regelungen - Großer Einfluss von politischen Risiken (Krieg oder Kriegsgefahr) - Staatliche Stellen legen strenge Sicherheitsstandards fest (Terrorismus) - Staatliche Unterstützung für Fluggesellschaften (Prestigeobjekte), Flughäfen und Flugzeughersteller - Steuerbefreiungen für Treibstoff und MwSt.
Wirtschaft (Economical)	- Hoher Einfluss von Wirtschaftskrisen auf die Nachfrage - Steigende Ölpreise wirken sich auf die Flugpreise aus - Wachsende steuerliche Belastung der Fluggesellschaften - Zusätzliche Kosten durch die Aufnahme der Luftfahrtbranche in den CO-Emissionshandel der EU
Gesellschaft (Social)	- Reiseverhalten von Sicherheitsbedenken (Terrorismus) beeinflusst - Negative Nachfrageeinflüsse aufgrund der Angst der Fluggäste vor der Übertragung von Krankheiten (z.B. SARS) - Mehr Freizeit und Einkommen führt zu mehr Reisen (Fernreisen) - Wachsende ökologische Bedenken in der Bevölkerung im Hinblick auf Fluglärm, Luftverschmutzung und den Ausbau von Flughäfen
Technologie (Technological)	- Neue Luftraumüberwachungssysteme (Single European Sky Projekt) erhöhen Luftraumkapazität und reduzieren Wartezeiten - Entwicklung von Hub-and-Spoke-Systemen zur Verbesserung der Auslastung - Neue Flugzeugtypen (z.B. A380, A350, Boeing 787 Dreamliner) mit geringerem Energieverbrauch und niedrigeren Lärmemissionen - Verbesserte IT-gestützte Ertrags- und Kapazitätsmanagementsysteme - Automatisierte Check-in- und Ticketsysteme

Abb. 5—4: PEST-Analyse für die Umwelt von Fluggesellschaften

Schritt 4: Attraktivität beurteilen

Zu guter Letzt sind die Einzelaussagen in einem Gesamtbild der Umweltentwicklung zusammenzufassen. Interdependenzen zwischen den Einzelentwicklungen sind zu identifizieren und ihre Wirkungen abzuschätzen. Das Ergebnis ist eine qualitative Beurteilung der Attraktivität der Makro-Umwelt.

Kritik des Instruments

Bei der Umweltanalyse handelt es sich um eine sehr breit angelegte Technik. Genau darin liegt auch ein wichtiger Nachteil (Grünig/Kühn 2011, S. 105). Die Analyse einer so großen Zahl von Parametern kann schnell ins Uferlose führen und endet dann oft mit recht oberflächlichen Ergebnissen, die keinen substanziellen Beitrag zur Analyse der strategischen Ausgangslage mehr leisten. Besonders die Selektion der Faktoren, die für das Unternehmen wichtig sind, stellt ein Problem dar. Wie bereits erwähnt, sollte sie ja im Hinblick auf die

Wahrscheinlichkeit des Eintretens des Faktors und der möglichen Konsequenzen für das Unternehmen erfolgen. Hierzu ist ein großes Maß an Erfahrungswissen notwendig; daher kann an dieser Stelle die Einbeziehung von externen Experten sinnvoll sein.

Fehlerträchtig ist außerdem die vom Modell geforderte Beschreibung der Veränderungen in der Zukunft. Die Aufarbeitung der historischen Entwicklung und der gegenwärtigen Situation gelingen meistens recht gut. Für die Zukunft hingegen wird oft kurzerhand unterstellt, dass die Entwicklung eines spezifischen Einflussfaktors sich ungebrochen fortsetzt. Für viele Führungskräfte dürfte es schwierig sein, Diskontinuitäten zu entdecken, weil die eingeschliffenen Denkmuster oft keinen Platz für neue Perspektiven lassen. Einer Prognose und dem Auffinden von Diskontinuitäten sind indes große Aufmerksamkeit zu schenken. Für das Entdecken und Bearbeiten solcher Trendbrüche bietet sich die Szenarioanalyse an (vgl. Abschn. 7.2.7).

Auch wird die Zuordnung spezifischer Entwicklungen zu den einzelnen Kategorien manchmal als Problem angesehen. So hat bspw. eine deutliche Erhöhung der Inflationsrate nicht nur wirtschaftliche, sondern auch soziale und politische Konsequenzen. Hier ist pragmatisch vorzugehen, d. h. die Analyse ist für alle relevanten Faktoren vorzunehmen.

Strategische Bedeutung und Nutzen
Die PEST-Analyse ist Teil der externen Analyse und gehört in die erste Phase der Strategieentwicklung – die Analyse der strategischen Ausgangssituation. Die PEST-Analyse soll wichtige Informationen über Trends und Diskontinuitäten bereitstellen, die bei der Strategieformulierung berücksichtigt werden müssen. Bedingt durch eine größere Umweltdynamik und -komplexität kann ein Unternehmen nämlich schnell in eine gefährliche Schieflage geraten, wenn wichtige Umweltfaktoren falsch eingeschätzt oder vernachlässigt werden. Erst die Auseinandersetzung mit zukünftigen Entwicklungen gibt dem Unternehmen die Möglichkeit, alternative Strategien zu entwickeln und auf diese Weise nicht nur auf spezifische Umweltveränderungen zu reagieren, sondern diese frühzeitig zu erkennen und sich pro-aktiv darauf einzustellen.

Eine PEST-Analyse ist immer dann sinnvoll, wenn das Unternehmen beabsichtigt, in neuen Märkten tätig zu werden und gleichzeitig nur wenig Wissen über diese Märkte besitzt. Das gilt vor allem bei einer Expansion im Ausland. Für den Fall, dass das Unternehmen mit der Makro-Umwelt sehr vertraut ist, sollte pragmatisch vorgegangen werden – dann sind nur die PEST-Kategorien mit hoher Bedeutung für die zukünftige Strategieentwicklung zu analysieren.

Überschneidungen mit anderen Instrumenten

Szenarioanalyse
Mit der Szenariotechnik (vgl. Abschn. 7.2.7) sollen mögliche Entwicklungen in der Zukunft analysiert werden. Dabei werden in der Regel verschiedene Szenarien oder Zukunftsbilder ausgearbeitet (z. B. best case, worst case, realistic case). Während beim PEST-Modell die systematische Kategorisierung von Einflussfaktoren im Vordergrund steht, liegt der Fokus hier eindeutig auf der Entwicklung von Zukunftsbildern. Die Anwendung der Szenariotechnik kann sich an eine PEST-Analyse anschließen.

Stakeholder-Kompass

Diese Analyse (vgl. Abschn. 5.2.2) kann ergänzend zu einer PEST-Analyse durchgeführt werden. Sie ist ein wichtiges Instrument zur Identifikation von Anspruchsgruppen, die ein Interesse am Unternehmen haben. Der Stakeholder-Kompass geht über das PEST-Modell hinaus, weil er auch interne Anspruchsgruppen erfasst, während die PEST-Analyse sich ausschließlich auf externe Faktoren konzentriert. Auf der anderen Seite werden Entwicklungen und Trends vernachlässigt, wenn sie nicht (oder noch nicht) von einer Anspruchsgruppe aufgegriffen worden sind.

5-Kräfte-Modell

Das PEST-Modell ist häufig die Ausgangsbasis für den nächsten Schritt der Umweltanalyse, nämlich die Untersuchung der unmittelbar auf eine Branche einwirkenden Faktoren mit Hilfe von Porters 5-Kräfte-Modell (vgl. Abschn. 5.2.3). Will ein Unternehmen bspw. in einem neuen Markt tätig werden, dann ist es sinnvoll, in einem ersten Schritt die Makro-Umwelt zu untersuchen. Führt diese Analyse zu einem positiven Ergebnis, schließt sich in einem weiteren Schritt eine detaillierte Branchenanalyse mit Hilfe von Porters fünf Kräften an.

5.2.2   Der Stakeholder-Kompass

Gastbeitrag von Prof. Dr. Lothar Rolke, FH Mainz

Der Stakeholder-Kompass ist ein Modell zur systematischen Erfassung der wichtigsten Bezugsgruppen eines Unternehmens (Kunden, Mitarbeiter, Geldgeber, Journalisten etc.). Diese werden aufgrund ihrer spezifischen Beziehung zum Unternehmen zugleich als monetär relevante Marktrepräsentanten und als Kommunikationspartner begriffen. Aus Sicht des Unternehmens wird das Beziehungsumfeld einerseits durch die Akteure des Beschaffungs- und Absatzmarkts (Wertschöpfungsachse) und andererseits durch die Akteure des Finanzmarkts und der Öffentlichkeit (Wertsicherungsachse) bestimmt. Um eine nachhaltige Wertschöpfung und Wertsicherung zu erreichen, müssen die Austauschbeziehungen so organisiert werden, dass Kooperationsgewinne entstehen und geteilt werden können. Der Stakeholder-Kompass ist ein wesentlicher Bestandteil der Analyse der strategischen Ausgangslage und schafft Orientierung, um Ansatzpunkte zum Interessenausgleich zu definieren.

Beschreibung und theoretischer Hintergrund

Das heutige Verständnis der Bedeutung von Anspruchsgruppen (Stakeholder) geht auf eine Arbeit des Stanford Research Institute (heute: SRI International Inc.) aus dem Jahr 1963 zurück. Dort werden Stakeholder definiert als "… those groups without whose support the organisation would cease to exist" (zitiert nach Freeman et al. 2010, S. 207). Während Ansoff (1965, S. 47 ff.) frühzeitig auf die praktischen Managementherausforderungen zum Schaffen einer Balance zwischen den häufig konfliktträchtigen Forderungen der verschiedenen Stakeholder wie z. B. Führungskräfte, Belegschaft, Aktionäre, Lieferanten und Kunden verweist, gelingt es Freeman und seinen Kollegen, die zentrale Bedeutung der Stakeholder im Prozess der Zielerreichung herauszuarbeiten: "A stakeholder in an organization is (by definition) any group or individual who can affect or is affected by the achievement of the organization's objectives" (Freeman et al. 2010, S. 207). Heute kann der Begriff als allgemein akzeptiert gelten (vgl. dazu die 54 Definitionen aus den Jahren 1963 bis 2005 bei Gärtner 2009, S. 82-86). In der Managementliteratur ist der Stakeholder-Ansatz in der Regel induktiv konzipiert, d. h., er beginnt mit einer Bestandsaufnahme der konkreten Anspruchsgruppen eines Unternehmens, um dann gezielt Strategien der Beeinflussung zu entwickeln (vgl. z. B. Bourne 2009, S. 11 ff.).

Demgegenüber folgt das Modell des Stakeholder-Kompasses einem deduktiven Ansatz. Zunächst als Navigationsinstrument der Unternehmenskommunikation konzipiert (Rolke 2002), hat er folgende Funktionen:

- Das Umfeld des Unternehmens in der Wahrnehmungslogik des Unternehmens zu erfassen (Marktbezug).
- Aus einer Vielzahl möglicher Anspruchsgruppen die wichtigsten in ihrer Bedeutung besser zu erkennen (Marktrelevanz).
- Das Management dieser Kommunikations- und Austauschbeziehungen des Unternehmens entscheidend zu fokussieren (Interessenabgleich).

Dieser Ansatz zeigt nicht nur an, welches die wesentlichen Richtungen sind, aus denen Ansprüche kommen, sondern mit seiner Hilfe lässt sich auch deutlich machen, wie die Ansprüche untereinander verwoben und mit dem Unternehmen verknüpft sind. Gerade in der Optimierung dieser Verknüpfungen liegt das eigentliche Chancenpotenzial. Dabei gilt es, Ansprüche und Bedürfnisse der jeweiligen Bezugsgruppe so zu befriedigen, dass sie mit geldwertem Verhalten (Kauf, Produktivität, Halten von Aktien etc.) reagiert. Das funktioniert aber nur auf der Basis von Kooperation und Vertrauen. Da die Leistungsangebote, aber auch das Unternehmen selbst immer erklärungsbedürftig sind und Vertrauen und Kooperationsbereitschaft sich nicht von selbst einstellen, spielt Kommunikation in allen Marktbeziehungen eine signifikante Rolle.

Stakeholder sind nach heutigem Verständnis dadurch definiert, dass ihre Entscheidungen und ihr Verhalten direkten Einfluss auf den Unternehmenserfolg haben und dass sie umgekehrt direkt oder indirekt von den Folgen der Unternehmenstätigkeit betroffen sind (vgl. z. B. Bleicher 2004, S. 159 ff.; Rolke 2002, 2005). Das Management der Beziehungen zu den verschiedenen Stakeholder-Gruppen kann daher als erfolgskritisch für das Unternehmen gelten: "Business can be understood as a set of relationships among groups which have a stake in the activities that make up the business. Business is about how customers, suppliers, employers, financiers (stockholder, bondholder, banks etc.), communities, and managers interact and create value. To understand a business is to know how these relationships work. And the executive's or entrepreneur's job is to manage and shape these relationships" (Freeman et al. 2010, S. 24). Der Stakeholder-Kompass (Abb. 5—5) gibt diesem Beziehungsgeflecht eine markt- und funktionsbezogene Systematik. Wertschöpfung und Wertsicherung basieren dann darauf, dass zu den relevanten Marktteilnehmern auf Verständigung beruhende und Interessen ausgleichende Kooperationsbeziehungen aufgebaut werden.

Der Stakeholder-Kompass enthält zwei Achsen: In seiner horizontalen Ausrichtung vom Beschaffungsmarkt bis zum Absatzmarkt folgt die Wertschöpfungsachse der Wertschöpfungskette. Vertikal flankieren Finanzmarkt und Akzeptanzmarkt (d. h. die Öffentlichkeit) als Wertsicherungsachse die Wertschöpfungskette, wobei Finanzmarkt und Öffentlichkeit, auf deren Akzeptanz Unternehmen existenziell angewiesen sind, unterschiedliche Erwartungen und Werte verfolgen. Übrigens wird die Bedeutung öffentlicher Zustimmung immer dann besonders augenfällig, wenn Unternehmen in neue, kulturell anders geprägte Märkte gehen: Wer nicht den Erwartungen und kulturellen Vorgaben entspricht, kann keine Geschäfte machen.

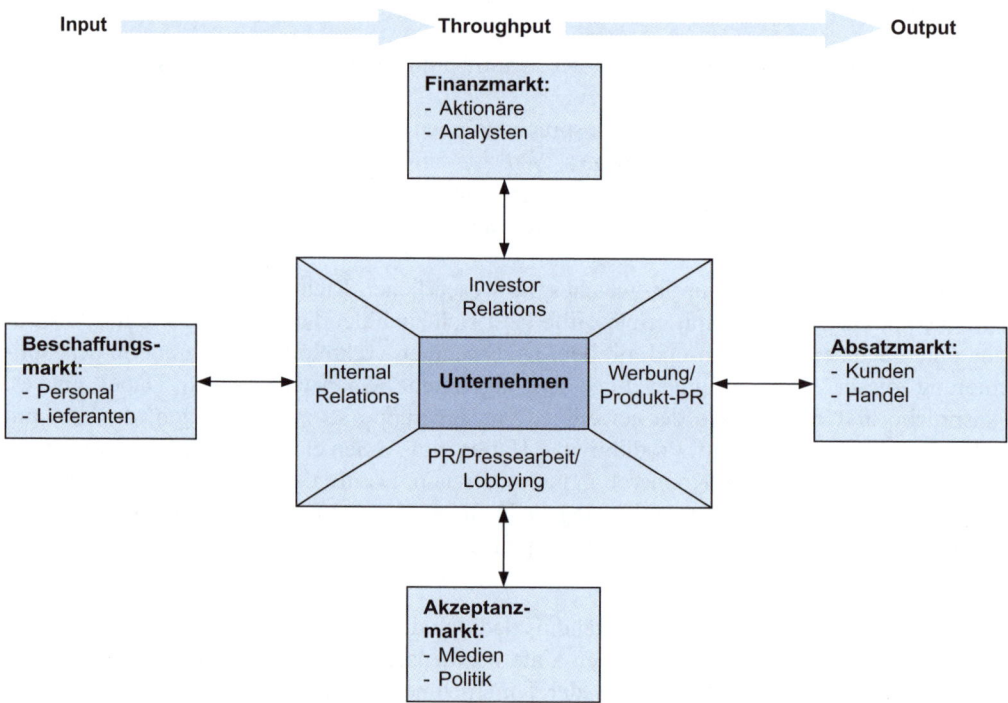

Abb. 5—5: Der Stakeholder-Kompass

Die Kommunikation des Unternehmens hat sich sowohl prozessual an den beiden Achsen als auch interessenbezogen an den damit verbundenen vier Anspruchsgruppen auszurichten:

• *Die Wertschöpfungsachse:* Kommunikation hilft, die Beziehung zu den Kunden und zu den Mitarbeitern (bzw. Lieferanten) gewinnbringend zu entwickeln und Kundenbedürfnisse in ein adäquates Mitarbeiter- und Organisationsverhalten zu übersetzen und vice versa. Funktioniert diese Rückübersetzung nicht, entstehen Brüche und Reibungen. Deshalb müssen die Anforderungen aus dem Absatzmarkt innerhalb des Unternehmens verstanden werden. Dies gilt in ähnlicher Weise für den Personalmarkt, das wichtigste Segment des Beschaffungsmarkts, als den Ort, an dem Unternehmen mit Know-how-Anbietern (Wissensarbeitern) verhandeln.

- *Die Wertsicherungsachse:* Für eine Unternehmenstätigkeit in marktwirtschaftlichen Systemen müssen die Unternehmen den Geldgebern aus der Finanzwelt glaubhaft vermitteln können, warum eine hinreichende Chance auf Gewinnerzielung besteht. Gleichzeitig muss das Unternehmen der breiten Öffentlichkeit und ihren Repräsentanten vermitteln, warum das Renditemotiv nicht die Gemeinwohlinteressen gefährdet. Dieser strukturelle Widerspruch muss der Öffentlichkeit erklärt und erfolgsfördernd aufgelöst werden; das Unternehmen muss also eine legitimierende Zustimmung („license to operate") erwerben (Akzeptanzmarkt). Dies geschieht beispielsweise, indem gegenüber der Öffentlichkeit hervorgehoben wird, dass Personalfreistellungen, die ja häufig den Aktienkurs nach oben treiben und deshalb die Börse erfreuen, der verbleibenden Belegschaft die Arbeitsplätze sichern.

Jede einzelne Stakeholder-Gruppe hat einen Doppelcharakter: einerseits als Leistungspartner in einem spezifischen Markt, andererseits als Repräsentant der jeweiligen Öffentlichkeit in diesem Markt. Für die Unternehmen kommt es darauf an, diesen Doppelcharakter (von Leistungs- und Kommunikationspartnerschaft) zu verstehen und zu nutzen. Unternehmen neigen dazu, vor allem den Leistungsaspekt in den Beziehungen zu den einzelnen Stakeholder-Gruppen wahrzunehmen: also wie viel Umsatz die Kunden bringen, wie produktiv die Mitarbeiter sind, welcher Aktienkurs sich realisieren lässt und wie ein gutes Image all das verstärken hilft. Entsprechend eng definiert sind die traditionellen Leistungskennzahlen, die Beachtung im Management finden. Doch in Zeiten beschleunigter Märkte treten die Vorteile der Kommunikationsbeziehungen immer deutlicher zutage: Kommunikative Signale wie Aufmerksamkeit, aktives Interesse, aber auch Unzufriedenheit und Beschwerden sind bessere Frühwarnindikatoren als die Kennzahlen aus dem Berichtswesen, die immer eine Situation im Nachhinein beschreiben. Diese kommunikativen Signale machen sich zu einem Zeitpunkt bemerkbar, zu dem die Situation meistens noch gestaltbar ist. In diesem Zeitvorsprung liegt übrigens – neben den Überzeugungs- und Bindungseffekten – eine der wesentlichen betriebswirtschaftlichen Begründungen für Kommunikation (Rolke 2002). Verständigungsorientierte Kommunikation ist – vor diesem Hintergrund erkennbar – genauso ein Steuerungsmedium wie etwa Geld und Macht (Luhmann 1997, S. 190 ff.).

Der Stakeholder-Kompass bietet sich allgemein zur bezugsgruppenbezogenen Umfeldanalyse (Zuordnung der verschiedenen Anspruchsgruppen zu den vier Märkten: Beschaffungsmarkt, Finanzmarkt, Absatzmarkt, Akzeptanzmarkt) und zum systematischen Interessenabgleich zwischen dem an, was die Anspruchsgruppen vom Unternehmen erwarten (Interessen/Nutzenerwartungen), und dem, was sie dem Unternehmen geben können (Wertbeiträge). Was den Abgleich der Interessen angeht, finden sich in der Literatur zu beiden Aspekten Hinweise (vgl. z. B. Ulrich, P./Fluri 1995, S. 77 ff. oder Müller-Stewens/Lechner 2005, S. 243 ff.).

Praktische Anwendung

Die praktische Anwendung des Stakeholder-Kompasses wird in fünf Schritten am Beispiel der Unternehmenskommunikation erläutert. Aus Sicht des Unternehmens wird überprüft, inwieweit die Nutzenangebote des Unternehmens von den jeweiligen Anspruchsgruppen verstanden, akzeptiert und übernommen worden sind und ob die dafür von den Anspruchsgruppen erhaltenen Wertbeiträge ausreichen, den Aufwand abzudecken.

Schritt 1: Markt- und relevanzbezogene Bestimmung der Stakeholder-Gruppen

Zuerst werden die Stakeholder als Repräsentanten der vier Märkte des Modells ermittelt und so konkret wie möglich erfasst. Sie werden in drei Gruppen eingeteilt:

- Die A-Bezugsgruppen sind direkte Marktteilnehmer (also Kunden, Mitarbeiter, Geldgeber, Journalisten) und beeinflussen unmittelbar durch ihr Verhalten den Unternehmenserfolg und/oder die -reputation. Ihnen gilt das primäre Interesse.
- Die B-Bezugsgruppen sind ebenfalls Marktteilnehmer (z. B. Lieferanten, Handel, Analysten, Politiker); sie gestalten die Rahmenbedingungen und beeinflussen eher indirekt, also über den Einfluss auf das Verhalten der A-Zielgruppen, den Unternehmenserfolg.
- Die C-Bezugsgruppen gewinnen ihre Kraft auch auf indirektem Weg, nämlich durch Druck auf die A-Zielgruppen (z. B. Gewerkschaften, die Mitarbeiter mobilisieren, Verbraucherverbände, die Kunden vor Produkten warnen) oder auch B-Zielgruppen (etwa durch Beeinflussung der Politik oder des Handels, um Rahmenbedingungen zu verändern). Ihre Aktivitäten müssen also zunächst erst einmal marktwirksam werden, um Unternehmensentscheidungen beeinflussen zu können.

Ermittelt werden die Anspruchsgruppen und ihre Bedeutung durch eine Befragung der für die verschiedenen Märkte zuständigen Manager. Ihre Bedeutung ist qua Funktion als Marktpartner gesetzt. Um für das Management die Relevanz zu illustrieren, hilft die „worst-case"-Frage: Welche Dysfunktionen würden für das Unternehmen auftreten, wenn sich die Stakeholder-Gruppen nicht mehr erwartungskonform verhielten und was könnte dafür ein Auslöser sein?

Schritt 2: Stakeholder-Interessen identifizieren

Für die so ermittelten relevanten Stakeholder ist nun die jeweilige Interessenlage und ihr potenzieller Wertbeitrag differenziert zu erfassen (Abb. 5—6). Die verschiedenen Interessen (Nutzenerwartungen) lassen sich durch Befragungen eruieren; für die Ermittlung der potenziellen Wertbeiträge wie Umsätze mit den Kunden, Produktivität der Mitarbeiter, Vermeidung von Risikoabschlägen oder „gute Presse" lassen sich die Daten verwenden, die im Unternehmen vorhanden sind oder aus Marktstudien extrapoliert werden können.

Stakeholder	Nutzenerwartung	Wertbeiträge
Kunden	Qualitätsangemessene Produkte zu günstigen Preisen, Service und Zuverlässigkeit, Innovationen, Markenprestige	Geld, Loyalität, Weiterempfehlung, Preisakzeptanz
Mitarbeiter	Einkommen, Sicherheit, Kontakte, Wissen und Fähigkeiten, Anerkennung, Chancen auf Selbstverwirklichung	Arbeitsleistung, Produktivitätszuwachs, Innovationen, Anpassungsbereitschaft
Kapitalgeber	Rendite, sichere Kapitalanlage, Wachstumsperspektive	Kapital, Vertrauenssignale, Bindungsbereitschaft
Medien	„Good Citizen", Neuigkeiten, Gesprächsbereitschaft, Erfolg für Region	Bekanntheit schaffen, Image, Kritik

Abb. 5—6: Nutzenerwartungen und Wertbeiträge der wichtigsten Stakeholder

Schritt 3: Kommunikative Vermittlung der Nutzenangebote

Die angebotenen Produkte und Dienstleistungen eines Unternehmens sowie der damit verbundene Nutzen auf den verschiedenen Märkten müssen real die Interessen der Stakeholder befriedigen. Dies reicht jedoch nicht aus. Ob Produkt oder Serviceleistung – Leistungsangebote müssen erläutert, begründet und bewertet werden. Häufig müssen sie überhaupt erst einmal bekannt gemacht werden; es ist also für Aufmerksamkeit und Akzeptanz zu sorgen und das bedeutet: Kommunikation. PR- und Werbekampagnen, Personalmarketing und Finanzkommunikation tragen dazu bei, dass die Angebote des Unternehmens auf den verschiedenen Märkten auch richtig verstanden und dass Bedürfnisse erkannt werden. Die entsprechenden Fachdisziplinen wie Marketing und Unternehmenskommunikation verfügen über hinreichende Instrumente, entsprechende Kommunikationskampagnen zu entwickeln. Sie sind immer darauf angelegt, Wissen, Einstellungen und am Ende meist Verhalten zu beeinflussen mit dem Ziel, Kommunikationseffekte und Erfahrungen in Vorstellungsbildern (Images) bei den Empfängern zu verdichten.

Schritt 4: Reputation (Images) erfassen

Im Hinblick auf die vier A-Bezugsgruppen ist die Reputation bzw. das Image des Unternehmens zu bestimmen – in der Praxis also das Markenimage der Produkte, das Arbeitgeberimage und das Unternehmensimage insgesamt. Sie bilden eine wichtige Grundlage (Einflussfaktor) für das tatsächliche Verhalten der Stakeholder. Hilfreich hierfür ist ein Benchmarking mit den Mitbewerbern, um die eigenen Stärken besser zu erfassen. Die Kernfragen beispielsweise für Energieversorger lauten, in welchem Umfang der Preis eine Rolle spielt, damit Verbraucher nicht den Anbieter wechseln, und wie stark andere Imagefaktoren (wie regionale Verankerung, Servicequalität, Umweltfreundlichkeit und Innovationskraft) wirksam sind. Dies gilt immer im Vergleich mit den Wettbewerbern. In der Praxis werden hier entsprechende Reputations- bzw. Image-Untersuchungen sowie Wirkungsstudien eingesetzt, die das Instrumentarium der Marktforschung nutzen.

Schritt 5: Erfolgskontrolle

Image- bzw. Reputationsfaktoren sind in vielen Fällen die wesentlichen Treiber für das geldwerte Verhalten (Kauf, Weiterempfehlung, Preisakzeptanz; Produktivität und Innovationsfreude der Mitarbeiter; Politikerentscheidungen oder die Qualität öffentlicher Meinungsäußerungen) der Stakeholder-Gruppen. Regelmäßig sollte dabei überprüft werden, inwieweit gewünschte geldwerte Verhaltenseffekte bei den Stakeholder-Gruppen realisiert werden können. Mit dem Instrumentarium der Marktforschung (vgl. zur Übersicht Reinecke/Janz 2009) und des Kommunikations-Controllings (Pfannenberg/Zerfaß 2010, IVC 2010) lassen sich Wirkungszusammenhänge mit statistischen Methoden plausibel ermitteln. Die folgende Übersicht (Abb. 5—7) zeigt die Anwendung der Schrittfolge für den Absatz- und den Akzeptanzmarkt.

Vorgehensweise	Kommentar	Beispiel Kunden (Absatzmarkt)	Beispiel Journalisten (Akzeptanzmarkt)
Schritt 1 Segmentierung der Stakeholder nach Markt und Relevanz	Die Märkte mit den jeweiligen Stakeholder-Gruppen sind definiert; insofern kommt es im ersten Schritt vor allem auf Differenzierung und Segmentierung an.	Unterscheidung der Kunden nach - B2B- und - B2C-Kunden Die jeweiligen Kundengruppen werden dann weiter segmentiert (z.B. nach Sinus-Milieu-Modell).	Unterscheidung der Journalisten nach - aktuellen - meinungsbildenden - Fachmedien sowie Identifizierung der für das Unternehmen relevanten Ressorts
Schritt 2 Stakeholder-Interessen identifizieren	Um Kooperationsbeziehungen aufzubauen, kommt es darauf an, die besonderen Interessen zu identifizieren und die Übereinstimmung mit den eigenen Angeboten zu prüfen bzw. herzustellen.	Die verschiedenen Kundensegmente können z.B. besonders am Preis, am Prestige der Marke oder an Umweltfreundlichkeit und Nachhaltigkeit interessiert sein. Hier muss das Unternehmen ein attraktives Angebot bereithalten.	Journalisten wollen Neuigkeiten mit Nachrichtenwert, exklusive Geschichten und/oder Einblicke in Branchentrends; sie sind an „home stories" der Vorstände und an Produktinnovationen interessiert.
Schritt 3 Kommunikative Vermittlung der Nutzenangebote	Unternehmen nutzen alle Wege der Kommunikation, um ihren Stakeholder-Gruppen zu sagen, dass sie deren Bedürfnisse/Wünsche befriedigen können; allerdings sind die Wege je nach Stakeholder-Gruppe ganz unterschiedlich zu planen.	Die Kommunikation erfolgt über Anzeigen und Werbespots, Produkt-PR-Artikel in den Medien, über eigene Homepages und Social Media, Events und Sponsoring. Als Grundwährung gelten die erreichten Kontaktchancen, die qualitativ und quantitativ zu bestimmen sind.	Journalisten werden mit Pressemitteilungen versorgt über Themen mit Nachrichtenwert, zu Pressekonferenzen eingeladen, per Telefon kontaktiert, mit unternehmensinternen Gesprächspartnern versorgt und erhalten exklusiven Zutritt zu Veranstaltungen/ Messen; die so ausgelöste bzw. beeinflusste Berichterstattung kann quantifiziert und qualifiziert werden.

Vorgehensweise	Kommentar	Beispiel Kunden (Absatzmarkt)	Beispiel Journalisten (Akzeptanzmarkt)
Schritt 4 Reputation (Images) erfassen	Kommunikation beeinflusst nicht nur den Bekanntheitsgrad eines Unternehmens und seiner Produkte, sondern wirkt auch auf die Einstellungen und Meinungen (Image) der Stakeholder-Gruppen; diese gilt es zu erfassen, weil sie wiederum das geldwerte Verhalten (Kauf, Weiterempfehlung etc.) mitbestimmen.	Das Image als das Vorstellungsbild von einem Unternehmen/einem Produkt bei einer Zielgruppe ist wesentlicher Bestandteil einer Marke. Es kommt darauf an, die Markenstärke und den Einfluss auf die Verhaltensdisposition zu ermitteln (z.B. eine Befragung nach dem Modell des „Markentrichters").	„Gute Presse" ist wie eine öffentliche Empfehlung durch eine unabhängige Instanz. Die gesamte Berichterstattung zu einem Unternehmen, seinen Produkten und Verantwortlichen bildet die veröffentlichte Meinung, die auf das Verhalten aller Marktteilnehmer Einfluss nimmt. Durch eine inhaltsanalytische Auswertung (Basis: Zeitungsarchive) kann dieses veröffentlichte Meinungsbild ermittelt werden.
Schritt 5 Erfolgskontrolle	Die Erfolgskontrolle wird sowohl prozessbezogen (Sind die Botschaften bei der Zielgruppe angekommen?) als auch ergebnisbezogen (Konnte ein geldwertes Verhalten ausgelöst werden?) durchgeführt.	Mit Hilfe von Marktforschung und statistischen Verfahren wird ermittelt, inwieweit die Kommunikation das Markenbild bei den Kunden gestärkt hat und ob dadurch das Kaufverhalten positiv beeinflusst wurde.	Mit Hilfe von Inhalts- und Regressionsanalysen kann ermittelt werden, wie stark die veröffentlichte Meinung das Verhalten von Kunden, Aktionären, Analysten, aber auch Mitarbeitern (Loyalität) und Bewerbern mitbestimmt hat.

Abb. 5—7: Einsatz des Stakeholder-Kompasses zur Wirkungsanalyse

Kritik des Instruments

Der Stakeholder-Kompass ist ein Orientierungsrahmen (ähnlich der SWOT-Analyse oder dem 5-Kräfte-Modell), der auf deduktivem Weg das Unternehmensumfeld marktbezogen mit Hilfe einer Beziehungssystematik zu ordnen erlaubt. Um zu intersubjektiv nachprüfbaren Ergebnissen zu kommen, muss er um Methoden der Markt- und Meinungsforschung ergänzt werden. Dies ist häufig zu aufwendig. Deshalb empfiehlt sich ersatzweise das Erarbeiten durch Fachteams, was jedoch die Validität der Ergebnisse einschränkt.

Der Stakeholder-Kompass hat nicht den Anspruch, alle Zielgruppen zu erfassen, sondern zunächst einmal nur die wichtigsten. Zugleich ermöglicht er die systematische Zuordnung weiterer Bezugsgruppen und lässt dadurch deren Machtbasis erkennen: Beispielsweise sind Verbrauchergruppen nur erfolgreich, wenn sie Kunden und Medien, also die Stakeholder des Absatzmarkts und des Akzeptanzmarkts, erreichen. Analog üben Gewerkschaften ihren Einfluss indirekt über die Mitarbeiter und die Medien aus. Insofern muss der Stakeholder-Kompass in der Anwendung ergänzt und weiter differenziert werden.

Strategische Bedeutung und Nutzen

Unternehmen agieren in einem komplexen Umfeld, das in unterschiedlicher Weise den Erfolg beeinflusst. Der Stakeholder-Kompass, zunächst nur als analytisches Modell für die Unternehmenskommunikation entwickelt, erlaubt es, dieses Umfeld unternehmensadäquat zu systematisieren – nämlich als Märkte, die entweder über den Wertschöpfungsprozess miteinander verbunden sind oder den Wertschöpfungsprozess absichern helfen.

Da Unternehmen nur überleben, wenn die Austauschbeziehungen zu diesen Märkten nicht gestört sind, müssen sie diese Beziehungen analysieren und steuern. Aus strategischer Sicht hilft der Stakeholder-Ansatz bei der Analyse der Marktsystematik und der jeweiligen Marktrepräsentanten (Stakeholder) samt ihren Nutzenerwartungen. Diese Informationen bilden einen wesentlichen Input für die Entwicklung der Vision und daraus abgeleitet die Formulierung der langfristigen Unternehmensziele. Über diese Zielsetzungen werden letztlich die Austauschbeziehungen zwischen Anspruchsgruppen und Unternehmen gestaltet. Ein gutes Verständnis der Nutzenerwartungen der Stakeholder und ein entsprechendes Management der Austauschbeziehungen können somit zur Entwicklung und Verstärkung von Wettbewerbsvorteilen beitragen.

So könnte der Stakeholder-Kompass beispielsweise einem Mobilfunkanbieter, der im Rahmen einer Strategie der Kostenführerschaft auf dem Absatzmarkt konsequent auf niedrige Preise setzt, helfen, die Folgeeffekte auf den anderen Märkten besser zu erkennen: Während die Kunden zunächst einmal positiv auf den günstigen Preis reagieren, könnte es Probleme auf dem Beschaffungsmarkt geben, wenn nämlich der günstige Preis allein durch eine sehr harte Einkaufspolitik und unterdurchschnittliche Löhne zustande käme. Denn das würde bei Lieferanten und Mitarbeitern zu geringer Loyalität führen und in der Folge zu Instabilität, die eher kostentreibend wirken würde. Erfahrungsgemäß wäre auch die öffentliche Akzeptanz niedrig, weil nicht in die eigene Reputation investiert wurde. Da somit die Niedrigpreisstrategie auf einem labilen Fundament ruht, wäre das Vertrauen potenzieller Geldgeber wahrscheinlich auch nicht sehr hoch. Insofern müsste die Niedrigpreisstrategie unter diesen Bedingungen kritisch gesehen werden. Die Unternehmensführung müsste also überlegen, wie sich das für Kunden attraktive Preismodell finanzieren lässt, ohne gleichzeitig die Kooperationsbasis mit den anderen Stakeholder-Gruppen zu schwächen.

Ähnliche Instrumente:

Stakeholder-Analyse

Im Gegensatz zum deduktiv angelegten Stakeholder-Kompass erfolgen Stakeholder-Analysen induktiv nach folgendem Schema (exemplarisch Bourne 2009, S. 47 ff.):

- Alle Stakeholder identifizieren.
- Profile bilden und Stakeholder-Gruppen priorisieren.
- Die situativ relevanten Zielgruppen bestimmen.
- Die Haltung des Unternehmens definieren und Maßnahmenprogramme entwickeln.
- Wirkungen beobachten und messen.

Wer ist aufgrund seines Einflusses wie wichtig und kann selber auf welchem Weg beeinflusst werden, lautet die Leitfrage, die hinter diesen Stakeholder-Ansätzen steht und am Ende zu einem Stakeholder-Mapping führt (vgl. z. B. Müller-Stewens/Lechner 2005, S. 178 f.; Bourne

2009, S. 65 ff.). Entsprechend sind die Übersichtsmodelle ohne weitere Systematik konzipiert: in der Mitte das Unternehmen und um das Unternehmen herum mehr oder minder zufällig ausgewählte Anspruchsgruppen (vgl. exemplarisch Staehle 1999, S. 426 ff.; Johnson et al. 2011, S. 139 ff.), die manchmal noch nach Markt- und Nicht-Marktteilnehmern unterschieden werden (Welge/Al-Laham 2012, S. 263 f.).

Die Stärke der Stakeholder-Analyse (Abb. 5—8) liegt eindeutig in der situativen Anwendung. Dabei werden die möglichen Stakeholder-Gruppen nach einfachen dichotomisch differenzierten Merkmalen erfasst (Bourne 2009, S. 49 ff.):

- Interesse am Unternehmen (aktiv oder passiv).
- Macht (Einfluss und Beeinflussbarkeit.
- Haltung (Unterstützer oder Blockierer).

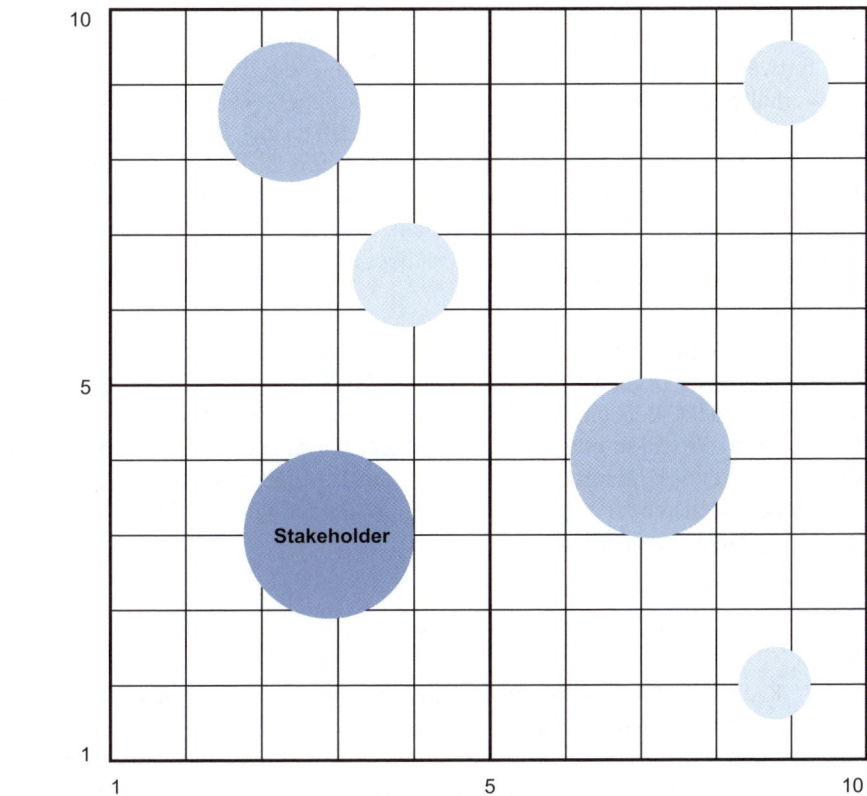

Abb. 5—8: Stakeholder-Mapping

In diesem Ansatz drückt der Kreisumfang die Größe der Stakeholder-Gruppe aus. Weiter können Farben genutzt werden, um Zustimmung oder Ablehnung einer Stakeholder-Gruppe darzustellen.

Erfassung, Bewertung und Empfehlungen zum Umgang mit den Stakeholder-Gruppen erfolgen in der Regel mit Hilfe von Checklisten, Mapping-Ansätzen und Scoring-Verfahren durch das Management. Da letztendlich auf subjektive Einschätzungen zurückgegriffen werden muss, ist die Validität der Ergebnisse begrenzt. Ähnlich wie der Einsatz des Stakeholder-Kompasses dienen Stakeholder-Analysen vor allem dazu, für die Herausforderungen aus dem Umfeld zu sensibilisieren und Lösungsansätze sichtbar zu machen. Der Stakeholder-Kompass und die Stakeholder-Analyse bilden also keinen Gegensatz, sondern lassen sich miteinander verbinden.

Überschneidungen mit anderen Instrumenten

PEST-Analyse
Der Stakeholder-Kompass konzentriert sich auf die wesentlichen Märkte eines Unternehmens und ihre Repräsentanten. Doch sind die Märkte keineswegs statisch, sondern unterliegen fortwährenden Veränderungen, die wiederum die Bewertungen, die Beziehungen und das Verhalten der verschiedenen Stakeholder-Gruppen beeinflussen. Solche neuen Entwicklungen und Trends lassen sich am besten mit Hilfe einer PEST-Analyse erfassen (vgl. Abschn. 5.2.1). Sie bildet daher den Rahmen dafür, um Bedürfnis-, Erwartungs- und Entscheidungsveränderungen auf den Märkten frühzeitig abzuschätzen, die sich erst später als konkretes Verhalten der Stakeholder zeigen. Mit Hilfe der PEST-Analyse lässt sich also der Beobachtungshorizont des Unternehmens über die Märkte hinaus erweitern.

Wertkette
Die Wertschöpfungsachse des Stakeholder-Kompasses weist beabsichtigte Analogien zu Porters Wertkette (vgl. Abschn. 6.2.3) auf. Während erstere die Akteure und Märkte in den Mittelpunkt rückt, konzentriert sich die zweite auf die Funktionen und Aktivitäten, derer es bedarf, damit Produkte oder Dienstleistungen entstehen, abgesetzt und nachbetreut werden können. Vor dem Hintergrund des Bezugs zu den Stakeholder-Gruppen lässt sich dann gezielt fragen, welchen Beitrag Kommunikation bei den verschiedenen Aktivitäten entlang der Wertschöpfungskette leisten kann.

5.2.3   Das 5-Kräfte-Modell

Das 5-Kräfte-Modell von Porter ist Teil der externen Unternehmensanalyse und dient der Analyse der Branchenstruktur und der Wettbewerbsintensität. Das Modell identifiziert fünf Einflusskräfte: Lieferanten, Kunden, potenzielle Wettbewerber, Substitutionsprodukte und Rivalität des Wettbewerbs. Das Zusammenspiel dieser Kräfte bestimmt letztlich die Attraktivität und damit das Gewinnpotenzial der zu analysierenden Branche. Kenntnisse über diese Einflusskräfte erlauben es dem Unternehmen, seine Position im Wettbewerb einzuschätzen und Maßnahmen zur Verbesserung der Wettbewerbsposition einzuleiten.

Beschreibung und theoretischer Hintergrund
Das 5-Kräfte-Modell wurde von Porter Ende der 1970er Jahre entwickelt und in dem 1980 erschienenen Buch „Competitive Strategy Techniques for Analyzing Industries and Compe-

titors" vorgestellt (Porter 1980). Porters Ansatz stammt aus der industrieökonomischen Forschung und beruht auf dem Structure-Conduct-Performance-Paradigma: Die Branchenstruktur
(structure) hat einen großen Einfluss auf das strategische Verhalten (conduct). Branchenstruktur und Wettbewerbsstrategien bestimmen gemeinsam den Erfolg (performance) eines Unternehmens (Mason 1939; Bain 1956; Bain 1959; Porter 1981).

Als Branche definiert Porter eine Gruppe von Unternehmen, die ähnliche Produkte oder
Dienstleistungen anbieten (Porter 1980, S. 5). Er unterscheidet fünf Wettbewerbskräfte, die
Einfluss auf die Rentabilität einer Branche und damit ihre Attraktivität nehmen (Abb. 5—9).
Bei den vertikalen Kräften handelt es sich um eventuell neu eintretende Wettbewerber, das
Wettbewerbsverhalten in der Branche und die Substitutionsmöglichkeiten; die horizontalen
Kräfte bestehen aus Lieferanten und Abnehmern.

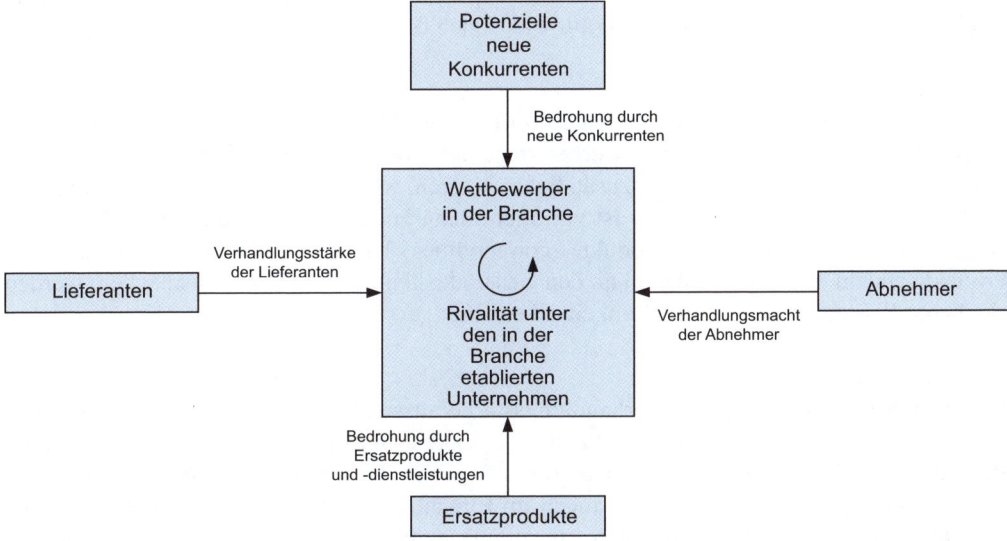

Abb. 5—9: Die fünf wettbewerbsbestimmenden Kräfte einer Branche (Quelle: in Anlehnung an Porter 1980, S. 4)

Die Wirkungen jeder einzelnen Kraft sind abhängig von verschiedenen Elementen innerhalb
der Branchenstruktur. Eine Beurteilung der Stärke einer Kraft erlaubt es, Rückschlüsse auf
die Rentabilität der Branche zu ziehen. So bedeutet bspw. eine starke Machtposition der Lieferanten, dass Unternehmen der zu untersuchenden Branche die Lieferantenpreise in der Regel nicht beeinflussen können – was für die Attraktivität der Branche negativ sein dürfte.

Praktische Anwendung

Schritt 1: Branchendefinition
Dieser Schritt ist wesentlich für die Ergebnisse der 5-Kräfte-Analyse. Theoretisch kann die
Abgrenzung über die Analyse der Substitutionsmöglichkeiten auf der Nachfrage- und der
Angebotsseite erfolgen. In der Praxis wird eher pragmatisch vorgegangen und die Bran-
chendefinition an den zu treffenden Entscheidungen ausgerichtet. Wenn z. B. die Tata-Gruppe
ihre Preis- und Positionierungsstrategie für Jaguar überarbeiten wollte, könnte eine enge Bran-

chendefinition ausschließlich im Hinblick auf Luxusmarken pro Land sinnvoll sein. Wenn Tata hingegen globale Expansionsstrategien für das gesamte Autogeschäft in den verschiedenen Modellklassen entwickeln will, müsste der gesamte Automarkt in die Überlegungen einbezogen werden. Grundsätzlich gilt: Je langfristiger die Entscheidung angelegt ist, desto breiter sollte die Definition der Branche ausfallen (vgl. hierzu Grant 2013, S. 77 f.).

Schritt 2: Analyse der Wettbewerbssituation

Hier gilt es, die aktuelle und die zukünftige Wettbewerbssituation zu untersuchen. Dabei ist nicht nur einzuschätzen, wie die einzelnen Kräfte sich gegenwärtig darstellen; sondern vor allem geht es darum, eine Prognose für ihre zukünftige Entwicklung zu erstellen. Das 5-Kräfte-Modell kann nur dann einen guten Beitrag zur Strategiefindung leisten, wenn es zukunftsorientierte Konklusionen über die Wettbewerbskräfte liefert. Dazu muss ein entsprechender Zeitrahmen definiert werden, der sich bspw. an den Investitionszyklus einer Branche anlehnen kann. Für die Analyse der Kräfte bietet sich die folgende Reihenfolge an:

Verhandlungsmacht der Abnehmer

Starke Abnehmer können Preissenkungen fordern, eine höhere Qualität oder bessere Leistungen verlangen und die Wettbewerber gegeneinander ausspielen. Solche Forderungen führen auf Seiten der Hersteller zu zusätzlichen Kosten, welche die Rentabilität belasten. Die Verhandlungsmacht der Abnehmer ist vor allem dann hoch, wenn es sich um wenige große Abnehmer und standardisierte Produkte (commodities) handelt. Wenn die einzukaufenden Produkte zudem einen hohen Anteil an den Gesamtkosten der Abnehmer ausmachen, werden sie diesen Kosten große Aufmerksamkeit schenken.

Verhandlungsmacht der Lieferanten

Lieferanten können die eigene Verhandlungsstärke ausspielen, indem sie bspw. damit drohen, die Preise zu erhöhen oder die Qualität zu senken. Mächtige Lieferanten vermögen die Rentabilität der Branche negativ zu beeinflussen, wenn die Unternehmen in dieser Branche nicht in der Lage sind, Kostensteigerungen im Einkauf in Form von höheren Preisen an die Abnehmer weiterzugeben. Lieferanten sind immer dann stark, wenn es keine Substitutionsmöglichkeit für ihre Produkte gibt, wenn die belieferte Branche für die Lieferanten keine so große Bedeutung hat oder wenn die Lieferanten ein Oligopol bilden.

Bedrohung durch neue Wettbewerber

Ob neue Wettbewerber ein Interesse haben, in eine bestimmte Branche einzusteigen, hängt von der Höhe der Markteintrittsbarrieren ab. Bedeutsame Hürden bilden z. B. die Betriebsgrößenvorteile (economies of scale) der bereits in der Branche tätigen Unternehmen, ein hoher technischer Entwicklungsaufwand, rechtliche Zulassungsverfahren, teure Lizenzen, schützende Patente. Andere wichtige Eintrittsbarrieren sind hohe Kapitalinvestitionen in Fertigungs- oder Serviceanlagen, hohe Investitionen für die Entwicklung einer Marke oder hohe Umstellungskosten der Kunden.

Bedrohung durch Substitutionsprodukte

Unternehmen einer Branche konkurrieren immer auch mit anderen Branchen, die Ersatzprodukte herstellen, die trotz einer anderen Beschaffenheit aus Kundensicht den gleichen Zweck erfüllen – z. B. ist das Substitutionsprodukt für einen Flug von Frankfurt nach Amsterdam die Bahnfahrt. Die Preise der Substitutionsprodukte begrenzen das Gewinnpotenzial der zu analysierenden Branche, weil sie eine Obergrenze für die Verkaufspreise setzen. Wird diese Grenze überschritten, werden die Kunden abwandern und die Rentabilität wird dementsprechend sinken.

Intensität des Wettbewerbs

Die Wettbewerbsintensität beschreibt das Bestreben der Unternehmen in einer Branche, ihre Wettbewerbssituation zu verbessern. Ein hoher Wettbewerbsdruck ist in der Regel dann gegeben, wenn eine Branche aus zahlreichen oder in etwa gleich ausgestatteten Wettbewerbern besteht, wenn sie nur langsam wächst oder wenn in der Branche hohe Fixkosten eine hohe Auslastung der Kapazitäten verlangen. Hohe Austrittsbarrieren erhöhen ebenfalls die Wettbewerbsintensität.

Das folgende Schema (Abb. 5—10) beschreibt die einzelnen Dimensionen für jede Wettbewerbskraft. Dabei wird beispielhaft die Ausprägung einer Dimension im Hinblick auf eine Erhöhung des Wettbewerbs dargestellt.

Wettbewerbsdimensionen	
1. Verhandlungsstärke der Kunden steigt, wenn ...	
Konzentrationsgrad der Kunden	Hoch
Anteil der Kosten der gelieferten Produkte und Leistungen an den Gesamtkosten der Kunden	Hoch
Standardisierungsgrad der gelieferten Produkte und Leistungen	Hoch
Technologische und finanzielle Möglichkeiten der Kunden zu einer Rückwärtsintegration	Groß
Markttransparenz für die Kunden	Hoch
Bedeutung der gelieferten Produkte und der Leistungen für die Qualität der Abnehmerprodukte und -leistungen	Niedrig
2. Verhandlungsstärke der Lieferanten	
Konzentrationsgrad der Lieferanten	Hoch
Standardisierungsgrad der gelieferten Produkte und Leistungen	Niedrig
Technologische und finanzielle Möglichkeiten der Abnehmer zu einer Vorwärtsintegration	Groß
Wichtigkeit der analysierten Branche als Kunden für die Lieferanten	Niedrig
Bedeutung der gelieferten Produkte und Leistungen für die Qualität der Produkte und Dienstleistungen der Kunden	Hoch

Wettbewerbsdimensionen	
3. Bedrohung durch potenzielle Wettbewerber steigt, wenn …	
Verhandlungsstärke der Kunden und Lieferanten	Niedrig
Zugang zu den Vertriebskanälen	Einfach
Loyalität der Kunden gegenüber ihren Lieferanten	Gering
Umstellungskosten der Kunden bei Lieferanten- wechsel	Niedrig
Mindestbetriebsgröße	Klein
Kapitalbedarf eines Neueinsteigers	Gering
Absolute Kostenvorteile der in der Branche etablierten Unternehmen	Gering
Staatliche Auflagen oder Zulassungsbeschränkungen	Schwach
4. Bedrohung durch Ersatzprodukte und -leistungen steigt, wenn …	
Leistungsfähigkeit von Ersatzprodukten und -leistungen	Besser als die der Branchenprodukte u. -leistungen
Kosten der Ersatzprodukte und -leistungen	Niedriger als die der Branchenprodukte u. -leistungen
5. Intensität der Rivalität unter den in der Branche etablierten Unternehmen wächst, wenn …	
Zahl der Unternehmen in der Branche	Groß
Marktabsprachen zwischen den Unternehmen der Branche	Nicht erfolgen
Kundensegmente mit spezifischen Bedürfnissen	Kaum vorhanden
Marktwachstum	Stagniert oder schrumpft
Branchengebundene Investitionen	Hoch
Mit einem Ausstieg verbundene Kosten	Hoch
Aufgrund der Ressourcen und Kompetenzen offen stehende andere Tätigkeiten resp. Branchen	Sehr beschränkt
Betriebsgrößenvariation	Gering

Abb. 5—10: Bestimmungsfaktoren für die fünf Kräfte (Quelle: in Anlehnung an Grünig/Kühn 2011, S. 182 f.; Porter 1980, S. 5 ff.)

Das folgende Beispiel (Abb. 5—11) zeigt die Anwendung der 5-Kräfte-Analyse für die Luftfahrtindustrie (Fluggesellschaften). In diesem Beispiel werden andere Interessengruppen als zusätzliche Kraft mit aufgenommen (siehe hierzu die nachfolgende Kritik).

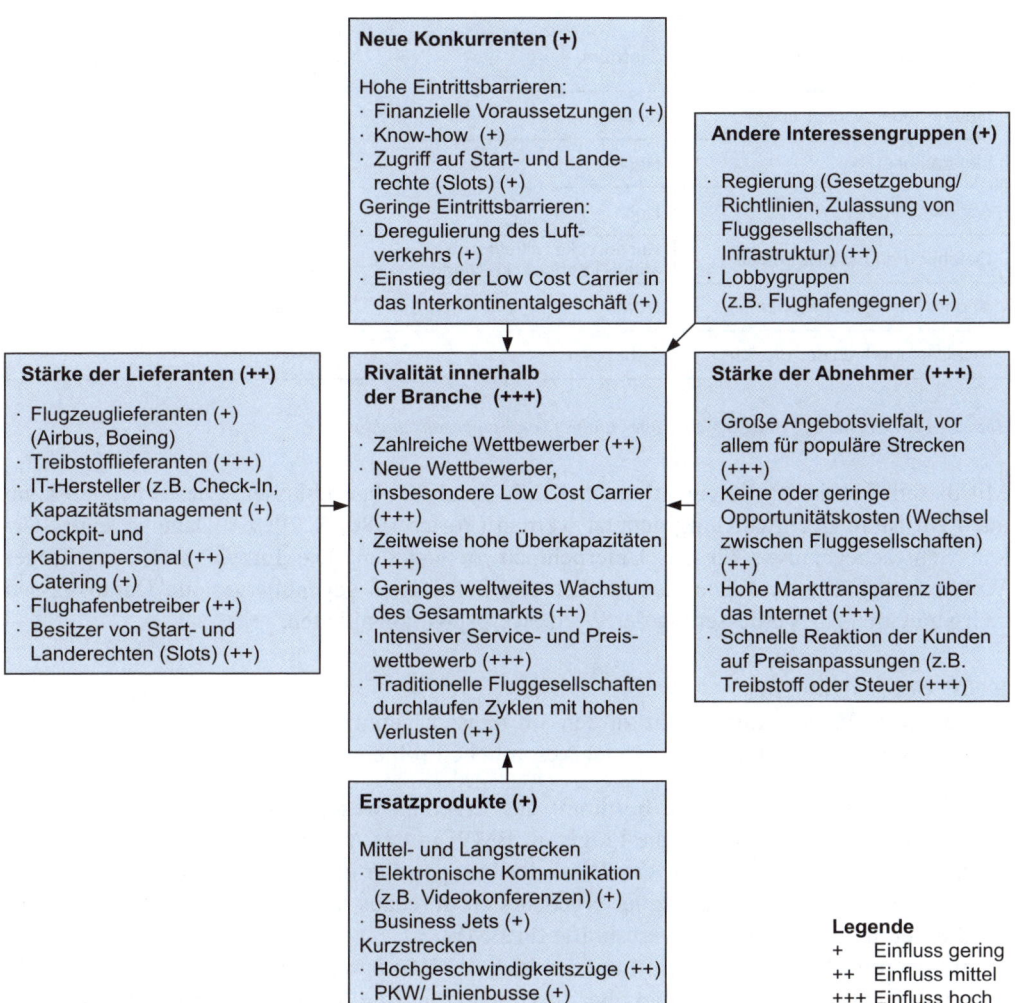

Abb. 5—11: Beispiel zur 5-Kräfte-Analyse von Fluggesellschaften (Quelle: auf der Basis von Porter 1980)

Schritt 3: Beurteilung der Branchenattraktivität

Auf der Basis dieser Analyse kann nun eine zusammenfassende Beurteilung der gegenwärtigen und zukünftigen Attraktivität der Branche erfolgen (Abb. 5—12). Häufig geschieht dies mit den Begriffen hoch, mittel und niedrig. Dabei weist Porter (2008, S. 6) auf den folgenden Zusammenhang hin: "The point of industry analysis is not to declare the industry attractive or unattractive but to understand the underpinnings of competition and the root causes of profitability."

Einflussfaktor nach Porter	Einfluss	Resultierende Profitabilität (Attraktivität) der Branche
Gefahr neuer Konkurrenten	Gering	Niedrig
Lieferantenstärke	Hoch	Mittel
Abnehmerstärke	Hoch	Niedrig
Gefahr durch Ersatzprodukte	Kurzstrecke Mittel/Hoch Mittel-/Langstrecke Niedrig	Kurzstrecke Niedrig Mittel-/Langstrecke Hoch
Andere Interessengruppen	Mittel	Mittel
Rivalität innerhalb der Branche	Sehr hoch	Gering

Abb. 5—12: Zusammenfassung der 5-Kräfte-Analyse von Fluggesellschaften

Mit diesem Schritt ist die eigentliche 5-Kräfte-Analyse abgeschlossen. Dieses Modell kann auch zur Strategieentwicklung genutzt werden (Porter 1980, S. 29 ff.). Dazu ist eine Stärken-/Schwächenanalyse für ein Unternehmen zu erstellen. Die Entwicklung spezifischer Wettbewerbskräfte wird dann den Stärken und Schwächen gegenübergestellt. Daraus lassen sich Strategien zur Verbesserung der Wettbewerbsposition ableiten.

Kritik des Instruments

Das 5-Kräfte-Modell dürfte zwar zu den am meisten genutzten Modellen in der Unternehmensführung zählen. Doch birgt es vier wesentliche Probleme.

- Die Definition der Branche bestimmt das Ergebnis wesentlich und ist daher mitunter heikel. So stellt sich bspw. die Frage, ob BMW in der Autobranche generell oder in der Sportwagenbranche konkurriert. Wird der europäische oder der Weltmarkt untersucht? Aus der jeweiligen Eingrenzung ergeben sich durchaus unterschiedliche Ergebnisse für die Beurteilung der Wettbewerbskräfte für BMW.
- In bestimmten Branchen beeinflusst der Staat den Wettbewerb und die Branchenrendite. In der Autoindustrie geschieht dies über die Besteuerung, die Abgas- und Sicherheitsvorschriften oder den Straßenbau. In solchen Fällen kann es dann sinnvoll sein, den Staat als sechste Kraft zu berücksichtigen. Solche Aspekte können bereits grob in der PEST-Analyse erfasst worden sein. Im Rahmen der 5-Kräfte-Analyse kann dann eine detaillierte Analyse erfolgen.
- Weiterhin werden Komplementärfaktoren (Brandenburger/Nalebuff 1996, S. 17) von den fünf Kräften nicht erfasst. Es handelt sich um Branchen, die nicht direkt Lieferanten sind, deren Produkte aber vom Endkunden ergänzend benötigt werden und die dadurch die Rendite der zu analysierenden Branche maßgeblich beeinflussen. Der Erfolg der Softwareindustrie wird nicht unerheblich von den verfügbaren Halbleitern bestimmt. In einer 5-Kräfte-Analyse der Softwarebranche erscheint die Halbleiterindustrie aber nicht – die Softwareunternehmen kaufen vermutlich nur sehr wenige Halbleiter zum Testen. Deshalb ist es in solchen Fällen sinnvoll, die Komplementärbranche als siebte Kraft in das Modell zu integrieren. Methodisch ergibt sich dabei das Problem der Wechselwirkungen. Entwicklungen in der Softwareindustrie werden umgekehrt das Wachstum und die Leistungen der Halbleiterindustrie wesentlich beeinflussen.

- Das Modell unterstellt, dass Unternehmen in einer Branche miteinander konkurrieren und auf diese Weise Vorteile erzielen können. Die Unternehmenspraxis der letzten Jahre hat jedoch gezeigt, dass Unternehmen sich über Kooperationen mit spezifischen Wettbewerbern, Kunden oder Lieferanten Vorteile verschaffen können und so den Wettbewerb aushebeln (Hungenberg 2011, S. 109 f.).
- Das Modell unterstellt eine relativ fixe Branchenstruktur; im Hinblick darauf entscheidet das Unternehmen über Maßnahmen zur Verbesserung seiner Wettbewerbsposition. Doch trifft diese einseitige Beziehung zu? Vor allem in den 1990er Jahren sprach viel dafür, dass ein sehr intensiver Wettbewerb die vorhandenen Branchenstrukturen im Sinne einer Hypercompetition permanent verändert (D'Aveni 1994), so dass das 5-Kräfte-Modell nicht genutzt werden kann. In der Realität verändern und gestalten Entscheidungen der Wettbewerber die Branchenstruktur. Das Verhältnis zwischen Branche und Unternehmen ist folglich dynamisch und bedingt sich gegenseitig (Müller-Stewens/Lechner 2005, S. 194). Allerdings erfolgen diese Veränderungen in vielen, meist langsam wachsenden oligopolistisch strukturierten Märkten sehr langsam. Deshalb bleibt auch die 5-Kräfte-Analyse anwendbar. Hingegen können Märkte mit einer sehr hohen Dynamik (z. B. in der Softwarebranche) mit dem 5-Kräfte-Modell nur schwer erfasst werden, weil sie sich laufend in ihren Grenzen verändern und auch ihre Struktur nicht stabil ist (Hungenberg 2011, S. 108).
- Der Einfluss der Branche auf die Rentabilität wird seit einigen Jahren erheblich angezweifelt und ist geringer als allgemein angenommen. Eine Reihe von Untersuchungen weist nach, dass der Einfluss der Branche auf die Rendite unter 20 % liegt (eine Übersicht von empirischen Studien ist enthalten in Grant 2013, S. 89).

Trotz all dieser – berechtigten – Einwände liefert das 5-Kräfte-Modell nützliche Aussagen zum Verständnis des Wettbewerbs in einer Branche und hilft, Prognosen über die zukünftige Rentabilität zu erstellen. Dabei dürfte eine enge Branchendefinition bezogen auf Segmente oder Gruppen grundsätzlich zu konkreteren Ergebnissen führen als eine breit angelegte Definition.

Strategische Bedeutung und Nutzen

Alle fünf Wettbewerbskräfte zusammen bestimmen die Wettbewerbsintensität und somit die Rentabilität einer Branche, wobei die stärkste(n) dieser Kräfte ausschlaggebend ist (sind) für die Strategieformulierung. Das 5-Kräfte-Modell wurde von Porter in erster Linie als gedankliches Gerüst zur Beurteilung der Qualität von Branchen und zur Bestimmung von Maßnahmen für die Verbesserung der Wettbewerbsposition definiert (Porter 1991). Es eignet sich besonders gut für zwei Anwendungsfälle (Grünig/Kühn 2011, S. 163 f.):

1. Die Prognose der Entwicklung des Gewinnpotenzials existierender Geschäftsfelder – vor allem, wenn Anzeichen für eine Verschärfung der Wettbewerbssituation bestehen.
2. Die Bewertung der Attraktivität einer Branche, in der neue Geschäfte aufgebaut werden sollen, bspw. mit Hilfe einer Akquisition.

Das Porter-Modell kann sowohl auf ganze Branchen als auch Branchensegmente angewandt werden. Die Durchführung einer Porter-Analyse ist ohne allzu großen Aufwand möglich.

Ähnliche Instrumente

Co-opetition-Modell

Dieses Modell liefert ebenfalls ein Analyseraster zur Erfassung der wichtigsten Einflussfaktoren für den Wettbewerb in einer Branche und der Bestimmung ihrer Attraktivität. Während das Porter-Modell sich auf fünf Wettbewerbsdimensionen konzentriert, berücksichtigt das Co-opetition-Modell von Brandenburger/Nalebuff (1996) explizit auch die Kooperation von Marktteilnehmern. Damit werden die Interaktionen der Unternehmen in einer Branche realitätsnäher abgebildet.

Spieltheorie

Sie liefert interessante Ansätze zum Verständnis der Wettbewerbssituation in einer Branche (vgl. Abschn. 7.3.5). Analysiert wird das Verhalten wechselseitig voneinander abhängiger Akteure. Dabei wird ein rationales Verhalten der Akteure unterstellt. Mit diesem Modell können wichtige Informationen über das Verhalten der Wettbewerber gewonnen werden, weil jeder Spieler auf die Spielzüge der Mitspieler in einer spezifischen Weise reagiert. Das Problem der Spieltheorie ist jedoch ihre Realitätsferne, die in erster Linie auf die strengen Rationalitätsannahmen zurückzuführen ist (Müller-Stewens/Lechner 2005, S. 148). Weiterhin ist das Modell nur anwendbar bei einer sehr überschaubaren Zahl von Wettbewerbern.

Überschneidungen mit anderen Instrumenten

Hypercompetition

D'Aveni (1994) konzentriert sich in seinen Arbeiten auf die in einer Branche real ablaufenden Wettbewerbsprozesse. Er nimmt an, dass eine stabile Marktstruktur mit kontinuierlichem Wettbewerb eine Ausnahme darstellt. Wettbewerbsvorteile bestehen nur temporär und werden schnell von den Wettbewerbern kopiert bzw. durch neue Vorteile ersetzt. Deshalb verlangt er ein strategisches Umdenken: Statt nach dauerhaften Wettbewerbsvorteilen zu suchen, sollen sich Strategen im neuen Wettbewerbsumfeld auf den Ausbau einer Reihe von temporären Vorteilen konzentrieren. Statt Stabilität und Gleichgewicht wird nun die Erschütterung des Status quo zum strategischen Ziel (vgl. hierzu auch Welge/Al-Laham 2012, S. 310 f.).

Profit-Pool-Modell

Das Profit-Pool-Modell (vgl. Abschn. 5.2.5) verfolgt einen ähnlichen Zweck wie Porters 5-Kräfte-Modell. Dieses Modell untersucht das Gewinnpotenzial der einzelnen Stufen in einer relativ breit angelegten Wertkette. Dabei werden aber keine Aussagen zur Wettbewerbsstruktur innerhalb der Stufe getroffen. Das 5-Kräfte-Modell bietet sich hier an, um einen spezifischen Profit Pool weiter zu analysieren.

Strategische Gruppenanalyse

Das Konzept (vgl. Abschn. 5.2.4) unterteilt eine Branche in mehrere Gruppen von Unternehmen, wobei die Unternehmen innerhalb einer Gruppe ähnliche Strategien verfolgen und über ein vergleichbares Ressourcen- und Kompetenzprofil verfügen. Dieses Modell kann dazu beitragen, attraktive Gruppen mit einer interessanten Rendite zu identifizieren, um dann eventuell geeignete Einstiegsmaßnahmen zu ergreifen. Weiterhin hilft die strategische Gruppenanalyse, Mobilitätsbarrieren zwischen den einzelnen Gruppen zu erkennen.

Wertkette

Diese einfache Methode (vgl. Abschn. 6.2.3) betrachtet über die direkten Marktpartner hinaus unternehmensbezogen nur die horizontale Dimension der fünf Porter-Kräfte, also Lieferanten und Kunden. Sie unterstützt die Analyse von strategischen Optionen im Sinne einer selektiven Vor- bzw. Rückwärtsintegration, mit der die Kräfteverhältnisse im Porter-Modell verändert werden können.

5.2.4   Strategische Gruppen

Unternehmen innerhalb einer Branche, die ähnliche Strategien verfolgen, werden zu strategischen Gruppen zusammengefasst. Mit einer Analyse dieser strategischen Gruppen kann deren Wettbewerbsposition ermittelt und besser verstanden werden. Die Einteilung in strategische Gruppen erfolgt auf der Basis von spezifischen Wettbewerbsdimensionen wie z. B. der Sortimentsbreite und der Internationalität. Jede strategische Gruppe hat eine spezifische Wettbewerbsposition und damit eine eigene Attraktivität bzw. Renditekraft. Mobilitäts- oder Zutrittsbarrieren, die den Wechsel von Unternehmen in eine attraktive Gruppe erschweren, erklären die unterschiedliche Attraktivität zwischen den Gruppen.

Beschreibung und theoretischer Hintergrund

Das Konzept der strategischen Gruppen stellt eine Verfeinerung der Branchenanalyse dar. Das Ziel der Branchenanalyse ist die Erklärung der Branchenrendite (Porter 1980, S. 3 f.; Müller-Stewens/Lechner 2005, S. 194). Allerdings stellt die durchschnittliche Branchenrendite eine schlecht handhabbare Größe dar, weil die Varianz der Unternehmensgewinne innerhalb einer Branche relativ groß ausfallen kann (vgl. z. B. Grünig/Kühn 2011, S. 173 f.). Die strategische Gruppenanalyse konzentriert sich auf die Analyse von Renditeunterschieden zwischen Unternehmensgruppen in einer Branche. Dieses Konzept wurde ursprünglich von Hunt (1972) angewandt und später in zahlreichen Forschungsarbeiten, z. B. Newman (1978), Porter (1979) und McGee/Thomas (1986), weiterentwickelt.

Strategische Gruppen werden als Gruppen von Unternehmen definiert, die dieselbe oder eine ähnliche Wettbewerbsstrategie verfolgen (Porter 1979 oder Homburg/Sütterlin 1992). Die Gruppen werden auf der Basis spezifischer Wettbewerbsdimensionen identifiziert. Die Attraktivität einer Gruppe beruht auf den Mobilitätsbarrieren, die diese Gruppe im Laufe der Zeit aufgebaut hat. Sie erschweren den Wechsel anderer Unternehmen in eine Gruppe mit einer hohen Attraktivität. Die Existenz solcher Gruppen und Mobilitätsbarrieren wird somit zur Erklärung von Rentabilitätsunterschieden in der Binnenstruktur einer Branche herangezogen.

Praktische Anwendung
Grünig/Kühn (2011, S. 177) schlagen ein Vorgehen in fünf Schritten vor:

Schritt 1: Identifikation der wichtigsten Wettbewerbsdimensionen
Im ersten Schritt werden die wichtigsten Wettbewerbsparameter ermittelt. Dies erfolgt mit Hilfe von Experteninterviews. McGee/Thomas (1986) stellen eine Liste von relevanten Wettbewerbsparametern zusammen (Abb. 5—13).

- Vertikale und horizontale Integration	- Vertriebskanäle
- Geografische Marktabdeckung	- Marketingaktivitäten
- Marktsegmente	- Markenbesitz
- Eigentümerstruktur	- Produktvielfalt
- Organisationsgröße	- Produktqualität
- Kapazitätsauslastung	- Technologieverhalten
- Kostenstruktur	- F&E-Fähigkeiten

Abb. 5—13: Übersicht allgemeiner Wettbewerbsparameter (Quelle: in Anlehnung an McGee/Thomas 1986)

Schritt 2: Erfassung der Ausprägung der Wettbewerbsdimensionen für die wichtigsten Unternehmen der Branche
Da die Zahl der zu analysierenden Unternehmen von den in einer Branche tätigen Unternehmen abhängig ist, kann dieser Schritt in eher mittelständisch geprägten Branchen einen erheblichen Zeitaufwand nach sich ziehen. Deshalb kann ggfs. auf vorhandene Wettbewerbsanalysen zurückgegriffen werden. Für die derart ausgewählten Unternehmen werden dann anhand der Liste die Wettbewerbsdimensionen untersucht. Liegen bereits Analysen vor, kann eine Konzentration auf bestimmte Dimensionen erfolgen.

Schritt 3: Bildung der strategischen Gruppen
Die strategischen Gruppen werden normalerweise in einer zweidimensionalen Darstellung erfasst. Dazu sind die Wettbewerbsparameter auszuwählen, die die größte Relevanz für die Erklärung der Renditeunterschiede zwischen verschiedenen Unternehmen besitzen. Der Anteil der einzelnen Gruppen am Gesamtumsatz und damit die Bedeutung einer Gruppe kann über die Größe der Kreise veranschaulicht werden.

Die folgende Darstellung (Abb. 5—14) zeigt ein Beispiel für die Passagierluftfahrt. 2008 wurden insgesamt 4,7 Billionen RPK (Revenue Passenger Kilometres, d. h. Gesamtzahl der von zahlenden Fluggästen geflogenen Kilometer) verkauft, die sich auf verschiedene strategische Gruppen verteilen. Der Durchmesser eines Kreises entspricht dem Anteil der strategischen Gruppe an der Gesamtzahl der RPK. Dabei ist zu bedenken, dass in einzelnen regionalen Teilmärkten die Low-Cost-Fluggesellschaften eine höhere Bedeutung haben, als die Abbildung dies für den Gesamtmarkt anzeigt.

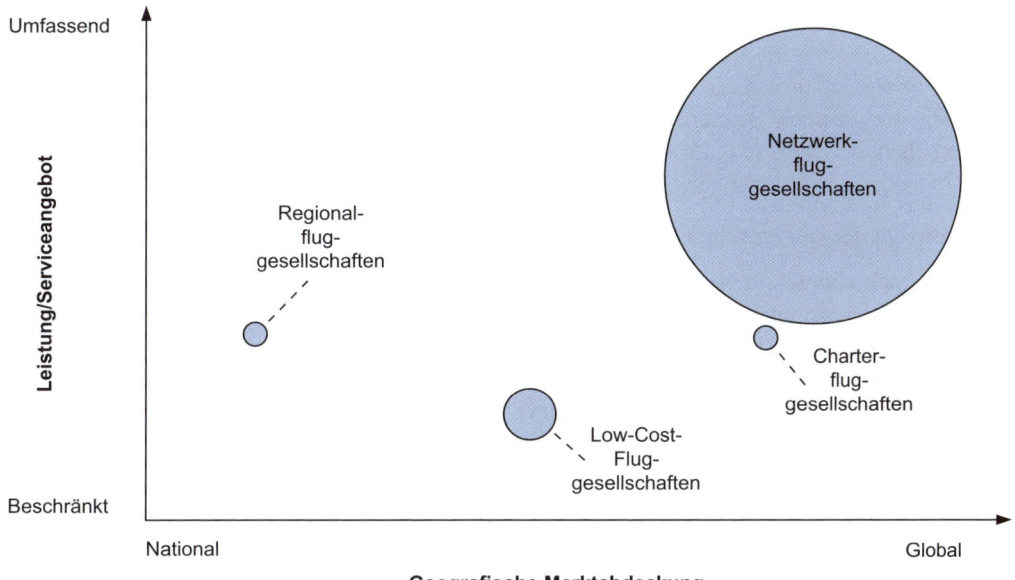

Abb. 5—14: Strategische Gruppen in der Passagierluftfahrt (Quelle: Airbus 2009)

Porter (1980, S. 152 f.) weist darauf hin, dass diese Dimensionen unabhängig voneinander sein sollten und nicht miteinander korrelieren dürfen und zudem einen klaren Bezug zu den Mobilitätsbarrieren zwischen den strategischen Gruppen haben sollen. In dem Beispiel der Luftfahrtindustrie korrelieren die gewählten Dimensionen „Leistung/Serviceangebot" und „geografische Marktabdeckung" nicht. Beide Dimensionen haben einen klaren Bezug zu den Mobilitätsbarrieren. Beispielsweise müssten die Charterfluggesellschaften mit einer sehr selektiven geografischen Marktabdeckung erhebliche Investitionen tätigen, um eine globale Marktabdeckung zu erreichen oder um ihr Leistungs- und Serviceangebot substanziell zu verbessern.

Schritt 4: Bestimmung der Mobilitätsbarrieren
Bei den Mobilitätsbarrieren handelt es sich in der Regel um Ausprägungen der zuvor identifizierten Wettbewerbsdimensionen (Abb. 5—13): Die Mobilitätsbarrieren sollten ganz pragmatisch nur für die strategischen Gruppen definiert werden, an denen ein hohes Interesse besteht, z. B. strategische Gruppen, in denen das eigene Unternehmen bereits tätig ist, oder solche Gruppen, die als attraktive Einstiegsmöglichkeiten infrage kommen. Im Beispiel Luftfahrtindustrie wird die strategische Gruppe der Low-Cost-Fluggesellschaften als attraktiv angesehen. Diese Gruppe wird durch verschiedene Mobilitätsbarrieren geschützt, z. B. ein ausgefeiltes Kostenmanagement oder dominante Marktpositionen auf kleineren, peripheren Flughäfen.

Die auf den Mobilitätsbarrieren beruhende Schutzwirkung erklärt einen wesentlichen Teil der Renditeunterschiede zu anderen strategischen Gruppen. Wenn hohe Durchschnittsrenditen mit schwer überwindbaren Mobilitätsbarrieren korrelieren, dann sind die wesentlichen Schranken gegen den Eintritt neuer Wettbewerber erkannt worden. Wenn dies nicht der Fall ist, muss die Analyse nochmals mit anderen Wettbewerbsparametern durchgeführt werden.

Schritt 5: Überwindung von Mobilitätsbarrieren für spezifische strategische Gruppen

Im letzten Schritt wird analysiert, ob und wie die Mobilitätsbarrieren für eine strategische Gruppe überwunden werden können. Dabei ist es in der Realität oft schwieriger und langwieriger, die weichen Barrieren wie z. B. Markenimage oder Kundenbeziehungen zu überwinden als harte Barrieren, die auf spezifischen Technologien beruhen.

Kritik des Instruments

Das Konzept der strategischen Gruppen weist einige Schwächen auf:

- Empirisch konnte eine Beziehung zwischen finanziellem Erfolg und der Zugehörigkeit zu einer strategischen Gruppe nicht eindeutig belegt werden (vgl. z. B. Barney/Hoskisson 1990; Smith et al. 1997).
- Eine weitere Schwachstelle liegt in dem hohen Abstraktionsgrad des Instruments mit nur zwei Wettbewerbsdimensionen. In dieser vereinfachten Darstellung werden zahlreiche bedeutsame Unterschiede zwischen Unternehmen vernachlässigt.

Die Abgrenzung spezifischer strategischer Gruppen und die Zuordnung einzelner Unternehmen zu diesen Gruppen werden zunehmend obsolet, weil viele Unternehmen sich über ihre traditionellen Branchengrenzen hinaus bewegen (Heuskel 1999, S. 3 ff.). In der Autoindustrie ist dies mit dem Einstieg in das Finanzierungs- und Versicherungsgeschäft zu beobachten. Diese Veränderungen selbst sind möglicherweise auf Anwendungen von Instrumenten wie z. B. den Profit Pools (vgl. Abschn. 5.2.5) zurückzuführen.

Strategische Bedeutung und Nutzen

Die Analyse der strategischen Gruppen innerhalb einer Branche zwingt zu einer vertieften Auseinandersetzung mit der Binnenstruktur einer Branche. Auf diese Weise kann das Konzept die folgenden wichtigen Strategiebeiträge liefern (Johnson et al. 2011):

- *Wettbewerbsverständnis.* Die Definition der wirklich wichtigen Wettbewerbsdimensionen für eine strategische Gruppe schafft Abgrenzungsmerkmale gegenüber anderen strategischen Gruppen in der Branche und somit ein besseres Wettbewerbsverständnis. Die Führungskräfte können ihre Aktivitäten sehr viel klarer auf direkte Wettbewerber anstatt auf die gesamte Branche ausrichten.
- *Strategische Chancen.* Eine sorgfältige Analyse der strategischen Gruppen kann weiße Flecken oder strategische Chancen nachweisen, d. h. Marktnischen, die von Konkurrenten noch nicht besetzt oder unterbesetzt sind. Gleichzeitig können mit diesem Modell schwarze Löcher, also wenig attraktive Gruppen, erkannt werden, die für einen Einstieg nicht interessant sind. So ist in der Systemgastronomie der Aufbau einer weiteren Hamburgerkette wenig attraktiv, da diese strategische Gruppe eher überbesetzt ist und sich als „Industrie" in der Reifephase befindet. Als weißer Fleck erweisen sich jedoch die preisgünstigen Café-Bars, die McDonalds mit seinem McCafé-Konzept erfolgreich besetzen konnte.
- *Mobilitätsbarrieren.* Um strategische Chancen zu nutzen, muss das Unternehmen in der Regel Ressourcen beschaffen bzw. umwidmen. Das Modell hilft, Mobilitätsbarrieren zu beurteilen und schafft Klarheit über den notwendigen Ressourceneinsatz zur Überwindung dieser Barrieren.

Zusammengefasst liefert das Konzept der strategischen Gruppen wichtige Beiträge zur Identifikation und Beurteilung von neuen Marktnischen und zur Beurteilung der strategischen Positionierung von verschiedenen Unternehmen innerhalb einer Branche.

Ähnliche Instrumente

Analyse der strategische Typen
Dieses Konzept versucht ebenfalls, die Binnenstruktur einer Branche genauer zu analysieren. Miles/Snow (1978) und Ketchen (2003) kategorisieren dazu die Unternehmen innerhalb einer Branche in vier Gruppen:

- *Verteidiger:* Dies sind Unternehmen mit einer beschränkten Produktpalette, die sich im Wesentlichen um eine Verbesserung der Effizienz bemühen.
- *Prospektoren:* Diese Unternehmen verfügen über ein breites Produktprogramm und konzentrieren sich auf Produktinnovationen und die Ausschöpfung neuer Marktchancen.
- *Risikostreuer:* Sie bestehen in der Regel aus mehreren reifen und wachsenden Geschäftsbereichen und streuen somit das Risiko. In den reifen, stabilen Bereichen hat Effizienz die erste Priorität. In wachsenden Bereichen liegt der Schwerpunkt auf der Innovation.
- *Anpasser:* Unternehmen in dieser Kategorie verfügen über keine konsistente Strategie und Kultur. Sie handeln ad hoc aufgrund spezifischer Umweltveränderungen.

Die Zuordnung der Unternehmen in diese Kategorien und ein gutes Verständnis des Aktions- und Reaktionsvermögens der einzelnen Kategorien kann interessante Informationen für die Formulierung einer zukunftsgerichteten Wettbewerbsstrategie liefern. Beispielsweise könnte in einer durch Verteidiger und Risikostreuer geprägten Branche ein Prospektor durch schnelle Innovationen einen Vorsprung mit Innovationen erzielen.

Überschneidungen mit anderen Instrumenten

5-Kräfte-Analyse
Das Modell von Porter (vgl. Abschn. 5.2.3) verfolgt einen ähnlichen Zweck wie die strategische Gruppenanalyse, nämlich die Analyse der Attraktivität einer Branche. Das Konzept der strategischen Gruppen und das 5-Kräfte-Modell ergänzen sich insoweit, als die fünf Kräfte genutzt werden können, um eine spezifische strategische Gruppe detailliert zu untersuchen.

Wettbewerberanalyse
Eine noch weitere Dekomposition der strategischen Gruppe erfolgt mit der Wettbewerberanalyse (vgl. z. B. Grant 2013, S. 97 ff.). Die Zielsetzung besteht hier in einer detaillierten Analyse eines einzelnen, direkten Konkurrenten, um dessen Stärken/Schwächen und strategische Absichten besser verstehen zu können. Dies ist besonders interessant für Branchen mit wenigen, großen Konkurrenten wie z. B. im Flugzeugbau.

5.2.5   Profit Pools

Als Profit Pool wird der gesamte operative Gewinn bezeichnet, der innerhalb der Wertschöpfungskette einer Branche generiert wird. Dieser Gewinn wird anteilig den einzelnen Stufen der Wertschöpfungskette zugeordnet. So werden profitable und weniger profitable Stufen innerhalb der Wertschöpfungskette sichtbar. Mit diesem Ansatz soll die Aufmerksamkeit der Führungskräfte vom Umsatz auf den Gewinn gelenkt werden. Das Unternehmen kann entscheiden, ob es sinnvoll ist, in bestimmte, attraktive Teilbereiche der Wertschöpfungskette zu investieren bzw. sich aus weniger attraktiven Bereichen zurückzuziehen.

Beschreibung und theoretischer Hintergrund

Grundlage des Profit-Pool-Modells ist die klassische Analyse der Wertschöpfungskette. Das Profit-Pool-Modell wurde von Gadiesh und Gilbert, beide Unternehmensberater bei Bain & Company, entwickelt (Gadiesh/Gilbert 1998a). Sie gingen von der Tatsache aus, dass viele Führungskräfte sich bei wichtigen strategischen Entscheidungen vor allem am Umsatzwachstum und Marktanteil orientieren. Sie unterstellen dabei, dass ein hohes Umsatzwachstum und hohe Marktanteile auch zu einem entsprechenden Anstieg der Gewinne führen. Doch gerade diese Annahme kann in dynamischen und schnell wachsenden Industrien mit entsprechenden Verschiebungen der Gewinnquellen zu gefährlichen Trugschlüssen führen.

Die Profit-Pool-Analyse beantwortet vereinfachend die Frage, wo und wie innerhalb der Wertschöpfungskette Gewinn erzielt wird. Der Profit Pool schließt den gesamten Gewinn aus dem operativen Geschäft über alle Stufen der Wertschöpfungskette von der Entstehung des Produkts bis zum Kunden ein. Dazu zählen bspw. auch die Zulieferunternehmen, Zwischenhändler sowie Service- und Logistikunternehmen. Es geht also nicht um eine Analyse der Gewinnquellen im eigenen Unternehmen, sondern um eine Analyse der Gewinnverteilung in einer ganzen Branche.

Gadiesh/Gilbert (1998a) verwenden das Beispiel der US-Autoindustrie, um die Bedeutung der Analyse der Profit Pools zu zeigen (Abb. 5—15). Die Umsätze und Gewinne der Autoindustrie verteilen sich über mehrere Wertschöpfungsstufen von der Autoherstellung, dem Verkauf, dem Gebrauchtwagenhandel, den Reparaturwerkstätten und den Autohäusern bis hin zu Versicherungen und Finanzierung.

Im Hinblick auf den Umsatz erscheinen Herstellung und Handel zunächst am wichtigsten, doch die Gewinnmargen zeigen hier ein ganz anderes Bild. Mit den Dienstleistungsgeschäften, bspw. den Versicherungen, werden deutlich bessere Gewinnmargen erzielt, wohingegen die Margen in den Kerngeschäften Autoherstellung und -verkauf sehr mager ausfallen. Diese Erkenntnis blieb nicht ohne schwerwiegende strategische Konsequenzen für die großen amerikanischen Autohersteller. So erwarb Ford 1994 die Autovermietung Hertz und 1999 die Autoreparaturkette Kwik-Fit. Während der Jahre 2003 bis 2008 entwickelte sich das Finanzierungsgeschäft sogar zur einzigen Gewinnquelle für Ford und General Motors (Grant 2013, S. 104).

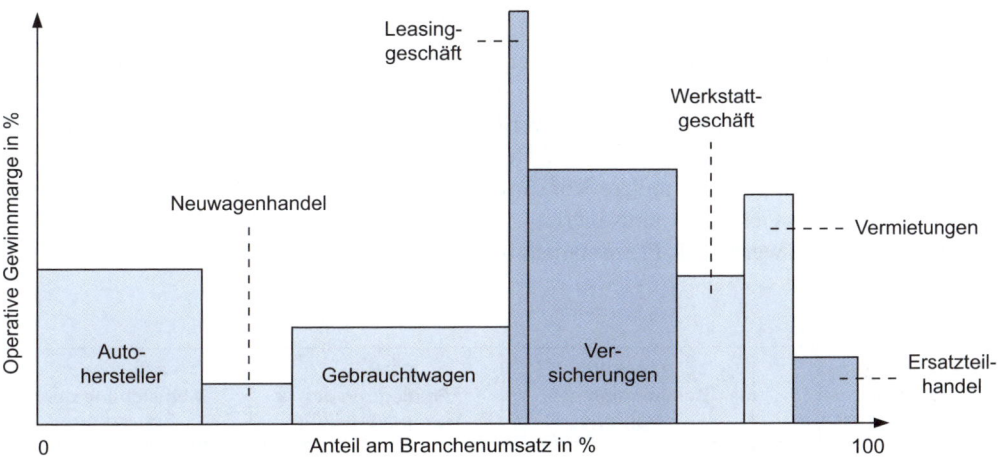

Abb. 5—15: Profit Pools in der Automobilbranche (Quelle: in Anlehnung an Gadiesh/Gilbert 1998a)

Praktische Anwendung

Eine Profit-Pool-Analyse wird in vier Schritten (Abb. 5—16) durchgeführt (vgl. Gadiesh/ Gilbert 1998b).

Schritt 1: Definition der Grenzen des Profit Pools
Hier wird festgelegt, welche Wertschöpfungsaktivitäten in die Profit-Pool-Analyse einzu- schließen sind. Dabei ist eine eher breite Definition zu wählen, die über die traditionellen Branchengrenzen hinausgeht. Die Kette sollte gerade auch solche Tätigkeiten umfassen, die eigentlich zu anderen Branchen gehören, in die das Unternehmen aber leicht einsteigen könnte oder die u. U. eine Gefahr für das eigene Geschäft darstellen könnten. In letzterem Fall geht es häufig um die Bedrohung durch Substitutionsprodukte.

Schritt 2: Erfassung der Größe des Profit Pools
Sind die Grenzen des Profit Pools definiert, besteht der nächste Schritt in der Abschätzung des Gesamtumsatzes und des gesamten operativen Gewinns, der innerhalb des Profit Pools anfällt. Während der Umsatz relativ leicht zu ermitteln ist, wird es sich beim Gewinn in den meisten Fällen um Schätzungen handeln. Datengrundlage sind Geschäftsberichte, Unterneh- mensinformationen und Branchenanalysen. Bei der Ermittlung des Gesamtgewinns bietet es sich an, aus den Geschäftsberichten der größten Unternehmen ihren Gewinnanteil zu ermit- teln und den Gewinnanteil der kleineren Unternehmen unter Berücksichtigung der Wettbe- werbsvorteile bzw. -nachteile entsprechend zu schätzen.

Schritt 3: Verteilung der Gewinne innerhalb des Profit Pools
Die Zuordnung der Umsätze und der operativen Gewinne auf die einzelnen Stufen der Wert- schöpfungskette dürfte wohl eine der schwierigsten Aufgaben bei der Erstellung einer Profit- Pool-Analyse sein. Besonders problematisch ist hier die Gewinnverteilung. Bei Unterneh- men, die sich ausschließlich oder überwiegend auf eine Stufe der Wertschöpfungskette kon-

zentrieren (Pure Players), sind die Gewinne lediglich aufzuaddieren. In den allermeisten Fällen sind die Unternehmen jedoch in mehreren Stufen der Wertschöpfungskette tätig (Mixed Players). Dann müssen die operativen Gewinne auf diese Stufen aufgeteilt werden. In solchen Fällen muss mit Schätzungen gearbeitet werden. Dies gilt auch für Unternehmen, die nur partiell in einem der Profit Pools tätig sind. Beispielsweise vergeben Banken nicht nur Kredite für Autos, sondern auch für andere Konsum- und Investitionsgüter. Manchmal können die Margen der eigenen Geschäfte als Näherungsgröße für die Schätzungen genutzt werden. Die operativen Gewinne werden als Prozentanteil des Umsatzes für jede Stufe erfasst.

1. Schritt Definition der Poolgrenzen	2. Schritt Bestimmung der Poolgröße	3. Schritt Festlegung der Gewinnverteilung	4. Schritt Abgleichung der Schätzung
Aufgabe Festlegung der Aktivitäten der Wertschöpfungskette, die das gegenwärtige und zukünftige Gewinnpotenzial des Unternehmens beeinflussen	Schätzung der kumulierten operativen Gewinne für alle Profit-Pool-Aktivitäten	Schätzung der operativen Gewinne für jede Aktivität im Profit Pool	Abgleich der Ergebnisse aus Schritt 2 und 3
Richtlinien Betrachtung der Wertkette aus einer übergeordneten Sicht (über die traditionellen Branchengrenzen hinaus)	Aufstellung einer groben, aber akzeptablen Schätzung	Analyse aus einer Gesamtsicht (von oben nach unten) und Detailsicht (von unten nach oben)	Bei nicht passenden Zahlen Überprüfung der Annahmen und Berechnungen
Aktivität Analyse der Branche aus drei Perspektiven: eigenes Unternehmen, Konkurrenten und Kunden	Fokussierung auf die Hauptkomponenten, z.B. große Unternehmen und Produkte mit hohem Volumen; Extrapolation der weniger wichtigen Komponenten mit Hilfe einer Stichprobe	Zuerst Analyse der eigenen Daten, dann Analyse der großen "pure players", danach der großen "mixed players" und letztlich einer Stichprobe von kleinen Unternehmen	Sammlung zusätzlicher Daten, wenn notwendig
Datenquellen Gespräche mit Industriepartnern und Analysten, um neue Geschäftsmodelle zu erkennen	Verwendung unterschiedlicher Sichtweisen der Poolgröße, z.B. Unternehmensebene und Produktebene	Wenn Unternehmensdaten nicht verfügbar sind, Nutzung von Hilfsgrößen, wie z.B. Produktumsätze	Beseitigung aller Inkonsistenzen
Output Auflistung aller Aktivitäten der Wertkette eines Profit Pools in logischer Reihenfolge	Schätzung der Größe des Gesamtpools im Hinblick auf Umsatz und operativen Gewinn	Spezifische Schätzungen der operativen Gewinnmarge für jede Aktivität in der Wertkette	Realistische Schätzung des gesamten Poolgewinns

Abb. 5—16: Übersicht zur Erstellung einer Profit-Pool-Analyse (Quelle: in Anlehnung an Gadiesh/Gilbert 1998b)

Schritt 4: Überprüfung der einzelnen Schätzungen
Im letzten Schritt der Profit-Pool-Analyse erfolgt eine Realitätskontrolle. Dabei sind die Gewinnschätzungen für die einzelnen Wertschöpfungsstufen aufzuaddieren und mit dem Gesamtgewinn des Profit Pools (Schritt 1) abzugleichen. Bei erheblichen Diskrepanzen müssen die Annahmen und die Kalkulationen für die Verteilung der Gewinne auf die Wertschöpfungsstufen nochmals überdacht werden. Eventuell müssen hierzu weitere Informationen beschafft werden.

Kritik des Instruments
Das Modell trifft Aussagen über attraktive Gewinnpotenziale in einer vorab definierten Wertschöpfungskette. Die Definition des Beginns und des Endes der Wertkette bestimmt dann auch, welche Gewinnquellen in die Analyse eingeschlossen sind. So hätte in dem bereits erwähnten Beispiel der Autoindustrie auch die Zulieferindustrie eingeschlossen werden können.

Ob ein Unternehmen in ein attraktives Segment der Wertschöpfungskette einsteigen kann, hängt in hohem Maße von den verfügbaren Ressourcen und Kompetenzen sowie der Entwicklung des Wettbewerbs ab. Zu diesen Fragen liefert die Profit-Pool-Analyse jedoch keine Antworten.

Weiterhin dürfte für viele Unternehmen der sehr hohe Aufwand für diese Analyse ein Problem darstellen. Oft kann diese Arbeit nur von einer Unternehmensberatung durchgeführt werden, die aufgrund von Branchenerfahrungen über ausreichende Informationen verfügt, um die notwendigen Einschätzungen realistisch vorzunehmen. Wenn dieser Aufwand getätigt wird, können die Ergebnisse allerdings sehr aufschlussreich sein.

Das Profit-Pool-Modell ist eine Analyse zu einem bestimmten Zeitpunkt. Profit Pools verändern sich aber im Zeitablauf. Dies wird in diesem Modell nicht berücksichtigt. Gadiesh/Gilbert (1998, S. 141) bemerken treffend: "... today's deep revenue pool may be tomorrow's dry hole."

Schließlich ist der Gewinnbegriff zu kritisieren. Gadiesh/Gilbert (1998b) selbst weisen auf unterschiedliche Gewinnbegriffe hin: Return on Investment, Economic Value, Cashflow-Beitrag und der Gewinn aus dem Rechnungswesen. Sie sind der Ansicht, dass die meisten Unternehmen aus pragmatischer Sicht – trotz aller Mängel – den ausgewiesenen Gewinn aus dem Rechnungswesen verwenden.

Strategische Bedeutung und Nutzen
Die Profit-Pool-Analyse lenkt die Aufmerksamkeit auf den Gewinn, der Umsatz verliert an Bedeutung, wie das Beispiel der Autoindustrie deutlich macht. Das Absatz- und Umsatzdenken wird um ein forciertes Gewinndenken erweitert (Gadiesh/Gilbert 1998a; Scheuss 2008, S. 71 f.).

Die Profit-Pool-Analyse macht deutlich, in welchen Segmenten einer Branche Gewinne erzielt werden. Mit diesen Informationen kann untersucht werden, ob ein Vorstoß des eigenen Unternehmens in andere (profitablere) Stufen der Wertschöpfungskette einer Branche sinnvoll ist. Aus strategischer Sicht sind dabei immer solche Stufen von besonderem Interesse, die mögliche Engpässe darstellen oder die genutzt werden können, um einen Branchenstandard zu etablieren. So gelang es beispielsweise Microsoft mit dem Windows Betriebssystem, einen Standard für die Betriebssysteme in der Computerindustrie zu etablieren und daraus eine monopolartige Marktstellung aufzubauen, die sich in hohen Gewinnmargen niederschlug (Gadiesh/Gilbert 1998a). Gleichermaßen kann die Profit-Pool-Analyse Entscheidungen, sich aus bestimmten Stufen der Wertschöpfungskette zurückzuziehen oder das Geschäftsmodell für diese Stufen neu zu überdenken, absichern.

Die Frage, in welche benachbarten Bereiche das Unternehmen relativ leicht einsteigen kann, ist im Hinblick auf Ressourcen- und Kundenaspekte zu beurteilen. Ein Unternehmen, das bspw. Callcenter für die telefonischen Bestellungen eines Katalogversenders betreibt, dürfte auch über die notwendigen Ressourcen verfügen, telefonische Dienstleistungen für einen Energieversorger zu übernehmen. Aus Kundensicht geht es hingegen darum, auch solche Bereiche abzudecken, die nicht zum Kerngeschäft gehören, aber für den Kunden von großer Bedeutung sind (Komplementärprodukte). So könnte bspw. ein Bahnunternehmen neben dem Bahnverkehr auch die Aktivitäten, die den sog. ersten bzw. letzten Kilometer der Reise abdecken, in den Profit Pool einbeziehen, also das Angebot von Parkplätzen, Mietwagen, Busverbindungen oder Fahrrädern. Mit entsprechenden Angeboten wird nicht nur das Kerngeschäft attraktiver, u. U. entstehen hier auch neue Gewinn- und Wachstumsquellen.

Ähnliche Instrumente

Revenue-Stream-Analyse
Vergleichbar mit der Profit-Pool-Analyse ist eine Untersuchung der gesamten Umsätze, die ein Produkt während seines Lebenszyklus generiert (Ealey/Troyano-Bermúdes 1996). Das sind Umsätze, die nicht unbedingt dem eigenen Unternehmen zufallen. Die strategische Zielsetzung lautet hier für das eigene Unternehmen, einen möglichst großen Anteil dieser Umsätze zu erwirtschaften (Hungenberg 2011, S. 111 f.).

Wertkette
Diese Analyse (vgl. Abschn. 6.2.3) untersucht den Mehrwert, der innerhalb des Unternehmens geschaffen wird. Sie liefert Antworten auf die Fragen, welcher Prozentsatz der Wertschöpfung im eigenen Unternehmen erfolgt, welche Aktivitäten aufgrund ihrer strategischen Bedeutung keinesfalls vernachlässigt werden sollten (z. B. durch Outsourcing) oder ob eine Rückwärts- oder Vorwärtsintegration attraktiv ist bzw. von Kunden- oder Lieferantenseite befürchtet werden muss.

Wertarchitekturen und Business Migration
Diesen Ansatz hat Heuskel (1999) aus der Beobachtung entwickelt, dass Unternehmen in zunehmendem Maße über ihre angestammten Branchen in neue Geschäftsfelder expandieren. Dabei verschiebt sich der Wettbewerb innerhalb traditioneller Branchengrenzen mehr und mehr zu einem Wettbewerb zwischen verschiedenen Wertschöpfungsarchitekturen, die Heuskel in vier Typen unterteilt (vgl. Abb. 6—10 und die entsprechende Erklärung).

Überschneidungen mit anderen Instrumenten

5-Kräfte-Modell

Während die 5-Kräfte-Analyse von Porter (vgl. Abschn. 5.2.3) sich immer nur auf eine spezifische Branche oder ein spezifisches Branchensegment konzentriert, ist die Profit-Pool-Analyse wesentlich umfassender, weil sie – in Abhängigkeit von der Definition der Wertschöpfungskette – auch benachbarte Branchen mit aufnimmt. Allerdings liefert die Profit-Pool-Analyse nur Informationen über die Umsätze und die Gewinne, die in den einzelnen Bereichen der Wertschöpfungskette anfallen. Das 5-Kräfte-Modell kann genutzt werden, um einen bestimmten Teil des Profit Pools hinsichtlich seiner Struktur genauer zu untersuchen. Damit lassen sich Aussagen über die strukturelle Attraktivität treffen, bspw. im Hinblick auf Eintrittsbarrieren oder die Intensität des Wettbewerbs.

5.2.6   Die Industriekostenkurve

Die Industriekostenkurve ist ein wettbewerbsorientiertes analytisches Strategieinstrument. Sie ist nur für homogene Produkte (Commodities) anwendbar und untersucht die Stückkosten der verschiedenen Anbieter und deren Produktionskapazitäten. Aus der Industriekostenkurve lassen sich die Wettbewerbsstruktur und die eigene Kostenposition bestimmen sowie die Gewinnsituation der Wettbewerber ablesen. Mit ihrer Hilfe können Auswirkungen von Nachfrage-, Kapazitäts-, Kosten- und Preisveränderungen auf den Marktpreis und die Gewinnsituation der Hersteller abgeschätzt werden.

Beschreibung und theoretischer Hintergrund

Bei Untersuchungen in der herstellenden Industrie wurden Unterschiede in den Herstellkosten der einzelnen Produzenten sowohl empirisch (Taussig 1919) als auch theoretisch (Viner 1931) untersucht und im Hinblick auf ihre Auswirkungen auf Preise, Gewinne und das Angebot diskutiert. Ein Ergebnis war die Konstruktion von Industriekostenkurven, die seit Langem in der strategischen Analyse angewendet werden – allerdings beschränkt auf den Bereich der Standardprodukte (Commodities). Dies sind Produkte, bei denen nur der Preis, nicht aber besondere Produkteigenschaften oder Markentreue eine Rolle als Auswahlkriterium für die Kunden spielen (Hungenberg 2011, S. 125). Beispiele hierfür sind Rohstoffe, Vor- und Zwischenprodukte für die Industrie wie Metalle, Kunststoffe, Textilfasern, Halbzeuge oder Chemikalien.

Die Industriekostenkurve ermöglicht eine grundlegende Charakterisierung der Wettbewerbsstruktur. So wird direkt ersichtlich, ob es sich um einen konsolidierten Markt handelt, ob ein Oligopol existiert oder ob es einen Marktführer gibt (Eisermann/Wolf 2007).

Praktische Anwendung

Schritt 1: Hersteller und deren Produktionskapazitäten ermitteln

Aus Branchenanalysen, Berichten der Wettbewerber oder der Anlagenbauer werden die Hersteller des Produkts sowie deren Produktionskapazitäten ermittelt. Zusätzlich können für detailliertere Betrachtungen Informationen über die Standorte, die verwendeten Technologien, Einsatzstoffe und die Kapazitäten der Einzelanlagen erfasst werden.

Schritt 2: Bestimmung der Produktionsstückkosten

Für diese Herstellkapazitäten sind nun die Produktionsstückkosten zu ermitteln. Dies kann auf unterschiedliche Weise erfolgen:

1. Aus Angaben der Hersteller oder einer Abschätzung über deren veröffentlichte Gewinn- und Verlust-Rechnung.
2. Über die verwendete Produktionstechnologie und die dazu veröffentlichten Literaturdaten oder Angaben der Anlagenhersteller (falls die Technologieunterschiede groß sind).
3. Bei gleicher oder ähnlicher Technologie können die Herstellkosten aufgrund der Anlagengröße eines Herstellers durch einen Vergleich der Skaleneffekte mit den bekannten Kosten einer anderen Anlage abgeschätzt werden. Für die Herstellkosten (ohne Materialkosten) kann z. B. folgende Formel verwendet werden (Bronner 2008, S. 21 ff.):

$$k_{f2} = k_{f1} \cdot \left(\frac{M_2}{M_1} \right)^{\mu}$$

mit k_{f1}, k_{f2} = Herstellkosten Fabrik 1 bzw. 2

M_1; M_2 = Kapazität Fabrik 1 bzw 2.

μ = Kostendegressionskoeffizient, typischer Wert 0,3

Wenn ein Hersteller mehrere Anlagen betreibt, müssen diese getrennt behandelt werden. In vielen Branchen ist zu beachten, dass ab einer bestimmten Produktionsmenge eine Grenze der Kostendegression erreicht wird.

4. Durch die Analyse der einzelnen Kostenfaktoren (Herstellkosten: Abschreibung, Kapitalkosten, Personal, Energie, Rohstoffe etc.; übrige Kosten: F&E, Vertrieb und Zentralkosten).

Für genauere Analysen müssen auf einen Markt bezogen zusätzlich die für die externen Hersteller anfallenden Transportkosten und Zölle berücksichtigt und zu den Herstellkosten addiert werden. Wichtig ist, dass die Abgrenzung der Herstellkosten für alle Wettbewerber in gleicher Weise erfolgt.

Schritt 3: Erstellen einer Liste und Grafik

Die ermittelten Kapazitäten werden aufsteigend nach Produktionsstückkosten in einer Liste zusammengestellt und sortiert. Anschließend werden sie in eine Blockgrafik eingetragen, deren x-Achse die kumulierten Kapazitäten und deren y-Achse die Produktionsstückkosten zeigt (Abb. 5—17).

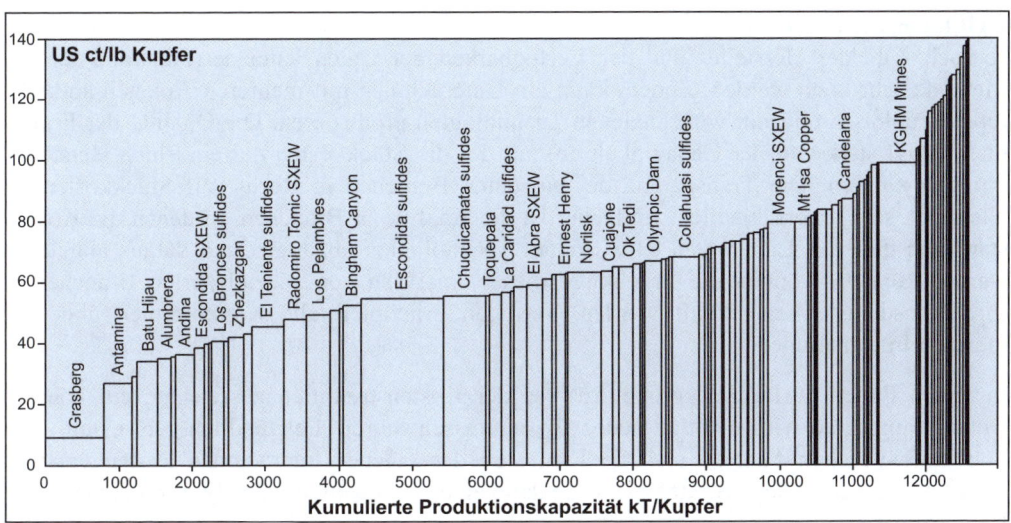

Abb. 5—17: Industriekostenkurve für Kupferminen in 2005 (mit freundlicher Genehmigung von World Mine Cost Data Exchange Inc.)

Das Beispiel zeigt eine große Zahl von Produzenten (Kupferminen) mit unterschiedlicher Kapazität. Die Stückkosten liegen zwischen 10 und 140 USct/lb Kupfer. Zu den Grenzanbietern im oberen Viertel der Industriekostenkurve zählen drei mittlere und sehr viele kleine Produzenten.

Schritt 4: Auswerten im Hinblick auf bestimmte Fragestellungen

Aus der Grafik lässt sich durch Eintragen des Marktpreises die Gewinnsituation bezogen auf die einzelnen Kapazitäten als Differenz zwischen Marktpreis und Selbstkosten bestimmen. Aus der Nachfragegrenze lassen sich der bzw. die Grenzanbieter ermitteln, deren Herstellkosten für die Preisobergrenze ausschlaggebend sind. Für das eigene Unternehmen wird die relative Kosten- und Gewinnposition im Verhältnis zur Konkurrenz deutlich erkennbar.

Die Auswirkungen von Kostenveränderungen können in der Kurve generell für die Branche oder für einzelne Hersteller abgebildet werden. Die Auswertung erfolgt durch den Vergleich zur bisherigen Situation als Veränderung in der Positionierung. Das Gleiche gilt für die Analyse von Kapazitätsveränderungen oder für den Markteintritt neuer Hersteller, wobei auch hier durch den Vergleich der bisherigen mit der erwarteten zukünftigen Situation eine veränderte Positionierung ermittelt werden kann.

Die unterschiedlichen Auswirkungen einer Marktpreisveränderung auf die Hersteller können mit der Kurve abgeschätzt werden. Umgekehrt ist es möglich, die Preiswirkungen einer Nachfrageveränderung über den dann bestimmenden Grenzanbieter (das ist der Anbieter, der sich auf der Achse der kumulierten Produktionskapazitäten an der Nachfragegrenze befindet) zu ermitteln. Würde im Beispiel der Kupferpreis längere Zeit unter 80 USct/lb fallen, wäre z. B. die KHGM Mine von der Schließung bedroht.

Kritik des Instruments

Je nach Zahl der Hersteller und der Verfügbarkeit der Daten kann der Aufwand für die Methode sehr hoch werden. Zudem kann ein Unternehmen mit mehreren Anlagen an mehreren Standorten und mit verschiedenen Technologien produzieren. Die Qualität der Ergebnisse hängt stark von der Genauigkeit ab, mit der die Stückkosten der einzelnen Hersteller ermittelt werden. Die Transparenz der einzelnen Branchen in Bezug auf Stückkosten ist allerdings sehr unterschiedlich. Einfacher ist die Analyse in Branchen, in denen die Kosten stark von den von Lieferanten entwickelten Technologien abhängen und daraus abgeleitet werden können. Können die Ergebnisse dieser Analysen von spezialisierten Brancheninformationsdiensten eingekauft werden, verfügen prinzipiell alle Konkurrenten über die gleichen Informationen.

In vielen Fällen dürfte eine grobe Analyse der Kostenstrukturen ausreichen; ein höherer Detaillierungsgrad wird nicht zu neuen Erkenntnissen führen. Letztendlich geht es um eine Stärken/Schwächen-Analyse und die Frage, ob das eigene Unternehmen kostengünstiger anbieten kann als andere. Strategisch wäre dann eine genaue interne Analyse möglicherweise bedeutsamer.

Das Verhalten von Wettbewerbern kann mit dieser Methode nur begrenzt vorausgesagt werden, da deren Entscheidungen zu Produktionsmengen durch unterschiedliche Austritts- oder Flexibilitätskosten, den Grad der Vorwärts- und Rückwärtsintegration und den Planungshorizont des Managements und der Eigentümer bestimmt werden. Anbieter mit mehreren Anlagen und unterschiedlichen Produktionsstückkosten können eine Mischkalkulation vornehmen.

Schließlich stellt sich die Frage, ob es in der Realität ideale homogene Güter gibt – neben (geringen) Qualitätsunterschieden können Käufer auch aufgrund der Lieferzuverlässigkeit, möglicher Lieferrisiken oder strategischer Überlegungen im Einkauf Präferenzen entwickeln. Solche Präferenzen schwächen die Aussagekraft der aus der Industriekostenkurve abgeleiteten Ergebnisse.

Auch wenn Güter in großen Unternehmen hergestellt werden oder die Hersteller bei wirtschaftlichen Problemen mit der Unterstützung nationaler Regierungen z. B. durch Subventionen rechnen können, gilt das Modell nur eingeschränkt. Denn dann kann es selbst Herstellern mit Kostennachteilen gelingen, diese auszugleichen, trotzdem eine befriedigende Gewinnsituation zu erreichen oder sogar einen sonst fälligen Marktaustritt zu vermeiden.

Strategische Bedeutung und Nutzen

Die Industriekostenkurve ist ein Analyseinstrument für die strategische Ausgangslage. Sie gibt einen Überblick über die Kapazitätssituation im Verhältnis zur Marktnachfrage, analysiert die derzeitige Kostenposition und die Gewinnsituation – und damit auch die Stärke der einzelnen Anbieter. Die Wirkung branchentypisch zu erwartender Marktschwankungen aufgrund der Lagerhaltung der Kunden und des Investitionsverhaltens der Branche („Schweinezyklus"[1]) lässt sich ebenfalls einschätzen. Für erwartete oder mögliche zukünftige Veränderungen können die Konsequenzen von Kapazitätsveränderungen, Kostenveränderungen, Nachfrageveränderungen und Preisveränderungen abgeschätzt werden.

Für die Strategieformulierung lassen sich Kostenziele definieren, um die Gewinnsituation zu verbessern oder um zu vermeiden, zum Grenzanbieter zu werden. Gleichzeitig können mit ihr Strategien wie z. B. Kapazitätsausbau, Rationalisierungen oder Fusionen in der Branche besser, auch in ihren möglichen Auswirkungen auf Konkurrenten, beurteilt werden. Im Hinblick auf Konzernstrategien werden Investitions- und Desinvestitionsentscheidungen durch genaue Berücksichtigung der wettbewerbsrelevanten Kostenaspekte unterstützt. Die Ergebnisse können dazu führen, dass die Notwendigkeit einer zusätzlichen Differenzierung deutlich wird, um vorhandene Kostennachteile zu kompensieren.

Ähnliche Instrumente

Benchmarking

Benchmarking-Prozesse (vgl. Abschn. 5.2.8) sind ebenfalls ein systematischer Versuch, Unterschiede in den Produktionskosten zu ermitteln und prozessbezogen zu analysieren. Benchmarking geht über die Branche hinaus: Es wird meist versucht, von den Erfahrungen branchenfremder Unternehmen zu profitieren, indem die „Best Practice" für einen Prozess ermittelt wird (Camp 2006; Zdrowomyslaw/Kasch 2002). Dies beschränkt sich in der Regel auf branchenunabhängige Geschäftsprozesse wie Disposition, Lagerhaltung, Logistik, Qualitätsmanagement etc.

Überschneidungen mit anderen Instrumenten

BCG-Matrix

Die Industriekostenkurve gibt indirekt Informationen zu den aufgrund der vorhandenen Kapazitäten möglichen Marktanteilen und erlaubt eine genauere Beurteilung, ob diese tatsächlich zu Kostenvorteilen geführt haben. Die Industriekostenkurve ermöglicht damit eine Überprüfung der Grundannahme der BCG-Matrix (vgl. Abschn. 7.2.2). Bei günstiger Kostenposition ist ein Geschäft auch bei einem kleinen Marktanteil eine wertvolle Cash Cow und kein Poor Dog, der schnell abgestoßen werden sollte.

---

[1]   Der Schweinezyklus ist typisch für Branchen mit einem relativ kontinuierlichen Wachstum. Leichte Preisanstiege lösen einen Lageraufbau der Kunden in Erwartung von weiteren Preissteigerungen aus. Sie führen zu Investitionen in neue Kapazitäten. Durch einen Nachfragerückgang aufgrund voller Läger und die Inbetriebnahme neuer Kapazitäten kommt es zu einem länger anhaltenden Preisverfall – bis zum Beginn des nächsten Zyklus.

Generische Strategietypen

Die Industriekostenkurve gibt Auskunft darüber, ob die Strategie der Kostenführerschaft (vgl. Abschn. 7.3.2) realistisch erscheint. Dabei müssen heutige und zukünftige technologische Möglichkeiten berücksichtigt werden. Die Möglichkeiten der Differenzierung oder Fokussierung sind bei homogenen Produkten kaum gegeben, so dass ohne Kostenvorteile allenfalls mit durchschnittlichen Gewinnen gerechnet werden kann.

5-Kräfte-Modell

Die Industriekostenkurve deckt einen Teil der Kräfte des Wettbewerbs in der Branche ab (vgl. Abschn. 5.2.3). Die Kosten- und Kapazitätssituation wird quantitativ bestimmt. Sie ermöglicht zudem Aussagen, für welche Unternehmen in der Branche der Eintritt neuer Wettbewerber oder die Einführung von Ersatzprodukten besonders gefährlich sein wird.

5.2.7   Der Industrielebenszyklus

In Analogie zum Lebenszyklus in Natur und Umwelt kann auch die Umsatzentwicklung von Industrien in Phasen eingeteilt und beschrieben werden. Die einzelnen Phasen der Marktentwicklung, des Wachstums, der Reife und des Niedergangs halten für die Unternehmen im Wettbewerb spezifische Herausforderungen und Chancen bereit. Durch eine gezielte Anpassung der Unternehmensstrategie an die jeweilige Phase können Wettbewerbsvorteile erzielt werden.

Beschreibung und theoretischer Hintergrund

Grundlage des Lebenszykluskonzepts sind die Arbeiten des französischen Soziologen Gabriel Tarde, der Ende des 19. Jahrhunderts die Verbreitung neuer Verhaltensweisen untersuchte. Er führte sie auf die Imitation von Personen im direkten Umfeld und auf Vorbilder in den Massenmedien und in gesellschaftlich höheren Schichten zurück (Tarde 1890). Tarde formulierte damals bereits die S-Kurve und gilt als Begründer der Diffusionsforschung (Rogers 1995). Sie untersucht die Einführung und Anwendung von Innovationen als sozialen Prozess. Eine Produktdiffusion wurde erstmals von Ryan und Gross (1943) untersucht und dabei das Modell der S-Kurve empirisch bestätigt. Eine breite Anwendung in den Wirtschaftswissenschaften fand das Konzept erst in den 1960er Jahren (Dean 1950; Vernon 1966; Cox 1967), vor allem im produktbezogenen Marketing (bspw. Levitt 1965; Day 1981). Im Vordergrund des Interesses standen die Einführung von Innovationen und Produkten oder die Entstehung von Industrien.

Das Lebenszykluskonzept beschreibt die Umsatzentwicklung einer Industrie oder eines Produktes auf der Zeitschiene mit einer S-förmigen Kurve. Die Kurve wird meist in vier Phasen eingeteilt (Abb. 5—18). Dem Marktzyklus (Angebotsperiode) ist bei Produkten und oft auch bei Industrien eine Entstehungsphase vorgeschaltet, in der kein Umsatz erzielt wird. Trotzdem fallen bereits hohe Kosten durch Forschung und Entwicklung oder durch den Aufbau der Produktionskapazitäten an.

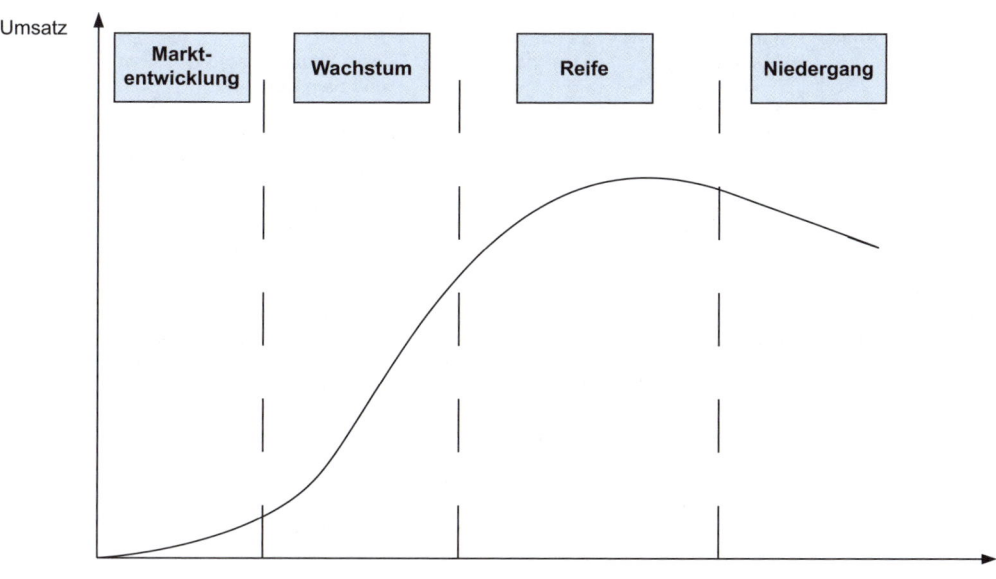

Abb. 5—18: Branchen- und Produktlebenszyklus

Das Lebenszykluskonzept kann allgemein auf verschiedenen Aggregationsebenen angewendet werden (Day 1981): auf ganze Industrien (wie die Automobilindustrie), auf bestimmte Produkttypen oder -formen (Kleinwagen mit Benzinmotor) bis hin zu einzelnen Marken und Produktvarianten (Fiat 500, Baujahr 2008). Der Industrielebenszyklus ist lose gekoppelt mit den Lebenszyklen von Produkttypen und -formen (Grant 2013, S. 209 f.), nicht aber mit einzelnen Produktvarianten oder Marken. Der Lebenszyklus ist eines der populärsten Konzepte im Management und vor allem im Marketing mit einer nahezu unübersehbaren Zahl von Veröffentlichungen präsent. Die treibenden Kräfte des Industrielebenszyklus sind die Nachfrage, die Entstehung und Verbreitung von Wissen, die Dominanz bestimmter Produktkonzepte und die technischen Standards.

Die Lebenslaufphasen von der Adaption bis hin zur Sättigung können daher als gut erforscht gelten. Im Marketing wurde das Modell im Laufe der Zeit um die Reifephase und die Degeneration erweitert. Beschreibung und Erforschung dieser Phasen sind jedoch deutlich schwächer ausgeprägt (Rogers 1995). Der Lebenszyklusansatz wurde auch in der Analyse des internationalen Handels (Vernon 1966) und im strategischen Management aufgegriffen (Hofer 1978). Für Grant (2013, S. 208 ff.) ist die Phase des Industrielebenszyklus sogar ein entscheidender Faktor für die Strategiewahl. Phasen, treibende Kräfte und ihre Veränderungen sind in der folgenden Abb. 5—19 dargestellt.

Phase / Treiber	Marktentwicklung Unwissen und Experimente	Wachstum Unsicherheit	Reife klare Verhältnisse und Stabilität	Niedergang
Markt und Kunden	Gering, wenig risikobereite und innovationsbereite Kunden, hoher Preis, langsames Wachstum, uninformierte Käufer	Hohes Wachstum > 10%, zunehmende Marktdurchdringung, informierte Käufer	Zunehmende Marktsättigung, geringes, kalkulierbares Wachstum, Ersatzbedarf, Preisfokus, gut informierte Käufer	Zurückgehende Nachfrage, sinkende Preise
Technologie und Produkte	Induktion oft durch technische Entwicklung; schnelle und fundamentale Fortschritte, konkurrierende alternative Konzepte, einfaches Design Qualitätsprobleme, ständige Veränderung der Produkte, Produktanforderungen unklar	Noch besteht Wettbewerb zwischen wenigen Produktkonzepten, Qualitäts- und Designverbesserungen, dominantes Design entsteht, Netzwerkexternalitäten haben entscheidende Bedeutung, Prozessinnovationen werden wichtiger	Dominierendes Produktkonzept, Innovation verlagert sich auf Prozesse, Differenzierung über Marke, Qualität, Wissen weit verbreitet, Produkte sind Kunden und Zulieferern bekannt	Keine Innovationen mehr, Industrie ist erstarrt
Produktion und Distribution	Unspezifische, flexible arbeitsintensive Produktionsanlagen, hochqualifizierte Arbeitskräfte, spezialisierte Distribution, verschiedene Marketingansätze, Produktion und Konsum in hochindustrialisierten Ländern	Spezialisierung der Produktion, Kapazitätsprobleme, Massenproduktion, Suche nach Distributionskanälen, Exporte aus hochindustrialisierten Ländern	Erste Überkapazitäten, Produktion mit Standardprozessen rationalisiert und automatisiert, kapitalintensiv, Produktionsverlagerungen in Schwellen- und Niedriglohnländer	Dauernde Überkapazitäten, Produktionsverlagerung in Niedriglohnländer
Finanzen	Negative Cashflows	Hohe negative Cashflows aufgrund hoher Investitionen, höchste Gewinnmarge	Hohe positive Cashflows, geringe Investitionen, höchste absolute Gewinne	Stark abnehmende Cashflows aufgrund Umsatzrückgangs
Wettbewerb in Branche	Wenige Unternehmen, geringe Eintrittsbarrieren, schnelles Wachstum der Unternehmenszahl	Zahlreiche Markteintritte und -austritte, Maximum der Zahl der Unternehmen. Zusammenschlüsse, schnelle Veränderung der Marktanteile, klarere Marktpositionen, Erreichen der Gewinnschwelle bis hohe Gewinnmargen	Auslese bei Anbietern (shake-out), Konsolidierung, Preiswettbewerb. Neueintritte noch in Nischen, hohe Eintrittsbarrieren, Marktanteile stabiler	Preiskriege, Unternehmenskrisen, Restrukturierungen, Geschäftsaufgaben

Abb. 5—19: Industrielebenszyklus – Treiber und Veränderungen (Quellen: Anderson/Zeithaml 1984; Grant 2013; Klepper 1997; Vernon 1966)

Die S-Kurvenform und die beschriebenen Grundannahmen konnten für viele Industrien empirisch bestätigt werden (Klepper 1997). Der Industrielebenszyklus beschreibt somit ein typisches Muster, allerdings ohne Allgemeingültigkeitsanspruch.

Die Lebenslaufphasen einer Industrie können aus der Untersuchung des Umsatzwachstums, des Gewinns und des Cashflows abgeleitet werden. Daraus lassen sich Aussagen zur wahrscheinlichen weiteren Entwicklung und der Veränderung der jeweiligen Wettbewerbsbedingungen ableiten. In der Realität werden gelegentlich auch Phasen übersprungen (Dhalla/ Yuspeh 1976). Über die Dauer der einzelnen Lebenslaufphasen einer Industrie kann das Konzept allerdings keine Aussagen treffen. Das gilt besonders für die Reifephase, die extrem lang sein kann. Außerdem können sich Industrien im Gegensatz zu Lebewesen revitalisieren und wieder in eine neue Wachstumsphase eintreten, z. B. aufgrund von Marktveränderungen oder mit eigenen Innovationen, neuen Geschäftsmodellen oder neu entwickelten Technologien. In reifen Industrien suchen viele Unternehmen nach solchen neuen Wachstumstreibern. Insgesamt ist der Industrielebenszyklus aber sehr viel stärker von technologischen, soziokulturellen und ökologischen externen Faktoren abhängig als der Produktlebenszyklus, der in seinem Verlauf und Ergebnis stark durch die Entscheidungen der Akteure beeinflusst werden kann (Anderson/Zeithaml 1984).

Empirische Untersuchungen (Andretsch 1987; Klepper 1997) lassen den Schluss zu, dass ein sehr früher Markteintritt zu höheren Marktanteilen für das Unternehmen und zu höherer Rentabilität führt (First Mover Advantage). Zudem wurde beobachtet, dass sowohl die früh als auch die spät eintretenden Unternehmen länger überleben. Während die früh eintretenden Unternehmen oft den Markt dominieren, füllen die spät eintretenden Unternehmen präzise ausgelotete Produktnischen (Klepper 1997).

Die Vorteile eines frühen Markteintritts können von Unternehmen, die sich auf Prozess-Know-how spezialisieren, zerstört werden. So konnten die ersten Unternehmen in der Photovoltaikbranche ihre Pioniervorteile nur begrenzt realisieren, da ein Großteil des Know-how bei den Herstellern der Produktionsanlagen liegt und mit dem Kauf dieser Anlagen auch für neu in die Branche eintretende Unternehmen zugänglich wird.

Großunternehmen scheinen in der ersten Phase keine besondere Stärke gegenüber kleineren Unternehmen zu haben, da ihre Vorteile im Bereich Forschung und Entwicklung begrenzt sind (Klepper 1997). In den nachfolgenden Phasen können sie aber aufgrund ihrer Finanzkraft und ihrer Stärke in Produktion und Marketing, die in vielen Branchen entscheidend sind, den Vorsprung des Pioniers, der sich zunächst in höheren Marktanteilen und höherer Profitabilität niederschlägt, wieder aufholen. Dies gilt besonders dann, wenn eine Branche in technische Spezialisten, Marketing- und Produktionsspezialisten unterteilt ist (Klepper 1997). Zum Beispiel haben in der Windturbinenindustrie die später eingetreten großen Marketing- und Produktionsspezialisten General Electric und Siemens die etablierten Windenergieanlagenhersteller der ersten Stunde wie Enercon, Repower und Vestas teilweise bereits überholt. Diese Unternehmen der ersten Stunde laufen dann Gefahr, verdrängt oder übernommen zu werden.

Weitere Abweichungen von dem typischen Bild des Industrielebenszyklus ergeben sich, wenn die Produkte oder die Produktionstechnologie durch Patente geschützt werden können – dies verhindert oder verzögert den sonst typischen Ausleseprozess in der Reifephase (viele Unternehmen werden insolvent, geben das Geschäft auf oder werden aufgekauft). In hochsegmentierten und -spezialisierten Märkten mit unterschiedlichen Kundenanforderungen findet oft gar kein Ausleseprozess statt – die Industrie (z. B. die Laserindustrie) verharrt in einer Phase ständiger Marktein- und -austritte und kontinuierlicher Innovation (Klepper 1997).

Praktische Anwendung

Schritt 1: Definition der Industrie oder Produktklasse
Für strategische Zwecke kann die Lebenszyklusanalyse sowohl auf eine Industrie, ein Geschäftsfeld oder eine Produktklasse angewendet werden. Der Gegenstand ist im ersten Schritt zu definieren und abzugrenzen. In Branchen, die durch eine sehr starke Spezialisierung auf Kundenwünsche und Teilmärkte gekennzeichnet sind, ist eine Lebenszyklusanalyse aufgrund empirischer Erfahrungen nicht sinnvoll.

> Beispiel: Die Branche für Mobiltelefone (Handys) konnte seit Mitte der 1990er Jahre mit der Einführung einer digitalen Technik (GSM) ein rasantes Wachstum verzeichnen. Eine neue Produktgeneration sind die sog. Smartphones, die die Funktionalität eines Mobiltelefons mit denen eines kleinen Computers mit Internetzugang verbinden und auch als Personal Digital Assistants (PDA) bezeichnet werden. Die Abgrenzung zwischen einem Smartphone und einem GSM-Handy ist fließend, die neue Produktgeneration hat zu einer starken Veränderung der Industrie geführt. Die Software spielt bei den Smartphones eine entscheidende Rolle, die Geräte selbst verlieren dadurch etwas von ihrer bisherigen Bedeutung. Die Produktkategorien sind z. B. über die Internetkonnektivität und das Betriebssystem des Geräts differenziert. Viele Geräte wie beispielsweise das Apple i-Phone kommen ohne Tastatur aus und lassen sich allein über den berührungsempfindlichen Bildschirm bedienen. Hier werden die Probleme einer Unterscheidung von Industrie- und Produktlebenszyklus und der Industriedefinition deutlich.

Schritt 2: Identifizierung der Lebenszyklusphase
Die Umsatzentwicklung der jeweiligen Industrie, aller Unternehmen in einem Geschäftsfeld oder aller Unternehmen in der ausgewählten Produktklasse bis zur Gegenwart ist als zentrales Kriterium auszuwerten. Daraus erfolgt nach Abb. 5—20 eine Einordnung in eine der vier Phasen.

Lebenszyklus	Umsatz	Umsatzwachstum
Marktentwicklung	Steigend	Steigend
Wachstum	Steigend	Konstant
Reife	Gleichbleibend	-
Niedergang	Zurückgehend	Negativ

Abb. 5—20: Umsatz als Kriterium der Lebenszyklusphase (Quelle: Andretsch 1987)

Zur Überprüfung können weitere Indikatoren aus der Abb. 5—19 herangezogen werden (Zahl und Art der Innovationen, das Vorhandensein eines dominantes Produktdesigns, Entwicklung der Zahl der Wettbewerber, Entwicklung des Produktpreises oder Wettbewerbskriterien). Wenn auch diese Indikatoren der bereits ermittelten Phase entsprechen, ist das Ergebnis deutlich.

Im Beispiel (Abb. 5—21) sind keine Umsätze verfügbar, sondern nur die Stückzahlen. Aufgrund des starken Preisverfalls sind höhere Absatzzahlen jedoch nicht mit einer proportionalen Umsatzentwicklung gleichzusetzen.

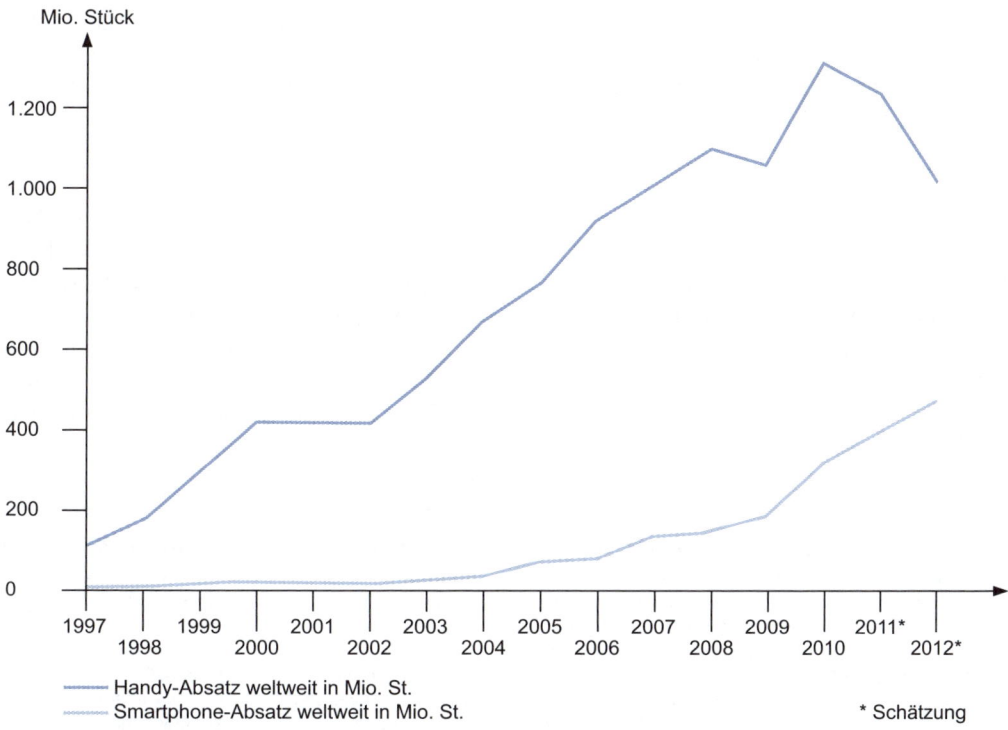

Abb. 5—21: Weltweiter Absatz von Mobiltelefonen und Smartphones (Quelle: Statista 2011)

Schritt 3: Kritische Prüfung und Einordnung

Eine Überprüfung erfolgt über die Prognosen der zukünftigen Umsatzentwicklung. Passen sie in das Bild? So kann bspw. eine Wachstumsphase aus konjunkturellen Gründen unterbrochen werden und so der Reifephase ähneln. Erst nach einer solchen Überprüfung kann die erreichte Lebenszyklusphase plausibel beurteilt werden.

Anschließend sind die eruierten Lebenszyklen daraufhin zu prüfen, ob starke Abweichungen vom Phasenkonzept zu erkennen sind. Sollte dies der Fall sein, ist die Ableitung von weiteren sich darauf stützenden Schlussfolgerungen kaum möglich.

Wichtige Faktoren, die den weiteren Verlauf eines Branchen- oder Produktlebenszyklus beeinflussen, können mit der PEST-Analyse (vgl. Abschn. 5.2.1) ermittelt werden. Dies gilt vor allem für reife Industrien und für Produktklassen, für die Möglichkeiten zur Verjüngung und neues Wachstum gesucht werden.

Das Beispiel zeigt für das klassische Mobiltelefonsegment den Übergang von der Reifephase in die Degeneration, während die Smartphones und damit ein völlig neues Segment in die Wachstumsphase eingetreten sind. Auf der Basis von Marktforschungsdaten aus den USA lag der Anteil der Smartphone-Nutzer unter den Mobilfunkkunden im zweiten Quartal 2008 noch bei 10 Prozent, im ersten Quartal 2010 bereits bei 27 Prozent; für das dritte Quartal 2011 werden 50 Prozent prognostiziert (Statista 2011). Hinter den globalen Zahlen verbergen sich jedoch erhebliche Ungleichgewichte – in vielen Entwicklungs- und einigen Schwellenländern sind einfache Mobiltelefone noch in einer stürmischen Wachstumsphase oder treten erst langsam in die Reifephase ein.

Schritt 4: Empfehlungen für die Strategie

Ein Abgleich der phasenspezifischen Schlüsselerfolgsfaktoren (Abb. 5—22) mit den Stärken und Schwächen bzw. den Ressourcen und Fähigkeiten des Unternehmens ermöglicht abschließend Schwerpunktsetzungen in der Strategie. Umgekehrt lassen sich phasenspezifische Bedrohungen erkennen, für die Antworten gefunden werden müssen. In den beiden ersten Phasen besteht beispielsweise die Gefahr, dass sich ein anderes Produktkonzept oder das dominante Design eines Konkurrenten durchsetzt. Den daraus resultierenden Gefahren kann durchaus unterschiedlich begegnet werden: mit der massiven Durchsetzung des eigenen Konzepts, mit dem Rückzug in eine Nische oder dem rechtzeitigen Umschwenken auf das erfolgreiche Konzept.

Marktentwicklung	Wachstum	Reife	Niedergang
- Technologie und Produktentwicklung - Vertrauen in Produkt und Unternehmen schaffen - Auswahl einer geeigneten Erstkundengruppe - Bewältigung der „Kinderkrankheiten"	- Produktionsgerechtes Design, Zugang zu Distributionskanälen - Werbung - Marktentwicklung - Schnelle Produktentwicklung - Prozessinnovation - Setzen von Produktstandards oder eines dominanten Designs	- Kosteneffizienz - Skaleneffekte - Niedrige Inputkosten - Prozessinnovation oder Differenzierung/ Fokussierung	- Niedrige Gemeinkosten - Käuferauswahl - Rationalisierung - Klares Bekenntnis zum Geschäft

Abb. 5—22: Schlüsselerfolgsfaktoren in den Lebenszyklusphasen (Quelle: Day 1981; Grant 2013; Klepper 1997; Levitt 1965)

Im Beispiel müssen, nachdem die Unternehmen RIM und Apple erfolgreich eigene geschlossene technische Standards und Designs etabliert haben, die strategischen Nachzügler aufholen, neue Standards etablieren und den vorhandenen Standards Paroli bieten. Die klassischen Mobiltelefonhersteller haben dazu Allianzen mit Softwareunternehmen wie Microsoft oder Google geschlossen.

Kritik des Instruments

Verschiedene Autoren bemängeln die unklare Abgrenzung zwischen Produktlebenszyklus und Industrielebenszyklus (Dhalla/Yuspeh 1976; Kreikebaum 1997, S. 111). Tatsächlich ist das Lebenslaufkonzept auf Produkte, auf ein neues Produkt, auf Produktklassen, Geschäftsfelder und ganze Industrien anwendbar, wobei der jeweilige Anwendungsbereich klar bezeichnet werden muss.

Das Konzept des Industrielebenszyklus wird weiterhin als oft irreführend kritisiert, weil die Lebenszyklusphasen in der Realität kaum zu erkennen sind. Bei Produkten mit einem sehr langen Lebenszyklus ist es oft schwierig, langfristige Abwärtstendenzen von konjunkturellen Schwankungen zu unterscheiden (Kreikebaum 1997, S. 112) – dies kann sich im Industrielebenszyklus als vermeintlicher Phasenübergang widerspiegeln. In der Praxis entfällt außerdem oft die Einführungsphase oder es gibt einen direkten Übergang vom Wachstum in den Niedergang. Auch erfolgt häufig eine Revitalisierung oder die Reifephase erscheint unendlich lange. Zudem sind die vier Phasen nicht eindeutig voneinander abgrenzbar, eventuell entstehen zwischen den Phasen Plateaus, die eine Reifephase vortäuschen.

Tendenziell – so ein weiterer Kritikpunkt – führt der Lebenszyklusansatz zu einer Überbewertung neuer Produkte und Industrien (Dhalla/Yuspeh 1976). Die dot.com-Blase der Jahrtausendwende bietet dafür ein gutes Beispiel.

Neue Technologien und andere externe Umweltveränderungen können eine Industrie so transformieren, dass das Konzept des Industrielebenszyklus ausgehebelt wird. Dies kann auch so interpretiert werden, dass damit zwangsläufig eine neue S-Kurve auf einem höheren Niveau beginnt (Foster 1986, S. 22-27). Zudem sind die Grenzen zwischen verschiedenen Industrien schwierig zu identifizieren und können sich dynamisch verändern. Der Produktlebenszyklus (und die verwandte S-Kurve) geben nur begrenzt Auskunft über sinnvolle Reaktionen (McGahan 2000).

Die Orientierung am Lebenszyklus kann überdies dazu führen, dass alle Wettbewerber die gleichen, daraus abgeleiteten Konzepte verfolgen und deshalb keine Wettbewerbsvorteile erzielen können. Dies war Ende des letzten Jahrhunderts zu beobachten, als die Mehrzahl der großen Chemieunternehmen auf das wachsende Geschäftsfeld Life Sciences setzte, in dem sie einen neuen, erfolgversprechenden Industrielebenszyklus sahen. Diese hohen Erwartungen erfüllten sich jedoch nur teilweise, gleichzeitig waren Unternehmen wie die BASF, die weiterhin die traditionelle chemische Verbundproduktion weiterverfolgten, unerwartet erfolgreich.

Strategische Bedeutung und Nutzen

Das Lebenszyklus-Konzept zwingt das Management, sich mit zu erwartenden Veränderungen auseinanderzusetzen – Produkte, Geschäftsfelder und Industrien durchlaufen verschiedene Lebensphasen und weisen eine beschränkte Lebensdauer auf (auch wenn der Lebenszyklus kein allgemeingültiges Gesetz darstellt und selten genau vorhersehbar ist). Mit ihm werden schwache Signale identifiziert, die auf einen Phasenwechsel oder eine Degeneration hindeuten. Ein solcher Phasenwechsel führt zu einer deutlichen Veränderung der Wettbewerbssituation und zwingt die Unternehmen zu einer strategischen Anpassung.

Der Produktlebenszyklus ist ein Instrument für die Marketingstrategie, vor allem für eine strategische Produkt- und Programmpolitik in Bezug auf die Sortimentszusammensetzung, die Sortimentsstruktur und das produktbezogene Marketing (vgl. z. B. Welge/Al-Laham 2012, S. 357). Die Sortimentsstruktur den einzelnen Lebenszyklusphasen zuzuordnen, ist jedoch auch von allgemeiner strategischer Bedeutung. Eine solche Zuordnung liefert Hinweise auf notwendige Ressourcen (Finanzen, F&E, Distributionssysteme), deren Bedeutung stark von der Lebenszyklusphase bestimmt wird, sowie auf die Notwendigkeiten von Markterweiterungen oder Diversifikationen (Kreikebaum 1997, S. 110).

Eine Identifikation der derzeitigen Phase ermöglicht Aussagen zur voraussichtlichen weiteren Entwicklung der Industrie, der Wettbewerbsbedingungen und der Schlüsselerfolgsfaktoren. Daraus können Empfehlungen abgeleitet werden, wann und in welcher Form ein erfolgreicher Markteintritt erfolgen kann. Aus den empirischen Erkenntnissen lässt sich folgern, ob Vorteile des frühen Markteintritts längerfristig erhalten werden können. Für die Themenbereiche Markt, Technologieentwicklung, Produkte, Produktion, Distribution und Finanzen kann das Konzept Grundaussagen treffen. Es ermöglicht darüber hinaus eine kongruente Abstimmung der einzelnen Bereiche untereinander im Sinne einer strategischen Ausrichtung. Der Industrielebenszyklus gibt über die jeweilige Phase einen Rahmen für die strategischen Optionen vor.

Ähnliche Instrumente

Modelle der industriellen Evolution

McGahan (2000) konzentriert ihre Überlegungen auf die Architektur einer Branche, mit der die Beziehungen einer Branche zu Lieferanten und Kunden beschrieben werden. Sie unterteilt Branchen nach ihren Entwicklungsmustern in solche mit und ohne Veränderung der Architektur. Beide Gruppen werden weiter unterschieden nach der Entwicklung des Geschäfts, den treibenden Kräften und den Erfolgsfaktoren.

Ohne wesentliche Veränderungen der bestehenden Architektur entwickelt sich das *rezeptive Modell* in kleinen Schritten entlang von Effizienzverbesserungen; die Risiken sind relativ gering, Veränderungen oft geografisch und produktspezifisch begrenzt (Beispiel Einzelhandel vor Internet). Das *Blockbuster-Modell* (Filmindustrie, patentgeschützte Pharmazeutika) beruht dagegen auf großen, riskanten Projekten, wobei jeweils nur wenige große Investitionsmöglichkeiten bestehen. Die Architektur ist dabei ebenfalls beständig. Mit einem Wandel der Architektur verbunden ist hingegen das *Modell des radikalen organischen Wandels* (Beispiele: PC, Internetdienstleistungen oder Smartphones.) Getrieben durch Innovation und neue Technologien, verbunden mit hohem Risiko und einem klaren Vorteil für den Ersten am Markt, verändern sich die Beziehungen zu Kunden und Lieferanten, oft auch die Branchengrenzen. Im *Modell der intermediären Entwicklung* (Beispiel: elektronische Marktplätze) erfolgt zunächst eine radikale Veränderung der Transaktionen in der Wertschöpfungskette. Sie wird verursacht durch den Einsatz von Informationstechnologie, der die Handlungsmöglichkeiten der Beteiligten dramatisch verändert. In der Folge entstehen neue Branchen (z. B. elektronische Bezahldienste), alte verschwinden oder schrumpfen. Aus diesem Konzept ergeben sich spezifische Wettbewerbsbedingungen und Ansatzpunkte für die Strategiewahl.

Klassifizierung nach Wettbewerbsdynamik

Williams (1992) wiederum unterscheidet die Wettbewerbsdynamik nach drei Branchentypen:

- *Lokale Monopolmärkte* mit spezialisierten Produkten für kleine Kundengruppen: Skalen- und Lerneffekte spielen eine geringe Rolle, die Wettbewerbsintensität und Nachfrageelastizität sind gering, die vertikale Integration ist hoch und die Lieferantenbeziehungen sind eng.
- *Traditionelle Industriemärkte* mit geringer bis moderater Segmentierung und geringer Innovationsrate: Strategien beruhen auf Kostenvorteilen durch Größe und Lerneffekte sowie Marken- und Produktvielfalt.
- *Dynamische Schumpeter-Märkte* (Grant 2013, S. 91 f.) sind durch hohe Turbulenz und ständige Produktinnovation gekennzeichnet: Wettbewerbsvorteile beruhen auf Forschung und Entwicklung, schneller Marktumsetzung und Lernkurveneffekten.

Eine Charakterisierung der Wettbewerbsdynamik ermöglicht dem Management eine Konzentration auf sinnvolle Wettbewerbsvorteile.

Technologie-S-Kurve

Ein S-förmiger Kurvenverlauf beschreibt das Ergebnis von Aufwendungen zur Verbesserungen von Technologien – bei reifen Technologien können auch mit hohen Aufwendungen in der Regel nur noch geringe Effizienzsteigerungen erzielt werden. Die Untersuchung dieses Zusammenhangs liefert Hinweise auf den Entwicklungsstand der Technologie, das verbleibende Entwicklungspotenzial, die Effektivität von Investitionen in diese Technologie und die Notwendigkeit und den Zeitpunkt, nach neuen Technologien zu suchen. Mit dem Umstieg auf eine neue Technologie beginnt eine neue S-Kurve – die bisherigen Leistungsgrenzen werden durchbrochen (Foster 1986, S. 24-27).

Überschneidungen mit anderen Instrumenten

Blue-Ocean-Strategien

Typisch für eine reife Industrie ist ein gesättigter Markt, in dem Unternehmen mit gleichen Produkten oder Dienstleistungen hart miteinander konkurrieren und nur noch niedrige Margen erreichen können. Blue-Ocean-Strategien (vgl. Abschn. 7.3.4) können eine Revitalisierung ermöglichen, indem neue Märkte mit nachhaltigen und rentablen Geschäftsmodellen entwickelt werden. Mit Hilfe einer Wertkurve werden das derzeitige Angebot analysiert und davon deutlich abweichende Leistungsangebote konstruiert, die dem Kunden einen echten, differenzierten Nutzen bieten (blaue Ozeane). So kann eine Revitalisierung der Industrie mit neuem Wachstum erreicht werden.

5-Kräfte-Modell

Aus dem Lebenszykluskonzept lassen sich Aussagen zum Wettbewerb in der Branche, zur Bedrohung durch neue Wettbewerber und zur Macht der Kunden und Lieferanten ableiten.

Substitute können dazu führen, dass eine Industrie in die Phase des Niedergangs gleitet. Wenn eine reife Industrie sich hingegen verjüngt, kann sie die Reifephase verlängern oder sogar wieder in eine Wachstumsphase eintreten – damit verbunden ändern sich erneut auch die Wettbewerbskräfte. Mit der Kombination beider Konzepte ist eine dynamische und systematische Betrachtung der Wettbewerbskräfte in einer Industrie möglich (vgl. Abschn. 5.2.3).

Schlüsselerfolgsfaktoren

Nach dem Lebenszykluskonzept verändern sich die Schlüsselerfolgsfaktoren (vgl. Abschn. 5.2.9) im Laufe des Lebenszyklus. Die Kombination der branchenspezifischen Schlüsselerfolgsfaktoren mit dem Lebenszykluskonzept kann daher wie beim 5-Kräfte-Modell zu einem genaueren und dynamischeren Bild der Schlüsselerfolgsfaktoren führen.

Portfolio-Methoden

Die Portfolio-Methoden (BCG, GE/McKinsey, ADL) werden benutzt, um Prioritäten für spezifische Geschäftseinheiten in einem Unternehmen zu setzen (vgl. Abschn. 7.2.2, 7.2.3, 7.2.4). In die Marktanteils-/Marktwachstums-Matrix der Boston Consulting Group fließt die Lebenszyklusphase der Geschäftseinheiten indirekt als Marktwachstum mit ein. Die einzelnen Portfolio-Kategorien können den Lebenszyklusphasen zugeordnet werden (Question Mark – Marktentwicklung, Star – Wachstum, Cash Cow – Reife und Poor Dog – Niedergang). Mit diesem Modell lassen sich Aussagen zu den mit den einzelnen Geschäftseinheiten verbundenen Finanzflüssen machen und Investitions- oder Desinvestitionsentscheidungen treffen. Die Wettbewerbspositions-/Marktwachstums-Matrix von Arthur D. Little verwendet die Lebenszyklusphase direkt, wobei der Marktanteil durch eine aus mehreren Faktoren abgeleitete und von dominant bis schwach eingestufte Wettbewerbsposition ersetzt wird. In der Wettbewerbspositions-/Marktattraktivitäts-Matrix von GE/McKinsey dagegen fließt die Lebenszyklusphase über das Marktwachstum nur noch beschränkt und indirekt ein, weil die Bewertung der Marktattraktivität aus mehreren Faktoren abgeleitet wird.

5.2.8   Benchmarking

Wir müssen das Rad nicht ein zweites Mal erfinden (Dt. Redensart).

Benchmarking untersucht die Kosten und Leistungen einer strategisch wichtigen Aktivität im eigenen Unternehmen vergleichend zu anderen Unternehmen. Für genau definierte Aktivitäten und deren Leistungen werden aus dem Vergleich mit den leistungsfähigsten Unternehmen quantitative Messgrößen für diese Aktivität und eine Messlatte (Benchmark) für Spitzenleistungen ermittelt. Zugleich werden die Methoden bestimmt, mit denen die Spitzenleistungen erzielt werden. Aus dem Abstand zur Benchmark (Leistungslücke) lassen sich Ziele für die Kosten und Leistungen der untersuchten Aktivität im eigenen Unternehmen ableiten. Die besten Methoden werden an die eigene Unternehmenssituation angepasst und eingeführt, um ebenfalls Spitzenleistungen zu erzielen. Nach den Benchmarks und den besten Methoden kann im eigenen Unternehmen, in der eigenen Branche und in anderen Branchen mit ähnlichen Aktivitäten gesucht werden. Bei generischen Prozessen sind alle Branchen relevant.

Beschreibung und theoretischer Hintergrund

Der Vergleich mit erfolgreichen Konkurrenten und das Kopieren von deren Methoden hat eine lange Tradition in der betriebswirtschaftlichen Praxis. Welge/Al Laham (2012, S. 403) führen die Beispiele des Autoherstellers Chrysler, der in den 1930er Jahren die Herstellkosten des Konkurrenten Oldsmobile untersuchte, und japanischer Unternehmen an, die in den 1960er und 1970er Jahren Prozesse und Methoden anderer Unternehmen unter dem Begriff „Dantotsu" (Lernen von den Besten) analysierten. General Motors führte auf der Basis von 10 Thesen eine generische Benchmarking-Studie zur Qualität mit 11 Vergleichsunternehmen durch (Watson 1993, S. 147). Ab dem Jahr 1979 entstand beim Kopiererhersteller Xerox aus einer systematischen Analysepraxis das Benchmarking als eigene Methode. Xerox zerlegte die Konkurrenzprodukte, untersuchte und bewertete die Bauteile und setzte aufgrund der Ergebnisse Zielvorgaben für die eigenen Herstellkosten (Reverse Engineering). Auch die Prozesse im Vertrieb wurden untersucht und schließlich wurden branchenfremde Erfahrungen aus dem Sportartikelversand bei der Lagerverwaltung und der Kommissionierung übernommen (Welge/Al Laham 2012, S. 403). Die Publikationen von Tucker et al. (1987) und Camp (1989) trugen zu einer weiten Verbreitung der Methode bei, die schließlich in Standards wie dem Malcom Baldridge National Quality Award (2012, S. 16) integriert wurde.

Benchmarking ist ein systematisches, standardisiertes Vorgehen zum quantitativen Leistungsvergleich von Technologien, Prozessen, Dienstleistungen und Produkten. Der höchste Leistungsstandard und die ihm zugrunde liegenden Methoden werden häufig als Best Practice bezeichnet. Mit der Übertragung der besten Methoden auf das eigene Unternehmen soll das Spitzenniveau erreicht werden. Es handelt sich um einen Top-Down-Ansatz – Entscheidungen werden aufgrund der Benchmarking-Ergebnisse vom Management gefällt. Entscheidend für das Instrument Benchmarking ist also nicht nur der Vergleich der Leistungen, sondern auch das Verständnis, mit welchen Methoden diese Leistungen zustande gekommen sind.

Mit Benchmarking werden die besten verfügbaren Problemlösungen ermittelt. Daraus folgen eine genaue Definition der Leistungslücke und die Entwicklung von wettbewerbsorientierten Zielvorgaben. Erst ein Erkennen der genauen Gründe für die bessere Leistung der Vergleichspartner ermöglicht Lerneffekte. Die gefundenen Methoden müssen innovativ an die Situation und die spezifische Problemstellung im eigenen Unternehmen angepasst werden. Wenn neue, bessere Methoden ermittelt werden können und es gelingt, diese an die Situation im eigenen Unternehmen anzupassen, ist es im Vergleich zu einer eigenen Entwicklung kostengünstiger, risikoärmer und schneller.

Nach Camp (1989, S. 9) werden im Benchmarking einzelne Methoden, Prozesse, Produkte und Dienstleistungen bzw. Kostenstellen so überprüft, als ob sie im direkten Wettbewerb stünden – Kostenstellen werden behandelt wie Profitcenter. Diese Definition hat eine besondere Bedeutung im Bereich der öffentlichen Dienstleistungen und des Gesundheitswesens erlangt; das Benchmarking als „simulierter Wettbewerb" soll die leistungssteigernde und kostensenkende Wirkung eines in der Realität fehlenden Wettbewerbs ersetzen.

Art des Benchmarking	Intern	Branchenbezogen	Funktional	Generisch
Vergleich von	Standorten oder Abteilungen	Unmittelbaren Wettbewerbern oder der gesamten Branche	Verschiedenen Branchen mit gleichen Verfahren und Prozessen	Anderen Branchen mit ähnlichen Abläufen
Ermittlung der Vergleichspartner	Einfach	Einfach	Aufwendiger	Aufwendiger
Datenermittlung	Einfach	Wegen Konkurrenz problematisch	Andere Messgrößen und Denkweisen!	In der Regel Standardprozesse
Übertragbarkeit	Hoch	Hoch	Anpassung erforderlich	Anpassung erforderlich
Verbesserungs-potenzial	Gering	Mittel	Hoch	Hoch

Abb. 5—23: Typen von Benchmarking (eigene Zusammenstellung in Anlehnung an Camp 1989, S. 57)

Benchmarking kann über die herangezogenen Vergleichspartner (Abb. 5—23) typisiert werden. Generische Prozesse im Benchmarking-Kontext werden in jedem Unternehmen durchgeführt (Camp 1989, S. 65); dies sind z. B. die Auftragserfüllung oder die Bestellung. Schließlich sei noch darauf hingewiesen, dass die Gestaltung zahlreicher generischer Geschäftsprozesse zunehmend durch die Unternehmenssoftware vorgegeben wird. Die Aufgabe der Ermittlung der Benchmarks und der besten Methoden für diese Prozesse geht damit teilweise an die Softwarelieferanten bzw. auf deren Anwendungsberater über.

Bei einem kooperativen Benchmarking erfolgt eine Zusammenarbeit mit anderen Unternehmen, die beim nicht-kooperativen Benchmarking z. B. aufgrund der direkten Konkurrenz unerwünscht ist. Informationen und Daten müssen dann anderweitig beschafft werden. Kooperatives Benchmarking (zwischen direkten Konkurrenten) wird aber oft mit Hilfe von Benchmarking-Agenturen oder Unternehmensberatern durchgeführt, die für ein Filtern und Anonymisieren der Informationen sorgen und somit sensible Daten schützen.

Die Ziele des Benchmarking listet Camp (1989, S. 30) auf:

- Ein realistisches Erkennen und Erfüllen der Kundenwünsche.
- Eine objektive Bewertung der eigenen Leistung.
- Die Setzung effektiver Ziele.
- Die Entwicklung aussagefähiger Produktivitätskennzahlen.
- Die gezielte Suche nach den besten Methoden.
- Das Erreichen von Spitzenleistung durch deren Übernahme.

Letztlich geht es immer um den Erhalt und die Steigerung der Wettbewerbsfähigkeit.

Benchmarking als Methode und seine Ergebnisse als Zusammenstellung der besten Methoden werden sehr häufig in Unternehmen der Produktions- und Dienstleistungsindustrie eingesetzt, aber auch im Non-Profit-Sektor, bei Regierungsstellen, in der Erziehung und im Gesundheitswesen (Beispiele in Camp 1998), in der Umweltpolitik und im Umweltmanagement (EU-Kommission 2008) sowie in der Technik (z. B. Messung von Computerleistung). Zahlreiche Institutionen[2] und Unternehmensberatungen unterstützen Benchmarking mit Dienstleistungen oder Berichten – es erscheint sogar eine eigene dem Benchmarking gewidmete elektronische Zeitschrift[3].

Praktische Anwendung

Das hier vorgeschlagene Vorgehen (Abb. 5—24) orientiert sich an Camp (1989, S. 17) mit fünf Phasen:

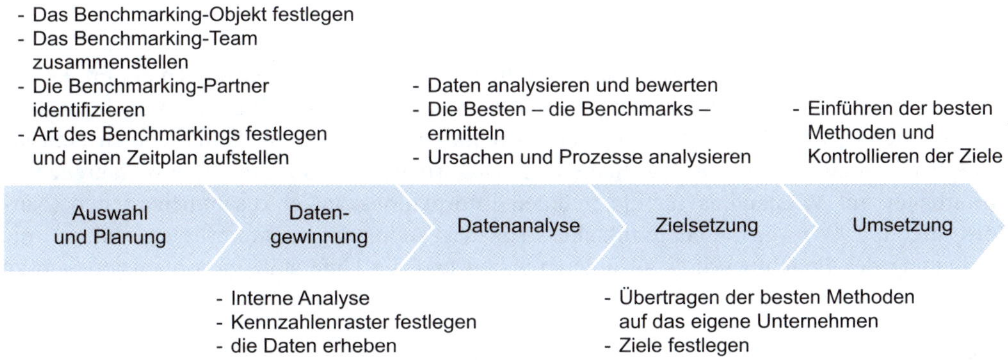

- Das Benchmarking-Objekt festlegen
- Das Benchmarking-Team
  zusammenstellen
- Die Benchmarking-Partner   - Daten analysieren und bewerten
  identifizieren   - Die Besten – die Benchmarks –   - Einführen der besten
- Art des Benchmarkings festlegen   ermitteln   Methoden und
  und einen Zeitplan aufstellen   - Ursachen und Prozesse analysieren   Kontrollieren der Ziele

| Auswahl und Planung | Datengewinnung | Datenanalyse | Zielsetzung | Umsetzung |

- Interne Analyse   - Übertragen der besten Methoden
- Kennzahlenraster festlegen   auf das eigene Unternehmen
- die Daten erheben   - Ziele festlegen

Abb. 5—24: Ablauf des Benchmarkings

1. Auswahl und Planung

Schritt 1: Benchmarking-Objekt festlegen
Das Objekt (d. h. eine Funktion, ein Produkt oder Prozess) des Benchmarkings kann mit folgenden Fragen ausgewählt werden (Camp 1989, S. 44):

- Wo gibt es die größten Probleme im Unternehmen?
- Was sind die strategischen Probleme?
- Wo sind die größten Verbesserungen zu erwarten?
- Wo ist der Wettbewerbsdruck am stärksten?

---

[2]   APQC (American Productivity & Quality Center), http://www.apqc.org; Global Benchmarking Network, http://www.globalbenchmarking.org; Benchmarking Center Europe, http://www.bmc-eu.com, Deutsches Benchmarking Zentrum, http://www.benchmarkingforum.de.

[3]   Benchmarking: An International Journal. ISSN: 1463-5771, Emerald Publishing Group.

- Was sind die größten Kostentreiber?
- Was ist für die Kunden am wichtigsten?
- Was sind die Schlüsselaktivitäten?

Die Bewertung erfolgt aus Kundensicht bzw. im Vergleich zu den Konkurrenten. Eine Auswahl der Benchmarking-Objekte kann zudem theoriegestützt ausgehend von der Mission des Unternehmens (vgl. Abschn. 3.3.2 und Camp 1989, S. 42), von der gewählten (generischen) Strategie (Abschn. 7.3.2), von den branchenspezifischen Schlüsselerfolgsfaktoren (vgl. Abschn. 5.2.9) oder den Ergebnissen einer Wertkettenanalyse (Abschn. 6.2.3) erfolgen.

Aus den Benchmarking-Objekten ergeben sich die Messgrößen für die Leistung. Typischerweise sind dies die Kosten pro Einheit, die Kundenzufriedenheit (Qualität, Service, Zuverlässigkeit), die Zeit (Durchlaufzeit, Reaktionszeit), Input/Output-Relationen (Produktivität) und finanzielle Größen (Kapitaleinsatz).

Schritt 2: Das Benchmarking-Team zusammenstellen
Benchmarking wird im Team als Projekt durchgeführt, so dass organisatorisch ein Projektleiter, ein Projektteam und ein Lenkungsausschuss gebildet werden sollten. Im Benchmarking-Team sollten „Betroffene", d. h. mit dem Benchmarking-Objekt im Unternehmen befasste Mitarbeiter und Führungskräfte verschiedener Qualifikationen, Benchmarking-Erfahrene und Mitarbeiter mit Verständnis für die internen Informationskanäle, zusammenarbeiten (Karlöf/Östblom 1994). Im Lenkungsausschuss soll das Topmanagement vertreten sein, um die Bedeutung des Benchmarkings zu unterstreichen und die Unterstützung organisatorisch zu verankern.

Schritt 3: Die Benchmarking-Partner identifizieren
Interne Vergleiche (in Großunternehmen) oder Vergleiche mit direkten Wettbewerbern haben inhaltlich die höchste Relevanz. Die Ergebnisse sind direkt übertragbar, bringen aber oft wenig Innovation. Bei den Wettbewerbern ist es zudem meist sehr schwierig, Daten und Informationen zu beschaffen. Bei Produkten wird oft ein Reverse Engineering durchgeführt (zerlegen, analysieren, ggf. neu montieren, Kosten ermitteln). Bei einer erweiterten Suche nach Benchmarking-Partnern ist zu beachten, dass diese a) gleiche oder ähnliche Probleme lösen müssen, b) gleiche oder ähnliche Aktivitäten durchführen und c) sie dabei Spitzenleistungen erzielen. Bei einem branchenübergreifenden Benchmarking (Branchenführer) und bei generischen Prozessen bestehen die größten Chancen, hohe Verbesserungspotenziale und innovative Lösungen zu entdecken. Im Benchmarking-Team wird diskutiert, ob die Methoden grundsätzlich übertragen werden können und welche Modifikationen erforderlich sind.

Eine Identifizierung der wahrscheinlich besten Unternehmen (Camp 1989, S. 66 ff.) erfolgt auf der Basis von einer Analyse der Finanzdaten, von Branchenveröffentlichungen mit einem Ranking der Leistungen und Ergebnisse, von Aussagen der Unternehmen über sich selbst („Wir sind führend in …"), von Auszeichnungen durch Verbände oder vom Markterfolg der Anbieter dieser spezifischen Aktivität. Weitere Informationen können öffentlichen Datenbanken, Statistiken und der Fachliteratur entnommen oder über Branchen- und Berufsorganisationen, Kontakte in der Branche, die Befragung von Lieferanten, Kunden, Experten und

Beratern oder Kontakte der eigenen Fachkräfte gesammelt werden. Die besten Methoden für generische Prozesse sind heute teilweise in betriebswirtschaftlichen Standardprogrammen (ERP-Software) enthalten, und Anwendungsberater können die richtige Umsetzung im eigenen Unternehmen unterstützen.

Insgesamt gibt es keine klaren Regeln und Methoden zur Identifizierung der richtigen Benchmarking-Partner. Das Problem ist nur situationsspezifisch lösbar (Macharzina/Wolf 2012, S. 333), evtl. in Verbindung mit Kreativitätstechniken.

Schritt 4: Art des Benchmarkings festlegen und Zeitplan aufstellen

Aufgrund der Ergebnisse des vorhergehenden Schrittes ist festzulegen, welche Art von Benchmarking durchgeführt werden soll – nur intern, extern, branchenübergreifend oder generisch? Die Entscheidung richtet sich danach, wo die besten Methoden zu finden sind, wie groß der Unterschied zur eigenen Praxis sein wird und welcher Aufwand notwendig ist. Eine weitere Entscheidung betrifft die Durchführung des Benchmarkings – in eigener Regie oder indirekt über Berater oder eine Benchmarking-Agentur. Dies hängt davon ab, ob das Benchmarking-Know-how im Unternehmen vorhanden ist oder aufgebaut werden soll. Viele Aktivitäten sind permanent Gegenstand von Benchmarking, so dass hier schnell auf vorliegende Ergebnisse und Erfahrungen zurückgegriffen werden kann. Dies gilt vor allem für generische Aktivitäten.

Das Standardvorgehen ist ein kooperatives Benchmarking, das die Weitergabe von Informationen über die Leistungen und Methoden im eigenen Unternehmen beinhaltet. Ein Benchmarking im Vergleich zu Konkurrenten wird dagegen meist nicht kooperativ ablaufen, da ein Wissensvorsprung erzielt oder Wissen von den Konkurrenten erlangt werden soll und die Verbesserungen auf den besten Praktiken der Konkurrenten beruhen werden.

Abschließend wird ein grober Zeitplan für die einzelnen Schritte aufgestellt.

> Beispiel: Der aus einer Fusion von vier Unternehmen hervorgegangene Konzern Vattenfall Europe wollte 2002 ein einheitliches IT-System für alle betriebswirtschaftlichen Abläufe schaffen. Mit Hilfe von Best-Practice-Workshops unter Beteiligung von 300 Mitarbeitern wurden die besten Lösungen aus den Einzelunternehmen und Business Units identifiziert und in ein Master Template eingebracht. Damit konnte bei der Harmonisierung der Systeme die jeweils beste Lösung für den Konzern übernommen werden. Die neue, vereinheitlichte IT wurde von Roll-Out-Teams in den jeweiligen Unternehmen eingeführt. Erreicht wurde eine einheitliche Berichtsstruktur und eine bessere Flexibilität gegenüber Kundenwünschen (Mummert Consulting 2003, S. 33).

2. Datengewinnung

Schritt 5: Interne Analyse

Das Benchmarking-Objekt wird zunächst im eigenen Unternehmen (Welge/Al-Laham 2012, S. 407) analysiert, um die Funktion und Leistung zu verstehen und um zu festzustellen, welche

Größen und Informationen erhoben werden müssen. Die Frage einer Übertragbarkeit der besten Methoden ist auf diese Weise einfacher zu beantworten; so wird die Produktivität bei der nachfolgenden Datensammlung erhöht und Verbesserungsmöglichkeiten können im Vergleich schnell identifiziert werden. Zudem kann verhindert werden, dass die eigenen Fähigkeiten über- oder unterschätzt werden.

Schritt 6: Kennzahlenraster festlegen

Aus den Ergebnissen der internen Analyse wird ein Kennzahlenraster abgeleitet, das die eigenen Ergebnisse (in verschiedenen Dimensionen) und deren Ableitung durch die Einzelschritte zur Leistungserstellung messbar macht. Um die Vergleichbarkeit von Ergebnissen und die Übertragbarkeit der besten Methoden zu gewährleisten und das Zustandekommen von Spitzenleistungen zu verstehen, sind die relevanten leistungsbeeinflussenden Größen zu ermitteln.

Beispiel: In einer strategischen Benchmarking-Studie über die Automobilindustrie in Mittel- und Ost-Europa (McDaniel 2009) wurden die Vorsteuer-Umsatzrendite und das erwartete Umsatzwachstum in den nächsten drei Jahren herangezogen, um die „High-Performer" zu identifizieren – auch im Vergleich zu einer globalen Datenbasis „Automobil- und Produktionsindustrie" des Beratungsunternehmens KPMG. Auf dieser Grundlage wurde versucht, die besten Methoden im Umgang mit den Themen Regulierung und Compliance, Risiken, Eintritt in neue Märkte und Management zu identifizieren. Dahinter steht die These, dass die High-Performer aufgrund der besten Methoden in den untersuchten Bereichen erfolgreich sind oder als High-Performer in diesen Bereichen auch methodisch führend sind. Auch wenn dies in der Studie nicht nachgewiesen werden konnte, wurde dennoch eine Reihe von Unterschieden in den Methoden der High-Performer zu den anderen Unternehmen gefunden. KPMG kann dadurch einerseits Veränderungsnotwendigkeiten in Unternehmen (und damit einhergehend Beratungsbedarf) plausibel machen und sich gleichzeitig als Kenner der Industrie und ihrer Methoden darstellen.

Schritt 7: Informationen sammeln

Zunächst sind vorhandene interne Quellen auszuwerten, z. B. eigene Produkt- und Serviceanalysen, eigene Studien, Daten über andere Unternehmen, das auf das Benchmarking-Objekt bezogene fachspezifische Wissen der Mitarbeiter, bereits vorhandene Benchmarking-Studien und Informationen eigener Experten. Bei den externen Quellen sind Bibliotheken, Fachzeitschriften, Ergebnisse und Vorträge von Konferenzen, Inhalte von Datenbanken sowie das Wissen von Beratern und externen Experten zu recherchieren.

Oft werden eigene Untersuchungen notwendig sein. Folgende Möglichkeiten kommen in Betracht:

- Paneldiskussionen mit Experten und Fachleuten aus anderen Unternehmen (Benchmarking-Partnern).
- Fragebögen.
- Telefonische oder persönliche Interviews.
- Besuche von anderen Unternehmen mit Besichtigungen (teilweise bei Kongressen im Begleitprogramm).

Die letzten drei Möglichkeiten werden oft kombiniert, um Informationen von Unternehmen, die als Spitzenleister für das Benchmarking-Objekt identifiziert wurden, zu erhalten. Motive für einen Austausch sind die Verbesserung der Reputation, die Nutzung von Erfahrungen aus anderen Branchen und das Lernen aus dem Benchmarking. Für die Mitarbeiter ist es oft ein Motiv, Anerkennung von außen zu erhalten (Karlöf/Ostblöm 1994). Bei der Kontaktaufnahme sollten diese Motive adressiert werden, z. B. durch den direkten Kontakt zwischen Fachleuten. Hilfreich können Kunden/Lieferantenbeziehungen und/oder eine Einführung über Dritte sein.

Das eigene Unternehmen und die Ziele des Benchmarkings werden zunächst vorgestellt. Weiterhin werden die Partner über die Planung des Benchmarkings und die Berichte sowie über die Weitergabe von Ergebnissen an die anderen Beteiligten informiert (Karlöf/Ostblöm 1994 S. 110).

Für die Erhebung und Verwendung von Daten wurde ein Benchmarking-Kodex entwickelt, der auf den Prinzipien der Rechtmäßigkeit, des gegenseitigen Austauschs, der Wahrung der Vertraulichkeit von Informationen, der Einschränkung auf den vereinbarten Gebrauch, klarer Regeln für Kontakte, guter Vorbereitung, Einhaltung von Vereinbarungen und auf gegenseitigem Verständnis beruhendes Handeln basiert (APCQ/BCE 2010).

Für intensive Kontakte mit möglichen Spitzenleistungsunternehmen werden Fragebögen, Interviews und Besichtigungen kombiniert. Zur Vorbereitung wird ein Fragebogen zugesandt. Fragen können offen, geschlossen (ja/nein), als Auswahl (multiple choice), als verbale Bewertung oder absolut (Zahlangabe) formuliert werden. Ziel ist es, qualitative Benchmarks (wie wird es gemacht) und quantitative Benchmarks (Inputs und Ergebnisse) zu erhalten. Wünschenswert ist ein Austausch von technischen Unterlagen oder Prozessbeschreibungen. Rückfragen können in telefonischen Interviews geklärt werden.

Ein Besuch durch ein Team von 2-3 Fachleuten (Camp 1989, S. 114) dient zur Bestätigung, der Überprüfung der Daten und der weiteren Klärung. Er beginnt mit persönlichen Interviews, es folgt die Begehung und direkte Inaugenscheinnahme des Benchmarking-Objekts und anschließend ein Abschlussgespräch mit der Klärung noch offener Fragen. Der zusammenfassende Bericht wird dem Benchmarking-Partner übermittelt. Es wird empfohlen, einen Gegenbesuch anzubieten (Camp 1998 S. 115).

3. Analyse

Schritt 8: Informationen analysieren und bewerten
Ein Vergleich der eigenen Leistung mit der besten Leistung kann zu drei Ergebnissen führen (Camp 1989 S. 124):

1. Die externe Leistung ist deutlich besser – ein detailliertes Benchmarking untersucht die externen Methoden mit dem Ziel, sie auf das eigene Unternehmen zu übertragen.
2. Die Leistungen sind in etwa vergleichbar – kleinere Unterschiede, Ursachen und Verbesserungsmöglichkeiten werden detailliert analysiert.
3. Die eigene Leistung ist überlegen – Verbesserungen können am besten aus einem internen Benchmarking abgeleitet werden.

Für ein Benchmarking-Objekt kann eine klare Überlegenheit einer bestimmten Methode bereits aufgrund quantitativ belegter Ergebnisse, einer eindeutigen Bewertung durch Experten oder die immer wieder beobachtete Praxis in Spitzenunternehmen deutlich erkennbar werden.

Andernfalls müssen für einen analytischen Vergleich die gesammelten Daten geordnet und zusammengestellt werden. Unterschiede in der Art, wie der Prozess durchgeführt wird, müssen dargestellt und genau benannt werden. Diesen Prozessen werden die quantitativen Daten zum Input, den Kosten und den Ergebnissen gegenübergestellt. Das Zwischenergebnis ist auf Widerspruchsfreiheit und Konsistenz zu prüfen, die Qualität der Daten sollte eingeschätzt werden.

Aus den erhobenen Daten, Berichten und Prozessbeschreibungen werden die wichtigsten Einflussfaktoren auf die Ergebnisse, z. B. Leistungsumfang, die Marktbedingungen, die spezifische Kostensituation und bei internationalen Vergleichen länderspezifische Unterschiede, ermittelt und beschrieben.

Schritt 9: Ursachen und Prozesse analysieren
Zur Identifizierung der Best Practices werden die Prozesse beschrieben, die Abläufe in Diagrammen dargestellt und bei physischen Prozessen das Layout dargestellt. Zudem ist die verwendete Technologie zu analysieren und zu beschreiben. Vor allem bei einem funktionalen und generischen Benchmarking sind die Objekte und die Prozessanforderungen zu berücksichtigen, um die Anwendbarkeit auf das eigene Unternehmen beurteilen zu können und die notwendige Anpassung der Methoden zu ermöglichen. Das Ergebnis ist eine genaue Definition und Darstellung der besten Methode(n).

Beispiel: Produktivität in der Automobilindustrie – Arbeitsstunden pro Auto (Weyer 2011):
In der Automobilindustrie werden die in den Montagefabriken notwendigen Arbeitsstunden pro Fahrzeug als eine zentrale Produktivitätskennzahl mit strategischer Bedeutung verwendet. Die Kennzahl beinhaltet die bezahlten Arbeitsstunden der Mitarbeiter für die Produktion und die tägliche Wartung der Anlagen. Die Intralogistik, die Vormontage und Werksdienstleistungen werden nur einbezogen, wenn sie durch eigene Mitarbeiter ausgeführt werden. Viele Unternehmen beteiligen sich an einem regelmäßigen Benchmarking. Im Jahr 2005 veröffentlichte Werte ergaben eine Bandbreite von 12,4 (Nissan Micra) bis zu 101,1 Arbeitsstunden pro Fahrzeug (Audi A 8).
Die Kennzahl wird stark beeinflusst durch das Ausmaß der vertikalen Integration, die Phase im Produktlebenszyklus, die Komplexität und Qualität des möglichen Produktes, die Produktvariationen und saisonalen Einflüsse in den Fabriken. Insgesamt wurden 50 Einflussgrößen identifiziert.
Einen starken Einfluss üben das Design und die Konstruktion des Fahrzeugs aus. Die besten Ansätze zur Förderung der Produktivität werden zusammenfassend als „Design for Manufacturing" bezeichnet. Ein einfaches Beispiel für beste Methoden in der Produktion selbst ist die Verringerung der notwendigen Entfernungen, die ein Monteur an einer

Arbeitsstation zurücklegen muss. Durch mehrere kleine Teilebehälter nahe am Einbauort der Teile statt eines entfernteren großen Teilebehälters muss der Mitarbeiter weniger Schritte gehen. Für die Umsetzung ist eine Zusammenarbeit zwischen verschiedenen Abteilungen – Produktion und Intralogistik – erforderlich.

Eine Zielsetzung für die Verringerung der Arbeitsstunden pro Auto aufgrund der Benchmark-Ergebnisse muss die Übertragbarkeit aufgrund der verschiedenen Einflussfaktoren berücksichtigen und dann in der Folge auf Unterziele für verschiedene Abteilungen oder Produktionsschritte heruntergebrochen werden.

Die Ergebnisse und Fakten werden in Berichten dokumentiert. Sie dienen der Information der Auftraggeber, der Benchmarking-Partner und der Stakeholder des Benchmarkings und als Basis für eine zukünftige Aktualisierung und als Beispiel für weitere Benchmarking-Projekte.

4. Zielsetzung

Schritt 10: Übertragen der besten Methoden auf das eigene Unternehmen
Die Benchmarking-Ergebnisse werden auf das eigene Unternehmen übertragen. Dies ist relativ einfach bei einem internen oder branchenbezogenen Benchmarking mit geringen Unterschieden zwischen den Aktivitäten. Bei einem generischen oder funktionalen Benchmarking sind die Unterschiede in den Betriebsinhalten, Arbeitsabläufen und Prozessen zu beachten. Bis zu welchem Grad können die besten Methoden übertragen werden und welche Auswirkungen wird dies auf die Leistungen haben?

Aus dem direkten Vergleich oder im Vergleich des heutigen Zustandes zu einem optimierten Zustand unter Anwendung der besten Methoden ergibt sich die Leistungs- und Kostenlücke. Diese wird mit Hilfe von Tabellen und Grafiken (z. B. kumulierte Balkendiagramme, Zeitreihen, x-y-Diagramme) quantifiziert und veranschaulicht.

Schritt 11: Ziele ableiten
Aufgrund der festgestellten Leistungs- und Kostenlücken werden unter Berücksichtigung der Bedeutung der Aktivität, der notwendigen Zeit und der Kosten neue Ziele für die Aktivität aufgestellt, die erreicht werden sollen.

5. Umsetzung

Schritt 12: Einführen der besten Methoden und Kontrollieren der Leistungs- und Kostenziele
Wichtig für die Umsetzung ist die Akzeptanz im eigenen Unternehmen als Voraussetzung für einen erfolgreichen Veränderungsprozess (Welge/Al-Laham 2012). Dazu müssen die Betroffenen (das mittlere Management, die Mitarbeiter, der Betriebsrat) durch das Benchmarking-Team informiert werden und sie erhalten die detaillierten Berichte. Zudem kann eine Beteiligung bei der Zielsetzung erfolgen. Für die Umsetzung sind Aktionspläne auszuarbeiten, bei der Umsetzung wird das Benchmarking-Team für den Wissenstransfer eingebunden. Nachdem die besten Methoden eingeführt und die Ziele kontrolliert wurden, wird in regelmäßigen Abständen überprüft, ob sich die Benchmarks verändern – also ob die Methoden verbessert oder ob neue Methoden entwickelt wurden. Ein kontinuierliches

Benchmarking wird als Lernprozess (Welge/Al-Laham 2012) verstanden oder darüber hinausgehend soll es das Unternehmen zu einer lernenden Organisation (Karlöf/Oström 1994) verändern.

Kritik der Methode

Porter (1996) erkennt zwar die Verbesserung der operativen Effektivität durch ein Benchmarking an, weist aber auf die große Gefahr hin, dass die neuen Methoden und Technologien von Wettbewerbern schnell kopiert werden können (z. B. durch die Hilfe von Beratern). Dann kann nur ein kurzfristiger Wettbewerbsvorteil entstehen, mittelfristig sogar ein destruktiver Wettbewerb, von dem nur die Kunden der Branche profitieren. Eine strategische Ausrichtung erfolgt nach Porter durch Unterschiede in der Art, wie die Aktivitäten durchgeführt werden bzw. durch ein Set von aufeinander und auf die Strategie abgestimmten Aktivitäten, das sehr viel schwerer durch Wettbewerber zu kopieren ist als die besonders effektive Durchführung einzelner Aktivitäten. Die Aktivitäten selbst sollten allerdings kontinuierlich verbessert werden.

Ähnlich argumentieren Leinwand/Mainardi (2010): Benchmarking ohne strategische Ziele kann als Ersatz für eine Strategie dienen. Wenn lediglich die Strategien anderer Unternehmen kopiert werden, baut das Unternehmen keine Wettbewerbsvorteile auf. Es folgt dem Herdentrieb, kann sich nicht differenzieren und setzt Ressourcen an der falschen Stelle ein. Capozzi et al. (2012) betonen den strategischen Kontext der besten Methoden, z. B. wären die Innovationspraktiken von Apple bei einem Unternehmen, das nicht wie Apple darauf setzt, mit neuen Technologien völlig neue Märkte zu kreieren, unangebracht und möglicherweise sogar schädlich.

Nach Wheelen und Hunger (2012, S. 368) kann Benchmarking vor allem bei bereits „guten" Unternehmen eine Verbesserung bewirken, während Unternehmen mit schlechter Leistung dazu tendieren, von der Leistungsdiskrepanz überwältigt zu werden und die Spitzenleistung als unerreichbar anzusehen.

Unternehmen, die stark konkurrenzorientiert sind, deren Mitarbeiter und Fachkräfte die Entwicklung in ihrem funktionalen Bereich ständig verfolgen und dieses Wissen in Verbesserungsprozesse einbringen, werden nur einen geringeren Nutzen aus systematischen und aufwendigen Benchmarking-Prozessen ziehen können.

Ein oberflächliches Benchmarking liefert keine Erklärungen, wie bessere Leistungen zustande kommen und kann in der Folge zur Wahl von ineffektiven Methoden führen. Eine weitere Gefahr besteht in der Auswahl von falschen Messgrößen, die zu unerwarteten oder dysfunktionalen Veränderungen im Unternehmen führen. Als Beispiel nennen Johnson et al. (2011, S. 97) das Benchmarking von Universitäten über die Zahl von Veröffentlichungen in Fachzeitschriften, die kaum etwas direkt mit der Qualität der Lehre zu tun hat.

Ein grundsätzliches Problem des Benchmarkings besteht darin, dass die Unternehmen, die Spitzenleistungen erbringen, oft nicht bereit sind, Details über ihre Leistungen und die dahinterstehenden Methoden offenzulegen (Fleisher/Bensoussan 2007, S. 180). Dies gilt insbesondere dann, wenn sie sich im Gegenzug keinen eigenen Informationsgewinn aus dem Benchmarking erhoffen. Ein erhoffter Reputationsgewinn in der Branche, in Fachkreisen oder Medien kann nicht immer ausreichend Anreize bieten (Fleisher/Bensoussan 2007, S. 178).

Benchmarking ist aufwendig. So geben Wheelen/Hunger (2012, S. 368) die durchschnittlichen Kosten für ein Benchmarking mit 100.000 $ und die Dauer mit 30 Wochen an. Daraus folgt, dass der zu erwartende Nutzen eines Benchmarkings sorgfältig abgeschätzt werden muss und eine effiziente Durchführung notwendig ist. Da Unternehmen meist nur in einem Bereich Spitzenleistungen erbringen (Fleisher/Bensoussan 2007, S. 180), müssen für jede untersuchte Aktivität unter Umständen andere Benchmarking-Partner ausgewählt werden – was den Aufwand weiter erhöht. Für eine Reihe von Prozessen und Aktivitäten wurden Benchmarks und beste Methoden veröffentlicht (z. B. für das Umweltmanagement die branchenspezifischen Referenzdokumente, die das gemeinsame Forschungszentrum (JRC) der EU-Kommission ausarbeitet), von Non-Profit-Organisationen ermittelt (z. B. für Supply Chain Management vom Supply Chain Council) oder sind über Unternehmensberatungen zugänglich.

Strategische Bedeutung und Nutzen
Benchmarking ist ein Mittel zur Analyse (Stärken und Schwächen des eigenen Unternehmens und des Konkurrenten) und liefert Hinweise, welche Schwächen abgebaut werden sollten und auf welchen Stärken aufgebaut werden kann (Grünig/Kühn 2011, S. 73). Nach Watson (1993, S. 51 ff.) befasst sich strategisches Benchmarking mit Schlüsselerfolgsfaktoren (vgl. Abschn. 5.2.9), mit Kernkompetenzen und dem Wettbewerbsverständnis. Es unterscheidet sich grundsätzlich nicht vom operativen (Prozess-)Benchmarking, sondern nur in der Reichweite und den Untersuchungsgegenständen. Während ein operatives Prozess-Benchmarking in der Linie erfolgt, wird ein strategisches Management typischerweise in Stabsabteilungen durchgeführt, die dann zusammen mit dem Topmanagement und dem mittleren Management Ziele definieren.

Zugleich kann Benchmarking als ein Mittel zur Strategieimplementierung angesehen werden, da die mit ihm erhaltenen Informationen über die besten verfügbaren Methoden direkt in Verbesserungen umgesetzt werden können. Im Sinne einer rationalen Strategieentwicklung können über die Wertkette Schlüsselaktivitäten für die gewählte Strategie identifiziert werden, für die dann über ein operatives Benchmarking die besten Methoden ausgewählt werden, um so Spitzenleistungen zu erzielen. Bei einer emergenten Strategieentwicklung kann ein Unternehmen durch Benchmarking grundsätzlich wettbewerbsfähig bleiben und auf dieser Basis allmählich eine erfolgreiche Differenzierung zur Entwicklung von Wettbewerbsvorteilen erreichen.

Einen übergeordneten strategischen Nutzen des Benchmarkings sehen Leibfried/McNair (1992, S. 121 ff.) in einer Revitalisierung des Unternehmens, seiner ständigen Verbesserung oder Entwicklung hin zu einer lernenden Organisation. Karlöf/Östblom (1994) betonen die stärkere Orientierung des Unternehmens an der Leistung statt an Macht und Beziehungen. Dies gilt vor allem für große Unternehmen und Organisationen, in denen Tendenzen zur Abschottung von der Außenwelt und Selbstzufriedenheit bestehen.

Schließlich weisen Fleisher/Bensoussan (2007, S. 173) darauf hin, dass Benchmarking den Unternehmen helfen kann, Trends früher zu erkennen und proaktiv zu handeln.

Ähnliche Instrumente

Wettbewerberanalyse
Eine noch weitere Dekomposition der strategischen Gruppe erfolgt mit der Wettbewerberanalyse (vgl. z. B. Grant 2013, S. 97 ff.). Die Zielsetzung besteht hier in einer detaillierten Analyse eines einzelnen, direkten Konkurrenten, um dessen Stärken/Schwächen und strategische Absichten besser verstehen zu können. Dies ist besonders interessant für Branchen mit wenigen großen Konkurrenten wie z. B. im Flugzeugbau.

Six Sigma
Das Six-Sigma-Modell (Abschn. 8.2.2) untersucht Prozesse intern genau und verbessert sie auf dieser Grundlage – ohne Bezug auf externe Vergleiche oder Methoden. Noch stärker als beim Benchmarking stehen genaue quantitative Messungen im Vordergrund.

Überschneidungen und Zusammenhänge mit anderen Methoden

Erfahrungskurve
Benchmarking kann als Versuch verstanden werden, sich die Erfahrungen anderer Unternehmen zu eigen zu machen und damit Effizienzgewinne und Kostensenkungen schneller, als aus eigenen Erfahrungen möglich, zu erreichen (vgl. Abschn. 7.3.3).

Schlüsselerfolgsfaktoren
Eine Analyse der Schlüsselerfolgsfaktoren (Abschn. 5.2.9) liefert Hinweise, welche Prozesse einem Benchmarking unterworfen werden sollten und wo die Nutzung der besten Methoden einen wesentlichen Beitrag zur Wettbewerbsfähigkeit der Unternehmen erreichen kann.

SWOT
Die Analyse der Stärken und Schwächen in SWOT-Analyse (vgl. Kap. 4) entspricht einem groben Benchmarking, die Identifizierung der besten Methoden liefert Hinweise darauf, wie Schwächen behoben werden können.

5.2.9   Schlüsselerfolgsfaktoren

"If we wish to increase the yield of grain in a certain field and on analysis it appears that the soil lacks potash, potash may be said to be the strategic (or limiting) factor" (Barnard 1938).

Die Suche nach den Schlüsselerfolgsfaktoren hat das strategische Management vor allem in den 1980er Jahren sehr stark geprägt. Erfolgsfaktoren beeinflussen unmittelbar die Wettbewerbsposition eines Unternehmens oder einer Geschäftseinheit und damit den Erfolg der Strategie. Sie sind deshalb direkte Steuerungsgrößen für das strategische Management. In der Regel gibt es nicht einen singulären Schlüsselerfolgsfaktor, sondern eine Kombination von Faktoren mit unterschiedlicher Bedeutung und Wirkungsweise.

Beschreibung und theoretischer Hintergrund

Den Grundgedanken der strategischen Erfolgsfaktoren hat Barnard (1938) zum ersten Mal in das strategische Management eingeführt. Barnard argumentierte, dass es für die Führungskräfte eines Unternehmens unmöglich sei, alle Faktoren zu steuern, die den Erfolg beeinflussen. Das Management sollte sich stattdessen auf die strategischen Faktoren konzentrieren. Zu Beginn der 1960er Jahre schlug der McKinsey-Berater Daniel vor, Managementinformationssysteme einzurichten, die Auskunft über kritische Erfolgsfaktoren geben sollten (Daniel 1961).

Die Begriffe Schlüsselerfolgsfaktoren, strategische Erfolgsfaktoren oder kritische Erfolgsfaktoren werden in der Literatur synonym benutzt; im Folgenden wird hier von Schlüsselerfolgsfaktoren die Rede sein. Aufgrund der unterschiedlichen technischen und wirtschaftlichen Charakteristika einer Branche und den in dieser Branche genutzten Wettbewerbsinstrumenten unterscheiden sich die Schlüsselerfolgsfaktoren von Branche zu Branche und Unternehmen zu Unternehmen. „Strategische Erfolgsfaktoren bilden aus theoretischer Sicht die Ursachen für die positive oder negative Entwicklung eines Unternehmens. Sie geben Antwort auf die Frage, welche Kriterien einen wesentlichen Einfluss auf das Erfolgspotential von strategischen Geschäftseinheiten haben" (Fischer 1993, S. 18). Erfolgspotenziale umfassen dabei im Sinne von Gälweiler (1990, S. 26) „... das gesamte Gefüge aller jeweils produkt- und marktspezifischen erfolgsrelevanten Voraussetzungen, die spätestens dann bestehen müssen, wenn es um die Erfolgsrealisierung geht." Vereinfacht ausgedrückt setzt sich zum Beispiel der strategische Schlüsselerfolgsfaktor Mitarbeiterpotenzial aus der Motivation der Mitarbeiter, ihrer Qualifikation und dem Partizipationsgrad der Mitarbeiter bei der Entscheidungsfindung zusammen.

Ohmae (1982, S. 83 ff.) weist darauf hin, dass es eine Vielzahl von scheinbaren Erfolgsfaktoren gibt, von denen aber nur eine Handvoll tatsächlich für den Erfolg verantwortlich ist. Diese Handvoll gilt es zu identifizieren. Aufgrund von unterschiedlichen Wirkungsintensitäten hat allerdings nicht jeder Faktor die gleiche Bedeutung. So wird z. B. oft dem relativen

Marktanteil eine dominierende Rolle zugebilligt, obwohl dies nicht immer gerechtfertigt ist. Weiterhin bestehen zwischen den Faktoren spezifische Abhängigkeiten; der Marktanteil kann bspw. von der Qualität beeinflusst werden. Außerdem verändern sich die Schlüsselerfolgsfaktoren im Zeitablauf (zu Wirkungsrelationen und Kausalstrukturen von Erfolgsfaktoren vgl. insbesondere Wilde 1989, S. 54 ff.).

Zur Bestimmung der Schlüsselerfolgsfaktoren können die folgenden Strömungen in der Erfolgsfaktorenforschung unterschieden werden (Welge/Al-Laham 2012, S. 240 ff.; Fischer 1993, S. 19):

- Nutzung von analytisch-deskriptiven Modellen mit einem ausgeprägten heuristischen Charakter wie z. B. die Kostenerfahrungskurve. Aus der Erfahrungskurve können zwei wichtige Erfolgsfaktoren abgeleitet werden, nämlich das Marktwachstum und der Marktanteil.
- Auswertung von umfangreichen empirischen Untersuchungen und Daten wie z. B. die **PIMS**-Studie (**P**rofit **I**mpact of **M**arket **S**trategy). Ziel dieser Studie ist die branchenübergreifende Identifizierung der Faktoren, die den Erfolg eines Unternehmens, gemessen am ROI (Return on Investment) oder ROS (Return on Sales), bestimmen. Zum Beispiel wurde nachgewiesen, dass ein hoher relativer Marktanteil signifikant zur Rentabilität beiträgt (vgl. zu PIMS Buzzell/Gale 1987 und Strategic Planning Institute 2010).
- Durchführung von Studien, die das Erfahrungswissen von Unternehmen und Praktikern erfassen und systematisieren. Aus solchen Studien werden oft strategische Grundsätze abgeleitet. Die bekannteste Arbeit aus den 1980er Jahren dürfte das 7-S-Konzept von Peters/Waterman (1982) sein. In den 1990er Jahren ermittelten Collins/Porras (2005) die Erfolgsfaktoren der visionären Unternehmen. Simon (1996, 2007) analysierte die Schlüsselerfolgsfaktoren deutscher Mittelständler (Hidden Champions).

Alle diese Arbeiten geben einen guten Überblick über das Konzept der Schlüsselerfolgsfaktoren. Für die praktische Anwendung als Steuerungsgrößen des strategischen Managements innerhalb eines Unternehmens sind sie jedoch aufgrund ihres allgemeinen Charakters nur sehr beschränkt nutzbar.

Praktische Anwendung
Grant (2013, S. 79 ff.) schlägt zwei pragmatische Verfahren zur Ermittlung der Schlüsselerfolgsfaktoren vor: (1) Interviews und Fragen sowie (2) Rentabilitätsanalysen. Beide Verfahren können sowohl auf der Ebene Unternehmen, Geschäftseinheit oder sogar Marktsegment angewandt werden.

Schritt 1: Festlegen der Bezugsbasis und der Interviewpartner
Zunächst ist in Abhängigkeit von der zu entwickelnden Strategie die Bezugsbasis (z. B. Gesamtunternehmen, Geschäftsbereich, Produktsegment) zu definieren. Dabei werden die Ergebnisse auf der Geschäftsbereichs- oder Segmentebene natürlich konkreter ausfallen als auf der Unternehmensebene. Als geeignete Interviewpartner werden Führungskräfte aus den verschiedenen Funktionsbereichen ausgewählt, die mit dem operativen Geschäft sehr gut vertraut sind.

Schritt 2: Ermitteln der Schlüsselerfolgsfaktoren

Bestimmung der Schlüsselerfolgsfaktoren über Interviews und Fragen
Ohmae (1982, S. 84) geht relativ allgemein vor und beginnt mit der Frage: „What is the secret of success in this industry?" Darauf aufbauend wird unstrukturiert aus verschiedenen Blickwinkeln weitergefragt. Auf diese Weise können Hypothesen über Schlüsselfaktoren entwickelt werden. Grant (2013, S. 81) dagegen schlägt zwei zentrale Fragen (Abb. 5—25) vor:

* Was wollen die Kunden?
* Wie kann das Unternehmen im Wettbewerb überleben?

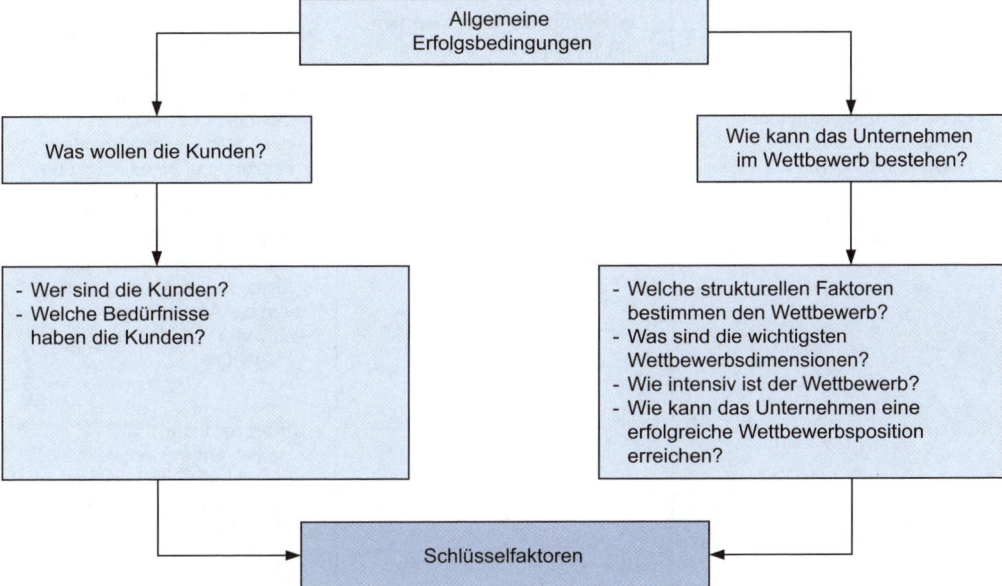

Abb. 5—25: Bestimmung der Schlüsselerfolgsfaktoren (Quelle: in Anlehnung an Grant 2013, S. 81)

Die Kunden stellen die Raison d'être für die Branche und die Erzielung von Gewinnen dar. Dementsprechend muss definiert werden, wer die Kunden sind und welche Bedürfnisse sie haben. Die zweite Frage bezieht sich auf den Wettbewerb und untersucht die Wettbewerbsstruktur, die Wettbewerbsintensität und die Möglichkeiten zur Verbesserung der Wettbewerbsposition.

Antworten auf diese Fragen liefern Interviews und Befragungen. Weiter können aus der Branchen- und der Wettbewerberanalyse, aus Marketing- und Kundenanalysen sowie aus einer Analyse der Ressourcen und Kernkompetenzen Informationen über Schlüsselerfolgsfaktoren abgeleitet werden. Das folgende Beispiel (Abb. 5—26: Schlüsselerfolgsfaktoren für Fluggesellschaften) zeigt einige Schlüsselerfolgsfaktoren für Fluggesellschaften:

Bestimmung der Schlüsselerfolgsfaktoren über Rentabilitätsanalysen

Die Schlüsselerfolgsfaktoren können auch über eine Analyse der Rentabilität identifiziert werden (Grant 2013, S. 82). Dabei ist das Ziel, die wichtigsten Faktoren, welche die relative Rentabilität eines Unternehmens in seiner Branche bestimmen, zu erfassen. Die Gesamtrentabilität (ROCE) muss in einzelne operative Faktoren und Kennzahlen (Rentabilitätstreiber) disaggregiert werden. Diese grundsätzlichen Rentabilitätstreiber sind den Führungskräften oft bekannt und werden als operative Leistungsziele genutzt. Das folgende Beispiel (Abb. 5—27) zeigt eine solche Disaggregation und die daraus folgenden Schlüsselerfolgsfaktoren für eine Niedrigpreisfluglinie.

Was wollen die Kunden?	Wie kann das Unternehmen im Wettbewerb überleben?	Schlüsselerfolgsfaktoren
- Niedrige Preise - Gut erreichbare Flughäfen - Umfassendes Netz an Flugverbindungen - Hohe Qualitäts- und Sicherheitsstandards - Guter Service	- Intensität des Preiswettbewerbs abhängig von der Zahl der Wettbewerber - Reputation der Fluggesellschaften - Verhandlungsmacht gegenüber den Flugzeugherstellern	- **Niedrigpreisstrategie:** - Operative Effizienz im gesamten Geschäftssystem - Nutzung nur eines Flugzeugtyps - Hohe Auslastung pro Flug - Ausgefeilte Systeme zur Ertragsoptimierung (Preisfestlegung in Abhängigkeit von der Auslastung) - Nutzung von kleineren Flughäfen - ... - **Differenzierung:** - Umfassendes, weltweites Flugnetz (Drehkreuze und Zusammenarbeit mit Allianzen) - Hohe Investitionen in die Sicherheit - Maßnahmen zur Erhaltung der Kundenloyalität durch guten Service und Vielfliegerprogramme - ...

Abb. 5—26: Schlüsselerfolgsfaktoren für Fluggesellschaften

Die beiden Verfahren schließen sich nicht gegenseitig aus. Im Gegenteil, in vielen Fällen ist eine Kombination sinnvoll. Es wird mit dem Fragenverfahren begonnen, um sich einen ersten Eindruck zu verschaffen. Die Ergebnisse werden dann durch eine Rentabilitätsanalyse erhärtet und verfeinert bzw. widerlegt.

Schritt 3: Gewichten und Bewerten der Schlüsselerfolgsfaktoren

Die bisher beschriebene Vorgehensweise trifft keine Aussagen über die Wichtigkeit der einzelnen Faktoren. Hofer/Schendel (1978, S. 77 ff.) schlagen hierzu eine Gewichtung und nachfolgende Bewertung vor. Die Gewichtung kann bspw. aufgrund der Bedeutung der Schlüsselerfolgsfaktoren für die Rentabilität erfolgen. Die Summe der Gewichte ergibt 1. Für

die Bewertung ist eine Skala von 1 bis 5 sinnvoll (1 = schwach im Vergleich zum Wettbewerb und 5 = stark im Vergleich zum Wettbewerb) (vgl. hierzu auch Wheelen/Hunger 2012,
S. 150 f.). Die Gewichtung und nachfolgende Bewertung sollte von den in Schritt 1 genannten Interviewpartnern vorgenommen werden. Bei unterschiedlichen Ergebnissen hinsichtlich
der Bewertung ist ein Konsens zwischen den Interviewpartnern herbeizuführen.

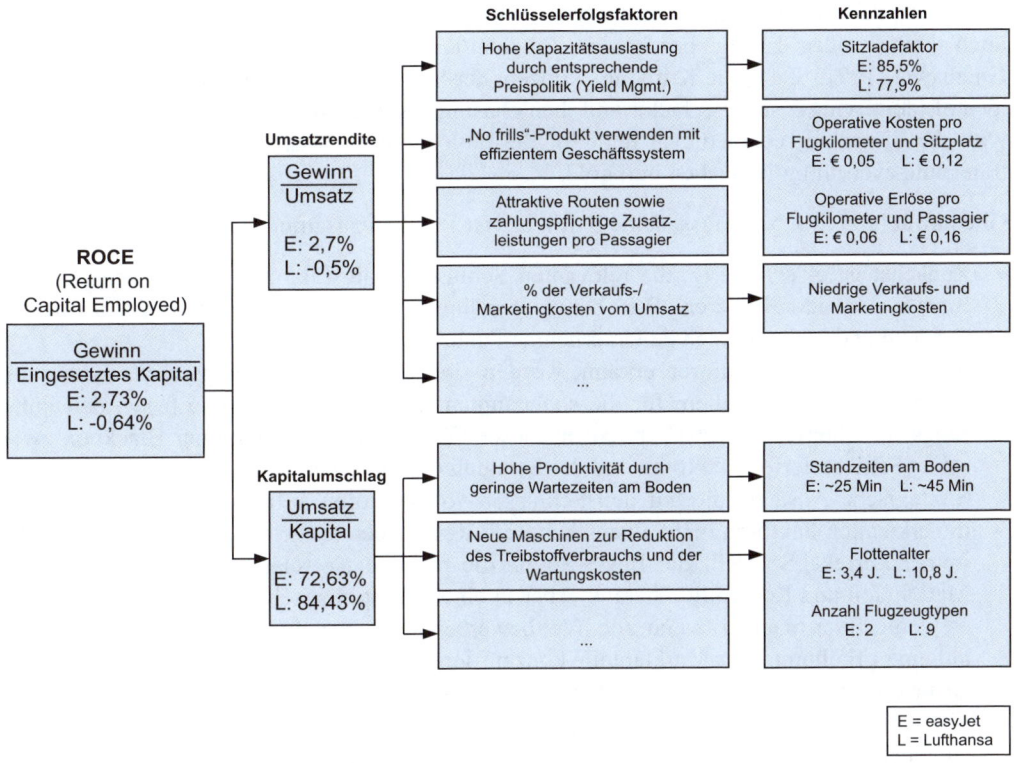

Abb. 5—27: Ableitung von Schlüsselerfolgsfaktoren mit einer Rentabilitätsanalyse (easyJet 2009; Lufthansa 2009)

Wenn die Schlüsselerfolgsfaktoren auf diese Weise identifiziert werden, entstehen schnell
lange Listen mit 15, 20 oder noch mehr Faktoren. Hofer/Schendel (1978, S. 78) weisen
darauf hin, dass der Fokus weniger auf der Ermittlung einer vollständigen Liste liegen sollte,
sondern vielmehr auf der Identifikation der fünf wichtigsten Schlüsselerfolgsfaktoren.

Schritt 4: Ausrichten der Strategie auf die Schlüsselerfolgsfaktoren
Eine konsequente Ausrichtung der Strategie auf die ermittelten Schlüsselerfolgsfaktoren
zieht in der Regel eine Änderung der Investitionsprioritäten und sehr häufig auch wichtiger
betrieblicher Prozesse nach sich. So erkannten bspw. die großen europäischen Autohersteller
in den 1980er Jahren, dass die schnelle Entwicklung von neuen Modellen einen Schlüsselerfolgsfaktor darstellt. Die japanischen Konkurrenten hatten hier im Vergleich zu den europäi-

schen Wettbewerbern einen deutlichen Vorsprung. Dementsprechend haben die europäischen Autohersteller nicht nur die Investitionen in die Forschung & Entwicklung substanziell erhöht, sondern auch die Entwicklungsprozesse durch eine stärkere Einbindung der Komponentenlieferanten verändert und deutlich verkürzt.

Kritik des Instruments
Obwohl die Suche nach den Schlüsselerfolgsfaktoren in der Forschung und der Praxis sehr großen Anklang fand, ist ihr auch nach über 30 Jahren Forschung und Diskussionen immer noch kein großer Erfolg beschieden (Nicolai/Kieser 2002). Sehr treffend formuliert Ghemawat (1991, S. 11) die Kritik am Konzept der Schlüsselerfolgsfaktoren: "But the whole idea of identifying a success factor and then chasing it seems to have something in common with the ill-considered medieval hunt for the philosopher's stone, a substance that would transmute everything it touched into gold."

Ghemawat (1991, S. 5 ff.) fasst seine Kritik in vier Punkten zusammen:

- Zunächst ist es schwierig, die relevanten Schlüsselerfolgsfaktoren in einer spezifischen Situation zu identifizieren. Wie bereits erwähnt, sind diese Faktoren von Branche zu Branche und Unternehmen zu Unternehmen unterschiedlich.
- Selbst wenn diese Faktoren erkannt worden sind, bleibt ihr Wirkungsmechanismus oft unklar. Dies gilt vor allem für die sogenannten weichen Faktoren wie bspw. den Führungsstil. Ghemawat (1991) spricht in diesem Zusammenhang von einer Blackbox zwischen Schlüsselerfolgsfaktoren und der Leistung des Unternehmens.
- Strategische Ansätze, die auf den Schlüsselerfolgsfaktoren aufbauen, unterstellen, dass die erkannten Faktoren nicht ausreichend mit Ressourcen ausgestattet sind. Dies ist nicht immer korrekt. So stellt die PIMS-Studie die positive Korrelation zwischen relativem Marktanteil und Rentabilität heraus. Aber in einer oligopolistischen Marktsituation dürfte es wenig Sinn machen, wenn alle Wettbewerber mit hohen Investitionen sich plötzlich auf eine Erhöhung ihrer Marktanteile konzentrieren.
- Das Konzept der Schlüsselerfolgsfaktoren als Strategiebasis beruht nicht auf einer strategischen Argumentation oder Theorie. Wenn dieses Konzept richtig wäre, dann würden strategische Theorien und Ansätze nicht länger gebraucht. Die Strategiearbeit würde sich dann lediglich auf die Identifikation der Schlüsselerfolgsfaktoren und die Ausrichtung des Unternehmens auf diese Faktoren beschränken.

Strategische Bedeutung und Nutzen
Die Untersuchung von Schlüsselerfolgsfaktoren hat das strategische Management vor allem in den 1980er und 1990er Jahren stark geprägt. Dies hat niemand besser ausgedrückt als Ohmae (1982, S. 84): "A strategic thinker never allows himself to lose sight of the key factors in the business or operation for which he is responsible."

Der Nutzen der Schlüsselerfolgsfaktoren ist darin zu sehen, dass Unternehmen verstehen, was für sie im Hinblick auf die Marktentwicklung, die Kundenwünsche und den Wettbewerb eigentlich besonders wichtig ist. Kritisch lässt sich jedoch feststellen, dass die Ermittlung der Schlüsselfaktoren kein Ersatz für die Strategieentwicklung ist. Das Unternehmen muss vielmehr gut überlegen, wie es die Schlüsselerfolgsfaktoren erfüllt und spezifisch nutzt. Wenn bspw. ein Autohersteller sich auf den Schlüsselerfolgsfaktor kurze Entwicklungszeiten konzentriert, so macht dies alleine noch keinen Sinn. Der Hersteller muss sich trotzdem spezifisch im Markt positionieren und eine sinnvolle Modellentwicklung betreiben.

Die Beachtung der Schlüsselerfolgsfaktoren kann somit als notwendige, nicht aber hinreichende Basis für den Unternehmenserfolg bezeichnet werden. Nur wenn die Schlüsselerfolgsfaktoren sowohl im Hinblick auf externe Marktanforderungen als auch die intern bereitzustellenden Ressourcen beherrscht werden, kann das Unternehmen am Markt erfolgreich sein. Ein Unternehmen, das seine strategischen Schlüsselerfolgsfaktoren versteht und seine Strategie auf einen oder mehrere dieser Faktoren konsequent ausrichtet, kann so klare Wettbewerbsvorteile aufbauen: "... being distinctively better than rivals on one or more key success factors presents a golden opportunity for gaining competitive advantage" (Thompson/ Strickland 2003, S. 108).

Als Ergebnis ist festzuhalten, dass Schlüsselerfolgsfaktoren einen wichtigen Ausgangspunkt für die individuelle Strategie des Unternehmens darstellen. Sie dürfen auf keinen Fall vernachlässigt werden – allerdings muss jedes Unternehmen für sich überlegen, wie es die Schlüsselerfolgsfaktoren erfüllen und nutzen will.

Ähnliche Instrumente

Balanced Scorecard
Die Balanced Scorecard liefert ein umfassendes Konzept der Strategieumsetzung (vgl. Abschn. 8.2.1). Die Definition der strategischen Ziele innerhalb der vier Perspektiven (Finanzen, Kunden, interne Prozesse und Lernen und Entwickeln) und ihre Überprüfung mittels Ursache- und Wirkungsbeziehungen entsprechen der Bestimmung der Schlüsselerfolgsfaktoren. Die Balanced Scorecard geht indes über die Ermittlung der Schlüsselerfolgsfaktoren hinaus, verknüpft diese stärker mit der individuellen Strategie und ermöglicht die Operationalisierung durch geeignete Kennzahlen, Vorgaben und Maßnahmen.

Shareholder-Value-Ansatz
Zielgröße dieses Ansatzes ist die Steigerung des Unternehmenswerts. Auf diese Zielgröße werden die Strategien ausgerichtet und anhand dieser Größe auch bewertet. Für Rappaport (1999) spielen der betriebliche Cashflow, der Diskontsatz und das Fremdkapital eine zentrale Rolle für die Entwicklung des Unternehmenswerts. Hinter diesen Faktoren stehen die eigentlichen Werttreiber (Value Driver) oder Schlüsselerfolgsfaktoren, auf denen aufbauend eine Prognose der zukünftigen Cashflows erfolgt. Für den betrieblichen Cashflow sind dies bspw. die Dauer der Wertsteigerung, das Umsatzwachstum, die Gewinnmarge, der Gewinnsteuersatz sowie die Investitionen in Umlauf- und Anlagevermögen. Führungsentscheidungen zu diesen Werttreibern bestimmen letztlich die Höhe des erreichten Unternehmenswerts.

Überschneidungen mit anderen Instrumenten

Instrumente der externen Analyse
Die verschiedenen Methoden zur Analyse der externen Situation eines Unternehmens oder eines strategischen Geschäftsfelds können wichtige Hinweise für die Identifikation der Schlüsselerfolgsfaktoren liefern. In diesem Zusammenhang sind vor allem das 5-Kräfte-Modell von

Porter (vgl. Abschn. 5.2.3), die Analyse der strategischen Gruppen (vgl. Abschn. 5.2.4), das Benchmarking (vgl. Abschn. 5.2.8) und die Wettbewerberanalyse (vgl. z. B. Kairies 2008) interessant.

Instrumente der internen Analyse
In gleicher Weise können die Methoden der internen Analyse für ein Unternehmen oder ein strategisches Geschäftsfeld zur Ermittlung von Schlüsselerfolgsfaktoren genutzt werden. Dazu zählen zunächst einmal die klassischen Methoden der Finanzanalyse und die daraus abgeleiteten Rentabilitäts-, Produktivitäts- und weiteren finanzwirtschaftlichen Kennziffern einschließlich des DuPont-Schemas (vgl. z. B. Reichmann 2006, S. 24 ff.). Weiter helfen die Methoden zur Analyse der Ressourcen und Kompetenzen (vgl. Abschn. 6.2.2), Schlüssel-erfolgsfaktoren zu ermitteln. Ein enger Zusammenhang besteht zur Wertkette von Porter (vgl. Abschn. 6.2.3), wobei dieses Instrument vor allem dazu eingesetzt werden kann, einen unternehmens- und strategiespezifischen Umgang mit den ermittelten Schlüsselerfolgsfaktoren zu finden.

5.3   Literatur

Aeberhard, K. (1996): Strategische Analyse: Empfehlungen zum Vorgehen und zu sinnvollen Methodenkombinationen. Bern

Airbus (2009): Flying smart, thinking big. Global Market Forecast, 2009–2028, http://www.airbus.com/en/gmf2009/appli.htm?onglet=&page=. Abrufdatum 14.05.2010

Anderson, C./Zeithaml, C. (1984): Stage of the product life cycle, business strategy, and business performance, in: Academy of Management Journal, 27. Jg., Nr. 1, S. 5–24

Andretsch, D. (1987): An empirical test of the industry life cycle, in: Review of World Economics, 123. Jg., Nr. 2, S. 297–308, DOI: 10.1007/BF02706664

Ansoff, H.I. (1976): Managing Surprise and Discontinuity: Strategic Response to Weak Signals, in: Zeitschrift für betriebswirtschaftliche Forschung, 28. Jg., Nr. 3, S. 129–152

Ansoff, H.I. (1965): Corporate Strategy. Harmondsworth, Middlesex, UK

APCQ/BCE (2010): Benchmarking Verhaltens-Kodex. Köln

Bain, J.S. (1959): Industrial Organization. New York

Bain, J.S. (1956): Barriers to New Competition. Cambridge, MA, USA

Barnard, C.I. (1968): The Functions of the Executive: 30th Anniversary Edition (Originalausgabe 1938). Cambridge, MA, USA

Barney, J.B./Hoskisson, R.E. (1990): Strategic Groups: Untested Assertions and Research Proposals, in: Managerial and Decision Economics, 11. Jg., Nr. 3, S. 198–208

Bass, F. (1969): A New Product Growth Model for Consumer Durables, in: Management Science, 13. Jg., Nr. 5, S. 215–227

Bleicher, K. (2004): Das Konzept Integriertes Management. Visionen – Missionen – Programme. 7. Aufl., Frankfurt

Bourne, L. (2009): Stakeholder Relationship Management A Maturity Model for Organisational Implementation. Farnham, Surrey, UK

Brandenburger, A./Nalebuff, B. (1996): Co-opetition. New York

Bronner, A. (2008): Angebots- und Projektkalkulation. Berlin/New York

Buzzell, R.D./Gale, B.T. (1987): The PIMS-Principles. Linking Strategy to Performance. New York

Camp, R.C. (1998): Global Cases in Benchmarking. American Society for Quality, Milwaukee, WI, USA

Camp, R.C. (1989): Benchmarking. The Search for industry best practices that lead to superior performance. American Society for Quality, Milwaukee, WI, USA

Capozzi, M./Kellen, A./Smit, S. (2012): The perils of best practice. Should you emulate Apple?, in: The McKinsey Quarterly, o. Jg., Nr. 4, S. 1–4

Collins, J./Porras, J.I. (2005): Built to Last. Successful Habits of Visionary Companies. 10. Aufl., London

Cox, W.E. (1967): Product Life Cycles as Marketing Models, in: The Journal of Business, 40. Jg., Nr. 10, S. 375–384

D'Aveni, R. (1994): Hypercompetition: Managing the Dynamics of Strategic Maneuvering. New York

Daniel, R.G. (1961): Management Information Crisis, in: Harvard Business Review, 34. Jg., Nr. 5, S. 111–121

Day, G. (1981): The product life cycle: Analysis and applications issues, in: Journal of Marketing, 45. Jg., Nr. 2, S. 60–67

Dean, J. (1950): Pricing Policies for New Products, in: Harvard Business Review, 28. Jg., Nr. 6, S. 45–53

Deutsche Bank Research (2007): Manche mögen's heiß, http://www.dbresearch.de/PROD/DBR_INTERNET_DEPROD/PROD0000000000211107.pdf. Abrufdatum 02.09.2009

Dhalla, N./Yuspeh, S. (1976): Forget the product life cycle concept, in: Harvard Business Review, 54. Jg., Nr. 1, S. 102–112

Ealey, L./Troyano-Bermúdes, L. (1996): Are Automobiles the Next Commodities?, in: The McKinsey Quarterly, o. Jg., Nr. 4, S. 62–75 easyJet (2010): Annual Report 2009, www.easyjet.com. Abrufdatum 30.03.2011

Eisermann, W./Wolf, M. (2007): Competitive Technical Intelligence – die Industriekosten-kurve: Erstellung und Aussagekraft. 4. Berliner-Aachener Symposium: Informationstechno-logien für Entwicklung und Produktion in der Verfahrenstechnik. Berlin 29.–30.03.2007

EU-Kommission (2008): Directive 2008/1/EC of the European Parliament and of the Council of 15 January 2008 concerning integrated pollution prevention and control, OJ L 24, 29.1.2008, S. 8–29

Farmer, R.N./Richman, B.M. (1965): Comparative Management and Economic Progress. Homewood, IL, USA

Fischer, T.M. (1993): Kostenmanagement strategischer Erfolgsfaktoren. München

Fleisher, C./Bensoussan, B. (2007): Business and Competitive Analysis. Upper Saddle River, NJ, USA

Foster, R. (1986): Innovation: The Attackers Advantage. New York

Freeman, R.E/Harrison, J.S./Wicks, A.C./Parmar, B.L./de Colle, S. (2010): Stakeholder Theory: The State of the Art. Cambridge, MA, USA

Gadiesh, O./Gilbert, J.L. (1998a): Profit Pools: A Fresh Look at Strategy, in: Harvard Busi-ness Review, 76. Jg., Nr. 3, S. 139–147

Gadiesh, O./Gilbert, J.L. (1998b): How to Map your Industry's Profit Pools, in: Harvard Business Review, 76. Jg., Nr. 3, S. 3–11

Gälweiler, A. (2005): Strategische Unternehmensführung. 3. Aufl., Frankfurt/New York

Gärtner, Robert (2009): Der Einfluss von Stakeholder-Gruppen auf den Strategieprozess. Hamburg

Ghemawat, P. (1991): Commitment. The Dynamic of Strategy. New York

Grant, R.M. (2013): Contemporary Strategy Analysis. 8. Aufl., Chichester, West Sussex, UK

Grünig, R./Kühn, R. (2011): Methodik der strategischen Planung. 6. Aufl., Bern/Stuttgart

Heuskel, D. (1999): Wettbewerb jenseits von Industriegrenzen. Aufbruch zu neuen Wachs-tumsstrategien. Frankfurt/New York

Hofer, C.W./Schendel, D. (1978): Strategy Formulation: Analytical Concepts. St. Paul, MN, USA

Homburg, C./Sütterlin, S. (1992): Strategische Gruppen – Ein Survey, in: Zeitschrift für Betriebswirtschaft, 62. Jg., Nr. 6, S. 635–662

Hungenberg, H. (2011): Strategisches Management in Unternehmen. Ziele – Prozesse – Verfahren. 6. Aufl., Wiesbaden

Hunt, M.S. (1972): Competition in the Major Home Appliance Industry, 1960–1970. Diss. Harvard University. Boston

IVC – Internationaler Controllerverein eV (2010): Grundmodell für Kommunikations-Controlling. Riederich

Johnson, G./Whittington, R./Scholes, K. (2011): Exploring Corporate Strategy. 9. Aufl., Harlow, Essex, UK

Kairies, P. (2008): So analysieren Sie Ihre Konkurrenz: Konkurrenzanalyse und Benchmarking in der Praxis. 8. Aufl., Renningen

Karlöf, B./Östblom, S. (1994): Das Benchmarking Konzept. Wegweiser zu Spitzenleistung in Qualität und Produktivität. München

Ketchen, D.J. (2003): An Interview with Raymond D. Miles and Charles C. Snow, in: Academy of Management Executive, 17. Jg., Nr. 4, S. 97–104

Klepper, S. (1997): Industry Life Cycles, in: Industrial and Corporate Change, 6. Jg., Nr. 1, S. 145–182

Kreikebaum, H. (1997): Strategische Unternehmensplanung. 6. Aufl., Stuttgart et al.

Leibfried, K./McNair, C. (1992): Benchmarking – Von der Konkurrenz lernen, die Konkurrenz zu überholen. Freiburg

Leinwand, P./Mainardi, C. (2010): Are American Companies Benchmarking their Way to Mediocrity?, in: The Financial Executive, 10. Jg., o. Nr., S. 11

Levitt, T. (1965): Exploit the product life cycle, in: Harvard Business Review, 43. Jg., Nr. 6, S. 81–94

Lufthansa (2010): Geschäftsbericht 2010, www.lufthansa.com. Abrufdatum 30.03.2011

Luhmann, N. (1997): Die Gesellschaft der Gesellschaft. Frankfurt/Main (2 Bände)

Macharzina, K./Wolf, J. (2012): Unternehmensführung. Das Internationale Managementwissen. 8. Aufl., Wiesbaden

Mason, E. (1939): Price and Production Policies of Large-Scale Enterprises, in: American Economic Review, 29. Jg., Nr. 1, S. 61–74

MBNQA Malcom Baldridge National Quality Award (2010): 2011–2012 Criteria for Performance Excellence. NIST, Gaithersburg State, FL, USA, http://www.nist.gov/baldrige/publications/upload/2011_2012_Business_Nonprofit_Criteria.pdf., Abrufdatum 21.10.2013

McDaniel, T.H. (2009): Benchmarking the Automotive Industry in Central & Eastern Europe: Creating and Preserving Value for the Long-term. KPMG (Ed.), ohne Ort

McGahan, A. (2000): How Industries Evolve, in: Business Strategy Review, 11. Jg., Nr. 3, S. 1–16

McGee, J./Thomas, H. (1986): Strategic Groups, Theory, Research and Taxonomy, in: Strategic Management Journal, 2. Jg., Nr. 2, S. 141–160

Miles, R.E./Snow, C.C. (1978): Organizational Strategy, Structure and Process. New York

Müller-Stewens, G./Lechner, C. (2005): Strategisches Management: Wie strategische Initiativen zum Wandel führen. 3. Aufl., Stuttgart

Mummert Consulting (2003): Unternehmenssteuerung – Managementkompass. Hamburg

Newman, H.H. (1978): Strategic Groups and the Structure-Performance Relationship, in: Review of Economics and Statistics, 60. Jg., Nr. 3, S. 417–427

Nicolai, A./Kieser, A. (2002): Trotz eklatanter Erfolglosigkeit: Die Erfolgsfaktorenforschung weiter auf Erfolgskurs, in: Die Betriebswirtschaft (DBW), 62. Jg., Nr. 6, S. 579–596

Ohmae, K. (1982): The Mind of the Strategist. Business Planning for Competitive Advantage. Harmondsworth, Middlesex, UK

Peters, T.J./Waterman, R.H. (1982): In Search of Excellence: Lessons from America's Best-Run Companies. New York

Pfannenberg, J./Zerfaß, A. (Hrsg.) (2010): Wertschöpfung durch Kommunikation. Kommunikations-Controlling in der Unternehmenspraxis. Frankfurt

Porter, M.E. (2008): The Five Competitive Forces That Shape Strategy, in: Harvard Business Review, 86. Jg., Nr. 1, S. 78–93

Porter, M.E. (1996): What is strategy?, in: Harvard Business Review, 74. Jg., Nr. 6, S. 61–78

Porter, M.E. (1991): Towards a Dynamic Theory of Strategy, in: Strategic Management Journal, 12. Jg., Nr. 2, S. 96–117

Porter, M.E. (1981): The Contributions of Industrial Organization to Strategic Management, in: Academy of Management Review, 6. Jg., Nr. 4, S. 609–620

Porter, M.E. (1980): Competitive Strategy Techniques for Analyzing Industries and Competitors. New York/London

Porter, M.E. (1979): The Structure within Industries and Companies Performance, in: Review of Economics and Statistics, 61. Jg., Nr. 2, S. 214–227

Rappaport, A. (1999): Shareholder Value. Ein Handbuch für Manager und Investoren. 2. Aufl., Stuttgart

Reichmann, T. (2006): Controlling mit Kennzahlen und Management-Tools: Die systemgestützte Controlling-Konzeption. 7. Aufl., München

Reinecke, S./Janz, S. (2009): Controlling für Marketing-Kommunikation, in: Bruhn, M./Esch, F.-R./Langner, T. (Hrsg.): Handbuch Kommunikation. Wiesbaden, S. 993–1020

Rigsby J.R./Greco, G. (2003): Mastering Strategy: Insights from the World's Greatest Leaders and Thinkers. New York

Rogers, E. (1995): The Diffusion of Innovation. New York

Rolke, L. (2005): Wertschöpfende Unternehmenskommunikation nach dem Stakeholder-Kompass, in: Bentele, G./Piwinger, M./Schönborn, G. (Hrsg.): Kommunikationsmanagement (Loseblattwerk). Neuwied, S. 1–28

Rolke, L. (2003): Produkt- und Unternehmenskommunikation im Umbruch. Was die Marketer und PR-Manager für die Zukunft erwarten. Frankfurt

Rolke, L. (2002): Kommunizieren nach dem Stakeholder-Kompass, in: Kirf, B./Rolke, L. (Hrsg.): Der Stakeholder-Kompass der Unternehmenskommunikation. Frankfurt, S. 16–33

Rolke, L./Zerfaß, A. (2010): Wirkungsdimensionen der Kommunikation: Ressourceneinsatz und Wertschöpfung im DPRG/ICV-Bezugsrahmen, in: Pfannenberg, J./Zerfaß, A. (Hrsg.): Wertschöpfung durch Kommunikation. Kommunikations-Controlling in der Unternehmenspraxis. Frankfurt, S. 50–60

Ryan, B./Gross, N. (1943): The diffusion of Hybrid Seeds Corn in two Iowa Communities, in: Rural Sociology, 8. Jg., Nr. 1, S. 15–24

Scheuss, R. (2008): Handbuch der Strategien. Wiesbaden

Simon, H. (2007): Hidden Champions des 21. Jahrhunderts: Die Erfolgsstrategien unbekannter Weltmarktführer. Frankfurt/New York

Simon, H. (1996): Die heimlichen Gewinner (Hidden Champions): Die Erfolgsstrategien unbekannter Weltmarktführer. Frankfurt/New York

Smith, K./Grimm, C./Wally, S. (1997): Strategic Groups and Rivalrous Firm Behaviour: Towards a Reconciliation, in: Strategic Management Journal, 18. Jg., Nr. 2, S. 149–15

Staehle, W.H. (1999): Management. 8. Aufl., München

Statista GmbH (2011): Smartphone Statista Dossier 2011. Hamburg

Strategic Planning Institute (2010): Strategic Planning Institute, http://www.pimsonline.com. Abrufdatum 18.06.2010

Tarde, G. (1890): Les lois de l'imitation. Paris

Taussig, F.W. (1919): Price-Fixing as seen by a Price-Fixer, in: Quarterly Journal of Economics, 33. Jg., Nr. 2, S. 205–241

Thompson, A.A./Strickland, A.J. (2003): Strategic Management. Concept and Cases. 13. Aufl., Boston, USA

Tucker, F.G./Zivan, S.M./Camp, R.C. (1987): How to measure yourself against the best, in: Harvard Business Review. 87. Jg., Nr. 1, S. 2–4

Ulrich, P./Fluri, E. (1995): Management. Eine konzeptionelle Einführung. 7. Aufl., Bern/ Stuttgart

Vernon, R. (1966): International Investment and International Trade in the Product Cycle, in: The Quarterly Journal of Economics, 80. Jg., Nr. 2, S. 191–207

Viner, J. (1931): Cost Curves and Supply Curves, in: Zeitschrift für Nationalökonomie, o. Jg., Nr. 3, S. 23–46

Volberda, H.W./Morgan, R.E./Reinmoeller, P./Hitt, M.A./Ireland, R.D./Hoskisson, R.E. (2011): Strategic Management: Competitiveness and Globalization. Mason, OH, USA

Watson, G.: (1993): Benchmarking – vom Besten lernen. Landsberg/Lech

Welge, M.K./Al-Laham, A. (2012): Strategisches Management. Grundlagen – Prozess – Implementierung. 6. Aufl., Wiesbaden

Weyer, M. (2011): Hours-per-vehicle controlling – the renaissance of staff productivity, in: International Journal of Production Research, 49. Jg., Nr. 11, S. 3271–3284

Wheelen, T.L./Hunger, J.D. (2012): Strategic Management and Business Policy. Achieving Sustainability. 13. Aufl., Upper Saddle River, NJ, USA

Wilde, K.D. (1989): Bewertung von Produkt-Markt-Strategien. Theorie und Methoden. Berlin

Williams, J. (1992): How Sustainable is your Competitive Advantage, in: California Management Review, 34. Jg., Nr. 1, S. 29–52

World Mine Cost Data Exchange Inc. (2005): World Mine Cost Data, Wilmington, DE, USA, www.minecost.com. Abrufdatum 10.10.2010

Zdrowomyslaw, N./Kasch, R. (2002): Betriebsvergleiche und Benchmarking für die Managementpraxis: Unternehmensanalyse, Unternehmenstransparenz und Motivation durch Kenn- und Vergleichszahlen. München

6 Analyse des Unternehmens

6.1 Überblick

Interne Faktoren bestimmen, ob und wie ein Unternehmen auf externe Veränderungen reagiert, um Wettbewerbsvorteile aufzubauen. Auf die große Bedeutung der internen Faktoren für die zukünftige Unternehmensentwicklung weist Penrose (2009) bereits Ende der 1950er Jahre hin. Während sich die Strategiediskussion in den 1960er und 1970er Jahren zunächst auf den Markt und die Unternehmensumwelt als Erfolgsfaktoren konzentrierte, bekamen in der Folge mit den Arbeiten von Wernerfelt (1984), Barney (1986) und Anderen die unternehmensinternen Faktoren unter dem Stichwort des Resource Based View (RBV) wieder mehr Aufmerksamkeit geschenkt.

Ressourcen sind materielle oder immaterielle Vermögensgegenstände, über die ein Unternehmen längerfristig verfügen kann, wie z. B. Marken, Technologien, qualifiziertes Personal, Verträge, Rechte, Maschinen, Prozesse, Rohstoffe und Kapital. Wettbewerbsvorteile ergeben sich daraus aber nur, wenn sich die Unternehmen entweder in der Ressourcenausstattung oder in der Ressourcennutzung unterscheiden. Wenn Ressourcen auf funktionierenden Märkten erworben werden, wird der Preis der Ressourcen ihrem wertschaffenden Potenzial entsprechen (Barney 1986). Deshalb ist es schwierig, aus einfachen, handelbaren Ressourcen Wettbewerbsvorteile oder überdurchschnittliche Gewinne zu generieren. Erkennt ein Unternehmen jedoch aufgrund von Informationsasymmetrien den Wert einer nicht oder wenig genutzten Ressource oder eine neue Anwendung für eine Ressource frühzeitig und sichert sich diese preisgünstig im erforderlichen Umfang, kann es damit einen Wettbewerbsvorteil gegenüber den Konkurrenten erlangen.

Eine Unternehmensübernahme bietet die Möglichkeit, schnell in den Besitz besonderer Ressourcen zu gelangen. Die erhofften Wettbewerbsvorteile und Gewinne stellen sich dann jedoch oft nicht ein (Denrell 2003), was einfach daran liegt, dass der Wert der Ressourcen des übernommenen Unternehmens meist auch den Konkurrenten bekannt ist und sich im Unternehmenswert widerspiegelt. Steigt z. B. als Folge einer Bieterschlacht der Preis noch weiter an, werden die Wettbewerbsvorteile zu teuer erkauft und die Akquisition rentiert sich nicht.

Komplexe Unternehmensressourcen ergeben sich aus der Kombination von einfachen und gehandelten Ressourcen mit eingespielten, erfahrenen Arbeitsteams, einem kreativen Management oder spezialisierten Fabrikanlagen und Distributionsnetzen. Solche komplexen Ressourcen können von Konkurrenten nur mit erheblichem Zeit- und Geldaufwand selbst aufgebaut, gegen Bezahlung mitbenutzt oder gekauft werden. So entsteht für komplexe Ressourcen ein begrenzter Schutz – der darauf beruhende Wettbewerbsvorteil bleibt zumindest für eine gewisse Zeit erhalten. Komplexe Ressourcen können quantitativ nur schwer bewertet werden, weil sie in hohem Maße prozessabhängig und unternehmensspezifisch ausgeprägt sind. Unternehmen können historisch gewachsene Ressourcenkombinationen verändern und strategische Chancen schaffen, wenn sie als Erste die neuen Möglichkeiten erkennen und realisieren (Derell 2003). Beispielsweise zwang Kapitalmangel – also fehlende Ressourcen – Toyota schon sehr frühzeitig, ein Produktionssystem mit Einbindung der Lieferanten und Just-in-Time-Logistik zu entwickeln. Dieses aus der Krise geborene Produktionssystem ermöglichte unter anderem eine schnellere Produktentwicklung, die sich später als entscheidender Wettbewerbsvorteil erweisen sollte.

Die Autoren des ressourcenorientierten Ansatzes verwenden beträchtliche Anstrengungen darauf, neue Begriffe und Definitionen einzuführen oder bestimmten Ressourcen eine jeweils entscheidende Bedeutung zuzuweisen. Aufgrund der uneinheitlichen Terminologie bleiben die theoretischen Grundlagen der internen Analyse dennoch sehr unübersichtlich (Übersichten in Lynch 2009, S. 145 oder Welge/Al-Laham 2012, S. 90). Trotz verschiedener Anstrengungen sind viele Begriffe unscharf; sie bleiben theoretisch und können in der Praxis nur schwer angewendet werden.

Ein typisches Problem birgt z. B. der Begriff der Ambiguität der Ressourcen – danach ist eine Unternehmensressource unter anderem dann besonders wertvoll, wenn die Konkurrenten sie ihrer Komplexität wegen nicht sicher identifizieren können (Barney 1986). Hier stellt sich allerdings die Frage, ob dies den Inhabern dieser Ressource tatsächlich besser gelingt als Dritten wie bspw. Börsenanalysten. So wird Undurchschaubarkeit zu einer tautologischen Erklärung, die nicht überprüfbar ist (Anonymus 2003).

Die neuere Theoriediskussion konzentriert sich stärker auf die Dynamik von Fähigkeiten und die Heterogenität des Wettbewerbs. Neben Unterschieden in der Ressourcenausstattung werden Fragen der Unternehmenskontrolle, der Wahrnehmung der externen Umwelt und die Industriestruktur zur Erklärung herangezogen (Hoppes 2003). Auswirkungen auf die Praxis des strategischen Managements z. B. in Form von neuen Werkzeugen hatte dies aber bisher nicht.

Ebenfalls zu Beginn der 1980er Jahre entstanden umfassende Ansätze zur Ressourcentheorie (Bower 1973; Gluck 1980; Porter 1985), die nicht einzelne Ressourcen oder deren Kombinationen, sondern die Konfiguration der Wertschöpfungskette insgesamt analysieren. Die prozessorientierte Sichtweise dieser wertkettenorientierten Ansätze ermöglicht eine systematische Analyse von Kosten und Quellen der Differenzierung. Wertkettenorientierte Ansätze betrachten Ressourcen als Voraussetzung für die erfolgreiche Durchführung von einzelnen Aktivitäten oder für die erfolgreiche Zusammenführung mehrerer Unternehmensaktivitäten.

Als Beispiele für die interne Analyse werden in diesem Buch die folgenden Instrumente vorgestellt:

- Der *VRIO-Rahmen* zur Bewertung von spezifischen Ressourcen und Fähigkeiten.
- Das *Ressourcen- und Fähigkeitsportfolio* zur Erfassung und Beurteilung wichtiger Ressourcen und Fähigkeiten für die Strategieentwicklung eines Unternehmens oder Geschäftsbereichs.
- Die *Wertkette* als Instrument zur umfassenden Analyse von Ressourcen innerhalb eines Unternehmens oder Geschäftsbereichs.

6.2   Interne Instrumente

6.2.1   Der VRIO-Rahmen

Der VRIO-Rahmen bewertet die Ressourcen und Fähigkeiten eines Unternehmens sowohl als mögliche Grundlage für Wettbewerbsvorteile als auch in ihrer strategischen Bedeutung. Dazu werden Ressourcen und Fähigkeiten den vier Kriterien 1. Bedeutung für die Wertschöpfung (**V**alue), 2. Seltenheit (**R**areness), 3. **I**mitierbarkeit durch die Wettbewerber und 4. Nutzbarkeit durch das eigene Unternehmen (**O**rganisation) unterzogen. Nur wenn eine Ressource oder Fähigkeit alle vier Kriterien erfüllt, lässt sich auf ihr ein nachhaltiger Wettbewerbsvorteil aufbauen.

Beschreibung und theoretischer Hintergrund

Mit dem VRIO-Rahmen (Barney 1995) werden interne Faktoren (Ressourcen und Kompetenzen) identifiziert, auf denen ein dauerhafter Wettbewerbsvorteil aufgebaut werden kann. Das VRIO-Konzept bezieht sich ursprünglich auf die SWOT-Analyse (Barney 1995). Die Stärken und Schwächen eines Unternehmens beruhen letztlich auf Ressourcen und Kompetenzen.

Der Wert einer Ressource ergibt sich aus ihrer Bedeutung für den Kunden, wenn damit für ihn ein Mehrwert geschaffen wird. Das Unternehmen kann mit den verfügbaren Ressourcen Chancen in der Unternehmensumwelt ergreifen oder externe Bedrohungen abwehren (Barney 1995). Der Wert von Ressourcen wird also durch Veränderungen der Unternehmensumwelt, z. B. Konsumentenpräferenzen, Industriestrukturen oder Technologien, beeinflusst und kann nicht statisch gesehen werden. Er hängt zudem von deren Dauerhaftigkeit ab (Wheelen/Hunger 2012, S. 164 ff.). So haben z. B. Patente nur eine begrenzte Laufzeit.

Die Seltenheit einer Ressource bestimmt, ob sich aus ihr Wettbewerbsvorteile entwickeln lassen. Sie ist dann nicht selten zu nennen, wenn die meisten Wettbewerber ebenfalls über sie verfügen. Möglicherweise ist der Besitz bestimmter Ressourcen einfach eine Grundvoraussetzung, um überhaupt in einer Branche langfristig erfolgreich tätig sein zu können; dann bietet sie keine Wettbewerbsvorteile.

Die Imitierbarkeit gibt Auskunft, ob und zu welchen Kosten die Wettbewerber die Ressource kopieren oder imitieren können. Ein Schutz vor Imitationen kann in Eigentumsrechten, hohen Lern- und Entwicklungskosten oder einer kausalen Ambiguität bestehen. Der Begriff der kausalen Ambiguität bezeichnet die fehlende Transparenz nach außen – es besteht Unklarheit darüber, worauf besondere Ressourcen und Fähigkeiten eines Unternehmens beruhen. Die Wettbewerber sind nicht in der Lage, Zusammenhänge bei der Kombination von Ressourcen und Fähigkeiten vollständig zu verstehen (Wheelen/Hunger 2012, S. 165). So gilt bspw. das Toyota-Produktionssystem als wichtige Ressource des Unternehmens, dessen einzelne Bestandteile allgemein bekannt sind und oft eingesetzt werden. Als Ganzes lässt es sich jedoch nur schwer kopieren, da den Wettbewerbern das Verständnis der Zusammenhänge seiner einzelnen Bestandteile und die praktische jahrzehntelange Erfahrung fehlen.

Je höher die Kosten des Erwerbs sind oder je länger es dauert, die Ressource selbst aufzubauen, desto schwerer ist sie nachzuahmen. Dies gilt vor allem für komplexe soziale Ressourcen wie Wissensnetzwerke oder sehr gut eingespielte Arbeitsabläufe und Organisationen, die das Resultat vieler kleiner Entscheidungen sind. Allerdings können Ressourcen auch substituiert werden. Dies ist immer dann der Fall, wenn z. B. bestehende Patente durch neue Technologien oder Verfahren umgangen werden können.

Um eine Ressource nutzen zu können, muss das Unternehmen entsprechend organisiert sein. Die Informations-, Entscheidungs-, Berichts- und Kontrollsysteme, die Kultur und die Struktur des Unternehmens müssen auf die Nutzung der Ressource zugeschnitten sein oder dürfen ihre Nutzung zumindest nicht erschweren. Die klassischen negativen Beispiele zeigen die Unfähigkeit vieler Unternehmen, Erfindungen und Innovationen aus dem eigenen Haus aufzugreifen, erfolgreich umzusetzen oder zu vermarkten. So verdankt z. B. der SAP-Konzern sein Entstehen der Tatsache, dass IBM damals nicht in der Lage oder willens war, die im eigenen Haus entwickelten Ansätze für integrierte betriebswirtschaftliche Softwareprogramme aufzugreifen.

Praktische Anwendung

Schritt 1: Zusammenstellen der Ressourcen und Fähigkeiten

Als Grundlage für die Anwendung des VRIO-Konzepts sind die ermittelten Stärken, Schwächen, Ressourcen oder Fähigkeiten aufzulisten, zu definieren (und damit genauer abzugrenzen und ggf. einzuschränken), zu lokalisieren (wo im Unternehmen sind sie angesiedelt?) und nach Möglichkeit zu quantifizieren. Bei einfach strukturierten Ressourcen kann das Ausmaß meist bestimmt werden (z. B. wie viele Experten mit einer bestimmten Qualifikation sind vorhanden?). Komplexe Ressourcen lassen sich über ihren Output oder ihre Ergebnisse näher beschreiben (z. B. wie viele neue Produkte kann eine Abteilung pro Jahr entwickeln, wie lange ist die Durchlaufzeit?).

Schritt 2: Bewertung nach den vier Kriterien

Anhand der vier Kriterien erfolgt dann eine qualitative Beurteilung der Ressourcen. Ggf. können weitere Einzelkriterien aufgestellt und mit einer Nutzwertanalyse aggregiert werden.

Analyse des Werts (Value)

Für die einzelnen Faktoren muss ermittelt werden, ob sie dazu beitragen, für den Kunden einen höheren Wert zu schaffen. Dieser Wert kann in geringeren Kosten, in einer besseren Qualität des Produkts oder der Art der Produktbereitstellung liegen – es muss also ein Wettbewerbsvorteil ableitbar sein. Sinnvoll ist dazu die Bestimmung des Zusammenhangs zwischen Kaufentscheidungen und Leistungsmerkmalen; diese erfolgt mit Hilfe der Marktforschung und der Conjoint-Analyse (vgl. z. B. Gustafson 2003). Bei Nischenstrategien muss dazu unbedingt das richtige Kundensegment befragt werden.

Analyse der Seltenheit (Rareness)

Die bekannten Wettbewerber sind daraufhin zu prüfen, ob sie ebenfalls über die identifizierten Ressourcen und Fähigkeiten verfügen. Quellen hierfür können die veröffentlichten Geschäftsberichte der Konkurrenzunternehmen, Medienberichte über diese oder Branchenanalysen sein. Indirekt können aus dem Organigramm, den Eigenschaften der Produkte oder den Geschäftsberichten Rückschlüsse auf die Ressourcen gezogen werden. Darüber hinaus ist zu prüfen, in welchem Umfang die Wettbewerber die Ressourcen und Fähigkeiten besitzen, wobei hier nur sehr große Unterschiede von Belang sind. Die Bewertung der Seltenheit hängt auch von der Zahl der Mitbewerber ab. Bei ganz entscheidenden Ressourcen kann es sinnvoll sein, nach Unternehmen zu suchen, die im Besitz solcher Ressourcen sind und daher in Zukunft als Mitbewerber auftreten können. Aus praktischen Gründen wird dies auf ähnliche Branchen beschränkt bleiben.

Analyse der Imitation durch die Wettbewerber (Imitability)

Für die einzelnen Ressourcen und Fähigkeiten sind nacheinander folgende Aspekte zu prüfen:

- Sind die Ressourcen in ausreichender Menge verfügbar und werden sie gehandelt? Dies trifft vor allem für einfache handelbare Ressourcen wie Marken, Lizenzen, Patente, Grundstücke, Maschinen und Personal zu. Eine mangelnde Verfügbarkeit wird in der Regel dazu führen, dass die Ressource im Wert steigt und Investitionen in deren Bereitstellung erfolgen. Somit wird dieser Mangel mittel- bis langfristig abgestellt werden. Die Ressourcen müssen darüber hinaus auch ausreichend mobil sein.
  Bei einfachen Ressourcen ist zu prüfen, ob sie durch Eigentumsrechte vor den Wettbewerbern gesichert werden können und wie lange der Schutz anhält. Die Frage der Substituierbarkeit ist oft schwer zu beantworten, weil neue Wertketten oder Geschäftsmodelle schwer vorherzusehen sind. Eine Substitution kann erfolgen, indem Unternehmen bestimmte Leistungen und Ressourcen einkaufen, z. B. Entwicklungsarbeiten (Know-how) oder einzelne Produktionsschritte von spezialisierten Unternehmen durchführen lassen.
- Bei komplexeren Fähigkeiten stellt sich nicht die Frage nach dem Erwerb, sondern nach der Imitation und den damit verbundenen Kosten. Die notwendigen Lern- und Entwicklungskosten können aus den eigenen Aufwendungen und dem Vergleich der eigenen ehemaligen Startposition mit der der heutigen Konkurrenten abgeschätzt werden. Wenn die Fähigkeit auf explizitem Wissen beruht, stellt sich die Frage, wie viel davon frei verfügbar ist oder indirekt bei Zulieferern, Kunden oder Branchenfachleuten abgefragt werden kann. Dies kann die Lern- und Entwicklungskosten deutlich senken.
  Implizites Wissen kann ein Wettbewerber vor allem durch die Abwerbung von Personal erhalten. Die Schutzmaßnahmen für komplexe Fähigkeiten bestehen vor allem in deren Geheimhaltung, einer Aufteilung der Fähigkeiten, des Wissens und der Zusammenhänge und einer engen Bindung der Träger der Fähigkeiten an das Unternehmen. Die kontinuierliche Weiterentwicklung komplexer Fähigkeiten vermag zwar nicht vor der Imitierung durch die Wettbewerber zu schützen, kann aber einen permanenten Vorsprung gegenüber den Wettbewerbern ermöglichen, weil diese zwar imitieren können, aber immer wieder neu aufholen müssen. Schließlich stellt sich die Frage, ob die komplexen Ressourcen und Fähigkeiten für die Wettbewerber transparent genug sind, um sie kopieren zu können. Um die wirklichen Ursachen von Wettbewerbsvorteilen zu verschleiern, kann ein Unternehmen versuchen, in scheinbaren Aktivitäten, Verlautbarungen oder mittels Marketing andere Ressourcen oder Fähigkeiten in den Vordergrund zu stellen.

Analyse der Nutzbarkeit im bestehenden Unternehmen (Organisation)

Zuletzt ist zu prüfen, ob die Organisation in der Lage ist, die vorhandenen Ressourcen und Fähigkeiten umfassend zu nutzen. Dazu sind meist komplementäre Ressourcen wie bspw. der Zugang zu Kapital oder zu Vertriebskanälen notwendig. Die Organisationsstruktur, die Management- und Kontrollsysteme sowie die Anreizsysteme innerhalb des Unternehmens spielen ebenfalls eine wichtige Rolle hinsichtlich der Nutzbarkeit. Schwerer und nur langfristig zu beeinflussen ist die Unternehmenskultur, wenn sie der Nutzung bestimmter Ressourcen im Wege steht.

Schritt 3: Gesamtbewertung

Die Auswertung erfolgt in einer tabellarischen Übersicht (Abb. 6—1). Die Kriterien werden darin lediglich als zutreffend bzw. nicht zutreffend mit einem „X" markiert. „X" für alle vier Kriterien steht für eine nachhaltige Stärke oder „distinctive competency", die dem Unternehmen längerfristig einen deutlichen Vorteil gegenüber der Konkurrenz verschaffen kann.

Ressource	Wert	Seltenheit	Imitierbarkeit	Organisation	Kommentar
A	x				Standardressource der Branche
B	x	x			Kein dauerhafter Wettbewerbsvorteil ableitbar, schnelles Aufholen der Konkurrenz zu erwarten
C	x	x	x		Derzeit nicht nutzbar: Ist eine Veränderung der Organisation möglich? Was ist für die Nutzung der Ressource notwendig?
D	x	x	x	x	Grundlage für langfristige Wettbewerbs-vorteile, muss in den Strategie-optionen berücksichtigt werden
E		x	x	x	Neue Geschäftsfelder, Geschäfts-modelle oder Kunden suchen, bei denen die Ressource Wertschaffung ermöglicht
F					Offensichtlich wertlose Ressource – nicht weiter in sie investieren

Abb. 6—1: VRIO-Bewertung und Schlussfolgerungen

Im Beispiel (Abb. 6—2) werden die Ressourcen der Advanced Risc Machines (ARM) plc eines britischen Mikroprozessortechnologie-Anbieters analysiert (ARM 2010; Wedel 2011). ARMbietet stromsparende Prozessoren für mobile Geräte in einem Geschäftsmodell mit Lizenzierung, kundenspezifischem Design und ohne eigene Produktion an.

Ressource	Wert	Seltenheit	Imitierbarkeit	Organisation	Kommentar
Technologie-plattform RISC	✓	✓	✓	✓	Stromsparend und kostengünstig für mobile Geräte, eingeführte Technologie außer für PC
Standorte UNI/IT-Cluster	✓			✓	Nützlich, aber nicht selten und imitierbar
Kooperation mit 230 Halbleiter-herstellern	✓	(✓)	(✓)	✓	Nur langfristig aufzubauen, Branche verfügt über Standards, spezifisch für das Geschäftsmodell
Wissenspotenzial der Mitarbeiter	✓	✓	✓	✓	1.100 von 1.700 Mitarbeitern in Forschung und Entwicklung tätig
Know-how und Management für kurze Ent-wicklungszeiten	✓	(✓)		✓	Braucht Zeit zum Aufbau, hängt stark mit einer besonderen Unternehmenskultur zusammen
Unternehmens-struktur	✓	✓	(✓)	✓	Braucht Zeit zur Entwicklung und Veränderung, abhängig von Unternehmensgröße
Personal-management	✓	✓		✓	Teilweise Wissen in forschungsintensiven Branchen, grundsätzlich imitierbar
Teamarbeit	✓	✓	(✓)	✓	Langwieriger Lern- und Entwicklungsprozess
Lizenzmodell für langfristige Er-träge	✓	✓		✓	700 Lizenzen, sichert langfristig Erträge, spezifisch für Geschäftsmodell

Abb. 6—2: Bewertung der Ressourcen am Beispiel der ARM

Aus der VRIO-Analyse lässt sich ablesen, dass die Technologieplattform und das Wissen der Mitarbeiter langfristig die entscheidenden Ressourcen sind. Alle anderen Ressourcen können zumindest mittel- und langfristig von Wettbewerbern erworben, aufgebaut oder imitiert werden.

Kritik des Instruments

Das Konzept eignet sich gut zur Erklärung bereits erreichter Wettbewerbsvorteile von Unternehmen, aber weniger gut zur Beantwortung der Frage, wie und mit welchen der vorhandenen Ressourcen Wettbewerbsvorteile erzielt werden können. Das liegt möglicherweise daran, dass Ressourcen und Fähigkeiten sehr stark branchen- und technologiespezifisch begründet sind. Managementkonzepte können solche Zusammenhänge mit übergreifenden und allgemeinen abstrakten Kriterien nur schwer erfassen und voraussagbar machen.

Priem/Butler (2001) betrachten das VRIO-Konzept als Tautologie. Wertvolle Ressourcen sind die Basis für Effizienz und Effektivität und ermöglichen damit den Aufbau von Wettbewerbsvorteilen, die wiederum selbst als Effizienz und Effektivität definiert sind. Daher ist eine empirische Überprüfung und Ableitung von Voraussagen nicht möglich.

Ein weiterer Kritikpunkt betrifft die Subjektivität der Bewertung einer Ressource anhand der vier Kriterien. Barney (2001) selbst räumt ein, dass deren Erfassung mit genaueren Messgrößen verbessert werden müsste.

Bei der Beurteilung des Werts einer einzelnen Ressource ist zu bedenken, dass eine neue Konfiguration von Ressourcenkombinationen den gleichen Wert ergeben kann, so dass die Bewertung unrealistisch wird. Auch ist die Substituierbarkeit von Ressourcen schwer vorherzusehen. Konkurrenten, die den Wert einer seltenen und schwer duplizierbaren Ressource erkannt haben, werden sich darauf konzentrieren, ein einfaches Substitut zu finden, z. B. durch neue Geschäftsmodelle, Technologien oder Vertriebswege. Solche Innovationen sind selten vorauszusagen und können bei der Beurteilung von Ressourcen kaum berücksichtigt werden. Die Einschätzung der eigenen Organisation zur Nutzbarkeit vorhandener Ressourcen schließlich wird in der Praxis unter der gewöhnlich vorhandenen Betriebsblindheit leiden – das Management hat Schwierigkeiten, Unzulänglichkeiten in der Organisation und Unternehmenskultur zu erkennen und zu beseitigen.

Strategische Bedeutung und Nutzen
Das VRIO-Konzept ermöglicht eine Einschätzung der Ressourcen nicht nur in Bezug auf die externen Faktoren, sondern vor allem im Hinblick auf ihre Bedeutung für die Schaffung langfristiger Wettbewerbsvorteile. Daraus kann abgeleitet werden, auf welche Ressourcen eine Strategie langfristig abgestellt werden soll. Gleichzeitig wird verhindert, dass eine Strategie auf Ressourcen beruht, die keine Grundlage für nachhaltige Wettbewerbsvorteile bieten. Sollten vorhandene Ressourcen kein derartiges Potenzial bergen, kann nach Strategien gesucht werden, sie durch ein darauf abgestelltes neues Geschäftsmodell aufzuwerten. Der VRIO-Ansatz ist eher bei der Neuentwicklung einer Strategie als bei ihrer Weiterentwicklung einsetzbar, da er zu wenig differenziert ist.

Eine VRIO-Analyse liefert Anhaltspunkte dafür, wie die Ressourcen und Fähigkeiten geschützt werden können – durch Eigentumsrechte, Erhöhung der Kosten der Imitation oder Verringerung der Transparenz; und auch dafür, welche Ressourcen geschützt, erhalten oder weiter ausgebaut werden müssen. Das Management der internen Ressourcen wird somit zwangsläufig Bestandteil der strategischen Planung. Falsche Entscheidungen durch ein kurzfristiges Kostendenken werden damit zwar nicht unterbunden, zumindest aber erschwert.

Ein besonderer Wert des VRIO-Ansatzes ist darin zu sehen, dass er bei stringenter Umsetzung das Unternehmen dazu zwingt, sich mit internen Hemmnissen bei der Nutzung von Ressourcen auseinanderzusetzen und diese zu überwinden.

Ähnliche Instrumente

Ressourcen- und Fähigkeits-Portfolio
Hier steht der Wert der Ressource im Vordergrund (vgl. Abschn. 6.2.2). Seine Bestimmung erfolgt methodisch. Grant (2010, S. 126-131) bewertet die Ressourcenstärke im Verhältnis zum Branchendurchschnitt, das Kriterium Seltenheit fließt damit nur implizit ein, wie auch

die anderen Kriterien des VRIO-Konzeptes bei Grant nur implizit berücksichtigt werden. Insgesamt liefert das Ressourcen-/Fähigkeitsportfolio ein zwar differenzierteres, aber eher statisches Bild. Aus den Ergebnissen lassen sich relativ direkt strategische Optionen ableiten, so dass der Ansatz über die Analyse hinausreicht und zur Strategieformulierung genutzt werden kann.

Überschneidungen mit anderen Instrumenten

SWOT
Die VRIO-Analyse kann, wie von Barney (1995) vorgeschlagen, benutzt werden, um die in einer SWOT-Analyse (vgl. Abschn. 4.2.1) ermittelten Stärken hinsichtlich ihrer Bedeutung für die Erlangung von Wettbewerbsvorteilen und als mögliche Ausgangsbasis für eine Strategie zu bewerten.

Wertkette
Die Wertkette (vgl. Abschn. 6.2.3) bewertet Ressourcen indirekt über ihre Bedeutung für den Wertschöpfungsprozess des Unternehmens. Die Bewertung ist funktional orientiert, konkret und erfolgt direkt über den Kundennutzen durch Kosten- und Differenzierungsvorteile. Sie wird dadurch zielgerichteter. Allerdings ist die Bewertung stets an eine bestimmte Konfiguration der Wertkette gebunden.

6.2.2   Das Ressourcen- und Fähigkeits-Portfolio

Notwendige Ressourcen und Fähigkeiten eines Unternehmens können aus branchenspezifischen Schlüsselerfolgsfaktoren abgeleitet werden. Damit wird eine gezielte Suche und wettbewerbsorientierte Bewertung der Ressourcen und Fähigkeiten des Unternehmens ermöglicht. Die Darstellung der Ergebnisse in einer Matrix mit den Achsen „strategische Bedeutung der Ressource" und „relative Ressourcenstärke" verdeutlicht übersichtlich die internen Stärken und Schwächen des Unternehmens. Das ermöglicht begründete Entscheidungen für das Management der Ressourcen und eine ressourcenorientierte Strategieentwicklung.

Beschreibung und theoretischer Hintergrund
Grant (2013, S. 116-135) schlägt als Vorgehensweise für die Analyse der Ressourcen und Fähigkeiten einen kausalen Ansatz auf Basis der Schlüsselerfolgsfaktoren einer Branche vor. Die Suche nach den relevanten internen Faktoren erfolgt somit gezielt. Sie knüpft an die Stärken und Schwächen der SWOT-Analyse an: "The history of strategic management research can be understood as an attempt to 'fill the blanks' created by the SWOT-framework; i. e. to move beyond suggesting that strengths, weaknesses are important for understanding competitive advantage to suggest models and frameworks that can be used to analyze and evaluate these phenomena" (Barney 1995, S. 49).

Die internen, strategisch relevanten Faktoren (Grant 2013, S. 116 ff.) werden unterschieden in:

- *Materielle Ressourcen* wie Fabriken, Kapital, Bodenschätze oder Standorte. Hart (1995) ergänzt die Systematik um die natürlichen Ressourcen, da die Ökosysteme den Unternehmen zunehmend Grenzen setzen.
- *Immaterielle Ressourcen* wie Wissen, Fähigkeiten, Technologie, Rechte oder Marken.
- *Humanressourcen* wie individuelles Wissen, Qualifikation, Motivation und die Fähigkeit zur Zusammenarbeit sowie die Unternehmenskultur.
- *Komplexe organisatorische Fähigkeiten* des Unternehmens in Führung und Management sowie in Prozessen und in Routinen, um die Unternehmensressourcen gezielt einzusetzen und miteinander zu kombinieren. Diese Fähigkeiten beziehen sich auf einzelne Funktionen wie auch auf das ganze Unternehmen.

Komplexe Fähigkeiten werden auch als Kompetenzen bezeichnet. Sie werden definiert als funktionenübergreifende Integration und Koordination von Fähigkeiten zur Nutzung der vorhandenen Ressourcen (Wheelen/Hunger 2012, S. 162 f.). Das Konzept der Kompetenzen verlagert die Sichtweise von einer statischen Ressourcenausstattung des Unternehmens hin auf eine dynamische Betrachtung der Ressourcennutzung und der dazu erforderlichen Fähigkeiten. Das Konzept der Kernkompetenzen (Hamel/Prahalad 1990, S. 221 ff.) geht dann über eine strategische Geschäftseinheit hinaus und bezieht sich auf Konzerne mit mehreren strategischen Geschäftseinheiten, die aus den dort vorhandenen Kernkompetenzen und Kerntechnologien Kernprodukte entwickeln und diese immer wieder neu kombinieren, um erfolgreich neue Geschäftseinheiten zu entwickeln. Um eine Kernkompetenz handelt es sich nur dann, wenn sie Zugang zu mehreren Märkten eröffnet, wesentlich zum Kundennutzen beiträgt und nur langsam aufgebaut werden kann.

Grant (2013, S. 116 f.) leitet aus Schlüsselerfolgsfaktoren Aktivitäten ab, die notwendig sind, um diese zu erfüllen. Für derartige Aktivitäten benötigt das Unternehmen wiederum bestimmte Ressourcen. So kann z. B. das Produktdesign einer der Schlüsselerfolgsfaktoren einer Branche sein. Ein Unternehmen kann diese Aktivität aber auch auslagern, so dass es keine Designkompetenz und fähigen Produktdesigner benötigt. Für die Ressourcen selbst macht das Modell keine Vorgaben, d. h., es lässt sich auf einfache physische Ressourcen bis hin zu komplexen Kernkompetenzen anwenden. Im nächsten Schritt wird die Ausprägung der notwendigen Ressourcen hinsichtlich ihrer Stärke im Verhältnis zur Konkurrenz geprüft. Darüber hinaus werden sonstige, besonders ausgeprägte Ressourcen im Unternehmen ermittelt, die nicht im direkten Zusammenhang mit den Schlüsselerfolgsfaktoren stehen. Anschließend erfolgt eine Bewertung aller Faktoren in ihrer Bedeutung für den Unternehmenserfolg. In einer Matrix mit den Achsen Ressourcenstärke und Bedeutung für den Unternehmenserfolg werden sie dann in die vier Gruppen Schlüsselstärken, Schlüsselschwächen, überflüssige Stärken und irrelevante Ressourcen eingeteilt (Abb. 6—4). Daraus können Strategieoptionen abgeleitet und Maßnahmen zum Umgang mit den Ressourcen ergriffen werden.

Praktische Anwendung
Zur Vorbereitung sind für eine Geschäftseinheit oder das Unternehmen die Schlüsselerfolgsfaktoren zu ermitteln (vgl. Abschn. 5.2.9).

Schritt 1: Ableitung notwendiger Ressourcen und Fähigkeiten

Jeder der ermittelten Schlüsselerfolgsfaktoren wird anhand einer Wertkette (oder noch konkreter: der realen Prozesskette) für Leistungserstellung und -absatz auf einzelne, miteinander verbundene Aktivitäten zurückgeführt. Weiterverfolgt werden nur diejenigen Aktivitäten, die im Unternehmen selbst stattfinden. Für sie wird nun geprüft, welche Fähigkeiten zu ihrer erfolgreichen Durchführung erforderlich sind und welche Ressourcen dabei benötigt werden. Grant (2013, S. 117 ff.) weist darauf hin, dass dabei neben den physischen, menschlichen und finanziellen Ressourcen auch das notwendige Wissen, die Eignung der Organisation und die Reputation bei den Kunden zu berücksichtigen sind. Zusätzlich wird die Liste um Ressourcen und Fähigkeiten des Unternehmens ergänzt, die stark ausgeprägt sind oder aus anderen Gründen als wichtig eingeschätzt werden. Sowohl die für die Schlüsselerfolgsfaktoren notwendigen als auch die unabhängig davon ermittelten Ressourcen und Fähigkeiten werden in einer Liste zusammengestellt. Grant unterscheidet dabei einerseits Ressourcen und andererseits Fähigkeiten oder Kompetenzen.

Grant gibt keine expliziten Auswahlprinzipien für Ressourcen und Fähigkeiten vor. Implizit kann jedoch aus der Orientierung an Schlüsselerfolgsfaktoren abgeleitet werden, dass nur die grundsätzlich notwendigen Ressourcen und Fähigkeiten zur Tätigkeit in der Branche zu erfassen sind. Aus praktischen Gründen sollten insgesamt nicht mehr als 20 Ressourcen und Fähigkeiten erfasst werden.

Schritt 2: Bewertung der Bedeutung und der relativen Stärke der Ressourcen und Fähigkeiten

Zunächst wird die strategische Bedeutung der einzelnen Ressourcen für den Unternehmenserfolg auf einer Skala von 1 (unwichtig) bis 10 (sehr wichtig) bewertet. Diese Bewertung orientiert sich an den Entscheidungskriterien der Kunden und an der Bedeutung für die Rentabilität des Unternehmens und ist methodisch eine qualitative Beurteilung.

Danach wird die Stärke jedes Faktors geprüft, und zwar relativ zur Stärke der Ausprägung der Ressourcen und Fähigkeiten bei den Wettbewerbern. Die Bewertung sollte sich auf messbare Kenngrößen (z. B. aus Benchmarking-Prozessen) oder gut nachvollziehbare Beurteilungen stützen. Sie erfolgt wiederum auf einer Skala von 1 bis 10, wobei eine 5 dem Durchschnitt aller Wettbewerber entspricht, die 1 dem schlechtesten und die 10 dem besten Wert der Branche.

Die Bewertungen können überprüft werden, wenn die Analyse für mehrere Unternehmen erfolgt. Für jeden Faktor werden die Werte für Bedeutung und Stärke miteinander multipliziert. Anschließend werden alle so entstandenen Werte addiert. Die Gesamtwerte sollten in der Reihenfolge der relativen Wettbewerbsfähigkeit und dem relativen Erfolg der Konkurrenten entsprechen. Ist dies nicht der Fall, wurden entweder nicht die richtigen Faktoren identifiziert oder die jeweilige Ausprägung in jedem Unternehmen unzutreffend bewertet. In solchen Fällen müssen die Faktoren und deren Bewertung noch einmal kritisch hinterfragt werden.

Diese beispielhafte Analyse der internen Ressourcen wurde für den Kugellagerhersteller SKF zu Beginn der 1990er Jahre vorgenommen (Abb. 6—3).

	Bezeichnung	Relative Stärke	Strategische Bedeutung
Ressourcen	1. Weltweites Kundennetzwerk	8	7
	2. Globale Produktions-, Distributions- und Servicenetzwerke	8	8
	3. Kosteneffiziente Fertigung	5	7
Fähigkeiten	4. Konstruktion und Fertigung der Produkte	6	6
	5. Konstruktion für kundenspezifische Anforderungen	9	6
	6. Metallurgie	8	2
	7. Anwendungs-Know-how	9	7
	8. Just-in-time-Logistik	9	7
	9. Anpassung an wechselnde Bedingungen im internationalen Geschäft	9	7

Abb. 6—3: Stärke und Bedeutung von Ressourcen/Fähigkeiten am Beispiel der SKF (Quelle: in Anlehnung an Grant 2013; Collis 1991)

Schritt 3: Auswertung

Aus den Werten kann für jede Ressource in einer Matrix mit den Achsen strategische Bedeutung und relative Stärke eine Position ermittelt und eingetragen werden. Auf diese Weise entsteht eine Matrix mit vier Feldern (Abb. 6—4).

Die Entwicklung und Formulierung von Strategien lässt sich nun aus dem Verteilungsmuster der Ressourcen und Fähigkeiten ableiten. Schlüsselressourcen und -fähigkeiten sollten optimal genutzt werden – die strategischen Optionen sind auf das jeweilige Verteilungsmuster abzustellen. Zusätzlich sind weitere Einsatzmöglichkeiten und Geschäftsfelder, in denen diese Schlüsselressourcen und -fähigkeiten einsetzbar sind, zu ermitteln und zu prüfen. Schlüsselressourcen und -fähigkeiten müssen erhalten, gepflegt und weiterentwickelt werden.

Für die ermittelten Schwächen bei Schlüsselressourcen und -fähigkeiten bestehen mehrere grundlegende Optionen: Sie können eventuell durch Outsourcing kompensiert oder kurzfristig eingekauft werden (z. B. durch den Erwerb eines anderen Unternehmens, das über derartige Ressourcen verfügt). In diesem Fall müssen neue organisatorische Voraussetzungen zur Nutzung der neuen Ressourcen geschaffen werden. Andernfalls sind solche Schwächen meist nur mittel- bis längerfristig und kostspielig zu kompensieren.

Nur in wenigen Fällen können Marketingmaßnahmen Schwächen in Stärken verwandeln – in der Regel gelingt das nur in Marktnischen. Ein gutes Beispiel dafür bietet die alte Technik der Motorradmarke Harley-Davidson, die aber wesentlich zum Kultcharakter beiträgt.

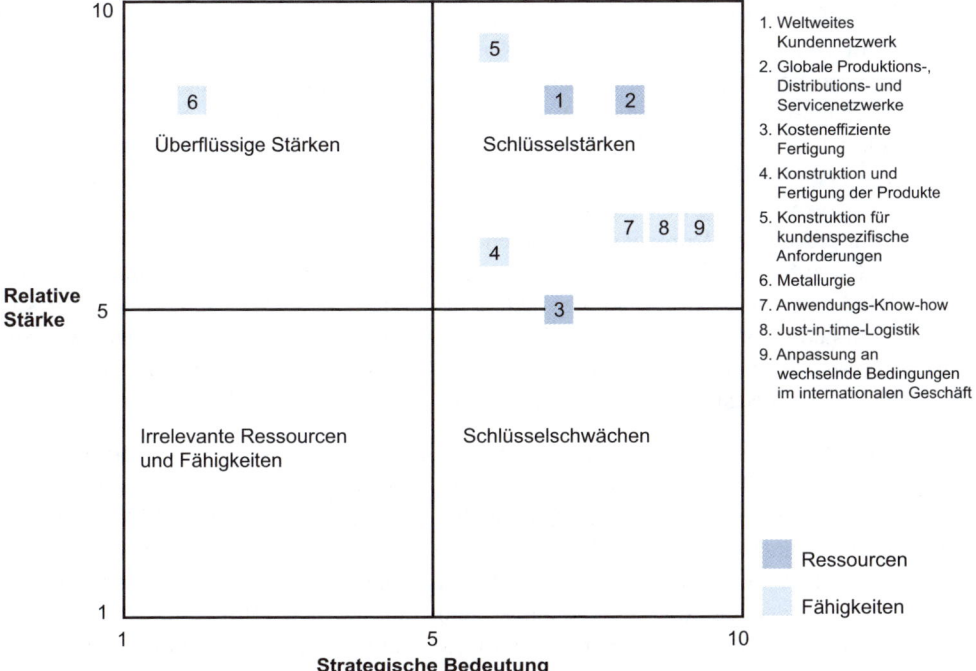

Abb. 6—4: Ressourcenportfolio am Beispiel der SKF (Quelle: in Anlehnung an Grant 2013; Collis 1991)

Finden sich überflüssige Schlüsselressourcen und -fähigkeiten, ist zu prüfen, inwieweit diese in neuen Geschäftsfeldern verwendet oder für neue Differenzierungsmerkmale genutzt werden können. Andernfalls sollten sie abgestoßen und verwertet werden.

Im Beispiel SKF (Abb. 6—4) entsprechen die Ressourcen der Differenzierungsstrategie eines globalen Technologieführers. Die überflüssige Stärke im Bereich Metallurgie wurde in eine Kooperation mit einem Stahlhersteller eingebracht. Aus heutiger Sicht sind die Ressource 2 (Globale Produktions-, Distributions- und Servicenetzwerke) und die Fähigkeit 8 (Just-in-Time-Logistik) zu Grundanforderungen der Branche geworden.

Kritik des Instruments

Grundlegend problematisch an diesem Ansatz ist die Bestimmung der strategischen Bedeutung der Ressourcen und Fähigkeiten. Maßgeblich sollten dabei zwar Fakten sein. Da diese jedoch sehr komplex und schwierig zu messen sind, muss hier zwangsläufig oft mit subjektiven Schätzungen gearbeitet werden. Die gleiche Kritik gilt in geringerem Maße auch für die Bestimmung der relativen Stärke von Ressourcen und Fähigkeiten. Die Probleme hierbei können mit spezifischen, auf die jeweilige Ressource oder Fähigkeit bezogenen Messgrößen für einfachere Ressourcen und Fähigkeiten meist gelöst werden. Deutlich schwieriger wird dies mit zunehmender Komplexität der Ressourcen und Fähigkeiten.

Der Ansatz von Grant geht von allgemeingültigen Schlüsselerfolgsfaktoren in einer Branche aus. Die Wahl von generischen Strategien (Kostenführerschaft oder Differenzierung) setzt gleichzeitig einen Schwerpunkt im Hinblick auf spezifische Schlüsselerfolgsfaktoren (Grant 2013, S. 177 ff.). Hier kann eingewendet werden, dass je nach verfolgtem Strategietyp ganz andere Schlüsselerfolgsfaktoren berücksichtigt werden müssen und eine unterschiedliche Schwerpunktsetzung innerhalb eines gleichen Sets von Schlüsselerfolgsfaktoren nicht ausreicht. Die Analyse der internen Faktoren auf der Basis der Schlüsselerfolgsfaktoren führt zwar zu einem gezielteren Vorgehen, aber auch zu einer Einengung des Blickwinkels. Ausgehend von den aktuellen Schlüsselerfolgsfaktoren ergibt sich ein statisches Bild des Wettbewerbs. Schlüsselerfolgsfaktoren können sich aber verändern. Werden Stärken und Schwächen des Unternehmens zunächst ohne Vorbedingungen wie in SWOT analysiert, können besondere Ressourcen und Fähigkeiten identifiziert werden, die in der Branche bisher keine Rolle spielen, aber als Basis für neue Strategien und Geschäftsmodelle dienen können.

Die Stärke der Ressourcen und Fähigkeiten ist nicht eindeutig und kann weiter differenziert werden. Brownlie (1989) nennt neben dem bloßen Vorhandensein einer Ressource als weitere Bewertungskriterien die Effizienz (Output-/Input-Verhältnis) und die Effektivität (Erreichbarkeit von unternehmensspezifischen Zielen) der Ressource. Die Bewertung kann außer im Vergleich zum Wettbewerb auch in der zeitlichen Entwicklung oder normativ am Erreichen selbst- oder fremdgesteckter Ziele gemessen werden (Brownlie 1989). Diese Beispiele zeigen, dass die Messung der Ressourcenstärke selbst ein komplexes Problem darstellt.

Strategische Bedeutung und Nutzen
Grant beschreibt die Auswahl der Ressourcen und Fähigkeiten und den dabei zu wählenden Detaillierungsgrad methodisch nicht genauer. Der Fortschritt gegenüber der SWOT-Analyse besteht vorwiegend in einer Eingrenzung auf erfolgsrelevante Faktoren und deren Unterteilung in Ressourcen und Fähigkeiten. Das ermöglicht einen zielgerichteten Blick auf die internen Faktoren. Die Einordnung in die Matrix klassifiziert die internen Faktoren und fördert ein strukturierteres Vorgehen und eine strukturierte Diskussion.

Das Ressourcen- und Fähigkeitsportfolio lenkt die Aufmerksamkeit auf die internen Voraussetzungen für den Unternehmenserfolg. Das Management des Unternehmens kann aus den Analyseergebnissen notwendige und sinnvolle Maßnahmen zum Aufbau, zur Pflege und zum Ausbau innerer Stärken ableiten, die Potenziale der vorhandenen Ressourcenausstattung erkennen und sie dann im Wettbewerb optimal einsetzen. Schließlich können durch den Abgleich der externen Anforderungen mit den Möglichkeiten des Unternehmens Erkenntnisse zu erfolgversprechenden Strategien gewonnen werden. Mit Hilfe des Ressourcen- und Fähigkeiten-Portfolios lassen sich bezüglich In- und Outsourcing strategisch begründete Entscheidungen treffen.

Das Instrument eignet sich vor allem für bestehende Geschäfte und Branchen, in denen die Schlüsselerfolgsfaktoren genau bekannt sind und die Wettbewerber über eine prinzipiell ähnliche Ressourcenausstattung bei gleichzeitig deutlich unterschiedlichen Ressourcenstärken verfügen.

Ähnliche Instrumente

SWOT/TOWS

Interne Faktoren des Unternehmens werden in der SWOT-Analyse (vgl. Abschn. 4.2.1) anhand von Checklisten systematisch überprüft und Besonderheiten festgestellt. Die Bedeutung dieser Stärken und Schwächen ergibt sich erst in Bezug auf die externen Faktoren (vgl. Abschn. 4.2.2).

VRIO-Rahmen zur Bewertung von Ressourcen und Fähigkeiten

Im VRIO-Rahmen für Ressourcen und Fähigkeiten (vgl. Abschn. 6.2.1) ist der Wert der Ressource nur ein Kriterium unter anderen, die Ressourcenstärke wird nicht gemessen – eine Ressource ist entweder vorhanden oder nicht. Die Kriterien Imitierbarkeit durch Wettbewerber und Nutzbarkeit in der eigenen Organisation werfen eher grundsätzliche Fragen auf und geben Hinweise auf die Dynamik der Ressourcenausstattung.

Kernkompetenz-Management-Kreislauf

Krüger/Homp (1997) entwickelten einen Managementansatz für Kernkompetenzen, der den Kundennutzen in den Vordergrund stellt. Der Kreislauf beginnt hierbei mit der Identifikation jener Kompetenzen, aus denen sich Kernkompetenzen entwickeln lassen. Diese werden integriert, in den Unternehmensprozessen genutzt und schließlich auf neue Bereiche transferiert. Die Bestandteile des Kreislaufs sind zugleich Indikatoren zum Controlling des Kernkompetenzmanagements.

Wissensbilanz

Im Auftrag des Bundesministeriums für Wirtschaft und Technologie wurde die Methode Wissensbilanz entwickelt, um das intellektuelle Kapital eines Unternehmens systematisch zu erfassen, zu managen und nach außen darstellen zu können (BMWi 2008). Unterschieden wird nach Human-, Struktur- und Beziehungskapital; die Erfassung erfolgt mittels Checklisten und die Bewertung orientiert sich am Geschäftsmodell des Unternehmens. Bewertungskriterien sind z. B. Quantität, Qualität, Systematik und Einfluss auf das Geschäft. Das für KMU entwickelte Modell wird durch ein Programm (Toolbox) unterstützt (www.akwissensbilanz.org/toolbox.htm).

Überschneidungen mit anderen Instrumenten

Balanced Scorecard (BSC)

Die BSC (Abschn. 8.2.1) arbeitet wie die Ressourcenanalyse mit Kausalketten. In der BSC werden aus der Vision und Strategie Werttreiber abgeleitet und in Kennzahlen verdichtet. Die Perspektiven interne Prozesse und Wissen (z. T. auch Kunden) entsprechen dem Ressourcenansatz; die BSC zielt also darauf ab, notwendige Ressourcen zu identifizieren und sie messbar, steuerbar und kontrollierbar zu machen.

Wertkette

Die Wertkette (vgl. Abschn. 6.2.3) stellt die Ressourcen des Unternehmens in den internen Wertschöpfungszusammenhang. Die Wertkette kann einerseits die Ergebnisse der Ressourcenanalyse als Input nutzen, andererseits kann sie selbst als Instrument der Ressourcenanalyse dienen. Sie gibt hierfür einen Rahmen vor und analysiert nicht nur die Stärke und

Ausprägung, sondern verknüpft diese mit der Organisation des Unternehmens, der Leistungserstellung, der spezifischen Strategie und vor allem mit den Kosten – die Effizienz ist integraler Bestandteil.

6.2.3   Die Wertkette

Mit der Wertkette nach Porter kann ein Unternehmen systematisch seine Stärken und Schwächen und letztlich die internen Quellen von Wettbewerbsvorteilen analysieren. Die Analyse bezieht sich sowohl auf Kosten- als auch auf Differenzierungsvorteile. Das Unternehmen wird hierzu nach einem allgemeingültigen Schema in Bereiche unterteilt: in fünf Primäraktivitäten zur Leistungserstellung und zum Leistungsabsatz und in vier Unterstützungsaktivitäten. Sie werden einzeln auf ihre Kostenanteile und ihre Wertbeiträge für die Produkte des Unternehmens untersucht. Diese Analyse macht Kosten- oder Differenzierungsvorteile kenntlich und nutzbar. Sie ermöglicht Maßnahmen, um die einzelnen Aktivitäten und ihr Zusammenwirken zu verbessern. Damit sollen Kosten gesenkt oder ein höherer Wert für den Kunden geschaffen werden.

Beschreibung und theoretischer Hintergrund
Porter (1985, S. 36 ff.) leitete seine Wertkette aus den Ansätzen von Bower (1973) und Gluck (1980) ab, welche Unternehmen als ein System miteinander verbundener Aktivitäten betrachten, die zusammen die relative Kostenposition und die Differenzierung bestimmen. In der Wertkette stehen Aktivitäten im Vordergrund und nicht Funktionen. Deshalb wird das Unternehmen auch nicht anhand der gegebenen Organisationsstruktur, sondern mittels eines eigenen Modells der Unternehmensaktivitäten analysiert (Abb. 6—5).

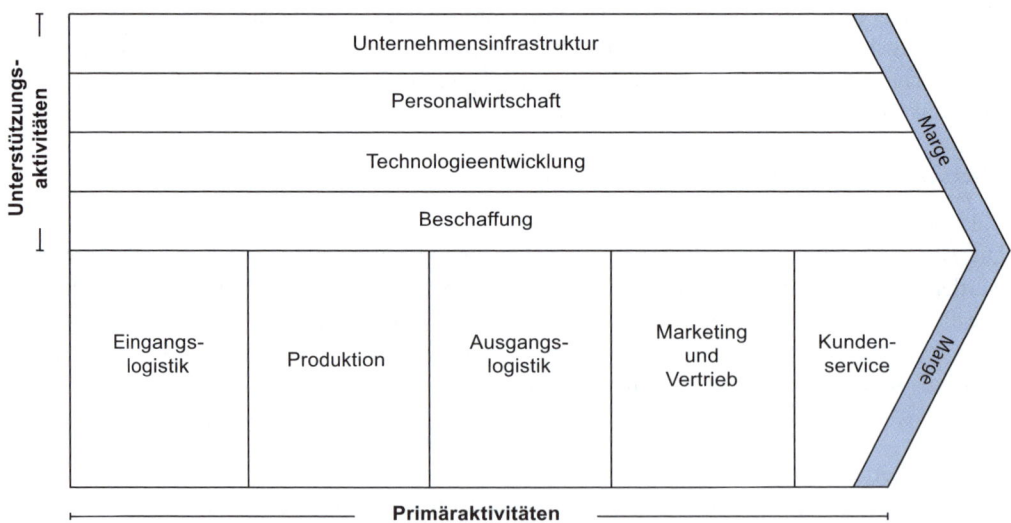

Abb. 6—5: Wertkette nach Porter (Quelle: in Anlehnung an Porter 1985, S. 36)

Das Modell unterscheidet fünf primäre Aktivitäten, mit denen operativ die Kundenaufträge erfüllt werden: Eingangslogistik, physische Herstellung (oder Erstellung einer Dienstleistung), Marketing und Verkauf, Ausgangslogistik und Kundendienst. Diese bestimmen unmittelbar die Kosten für das Unternehmen und den Wert des Produktes für den Kunden. Die vier sekundären, unterstützenden Aktivitäten Beschaffung, Technologieentwicklung, Personalmanagement und Unternehmensinfrastruktur (Unternehmensleitung, Finanzierung, Rechnungswesen, Controlling usw.) schaffen die Voraussetzungen für die Auftragserfüllung bzw. unterstützen sie. Sie verursachen weitere indirekte Kosten und beeinflussen Kosten und Leistungen der primären Aktivitäten. Jede kundengerichtete Aktivität besteht also aus der Aktivität selbst und den indirekten, sekundären Aktivitäten.

Die Wertkette ist weder mit einem Unternehmen noch einem Produkt- oder Geschäftsbereich gleichzusetzen, da sie über Aktivitäten definiert wird. Wertketten werden nach Produkten, eingesetzten Technologien und den ökonomischen Spielregeln unterschieden. Das gleiche Produkt kann also in unterschiedlichen Wertketten des Unternehmens auftauchen (z. B. bei unterschiedlichen Vertriebswegen und in der Folge unterschiedlichen Kostenstrukturen). Zuerst müssen die einzelnen Wertketten identifiziert und definiert werden. Sie sind wiederum verbunden mit den Wertketten der Lieferanten und der Kunden. Die verschiedenen Wertketten eines Unternehmens bilden sein Wertsystem.

In der einzelnen Wertkette werden die Kosten jeder Aktivität und ihr Beitrag für den Kundenwert untersucht. Weiterhin werden die Verflechtungen zwischen den einzelnen Aktivitäten und zu den Wertketten der Zulieferer und Kunden analysiert. Die Marge als Ergebnis der Wertkette ergibt sich aus der Differenz zwischen dem Wert für den Kunden (dieser bestimmt die erzielbaren Preise) und den akkumulierten Kosten für das Unternehmen. Umgekehrt können Anforderungen an die Leistungen und Prioritäten für jede Aktivität aus bekannten Kundenanforderungen abgeleitet werden. Ein Vergleich mit den Anforderungen der Kunden und den Wertketten der Konkurrenten ermöglicht eine direkte Bewertung des Ist-Zustands.

Die Analyseergebnisse können im Sinne des ressourcenbasierten Ansatzes genutzt werden, um aus den Eigenschaften des Unternehmens eine geeignete Strategie zu entwickeln. Steht diese bereits fest, können Maßnahmen für die einzelnen Aktivitäten abgeleitet sowie Ansatzpunkte für die Umgestaltung der Wertkette gewonnen werden. So könnte z. B. ein höherer Aufwand für die Qualitätssicherung in der Produktion die Aufwendungen für den Service verringern und gleichzeitig den Kundenwert steigern. Bei kostensenkenden Maßnahmen ist deren Einfluss auf den Wert des Produktes für den Kunden zu berücksichtigen, umgekehrt gilt dies für Maßnahmen zur Steigerung des Werts für den Kunden.

Praktische Anwendung

Schritt 1: Definition der Wertkette
Der Ausgangspunkt für die Definition einer Wertkette ist das Produkt oder eine Produktgruppe. Eine Wertkette bezieht sich in der Regel auf die Aktivitäten, die zu einem Kundenangebot führen. Sie ist weitgehend einheitlich bezüglich der jeweiligen Kostenanteile der einzelnen Aktivitäten, der Differenzierungspotenziale, der eingesetzten Technologie und der wirtschaftlichen Spielregeln. Beispielsweise muss ein Produzent, der die gleichen Produkte

sowohl an Händler liefert als auch direkt ab Werk verkauft, zwei Wertketten definieren, weil die ökonomischen Spielregeln und Kostenanteile einzelner Aktivitäten (Marketing, Logistik) für beide Vertriebswege sehr unterschiedlich ausfallen können. Informationsgrundlagen hierfür liefern interne und externe Berichte, Marktanalysen, interne Prozessbeschreibungen und ergänzend Interviews mit Führungskräften.

Für eine Wertkette sind in jedem der neun Felder die wichtigsten Unteraktivitäten zu ermitteln. Die realen Aktivitäten können manchmal mehreren Feldern zugleich zugeordnet werden. Eine Zuordnung zu einer der neun Modellaktivitäten erfolgt in diesem Fall aufgrund der Wettbewerbsrelevanz der Aktivität. Dabei wird zunächst entlang der primären Aktivitäten, also den Prozessen zur Leistungserstellung und zum Leistungsabsatz, vorgegangen. Diese sind naturgemäß oft branchenspezifisch geprägt. Anschließend sind die unterstützenden Aktivitäten zu identifizieren, die meist sehr viel stärker unternehmensindividuell geprägt sind. Besonders wichtige Aktivitäten können bei Bedarf noch weiter untergliedert werden.

An dieser Stelle ist eine Verknüpfung mit der bestehenden Organisation hilfreich: Im Schema (Abb. 6—6) wird festgehalten, welche Aktivitäten in welchen Organisationseinheiten durchgeführt werden. Grundlagen dafür sind Organigramme, Prozessbeschreibungen und Abteilungsberichte, die ebenfalls durch die Befragung von Führungskräften ergänzt werden können.

Unternehmensinfrastruktur		- Hohe Eigenkapitalquote von 44% - Straffe Kostenkontrolle - Risikocontrolling		
Personal	- Personalwirtschaft	- Mitarbeiterbindung - Laufende Mitarbeiterqualifikation		
Technologieentwicklung		- Weiterentwicklung der Produktions-prozesse in Richtung Qualität, Effizienz und Umweltschutz		
Beschaffung	- Auswahl von Lieferanten und Komponenten - Preisverhandlungen - Abstimmung bedarfsgerechte Lieferung	- Einzelne Konstruktionsarbeiten durch spezialisierte Ingenieurbüros		
Eingangslogistik - Transport durch Lieferanten - Zuführung zur Produktion - Kurze Bevor-ratung	**Produktion** - Anpassung Konstruktion an Aufträge - Produktion Rahmen - Lackierung - Montage	**Ausgangslogistik** - Verpackung - Transport zu Kunden- und Distributions-zentren	**Marketing/Vertrieb** - Akquisition von Großkunden - Beratung der Großkunden - Produktkonfiguration - Unterstützung durch Geschäftsführung	**Kundenservice** Reklamationen

Abb. 6—6: Wertkette mit Aktivitäten – Beispiel eines Fahrradherstellers

Schritt 2: Kosten, Umlauf- und Anlagevermögen zuordnen

Für die im ersten Schritt definierten Aktivitäten werden nun die Kosten ermittelt. Die interne Kostenrechnung nach Kostenstellen, Kostenarten und die Kontengliederung (z. B. Gemeinkosten, Fixkosten und Lohneinzelkosten) bietet meist nur grobe Anhaltspunkte im Sinne einer Kostenschätzung der einzelnen Aktivitäten, vor allem dann, wenn diese sich auf mehrere Abteilungen verteilen oder die Kostenrechnung des Unternehmens große Gemeinkostenanteile enthält. Die Kosten der einzelnen Aktivitäten werden einmalig oder ggf. aus einer bereits vorhandenen Prozesskostenrechnung (Wilde 2004) ermittelt. Dazu werden die Kosten über die jeweiligen Aufwendungen (z. B. spezifischer Arbeitsaufwand, Zahl der Vorgänge, Arbeitskosten) benötigt. Betriebskosten müssen in zugekaufte Inputs, spezifische Aufwendungen und Gemeinkosten differenziert werden – einheitlich für alle Aktivitäten. Einmalige Anlagekosten können separat betrachtet oder nach verschiedenen Verfahren in laufende Kosten umgerechnet werden – hier können sich Verzerrungen ergeben. Gleiche Rechenverfahren und die Wahl passender Zeiträume sind deshalb entscheidend. Auf diese Weise werden die Gesamtkosten der Wertkette auf einzelne Aktivitäten aufgeteilt und der Gewinn wird transparent. Zusätzlich können den einzelnen Aktivitäten Anlage- und Umlaufvermögensbestandteile zugeordnet werden, um die Rendite und Unternehmenswertbeiträge zu erkennen.

Die folgende Darstellung (Abb. 6—7) zeigt die Kostenstruktur eines Fahrradherstellers mit 80 Mio. € Umsatz p. a., der eine Strategie der Kostenführerschaft verfolgt.

Unternehmensinfrastruktur	- Geschäftsführung	500.000 €	0,6%
	- Controlling	500.000 €	0,6%
	- Allgemeine Verwaltung	600.000 €	0,8%
Personalwirtschaft	- Personalauswahl und -einstellung	400.000 €	0,5%
	- Personalbetreuung	4.000.000 €	5,0%
	- Personalqualifikation	600.000 €	0,8%
Technologieentwicklung	- Nur Produktentwicklung mit wenig Konstruktionsarbeiten	1.000.000 €	1,25%
Beschaffung	- Auswahl von Lieferanten	300.000 €	0,4%
	- Bestellungen	300.000 €	0,4%

Eingangslogistik	**Produktion**	**Ausgangslogistik**	**Marketing/Vertrieb**	**Kundenservice**
- Lager	- Rahmen	- Lager	1.000.000 €	2.000.000 €
150.000 €	7.000.000 €	1.000.000 €	1,3%	2,5%
0,2%	8,8%	1,3%		
- Eingangsprüfung	- Lackierung	- Verpackung		
500.000 €	4.000.000 €	1.000.000 €		
0,6%	5,0%	1,3%		
- Material	- Montage	- Transport		
30.000.000 €	15.000.000 €	1.600.000 €		
37,5%	18,8%	2,0%		

Marge 11%

Marge 11%

Abb. 6—7: Kostenstruktur in der Wertkette – Beispiel eines Fahrradherstellers

Eine Zuordnung des Umlauf- und Anlagevermögens kann zusätzliche Hinweise in Bezug auf den Kapitalbedarf, Kostentreiber oder In- und Outsourcing-Entscheidungen liefern.

Schritt 3: Kostenanalyse in der Wertkette

Dann werden die Kosten im Hinblick auf Kostentreiber und mögliche Wechselwirkungen zu anderen Aktivitäten und Wertketten analysiert, wobei das Augenmerk auf den größten Kostentreibern liegen sollte. Porter (1985, S. 64 ff.) nennt als Ansatzpunkte für die Untersuchung des Kostenverhaltens der Aktivitäten und der Wertkette sechs Kategorien:

- *Strukturfaktoren wie größenbedingte Kostenprogression oder -degression:* Welchen Einfluss hat die Quantität der Aktivität auf die Kosten?
- *Lernvorgänge* (vgl. Erfahrungskurve, Abschn. 7.3.3): Wie groß ist die kumulierte Erfahrung in der jeweiligen Aktivität; ergeben sich dadurch Kostensenkungen; welches Niveau ist bereits erreicht?

- *Struktur der Kapazitätsauslastung:* Wie stark schwankt die Kapazitätsauslastung der Aktivität über einen längeren Zeitraum; welche Auswirkungen hat dies auf die Kosten pro Aktivitätseinheit?
- *Verknüpfungen innerhalb und außerhalb der Wertkette:* Interne Verknüpfungen ergeben sich zwischen primären und sekundären Aktivitäten (Auftragserfüllung und IT), koordinationsbedürftigen Tätigkeiten (Eingangslogistik und Produktion) und alternativen Aktivitäten (Direktverkauf oder Versand). Externe Verknüpfungen ergeben sich zu den Wertketten der Lieferanten und Kunden; Lösungen erfordern oft die Bildung von Kooperationen. Beispielsweise bestehen kostenrelevante Verknüpfungen zwischen der eigenen Beschaffung und Eingangslogistik sowie der Ausgangslogistik und der Produktion des Lieferanten.
- *Zeitwahl:* Wie beeinflussen die Wahl des Zeitpunkts, die zeitliche Dimension der Planung oder die Schnelligkeit der Durchführung die Kosten einer Aktivität?
- *Standortspezifische Kosten und außerbetriebliche Faktoren* wie z. B. gesetzliche und steuerliche Rahmenbedingungen.

Übergreifend werden die wichtigsten Auswirkungen der Ermessensentscheidungen des Unternehmens (Unternehmenspolitik) auf die Kosten betrachtet, z. B. die Wahl einer bestimmten Vertriebsform. Um über eine rein statische Betrachtung hinauszugehen, ist die zukünftige Kostenentwicklung für spezifische Aktivitäten abzuschätzen. Die Abb. 6—8 zeigt Ansatzpunkte in der Wertkette für eine Strategie der Kostenführerschaft.

Unternehmens-infrastruktur	- Niedrige Kapitalkosten aufgrund hoher Eigenkapitalquote - Einfache Prozesse und schlankes Management senken Overhead - Straffe Kostenkontrolle erhöht Controllingkosten				
Personal-wirtschaft	- Personalauswahl, -einstellung und -einarbeitung: niedrige Kosten aufgrund niedriger Fluktuation - Personalbetreuung erhöht Kosten, senkt Fluktuation - Personalqualifikation erhöht Kosten	- Personalkosten regional günstig - Personalqualifikation regional hervorragend			
Technologie-entwicklung	- Nur Produktentwicklung mit wenig Konstruktionsarbeiten - Überwiegend Produktmodifikationen, geringe Kosten - Aufwand für Effizienzsteigerung der Produktionsprozesse				
Beschaffung	- Lieferantenauswahl unter begrenzter Zahl von großen Zulieferern - Große Bestellmengen senken Bestellkosten und Einstandspreise - Günstige Einkaufspreise durch große Einkaufsmengen für Großaufträge				
Eingangslogistik - Skaleneffekte bei Transport - Aufwand für sorgfältige Eingangsprüfung - Begrenzte Lagermengen durch auftragsgesteuerte Produktion	**Produktion** - Skaleneffekte - Geringe Rüstkosten durch Großserienfertigung - Automatisierung kostengünstig möglich	**Ausgangslogistik** - Geringe Lagerkosten durch Auftragsfertigung - Skaleneffekte bei Verpackungen - Kurze Transportwege zu europäischen Kunden	**Marketing/Vertrieb** - Wenige Großkunden verringern Marketingaufwand	**Kundenservice** - Geringer Aufwand durch Outsourcing - Käufer: Gelegenheitsnutzer - Hohe Qualität verringert Reklamationen	

Abb. 6—8: Ansatzpunkte für eine Strategie der Kostenführerschaft – Beispiel eines Fahrradherstellers

Schritt 4: Differenzierungsanalyse in der Wertkette

Für die einzelnen Aktivitäten sind vorhandene oder mögliche Differenzierungstreiber zu ermitteln (Abb. 6—9). Die Differenzierung muss sich auf den Kundennutzen beziehen, der sich aus der Leistung des Produkts für den Kunden, den Gesamtkosten für das Produkt über den Lebenszyklus hinweg, den Produktrisiken, der Beziehung zwischen Kunde und Lieferant und der Produktanmutung zusammensetzt (Welge/Al-Laham 2012, S. 525 f.). Sie kann bei einer Aktivität oder alternativ bei mehreren Aktivitäten erfolgen; meist wird jedoch eine Verflechtung mehrerer Aktivitäten erforderlich sein. Wie bei der Kostenanalyse werden auch bei der Differenzierungsanalyse die externen Verknüpfungen zu den Wertketten der Lieferanten und Kunden untersucht. Grant (2013, S. 200) nennt als Beispiel für die Differenzierung zwischen Wertketten einen Dosenhersteller, der dank besonderer Fähigkeiten in der Entwicklungsaktivität seiner Wertkette in der Lage ist, besondere Designs für Verpackungsdosen zu entwickeln. Damit differenziert er seine Produkte mittels der Aktivität Produktentwicklung. Er schafft so wiederum eine Verknüpfung zur Marketingaktivität in der Wertkette des Kunden. Denn auch der Kunde, ein Abfüller von Getränken oder Lebensmitteln, kann seine Produkte nun über die Verpackung differenzieren.

Unternehmensinfrastruktur	- Hohe Eigenkapitalquote von 44% ermöglicht problemlose Vorfinanzierung der Großaufträge			
Personalwirtschaft	- Geringe Fluktuation wegen Mitarbeiter-Bindung und Tradition erhält Erfahrung - Hohe Qualifikation der Mitarbeiter erhöht Qualität			
Technologieentwicklung	- Übernahme hochwertiger Technologie der Komponentenfertiger - Schnelle Entwicklung aktueller Designs/optische Anpassung der Produkte			
Beschaffung	- Aktuelle Technologie von führenden Komponentenherstellern - Gutes Preis-Leistungsverhältnis aufgrund des hohen Beschaffungsvolumens			
Eingangslogistik Genaue Eingangsprüfung senkt Reklamationsquote	**Produktion** - Langjährige Erfahrung erhöht Qualität - Schnelle Lieferung aufgrund hoher Kapazität - Made in Germany - Top Markenkomponenten	**Ausgangslogistik** - Schnelle Lieferung aufgrund Nähe zu Absatzmarkt - Effektive Verpackungslinie reduziert Transportschäden	**Marketing/Vertrieb** - Kenntnis der Bedürfnisse der Großkunden - Direkter Internetverkauf geplant - Direkter Werksverkauf als Zusatzgeschäft - Direkter Kontakt Großkunden - Geschäftsführung	**Kundenservice** Schnelle Erledigung von Reklamationen

Abb. 6—9: Ansatzpunkte für eine Differenzierungsstrategie – Beispiel eines Fahrradherstellers

Zu unterscheiden ist zum einen ein notwendiges Mindestniveau bei einer Aktivität, damit der Wert für den Kunden dem Standardangebot der Branche entspricht, und zum anderen der Differenzierungsgrad, der darüber hinausgeht.

Schritt 5: Vergleich mit Wertketten der Konkurrenten
Durch einen Vergleich mit der Wertkette von Konkurrenten kann das Unternehmen ermitteln, wie sich die Wertketten ihrer Struktur und Verknüpfung nach unterscheiden, wie die Konkurrenten die Kostenantriebskräfte nutzen und wie sich dies auf die Kosten einzelner Aktivitäten, der Wertkette insgesamt und den Gewinn auswirkt. In diesem Zusammenhang wird auch ermittelt, bei welchen Aktivitäten die Konkurrenten differenzieren und wie sich dies auf die Kosten auswirkt. Weil Informationen über die Wertkette von Konkurrenten meist nur begrenzt zugänglich sind, werden daher oft Schätzungen vorgenommen – z. B. können die Kosten der Aktivität „Produktion" über die Zahl der Beschäftigten, die verwendete Technologie, die Fertigungstiefe sowie die Produktionsmenge und Umsatzzahlen abgeschätzt werden (Benchmarking).

Schritt 6: Strategie ableiten
Die Ergebnisse lassen sich für die Wahl einer generischen Strategie nutzen – verfügt das Unternehmen über allgemeine oder segmentspezifische Kosten- oder Differenzierungsvorteile oder Ansatzpunkte dafür in seiner Wertkette? Dann wird eine entsprechende Strategie gewählt und die Wertkette entsprechend optimiert. Auch kann eine bereits gewählte Strategie überprüft und verfeinert werden. Für kostenbasierende Strategien sind Einsparungen bei den

einzelnen Aktivitäten unter Berücksichtigung der spezifischen Kostentreiber, eine vertikale Integration (Zusammenfassen von Aktivitäten, z. B. Integration einer Qualitätssicherung in die Produktion statt einer nachgelagerten Kontrolle), eine horizontale Integration durch die Verknüpfung von Wertketten (z. B. Plattformstrategie von Volkswagen) oder die Kooperation mit anderen Unternehmen bei einzelnen Aktivitäten, z. B. F&E, Produktion, Vertrieb, zu prüfen. Potenzielle Synergien zwischen Wertketten für verschiedene Produktlinien sind zu ermitteln. Zudem kann die Wertkette neu strukturiert werden, indem vor- und nachgelagerte Aktivitäten nach innen oder außen verlagert werden oder die Art der Verknüpfung verändert wird. Bei Maßnahmen zur Senkung der Kosten ist stets zu berücksichtigen, welche Auswirkungen sie auf den Wert der Produkte für den Kunden haben; die erwartete Leistung muss nach wie vor sichergestellt sein.

Für Differenzierungsstrategien gilt das gleiche Vorgehen, wobei die Erbringung besonderer, für den Kunden wertvoller Leistungen im Vordergrund steht.

Kritik des Instruments
Bea/Haas (2013, S. 120 f.) kritisieren die zu starke Ausrichtung der Wertkette an klassischen betrieblichen Funktionen und messen der Unternehmensinfrastruktur nicht nur eine dienende, sondern eine eigenständige strategische Funktion zu. Ihnen zufolge ist die Wertkette konzeptionell auf klassische physische Produkte ausgerichtet – für Dienstleistungsunternehmen ist die Übertragung des Modells nicht immer einfach.

Die grafische Darstellung und die Bezeichnungen sind für die meisten Anwender zunächst nicht gleich verständlich, da eigene Begrifflichkeiten (Unternehmensinfrastruktur) verwendet und abweichend vom normalen Sprachgebrauch definiert werden.

Die Methodik für die Durchführung der einzelnen Analysen ist nicht genau beschrieben (Welge/Al-Laham 2012, S. 376). Die Wertkette stellt somit vor allem ein Rahmenkonzept dar, allerdings mit zahlreichen Ansatzpunkten für das Vorgehen. Eine Analyse der Wertkette erfordert einen hohen Aufwand für die Kostenzuordnung, da das Analyseraster oft nur wenig mit der Organisation des Unternehmens und der Systematik der Kostenrechnung übereinstimmt. Die Betrachtung der einzelnen Aktivitäten, deren Differenzierungspotenzial und Kosten kann außerdem dazu führen, dass die Grenzen zwischen strategischer Analyse und operativer Umsetzung zu stark verwischen und statt strategischer Aspekte Einzelheiten von Aktivitäten in den Vordergrund rücken.

Die Wertkette ist auf die generischen Strategien von Porter ausgerichtet. Neben Kosten und Differenzierung werden andere Aspekte wie die Beziehung zum Kunden nicht explizit betrachtet.

Der Einsatz betriebswirtschaftlicher Standardsoftware führt tendenziell zu Standardprozessen in vielen Branchen und bei vielen Aktivitäten – damit verliert die Analyse der internen Wertkette an Bedeutung im Hinblick auf ihre Beiträge für die Schaffung von Wettbewerbsvorteilen. Für die Analyse und Gestaltung von externen Verknüpfungen von Wertketten stehen inzwischen in Teilbereichen leistungsfähigere und spezifischere Methoden zur Verfügung (z. B. Supply Chain Management).

Die Ausrichtung der Unternehmen auf den Shareholder Value Ende des zwanzigsten Jahrhunderts mit Restrukturierungen, Verschlankungen und Outsourcing von Aktivitäten hat
tendenziell zu geringeren Gemeinkostenanteilen geführt, so dass die Unterteilung in primäre
und sekundäre Aktivitäten heute nicht mehr denselben Erkenntnisgewinn verspricht wie in
den 1980er und 1990er Jahren.

Die Wertkette wird statisch betrachtet – Porter (1985, S. 64 ff.) diskutiert ursprünglich nur
die Zeitwahl z. B. in Bezug auf Investitionen, die zu Kostenvor- oder -nachteilen führen
kann. Die Gestaltung der Kette in Bezug auf ihre zeitlichen Aspekte kann indirekt als Kos-
tenfrage oder generell als Differenzierungsmerkmal erfolgen, die zeitlichen Aspekte werden
jedoch nicht explizit berücksichtigt.

Strategische Bedeutung und Nutzen
Die Wertkette vermittelt ein besseres Verständnis für die Bedeutung der einzelnen Aktivitäten
und ihre gegenseitigen Abhängigkeiten – sie trägt also zu einem ganzheitlichen Verständnis
des Unternehmensgeschehens bei. Die Analyse kann aufzeigen, in welchen Aktivitäten Kos-
ten- oder Differenzierungsvorteile erreicht werden oder erreicht werden könnten. Möglichkeiten zur Umgestaltung der Wertkette sowie mögliche Verbindungen von mehreren Wertketten
und Verknüpfungen zu externen Wertketten können erkannt und bewertet werden. Wettbewerbsvorteile werden systematisch, strukturell in Aktivitäten gesucht und begründet (Wel-
ge/Al-Laham 2012, S. 376).

Der Wert des Ansatzes liegt in der Möglichkeit einer konsequenten Ausrichtung jeder Akti-
vität auf die Strategie des Unternehmens. So werden beispielsweise für eine Strategie der
Kostenführerschaft nicht nur in jeder Aktivität die Kostensenkungspotenziale geprüft, sondern auch die Verknüpfungen mit anderen Aktivitäten und deren Kostenwirksamkeit.
Gleichzeitig kann untersucht werden, welche Leistungsmerkmale bei jeder Aktivität aus
Sicht des Kunden erforderlich sind und auf welche verzichtet werden kann, so dass weitere
Kostensenkungen erschlossen werden können. Der Ansatz ist branchenunabhängig und fle-
xibel und lässt sich daher an die Unternehmenssituation anpassen. Diese Flexibilität beruht
auch auf der ungenau definierten Methodik. Die Wertkette verknüpft Kostenaspekte mit
Qualitätsaspekten und interpretiert sie unmittelbar ökonomisch über den Kundenwert als
Marge, was allerdings nur retrospektiv oder als Prognose erfolgen kann. Das Management
wird mit dieser Methode gezwungen, bei Kostensenkungen die Auswirkungen auf den Kundenwert zu berücksichtigen.

Die Wertkette kann schließlich mit der Frage der Wertarchitektur und Business Migration
(Heuskel 1999) verknüpft werden. Unternehmen können diesem Konzept zufolge verschiedene Rollen in einer Wertkette einnehmen (Abb. 6—10). Schichtenspezialisten sind in mehreren Wertketten auf der gleichen Stufe tätig, z. B. ein Auftragsfertiger. Die Integratoren
hingegen halten die Wertkette weitgehend unter der eigenen Kontrolle, um Transaktionskos-
ten zu minimieren und Differenzierungsmöglichkeiten zu maximieren – ein bekanntes Beispiel dafür ist das Textilunternehmen Zara, das Design, Fertigung und Vertrieb von Mode in
der eigenen Wertkette integriert. Orchestratoren hingegen, die sich auf entscheidende Stufen
der Wertkette konzentrieren und die restlichen Stufen koordinieren, sind typisch für große
Sportartikelunternehmen wie Nike und Adidas. Ein Pionier fügt neue Wertschöpfungsstufen

in bestehende Wertketten ein und versucht diese mit seinem Standard zu besetzen, z. B. die Online-Auktionsplattform eBay.

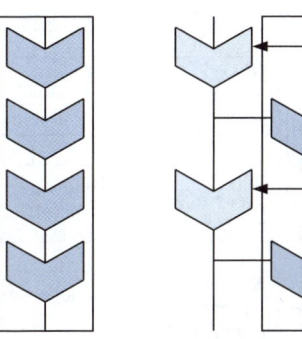  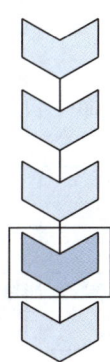

Integrator
- Vertikale Integration
- Kontrolle über Wertschöpfungskette

Orchestrator
- Führt zentrale Stufen selbst durch
- Steuert andere Stufen

Schichtenspezialist
(horizontale Integration) auf der gleichen Wertschöpfungsstufe in verschiedenen Industrien

Pionier führt neue Wertschöpfungsstufe in bestehende Wertschöpfungskette ein und schafft neuen Markt

Abb. 6—10: Wertarchitekturen (Quelle: in Anlehnung an Heuskel 1999, S. 57 ff.)

Ähnliche Instrumente

McKinsey-Geschäftssystem

Im Geschäftssystem wird die logische Abfolge der Schlüsselaktivitäten in der Wertschöpfung als Flussdiagramm dargestellt (Gluck 1980), wobei der Fokus auf den Kosten liegt. Die Wertschöpfungskette beginnt mit der Technologie, es folgen Produktentwicklung, Herstellung, Marketing, Distribution und Service. Der Ansatz korrespondiert bereits von der Begrifflichkeit her stärker mit der Organisation von Unternehmen und ist damit deutlich einfacher zu handhaben und zu verstehen. Die Zuordnung von Kosten und Differenzierungsmerkmalen erfolgt dann wie bei der Wertkette von Porter.

Value Network und Activity Maps

Die Methode des Value Network (Johnson et al. 2011, S. 100 ff.) stellt zentrale interne und externe Aktivitäten, deren Kosten und dazu notwendigen Vermögensgegenstände sowie Optimierungsmöglichkeiten oder zentrale Erfolgsfaktoren als Netzwerke dar. Die damit verwandte Methode der Landkarte der Aktivitäten wiederum zeigt die Zusammenhänge und Abhängigkeiten zwischen bestimmten Aktivitäten und der Art, wie sie ausgeführt werden, sowie den daraus resultierenden Eigenschaften der Leistungserbringung und Wettbewerbsvorteilen (Johnson et al. 2011, S. 103). Die Methode eignet sich sehr gut zur Analyse, Diskussion und Visualisierung der Verknüpfungen in der Wertkette (Abb. 6—11).

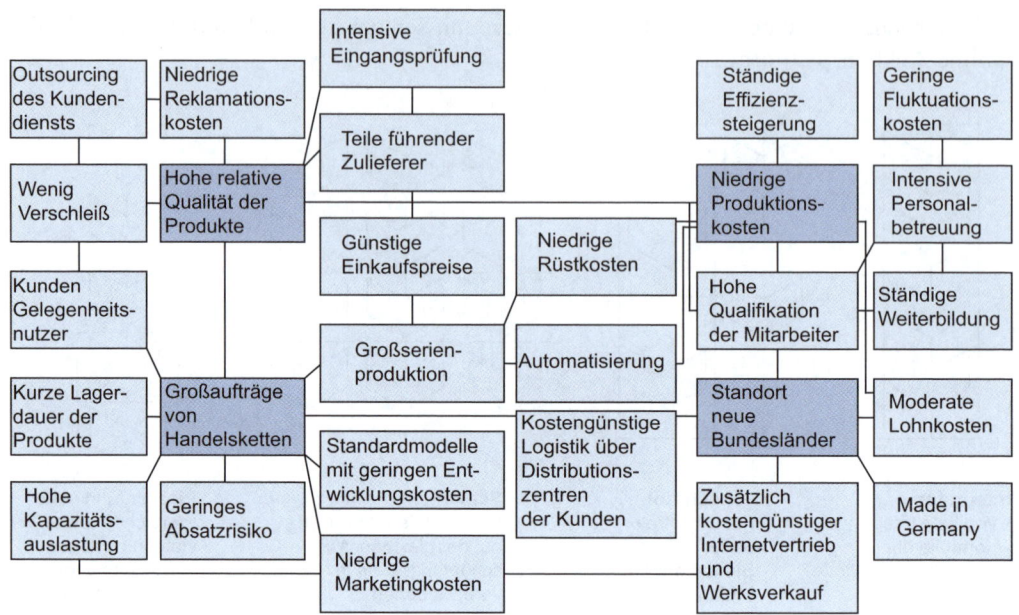

Abb. 6—11: Value Network eines Fahrradherstellers

Value Shop

Der Value Shop stellt die Lösung eines Kundenproblems in den Vordergrund und nicht die Transformation von Inputs wie die Wertkette (Thompson 1967). Somit eignet sich diese Methode besonders für Dienstleistungsunternehmen. Nach Stabell/Fjeldstad (1998) sind fünf generische Aktivitäten zu durchlaufen:

- Finden und Definieren eines Problems.
- Lösen des Problems.
- Auswahl der Problemlösung.
- Anwendung der Problemlösung.
- Bewertung und Kontrolle.

Die Probleme werden individuell mit spezifischen Aktivitäten und Ressourcen behandelt, Wettbewerbsvorteile ergeben sich aus einem Informationsvorsprung, aus einer besonderen Methodenkompetenz oder dem Zugriff auf Experten.

Überschneidungen mit anderen Instrumenten

Benchmarking

Ein branchenbezogenes Benchmarking (vgl. Abschn. 5.2.8; Zdrowomyslaw/Kasch 2002; Camp 2006) ermöglicht den Vergleich mit den Konkurrenten bezüglich der Kosten und Leistungen einer Aktivität und ergibt Bewertungsmaßstäbe für die Ergebnisse der Wertkettenanalyse. Ein branchenübergreifendes Benchmarking zeigt das Verbesserungspotenzial von einzelnen Aktivitäten als Best Practice auf.

Blue-Ocean-Modell

Die Wertkurven im Rahmen des Blue-Ocean-Modells (vgl. Abschn. 7.3.4) stellen in Form eines Profils dar, wie Unternehmen oder Branchen ihre Wertangebote an den Kunden gestalten. Die Wertkurve verbindet Markt- und Kundenanforderungen, die Angebotsmerkmale des Unternehmens und die Wertkette. Sie formuliert damit Anforderungen an Kosten und Differenzierungsmerkmale, die mit der Wertkette systematisch umgesetzt werden können.

Profit Pools

Die Profit-Pool-Methode (vgl. Abschn. 5.2.5) analysiert die Gewinnverteilung entlang der gesamten Wertschöpfungskette eines Produkts, um Entscheidungen für die Gestaltung der Kette abzuleiten – deutliche Ähnlichkeiten zur Wertarchitektur sind vorhanden.

Supply Chain Management

Der Ansatz des Supply Chain Managements stellt die externen Verknüpfungen in kooperierenden Wertschöpfungsketten in den Vordergrund. Der Supply Chain Council, ein Verband mit über 700 Mitgliedsunternehmen, hat ein detailliertes Referenzmodell für das Supply Chain Management entwickelt, das über die Wertkette weit hinausgeht und bis in den operativen Bereich und das Prozessmanagement hineinreicht (Supply Chain Council 2008). Nur die ersten drei von insgesamt fünf Ebenen des Modells haben strategische Relevanz.

Value Stream Mapping

Der Begriff des Value Stream Mapping (Nash/Poling 2008) bezeichnet Analysen von Produktions- und Transaktionsprozessen mit dem Ziel einer umfassenden Prozessoptimierung auf Basis unternehmenseigener Zielsetzungen. Das Value Stream Mapping bezieht sich bereits auf die operative Ebene. Mit ihm können aus der Wertkette abgeleitete Strategien operativ verfeinert werden. Umgekehrt können damit erzielte Erfolge bei der Verbesserung einzelner Prozesse und Aktivitäten mit der Wertkettenanalyse erkannt und zur Grundlage neuer Strategien auf der Basis besonderer Kosten oder Differenzierungsvorteile gemacht werden.

6.3   Literatur

Anonymus (2003): Versteckte Kreisgänge in der Managementliteratur. Worauf man bei Managementratschlägen achten sollte, in: Zeitschrift Führung + Organisation, 72. Jg., Nr. 5, S. 272–278

ARM 2010: Annual Report 2010. Cambridge, England

Barnard, C.I. (1968): The Functions of the Executive: 3rd Anniversary Edition (Originalausgabe 1938). Cambridge, MA, USA

Barney, J. (2001): Is the resource-based "view" a useful perspective for strategic management research? Yes, in: Academy of Management Review, 26. Jg., Nr. 1, S. 41–56

Barney, J. (1995): Looking inside for competitive advantage, in: Academy of Management Executive, 9. Jg., Nr. 4, S. 49–60

Barney, J. (1986): Strategic Factor markets – Expectations, Luck and Business Strategy, in: Management Science, 32. Jg., Nr. 10, S. 1231–1241

Bea, F./Haas, J. (2013): Strategisches Management. 6. Aufl., Konstanz/München

BMWi (2008): Wissensbilanz – Made in Germany. Leitfaden 2.0 zur Erstellung einer Wissensbilanz. Bundesministerium für Wirtschaft und Technologie, Dokumentation Nr. 574. Berlin

Bower, J. (1973): Simple Economic Tools for Strategic Analysis, in: Harvard Business School Teaching Note, Nr. 973–094

Brownlie, D. (1989): Scanning the Internal Environment: Impossible Precept or Neglected Art?, in: Journal of Marketing Management, 4. Jg., Nr. 3, S. 300–329

Camp, R.C. (2006): Benchmarking. The search for industry best practices that lead to superior performance. Milwaukee, WI, USA

Collis, D.J. (1991): A Resource-Based Analysis of Global Competition: The Case of the Bearings Industry, in: Strategic Management Journal, 12. Jg., Special Issue: Global Strategy, S. 49–68

Denrell, J./Fang, C./Winter, S. (2003): The Economics of Strategic Opportunity, in: Strategic Management Journal, 24. Jg., Nr. 10, S. 977–990

Gluck, F. (1980): Strategic Choice and Resource Allocation, in: The McKinsey Quarterly, o. Jg., Nr. 1, S. 22–34

Grant, R.M. (2013): Contemporary Strategy Analysis. 8. Aufl., Chichester, West Sussex, UK

Gustafson, A./Herrmann, A./Huber, F. (2003): Conjoint Measurement. 3. Aufl., Heidelberg

Hamel, G./Prahalad, C.K. (1990): The Core Competence of the Corporation, in: Harvard Business Review, 68. Jg., Nr. 3, S. 79–91

Hart, S. (1995): The Natural Resources Based View of the Firm, in: Academy of Management Review, 20. Jg., Nr. 4, S. 986–1014

Heuskel, D. (1999): Wettbewerb jenseits von Industriegrenzen. Frankfurt/New York

Hoppes, D./Madsen, T./Walker, G. (2003): Guest Editors Introduction to the Special Issue: Why is There a Resource-Based View? Toward a Theory of Competitive Heterogeneity, in: Strategic Management Journal, 24. Jg., Nr. 4, S. 889–902

Johnson, G./Whittington, R./Scholes, G. (2011): Exploring Corporate Strategy. 9. Aufl., Harlow, Essex, UK

Kim, W./Mauborgne, R. (1999): Branchengrenzen sprengen und das Geschäft neu erfinden, in: Harvard Business Manager, 21. Jg., April, S. 49–60

Krüger, W./Homp, C. (1997): Kernkompetenz-Management. Wiesbaden

Lynch, D.R. (2009): Strategic Management. 5. Aufl., Harlow, Essex, UK

Nash, M./Poling, S. (2008): Mapping the Total Value Stream. Boca Raton, FL, USA

Penrose, E. (2009): The Theory of the Growth of the Firm (Originalausgabe 1959). 4. Aufl., Oxford, UK et al.

Porter, M.E. (1985): Competitive Advantage. New York

Priem, R./Butler, J. (2001): Tautology in the Resource-Based View and the Implications of Externally Determined Resource Value: Further Comments, in: Academy of Management Review, 26. Jg., Nr. 1, S. 57–66

Stabell, C.B./Fjeldstad, Ø.D. (1998): Configuring Value for Competitive Advantage: On Chains, Shops, and Networks, in: Strategic Management Journal, 19. Jg., Nr. 5, S. 413–437

Supply Chain Council (2008): Supply Chain Operations Reference Model 9.0. Ohne Erscheinungsort

Thompson, J.D. (1967): Organizations in Action. New York

Wedel, T. (2011): ARM, aber sexy, in: Financial Times Deutschland, 25.01.2011, S. 23

Welge, M.K./Al-Laham, A. (2012): Strategisches Management. Grundlagen – Prozesse – Implementierung. 6. Aufl., Wiesbaden

Wernerfelt, B. (1984): A resource-based view of the firm, in: Strategic Management Journal, 5. Jg., Nr. 2, S. 171–180

Wheelen, T.L./Hunger, J.D. (2012): Concepts in Strategic Management and Business Policy. Achieving Sustainability. 13. Aufl., Upper Saddle River, NJ, USA

Wilde, H. (2004): Plan- und Prozesskostenrechnung. München

Zdrowomyslaw, N./Kasch, R. (2002): Betriebsvergleiche und Benchmarking für die Managementpraxis: Unternehmensanalyse, Unternehmenstransparenz und Motivation durch Kenn- und Vergleichsgrößen. München

7 Instrumente zur Strategieentwicklung und -auswahl

7.1 Überblick

Die externe und interne Analyse bilden die Grundlage für die Strategieentwicklung. Deren Ergebnisse werden in der SWOT-Übersicht zusammengefasst. Die Umwandlung der SWOT- in eine TOWS-Übersicht liefert erste generische Ansätze für die Identifizierung von Strategieoptionen. Diese Optionen wiederum können mit Hilfe der QSPM-Methode bewertet werden (vgl. Abschn. 4.2.3).

Zur Sicherstellung des Überlebens und darüber hinaus einer erfolgreichen Unternehmensentwicklung sind zwei grundsätzliche Entscheidungen zu treffen: (1) Wo, in welchen Märkten, will das Unternehmen konkurrieren und (2) wie kann in den ausgewählten Märkten ein Wettbewerbsvorteil aufgebaut werden (Grant 2013, S. 20)? Die erste Frage ist Gegenstand der Unternehmensstrategie; die zweite wird von der Geschäftsfeld- oder Geschäftsbereichsstrategie beantwortet (vgl. hierzu Abb. 2—1 in Abschn. 2.1.1).

Zwischen beiden Strategieebenen bestehen enge Beziehungen. So lassen sich die Instrumente zur Entwicklung einer Unternehmensstrategie auch auf der Geschäftsbereichsebene nutzen. Die Bezugsbasis ist dann nicht mehr das Gesamtunternehmen, sondern die Geschäftseinheit. So können z. B. die diversen Portfolio-Instrumente sowohl für das Management der Geschäftseinheiten als auch für das Management der Produktfelder innerhalb einer Geschäftseinheit angewandt werden.

Unternehmensstrategie
Der Begriff Unternehmensstrategie oder Unternehmensgesamtstrategie (Welge/Al-Laham 2012, S. 15 ff.) bezieht sich auf das gesamte Tätigkeitsfeld des Unternehmens. Piskorski (2005, S. 2) definiert Unternehmensstrategie als "... a set of choices that a corporation makes to create value through configuration and coordination of its multimarket activities". Im Mittelpunkt steht also die langfristige Entwicklung und Veränderung des Geschäftsportfolios. Das Tätigkeitsfeld eines Unternehmens (Grant 2013, S. 296 f.) kann mit Hilfe der folgenden Fragen bestimmt werden:

- *Märkte bzw. Kunden.* Wer sind die Kunden des Unternehmens? Welche ihrer Bedürfnisse will das Unternehmen befriedigen?
- *Geografischer Raum.* Ist das Unternehmen regional, national, international oder global tätig?
- *Vertikale Integration.* Welche Aktivitäten der Wertschöpfungskette führt das Unternehmen selbst aus und welche werden von anderen Unternehmen erledigt?

Eine solche Eingrenzung des Tätigkeitsfelds fokussiert die Aktivitäten des Managements und macht zugleich deutlich, in welchen Feldern das Unternehmen nicht tätig wird; so können unnötige Diskussionen auf den mittleren und unteren Managementebenen im Ansatz vermieden werden (Collis/Rukstad 2008).

Zur Entwicklung einer Unternehmensstrategie können die folgenden Instrumente genutzt werden:

- Die *strategische Segmentierung* in strategische Geschäftsfelder und Geschäftseinheiten ist eine zentrale strategische Entscheidung, mit der die Arbeitsgebiete eines Unternehmens definiert werden.
- Portfolio-Instrumente wie die *Marktwachstums-/Marktanteils-Matrix (BCG), Marktattraktivitäts-/Wettbewerbsstärken-Matrix (GE/McKinsey)* und die *Wettbewerbspositions-/Lebenszyklusphasen-Matrix (ADL)* dienen der Ableitung von Normstrategien, der Verteilung von Ressourcen zwischen den Geschäftseinheiten sowie der Schaffung einer ausgewogenen Portfolio-Balance.
- Das *Restrukturierungshexagon* unterstützt die Strategieentwicklung im Sinne einer wertorientierten Unternehmensführung.
- Der *Realoptionsansatz* ermöglicht eine explizite Berücksichtigung der strategischen Flexibilität in der Strategieentwicklung.
- *Szenarioanalysen* unterstützen die Identifikation von strategischen Optionen und ihre Bewertung im Hinblick auf alternative Umweltentwicklungen.

Geschäftsfeldstrategien
Die Geschäftsfeldstrategie konzentriert sich auf eine spezifische Geschäftseinheit und verfolgt das Ziel, innerhalb eines Geschäftsfelds nachhaltige Vorteile gegenüber der Konkurrenz zu etablieren. Porter (1996, S. 64) verwendet in diesem Zusammenhang den Begriff Wettbewerbsstrategie und formuliert treffend: "Competitive strategy is about being different. It means deliberately choosing a different set of activities to deliver a unique mix of values." Umfang und Stärke solcher Wettbewerbsvorteile beeinflussen die Rentabilität und damit den Beitrag einer Geschäftseinheit zum gesamten Unternehmenswert.

Für die Entwicklung einer Geschäftsstrategie stehen die folgenden Instrumente zur Verfügung:

- Die *Ansoff-Matrix* oder Produkt-Markt-Matrix ist ein absatzmarktorientiertes Instrument zur Konzeption einer Wachstumsstrategie.
- Die *generischen Strategietypen* und das Modell der Strategie-Uhr liefern verschiedene Ansätze zum Aufbau von Wettbewerbsvorteilen.

- Das Instrument der *Erfahrungskurve* stellt Informationen zur Bestimmung der Produktionskosten bereit und unterstützt so die Ableitung von Wettbewerbsstrategien.
- Der *Blue-Ocean-Ansatz* ist ein Innovationskonzept, um neue, nachhaltige und rentable Wettbewerbsstrategien zu entwickeln.
- Die *Spieltheorie* hilft, das Verhalten von Wettbewerbern zu analysieren, zu prognostizieren und Strategieoptionen zu entwickeln und zu evaluieren. Die Spieltheorie kann durchaus auch auf der Ebene der Unternehmensstrategie eingesetzt werden. Aber aufgrund ihres klaren Wettbewerberfokus erfolgt hier eine Zuordnung zu den Geschäftsfeldstrategien.

7.2 Unternehmensstrategien

7.2.1 Strategische Segmentierung

Mit der Geschäftsfeldsegmentierung oder strategischen Segmentierung wird das Umfeld eines Unternehmens in verschiedene Bereiche aufgeteilt, die mit spezifischen Strategien bearbeitet werden können. Diesen strategischen Geschäftsfeldern (SGF) entsprechen die internen strategischen Geschäftseinheiten (SGE), die als Organisations- oder Planungseinheiten die Formulierung der Strategien übernehmen. Eine SGE enthält eng verbundene Produkt-Marktbereiche und liefert einen eigenständigen Ergebnisbeitrag. Die Bildung von SGE ist eine zentrale Voraussetzung für den Einsatz der Portfolio-Methode.

Beschreibung und theoretischer Hintergrund
Vorläufer der strategischen Geschäftseinheiten sind die klassischen Geschäftsbereiche, wie sie in einer divisionalen oder Geschäftsbereichsstruktur zu finden sind. Diese Organisationsform wurde in den 1920er Jahren zuerst bei DuPont und General Motors eingeführt (Chandler 1962). Die bis dahin dominante zentralistisch angelegte funktionale Struktur hatte sich als ungeeignet erwiesen, heterogene Tätigkeitsfelder effizient zu führen. Bei großen Unternehmen sind die Geschäftsbereiche oft sehr große und breit zugeschnittene Einheiten wie z. B. Chemie oder Kunststoffe bei der BASF. Diese Geschäftsbereiche werden daher weiter in ergebnisverantwortliche Profitcenter unterteilt.

Das Konzept der strategischen Segmentierung entstand 1970 als Fred Borsch, damals CEO von General Electric, auf der Basis eines Beratungsprojekts von McKinsey & Company den GE-Konzern in autonome strategische Geschäftseinheiten (im Englischen Strategic Business Unit oder SBU) aufteilte. Mit einer feineren Segmentierung und einer darauf aufbauenden Strategieformulierung für die einzelnen Segmente versuchte der Konzern, der Heterogenität der verschiedenen Geschäftsaktivitäten und der damit verbundenen hohen Komplexität besser Rechnung zu tragen. Jede SGE sollte unabhängig von anderen Einheiten im Konzern geführt werden können. Deshalb bekam jede SGE einen klar definierten Markt und die notwendigen Ressourcen zur Bearbeitung dieses Marktes zugewiesen (Hax/Majluf 1996, S. 43 ff.).

Die meisten Unternehmen operieren heute in mehreren Märkten gleichzeitig. Jeder Markt hat eigene Regeln; um erfolgreich zu konkurrieren, werden unterschiedliche Wettbewerbsstrategien eingesetzt. Deshalb werden Kunden-, Markt- oder Produktsegmente (Geschäftseinheiten) definiert. Jedes Segment bildet einen möglichst autonomen Ausschnitt aus dem gesamten Tätigkeitsfeld des Unternehmens ab, für das spezifische Ertragsaussichten sowie Chancen und Risiken existieren und für das eine eigene Strategie formuliert und realisiert werden kann (Müller-Stewens/Lechner 2005, S. 159; Kreilkamp 1987). Müller-Stewens/Lechner (2005) definieren die folgenden strategischen Fragen, die sich aus einer solchen Segmentierung ergeben:

- In welchen Geschäftsfeldern will das Unternehmen tätig sein?
- Wie attraktiv ist ein Geschäftsfeld und seine zukünftige Entwicklung für das Unternehmen?
- Wer sind in diesem Feld die wichtigsten Anspruchsgruppen?
- Welche Position nimmt das Unternehmen gegenüber diesen Gruppen ein?
- Wie will das Unternehmen diese Position in der Zukunft einnehmen?

Mit der Segmentierung wird also die komplexe Unternehmensumwelt in überschaubare Felder aufgeteilt, wobei Überlappungen vermieden werden sollten. Der externen Segmentierung des Marktumfelds in mehrere SGF steht die interne Segmentierung der Unternehmensaktivitäten in SGE gegenüber. Die Begriffe SGF und SGE werden im praktischen und im akademischen Sprachgebrauch nicht immer sauber unterschieden. Müller-Stewens/Lechner (2005, S. 159 ff.) zum Beispiel trennen klar zwischen SGF und SGE; Hungenberg (2011, S. 75 ff.) hingegen verzichtet auf eine sprachliche Unterscheidung. In den folgenden Ausführungen werden die Begriffe getrennt verwendet. Hax/Majluf (1996, S. 43 ff.) nennen die folgenden Kriterien für die Definition von SGE:

- Eine SGE muss sich am externen Markt auf eine spezifische Kundengruppe konzentrieren; die Rolle als interner Lieferant für andere SGE ist nicht ausreichend.
- Eine SGE hat klar definierte Wettbewerber, denen gegenüber ein nachhaltiger Wettbewerbsvorteil aufgebaut werden soll.
- Die SGE-Führung muss über strategische Entscheidungsautonomie verfügen. Dies kann durchaus bedeuten, dass eine SGE Ressourcen mit anderen Einheiten teilt; die SGE-Führung muss die entsprechende Entscheidung aber selbst treffen können.
- Treffen diese Kriterien zu, kann aus der SGE ein Profitcenter werden, das die volle Gewinn- und Verlustverantwortung für die zugewiesenen Geschäftstätigkeiten übernimmt.

Für die organisatorische Einordnung der SGE in die Gesamtstruktur eines Unternehmens bestehen die folgenden Varianten: (1) Die SGE ist identisch mit einem Unternehmensbereich. (2) Mehrere SGE werden in einem Unternehmensbereich zusammengefasst. (3) Mehrere Unternehmensbereiche bilden eine SGE. In diesen drei Fällen sind die SGE Bestandteile der Linien- oder Primärorganisation. (4) Sie sind dann lediglich ein Planungskonstrukt und überlagern als Sekundärorganisation die Linienorganisation. Eine solche Lösung ist manchmal in kleineren und mittelständischen Unternehmen zu finden. Aus praktischen Erwägungen ist eine Zusammenfassung von SGE und organisatorischen Einheiten erstrebenswert, um so eine effektive Strategieumsetzung und eine effiziente Führung zu gewährleisten (z. B. Hungenberg 2011,

S. 450 oder Müller-Stewens/Lechner 2005, S. 166). In diesen Fällen entspricht die Struktur weitgehend den organisatorischen Merkmalen einer klassischen divisionalen Struktur.

Giordano/Wenger (2008) fordern in einer Neukonzeption des SGE-Konzepts das Aufbrechen von größeren Geschäftseinheiten oder Divisionen in sog. Value Cells. Darunter sind kleinere Geschäftseinheiten zu verstehen, die sich auf ein homogenes Marktsegment oder einen bestimmten geografischen Markt konzentrieren und über alle notwendigen Ressourcen zur Leistungserstellung verfügen. Damit würde deutlich, welche Einheiten tatsächlich zur Steigerung des Unternehmenswerts beitragen. Die strategische Diskussion gewönne eine andere Qualität. Entscheidungen, welche die Balance von kurzfristigen Ergebnisverbesserungen und langfristigen Investitionsvorhaben beeinflussen, wären einfacher zu treffen.

Praktische Anwendung
Das folgende Vorgehen basiert im Wesentlichen auf den Überlegungen von Müller-Stewens/ Lechner (2005, S. 169 ff.) und Grant (2013, S. 99 ff.).

Schritt 1: Entwickeln der strategischen Geschäftsfeldstruktur
Für eine Segmentierung können viele Kriterien genutzt werden, wie z. B. Kundengruppen, Produkte, Kundenbedarfe, Technologien, räumliche Grenzen oder Kostenstrukturen. Um die Zahl der Kriterien überschaubar zu halten, ist zu prüfen, ob einzelne Kriterien aufgrund von Korrelations- bzw. Substitutionsbeziehungen eliminiert werden können. Müller-Stewens/ Lechner (2005, S. 169 f.) schlagen vor, die Kriterien ihrer strategischen Bedeutung nach in eine Rangordnung zu bringen. Hierzu ist eine Einschätzung des Managements erforderlich. Die folgenden Fragen können dabei helfen:

Kundengruppen: Unterscheiden sich die Anforderungen und Verhaltensweisen unterschiedlicher Kundengruppen deutlich?

- Gibt es verschiedene Produkte/Dienstleistungen und Preise für unterschiedliche Kundengruppen?
- Hat sich ein Wettbewerber auf eine bestimmte Kundengruppe spezialisiert?
- Gibt es Kundengruppen mit einem spezifischen Einkaufs- und Konsumverhalten?
- Ist der (Vertriebs-)Zugang zu verschiedenen Kundengruppen unterschiedlich?
- Gibt es Anforderungen an das Produkt/die Dienstleistung, die nur eine Kundengruppe stellt?

Kundenbedürfnisse: Gibt es bestimmte Bedürfnisse nur bei ausgewählten Kundengruppen?

- Haben die unterschiedlichen Bedürfnisse, die mit dem Produkt befriedigt werden, einen Einfluss auf die Gestaltung der Produkte, die Preisfindung, den Vertriebsweg, die Kommunikationsinhalte und/oder die begleitenden Zusatzleistungen?
- Gibt es spezifische Anforderungen der verschiedenen Bedarfe an die Produkte/Dienstleistungen?
- Haben sich die Wettbewerber auf bestimmte Bedarfe spezialisiert?
- Befriedigt das Unternehmen mit seiner Leistung für dieselben Kunden mehrere Bedürfnisse?

Technologien: Differenziert die verwendete Technologie aus Sicht der Kunden den Markt?

- Sind die Technologien aus Sicht der Kunden substituierbar?
- Lassen sich bestimmte Kunden/Kundengruppen klar einer Technologie zuordnen? Segmentieren die Wettbewerber ebenfalls nach Technologien?
- Gibt es dauerhafte, signifikante Unterschiede (z. B. Kosten) zwischen den Technologien?
- Gibt es Technologien, die nur ein Anbieter beherrscht?

Geografische Kriterien: Ist der relevante Markt lokal, regional, national oder global?

- Auf welchen Märkten ist das Unternehmen mit seinen Produkten vertreten?
- Aus welchen Regionen/Ländern kommen die direkten Wettbewerber?
- Sind die Konkurrenten nur im Stammmarkt oder in mehreren Ländern tätig?
- Sind die Kunden vorwiegend national, regional oder global tätig?
- Gibt es natürliche Barrieren zwischen den Märkten (z. B. Gesetze, Normen und Standards)?

Die Zahl der Kriterien wird aus Gründen der Übersichtlichkeit und Verständlichkeit meist auf zwei oder drei beschränkt (Grant 2013, S. 103). Die Nutzung von zusätzlichen Kriterien verfeinert zwar die Segmentierung, ist aber nicht mehr überschaubar.

Für das Vorgehen bei der Segmentierung werden zwei Verfahren unterschieden: Die Inside-Out-Segmentierung geht von den im Unternehmen bestehenden Produkt- und Abnehmergruppen aus und bildet auf dieser Grundlage die strategischen Geschäftseinheiten. Die Outside-In-Segmentierung bezieht sich unmittelbar auf Marktverhältnisse und Kundenbedürfnisse und definiert zuerst strategische Geschäftsfelder, denen dann strategische Geschäftseinheiten zugeordnet werden (vgl. z. B. Lombriser/Abplanalb 2010, S. 78 ff.; Müller-Stewens/Lechner 2005, S. 161 ff.).

Inside-Out-Segmentierung

Auf der Basis der vorhandenen Produkt- und Kundengruppen wird eine zweidimensionale Produkt-/Marktmatrix aufgestellt. Die Beschaffung der notwendigen Daten ist relativ einfach; dazu können die folgenden Quellen genutzt werden: Produktkataloge, Verkaufsstatistiken, Marktstudien, strategische Gruppenanalysen, Profit-Pool-Analysen, Organigramme, Branchenberichte und Gespräche mit der Marktforschung sowie dem Marketing- und Verkaufsmanagement.

Das folgende Beispiel zeigt eine solche Matrix für einen Hersteller von Plastikkarten (Abb. 7—1). Dabei wurde die Dimension Kunden durch Länder ersetzt. Die grau hinterlegten Felder kennzeichnen die bearbeiteten Geschäftsfelder; in den weißen Feldern ist das Unternehmen bisher nicht aktiv.

Die Matrix zeigt auch, welche Geschäftsfelder bisher nicht bearbeitet werden. Der Vorteil einer solchen Darstellung besteht darin, ein pragmatisches und an den derzeitigen Bedürfnissen des Unternehmens orientiertes Ergebnis aufzuzeigen, das schnell und sinnvoll mit Strategien und Organisationskonzepten umzusetzen ist. Nachteilig ist, dass dieses Verfahren sich an vorhandenen Produkt-/Marktkombinationen orientiert; neu entstehende Felder werden nicht erkannt, also im Beispiel des Kartenherstellers neue Kartenanwendungen oder andere Länder. Weiterhin werden Markt- und Kundenbedürfnisse nur indirekt berücksichtigt.

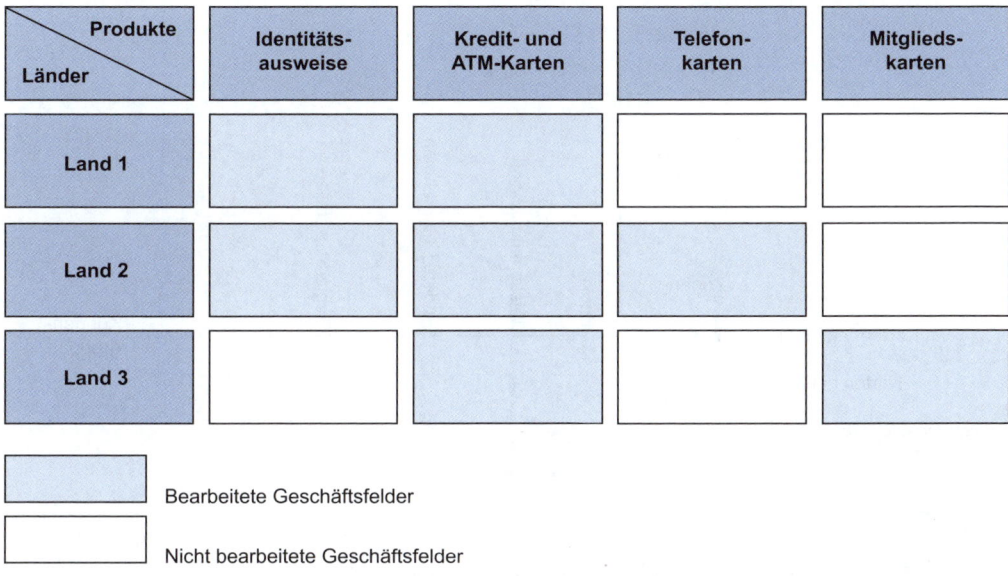

Produkte / Länder	Identitäts- ausweise	Kredit- und ATM-Karten	Telefon- karten	Mitglieds- karten
Land 1				
Land 2				
Land 3				

▢ Bearbeitete Geschäftsfelder

▢ Nicht bearbeitete Geschäftsfelder

Abb. 7—1: Segmentierung des Markts für Plastikkarten in strategische Geschäftsfelder

Outside-In-Segmentierung

Hier setzt die Segmentierung direkt an den Bedürfnissen der Kundengruppen an. Das Unternehmen beginnt sozusagen neu auf der grünen Wiese. Abell (1980) hat hierzu einen dreidimensionalen Ansatz entwickelt. Er unterscheidet drei Kriterien, die eng mit den Wünschen und Ansprüchen der Kunden verbunden sind:

- *Kundenbedürfnisse:* Welchen Nutzen stiftet das Produkt für den Kunden?
- *Potenzielle Zielgruppen:* Welche Zielgruppen können diesen Nutzen in Anspruch nehmen?
- *Unterschiedliche Technologien:* Mit welchen Methoden wird der Kundennutzen bereitgestellt?

Mit Hilfe dieser Dimensionen kann ein dreidimensionaler Würfel aufgebaut werden, in dem jede Zelle für ein spezifisches Geschäftsfeld steht. Die folgende Abb. 7—2 zeigt, wie eine solche Segmentierung für einen Hersteller von Plastikkarten aussehen könnte. Der Einfachheit halber wurden nur drei Kartenanwendungen und drei Technologien in das Beispiel aufgenommen. Das Beispiel zeigt das Geschäftsfeld fälschungssichere Zugangskonten für Unternehmen und Regierungsstellen.

Die für eine Outside-In-Segmentierung notwendigen Daten liegen teilweise bereits vor; sie stammen aus der Marktforschung, der Analyse von strategischen Gruppen (vgl. Abschn. 5.2.4) und der Wettbewerberanalyse. In vielen Fällen müssen sie allerdings über Primäruntersuchungen erfasst werden.

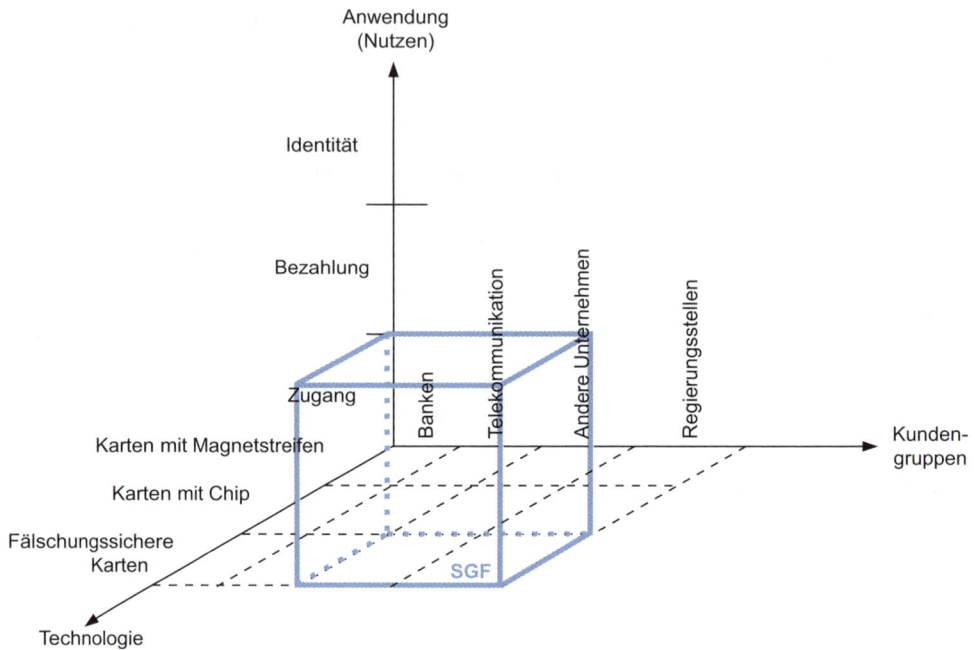

Abb. 7—2: Dreidimensionale Segmentierung für einen Hersteller von Plastikkarten

Das Endergebnis der Inside-Out- bzw. der Outside-In-Segmentierung ist eine Segmentierungsmatrix mit zwei Dimensionen oder ein Segmentierungswürfel mit drei Dimensionen. Aus einer Marktperspektive ist die Outside-in-Segmentierung eindeutig zu bevorzugen.

Schritt 2: Analysieren der Attraktivität der Segmente
Die Rentabilität der einzelnen Segmente wird von den strukturellen Kräften innerhalb der Segmente bestimmt – analog zu den strukturellen Kräften in einer Branche. Damit kann die 5-Kräfte-Analyse von Porter (vgl. Abschn. 5.2.3) auch für die Bewertung der Attraktivität eines Segments genutzt werden (Grant 2013, S. 102). Zu beachten ist, dass bei der Anwendung des 5-Kräfte-Modells auf der Segmentebene die Substitute von anderen Segmenten kommen können; ebenso sind neue Wettbewerber in Bezug auf andere Segmente zu definieren.

Schritt 3: Ermitteln der Schlüsselerfolgsfaktoren pro Segment
Unterschiedliche Wettbewerbsstrukturen und Kundenpräferenzen in den einzelnen Segmenten führen zu spezifischen Schlüsselerfolgsfaktoren (vgl. Abschn. 5.2.9). Im Beispiel des Plastik-kartenherstellers bilden günstige Preise, Qualität und die Beziehungen zum Kunden die strategisch wichtigen Faktoren für das Geschäft mit den Bank- und Telefonkarten. Im Geschäft mit Identitätsausweisen hingegen ist ein sehr hoher Sicherheits- und Qualitätsstandard der entscheidende Erfolgsfaktor. Bei den Mitgliedskarten ist ein niedriger Preis ausschlaggebend.

Schritt 4: Zuordnen der strategischen Geschäftsfelder zu strategischen Geschäftseinheiten
Sollen mehrere Geschäftsfelder abgedeckt werden, stellt sich die Frage der Zuordnung dieser Felder zu bestimmten strategischen Geschäftseinheiten. Dabei spielen die Ähnlichkeit der

Schlüsselerfolgsfaktoren und eventuell vorhandene gemeinsame Ressourcen- und Kostenstrukturen eine große Rolle. Im Beispiel des Kartenherstellers (Abb. 7—3) wird das Bank-
und Telefonkartengeschäft in den Ländern 1 und 2 in einer SGE zusammengefasst, weil die
Schlüsselerfolgsfaktoren dieser Geschäftsfelder in beiden Ländern ähnlich sind; außerdem
können Ressourcen gemeinsam genutzt werden. Das Segment Identitätsausweise indes bildet
aufgrund der besonders hohen Sicherheitsstandards eine eigene SGE.

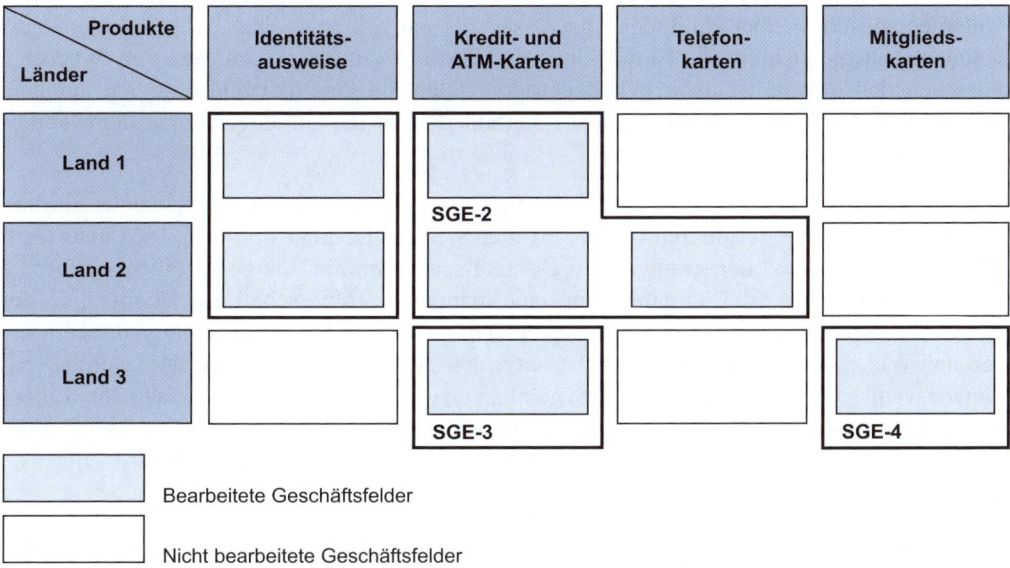

Abb. 7—3: Strategische Geschäftseinheiten für einen Hersteller von Plastikkarten

Nach Müller-Stewens/Lechner (2005, S. 170) sind Kosten-Nutzen-Überlegungen bei der
Dimensionierung der SGE zu berücksichtigen. Wenn die SGE sehr klein ausgelegt sind,
entsteht ein hoher Aufwand für die Entwicklung und Umsetzung von segmentspezifischen
Strategien. Die Analyse zur Attraktivität eines Geschäftsfelds (Schritt 2) gibt in diesem Zu-
sammenhang Entscheidungshilfen. Andreae/De Bodinat (1981) sind der Ansicht, dass die
Durchschlagskraft und Effizienz einer strategischen Planung vollständig von der Qualität der
Segmentierungsarbeit abhängt. Wurden die Segmente bzw. Einheiten zu groß oder zu eng
definiert, ist die ganze strategische Analyse wertlos.

Kritik des Instruments
Die Kritik an der Geschäftsfeldsegmentierung bezieht sich auf drei Aspekte: (1) die mit der
Segmentierung verbundene grundsätzliche strategische Ausrichtung, (2) die mit der SGE-
Organisation verbundenen organisatorischen Konsequenzen und (3) das Verfahren an sich
und seine Ergebnisse.

Die Bildung von SGE wurde in den 1990er Jahren beispielsweise von Hamel/Prahalad
(1990) heftig angegriffen, die sogar von einer „Tyrannei der strategischen Geschäftseinhei-

ten" sprechen. Hamel/Prahalad nehmen an, dass die Wettbewerbsfähigkeit eines Unternehmens von der Entwicklung unternehmensweiter Kernkompetenzen abhängt, auf deren Grundlage die Geschäftseinheiten Chancen in ihren Märkten nutzen. Eine Zergliederung des Unternehmens in autonom agierende Geschäftseinheiten mit eigenen Strategien erschwert aus ihrer Sicht die Schaffung und Nutzung unternehmensbezogener Kompetenzen.

Diese Argumentation fordert also eine stärkere Fokussierung des Managements auf Unternehmensstrategien anstatt auf Geschäftsfeldstrategien (Hax/Majluf 1996). Derzeit wird für den Unternehmenserfolg aber ein integrierter Ansatz als sinnvoll angesehen: Während die Unternehmensstrategie sich auf die Entwicklung des Portfolios und die Schaffung von Synergien zwischen den Geschäftseinheiten konzentriert, zielen die Geschäftsfeldstrategien auf eine bestmögliche Nutzung der Marktchancen innerhalb des von der Unternehmensstrategie vorgegebenen Rahmens ab.

Auf die negativen organisatorischen Konsequenzen, die aus dem Spartenegoismus in einer divisionalen Struktur resultieren, weisen Müller-Stewens/Lechner (2005, S. 166) unter dem Stichwort „Eigensinn" der strategischen Geschäftseinheiten hin. Sie beschreiben eine Reihe von Nachteilen einer SGE-Organisation: eine mangelnde Bereitschaft zur Kooperation der einzelnen Einheiten, politisch geprägte Auseinandersetzungen bei der Zuteilung von Ressourcen und Widerstände, wenn die Gesamtstruktur des Unternehmens neu geordnet werden soll. Gerade wenn zu viele Geschäftseinheiten gebildet werden, tendieren die SGE dazu, ihre Eigeninteressen über das Gesamtinteresse des Unternehmens zu stellen. Zur Lösung dieser Problematik muss die Unternehmensführung dann zusätzliche Managementkapazitäten aufwenden.

Ein weiterer Kritikpunkt richtet sich gegen das Verfahren selbst. "Segmentation is more an art than a science, because there are no clear guidelines to be provided that assure a proper outcome for this task" (Hax/Majluf 1996, S. 3). Die Geschäftsfeldsegmentierung ist ein komplexer, multidimensionaler Prozess, der in hohem Maße durch Veränderungen in der Umwelt geprägt wird. Dies kann dazu führen, dass ein bestimmtes Segmentierungskriterium im Laufe der Zeit seine Relevanz verliert. Daraus ergibt sich die Notwendigkeit, die Segmentierung als dynamischen Prozess aufzufassen, sie immer wieder zu überprüfen und gegebenenfalls anzupassen (Müller-Stewens/Lechner 2005, S. 170 f.).

Strategische Bedeutung und Nutzen
Die Geschäftsfeldsegmentierung bezieht sich auf eine der wichtigsten strategischen Fragen: "What businesses are we in, and what businesses do we want to be in?" (Hax/Majluf 1996, S. 43). Die Antwort auf diese Fragen erlaubt nicht nur, das Marktumfeld des Unternehmens in verschiedene Felder aufzuteilen, sondern diese Felder auch im Innenverhältnis zu strukturieren, wenn die SGE einen Teil der Primärorganisation bilden. Mit anderen Worten, das Spielfeld des Unternehmens wird mittels der Segmentierung eingezäunt. Die Segmentierung und Bildung von strategischen Geschäftseinheiten bilden die Grundlage der Portfolio-Methoden, die wiederum wichtige Ergebnisse für die SGE im Sinne der Prioritätensetzung und der Allokation von Ressourcen liefern.

Das SGE-Konzept bietet eine Reihe von Vorteilen (Welge/Al-Laham 2012, S. 470; Link 1985, S. 63 ff.). Mit der Aufteilung des Unternehmens in kleine, marktnahe SGE gewinnt das Unternehmen insgesamt an Flexibilität und Innovationskraft. Die SGE können viel schneller und konkreter auf veränderte Kundenbedürfnisse und neue Strategien der Wettbewerber reagieren als das Gesamtunternehmen. Weiterhin werden Aufgaben, Kompetenzen und Verantwortlichkeiten klar definiert und spezifischen SGE-Leitungen zugeordnet. Aus der Eigenständigkeit ergeben sich größere Freiräume für das Management einer SGE, die verbunden mit der Ergebnisverantwortung zu einer besseren Motivation und höheren Leistungsbereitschaft in einem Großunternehmen führen können (Müller-Stewens/Lechner 2005, S. 165 f.). Weiterhin bilden die SGE gute Ausbildungs- und Entwicklungsmöglichkeiten für zukünftige Spitzenführungskräfte.

Letztlich wird mit der Bildung von SGE Komplexität reduziert. Über die SGE werden die Märkte innerhalb des Unternehmens abgebildet. Damit bestimmt die Auseinandersetzung mit den Kundenanforderungen und dem spezifischen Wettbewerb die Strategiediskussion.

Ähnliche Instrumente

Divisionale Struktur und Profitcenter
Die klassischen Geschäftsbereiche und ihre Unterteilung in Profitcenter können als Vorläufer einer SGE-Struktur betrachtet werden. Beim Profitcenter-Konzept stehen eine Innensicht (vergleichbar mit der Inside-Out-Segmentierung) und die Ergebnisorientierung (Welge/Al-Laham 2012, S. 462) im Vordergrund.

Im Vergleich zu Geschäftsbereichen und Profitcenter basieren SGE auf einer feineren und vor allem marktorientierten Segmentierung im Sinne eines Outside-In-Verfahrens. Bei den SGE dominiert die Marktorientierung. Sie sind in eine übergeordnete Portfolio-Strategie als Teil der Unternehmensstrategie eingebunden. Beide Konzepte überlappen sich freilich in dem Sinne, dass mit der Bildung von SGE als Teil der Primärorganisation Einheiten geschaffen werden, die in ihren Wirkungen denen der Profitcenter entsprechen.

Profit Pools
Mit diesem Instrument wird die Wertschöpfungskette vertikal in verschiedene Segmente unterteilt (vgl. Abschn. 5.2.5). Außerdem gibt das Profit-Pool-Konzept einen Überblick über die Rentabilität der einzelnen Segmente. So ist es z. B. denkbar, dass ein Unternehmen der Tourismusbranche seine Geschäftseinheiten entsprechend den wichtigsten Segmenten der Wertschöpfungskette im Tourismus bildet: Reisebüros, Flug, Services am Zielort und Hotel.

Überschneidungen mit anderen Instrumenten

Wertkette
Die Wertkettenanalyse (vgl. Abschn. 6.2.3) untersucht interne Quellen von Wettbewerbsvorteilen. Sie macht die Verflechtungen von Ressourcen und Kompetenzen innerhalb des Unternehmens und im Hinblick auf Kunden und Lieferanten deutlich. Diese Informationen sind neben den Schlüsselfaktoren wichtig für die Bildung von SGE. Das Ziel besteht darin, jede SGE mit ihrer eigenen Ressourcenbasis auszustatten. Soweit Ressourcen von mehreren SGE gemeinsam genutzt werden können, sollten die SGE die entsprechenden Entscheidungen autonom treffen.

Blue-Ocean-Strategie
Kim/Mauborgne (2005a) empfehlen für die Entwicklung einer neuen Wertkurve auch die Suche nach neuen Segmentierungsmöglichkeiten. Dazu zählt u. a. eine über die eigene Bran-

che hinausgehende Perspektive, um Substitutionsprodukte zu erfassen oder ein neues über-greifendes Angebot zu definieren (vgl. Abschn. 7.3.4). Ein kreativer Ansatz der Segmentie-rung kann die Grundlage für einen blauen Ozean darstellen.

7.2.2   Marktanteils-/Marktwachstums-Matrix (BCG-Matrix)

Das Marktanteils-/Marktwachstumsportfolio der Boston Consulting Group (BCG) ist ein Instrument zur Steuerung von strategischen Geschäftseinheiten auf der Grundlage des Cashflows. Die Umweltdimension wird über das Marktwachstum und die Unternehmens-dimension über den Marktanteil dargestellt. Auf dieser Basis werden die strategischen Ge-schäftseinheiten vier Feldern (Question Marks, Stars, Cash Cows und Poor Dogs) zuge-ordnet. Für jedes Feld wird eine Normstrategie abgeleitet. Mit Hilfe des BCG-Konzepts lassen sich strategische Prioritäten innerhalb eines Portfolios setzen und Überlegungen zur Ausgewogenheit des Portfolios anstellen.

Beschreibung und theoretischer Hintergrund
Das BCG-Modell entstand in der zweiten Hälfte der 1960er und zu Beginn der 1970er Jahre. In dieser Zeit entwickelte die Boston Consulting Group eine Diversifikationsstrategie für die Mead Corporation (Papierbranche) und untersuchte das Geschäftsportfolio von Union Carbi-de, einem bereits stark diversifizierten Unternehmen. In beiden Fällen ordneten die Berater die Geschäftseinheiten verschiedenen Kategorien zu und leiteten Empfehlungen für die zu-künftige strategische Ausrichtung dieser Einheiten und das Gesamtportfolio ab. Im Fall von Union Carbide wurden zudem die Geschäftsportfolios der wichtigsten Wettbewerber unter-sucht und die Ergebnisse in die Strategieempfehlungen eingebracht (Kiechel 2010, S. 60 ff.). Seit dieser Zeit zählt die BCG-Matrix zu den populärsten Strategiekonzepten, die in vielen Unternehmen genutzt wird und in keinem Strategielehrbuch fehlen darf.

Für die Analyse und Beurteilung eines Portfolios werden die Portfolio-Modelle aus der Fi-nanzwirtschaft herangezogen, die zu einer optimalen Zusammenstellung von Anlagen unter Risiko- und Ertragsgesichtspunkten entwickelt wurden (Markowitz 1952, 1959). Ein aus-gewogenes Portfolio von Geschäftseinheiten soll ein weiteres Wachstum und eine rentable Entwicklung des Unternehmens gewährleisten.

Die BCG-Matrix ist ein absatzmarktorientiertes Strategiekonzept. Zwei Parameter sind be-stimmend: das Marktwachstum und der relative Marktanteil. Bezugsobjekt sind die strategi-schen Geschäftseinheiten (vgl. Abschn. 7.2.1). Im Mittelpunkt der Portfolio-Analyse steht die Frage, welche strategischen Geschäftseinheiten zusätzliche finanzielle Mittel brauchen und welche Einheiten solche Mittel bereitstellen können. Daraus folgen Überlegungen zur Ausgewogenheit des finanziellen Gleichgewichts bzw. der Schaffung eines solchen Gleich-gewichts durch die Akquisition neuer Einheiten, Investitionen in bestehende Einheiten bzw. den Verkauf oder die Liquidierung von Einheiten (Henderson 1977).

Die Verwendung des Parameters Marktwachstum wird mit dem Branchenlebenszyklus (vgl. Abschn. 5.2.7) begründet. Er unterstellt, dass die Märkte eines Unternehmens einem idealtypischen Lebenszyklusmodell folgen. Demzufolge verfügen junge Märkte über hohe und reife Märkte über niedrige Wachstumsraten.

Die Verwendung des relativen Marktanteils als Bezugsgröße wird mit der Erfahrungskurve (vgl. Abschn. 7.3.3) begründet. Sie postuliert, dass die Stückkosten sinken, wenn die kumulierte Produktionsmenge (und Absatzmenge) steigt. Ein Unternehmen kann also Kostenvorteile gegenüber Konkurrenten entwickeln, wenn es seinen Marktanteil und damit seine Produktionsmenge erhöht. Das Unternehmen mit dem größten Marktanteil hat demnach relativ größere Erfahrungen und relativ niedrigere Kosten als andere Unternehmen mit weniger Erfahrungen und kleineren Marktanteilen. Mit anderen Worten: Die Wettbewerbsstärke wird über den relativen Marktanteil erfasst.

Aus den beiden Dimensionen Marktwachstum und relativer Marktanteil kann die folgende Matrix (Abb. 7—4) abgeleitet werden.

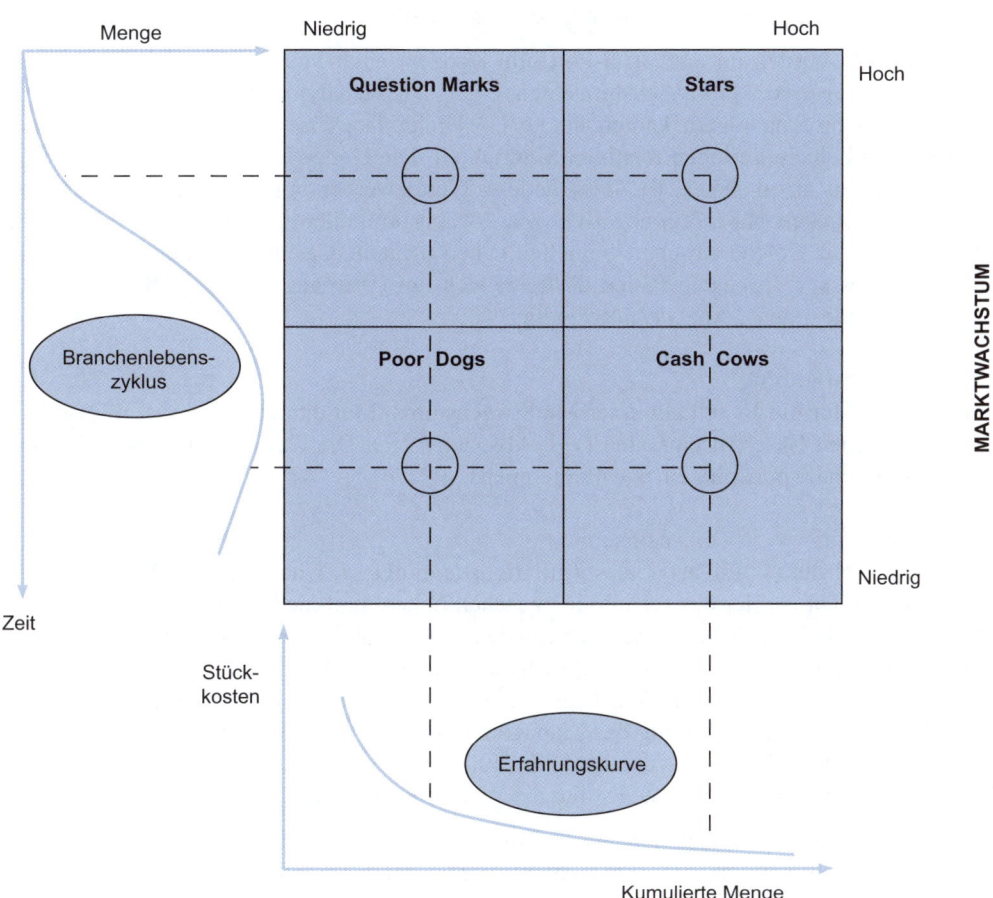

Abb. 7—4: Schematische Darstellung der BCG-Matrix (Quelle: in Anlehnung an Hungenberg 2011, S. 461)

Einheiten in der Kategorie *Question Marks* beziehen sich auf neue Geschäfte und Nachfolgeprodukte, die sich in einer frühen Phase des Branchenlebenszyklus (Einführung oder beginnendes Wachstum) befinden. Sie sind in der Regel durch ein hohes Marktwachstum und einen niedrigen Marktanteil charakterisiert.

Die *Stars* bezeichnen die gut laufenden Geschäfte. Ihr Marktwachstum ist hoch (Wachstumsphase im Lebenszyklus), ebenso ihr relativer Marktanteil. Hier handelt es sich um den Marktführer.

Als *Cash Cows* werden Geschäfte bezeichnet, deren Märkte nur noch wenig wachsen (Reifephase im Lebenszyklus). Cash Cows haben einen hohen relativen Marktanteil. Diese Geschäfte sind interessant aufgrund ihres hohen Marktvolumens.

Die Kategorie *Poor Dogs* umfasst Geschäfte mit einem geringen Marktwachstum und einem niedrigen relativen Marktanteil. Es handelt sich in der Regel um Auslaufprodukte oder Problemgeschäfte, die im Lebenszyklus die Sättigungs- oder Degenerationsphase erreicht haben. Diese Einheiten erwirtschaften keinen oder einen nur sehr niedrigen Gewinn und nehmen Ressourcen in Anspruch, die anderweitig besser genutzt werden können.

Dieses Modell wurde, um das BCG-Portfolio-Konzept auch in einer Rezession nutzen zu können, um negative Marktwachstumsraten ergänzt (Macharzina/Wolf 2012, S. 359 ff.). Zwei zusätzliche Quadranten kamen hinzu: (1) Under Dogs mit einem negativen Marktwachstum und einem geringen relativen Marktanteil. Die Under Dogs können dann interessant sein, wenn anzunehmen ist, dass andere Wettbewerber aus dem Markt aussteigen. (2) Auch die Buckets haben ein negatives Marktwachstum, allerdings bei einem hohen relativen Marktanteil. Solche Geschäftseinheiten haben oft hohe Cashflow-Rückflüsse. Deshalb sind sie interessant. In beiden Fällen dürfte es sich um Übergangsstrategien handeln. Nach der Krise ist eine erneute Analyse notwendig.

Praktische Anwendung
Vorbedingung für die Erstellung einer Marktwachstums-/Marktanteilsmatrix ist die Bildung von strategischen Geschäftseinheiten (vgl. Abschn. 7.2.1). Die Gesamtheit dieser Einheiten bildet das Geschäftsportfolio eines Unternehmens.

Schritt 1: Bestimmen der Dimensionen
Das Marktwachstum wird als reales (inflationsbereinigtes) Wachstum in Prozent ausgedrückt. Interessant ist hier die Trennlinie zwischen hohem und niedrigem Wachstum. Hierzu schlagen Hax/Majluf (1996, S. 186) verschiedene Möglichkeiten vor: die erwartete Wachstumsrate der Branche, das erwartete Wachstum des Bruttosozialprodukts, der gewichtete Durchschnitt aus den erwarteten Wachstumsraten aller Branchen, in denen das Unternehmen tätig ist, oder eine Zielvorstellung des Managements. Bei einem stark diversifizierten Unternehmen empfehlen Müller-Stewens/Lechner (2005, S. 301) die Nutzung der Wachstumsrate des Bruttosozialprodukts; ansonsten sollte die Wachstumsrate der Branche gelten.

Der relative Marktanteil ergibt sich aus der Division des eigenen Umsatzes durch den Umsatz des größten (von mehreren) Konkurrenten. Wenn ein Unternehmen einen Umsatz von 20 Mio. Euro erwirtschaftet und der größte Konkurrent einen von 40 Mio. Euro, beträgt der relative Marktanteil für das zu untersuchende Unternehmen 0,5. Erreicht der Umsatz des

Unternehmens 60 Mio. Euro und der des nächstgrößten Konkurrenten 20 Mio. Euro, resultiert daraus ein relativer Marktanteil von 3. Auf der x-Achse der BCG-Matrix wird der relative Marktanteil in Einklang mit der dieser Achse konzeptionell zugrunde liegenden Erfahrungskurve (vgl. Abschn. 7.3.3) auf einer logarithmischen Skala abgetragen. Die Unterteilung in hoch und niedrig erfolgt in der Regel bei einem relativen Marktanteil von 1. Auf dieser Position ist der eigene Marktanteil genauso groß ist wie der des größten Konkurrenten (Hedley 1977).

Schritt 2: Einordnen der strategischen Geschäftseinheiten in die Matrixkategorien
Aus dem Ergebnis kann eine Matrix mit vier Feldern abgeleitet werden. In diese Matrix werden die Geschäftseinheiten des Portfolios je nach Wachstumsrate und relativem Marktanteil in eine der vier Matrixkategorien eingeordnet. Die Größe des Kreises für eine Geschäftseinheit kann sich am Umsatz, am Deckungsbeitrag oder an den eingesetzten Ressourcen orientieren. In der Regel wird der Umsatz verwendet. Der Durchmesser eines Kreises für eine Geschäftseinheit entspricht dabei dem Umsatzanteil dieser Geschäftseinheit am Gesamtumsatz des Unternehmens.

Zusätzlich zur Darstellung der eigenen strategischen Geschäftseinheiten können die Einheiten wichtiger Konkurrenten in die Matrix eingetragen werden. Aus Gründen der Übersichtlichkeit sind das nur die wichtigsten Wettbewerber.

Mit einer solchen Matrix lässt sich sowohl eine bestimmte Situation des Portfolios zu einem bestimmten Zeitpunkt darstellen (Ist-Positionierung) als auch eine vom Management gewünschte Soll-Positionierung.

Schritt 3: Ableiten der Strategieempfehlungen
Aus der Matrix werden für jeden Quadranten die klassischen Normstrategien abgeleitet. Diese Normstrategien zielen auf eine Ressourcenzuteilung ab, die ein längerfristiges Gleichgewicht der Zahlungsströme und eine ausgewogene Investitionspolitik erwarten lässt (Müller-Stewens/Lechner 2005, S. 303). Die folgende Abb. 7—5 enthält eine Zusammenfassung.

Portfolio-Kategorie	Marktanteil	Rentabilität	Benötigte Investitionen	Netto-Cashflow
Stars	Halten/ Erhöhen	Hoch	Hoch	Null oder leicht negativ
Cash Cows	Halten	Hoch	Niedrig	Sehr positiv
Question Marks	a) Erhöhen b) Ernten/Des-investieren	Break-even oder negativ Niedrig oder negativ	Sehr hoch Desinvestieren	Sehr negativ Positiv
Poor dogs	Ernten/Des-investieren	Niedrig oder negativ	Desinvestieren	Positiv

Abb. 7—5: BCG-Matrix und Normstrategien (Quelle: in Anlehnung an Hax/Majluf 1996, S. 186)

Weiterhin kann die BCG-Matrix genutzt werden, um die Ausgewogenheit des Geschäftsportfolios zu überprüfen und ggfs. durch geeignete Strategien anzupassen. Bei einem Unternehmen in der Reifephase liegt der Schwerpunkt des Portfolios vermutlich auf den Cash Cows und Dogs. Entsprechend dem Konzept der BCG-Matrix sollten solche Unternehmen verstärkt auf neue Geschäftseinheiten setzen. Umgekehrt wird ein junges Unternehmen mit einer Reihe von Question Marks, aber ohne Cash Cows möglicherweise die Unterstützung eines reifen Unternehmens suchen. Dies ist in der Pharmaindustrie im Hinblick auf Kooperationen zwischen etablierten Pharmakonzernen und jungen Biotechnologieunternehmen gut zu beobachten.

Das folgende Beispiel (Abb. 7—6) für ein fiktives Unternehmen aus der Lebensmittelbranche zeigt ein ausgewogenes Portfolio.

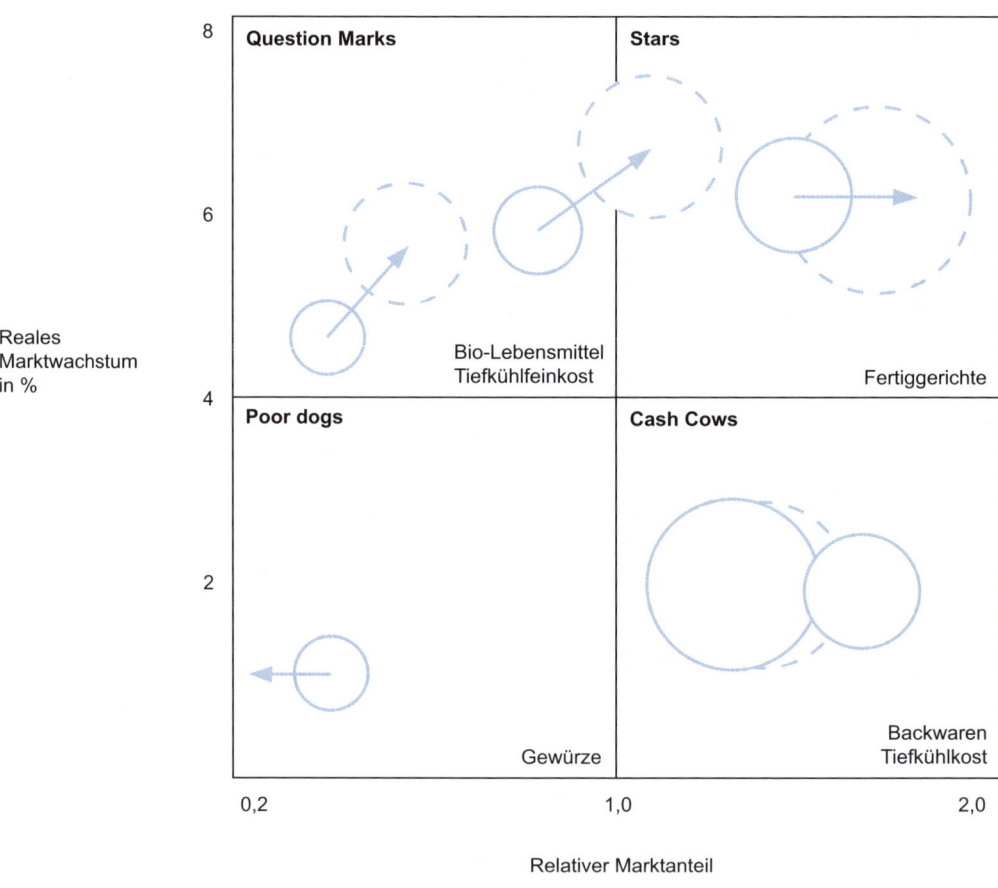

Abb. 7—6: Beispiel für ein BCG-Portfolio

In dieser Abbildung wird für jede Einheit der Umsatz in 2010 und mit einem Pfeil die Zielpositionierung für 2013 gezeigt. Die Größe der Kreise entspricht dabei dem gegenwärtigen bzw. dem geplanten Umsatz. Für das Gewürzgeschäft ist eine Desinvestition vermutlich sinnvoll. Investiert werden sollte in Bio-Lebensmittel und Tiefkühlfeinkost. Für die Fertiggerichte ist eine deutliche Marktanteilssteigerung geplant. Bei der Tiefkühlkost wird eine geringe Umsatz- und Marktanteilssteigerung erwartet. Die Backwaren bleiben unverändert. Das Portfolio erscheint relativ ausgewogen.

Kritik des Instruments

Spezielle Kritik an der BCG-Matrix

Die BCG-Matrix war lange Zeit ein sehr populäres Strategiekonzept; entsprechend intensiv war auch die Kritik:

- *Definition der Branche.* Marktwachstum und relativer Marktanteil können nur gemessen werden, wenn die relevante Branche eindeutig abgegrenzt ist. Wird der Markt zu eng gefasst, dann kann beinahe jede strategische Geschäftseinheit Marktführer in ihrem Segment sein. Umgekehrt werden bei einer sehr breiten Marktdefinition durchaus erfolgversprechende Geschäftseinheiten unzutreffend schwach positioniert (Hungenberg 2011, S. 462 f). Beschränkt z. B. BMW das Untersuchungsfeld auf den europäischen Markt, werden die strategischen Geschäftseinheiten 3er, 5er oder 7er Serie im Portfolio sehr viel stärker positioniert sein, als wenn das Unternehmen die globale Automobilbranche zugrunde legt. Da eine Branchenabgrenzung auf subjektiven Einschätzungen beruht, ist sie nicht nur eine Fehlerquelle, sondern bietet auch Möglichkeiten, eine Portfolio-Planung zu manipulieren.
- *Beschränkung auf Marktwachstum und relativen Marktanteil.* Hier stellt sich die Frage, ob das Marktwachstum tatsächlich die Attraktivität eines Markts wiedergibt. So können bspw. die Größe oder die Rentabilität einer Branche durchaus wichtiger sein als das Wachstum. Ebenso ist kritisch zu hinterfragen, ob ein hoher Marktanteil wirklich etwas aussagt über Wettbewerbsstärke und Geschäftserfolg. So operieren bspw. kleinere Unternehmen oft sehr erfolgreich mit geringen Marktanteilen.
- *Sprachliche Implikationen.* Vor allem bei der BCG-Matrix sind die wertenden Bezeichnungen kritisch zu sehen, weil sie das Verhalten und die Einstellung der Entscheidungsträger in eine bestimmte Richtung lenken können (Drews 2008; Wheelen/Hunger 2012, S. 249). Begriffe wie Cash Cow oder Poor Dog vermitteln nicht unbedingt eine positive Sicht auf die Geschäftsentwicklung. Dies kann auch das Interesse ambitionierter Führungskräfte an solchen Einheiten beeinflussen, da nun einmal mit der Führung einer Einheit der Cash-Cow-Kategorie weniger Reputation verbunden ist als mit der Führung einer Einheit der Star-Kategorie.
- *Anwendbarkeit der Normstrategien.* Die BCG-Matrix bezieht sich auf Geschäftseinheiten mit standardisierten Massenprodukten, die in vielen großen Konzernen in den 1960er Jahren dominierten. Für solche Geschäftsaktivitäten ist dieses Modell durchaus geeignet. Allerdings ergibt sich dann auch eine Tendenz zu einer Strategie der Kostenführerschaft. Für Nischenanbieter oder Unternehmen, die eine Differenzierungsstrategie verfolgen, liefert die BCG-Matrix ein unvorteilhaftes Bild.

- Kritisch zu bewerten sind auch Desinvestitionsempfehlungen für Einheiten in der Kategorie Poor Dogs. Hier kann es sich durchaus um Einheiten handeln, die aus bestimmten strategischen Überlegungen im Portfolio verbleiben müssen, weil sie bspw. unverzichtbare Dienstleistungen für andere Einheiten erbringen oder zum gewachsenen Kern des Unternehmens gehören, von dem die Eigentümer sich nur schwer trennen können.
- Weiter ist anzumerken, dass die mit einer bestimmten Matrix-Position erwarteten Cashflows nicht zwangsweise der Realität entsprechen (Drews 2008). Dies ist im Zeitablauf zu überprüfen.

Für Macharzina/Wolf (2012, S. 369) ist die BCG-Matrix problembehaftet: „... diese Konzeption muss als theoretisch brüchig, empirisch offen, konzeptionell reduktionistisch und die realen Einflussfaktoren unzulässig vereinfachend beurteilt werden." Zu einem negativen Urteil kommt auch Drews (2008), der neben anderen Punkten die unzureichende empirische Fundierung beklagt.

Allgemeine Kritik an den Portfolio-Konzepten

Die folgenden Kritikpunkte beziehen sich auf die Portfolio-Instrumente (BCG, McKinsey und ADL) allgemein. Die Kritik konzentriert sich auf die Grundlagen der Portfolio-Konzepte (Achsendimensionen und Skalierung), die mangelnde Berücksichtigung des Unternehmenswertes sowie die Umsetzung der Normstrategien.

- *Branchenlebenszyklus.* Die am Lebenszykluskonzept geübte Kritik gilt auch hier (vgl. Abschn. 5.2.7). Nicht alle Branchen durchlaufen notwendigerweise einen Lebenszyklus. Eine Reihe von Branchen verharrt für längere Zeit in einer bestimmten Phase, wie z. B. die Autoindustrie in der Reifephase, oder erfährt eine Wiederbelebung, wie bspw. die Motorrad- oder die Fahrradbranche. Bei geringem Wachstum und hohem Marktanteil (Cash Cow) wäre die Empfehlung, nicht zu investieren und Mittel freizusetzen – etwa im Falle der Autoindustrie – sicherlich ein wenig plausibles Vorgehen. Andere Branchen entwickeln sich sehr dynamisch mit einem hohen Wachstum, haben aber bis dato eine relativ schlechte Rentabilität wie z. B. die Solar- oder die Windenergie.
- *Erfahrungskurve.* Ein hoher Marktanteil ist nicht immer eine Erfolgsvoraussetzung (vgl. Abschn. 7.3.3). Die Innovationsdynamik mancher Branchen lässt eine Orientierung des strategischen Denkens am Erfahrungskurveneffekt als wenig sinnvoll erscheinen. Die Substitution der traditionellen Glühbirnen durch die Energiesparlampen und dieser wiederum durch LED macht die hohen Erfahrungskurveneffekte der Glühbirnenhersteller als Wettbewerbsvorteil irrelevant.
- *Skalierung der Achsen.* Die Festlegung der Trennlinie zwischen den Matrixkategorien ist häufig von subjektiven Einschätzungen geprägt. Damit wird offensichtlich die Positionierung der einzelnen Geschäftseinheiten beeinflusst. Die BCG-Matrix unterscheidet nur in „hoch" und „niedrig"; es besteht die Gefahr eines „Schwarz-Weiß-Denkens", das den spezifischen Gegebenheiten der einzelnen Geschäftseinheiten nicht oder nur unzureichend Rechnung trägt (Drews 2008).
- *Beitrag zum Unternehmenswert.* Die Ableitung von Normstrategien birgt die Gefahr, diese Strategien als Patentrezepte zu verstehen und ihnen blind zu folgen (Müller-Stewens/Lechner 2005, S. 305 f.). Sie treffen keine Aussage, ob mit einer Investition in ein Geschäftsfeld zusätzlicher Unternehmenswert geschaffen oder vernichtet wird. Ren-

diten werden nicht oder nicht korrekt (fehlende Kapitalkosten) berücksichtigt. Die Portfolio-Konzepte berücksichtigen keine Abhängigkeiten und Synergien zwischen den strategischen Geschäftseinheiten. Jede strategische Geschäftseinheit wird für sich betrachtet. Damit werden letztlich auch die Rolle der Unternehmenszentrale und ihr Beitrag zur Steigerung des Unternehmenswerts im Sinne der Schaffung von Synergien außer Acht gelassen.

- *Mangelnde Detaillierung der Normstrategien.* Die Normstrategien sind im Hinblick auf die strategische Stoßrichtung in einer Branche relativ allgemein formuliert. Weitere Analysen sind notwendig, um z. B. zu definieren, wie denn das Melken einer strategischen Geschäftseinheit erfolgen soll oder wie neue Geschäftseinheiten im Quadranten Question Marks geschaffen werden können.

Die Kritik an den Portfolio-Konzepten stellt ihre Nutzung als präskriptives Strategiemodell infrage. Macharzina/Wolf (2012, S. 361) und ähnlich auch Hungenberg (2011, S. 470 f.) warnen vor einer unkritischen und schematischen Anwendung, die den Eindruck entstehen lässt, die Entscheidungsträger hätten mit der Formulierung von Normstrategien ihre strategischen Überlegungen abgeschlossen.

Strategische Bedeutung und Nutzung

Spezielle Bedeutung und spezieller Nutzen der BCG-Matrix
Die Bedeutung der BCG-Matrix beschreibt Henderson (1970, S. 1): "To be successful, a company should have a portfolio of products with different growth rates and different market shares. The portfolio composition is a function of the balance between the cash flows." Als Gründe für die enorme Popularität der BCG-Matrix werden in der Regel die folgenden Vorteile aufgeführt:

- *Konzentration auf das Wesentliche.* Die Matrix reduziert die Umweltkomplexität auf zwei zentrale Variablen: das reale Marktwachstum und den relativen Marktanteil.
- *Einfache Erstellung.* Die BCG-Matrix kann relativ schnell erstellt werden; die notwendigen Informationen zu Marktwachstumsraten und Marktanteilen dürften in den meisten Unternehmen schnell zu beschaffen sein.
- *Relativ objektive Maßstäbe.* Marktwachstums- und Marktanteilsdaten sind eher objektiv und damit weniger angreifbar als die subjektive Einschätzung qualitativer Kriterien, die zur Erstellung der McK/GE-Matrix und der ADL-Matrix genutzt werden.

Allgemeine Bedeutung und allgemeiner Nutzen der Portfolio-Konzepte
Die Anwendung der Portfolio-Modelle bietet eine Reihe von Vorteilen (vgl. z. B. Müller-Stewens 2005, S. 304 f. oder Majluf/Hax 1996, S. 184 f.), die letztlich auch ihre Verwendung als Strategieinstrument begründen:

- *Einheitlicher Maßstab.* Die Portfolio-Modelle ermöglichen einem diversifizierten Unternehmen, unterschiedliche strategische Geschäftseinheiten mit einem einheitlichen Maßstab (z. B. dem Cashflow) zu analysieren und zu vergleichen.

- *Analyse und Strategiefindung.* Die Portfolio-Ansätze dienen nicht nur der Analyse einer Ausgangssituation, sondern leisten über die Normstrategien auch einen Beitrag zur strategischen Ausrichtung der einzelnen strategischen Geschäftseinheiten und des Gesamtunternehmens.
- *Ressourcenallokation.* Sie liefern eine Grundlage für die Allokation von Ressourcen und die Setzung von Prioritäten, ohne dabei das Gesamtportfolio aus den Augen zu verlieren.
- *Visualisierung.* Letztlich eignen sich Portfolio-Konzepte sehr gut zur Visualisierung und übernehmen damit auch eine wichtige Moderationsfunktion im Hinblick auf die Definition der zukünftigen Unternehmensentwicklung. Dies ist besonders wichtig in komplexen, stark diversifizierten Unternehmen.
- *Vielseitigkeit.* Die Portfolio-Modelle bieten vielseitige Anwendungsmöglichkeiten. Sie werden zwar in der Regel zur Analyse und Strategiefindung für Produkte oder Geschäftseinheiten genutzt, können aber gleichermaßen auch auf Kundengruppen, Distributionskanäle, Personal, Technologien, Kompetenzen oder Länder bezogen werden. Dementsprechend verändern sich dann auch die Dimensionen.

Hax/Majluf (1996, S. 194) fassen den Nutzen der Portfolio-Modelle folgendermaßen zusammen: "Portfolio approaches were most significant in raising the strategic alertness of most managers." Die Portfolio-Modelle haben zwar im Zuge einer zunehmend wertorientierten Unternehmensführung als Mittel der Strategiefindung an Bedeutung verloren; sie sind aber weiterhin von erheblichem Nutzen für die Analyse der Ausgangslage und die Schaffung eines strategischen Problembewusstseins.

Ähnliche Instrumente

Marktattraktivitäts-/Wettbewerbsstärken-Matrix (GE-/McKinsey-Matrix)
Dieses Portfolio-Modell (vgl. Abschn. 7.2.3) liefert im Grunde genommen die gleichen Aussagen wie die BCG-Matrix. Der wesentliche Unterschied besteht in einer detaillierteren Auffächerung der externen (Marktattraktivität) und der internen Dimension (Geschäftsfeldstärke oder Wettbewerbsstärke) durch jeweils mehrere Faktoren. Die Festlegung dieser Faktoren ist indes teilweise subjektiv geprägt; die Ableitung der Matrix erfolgt mit Hilfe eines Scoring-Modells. Aufgrund der Dreiteilung der beiden Achsen entsteht eine 9-Felder-Matrix, die im Vergleich zur BCG-Matrix detailliertere Strategieempfehlungen erlaubt.

Wettbewerbs-/Lebenszyklusphasen-Matrix (ADL-Matrix)
In diesem Ansatz misst die y-Achse die Wettbewerbsposition einer Geschäftseinheit und die x-Achse die Stellung dieser Einheit im Produkt- oder Branchenlebenszyklus (vgl. Abschn. 5.2.7). Dabei umfasst die Wettbewerbsposition sowohl die externe als auch die interne Dimension, die bei der BCG- und der GE-/McKinsey-Matrix separate Achsen bilden. Die ADL-Matrix führt aufgrund der detaillierten Aufteilung beider Achsen zu insgesamt 20 strategischen Empfehlungen. Schwerpunkt dieses Modells ist die Schaffung einer Balance von jungen Geschäftseinheiten mit einem hohen Investitionsbedarf und von reifen Geschäftseinheiten, welche diesen Bedarf finanzieren müssen.

Überschneidungen mit anderen Instrumenten

Parenting-Fit-Matrix

Diese Matrix, nach ihrem Entstehungsort, dem Ashridge Strategic Management Centre, manchmal auch als Ashridge-Matrix benannt, ist ein Instrument zur Formulierung von Strategien auf der Unternehmensebene (Goold et al. 1994). Es handelt sich ebenfalls um ein Portfolio-Konzept, das aber eine andere Zielsetzung verfolgt als die BCG-Matrix. Im Mittelpunkt steht die Rolle der Unternehmenszentrale für die Steigerung des Unternehmenswerts.

Deren Zielsetzung besteht darin, den Wert des gesamten Unternehmens über die Summe der „stand-alone"-Werte aller im Portfolio befindlichen Geschäftseinheiten hinaus zu steigern. Dazu wird eine Parenting-Fit-Matrix erstellt. Die horizontale Achse bildet den Nutzen ab, der auf der Basis tatsächlicher Wertsteigerungsmöglichkeiten der Geschäftseinheiten und den von der Unternehmenszentrale wahrgenommenen Wertsteigerungsmöglichkeiten entstehen kann. Die vertikale Achse erfasst den Nutzen, der aus dem Ressourceneinsatz und den Kompetenzen der Zentrale einerseits und den Charakteristika der strategischen Geschäftseinheiten entstehen könnte. Auf diese Weise lassen sich die Geschäftseinheiten in fünf Kategorien einteilen:

- *Heartland:* Der Parenting-Vorteil kommt voll zum Tragen; diese Einheiten arbeiten integriert und realisieren substanzielle Synergieeffekte.
- *Edge of the Heartland:* Diese Kategorie entspricht dem Heartland; die Synergiemöglichkeiten sind aber geringer.
- *Value Trap:* Die Zentrale erkennt die *Wertsteigerungspotenziale*, kann sie aber nicht oder nur schwer umsetzen, bspw. aufgrund völlig unterschiedlicher Unternehmenskulturen.
- *Ballast:* Im Hinblick auf das Management dieser Einheiten richtet die Zentrale keinen Schaden an, vermag aber auch keinen Nutzen zu stiften.
- *Alien Territory:* Diese Geschäftseinheiten sind weit vom Kern des Unternehmens entfernt; Wertsteigerungsmöglichkeiten bestehen nicht.

Der Schwerpunkt der Unternehmensentwicklung ist auf Einheiten in den Kategorien Heartland bzw. Edge of the Heartland zu legen. Wenn es nicht gelingt, die gewünschten Synergieeffekte von Value-Trap-Geschäften über ein geeignetes Veränderungsmanagement zu realisieren, ist eine Joint-Venture-Lösung oder unter Umständen der Verkauf dieser Einheiten zu überlegen. Bei den Alien-Territory-Geschäften gibt es bessere Eigentümer („Eltern"), deshalb ist hier ein Verkauf sinnvoll.

Unternehmenswertorientierte Portfolio-Konzepte

Im Zuge der Entwicklung wertorientierter Konzepte der Unternehmensführung entstammen mehrere wertbasierte Portfolio-Modelle, z. B. die Wertbeitrags-Matrix von BCG (Lewis 1995), die Value-Creation-Matrix von Reimann (1990) oder die Performance-Matrix von Günther (2000). Jedes dieser Modelle verwendet unterschiedliche Wertmaßstäbe und eignet sich zur Ableitung von Strategien für die strategischen Geschäftseinheiten – immer mit dem Ziel, eine Wertsteigerung zu erreichen. Im Folgenden wird die Wertbeitrags-Matrix (Abb. 7—7) kurz vorgestellt.

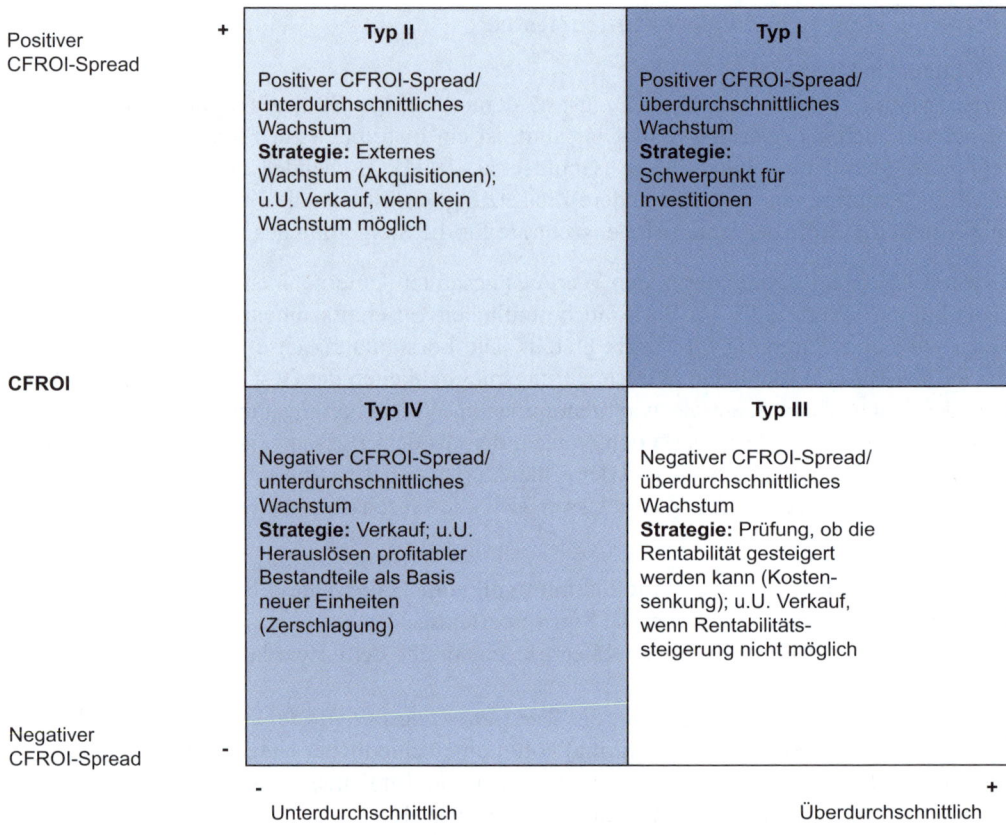

Abb. 7—7: Wertbeitrags-Portfolio von BCG (Quelle: in Anlehnung an Welge/Al-Laham 2012, S. 487)

Diese Matrix misst auf der horizontalen Achse das Marktwachstum und auf der vertikalen die Rentabilität (vgl. zur folgenden Beschreibung Welge/Al-Laham 2012, S. 770 ff.). Das Marktwachstum bildet den zentralen Hebel zur Steigerung des Shareholder Value. Wachstum hat aber nicht automatisch eine Steigerung des Unternehmenswerts zur Folge. Der Wert des Unternehmens steigt nur dann, wenn jene strategischen Geschäftseinheiten wachsen, deren Renditen über den Kapitalkosten liegen. In diese Einheiten ist zu investieren – sie schaffen Wert. Die Rentabilität wird dabei gemessen über den CFROI, genauer gesagt über die Differenz zwischen dem erwirtschafteten CFROI und den realen Kapitalkosten – diese Differenz wird als CFROI-Spread bezeichnet. Der CFROI ist definiert als der von einer Geschäftseinheit erwirtschaftete Brutto-Cashflow in Relation zum investierten Kapital.

Mit diesem Modell werden Geschäfte gefördert, die bei hoher Rentabilität Wachstumspotenzial eröffnen oder eine deutliche Verbesserung der Rentabilität erwarten lassen (Lewis 1995). Letztlich führt die Anwendung wertorientierter Portfolio-Instrumente zu einer stärkeren Orientierung der Portfolio-Planung an der klassischen Finanzplanung und dem Controlling.

7.2.3 Marktattraktivitäts-/Wettbewerbsstärken-Matrix (GE-/McKinsey-Matrix)

Gastbeitrag von Prof. Dr. Randolf Schrank, FH Mainz

Die Marktattraktivitäts-/Wettbewerbsstärken-Matrix gehört ebenso wie die Marktwachstums-/Marktanteils-Matrix der Boston Consulting Group zu den Portfolio-Methoden. Sie basiert auf zusammengesetzten Größen eines Scoring-Modells. Damit können in den beiden Dimensionen Marktattraktivität und Wettbewerbsstärken auch qualitative Aspekte berücksichtigt werden. Auf Basis der Marktattraktivitäts-/Wettbewerbsstärken-Matrix lassen sich Normstrategien und Empfehlungen zur Schaffung eines ausgewogenen Portfolios ableiten.

Beschreibung und theoretischer Hintergrund

Die Marktattraktivitäts-/Wettbewerbsstärken-Matrix entstand in den 1970er Jahren bei General Electric in Zusammenarbeit mit McKinsey & Company. GE hatte seine 170 Profitcenter zu 43 strategischen Geschäftseinheiten zusammengefasst und suchte nach einem Ansatz zur Positionierung und Strategieentwicklung für diese Einheiten (Welge/Al-Laham 2012, S. 481 f.). Daher ist diese Matrix auch bekannt unter den Namen Marktattraktivitäts-/Geschäftsfeldstärken-Matrix, McKinsey-Matrix, GE-Matrix, GE Business Screen oder Neun-Felder-Matrix.

Um der Komplexität externer wie interner Aspekte Rechnung zu tragen, werden sowohl für die Marktattraktivität als auch die Wettbewerbsstärke unterschiedliche Faktoren (quantitativ und qualitativ) in einem Scoring-Modell (dt. Nutzwertanalyse) miteinander verbunden. Aufgrund der Skalierung beider Achsen in niedrig-mittel-hoch ergeben sich neun Felder und differenziertere Aussagen für die Normstrategien (Abb. 7—8). Diese Normstrategien können in drei grobe Kategorien eingeteilt werden:

- *Investitions- und Wachstumsstrategien* (Felder 1, 2 und 4): Hier gilt es, die Wettbewerbsstärken aus- und aufzubauen, weil die Geschäftseinheiten in diesen Quadranten über gute Zukunftsaussichten verfügen.
- *Selektive Strategien* (Felder 3, 5 und 7): Für Geschäftseinheiten in solchen Feldern ist abzuwägen, ob eine Wachstums-, eine Abschöpfungs- oder eine Übergangsstrategie (Status quo erhalten) infrage kommt. Je nach Ausrichtung bestimmt sich hieraus die notwendige Investitions- oder Desinvestitionstätigkeit.
- *Abschöpfungs- und Desinvestitionsstrategien* (Felder 6, 8 und 9): Diese Erntestrategien beziehen sich auf Geschäftseinheiten, die einen guten Cashflow aufweisen, aber langfristig über keine oder nur sehr begrenzte Wachstumschancen verfügen.

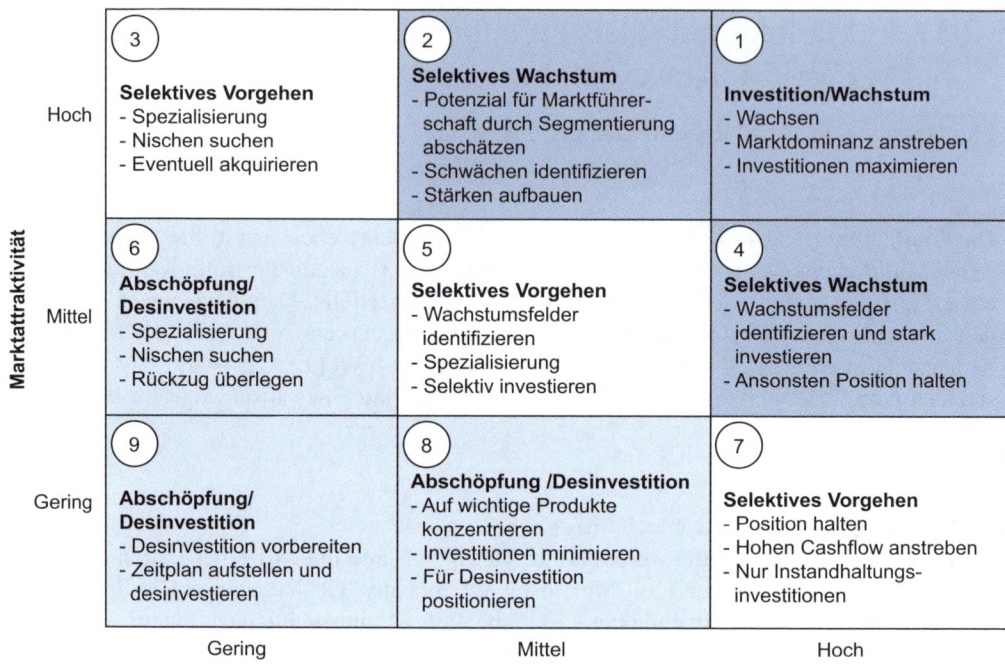

Abb. 7—8: Strategieempfehlungen auf der Basis der GE-/McKinsey-Matrix (Quelle: in Anlehnung an Hax/Majluf 1996, S. 186; Müller-Stewens/Lechner 2005, S. 303)

Praktische Anwendung

Für die Erstellung einer GE-/McKinsey-Matrix kommt die Scoring-Methode zum Einsatz. Wegen ihrer großen Bedeutung (nicht nur für die GE-/McKinsey-Matrix, sondern auch zur Lösung anderer betriebswirtschaftlicher Fragen) soll diese Methode kurz vorab erläutert werden.

Scoring-Modelle

Sie sind notwendig, um die beiden Dimensionen der GE-/McKinsey-Matrix messbar zu machen. Im ersten Schritt werden für jede Dimension zunächst mehrere Einzelkriterien definiert, die dann unterschiedlich gewichtet werden können. Die Dimension Marktattraktivität kann z. B. durch Kriterien wie Marktvolumen, Marktwachstum oder Wettbewerbsintensität ausgedrückt werden (Abb. 7—9).

Die Ausprägung der Dimension wird im Rahmen eines Scoring-Modells auf einer Skala von 1 bis 5 oder auch bis 10 Punkten bewertet.

Die Kriterien erhalten ihre jeweiligen Punktwerte:

- auf Basis quantitativer Daten (z. B. Umsatz: 100 – 150 Tsd. €),
- auf der Grundlage von Umschreibungen quantitativer Daten (z. B. Marktposition: Marktführer nach Umsatz) oder

- basierend auf rein qualitativen Beschreibungen (z. B. Wettbewerbsintensität: sehr niedrig bis sehr hoch).

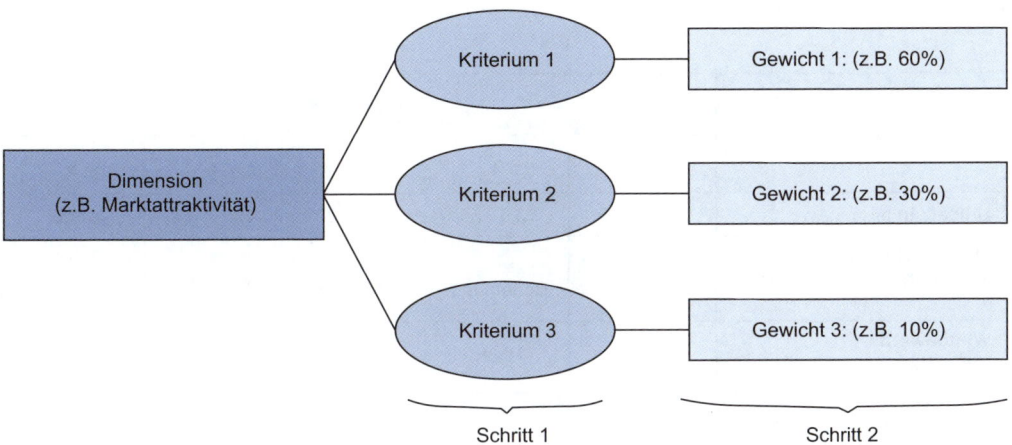

Abb. 7—9: Zusammenhang zwischen Dimension, Kriterien und Gewichten

Auch wenn eine solche Bewertung nicht sonderlich exakt zu sein scheint, schafft sie dennoch eine wichtige Basis für das Verständnis der Einflussfaktoren und die Aggregation der entsprechenden Werte. In erster Linie dient ein Scoring-Modell als Kommunikationsinstrument, das Unsicherheit reduziert.

Während für ein Unternehmen der eigene Umsatz leicht auswertbar ist (quantitative Bewertung), stellt die Bestimmung des Marktanteils häufig ein schwierigeres Thema dar. Der Vertrieb kann in der Regel eine Einschätzung geben, ob das Unternehmen selbst Marktführer, im Mittelfeld angesiedelt oder ein Nischenspieler im Markt ist. Dies ist ein Beispiel für eine umschreibende Bewertung. Das Kriterium Wettbewerbsintensität hingegen lässt sich nur schwer in einen Zahlenwert umwandeln. Hier empfiehlt es sich, auf eine rein qualitative Bewertung zurückzugreifen. Abb. 7—10 stellt mögliche Ausprägungen für die genannten Kriterien dar.

In dem Beispiel sind die Kriterien gleich gewichtet. Allerdings dürfte eine unterschiedliche Gewichtung der Realität näherkommen. Hierfür stehen verschiedene Ansätze zur Verfügung (Giesa 2007).

Eine einfache Gewichtungsmöglichkeit bietet die direkte Abfrage der Wichtigkeit und ihre Darstellung in Form eines Punktwerts, z. B. auf einer Skala von 1 bis 10. Um den wichtigen Trade-off zwischen den einzelnen Kriterien zu berücksichtigen, werden die einzelnen Bewertungen aufsummiert und daraus die Wichtigkeit der Einzelkriterien als Prozentwert abgeleitet. Hierfür wird der Wichtigkeits-Punktwert eines Kriteriums durch die aufsummierten Wichtigkeits-Punktwerte aller Kriterien geteilt. Abb. 7—11 stellt dies exemplarisch dar.

Die Bewertung der Wichtigkeit erfolgt auf einer Skala von 1 bis 10. Wird nun der Punktwert eines jeden Kriteriums durch die Gesamtpunktzahl dividiert, ergibt sich das prozentuale Gewicht des Kriteriums. Im oben dargestellten Beispiel für Kriterium 1 also 9/36 = 25 % oder für Kriterium 3 6/36 = 17 %.

Kriterien	Punktwert				
	1	2	3	4	5
Umsatz in Mio. €	2,5 - 12,5	12,6 - 50	51 - 100	101 - 150	> 150
Marktposition bzw. Marktanteil	Keine Bedeutung	Geringe Bedeutung	Im Mittelfeld	Im vorderen Feld	Nr. 1 oder 2
Wettbewerbs-intensität	Sehr hoch	Hoch	Mittel	Gering	Sehr gering

Abb. 7—10: Beispiele für die Bewertung

Kriterien für Dimension 1	Gewicht des Kriteriums (Skala 1-10)	Gewicht (in %)	Vergebener Wert	Scoring-Beitrag
Kriterium 1	9	25	5	1,3
Kriterium 2	7	19	2	0,4
Kriterium 3	6	17	4	0,7
Kriterium 4	10	28	3	0,8
Kriterium 5	4	11	4	0,4
Summe	36	100		3,6

Abb. 7—11: Grundschema der Scoring-Technik

Auf die prozentuale Gewichtung folgt eine direkte Bewertung. Hat also beispielsweise Kriterium 1 einen Wert von 5 erhalten, trägt dieser nur mit dem prozentualen Gewicht zur Ermittlung des Gesamtwerts der ganzen Dimension bei. Beispielsweise erhält das Kriterium 1, also ein Konstrukt wie „Haltbarkeit", zur Bewertung der Dimension „Qualität" eine 5. Um jedoch die Ergebnisse aller fünf Kriterien (wie z. B. neben Haltbarkeit Design oder Verpackung) zu einem Wert vereinen zu können, müssen diese alle mit ihren Werten und dem jeweiligen Gewicht einfließen. Im obigen Beispiel wird für die Dimension ein Wert von 5 × 25 % + 2 × 19 % + 4 × 17 % + 3 × 28 % + 4 × 11 % = 3,6 errechnet (Abb. 7—11).

Nach der Darstellung der Scoring-Technik wird nun die praktische Vorgehensweise für die GE-/McKinsey-Matrix erklärt.

Schritt 1: Ermitteln von Kriterien für Marktattraktivität und Wettbewerbsstärke

In der Praxis folgt die Ermittlung der Kriterien der strategischen Ausrichtung des Unternehmens. Mit Rendite, Wachstum, Marktvolumen und der Wettbewerbssituation liegen hinsichtlich der Marktattraktivität einige klassische Kriterien vor, welche fast immer Anwendung finden. Die Wettbewerbsstärke ist hingegen in vielen Fällen nur anhand qualitativer Aussagen zu ermitteln. Auch diese sollten in Form von Punktwerten so weit wie möglich quantifiziert werden. Eine Hilfestellung können die PIMS-Untersuchungen geben, die empirische Daten über den Zusammenhang zwischen strategischen Erfolgsfaktoren und dem Erfolgspotenzial liefern (zur PIMS-Studie siehe Buzzell/Gale 1987).

Marktattraktivität

Das folgende Beispiel bezieht sich auf einen Komponentenzulieferer, der Schalter und Schaltanlagen für verschiedene Industrien anbietet. Es zeigt diverse Kriterien, die zur Messung der Marktattraktivität des Komponentenzulieferers genutzt werden. Die folgende Tabelle (Abb. 7—12) enthält die konkreten Ausprägungen für die einzelnen Kriterien der Marktattraktivität als Daten oder qualitative Skalen. Die Daten wurden leicht verändert, entsprechen aber grob den ursprünglichen Relationen.

Kriterien für Marktattraktivität	Punktwert				
	1	2	3	4	5
Umsatzrendite (%)	< 30	31 - 40	41 - 50	51 - 60	> 60
Marktwachstum bis 2012 (%)	< 0	0	> 0 - 5	5,1 - 10	> 10
Wettbewerbsintensität	Sehr hoch	Hoch	Mittel	Gering	Sehr gering
Marktvolumen (Mio. Euro)	3 - 15	16 - 40	41 - 80	81 - 120	> 120
Synergien mit anderen Segmenten	Sehr gering	Gering	Mittel	Hoch	Sehr hoch

Abb. 7—12: Aufgliederung des Punktwerts zur Marktattraktivität

Bei der Einteilung der Datenpunkte ist es zunächst sinnvoll, die Extremausprägungen, also den günstigsten und den ungünstigsten Fall, festzulegen. Darauf aufbauend können die Kategorien entlang der Datenskala in gleichen Schritten (bei der Marktrendite bspw. in 10 %-Schritten) festgelegt werden. Es sind aber auch Schritte zulässig, welche nicht auf solch einer linearen Einteilung beruhen.

Die Marktrendite über alle Marktteilnehmer hinweg ist nur schwer abschätzbar. Daher ist es gängige Praxis, die Rendite des Markts anhand der bislang erzielten Rendite des eigenen Unternehmens abzuschätzen. Hier kann der Deckungsbeitrag I herangezogen werden. Dieser stellt nur eine grobe Orientierung dar, ist aber im Branchenumfeld verlässlicher als die durch Kostenverrechnungen beeinflussten weiteren Deckungsbeiträge II und III. Beim Marktwachstum muss notwendigerweise mit Prognosen gearbeitet werden. Eine Orientierung an Vergangenheitswerten ist nur mit Einschränkungen sinnvoll.

Das Kriterium „Synergien mit anderen Segmenten" bringt neben den fundamentalen ökonomischen Aussagen eine stärker strategisch geprägte Komponente mit ein. Geschäftsfelder, die Synergieeffekte mit dem Gesamtportfolio aufweisen, werden dadurch besser gestellt. Gründe hierfür sind bspw. die Realisierung von Cross-Selling-Potenzialen, die gemeinsame Nutzung zentraler Ressourcen oder die bessere Austauschbarkeit qualifizierter Mitarbeiter. Derartige strategische Effekte sind allerdings schwer direkt zu quantifizieren. Deshalb ist hier eine qualitative Bewertung sinnvoll.

Kriterium für Marktattraktivität	Einheit	Gewicht der Kriterien
Umsatzrendite (%)	DBI (2008) in % vom Umsatz (Gross Margin)	26%
Marktwachstum bis 2012 (%)	CAGR Marktvolumen 2008-2012 in %	20%
Wettbewerbsintensität	Punktwert (z.B. Skala 1-5 mit max. 10 Punkten)	18%
Marktvolumen (Mio. Euro)	Marktvolumen 2008 (Mio. Euro)	23%
Synergien mit anderen Segmenten	Punktwert (z.B. Skala 1-5 mit max. 10 Punkten)	13%
		100%

Abb. 7—13: Beispiel für Kriterien der Marktattraktivität und Gewichtung

Abb. 7—13 zeigt die Auswahl und Gewichtung der Kriterien für die Marktattraktivität. Die Wichtigkeiten resultieren aus einer Punktbewertung, wobei Umsatzrendite und Marktvolumen als zentrale Elemente der Attraktivität erachtet wurden und somit die höchsten Gewichte erhielten.

Neben den oben aufgeführten Kriterien gibt es eine Vielzahl an weiteren Optionen für die Messung der Marktattraktivität. Einige weitere praxisbewährte Kriterien sind in Abb. 7—14 aufgeführt.

Marktattraktivität	Erklärung
Historisches Marktwachstum	Durchschnittliches Wachstum des Marktvolumens über die letzten 5 Jahre (historisches Wachstum als ein Indikator für das zukünftige Wachstum)
Marktpreisniveau	Z.B. bei mehreren Ländern in der GE-/McKinsey-Matrix: Marktpreisniveau im Verhältnis zum Europa-Durchschnitt (in % des Europa-O)
Geschätzte Veränderungen des Marktpreisniveaus	Einschätzung des Managements (% p.a. für die nächsten 5 Jahre)
Verfügbares Marktpotenzial	100 % minus Marktanteil der relevanten Wettbewerber (Logik: Der Marktanteil kleiner Konkurrenten ist einfacher angreifbar.)
Phase im Marktlebenszyklus	Entstehung, Wachstum, Reife, Abschwung
Wettbewerbsintensität	Allgemeine Einschätzung von sehr niedrig bis sehr hoch auf der Basis aktiver Wettbewerber etc.
Marktakzeptanz des Produktnutzens	Sieht der Markt die angebotene Lösung überhaupt als relevant an?
Markteintrittsbarrieren	Notwendige Ressourcen, um im Markt erfolgreich zu agieren

Abb. 7—14: Zusätzliche Kriterien zur Messung der Marktattraktivität

Wettbewerbsstärke

Bei der Ermittlung der Wettbewerbsstärke wird analog vorgegangen. Die Wettbewerbsstärke als zweite Dimension der GE-/McKinsey-Matrix kann meist besser über qualitative Skalen abgebildet werden, denn die Quantifizierung der entsprechenden Kriterien gestaltet sich oft schwierig. Letztlich hängt dies jedoch auch von der Datenlage in der entsprechenden Branche ab. So ist im vorliegenden Falle des Komponentenherstellers der Marktanteil nur sehr schwer zu quantifizieren, da die entsprechenden Daten nicht vorliegen. Eine Einschätzung entlang von Kategorien wie „keine Bedeutung" und „Nr. 1 oder Nr. 2" wird jedoch den Vertriebsmitarbeitern relativ leicht fallen. Auch bei den anderen Kriterien müssen qualitative Bewertungen ausreichen, wiewohl natürlich quantifizierbare Daten wünschenswerter wären. Abb. 7—15 gibt einen Überblick über die Kriterien und ihre Messung mit Hilfe von Daten oder qualitativen Skalen.

Hier wird neben den Marktdaten Gewicht auf die Bereiche der Wertschöpfungskette und deren Stärke im Wettbewerbsvergleich gelegt. In diesen Bereichen werden oft Benchmarking-Daten eingesetzt. Alternativ ist aber auch die Nutzung des Branchenwissens der Mitarbeiter eine nicht weniger erfolgversprechende Variante. Bei aller Kritik an subjektiven Einschätzungen bleibt festzuhalten, dass viele der einzuschätzenden Daten von der Größenordnung her bereits in den Köpfen der Mitarbeiter sind (Schrank 2000). Insofern sollte vor qualitativen Einschätzungen keinesfalls zurückgeschreckt werden, allerdings sind diese zu hinterfragen. Im Gegensatz zu den Stationen der Wertschöpfungskette lassen sich Marktdaten oft auch unmittelbar quantitativ abbilden. Da es sich aber im vorliegenden Falle um ein mittelständisches Unternehmen handelt, welches in einem extrem heterogenen Markt agiert, stellt eine Abschätzung der Marktposition den einzigen gangbaren Weg dar und führt zu durchaus verwertbaren Ergebnissen.

Kriterien für Wettbewerbsstärke	Punktwert				
	1	2	3	4	5
Marktposition bzw. Marktanteil	Keine Bedeutung	Geringe Bedeutung	Im Mittelfeld	Im vorderen Feld	Nr. 1 oder Nr. 2
Umsatzwachstum im Vergleich zum Marktwachstum	Viel schwächer	Schwächer	Gleich	Stärker	Viel stärker
Entwicklungskompetenz/ Entwicklungsstärke	Viel schwächer	Schwächer	Gleich	Besser	Viel besser
Marketingkompetenz/ Vertriebskompetenz	Viel schwächer	Schwächer	Gleich	Besser	Viel besser
Logistikleistung/ Servicequalität	Viel schwächer	Schwächer	Gleich	Besser	Viel besser

Abb. 7—15: Aufgliederung des Punktwerts zur Wettbewerbsstärke

Für die Auswahl, Gewichtung und Bewertung der Kriterien zur Messung der Wettbewerbs-stärke ergibt sich für das Beispiel des Komponentenzulieferers die folgende Übersicht (Abb. 7—16).

Kriterium für Wettbewerbsstärke	Einheit	Gewicht der Kriterien
Marktposition bzw. Marktanteil	Punktwert (z.B. Skala 1-5)	17%
Umsatzwachstum im Vergleich zum Marktwachstum	CAGR Marktvolumen 2005-2008 in %	19%
Entwicklungskompetenz/ Entwicklungsstärke	Punktwert (z.B. Skala 1-5)	21%
Marketingkompetenz/ Vertriebskompetenz	Punktwert (z.B. Skala 1-5)	21%
Logistikleistung/ Servicequalität	Punktwert (z.B. Skala 1-5)	21%
		100%

Abb. 7—16: Kriterien der Wettbewerbsstärke anhand eines Beispiels

Auch zur Bewertung der Wettbewerbsstärke lassen sich weitere Kriterien heranziehen. Einen Auszug geeigneter Kenngrößen zeigt Abb. 7—17.

Da die Auswahl der Kriterien das Gesamtergebnis entscheidend beeinflusst, stellt sie einen zentralen Schritt im Prozessablauf dar. Die Kriterien sollten daher möglichst interaktiv in Workshops mit den an der Strategiefindung Beteiligten ermittelt werden. Um den Einsatz bewährter

Wettbewerbsstärke	Erklärung
Relativer Marktanteil (%)	Umsatz Unternehmen/Umsatz größter Konkurrent. Aussagekraft: Der relative Marktanteil gibt in % an, wie groß das Unternehmen im entsprechenden Markt im Vergleich zum größten Konkurrenten ist.
Rentabilität (%)	Bruttogewinn oder EBIT-Rendite
Bedarfskenntnis (%)	Anteil der Nachfrage im Markt, die bekannt und somit für den weiteren Akquisitionsprozess zugänglich ist
Abschlussquote (%)	Anteil des bekannten Bedarfs, der erfolgreich zu Umsatz führt
Vertragsquote (%)	Anteil der abgeschlossenen Verträge bei verkauften Maschinen, z.B. im Servicegeschäft
Verfügbarkeit der Produkte/Lieferzeit	Anteil der Produkte, die innerhalb der vereinbarten Lieferzeiten ausgeliefert werden konnten
Ressourcen	Finanzielle Reserven wie auch verfügbare Personalressourcen
Intellectual Property	Geistiges Eigentum für neue Produkte als zukünftiger Wettbewerbsvorteil
Erfahrung und Qualität hinsichtlich der Geschäftsbereiche	Entwicklung, Vertrieb/Marketing, Markenimage, Partnernetzwerk etc.
Marke	Bekanntheitsgrad, Verbreitung und Marktgeltung der Marke der eigenen Produkte

Abb. 7—17: Zusätzliche Kriterien zur Messung der Wettbewerbsstärke

Kriterien sicherzustellen und die Datenlage zur späteren Messung richtig abzuschätzen, empfiehlt sich zudem die Unterstützung durch Mitarbeiter aus Planung, Controlling und externer Beratung. Nach einer breit angelegten Sammlung von Ideen sollten die Kriterien auf eine kompakte Anzahl von vier bis acht je Achse begrenzt werden. Grunddaten wie Wachstum, Größe und Profitabilität des Marktes sowie Marktanteil sollten dabei jedoch in jedem Falle berücksichtigt werden. In Ausnahmefällen können durch die Heterogenität eines Portfolios oder die Aufnahme noch nicht existenter, aber geplanter neuer Geschäftseinheiten Zusatzkriterien notwendig werden. Es sollte jedoch bedacht werden, dass mehr Kriterien sehr schnell zu einer Vervielfachung der notwendigen Bewertungen und damit zu einer erheblichen Komplexitätssteigerung führen. Zudem ergibt sich damit die Tendenz zu einer wenig differenzierenden Darstellung, welche sich stärker einem mittleren Wert annähert und dadurch kaum eindeutige Schlussfolgerungen zulässt.

Schritt 2: Bewertung der einzelnen Kriterien einer strategischer Geschäftseinheit

Im nächsten Schritt werden die strategischen Geschäftseinheiten anhand der Kriterien bewertet und in ein Gesamtportfolio (Abb. 7—18) eingeordnet. Am Beispiel des Komponentenzulieferers wird hier die Geschäftseinheit Sensorik untersucht.

Für die Geschäftseinheit Sensorik ergibt sich nach der Multiplikation der Gewichte mit den Punktwerten ein Gesamtwert von 3,5 (Abb. 7—18). Dieser Wert misst auf der y-Achse die Marktattraktivität der Geschäftseinheit Sensorik.

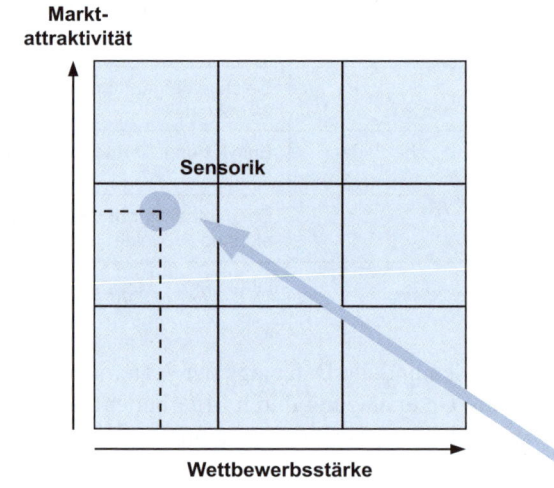

	Gewicht	Punktwert	Gewichteter Punktwert	∑ gewichtete Punktwerte
Marktrendite	26%	4	1,0	
Marktwachstum	21%	3	0,6	
Wettbewerbsintensität	18%	1	0,2	3,5
Marktvolumen (Mio. Euro)	23%	5	1,2	
Synergien mit anderen Segmenten	12%	4	0,5	

Abb. 7—18: Positionierung der SGE Sensorik auf der Achse Marktattraktivität

	Gewicht	Punktwert	Gewichteter Punktwert	∑ gewichtete Punktwerte
Marktposition bzw. Marktanteil	17%	1	0,2	
Umsatzwachstum vs. Marktwachstum	19%	1	0,2	
Entwicklungskompetenz	21%	1	0,2	1,5
Marketing-/Vertriebskompetenz	21%	2	0,4	
Logistikleistung/Servicequalität	21%	3	0,6	

Abb. 7—19: Positionierung der SGE Sensorik auf der Achse Wettbewerbsstärke

Die Wettbewerbsstärke wird analog ermittelt (Abb. 7—19). Der resultierende Gesamtwert von 1,5 misst auf der x-Achse die Wettbewerbsstärke der Geschäftseinheit Sensorik. Die

Größe der Kreise je Geschäfteinheit entspricht, ähnlich wie bei der BCG-Matrix, dem Umsatz der Geschäfteinheit.

Diese Rechenoperation wird für alle Geschäfteinheiten, also insgesamt elfmal, durchgeführt. Dies bedeutet die Ermittlung von 11×10, also 110 Einzelpunktwerten, die in den 22 notwendigen gewichteten Punktwerten zusammengefasst werden. Dies stellt einen nicht unerheblichen Aufwand dar, dient aber der Konsensbildung.

Daraus resultierend ergibt sich das Gesamtbild der Aktivitäten des Unternehmens, wie es die folgende Abbildung Abb. 7—20 zeigt.

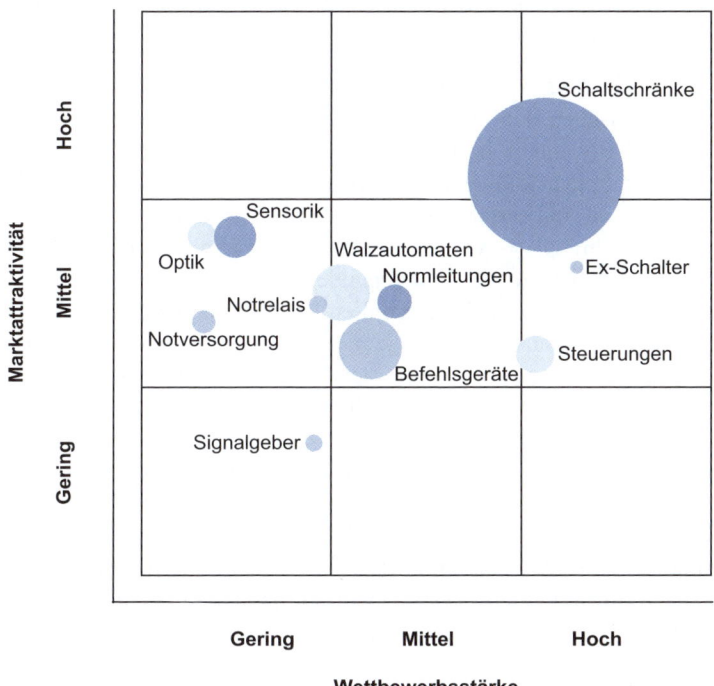

Abb. 7—20: Beispiel einer GE-/McKinsey-Matrix für einen Komponentenzulieferer

Schritt 3: Interpretation der Ergebnisse und Ableitung von Strategien

Das Portfolio lässt auf den ersten Blick die dominante Position der Schaltschränke erkennen. Hier ist zu fragen, ob die Abhängigkeit des Unternehmens von dieser Geschäfteinheit nicht zu groß ist.

Die Signalgeber hingegen führen ein Schattendasein. Bei gleichermaßen geringer Marktattraktivität und Wettbewerbsstärke bietet sich hier wohl eine Desinvestition an. Eine solche Entscheidung kann jedoch kein Automatismus sein. Auch die Geschäfteinheit Signalgeber besitzt gegebenenfalls Potenziale, welche es zu heben gilt. Deshalb sollte das Management sich mit der anscheinend prekären Situation in dieser Einheit auseinandersetzen.

Neben dem Standbein Schaltschränke gibt es eine Reihe von Einheiten, die als „stuck in the middle" bezeichnet werden könnten (mittleres Feld). Hier ist zu entscheiden, welche Einheiten sich evt. als zweites Standbein eignen, um die Schaltschränke zu ergänzen. Denn das ist die wesentliche Aussage bei der Interpretation dieses Portfolios: Die Positionierung der Schaltschränke ist zwar hervorragend, die strategische Zukunft des Unternehmens hängt aber stark von nur einer Einheit ab. Insofern ist das gegenwärtige Portfolio mit Risiken behaftet und bedarf gegebenenfalls einer Diversifikation.

Kritik des Instruments

Die speziellen Kritikpunkte an der GE-/McKinsey-Matrix als Instrument zur Analyse und Entwicklung von Strategien zielen vor allem auf die Auswahl der Kriterien, das Scoring-Modell und die Verfügbarkeit von Daten:

- *Relevanz und Unabhängigkeit der Kriterien.* Die GE-/McKinsey-Matrix unterstellt, dass ein kausaler Zusammenhang zwischen den ausgewählten Kriterien und dem Erfolgspotenzial der strategischen Geschäftseinheit besteht (Macharzina/Wolf 2012, S. 373 f.). Dieser Zusammenhang ist nicht immer klar und kann oft nur vermutet werden. Auf die fehlende Unabhängigkeit der Achsenkriterien weisen Welge/Al-Laham (2012, S. 484) hin. Die multiplikativ-additive Bildung des Gesamtwerts für eine Dimension unterstellt diese Unabhängigkeit und ignoriert funktionale Interdependenzen.
- *Scoring-Ansatz.* Die Übersetzung von realen Sachverhalten in ein Punktwertverfahren ist subjektiv geprägt. Grundsätzlich sollte aber so weit wie möglich eine Orientierung an Daten erfolgen. Wichtige qualitative Informationen werden zusätzlich über das Scoring-Modell erfasst (zur Diskussion der grundsätzlichen entscheidungstheoretischen Probleme von Scoring-Modellen vgl. Weber et al. 1995).
- *Verfügbarkeit von Daten.* Ein weiterer Kritikpunkt betrifft die Datenverfügbarkeit bzw. den Kenntnisstand der Bewertenden sowie die Kosten für die Datenbeschaffung. Obgleich dies ohne Frage ein praktisches Problem darstellt, folgt die Anwendung der GE-/McKinsey-Matrix einem vergleichsweise pragmatischen Lösungsansatz, denn vollständige Information lässt sich im Strategieprozess schwerlich herstellen. Auch daher erklärt sich der Erfolg dieser umsetzungsorientierten Lösung.

Die allgemeinen Kritikpunkte zur Anwendung von Portfolio-Konzepten sind in Abschn. 7.2.1 aufgeführt.

Strategische Bedeutung und Nutzen

Die GE-/McKinsey-Matrix ist in vielen Aspekten vergleichbar mit der BCG-Matrix. Die speziellen Vorteile dieser Portfolio-Technik beziehen sich auf drei Aspekte:

- *Differenzierte Analyse und Empfehlungen.* Mit der Einbeziehung mehrerer Kriterien zur Messung der Marktattraktivität und der Wettbewerbsstärke wird ein realistischeres Bild der Lage einer Geschäftseinheit gezeichnet. Strategisch wichtige qualitative Größen können mit diesem Modell in den Prozess der Strategieanalyse und -findung integriert werden. Weiterhin ermöglicht die Verwendung von neun Feldern im Vergleich zur BCG-Matrix, die mit vier Feldern arbeitet, die Ableitung von detaillierteren Strategieempfehlungen.

- *Bessere Basis zur Konsensbildung.* Vor einer Strategiesitzung sollten die Daten für das jeweilige Portfolio bereits vorbereitet sein. Schritt für Schritt werden dann die einzelnen Kriterien des Portfolios besprochen bzw. evaluiert. Wie bereits erwähnt, liegt der große Vorteil hierbei darin, dass ein Wechselspiel zwischen vorhandenen Daten, persönlichen Einschätzungen des Managements und einer abschließenden Konsensbildung eine gemeinsame Ausgangsbasis schafft.
- Der Moderator der Strategiesitzung kann durch die visuell eingängige Darstellungsweise über Abteilungsgrenzen hinweg einen Konsens einfordern. Die Frage, ob sich jeder mit dieser Darstellung einverstanden erklären kann, gehört zwar zum Standardrepertoire bei Präsentationen, hat in diesem Fall aber erhebliche Auswirkungen. Kommt kein Konsens zustande, wird auf die Daten bzw. Bewertungsskalen Rückgriff genommen, um verschiedene Einschätzungen zu klären und auszuräumen. Wird das Portfolio schließlich verabschiedet, stellt es einen zentralen Meilenstein der Strategieentwicklung dar, welcher sich visuell und inhaltlich in die Köpfe der Mitglieder des Strategieteams einprägt und in den folgenden Phasen des Prozesses immer wieder verfügbar ist.

Alles in allem stellt die GE-/McKinsey-Matrix ein wichtiges strategisches Instrument der Strategiefindung dar. Dieses Matrixmodell kann insbesondere als Kommunikations- und Moderationsinstrument über Bereichs- und Unternehmensebenen hinweg genutzt werden.

Für die Darstellung von **ähnlichen Instrumenten** sowie **Überschneidungen mit anderen Instrumenten** wird auf Abschn. 7.2.2 (BCG-Portfolio-Konzept) verwiesen, das entsprechende Ausführungen zu diesen Themen enthält.

7.2.4 Wettbewerbspositions-/Lebenszyklusphase-Matrix (ADL-Matrix)

Die Wettbewerbspositions-Lebenszyklusphase-Matrix der Unternehmensberatung Arthur D. Little unterstützt in Unternehmen mit mehreren Geschäftsfeldern strategische Entscheidungen über die Allokation von Ressourcen. Die finanziellen Leistungen und Erfordernisse sowie die erreichbaren Ziele der Geschäftsfelder sind in der Sichtweise der ADL-Matrix von der Lebenszyklusphase des Geschäfts und der jeweiligen Wettbewerbsposition des Unternehmens abhängig. Das Instrument gehört damit zu den absatzmarktorientierten Portfolio-Modellen. Die realen Leistungen der Geschäftsfelder können mit Hilfe der in der Matrix ermittelten Position und der zu erwartenden Leistung verglichen und somit überprüft werden. In weiteren Schritten werden aufbauend auf der Analyse der einzelnen Geschäftsfelder eine Gesamtsicht des Unternehmens und eine Entscheidung über die Ressourcenallokation im Kontext der Ziele des Gesamtunternehmens erarbeitet.

Beschreibung und theoretischer Hintergrund

Der Ansatz von Arthur D. Little dient der strategischen Ressourcenallokation in Unternehmen oder Konzernen mit mehreren strategischen Geschäftseinheiten (SGE), denn eine Ressourcenallokation allein auf der Basis von Finanzprognosen für die einzelnen Geschäftseinheiten wird dem Gesamtunternehmen oft nicht gerecht (Osell/Wright 1980, S. 1-

89). Ressourcen werden hierbei definiert als finanzielle Mittel, als in physische Vermögensgegenstande investiertes Kapital, als Bestände und Forderungen und Humankapital. Die Ressourcenallokation soll vollständig und als Teil der strategischen Planung erfolgen, wobei eine Abwägung zwischen den finanziellen Zielen des Gesamtunternehmens und den Zielen der strategischen Geschäftseinheiten getroffen werden muss. Ressourcen werden den Geschäftseinheiten direkt zugeteilt und nicht Zwischenebenen, um Umverteilungen zu verhindern.

Grundlage der ADL-Matrix ist die Bewertung der Wettbewerbsposition und der Lebenszyklusphase jeder Geschäftseinheit. Sie folgt der Erkenntnis, dass Investitionen in unterschiedlichen Geschäftseinheiten (je nach Industrie, Reifegrad, Wettbewerbsposition und Strategie) unterschiedliche Resultate in unterschiedlichen Zieldimensionen erbringen. Die Allokation selbst erfolgt nicht, wie oft vereinfachend dargestellt wird, allein aufgrund der Einstufung der einzelnen Geschäftseinheiten mit ihren generischen Empfehlungen. Diese Zwischenergebnisse werden zuerst kritisch geprüft und die erwarteten Ergebnisse der Geschäftseinheiten mit den real erzielten Ergebnissen abgeglichen. Dabei stehen das Verhältnis der Risiken zur Rendite, der Cashflow-Reinvestitionen zum Reifegrad des Geschäfts und zum RONA (Nettokapitalrendite) sowie der Vergleich der vorhandenen Managementfähigkeiten mit dem tatsächlichen Managementbedarf im Vordergrund. Mit den Ergebnissen wird die Ressourcenverteilung über alle Geschäftseinheiten aufeinander und in Bezug auf die Ziele, Bedarfe und Möglichkeiten des Gesamtunternehmens abgestimmt. Im Folgenden wird beschrieben, wie eine ADL-Matrix erstellt wird, wie die Ergebnisse überprüft werden können (hier werden nur die wichtigsten Methoden vorgestellt) und wie beim Abgleich mit der Gesamtunternehmensstrategie vorzugehen ist.

Praktische Anwendung

Notwendige Daten zu den Geschäftseinheiten und zum Gesamtunternehmen
Für die Anwendung der Methode sind für die einzelnen Geschäftseinheiten und für das Gesamtunternehmen folgende Daten erforderlich:

- Das Nettovermögen (Anlage- und Durchlaufvermögen), der Nachsteuergewinn und der Netto-Cashflow. Diese Daten sollten auch als Zeitreihen vorliegen, um Entwicklungen erkennen zu können.
- An finanziellen Kennzahlen wird die Rendite bezogen auf das Nettovermögen (RONA) und das Verhältnis von Cash-Generierung zu Cash-Verbrauch benötigt.
- Für die Bestimmung der Lebenszyklusphase der Geschäftseinheit und für die Risikoeinschätzung sind zusätzlich Brancheninformationen zu nutzen.

Schritt 1: Position jedes SGF in der Matrix ermitteln
Die Lebenszyklusphase der Geschäftseinheit wird entsprechend den im Kapitel Industrielebenszyklus (vgl. Abschn. 5.2.7) genannten Kriterien ermittelt. Osell/Wright (1980, S. 1-92) nennen als Hauptkriterien die erreichten Niveaus und die Veränderungen der Technologie, der Produktlinienbreite, des Wachstums, der Marktkonzentration sowie der Marktein- und -austritte.

Für die Bestimmung der Wettbewerbsposition gibt es kein festes Vorgehen: "Strategic competitive position is one of the most complex elements of business analysis …" (Osell/ Wright 1980, S. 1-93). Als Faktoren werden die Technologieposition, die Breite der eigenen Produktlinie, der Marktanteil, die Veränderungen und die Stabilität des Marktanteils und (branchenspezifische) Besonderheiten in den Marktbeziehungen genannt. Ihre jeweilige relative Bedeutung ist von der jeweiligen Industrie und der Lebenszyklusphase abhängig. Damit läuft das Verfahren auf eine indikatorengestützte qualitative Beurteilung hinaus, die vom Analysten vorgenommen und mit den Beteiligten kritisch diskutiert wird. Die Bewertungen erfolgen anhand vorgegebener Klassen, für die beispielhafte Beschreibungen gegeben werden:

- **Dominierend:** Diese seltene Position entspricht einem Quasi-Monopol oder einem gut geschützten technischen Vorsprung (z. B. Microsoft PC-Betriebssysteme) – deshalb gibt es immer nur einen dominierenden Spieler.
- **Stark:** Die SGE kann ungeachtet der Handlungen der Wettbewerber erfolgreich eigene Strategien verfolgen. Typisch hierfür ist ein relativer Marktanteil > 1,5 (im Verhältnis zum nächstgrößeren Mitbewerber).
- **Günstig:** In zersplitterten Branchen, in denen kein Wettbewerber einen deutlichen Vorsprung besitzt, befindet sich der Branchenführer in einer als günstig bezeichneten Position. Als günstig wird auch eine erfolgreiche Differenzierung oder Fokussierung bezeichnet, wenn mehrere Markt-, Kunden- oder Produktsegmente besetzt werden.
- **Mäßig:** Typisch hierfür ist eine Spezialisierung auf eine enge oder geschützte Marktnische, die geografisch oder produktbezogen definiert ist. Es kann Anzeichen von Erosion und Misswirtschaft geben.
- **Schwach:** Die SGE befindet sich in einer Übergangssituation. Sie ist zu klein, um im Wettbewerb der Branche langfristig unabhängig zu bleiben und mit Gewinn zu überleben. Oder: Ein größeres Unternehmen befindet sich nach schweren und kostspieligen Fehlern in der Vergangenheit oder aufgrund kritischer Schwächen in einer schwachen Position.
- **Nicht lebensfähig:** Die SGE ist derzeit wirtschaftlich nicht existenzfähig und es gibt keine realistischen Aussichten auf Verbesserungen. SGE in dieser Position werden in der Methode nicht betrachtet; sie sind sofort abzustoßen.

Jede SGE wird mit ihren Dimensionen Lebenszyklusphase und Wettbewerbsposition in die resultierende 20 Felder-Matrix (Abb. 7—21) eingetragen. Jedem Feld sind spezifische Erwartungen bei Gewinn und Cash Flow sowie Handlungsempfehlungen für die Anwendung von normativen Strategien zugeordnet. Als Beispiel dient im Folgenden ein führender Fahrradhersteller, der Produkte unter mehreren Markennamen vertreibt. Er hat sein Geschäft in die strategischen Geschäftsfelder Komfort (Stadt- und Tourenräder), Custom (Mountainbikes), Elektro (Elektrofahrräder) und Sport (Rennräder) aufgeteilt.

In der Matrix werden zusätzlich Veränderungen in der Wettbewerbsposition der SGE gekennzeichnet: eine positive Entwicklung der SGE (Gewinner) +, (Verlierer) -, 0 (keine Veränderung). Ebenso werden erkennbare Entwicklungen des Branchenlebenszyklus berücksichtigt und zusammen mit möglichen Positionsveränderungen in die Matrix als Pfeile eingetragen, so dass die Entwicklungsrichtung der einzelnen SGE deutlich wird.

Anschließend ist zu prüfen, ob die Einstufung in die Matrix und die aufgrund dieser Position zu erwartenden finanziellen Ergebnisse mit der realen finanziellen Situation der SGE übereinstimmen. Im Fall erheblicher Abweichungen sind die internen und externen Gründe dafür zu untersuchen oder ggf. die Einstufung bezüglich der Wettbewerbsposition und Lebenszyklusphase zu revidieren.

Reifegrad / Wettbewerbsposition	Markt-entwicklung	Wachstum	Reife	Niedergang (Alterung)	Zahl SGE pro Wettbewerbs-position
Dominierend	*Alles für die Position tun* MA: hinzugewinnen I: überproportional P: evtl. profatibel CF: negativ	*Position halten* **Elektro** MA: >20%, halten I: Investition in Wachstum, Internationalisierung P: profitabel CF: positiv	*Position halten* MA: halten I: mit Wachstum notwendige Reinvestitionen P: profitabel CF: positiv	*Position halten, solange sinnvoll* MA: halten I: notwendige Re-investitionen P: profitabel CF: positiv	1
Stark	*Position verbessern* MA: hinzugewinnen I: proportional zum Wachstum P: evtl. unprofitabel CF: negativ	*Position verbessern* MA: hinzugewinnen I: für Zunahme Marktanteil P: wahrscheinlich profitabel CF: wahrscheinlich positiv	*Position halten* **Sport** MA: halten I: mit Wachstum notwendige Reinvestitionen P: profitabel CF: positiv	*Ernten* MA: halten I: minimale Rein-vestitionen oder Erhalt P: profitabel CF: positiv	1
Günstig	*Selektiv oder Position verbessern* MA: hinzugewinnen I: selektiv P: eher unprofitabel CF: negativ	*Selektiv Position verbessern* MA: hinzugewinnen I: selektiv P: wenig profitabel CF: negativ	*Nische finden oder Rückzug in Phasen* MA: halten I: minimale selektive Re-investitionen oder desinvestieren P: kaum profitabel CF: ausgeglichen	*Ernte oder Rückzug in Phasen* **Komfort** MA: halten I: minimal für Erhalt oder desinvestieren P: mäßig profitabel CF: ausgeglichen	1
Mäßig	*Eigene Position finden* MA: selektiv hinzu-gewinnen I: sehr selektiv P: unprofitabel CF: negativ	*Position verbessern* **Custom** MA: Nische finden u. verteidigen I: selektiv P: unprofitabel CF: negativ oder ausgeglichen	*Nische finden oder Rückzug in Phasen* MA: in Nische verteidigen I: minimale Reinvestitionen oder desinves-tieren P: wenig profitabel CF: ausgeglichen	*Rückzug in Phasen oder aufgeben* MA: in Nische ver-teidigen I: desinvestieren P: wenig profitabel CF: ausgeglichen	1
Schwach	*Verbessern oder Aufgabe* MA: ggf. selektiv hinzugewinnen I: investieren oder desinvestieren P: unprofitabel CF: negativ	*Turn-around oder aufgeben* MA: ggf. selektiv hinzugewinnen I: investieren oder desinvestieren P: unprofitabel CF: negativ oder aus-geglichen	*Turn-around oder Rückzug in Phasen* MA: ggf. selektiv hinzugewinnen, in Phasen halten I: selektiv inves-tieren oder desinvestieren P: unprofitabel CF: negativ oder positiv	*Aufgeben:* MA: ggf. noch kurz halten I: desinvestieren P: unprofitabel CF: negativ	
Zahl SGE pro Lebenszyklus		2	1	1	

Abkürzungen: MA = Marktanteil; I = Investitionen; P = Profit; CF = Cashflow

Abb. 7—21: Empfehlungen der ADL-Matrix für die Geschäftseinheiten

Reifegrad / Wettbewerbsposition	Marktentwicklung	Wachstum	Reife	Niedergang (Alterung)	Total
Dominierend		0,15 0,24 **Elektro** 0,21			0,15 0,24 0,21
Stark			0,31 0,33 **Sport** 0,34		0,31 0,33 0,34
Günstig				0,35 0,31 **Komfort** 0,36	0,35 0,31 0,36
Mäßig		0,19 0,12 **Custom** 0,09			0,19 0,12 0,09
Schwach					0,00 0,00 0,00
Total	0,00 0,00 0,00	0,34 0,36 0,30	0,31 0,33 0,34	0,35 0,31 0,36	1,00 1,00 1,00

Legende

Umsatz — Vermögenswerte

Nettoerlöse

Abb. 7—22: Anteilige Verteilung von Umsatz, Vermögenswerten und Nettoerlösen nach Reifegrad und Wettbewerbsposition

Schritt 2: Umsatz, Nettovermögen, Nettogewinne und Nettokapitalrendite (RONA) für jedes Feld ermitteln

Für jedes Feld der Matrix, das eine oder mehrere SGE anzeigt, werden die Umsatzanteile, die Anteile am Nettogewinn des Gesamtunternehmens und die Nettokapitalrendite RONA ((EBIT

– Steuern)/Summe von Anlage- und Umlaufvermögen sowie Bargeldbeständen) bestimmt. Zusätzlich werden Zeilen- und Spaltensummen berechnet. Das Ergebnis ist eine Übersicht, die anzeigt, welche Bereiche, welche Lebenszyklusphasen und Wettbewerbspositionen wie stark zu Umsatz, Kapitalbindung und Gewinn beitragen (Abb. 7—22). Eine verbale Zusammenfassung ergänzt die Matrix.

Schritt 3 Darstellung der Finanzflüsse

Für jede SGE werden die Finanzflüsse untersucht: Wie hoch sind Cashflow-Generierung und Verbrauch in den Feldern der Matrix? Zu berücksichtigen sind weiter die Finanzflüsse auf der Ebene des Gesamtunternehmens (neues Fremdkapital, neue Aktien, Ausgaben des Konzerns, Dividendenzahlungen, Rücklagen). So entsteht ein übersichtliches Bild der Finanzflüsse (Abb. 7—23).

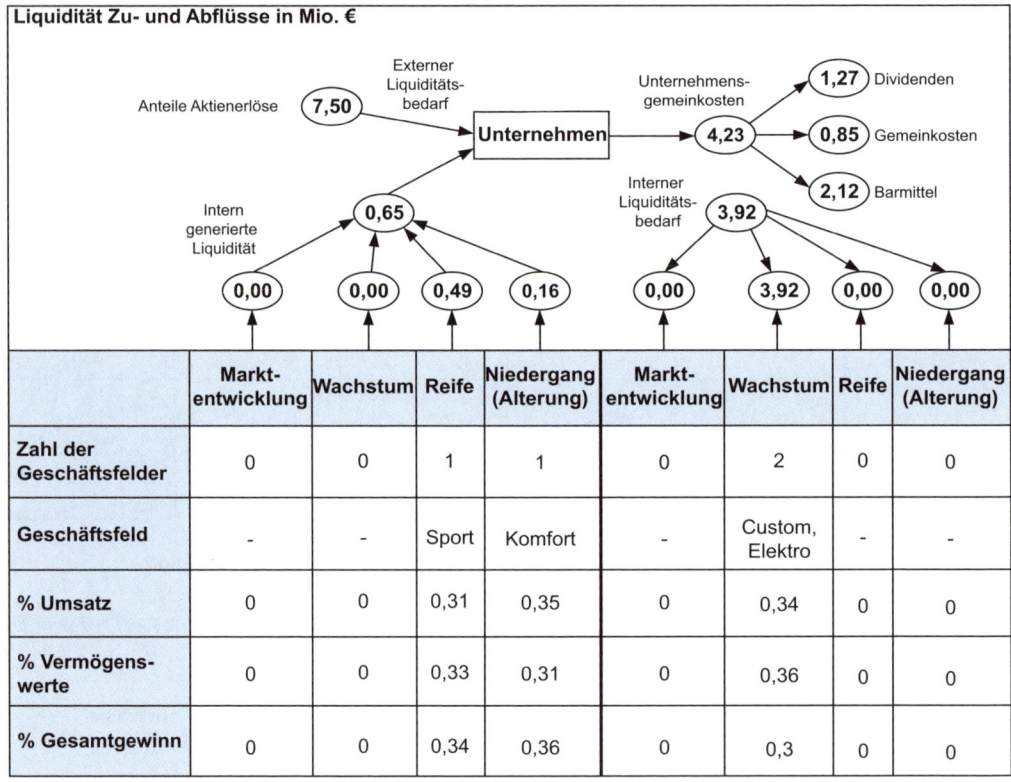

	Markt-entwicklung	Wachstum	Reife	Niedergang (Alterung)	Markt-entwicklung	Wachstum	Reife	Niedergang (Alterung)
Zahl der Geschäftsfelder	0	0	1	1	0	2	0	0
Geschäftsfeld	-	-	Sport	Komfort	-	Custom, Elektro	-	-
% Umsatz	0	0	0,31	0,35	0	0,34	0	0
% Vermögens-werte	0	0	0,33	0,31	0	0,36	0	0
% Gesamtgewinn	0	0	0,34	0,36	0	0,3	0	0

Abb. 7—23: Finanzflüsse im Gesamtunternehmen

Die Abbildung zeigt die internen Finanzflüsse des Unternehmens „Fahrrad X". Während die reiferen Geschäftseinheiten einen positiven Cashflow aufweisen, können die jungen Felder Custom und Elektro ihr Wachstum mit selbst generierten liquiden Mitteln nicht finanzieren. Zuzüglich des Finanzmittelbedarfs der Gesamtunternehmung ergibt sich eine Liquiditätsunterdeckung von 7,5 Mio. €. Diese Unterdeckung muss durch externe liquide Mittel abgedeckt werden, z. B. durch eine Kapitalerhöhung über den Aktienmarkt.

Schritt 4: Vergleich Nettokapitalrendite (RONA) – Risiko

Für jede SGE wird das geschäftliche Risiko ermittelt. Dies erfolgt anhand von sechs groben Risikoindikatoren, die qualitativ beurteilt werden:

1. Branchenrisiko: Reife und Wettbewerbsposition – in der ADL-Matrix sinkt das Risiko von links unten nach rechts oben.
2. Spezifische Risiken, die mit der Strategie der SGE verbunden sind.
3. Risiken, die sich aus Unsicherheiten in den Annahmen und den Prognosen für die SGE ergeben.
4. Bisherige Leistung der SGE – waren die Ergebnisse konstant gut (geringes Risiko) oder sehr sprunghaft (hohes Risiko)?
5. Bisherige Leistungen des Managements der SGE: waren die Ergebnisse konstant gut (geringes Risiko) oder sehr sprunghaft (hohes Risiko)?
6. Erwartete zukünftige Leistungen – je stärker diese von den gegenwärtigen abweichen, desto höher das Risiko.

Das Risiko für jede SGE wird in die drei Klassen niedrig, mittel oder hoch eingestuft. Alle SGE werden in ein Diagramm mit den Achsen Risiko (x) und Nettokapitalrendite RONA (y) eingetragen. Zusätzlich sollte die durchschnittliche Nettokapitalrendite des Gesamtunternehmens als Bewertungsmaßstab auf einer parallelen Linie zur x-Achse ablesbar sein (Abb. 7—24). Grundforderung ist, dass bei allen SGE mit Ausnahme derjenigen in der Marktentwicklungsphase ein höheres Risiko mit einer höheren Nettokapitalrendite belohnt werden soll. Besonders kritisch sind demzufolge SGE mit einem hohen Risiko und niedriger Nettokapitalrendite zu bewerten.

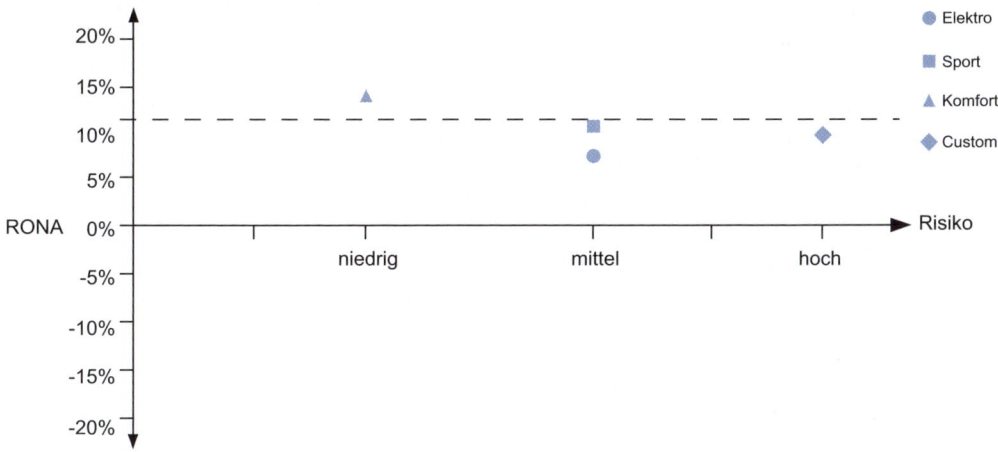

Abb. 7—24: Risiko und Nettokapitalrendite

Die Abbildung zeigt, dass die SGE Komfort eine hohe Nettokapitalrendite erwirtschaftet. Diese Geschäftseinheit ist in einem späten Reifegrad und hat sich während ihres Lebenszyklus am Markt etabliert. Daher ist das Risiko als gering einzustufen. Im Kontrast dazu steht die SGE Elektro. Diese noch sehr junge Einheit ist typisch für innovative Produkte und mit einem hohen Risiko behaftet. Es ist noch schwer einschätzbar, ob der Markt solche Innovationen annimmt oder ob Komplementärtechnologien die Geschäftseinheit negativ beeinflussen. Der RONA liegt nur leicht unter dem des Gesamtunternehmens (11,4 %), was auf eine bislang positive Entwicklung dieser Geschäftseinheit in ihrem noch jungen Stadium schließen lässt.

Schritt 5: Abgleich mit strategischen Grundentscheidungen und Verteilung der Ressourcen auf die Einheiten

Im letzten Schritt erfolgt ein Abgleich der Konzernziele und -strategie mit der Analyse der SGE und den sich daraus ergebenden möglichen Grundentscheidungen (natürliche Entwicklung, selektive Entwicklung, Lebensfähigkeit beweisen oder Rückzug). Die übergeordneten Grundstrategien und Ziele des Gesamtunternehmens werden den SGE gegenübergestellt. Dient eine verstärkte Zuteilung von Ressourcen diesen Zielen, wird ein + vermerkt, widerspricht sie diesen Zielen eher, wird ein – vermerkt. Aus dieser Tabelle wird eine grobe Richtung der Ressourcenverteilung ersichtlich.

Übergeordnete Ziele des Gesamtunternehmens können eine verstärkte Internationalisierung, eine Veränderung des Lebensphasen-Mix der SGE, eine Verbesserung der Wettbewerbspositionen oder der Risikostruktur der SGE sein. Es könnte auch eine Diversifizierung oder umgekehrt eine Konzentration auf bestimmte Technologien, Produkte, Branchen oder Regionen angestrebt werden. Indirekt könnte auch die Bevorzugung bestimmter Managementsysteme einen Einfluss ausüben, weil diese für bestimmte Lebenszyklusphasen besonders geeignet sind. Insgesamt lässt sich daraus der Grad der Übereinstimmung der einzelnen SGE mit der Gesamtstrategie des Unternehmens bestimmen.

Die Finanzstrategien des Gesamtunternehmens, also etwa die Beschränkung auf ein Wachstum durch Innenfinanzierung, höhere Dividendenzahlungen oder vermehrte Investitionen in Wachstum auf Basis einer Kapitalerhöhung, üben einen entscheidenden Einfluss aus. Die endgültige Entscheidung für die Ressourcenallokation wird auf Basis der finanziellen Bedürfnisse der einzelnen SGE für die in Betracht zu ziehenden generischen Möglichkeiten (z. B. Halten der Position oder phasenweiser Rückzug) geprüft und im Zusammenhang mit den zur Verfügung stehenden Ressourcen und den Finanzflüssen des Unternehmens vorgenommen. Dies setzt wiederum voraus, dass für die einzelnen SGE konkrete Handlungsmöglichkeiten entsprechend der jeweiligen Position in der Matrix ermittelt und in ihren finanziellen Auswirkungen berechnet bzw. prognostiziert wurden.

Kritik des Instruments

Das Vorgehen wird als sehr umständlich, schematisch und aufwendig kritisiert. Es stützt sich außerdem vor allem auf finanzielle Kennzahlen und damit auf Vergangenheitswerte, die in die Zukunft projiziert werden. Da der ganze Ansatz auf dem Industrielebenszyklus beruht, können die Ergebnisse zwangsläufig nicht besser sein als die Annahmen in diesem Modell. Bekanntlich entsprechen aufgrund struktureller Veränderungen die tatsächlichen Branchenlebenszyklen aber nicht immer den theoretischen Voraussagen (Camphausen 2007, S. 136 ff.).

Die andere zentrale Größe, die Wettbewerbsposition, wird zwar aus vielen nominal, ordinal oder kardinal skalierten Daten bestimmt. Das Ergebnis ist dennoch stark subjektiv geprägt durch den jeweiligen Beurteiler (Welge/Al-Laham 2012, S. 525 ff.). Vor allem bei Branchenführern ist das Vertrauen in eine starke Wettbewerbsposition oft derart stark ausgeprägt, dass Investitionen in F&E, die Produktentwicklung oder in eine Anpassung an die sich verändernde Unternehmensumwelt unterbleiben (z. B. bei Nokia oder General Motors), so dass die starke Wettbewerbsposition verloren gehen kann. Die Empfehlung der ADL-Matrix für eine SGE in der Reifephase und einer starken oder dominierenden Wettbewerbsposition lautet auf „Investitionen nur mit dem Wachstum" oder „Beschränkung auf notwendige Reinvestitionen". Solche Empfehlungen können dazu beitragen, dass im Vertrauen auf die starke Wettbewerbsposition zu wenig in die SGE investiert wird und damit die SGE angreifbar wird. Die im Lebenszykluskonzept angelegte und bereits kritisierte Überbetonung des Neuen (vgl. Abschn.5.2.7) gilt auch für die darauf basierende ADL-Matrix.

Konzerne verfolgen heute oft einen Shareholder-Value-Ansatz in Verbindung mit einem wertorientierten Management, bei dem die eigenständig unternehmerisch agierenden SGE spezifische finanzielle Ziele zu erbringen haben. Eine genauere Beschäftigung mit Industrielebenszyklen oder der Marktposition kann dann entfallen; die Portfolio-Entscheidungen orientieren sich in erster Linie an finanziellen Ergebnissen.

Strategische Bedeutung und Nutzen

Mit der ADL-Matrix steht ein systematischer Planungsprozess zur Verfügung. Er ist vor allem für langfristig orientierte Unternehmen geeignet, die ihre Gesamtunternehmensstrategie nicht in erster Linie am Shareholder-Value-Denken ausrichten. Über den Industrielebenszyklus wird eine dynamische Betrachtung der Geschäftseinheiten angestrebt. Dieser Ansatz verbindet im Vergleich zu anderen Portfolio-Modellen deutlich differenziertere Normstrategien (Welge/Al-Laham 2012) mit einer nachfolgenden genaueren Analyse. So können aus der Fokussierung auf den Lebenszyklus resultierende Fehleinschätzungen weitgehend verhindert werden, da dessen Grundannahmen überprüft werden. Aus den einzelnen SGE werden Entscheidungen abgeleitet und dann im Gesamtzusammenhang der Unternehmensstrategie und der verfügbaren Ressourcen eine Auswahl getroffen.

Ähnliche Instrumente

BCG-Matrix

Die BCG-Matrix (vgl. Abschn. 7.2.2) leitet ihre Schlussfolgerungen aus nur zwei relativ harten Datenpools ab, dem relativen Marktanteil und dem Marktwachstum. Diese sind vom Konzept her Indikatoren für die Lebenszyklusphase und die Wettbewerbsposition. Damit besteht eine geringere Gefahr einer subjektiven Verfälschung bei der Beurteilung der Wettbewerbsposition und der Lebenszyklusphase mit einer Reihe von nicht gewichteten Kriterien. Die praktische Anwendung ist aufgrund der wenigen Daten wesentlich einfacher, das Instrument selbst und die Aussagen daraus sind aber auch sehr viel gröber. Deshalb kann die ADL-Matrix als eine Verfeinerung der BCG-Matrix betrachtet werden.

GE-/McKinsey-Matrix

Diese Matrix (vgl. Abschn. 7.2.3) ersetzt die Lebenszyklusphase durch die Marktattraktivität – damit gehen dynamische Aspekte, die mit dem Lebenszykluskonzept verbunden sind, verloren. Für jede Dimension müssen Kriterien bestimmt und gewichtet werden. Insgesamt kann die GE-/McKinsey-Matrix wiederum als eine Weiterentwicklung der ADL-Matrix betrachtet werden.

Überschneidungen mit anderen Instrumenten

Industrielebenszyklus

Die ADL-Matrix beruht auf dem Lebenszykluskonzept für Branchen (vgl. Abschn. 5.2.7), das eine idealtypische Entwicklung in vier Phasen unterteilt – wichtigstes Unterscheidungskriterium ist jeweils das Umsatzwachstum. Jeder Phase lassen sich bestimmte Chancen und Bedrohungen für die Unternehmen zuordnen. Jeder Phase entsprechen auch bestimmte Wettbewerbsbedingungen. Der Industrielebenszyklus konnte empirisch in vielen Fällen bestätigt werden, allerdings sind auch eine Reihe von Abweichungen gefunden worden. Er erlaubt keine Prognose über die Dauer der einzelnen Phasen: Die gegenwärtige Phase kann jedoch mit mehreren Indikatoren bestimmt werden; damit werden grundsätzliche strategische und finanzielle Aussagen möglich.

ADL-Technologiematrix

Der Ansatz der ADL-Matrix ist in modifizierter Form auf das strategische Technologiemanagement anwendbar (Eversheim/Schuh 1996). Die relevanten Technologien im Unternehmen werden ermittelt und nach Basis-, Schlüssel-, Schrittmacher- und neuen Technologien (Technologielebenszyklus) klassifiziert. Die jeweilige Technologieposition des Unternehmens wird im Verhältnis zum Wettbewerb ermittelt und zusammen mit dem Technologielebenszyklus zur Erstellung des Portfolios genutzt. Nach Ableitung von Prioritäten für Forschung und Entwicklung und einer Gegenüberstellung mit der Marktposition werden Technologiestrategien abgeleitet.

7.2.5   Restrukturierungshexagon

Dieses Konzept dient der Restrukturierung von Unternehmen und ganz besonders der Steigerung des Unternehmenswerts. In mehreren Schritten werden Wertsteigerungspotenziale und die zu ihrer Realisierung notwendigen strategischen, operativen und finanziellen Maßnahmen ermittelt. Alle Aktivitäten des Unternehmens – sowohl die vorhandenen als auch die geplanten zukünftigen Aktivitäten – werden an ihrem Beitrag zur Erhöhung des Unternehmenswerts gemessen. Der Unternehmenswert (Shareholder Value) ist das grundlegende Entscheidungskriterium für die Unternehmensführung und das Unternehmen wird konsequent auf seine Steigerung ausgerichtet.

Beschreibung und theoretischer Hintergrund

Das Restrukturierungshexagon beruht auf dem Shareholder-Value-Konzept, das in den 1980er Jahren in den USA entwickelt wurde (vgl. Fruhan 1979; Rappaport 1981 und 1997; Koller et al. 2010). Die Aktivitäten des Unternehmens führen zu Zahlungen, deren ökonomischer Wert auf Grundlage der Kapitalwertmethode als Barwert der zukünftigen Cashflows zu berechnen ist (vgl. Koller et al. 2010, S. 409 oder Günther 2000, S. 221 ff. zur Erklärung des Berechnungsverfahrens). Kann der Barwert der zukünftigen Cashflows durch gezielte Maßnahmen der Unternehmensführung gesteigert werden, erhöht sich der Marktwert des Eigenkapitals und damit das Vermögen der Aktionäre. Dieser Ansatz berücksichtigt andere Entscheidungskriterien und die Interessen anderer Anspruchsgruppen nicht.

Die Entwicklung des Restrukturierungshexagons ist im Zusammenhang mit den zahlreichen Akquisitionen in den 1980er Jahren in den USA zu sehen. Dabei wurden sanierungsbedürftige oder wenig rentable Unternehmen zu einem günstigen Preis übernommen und anschließend saniert. Bei der Übernahme durch Finanzinvestoren (LBO-Funds) wurden die übernommenen Unternehmen oft zerschlagen und nur attraktive Unternehmensteile restrukturiert. Dazu gehören auch weitere Akquisitionen, um eine kritische Größe zu erreichen. Waren die Grenzen des Wertzuwachses erreicht, wurde das Unternehmen mit Gewinn verkauft (Müller-Stewens/Lechner 2005, S. 307 f.). Vor diesem Hintergrund ist die Frage, welche zusätzlichen Gewinnpotenziale vom neuen Eigentümer mit dem aufzukaufenden Unternehmen realisiert werden können, von eminenter Bedeutung. Zu ihrer Klärung haben Copeland/Koller/Murrin (1990), alle Berater bei McKinsey & Company, ein methodisches Instrument entwickelt, das explizit auf die Ermittlung und Bewertung von Ansatzpunkten zur Steigerung des Unternehmenswerts ausgerichtet ist (Abb. 7—25).

Ausgehend vom Marktwert des Unternehmens wird in mehreren Schritten das Wertsteigerungspotenzial ermittelt. Koller et al. (2010, S. 407 ff.) gehen in ihrem Modell von einer Diskrepanz zwischen dem gegenwärtigen Marktwert und dem möglichen Unternehmenswert, gemessen als Shareholder Value, aus. Diese Lücke kann mit entsprechenden Restrukturierungsmaßnahmen geschlossen werden, etwa durch eine bessere Information der Aktionäre, durch Verbesserungen strategischer und operativer Art, durch Akquisitionen und Abspaltungen und finanzielle Maßnahmen. Klafft zwischen dem gegenwärtigen und dem potenziellen Marktwert eine sehr große Lücke, dann sind zwei Konklusionen denkbar: (1) Wenn andere Unternehmen dies ebenfalls erkennen, wird das Unternehmen zu einem interessanten Übernahmeobjekt. (2) Das Unternehmen besitzt ein großes Wertsteigerungspotenzial, das es aus eigener Kraft realisieren muss, um damit die Gefahr einer Übernahme abzuwenden.

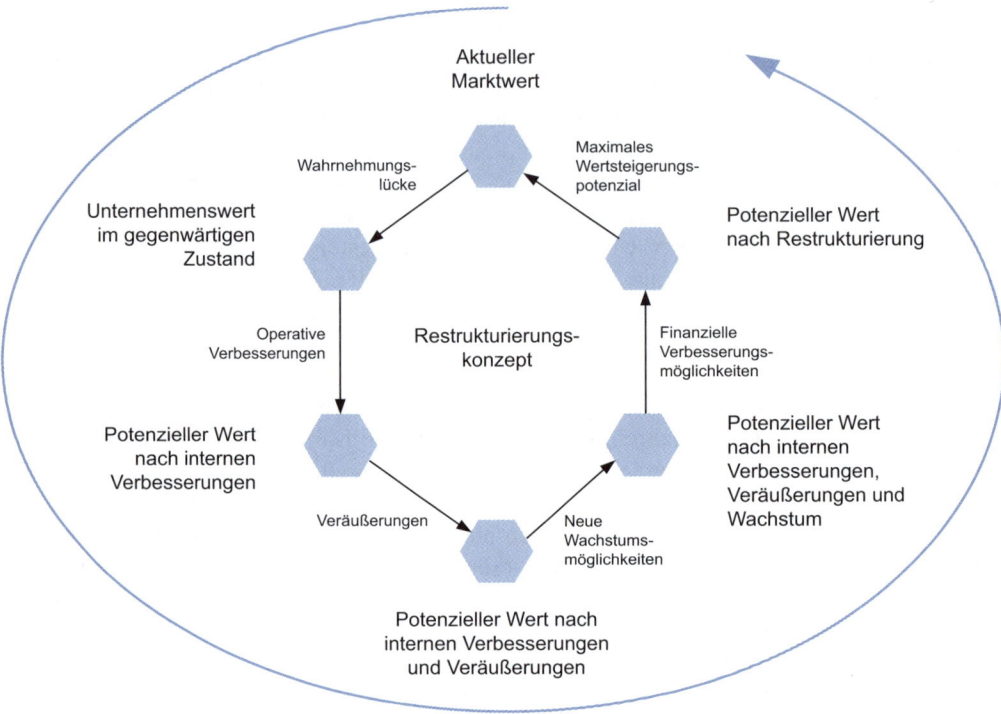

Abb. 7—25: Restrukturierungshexagon (Quelle: in Anlehnung an Koller et al. 2010, S. 408)

Praktische Anwendung
Das Modell kann auf Gesamtunternehmensebene oder auf Geschäftsbereichsebene angewandt werden. Für die Umsetzung ist ein Team aus Mitgliedern der Unternehmensleitung,
der Geschäftsbereichsleitungen und des Finanzbereichs zu bilden. Eine Vorgehensweise in
sechs Schritten bietet sich an:

Schritt 1: Ermittlung des aktuellen Marktwerts
Dieses Instrument ist in erster Linie für an der Börse notierte Aktiengesellschaften gedacht.
Bei ihnen entspricht der gegenwärtige Marktwert dem Börsenwert. Es lässt sich aber auch auf
der Geschäftsbereichsebene oder für nicht-börsenorientierte Unternehmen bzw. deren Geschäftsbereiche einsetzen. Dann bezieht man sich auf das durchschnittliche Kurs-/Gewinn-
verhältnis der Branche und die aktuelle Ergebnislage des Geschäftsbereichs bzw. des Unternehmens und schätzt so den gegenwärtigen Marktwert.

Schritt 2: Ermittlung des Unternehmenswerts im gegenwärtigen Zustand
Auf der Basis der erwarteten zukünftigen Cashflows wird für die zu untersuchende Einheit
der Wert berechnet. Die zukünftigen Cashflows ergeben sich aus den Geschäftsplänen dieser
Einheit. Sodann sind die Kapitalkosten zu berechnen (vgl. zur Berechnung der Kapitalkosten
Koller et al. 2010, S. 231 ff. oder Watson/Head 2007, S. 480). Auf Basis der Barwertmetho-

de wird der Wert der Einheit im gegenwärtigen Zustand ermittelt. Zuvor sind noch die Verbindlichkeiten abzuziehen.

Günther (2000, S. 8) spricht in diesem Zusammenhang vom Wert des Unternehmens, „wie es steht und liegt". Auch bei einer an der Börse notierten Aktiengesellschaft entspricht dieser Wert oft nicht dem Markt- oder Börsenwert, weil die derzeitigen und auch die potenziellen Anleger über unzureichende Informationen verfügen bzw. vorhandene Informationen im Markt nicht richtig verarbeitet werden. Diese Wahrnehmungslücke kann über eine Verbesserung der Investor Relations geschlossen werden. Wenn also die Investoren über bessere Informationen verfügen, wird die Nachfrage nach Aktien für das betreffende Unternehmen steigen. Im umgekehrten Fall, wenn der Börsenwert über dem berechneten Unternehmenswert liegt, ist allerdings damit zu rechnen, dass der Börsenwert sinken wird.

Schritt 3: Potenzieller Wert nach operativer Verbesserung
Hier wird der Wert der zu untersuchenden Einheit unter der Annahme offensiver operativer Maßnahmen ermittelt. Koller et al. (2010, S. 416 ff.) schlagen zunächst eine Analyse der Werttreiber vor, z. B. eine Erhöhung des Umsatzwachstums und der Gewinnspanne und die Verringerung der Kapitalintensität. Dabei ist zu beachten, dass die Werttreiber sich je nach Einheit durchaus deutlich unterscheiden können.

Anschließend ist zu überlegen, wie die zentralen Werttreiber operativ genutzt werden können. Operative Maßnahmen beinhalten bspw. Kostensenkungsprogramme (auch im Hinblick auf Verwaltung und Zentralfunktionen) oder Outsourcing. Über Sinn und Zweck bestimmter Maßnahmen kann ein Benchmarking mit führenden Wettbewerbern oder die Umsetzung von Best Practices Aufschluss geben. Die neu entwickelten operativen Maßnahmen sind im Hinblick auf ihre Cashflow-Konsequenzen zu erfassen und mit Hilfe der Barwertmethode als Wertsteigerung zu berechnen.

Schritt 4: Potenzieller Wert nach operativer Verbesserung und Veräußerung
Nachdem der Wert des Geschäftsportfolios der zu untersuchenden Einheit aus operativer Sicht optimiert worden ist, wird nun überprüft, ob der Wert der Einheit durch eine Bereinigung des Portfolios, also durch Abspaltungen und Desinvestitionen, verbessert werden kann.

Dabei ist zu prüfen, ob eine einzelne Geschäftseinheit zu einem Preis verkauft werden kann, der ihren Wert nach Nutzung aller operativen Verbesserungen übersteigt. Koller et al. (2010, S. 409 ff.) schlagen vier verschiedene Szenarien vor: (1) Verkauf an einen strategischen Investor, (2) Liquidation und Verkauf der Vermögensgegenstände, (3) Verselbständigung als eigene Gesellschaft und (4) Verkauf an einen Finanzinvestor (LBO-Fund). Für jedes Szenario ist ein erzielbarer Preis zu ermitteln.

Für jeden Geschäftsbereich sind unterschiedliche Szenarien relevant. Diese Szenarien ergeben sich aus der Ausgangssituation des Geschäftsbereichs und werden von dem für die Umsetzung des Restrukturierungshexagons zuständigen Team definiert und berechnet. Dieses Team beurteilt die Ergebnisse und entscheidet, welches Szenario in die Berechnung der Wertsteigerung integriert wird. Das Ergebnis ist der potenzielle Wert nach operativen Verbesserungen und Veräußerungen. In besonderen Fällen kann diese Analyse auch zu dem

Ergebnis kommen, dass aus ökonomischer Sicht eine Aufspaltung des gesamten Unternehmens oder ein Verkauf den größten Vorteil für die Aktionäre bietet.

Schritt 5: Potenzieller Wert nach operativer Verbesserung, Veräußerung und Wachstum

Nun werden für die im Portfolio verbleibenden Geschäftseinheiten Wachstumsmöglichkeiten erschlossen. Dazu zählen bspw. die Expansion in internationale Märkte oder eine grundlegende Neuausrichtung des Geschäfts auf neue Zielgruppen und Wettbewerber. Gleichermaßen wird untersucht, ob der Wert der Einheit über geeignete Akquisitionen oder Joint Ventures/Allianzen gesteigert werden kann.

Danach fließen die notwendigen Investitionen zur Realisierung der Wachstumsmöglichkeiten bzw. für den Kauf von anderen Unternehmen sowie die Integrationskosten und die sich aus den Wachstumsmöglichkeiten ergebenden Umsätze und Kosten in die Berechnung des Unternehmenswertes ein.

Schritt 6: Potenzieller Wert nach Restrukturierung

Zu guter Letzt wird die Kapitalstruktur durchleuchtet. Mit einer höheren Fremdfinanzierung lassen sich häufig erhebliche Steuervorteile erzielen. Auch eine internationale Steueroptimierung oder der Rückkauf eigener Aktien sind in Betracht zu ziehen, denn beim Rückkauf der eigenen Aktien steigt die Nachfrage nach Aktien für das Unternehmen und damit auch der Börsenwert. Alle diese Wertänderungen sind in die Berechnung des Unternehmenswerts zu integrieren. Als Ergebnis steht ein maximaler Unternehmenswert, der sich nach Nutzung aller Potenziale zur Wertsteigerung ergeben würde. Die Differenz zwischen diesem Wert und dem aktuellen Marktwert markiert das mögliche Gewinnpotenzial, das ein Unternehmenskäufer realisieren könnte. Die in diesem Prozess ermittelten Maßnahmen und die damit verbundenen Wertsteigerungen sind abschließend in einem Restrukturierungsplan zusammenzufassen.

Kritik des Instruments

Das Restrukturierungshexagon entspringt dem Shareholder-Value-Denken. In diesem Zusammenhang ist auf die folgenden beiden Kritikpunkte hinzuweisen: (1) Wenn unternehmerische Entscheidungen ausschließlich unter dem Aspekt einer Steigerung des Shareholder Value getroffen werden, dann ist dies natürlich eine sehr einseitige Betrachtungsweise, welche die Interessen der übrigen Stakeholder eines Unternehmens nicht berücksichtigt. (2) Am Ziel einer möglichst hohen Bewertung des Unternehmens an den Aktienmärkten werden die Unternehmensstrategien ausgerichtet; die Spitzenführungskräfte werden über Bonussysteme belohnt. Aber haben die Finanzmärkte und deren Akteure wirklich einen besseren Einblick als Branchenkenner und das Management?

Kritisch ist weiter anzumerken, dass die Cashflow-Projektionen für das Unternehmen und die einzelnen Geschäftseinheiten relativ genau projiziert werden müssen, um als Basis für sinnvolle strategische Entscheidungen dienen zu können. Hinzu kommt die Bestimmung des Restwerts am Ende der Planperiode. Eine solche Prognose gestaltet sich oft sehr schwierig. Welge/Al Laham (2012, S. 419) weisen explizit darauf hin, dass bei diesen Prognosen gerne unterstellt wird, dass die Entwicklung der Vergangenheit sich auch in der Zukunft fortsetzt. Schwache

Signale und Diskontinuitäten werden ignoriert. Das Hexagon-Modell bietet keine spezifischen Vorgehensweisen, wie mit Risiken, die sich aus der Prognose ergeben, umzugehen ist.

Wechselwirkungen zwischen den einzelnen Geschäftseinheiten innerhalb eines Unternehmensverbunds werden nicht berücksichtigt. Die Analysen beziehen sich immer nur auf das Gesamtunternehmen bzw. die einzelnen Geschäftseinheiten. Heute sind es in vielen Unternehmen gerade diese Synergieeffekte, die aus strategischer Sicht eine zentrale Rolle für den Unternehmenserfolg spielen.

Im Rahmen der Analysen des Restrukturierungshexagons werden verschiedene Wertsteigerungspotenziale rein rechnerisch ermittelt. Damit steht aber noch lange nicht fest, ob diese Wertsteigerungen tatsächlich erreicht werden können. Niemand weiß, ob bspw. ein potenzieller Käufer für eine Geschäftseinheit tatsächlich bereit ist, den vom verkaufenden Unternehmen berechneten Verkaufspreis zu bezahlen.

Aufgrund dieser Kritikpunkte kommen Müller-Stewens/Lechner (2005, S. 308) letztlich zu dem Schluss, dass das Potenzial eines solchen wertorientierten Ansatzes mehr in der kurzfristigen, effektiven Nutzung von Vermögenswerten und weniger in der Entwicklung langfristig angelegter Strategien zu sehen ist.

Strategische Bedeutung und Nutzen
Während die 1970er Jahre eng verbunden sind mit Konzepten der Diversifikation und Portfolio-Modellen, dominiert in den 1990er Jahren eine Gegenbewegung mit der Konzentration auf Kernkompetenzen und die Beurteilung von Unternehmensstrategien im Hinblick auf ihren Beitrag zum Shareholder Value (Grant/Nippa 2006, S. 605 ff.). Das Restrukturierungshexagon liefert hierzu die entsprechende Methodik. Das Modell bietet folgende Vorteile:

- Das Restrukturierungshexagon zwingt die Unternehmen bzw. Geschäftseinheiten zu einer wesentlich stringenteren Investitionspolitik. Alle Investitionsprojekte, die nicht mindestens ihre vollen Kapitalkosten erwirtschaften, sollen unterbleiben, weil sie den Shareholder Value mindern. Die Analyse der operativen Verbesserungsmaßnahmen im Hinblick auf den potenziellen Wert danach vermag solche Projekte aufzudecken.
- Das Restrukturierungshexagon liefert einen wesentlichen Beitrag zu einer Restrukturierung des Geschäftsportfolios. Eine Geschäftseinheit hat nur dann eine Existenzberechtigung im Unternehmen, wenn der Unternehmenswert mit dieser Einheit größer ist als ohne sie. Ist dies nicht der Fall und sind mit beabsichtigten strategischen und operativen Maßnahmen keine wesentlichen Wertsteigerungen zu erwarten, muss diese Einheit verkauft oder als selbstständiges Unternehmen ausgegliedert werden. Nach dieser Maßgabe haben viele Unternehmen ihre Geschäftsaktivitäten in den 1990er Jahren grundlegend neu strukturiert.
- Das Restrukturierungshexagon kann ebenfalls genutzt werden, um Unternehmensakquisitionen und die damit oft verbundene Diversifikation zu beurteilen. Grant/Nippa (2006, S. 605) argumentieren, dass die Mehrzahl der Unternehmensübernahmen im Rahmen der Diversifikation Aktionärsvermögen vernichtet, weil die Übernahmeprämien höher ausfallen als der zusätzliche Wert des akquirierten Unternehmens. Der Shareholder-Value-Gedanke wird bei solchen Transaktionen, gerade wenn es zu Bietergefechten oder Übernahmeschlachten

kommt, nicht ausreichend berücksichtigt. Eine Analyse von Akquisitionen im Rahmen des Restrukturierungshexagons sollte solche Fehlentscheidungen verhindern.

Das Modell liefert einen systematischen Ansatz, um alle Unternehmensaktivitäten mit dem Ziel der Steigerung des Shareholder Value zu überprüfen und die entsprechenden Entscheidungen zu treffen.

Ähnliche Instrumente

Portfolio-Modelle
Im Hinblick auf ihren Nutzen für das strategische Management sind der BCG- und der GE-/McKinsey-Portfolio-Ansatz (vgl. Abschn. 7.2.2 und 7.2.3) mit dem Restrukturierungshexagon vergleichbar. Auch sie wurden entwickelt, um strategische Prioritäten in stark diversifizierten Unternehmen zu setzen. Das Restrukturierungshexagon und die Portfolio-Ansätze dienen dem gleichen Zweck, nämlich einer integrierten Unternehmenssteuerung, verwenden aber unterschiedliche Zielgrößen. Bei den Portfolio-Modellen werden die Geschäftseinheiten eines Portfolios im Hinblick auf ihren Beitrag zum Cashflow (BCG) und Return on Investment (GE/McKinsey) überprüft. Investitionsprioritäten werden ermittelt mit dem Ziel, eine ausgeglichene Struktur von wachsenden und stabilen Geschäftseinheiten zu schaffen. Das Restrukturierungshexagon wiederum entwickelt solche Prioritäten im Rahmen der Analyse der internen und externen Verbesserungen. Zielgröße ist hier allerdings der Beitrag einer Geschäftseinheit zum Shareholder Value. Die Portfolio-Modelle geben klare Normstrategien vor; dagegen bleibt das Restrukturierungshexagon offen. Doch während die Portfolio-Ansätze sich ausschließlich auf die Bestimmung von strategischen Prioritäten beziehen, ist das Restrukturierungshexagon wesentlich umfassender und integriert auch operative Aspekte.

Überschneidungen mit anderen Instrumenten

Capital-Asset-Pricing-Methode und Kapitalkosten
Zentrale Bedeutung für die Diskontierung der zukünftigen Cashflows hat die Capital-Asset-Pricing-Methode zur Ermittlung der Kapitalkosten (siehe z. B. in Watson/Head 2007). Diese Methode berechnet die Kosten des Eigen- und Fremdkapitals unter Berücksichtigung des üblichen Zinssatzes für risikofreie Anleihen, der durchschnittlichen Rendite am Aktienmarkt und eines unternehmensspezifischen Risikofaktors (Beta). Immer dann, wenn die Eigenkapitalrendite höher ausfällt als der mit der Capital-Asset-Pricing-Methode errechnete Kapitalkostensatz, wird im Sinne des Shareholder-Value-Konzepts ein ökonomischer Wert für die Aktionäre geschaffen.

Benchmarking/Best Practice
Benchmarking und Best Practices (vgl. Abschn. 5.2.8; Camp 2006; Zdrowomyslaw/Kasch 2002) spielen eine große Rolle bei der Ermittlung sinnvoller operativer Verbesserungen. Das Benchmarking ist ein systematischer Prozess, in dem eigene Produkte/Dienstleistungen und Prozesse anhand spezifischer Parameter mit dem stärksten Wettbewerber verglichen werden, um wesentliche Unterschiede zwischen dem eigenen Unternehmen und dem Benchmark-Unternehmen zu erfassen. Auf dieser Grundlage können dann Verbesserungsmöglichkeiten für das eigene Unternehmen entwickelt werden. Handelt es sich um Best Practices, stammt das

Vergleichsunternehmen nicht aus der eigenen Branche, wird aber im Hinblick auf spezielle, auf das eigene Unternehmen anwendbare Parameter als exzellent angesehen.

Lückenanalyse und Ansoff-Matrix

Die Lückenanalyse (vgl. Abschn. 3.3.4) geht von der Lücke zwischen dem geplanten Wert einer Zielgröße (in der Regel dem Umsatz) und dem gegenwärtigen Level dieser Zielgröße aus. Ansoffs Produkt-Markt-Matrix (vgl. Abschn. 7.3.1) liefert vier strategische Stoßrichtungen, um die Lücke zu schließen und die geplante Zielgröße zu erreichen. Das Restrukturierungshexagon geht ebenfalls von einer Lücke aus, nämlich dem Unterschied zwischen dem aktuellen Marktwert eines Unternehmens und dem potenziellen Wert nach seiner Restrukturierung. Diese Lücke wird in weitere Teillücken aufgespalten. Das Restrukturierungshexagon liefert ein gestuftes Vorgehen mit einem speziellen Entscheidungskriterium zur Schließung der Lücke.

7.2.6   Realoptionen

"Chance favors the prepared mind" (Louis Pasteur).

In der wertorientierten Unternehmensführung wird das Konzept der realen Optionen zur Unterstützung von strategischen Entscheidungen in sehr unsicheren Situationen genutzt. Realoptionen sind Handlungsalternativen, die sich auf einzelne Investitionsvorhaben, ein Bündel von Vorhaben oder das ganze Unternehmen beziehen können. Strategische Entscheidungen schränken je nach gewählter Option zukünftige Handlungsmöglichkeiten unterschiedlich stark ein und reduzieren damit die Flexibilität des Managements, die Strategien des Unternehmens an veränderte Rahmenbedingungen anzupassen. Diese Flexibilität besitzt einen Wert, der mit der Realoptionstheorie identifiziert, gemessen und zur Auswahl der strategischen Optionen herangezogen werden kann.

Beschreibung und theoretischer Hintergrund

Der Begriff „real option" taucht erstmals bei Myers (1977, S. 163) auf: "Real options are opportunities to purchase real assets on possibly favorable terms." Heute werden Realoptionen verstanden als zukünftige Handlungsspielräume und Investitionsmöglichkeiten eines Unternehmens in Verbindung mit der Fähigkeit, Entscheidungen an veränderte Umweltbedingungen anzupassen. Es handelt sich dabei um ein ganzes Bündel von Handlungsoptionen hinsichtlich der Verwendung und Nutzung realer Güter und Dienstleistungen; d. h. sie umfassen sämtliche materiellen und immateriellen Unternehmensressourcen (Hommel/Pritsch 1999 und Hungenberg et al. 2005).

Das Grundkonzept der realen Optionen erklärt Grant (2013, S. 52 f.) mit einem Beispiel: Der BP-Konzern verdoppelte 2005 seine Investitionen in die Geschäftseinheit BP Alternative Energy, obwohl die Renditen aus diesem Geschäft deutlich unter denen aus dem Öl- und Gasgeschäft lagen. Aus einer wertorientierten Perspektive heraus scheint dies auf den ersten Blick wenig Sinn zu machen. Doch entscheidend hierfür ist der Optionswert. Mit der Entwicklung einer starken Position in der Sonnen-, Wind- und Hydrotechnologie erwirbt BP nämlich die Option, zu einem der führenden Erzeuger von alternativen Energien aufzusteigen. Dies verschafft dem Konzern Vorteile für den Fall, dass die Versorgung mit Öl und Gas aus dem Mittleren Osten in Schwierigkeiten gerät.

Die Theorie der Realoptionen wurde aus einer Analogie zu einer Kauf- bzw. Verkaufsoption auf dem Aktienmarkt entwickelt (vgl. Hommel et al. 2003; Macharzina/Wolf 2012, S. 897). Reale Optionen ähneln Finanzoptionen in den Merkmalen Flexibilität, Unsicherheit und Irreversibilität (zu Finanzoptionen z. B. Brealey et al. 2010, S. 608 ff.). Der Inhaber einer Option hat das Recht, jedoch nicht die Verpflichtung, eine Finanzanlage mit einem bestimmten Basiswert (Underlying) innerhalb einer festgelegten Zeitspanne zu einem fixierten Kurs (Ausübungspreis) zu kaufen (Call Option) oder zu verkaufen (Put Option). Im Beispiel erwirbt BP eine Option auf zukünftige Umsatz- und Gewinnmöglichkeiten durch alternative Energien. Die Vorteile dieser Entscheidung sind in den erwarteten Umsätzen und Renditen zu sehen; aber diese Entscheidung ist unsicher und hängt von der Marktentwicklung ab. Außerdem fallen Kosten für die Entwicklung neuer Technologien und die Markterschließung an – diese Kosten sind irreversibel. Mit Hilfe des Realoptionsansatzes wird es möglich, einer Option einen monetären Wert zuzuordnen.

Praktische Anwendung

In Anlehnung an den strategischen Managementprozess schlagen Hungenberg et al. (2005) drei Schritte (Abb. 7—26) vor.

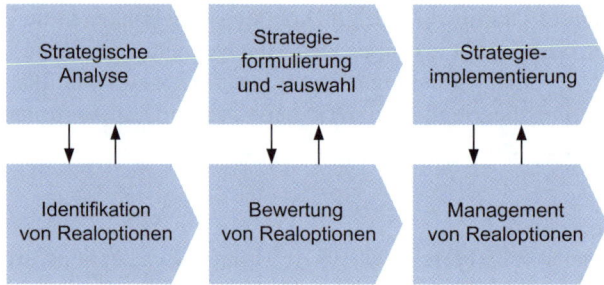

Abb. 7—26: Zusammenhang zwischen strategischem Management und Realoptionen (Quelle: in Anlehnung an Hungenberg et al. 2005, S. 308 ff.)

Schritt 1: Identifikation der Realoptionen

Zunächst gilt es, die mit einer Strategiealternative verbundenen Handlungsoptionen zu definieren. Dabei hilft die Realoptionstheorie nicht. Ausgangspunkt für die Identifikation von Optionen ist die Ressourcenanalyse des Unternehmens. Grundsätzlich lassen sich reale Optionen im strategischen Management in drei verschiedene Typen einordnen (Abb. 7—27).

Wachstumsoptionen eröffnen dem Unternehmen die Möglichkeit, Folgeprojekte zu initiieren. Zukünftige Gewinnpotenziale können mit Hilfe von Reinvestitionen realisiert werden. Dazu lassen sich viele Beispiele nennen, z. B. eine weitere Produktionsanlage zu kaufen, wenn die Marktentwicklung positiv verläuft, mit einem Basisgeschäft in einen neuen Markt einzusteigen, das später erweitert wird, oder einen Markennamen mit einem Kernprodukt zu schaffen, das nach und nach zu einer vollen Produktlinie erweitert wird.

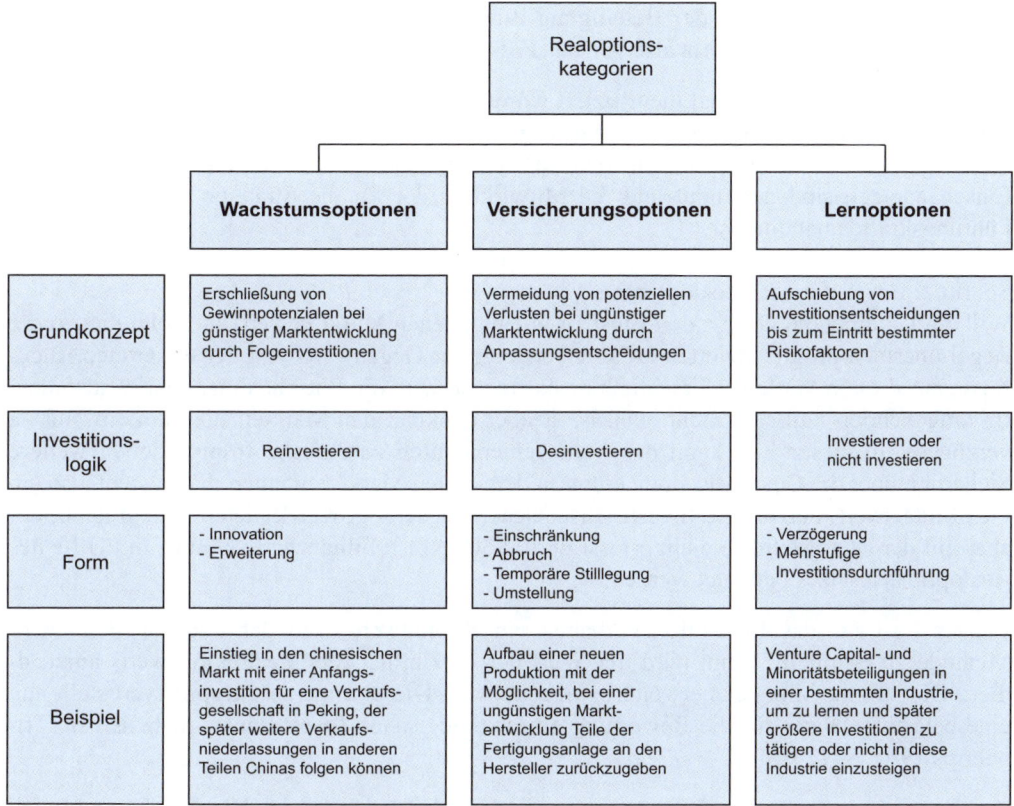

Abb. 7—27: Kategorien von realen Optionen (Quelle: in Anlehnung an Hungenberg et al. 2005; Copeland/Keenan 1998a)

Versicherungsoptionen geben dem Unternehmen die Gelegenheit, Verluste zu vermeiden oder zu verringern. Das Unternehmen kann mit Desinvestitionen und/oder operativen Anpassungen (z. B. der Stilllegung von Anlagen) auf eine schlechte Marktentwicklung reagieren. Diese Optionskategorie ist vor allem in der Produktion und im Kapazitätsmanagement zu finden. Weitere Beispiele sind Ausstiegsoptionen aus Verträgen im Miet-, Leasing- oder Hypothekengeschäft.

Lernoptionen beinhalten den Aufschub einer Entscheidung, ob ein bestimmtes Vorhaben realisiert wird. Während des Aufschiebens können weitere Informationen berücksichtigt werden. Damit wird das mit hohen Investitionen bei großer Unsicherheit verbundene Risiko reduziert. Im Falle einer schlechten Geschäftsentwicklung oder von negativen Umweltentwicklungen müssten diese Investitionen abgeschrieben werden. Beispiele sind der Kauf von Rechten für Bauland oder von Bohr- und Abbaurechten für natürliche Ressourcen. Mit Marktanalysen für das Bauland oder Untersuchungen über die Ressourcenvorkommen können zusätzliche Informationen erhoben werden, bevor das Unternehmen größere finanzielle Verpflichtungen eingeht. In ähnlicher Form sind Beteiligungen an Forschungsunternehmen zu betrachten. Der

Kapitalgeber bekommt mit der Beteiligung Zugang zu wichtigen Informationen über neue Technologien und Märkte, lernt also von den Forschungsunternehmen (Venture Capital).

Sind die Optionen erst einmal identifiziert worden, müssen deren Eintrittswahrscheinlichkeiten und die Höhe der irreversiblen Investitionen untersucht werden. Unter Umständen sind diese Optionen zu priorisieren, um den Analyseaufwand in Grenzen zu halten. Für diese Einschätzungen sind der Input und die Mitwirkung der für die Strategie verantwortlichen Führungskräfte unabdingbar.

Schritt 2: Bewertung der Realoptionen
Will ein Unternehmen bspw. den Einstieg in einen neuen Markt bewerten, erfolgt dies in der Regel über den prognostizierten DCF. Übersteigt der Gegenwartswert der erwarteten Rückflüsse aus diesem Markt die Erschließungskosten, so wird die Entscheidung positiv ausfallen. Im umgekehrten Fall eher nicht. Nun ist es aber denkbar, den Markteinstieg um ein Jahr zu verzögern. In dieser Zeit kann das Management durch zusätzliche Informationen weitere Sicherheit über die Geschäftsentwicklung in dem neuen Markt gewinnen. Es entsteht also ein Flexibilitätswert, der für die Investitionsentscheidung von großer Bedeutung sein kann, der aber mit der DCF-Methode nicht erfasst wird. Solche Flexibilitätswerte können mit Hilfe des Realoptionsansatzes bewertet werden.

Zunächst ist für das Investitionsvorhaben ein Kapitalwert nach der traditionellen DCF-Methode zu ermitteln. Dann wird der Wert der Flexibilität (der Realoptionswert) hinzuaddiert. Die Summe bildet den erweiterten Kapitalwert. Dieser erweiterte Kapitalwert stellt nun eine belastbare Basis für die Bewertung eines strategischen Investitionsvorhabens dar (Trigeorgis 1995, S. 124).

Zur Bewertung von Realoptionen sind zwei Methoden bekannt: das Black-Scholes-Modell (vgl. Black/Scholes 1973; Brealy et al. 2010, S. 599 f.) und das Binominal-Modell (vgl. Brealy et al. 2010, S. 598 f.). Das Black-Scholes-Modell ist relativ einfach anzuwenden und liefert eine exakte Lösung, berücksichtigt allerdings nur einen Risikofaktor. Aufgrund seiner rigiden Annahmen eignet sich dieses Modell nicht für die Bewertung von Entscheidungen mit komplexen Wahlmöglichkeiten. Hierfür ist das binominale Modell besser geeignet (Hungenberg et al. 2005, S. 308 ff.; Grant 2013, S. 53 ff.).

Beispiel – Einstufiges Verfahren
Hier geht es um eine sehr einfache Anwendung des binominalen Modells bezogen auf eine Periode. Es wird unterstellt, dass ein Unternehmen beabsichtigt, in den chinesischen Markt einzusteigen. Dabei gelten die folgenden Annahmen:

- Auszahlung für Markteinstiegskosten (I) in t_0 von 120 Mio. €.
- Zwei gleich wahrscheinliche Szenarien für die Cashflow-Rückflüsse (q = 0,5).
- Gegenwartswert der Rückflüsse bei guter Marktentwicklung im Zeitpunkt t_1 von 160 Mio. € (K_1).
- Gegenwartswert der Rückflüsse bei schlechter Marktentwicklung in t_1 von 80 Mio. € (K_2).
- Risikoadjustierter Zinssatz von 10 % (k).
- Risikolose Verzinsung von 5 % (i).

Wird der Wert dieses Projekts mit der klassischen Kapitalwertmethode berechnet, ergibt sich ein Kapitalwert (KW) von −10,9 Mio. €; der Einstieg in den chinesischen Markt sollte besser nicht erfolgen.

$$\frac{(q \times K_1) + (q \times K_2)}{(1 + k)} - I_{t0} = KW$$

$$\frac{(0,5 \times 160 \text{ Mio. €}) + (0,5 \times 80 \text{ Mio. €})}{1,1} - 120 \text{ Mio. €} = -10,9 \text{ Mio. €}$$

Hat das Unternehmen allerdings die Möglichkeit, mit dem Markteinstieg ein Jahr zu warten, entsteht ein Flexibilitätsgewinn, der bei der Entscheidungsfindung zu beachten ist.

Bleibt bspw. die Investition für den Markteinstieg auch in t_1 konstant, könnten bei einem Aufschub des Einstiegs die Investitionsmittel sicher und profitabel angelegt werden. Hier wird unterstellt, dass die ursprüngliche Auszahlung für die Markterschließung sich nach einem Jahr bei einer risikolosen Verzinsung von 5 % p. a. auf 126 Mio. € erhöht.

Der Wert der Investitionsmöglichkeit in (I_{1t1}) ergibt sich bei guter Marktentwicklung in China aus:

Max {0; 160 Mio. € − 126 Mio. €} = 34 Mio. €

Bei einer schlechten Marktentwicklung liegt der Wert (I_{1t1}) bei

Max {0; 80 Mio. € − 126 Mio. €} = 0

Trifft das Management die Entscheidung in t_0, liegt der Wert des Projekts bei 160 bzw. 80 Mio. €; wartet sie ab, bei 34 Mio. € bzw. bei 0. Mit der Möglichkeit des Aufschiebens der Einstiegsentscheidung entsteht ein neuer Zahlungsstrom und damit auch eine neue Risikostruktur. Der bisher verwendete risikoadjustierte Zinssatz von 10 % kann deshalb nicht mehr angewandt werden, um den Barwert des Markteinstiegs zu berechnen.

Die Optionspreistheorie liefert ein Verfahren zur Bewertung des „neuen" Zahlungsstroms, ohne einen neuen Zinssatz bestimmen zu müssen. Dazu ist zuerst der Barwert der zugrunde liegenden Investition (als Basiswert, Bezugsgut oder Underlying bezeichnet) zu berechnen. Es wird unterstellt, dass beide Marktentwicklungen eine gleiche Eintrittswahrscheinlichkeit haben. Die Anwendung der klassischen Kapitelwertmethode mit einem risikoadjustierten Zinssatz von 10 % führt dann zu folgendem Ergebnis:

$$\frac{(q \times K_1) + (q \times K_2)}{(1 + k)} = KW$$

$$\frac{(0,5 \times 160 \text{ Mio. €}) + (0,5 \times 80 \text{ Mio. €})}{1,1} = 109,1 \text{ Mio. €}$$

In die Berechnung des Barwerts des Bezugsguts müssen aber auch die Eintrittswahrscheinlichkeiten und die Risikopräferenzen eingehen. Dabei wird das Prinzip der risikoneutralen Bewertung verwendet (siehe zur Begründung und weiterer Erklärung Cox et al. 1979). Dazu werden mit Hilfe des Duplikationsportfolios risikoneutrale oder Pseudowahrscheinlichkeiten berechnet.

Zunächst ist aus dem möglichen Verlauf des Gegenwartswerts für das Bezugsgut ein Steigungsfaktor (u = 160/109,1 = 1.47) und ein Senkungsfaktor (d = 80/109,1 = 0,73) zu ermitteln. Der Steigungsfaktor beschreibt die positive Geschäftsentwicklung; der Senkungsfaktor die negative Entwicklung in Bezug zum Bezugswert. Auf dieser Basis und bei Berücksichtigung einer risikolosen Verzinsung (r_f) gilt die folgende Formel zur Ermittlung der risikoneutralen Wahrscheinlichkeiten (p):

$$p = \frac{(1 + r_f) - d}{u - d}$$

für die positive Entwicklung bzw. 1−p für die negative Geschäftsentwicklung.

Bezogen auf das Beispiel ergeben sich nun die folgenden risikoneutralen Wahrscheinlichkeiten:

$$\frac{(1 + 0,05) - 0,7}{(1,5 - 0,7)} = 0,438 \text{ bzw. } 0,562$$

Der Wert der Wachstumsoption kann nun auf der Basis des Werts der Investitionsmöglichkeit bei einer guten und einer schlechten Marktentwicklung ermittelt werden:

$$\frac{(p \times I_{1t1}) + ((1 - p) \times I_{2t1})}{(1 + r_f)}$$

$$\frac{(0,44 \times -34 \text{ Mio. €}) + (0,56 \times 0 \text{ Mio. €})}{1,05} = 14,25 \text{ Mio. €}$$

Dieser Rechnung zufolge hat die Option, den Markteinstieg um ein Jahr aufzuschieben, einen Wert von 14,25 Mio. €. Der klassische Kapitalwert liegt bei −10,9 Mio. €. Konkret heißt dies, dass in t_0 eine Markteinstiegsentscheidung nicht abgelehnt werden sollte, weil der Kapitalwert mit 3,35 Mio. € positiv ist. Der positive Wert der Option bedeutet allerdings auch nicht, dass die Einstiegsentscheidung in jedem Fall getroffen wird – dies ist abhängig von den Informationen über die Marktentwicklung zum Zeitpunkt t_1.

Beispiel: Mehrstufiges Verfahren

Für ein mehrstufiges binominales Modell wird zunächst ein Zustandsbaum (Abb. 7—28) konstruiert, der den Wert des Projekts nach jeder Periode für zwei unterschiedliche Entwicklungen anzeigt. Das folgende Beispiel zeigt einen solchen Zustandsbaum für den Bau einer chemischen Fabrik.[1] Das Projekt verursacht Kosten in Höhe von 60 Mio. US$ für erste Planungen und Baugenehmigungen in t_0. Am Ende des ersten Jahres sind weitere 400 Mio. US$ zu investieren, um die Designphase abzuschließen. Danach besteht ein Zeitfenster von zwei Jahren, in denen das Management entscheiden kann, ob die Fabrik tatsächlich gebaut werden soll. In diesem Fall sind weitere 800 Mio. US$ in t_3 zu investieren. Dies ist ein Beispiel für eine Wachstumsoption. Mit der Investition von 60 Mio. US$ erwirbt das Unternehmen die Möglichkeit, in einem Jahr weitere 400 Mio. US$ zu investieren. Damit wiederum ist die Option verbunden, nach zwei weiteren Jahren die Fabrik zu bauen.

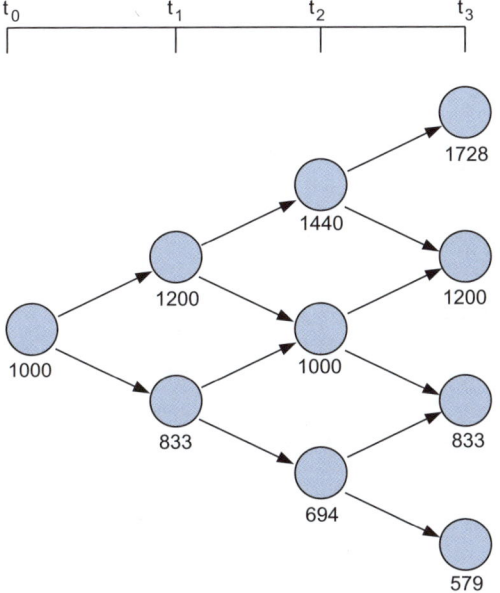

Abb. 7—28: Beispiel für einen Zustandsbaum – Projektwerte in Mio. US$ (Quelle: Copeland/Tufano 2004)

Zum Ausgangszeitpunkt t_0 wird angenommen, dass die Fabrik einen Wert von 1 Mrd. US$ hat. Für die Preise der in dieser Fabrik erzeugten Produkte werden ein Steigungsfaktor von 20 % (u = 1,2) und ein Senkungsfaktor von -16,7 % (d = 0,833) angenommen. Die Steigungsfaktoren spiegeln die geschäftliche Entwicklung wider. Dementsprechend ändert sich der Wert der Fabrik im Zeitablauf.

---

[1]   Dieses Beispiel stammt von Copeland/Tufano (2004). Zum Zweck des besseren Verständnisses wurden einige Annahmen vereinfacht.

Der Zustandsbaum wird zu einem Entscheidungsbaum (Abb. 7—29) umgewandelt, sobald wichtige Entscheidungspunkte integriert werden, wie bspw. die Freigabe von weiteren Investitionsmitteln oder die Möglichkeit, die Option weiter offenzuhalten.

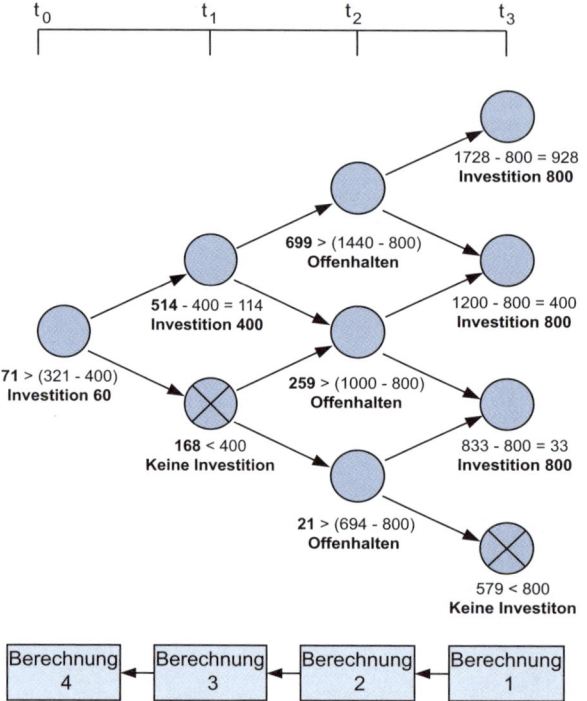

Abb. 7—29: Beispiel für einen Entscheidungsbaum – Projektwerte in Mio. US$ (Quelle: Copeland/Tufano 2004)

Der Entscheidungsbaum wird rekursiv, also von t_3 nach t_0, in vier Schritten bearbeitet:

Berechnung 1: In t_3 werden von den erwarteten Projektwerten (siehe Zustandsbaum) die Baukosten in Höhe von 800 Mio. US$ abgezogen. In den drei oberen Knoten macht die Investition Sinn, weil der Projektwert über den Baukosten liegt. Im untersten Fall sind die Investitionen höher als der Projektwert; das Vorhaben wird nicht weitergeführt.

Berechnung 2: Am Ende von t_2 wird dieser Vorgang wiederholt. Die Baukosten werden den Projektwerten gegenübergestellt. Dies ergibt im Hinblick auf die unterschiedlichen Geschäftsentwicklungen die Projektwerte, wenn die Option ausgeübt, d. h. die Fabrik gebaut würde. Weiterhin werden die Optionswerte berechnet, um die Option ein weiteres Jahr offenzuhalten. Dazu werden nach der im Beispiel oben benutzten Formel Pseudowahrscheinlichkeiten berechnet. Die risikolose Verzinsung wird mit 8 % (i) angenommen.

$$p = \frac{(1 + r_f) - d}{u - d}$$

p steht für die positive Entwicklung bzw. 1–p für die negative Geschäftsentwicklung.

$$p = \frac{(1 + 0{,}08) - 0{,}833}{1{,}2 - 0{,}833} = 0{,}673 \text{ bzw. } 1 - p = 0{,}327$$

Zum Beispiel wird für den oberen Knoten in t_2 der Wert der Option nach der gleichen Formel wie in dem oben erklärten einjährigen binominalen Modell ermittelt. Dabei steht I_{1t3} für den Wert der Investition am Ende des dritten Jahres bei positiver Geschäftsentwicklung und I_{2t3} für den Wert bei negativer Entwicklung (Abb. 7—29).

$$\frac{(p \times I_{1t1}) + ((1 - p) \times I_{2t1})}{(1 + r_f)}$$

$$\frac{(0.673 \times 928 \; Mio. \; US\$) + (0{,}327 \times 400 \; Mio. \; US\$)}{1{,}08} = 699 \, Mio. \, US\$$$

In diesem Fall ist der Wert des Offenhaltens der Option größer als der Wert des sofortigen Baus der Fabrik. Dementsprechend wird die Option nicht ausgeübt. Das Verfahren wird in gleicher Weise für die anderen Knoten in t_2 angewandt. Für alle drei Knoten ist die Empfehlung ein Offenhalten der Option.

Berechnung 3: Zum Ende des Jahres t_1 ist eine Ausübung der Option nicht möglich. Die Option kann nur mit einer weiteren Investition von 400 Mio. US$ offengehalten werden. Wenn der Wert, die Option offenzuhalten, geringer ist als die Investitionssumme, wird das Projekt aufgegeben. Umgekehrt lohnt es sich, die Option offenzuhalten. Der Optionswert wird nach dem gleichen Verfahren wie im vorherigen Schritt ermittelt. Die Differenz zwischen dem Wert, die Option offenzuhalten, und der Investitionssumme bildet den Projektwert – hier 114 Mio. US$. Bei einer negativen Geschäftsentwicklung übersteigt die Investitionssumme den Optionswert; das Vorhaben wird abgebrochen.

Berechnung 4: Zuletzt wird der Optionswert im Zeitpunkt t_0 berechnet. Dazu wird auf die Projektwerte zum Ende des Jahres t_1 (114 Mio. US$) für den oberen Knoten und 0 für den unteren Knoten und die Pseudowahrscheinlichkeiten zurückgegriffen. Das Ergebnis ist ein Optionswert von 71 Mio. US$, der größer ist als die Anfangsinvestition von 60 Mio. US$. Es ist also sinnvoll, die Anfangsinvestition zu tätigen und so die Option offenzuhalten.

Dem steht ein negativer Barwert des Projekts gegenüber, wenn mit der klassischen DCF-Methode gerechnet wird. Dazu werden vom Wert des Projekts in t_0 (1 Mrd. US$) die Barwerte der drei Investitionen (1.009 US$; risikoadjustierter Zinssatz 10,83 %) subtrahiert; es entsteht ein negativer Projektwert von 9 Mio. US$.

Schritt 3: Management von Realoptionen
Nachdem eine reale Option definiert und bewertet worden ist, wird abschließend untersucht, ob und wie der Wert der Option beeinflusst werden kann. Die Werttreiber entsprechen denen

einer Finanzoption: also der Basiswert der zugrunde liegenden Investition (Underlying), der Ausübungspreis (irreversible Kosten), die Laufzeit der Option, der Wertverlust und die Unsicherheit (Hungenberg et al. 2005). Zur Erklärung wird auf das Beispiel des Einstiegs in den chinesischen Markt zurückgegriffen.

Der *Basiswert* kann über die klassischen Einflussgrößen des Cashflows beeinflusst werden. Das Unternehmen könnte bspw. über eine Erhöhung der Preise oder zusätzliche Marketingmaßnahmen versuchen, einen höheren Zahlungseingang zu erreichen. Auf der Kostenseite könnte der Zahlungsausgang über größere Mengen und entsprechende Skaleneffekte reduziert werden.

Der *Ausübungspreis* bezieht sich auf die Einstiegskosten. Hier ist es denkbar, dass über eine Zusammenarbeit mit einem Partner die Kosten des Aufbaus eines Distributionsnetzes reduziert werden.

Die *Laufzeit* der Option wird in hohem Maße durch die Marktentwicklung und das Verhalten der Wettbewerber beeinflusst. Zusätzliche Marktuntersuchungen können bspw. dazu führen, mit der Einstiegsentscheidung zu warten, also die Laufzeit zu verlängern.

Der *Wertverlust* ist analog zur Finanzoption wie eine entgangene Dividende zu betrachten. Für die Zeitdauer der Option verliert das Unternehmen auch den Cashflow, der bei einem Einstieg in t_0 im ersten Jahr hätte erzielt werden können. Dieser Wertverlust kann z. B. durch vorgezogene Produkteinführungen der Wettbewerber entstehen. Die Wettbewerber schaffen damit Markteintrittsbarrieren, die den Cashflow des Neueinsteigers verringern. Der Wertverlust einer Option steht in enger Verbindung mit der Laufzeit.

Die *Unsicherheit* einer Option bezieht sich auf ihren Spezialisierungs- und Neuheitscharakter (Hungenberg et al. 2005). Je größer der Grad der Spezialisierung bzw. der Grad der Innovation, desto höher ist auch die Unsicherheit.

Insgesamt steigern eine Erhöhung des Basiswerts, eine Verlängerung der Laufzeit und eine Erhöhung der Unsicherheit den Wert der Option. Dieser Wert wird negativ beeinflusst durch eine Reduzierung des Ausübungspreises und durch Wertverluste.

Letztlich ist der Ausübungszeitpunkt festzulegen. Nach einem Jahr hat das Management folgende Möglichkeiten: (1) die Option aufzugeben; dann entsteht ein Verlust in Höhe der Erschließungskosten, (2) die Option auszuüben, d. h. den Markteinstieg zu realisieren oder (3) mit der Ausübung weiter zu warten. Diese Entscheidung wird bestimmt von dem jeweiligen Informationsstand und der Risikoneigung des Managements (zu weiteren Ausführungen siehe Luehrman 1998 und Copeland/Tufano 2004).

Kritik des Instruments

Der Grundgedanke, dass Unternehmen in einem unsicheren Umfeld versuchen sollten, sich möglichst viele Wege offenzuhalten, ist sicher nicht als revolutionär anzusehen (Hungenberg et al. 2005). Neu ist hingegen die Möglichkeit der Bewertung unterschiedlicher Optionen. Allerdings lässt sich der Realoptionsansatz in der Praxis nur schwer umsetzen (vgl. z. B. Hommel/Pritsch 1999). Seine Umsetzung scheitert häufig an den folgenden Punkten:

- *Unzureichende Methodenkenntnis.* Die Bewertung der Realoptionen ist in den meisten Fällen schwierig durchzuführen und setzt entsprechende finanztheoretische Methodenkenntnisse der Führungskräfte voraus, die in der Praxis häufig nicht anzutreffen sind.
- *Mangel an Struktur.* Um den Wert einer realen Option quantifizieren zu können, muss der Nutzen definiert werden. Diese Größe wird wiederum von einer Reihe von weiteren Faktoren bestimmt: z. B. dem Wert der zugrunde liegenden Investition (Underlying) oder der Laufzeit der Option. Hierzu gibt es kein vorgegebenes Verfahren; eine Reihe von Annahmen sind zu treffen (Brealey et al. 2010, S. 602 ff.).
- *Interaktionseffekte.* Wettbewerber verfügen ebenfalls über reale Optionen, die Auswirkungen auf die eigenen Optionen haben. Bei der Bewertung sind diese Interaktionen zu berücksichtigen (Copeland/Keenan 1998b; Müller-Stewens/Lechner 2005, S. 329 f.). Für solche Fälle gibt es zwar Modelle, die aber in der Anwendung sehr zeitaufwendig und kompliziert sind. Stattdessen wird dann gerne mit vereinfachten Annahmen gearbeitet, die wichtige Einflüsse nicht erfassen und zu keinem exakten Ergebnis führen (Hungenberg et al. 2005).

Obwohl in der wissenschaftlichen Literatur ein weitreichendes Methodenwissen über den Realoptionsansatz zur Verfügung steht, liegt die zentrale Herausforderung in der praktischen Operationalisierung von Realoptionen (Hommel/Pritsch 1999).

Strategische Bedeutung und Nutzung

In der Praxis wurden Realoptionen zunächst zum Beginn der 1990er Jahre von Rohstoffkonzernen eingesetzt, um Investitionen in neue Rohstoffvorkommen zu bewerten, z. B. bei Texaco und ExxonMobil für Investitionen in Erdölförderkapazitäten. Später kamen weitere Branchen, die einem starken Wandel der Rahmenbedingungen unterliegen, wie die Telekommunikation oder die Pharmaindustrie hinzu. So nutzte z. B. der US-Pharmakonzern Merck Realoptionen, um seine Forschungs- und Entwicklungsaktivitäten zu bewerten (Geißler 2004).

Der Realoptionsansatz ist sinnvoll anwendbar auf strategische Probleme, die durch ein hohes Maß an Unsicherheit sowie irreversible Investitionskosten charakterisiert sind. Dies gilt vor allem dann, wenn das Management aufgrund von neuen Informationen flexibel reagieren kann und der Barwert des Cashflows für das Vorhaben ohne Flexibilität in der Nähe des Break-even-Points liegt (Copeland/Keenan 1998a). Dann kann die klassische DCF-Methode zu Fehlentscheidungen führen. Der Einsatz des Realoptionsansatzes ist hingegen weniger sinnvoll bei Projekten mit einem sehr hohen DCF – dann wird das Projekt auf jeden Fall umgesetzt – oder bei Projekten mit einem stark negativen DCF. In diesem Fall dürfte der Wert der Flexibilität den DCF nicht viel verbessern.

Hommel/Pritsch (1999) ordnen reale Optionen in die Kategorie der rationalen Strategieinstrumente ein. Mit der Anwendung werden „strategisch-intuitive" Entscheidungen entpolitisiert und in analytische Größen überführt. Die Wachstumsoptionen helfen, den Einstieg in neue Märkte zu sichern. Mit Versicherungsoptionen können Investitionsrisiken reduziert und Kapazitäten effizienter ausgelastet werden. Lernoptionen unterstützen die Optimierung von Lernprozessen. Unternehmerische Flexibilität bei unsicheren Bedingungen kann mit diesem Ansatz im Einklang mit einer wertorientierten Unternehmensführung bewertet werden. Mit der Quantifizierung wird die Vergleichbarkeit von Strategiealternativen sichergestellt und Entscheidungstransparenz geschaffen (Luehrman 1998; Hungenberg 2011).

Leslie/Michaels (1997, S. 105) sehen den größten Nutzen der Methode in einem veränderten Denken des Managements: "The shift in outlook from 'fear uncertainty and minimize investment' to 'seek gains from uncertainty and maximize learning' opens up a wider range of possible actions and is crucial to the usefullness of real options as a strategic rather than a valuation tool." Hungenberg et al. (2005) betonen ebenfalls das Denken in Optionen im Zusammenspiel mit deren finanzieller Bewertung als eigentliche Stärke dieses Ansatzes. In diesem Sinne haben möglicherweise die Diskussion und kritische Auseinandersetzung mit realen Optionen und die daraus folgenden strategischen Konsequenzen einen höheren Wert als eine exakte quantitative Bestimmung des Optionswerts, die, wie beschrieben, ohnehin mit Problemen behaftet ist (Bowman/Moskowitz 2001).

Ähnliche Instrumente

Statische Kapitelwertmethode in Verbindung mit einer Sensitivitätsanalyse
Die Sensitivitätsanalyse ist ein allgemeines Instrument, um zu untersuchen, wie sich ein Strategieergebnis verändert, wenn einzelne wichtige Annahmen variiert werden (vgl. Götze 2008, S. 363 ff.). Diese Methode legt das Management auf eine bestimmte Strategie fest. Handlungsflexibilität und damit einhergehende Veränderungen des Risikos werden nicht berücksichtigt (Hommel/Pritsch 1999). Mit der Sensitivitätsanalyse kann die Auswirkung der Veränderung einzelner Werttreiber auf den DCF des Projekts ermittelt werden. Weiter kann die Grenze berechnet werden, bis zu der ein Werttreiber maximal schwanken darf, ohne die Vorteilhaftigkeit des Projekts zu gefährden. Diese Methode ist relativ einfach anzuwenden und liefert einen ersten, wenn auch beschränkten Ansatzpunkt zur Strategiefindung unter unsicheren Bedingungen.

Dynamische Kapitelwertmethode in Verbindung mit einem Entscheidungsbaum
Mit diesem Instrument werden unternehmerische Flexibilität und Unsicherheiten in Entscheidungs- oder Ereignisbäumen abgebildet. Daraus wird in einem rekursiven Verfahren aus allen Entscheidungsalternativen die optimale Strategie für den Entscheider abgeleitet (vgl. Götze 2008). Schwierig in diesem Verfahren ist die zutreffende Ermittlung der Kapitalkosten (Hommel/Pritsch 1999). In komplexen Situationen wird das Verfahren sehr schnell unübersichtlich.

Monte-Carlo-Simulation
Während die Sensitivitätsanalyse pro Durchgang nur eine Variable variiert, können im Rahmen einer Monte-Carlo-Simulation die Interaktionen verschiedener Werttreiber explizit abgebildet werden (vgl. z. B. Brealey et al. 2010, S. 278 ff.). Aufbauend auf mathematischen Modellen, welche die Abhängigkeiten zwischen den einzelnen Variablen erfassen, werden Wahrscheinlichkeiten für das Eintreffen sowie die Fehlerrate einzelner Prognosen ermittelt. Mit Hilfe vieler Simulationsläufe kann eine Wahrscheinlichkeitsverteilung für die Höhe des Cashflows errechnet werden. Diese Methode ist besonders geeignet zur Entwicklung und Beurteilung von Strategien, die durch einen hohen Komplexitäts- und Unsicherheitsgrad gekennzeichnet sind. Allerdings ist eine Monte-Carlo-Simulation anspruchsvoll, aufwendig und kompliziert. Die Schwierigkeiten beziehen sich auf die Erfassung der richtigen Kausali-

täten zwischen den Variablen und die Definition von nicht verzerrten Wahrscheinlichkeitsverteilungen (Müller-Stewens/Lechner 2005, S. 328).

Überschneidungen mit anderen Instrumenten

Szenarioanalyse

Die Szenarioanalyse entwickelt in erster Linie alternative Zukunftsbilder für die Unternehmensumwelt. Sie ist relativ breit angelegt und arbeitet überwiegend mit qualitativen Daten und Einschätzungen der externen Umweltentwicklung. Die Szenarien können konkrete Hinweise für die Identifikation, die Beurteilung und den richtigen Zeitpunkt möglicher Optionen liefern. Im Rahmen des Realoptionsansatzes kann dann eine detaillierte finanzielle Bewertung und ein Management dieser Optionen vorgenommen werden. Eine enge Verbindung zwischen Szenarien und realen Optionen zeigen Cornelius et al. (2005) am Beispiel von Shell (vgl. Abschn. 7.2.7).

Ressourcen- und Fähigkeits-Portfolio

Diese Matrix (vgl. Abschn. 6.2.2) analysiert Ressourcen und Fähigkeiten im Hinblick auf ihre strategische Bedeutung und relative Stärke; das Ergebnis sind Schlüsselstärken und -schwächen. Solche Informationen bilden eine wichtige Basis sowohl für die Identifikation von Optionen als auch für ihr Management. Dies lässt sich am Beispiel einer Lernoption zeigen. Die Ressourcen- und Fähigkeits-Matrix hilft bspw. bei der Beurteilung, ob die vorhandenen Ressourcen und Fähigkeiten für einen Einstieg in eine neue Technologie und damit auch einen neuen Markt ausreichen. Ein solcher Einstieg ist oft mit erheblichen Risiken verbunden. In dieser Situation bietet sich eine Lernoption in Form von Kooperationen mit kleineren Forschungsunternehmen über Minoritätsbeteiligungen (Venture Capital) an. Zu einem späteren Zeitpunkt kann die Eintrittsentscheidung erneut beurteilt werden.

Wertkette

Die Wertkette (vgl. Abschn. 6.2.3) zeigt systematisch Stärken und Schwächen eines Unternehmens. Sie macht darüber hinaus die Bedeutung der einzelnen Aktivitäten klar und zeigt Abhängigkeiten zwischen den Wertketten innerhalb wie außerhalb des Unternehmens. Diese Informationen können zur Identifikation von Realoptionen genutzt werden, bspw. im Sinne von Versicherungsoptionen im Produktions- und Kapazitätsmanagement oder von Wachstumsoptionen bei einer Umgestaltung der Wertkette.

7.2.7   Szenarioanalyse

"Prediction is very difficult, especially about the future" (Nils Bohr, Träger des Nobelpreises für Physik, 1922).

Mit der Szenarioanalyse werden mögliche alternative Zukunftsbilder der Unternehmensumwelt entworfen. Sie kann dazu beitragen, schwache Signale in der Gegenwart aufzufangen, um so frühzeitig wichtige Trends zu erkennen. Das Unternehmen kann sich gedanklich mit Brüchen in der Entwicklung und völlig neuen Situationen auseinandersetzen.

Unsicherheiten über zukünftige Entwicklungen lassen sich mittels der Szenarioanalyse konkretisieren und eingrenzen. Die Szenarioanalyse unterstützt die Formulierung von Strategien, ermöglicht eine Bewertung der verschiedenen strategischen Optionen und ihrer Robustheit in verschiedenen Umweltsituationen. Die Szenariotechnik beruht auf der Identifizierung von relevanten Trends, der Analyse ihres Zusammenwirkens und der Konstruktion von wahrscheinlichen und konsistenten alternativen Szenarien für einen mittleren oder langfristigen Zeithorizont. Szenarien können sich auf allgemeine Entwicklungen oder auf ganz bestimmte Themen beziehen.

Beschreibung und theoretischer Hintergrund

Das Fortschreiben von einzelnen Trends über einen kurzen Zeitraum hinaus hat sich im strategischen Management nicht bewährt – allzu oft trifft die Prognose nicht zu. Die Unternehmensumwelt als Quelle unternehmerischer Risiken und Chancen entwickelt sich außerdem nicht linear, sondern durch das Zusammenwirken verschiedener, in der Gegenwart bereits angelegter, aber nicht eindeutig absehbarer Entwicklungen, die zu Diskontinuitäten und neuartigen Situationen führen können (Ansoff 1979, S. 24; Hamel 2002, S. 119 ff.). Hier setzt die Szenarioanalyse an. Sie untersucht relevante und sich andeutende Trends und das Zusammenwirken der verschiedenen Trends im Hinblick auf eine gegebene Fragestellung. Aufgrund dieser Analyse werden unterschiedliche, aber in sich konsistente Szenarien entwickelt.

Als Szenario wurde ursprünglich ein grobes Bild für Ereignisse in Bühnenstücken bezeichnet, das in Form eines Librettos oder des Textes genauer ausgearbeitet wurde. Das Militär entwickelte Kriegsspiele und verwendete Szenarien als Grundlage der strategischen Planung. Die moderne Szenarioanalyse entwickelte sich aus einer Kombination von Computersimulationen, Spieltheorie und Kriegsspielen bei der Rand Corporation, einer militärischen Denkfabrik in den USA. Kahn/Wiener (1967), die daran maßgeblich beteiligt waren, übertrugen die Technik am Hudson-Institut auf soziale und politische Themen und entwarfen intuitive und nicht formalisierte Szenarien. Andere Experten entwickelten am Stanford Research Institute (SRI) die Techniken für Planungszwecke weiter (Mandel 1982; Bradfield et al. 2005).

In Frankreich entwarf zur gleichen Zeit Gaston Berger am Centre d'Études Prospectives normative Szenarien für Zwecke der öffentlichen Planung. Die Methode „La Prospective" wurde in den 1960er Jahren für die ökonomische Planung und den vierten Nationalplan eingesetzt sowie ab Mitte der 1970er Jahre in den Konzernen ELF (Mineralöl) und EdF (Elektrizität). Sie setzt stark auf die beteiligten Akteure, auf eine Quantifizierung und externe Experten (Bradfield et al. 2005).

Die Mineralölfirma Shell systematisierte und formalisierte den intuitiven Ansatz von Kahn/Wiener (1967) und SRI mit einer deduktiven Logik und wendete sie ab 1972 im strategischen Management auf Konzernebene an (Zentner 1982; Wack 1985; Cornelius et al. 2005). So wurde 1972 eine Ölverknappung mit hohen Preisen als ein mögliches Szenario beschrieben, das dann 1974 tatsächlich eintrat und als „Ölkrise" der westlichen Welt einen Schock versetzte. Seit dem Jahr 2000 werden die Szenarien (z. B. Shell 2009) für Geschäftsfeldstrategien und einzelne Projekte eingesetzt (Cornelius et al. 2005). Der General Electric-Konzern entwickelte 1971 vier Szenarien der globalen ökonomischen und soziopolitischen Entwicklung (Bradfield et al. 2005).

Die folgende Darstellung (Abb. 7—30) stellt das Trichter-Modell für die Entwicklung von Szenarien dar. Dabei wird mit unterschiedlichen Alternativszenarien und einem Trendszenario gearbeitet.

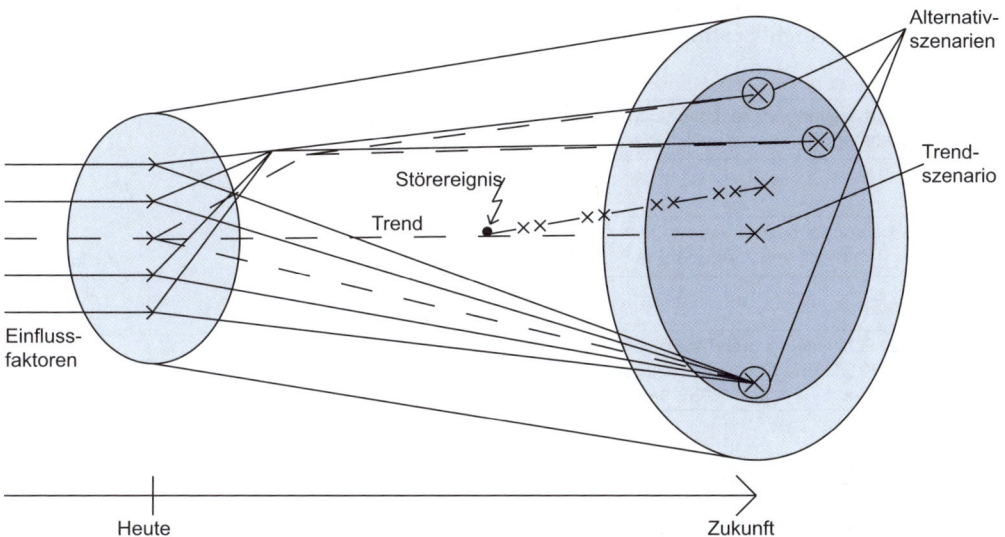

Abb. 7—30: Trichtermodell für Szenarien (Quelle: in Anlehnung an Fink et al. 2002, S. 75)

Die weitere Entwicklung brachte aufwendigere und modellgestützte Ansätze (z. B. am Batelle-Institut) hervor (Heinicke 2006), die aufgrund ihrer Komplexität meist den Einsatz von Computerprogrammen erfordern. Sehr früh auch wurde mit „harten" Szenarien auf Basis von quantitativen Daten und Computersimulationen gearbeitet – zu den bekanntesten gehören die Szenarien des Club of Rome (Meadows et al. 1972) oder die Energieszenarien der internationalen Energieagentur IEA (2009).

Der Aufwand für derartige Computersimulationsmodelle ist sehr hoch und dürfte nur für große Unternehmen und nur in speziellen Fällen sinnvoll sein. Sie berücksichtigen sehr viele Einflussfaktoren und deren komplexe Wechselwirkungen. Die Nutzung erfordert eine intensive Unterstützung durch Spezialisten (weitere Information z. B. in Balin 2006; Götze 2006; Heinecke 2006).

Anhand der Zielsetzung lassen sich drei unterschiedliche Szenariotypen unterscheiden:

• Umfeldszenarien: Wie entwickeln sich Randbedingungen?
• Lenkungsszenarien: Wie wirkt sich die eigene Gestaltung der Situation aus?

- Systemszenarien: Wie wirkt sich die eigene Gestaltung der Situation im Zusammenspiel mit der Entwicklung der Randbedingungen aus?

Im Folgenden wird eine intuitiv-systematische Szenarioanalyse in Anlehnung an den SRI-Ansatz für Umfeldszenarien (Ralston/Wilson 2006) vorgestellt (Abb. 7—31). Bezüglich methodischer Varianten und Alternativen der Methodik sei auf die umfangreiche Fachliteratur verwiesen (Übersichten in EAA 2009; Bradfield et al. 2005). Der Aufwand für die Datenerhebung und -verarbeitung ist dabei begrenzt; es sind weder eine spezielle Software noch spezielle Techniken erforderlich. Die Wahrscheinlichkeit des Zutreffens der einzelnen Szenarien wird dabei nicht bestimmt oder bewertet.

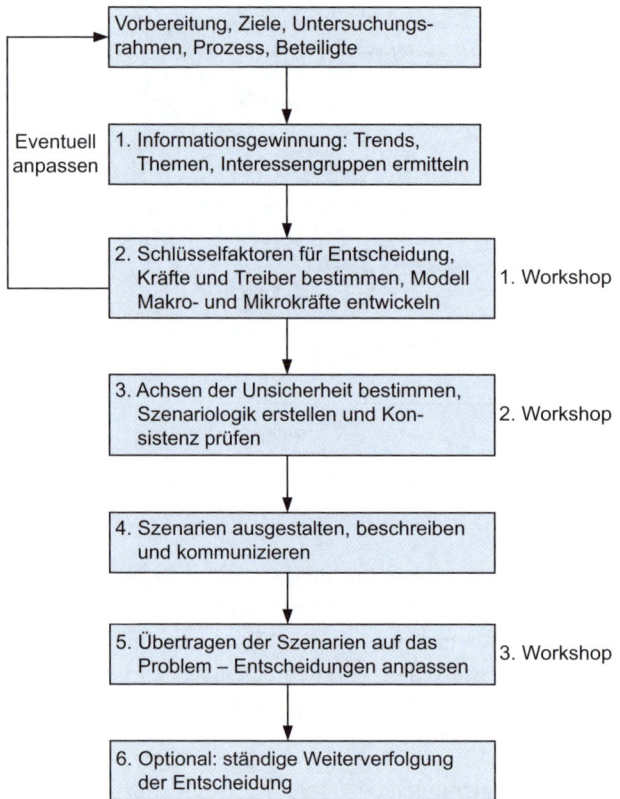

Abb. 7—31: Vorgehen bei der intuitiv-systematischen Szenariomethode (Quelle: in Anlehnung an Ralston/Wilson 2006, S. 61)

Praktische Anwendung

Vorbereitung:

Die intuitiv-systematische Methode ist flexibel einsetzbar. Sie kann genutzt werden für die einmalige Analyse einer Situation (Was bedeutet Cloud-Computing langfristig für unser Unternehmen?), eines Problems (Liegt die Zukunft des Buchs im e-Book?) oder die Entwicklung einer Strategie (Strategie eines Internetunternehmens). Bei regelmäßiger Anwendung kann sie die Entwicklung zu einem lernenden und anpassungsfähigen Unternehmen unterstützen.

Als **Ziel** (Gestaltungsfeld) wird entweder die Unterstützung bestimmter definierter Entscheidungen festgelegt (z. B. Investitionen in neue Produktionsanlagen oder in Forschung und Entwicklung), die Überprüfung einer existierenden Strategie oder die Entwicklung von Strategien.

Der **Untersuchungsrahmen** (Szenariofeld) wird durch die Wahl des Zeithorizonts abgesteckt. Ralston/Wilson (2006, S. 77) gehen von 10 bis 20 Jahren aus; Fink et al. (2002, S. 74 ff.) unterstellen 2 bis 20 Jahre. Auch der geografische Bezug wird festgelegt. Weiterhin sollte beschrieben werden, welche betrieblichen Funktionen und ob das gesamte Unternehmen oder nur bestimmte strategische Geschäftseinheiten einbezogen werden. Um Missverständnisse zu vermeiden, ist eindeutig auszuschließen, was im Rahmen des Szenarios nicht betrachtet werden soll.

Prozessgestaltung: Das Vorgehen ist innerhalb des Unternehmens zu kommunizieren, um Verständnis und Akzeptanz für die Analyse zu schaffen und später die Ergebnisse breit nutzen zu können. Allerdings sollte die Unbeeinflussbarkeit des Szenarioprozesses sichergestellt werden, um zu verhindern, dass unternehmenspolitisch nicht erwünschte Ergebnisse von vornherein unterdrückt werden. Wie immer bei solchen Aktivitäten sind Verständnis, eine eindeutige Unterstützung und die Partizipation des Topmanagements hierfür Voraussetzung.

Besteht das Ziel darin, eine schnelle Veränderung und einen Gruppenkonsens über mögliche Entwicklungen herbeizuführen, bieten sich Szenariokonferenzen über zwei bis drei Tage an. Teilnehmer sind 10-16 Führungskräfte, die bereits über ein umfangreiches Wissen zu den Themen verfügen. Der Prozess wechselt zwischen Arbeitsphasen in Kleingruppen und Diskussionsrunden im Plenum. Am ersten Tag werden Trends, Themen und Unsicherheiten ermittelt, am zweiten Tag die Achsen der Unsicherheit definiert und die Konsistenz geprüft und am dritten Tag die Szenarien aufgestellt (Ralston/Wilson 2006, S. 559 ff.).

Zur Ausarbeitung gut untermauerter, komplexer Szenarien, die direkt in die strategische Planung integriert werden sollen, empfiehlt sich eine Projektorganisation. Die Dauer des Prozesses kann einige Wochen bis Monate betragen. Die eigentliche Arbeit erledigt ein Kernteam, das Workshops (5-8 Tage) mit dem erweiterten Szenarioteam durchführt. Das Kernteam formuliert die Meilensteinergebnisse und gestaltet den Transformationsprozess (Ralston/Wilson 2006, S. 69).

Die Szenarioentwicklung kann aber auch als ständiger Prozess gestaltet werden. Virtuelle Kommunikations- und Arbeitsinstrumente ermöglichen ein zeitversetztes Arbeiten an verschiedenen Orten.

Moderatorenauswahl und Teamzusammenstellung: Die Aufgabe des Moderators besteht in der Leitung der Prozesse; er muss kein Experte für die Zukunft sein. Das Team wird nach Alter, Ausbildung, Funktion im Unternehmen, der sozialen Herkunft und nach der kulturellen Identität heterogen zusammengesetzt, um unterschiedliche Blickwinkel zu erhalten (Fink et al. 2002, S. 112 ff.). Das Team muss kreativ werden und eine Balance zwischen intuitivem und rationalem Vorgehen finden. Die Teammitglieder verfügen idealerweise über Vorstellungskraft und sind vom Typ her Impulsgeber, aber keine Propheten, die Modeprognosen ihrer jeweiligen Bezugsgruppen von sich geben (Gausemeier 2010). Das Team muss in der Lage sein, bisherige Annahmen infrage zu stellen. Es kann um externe Teilnehmer ergänzt werden; infrage kommen beispielsweise Kunden, Lieferanten oder Experten für bestimmte Themenkreise. Die Mitwirkung kann locker über einzelne Vorträge, die Teilnahme an einzelnen Diskussionen oder intensiver als Beteiligung an der gesamten Szenarioentwicklung erfolgen.

Schritt 1: Gewinnen von Informationen und Ermitteln von Themen und Trends

In einem ersten Schritt werden erkennbare, sich andeutende und denkbare Themen und Trends in der allgemeinen externen Umwelt des Unternehmens und in der engeren Unternehmensumwelt der Branche und der Märkte ermittelt. Letzteres erfolgt anhand der PEST-Methode (vgl. Abschn. 5.2.1). Ralston/Wilson (2006, S. 39) empfehlen folgende Untersuchungsbereiche:

- Demografische Faktoren.
- Soziale Faktoren und Lebensstile.
- Mikro- und makroökonomische Faktoren.
- Natürliche Ressourcen.
- Physische Umwelt (Ökosysteme und Infrastruktur).
- Politische und regulatorische Anforderungen.
- Technologische Faktoren.
- Internationale Randbedingungen.

Wichtig ist dabei nicht die Identifizierung eines generellen, plausiblen Trends als „Mainstream", sondern das Aufgreifen verschiedener und zueinander widersprüchlicher Trends. Anschließend werden Themen und Trends in zwei Kategorien unterschieden: solche, bei denen die Entwicklung aufgrund bekannter Einflussfaktoren und Gesetzmäßigkeiten eindeutig bestimmt werden kann, und solche, bei denen aufgrund der vielen Einflussfaktoren erhebliche Unsicherheiten bestehen. So ist bspw. die natürliche demografische Entwicklung in einem Land für die nächsten 30 Jahre relativ genau bestimmbar. Die reale Bevölkerungsentwicklung mit Zu- oder Abwanderungen ist jedoch unsicher, weil sie von Faktoren wie gesetzlichen Restriktionen oder Anreizen, der relativen Attraktivität der Lebensverhältnisse, der öffentlichen Meinung und dem Verhalten gegenüber Zuwanderern oder den Möglichkeiten zur Auswanderung abhängen.

Zusätzlich sollte eine Stakeholderanalyse (vgl. Abschn. 5.2.2) durchgeführt werden. Welche Gruppen haben Interesse an dem untersuchten Thema, den Trends und den treibenden Kräften für einen Trend? Welche Gruppen werden davon stark betroffen? Welche Gruppen können diese Themen stark beeinflussen? Dabei sind die Veränderungen in der Vergangenheit und mögliche zukünftige Entwicklungen zu berücksichtigen (Schoemaker 1995).

Als Datenquellen können dienen: Interne Daten und Berichte, Markt- und Geschäftsstudien, Regierungsberichte, wissenschaftliche Reports, Reden von Politikern und Vertretern von Interessengruppen, Interviews mit Managern, Vertretern der Stakeholder, Berichte von Institutionen, die sich mit bestimmten Trends befassen (z. B. das Statistische Bundesamt zum Thema Demografie), das International Panel on Climate Change (IPCC) zum Thema Klimawandel), Interviews mit internen oder externen Vordenkern zum jeweiligen Thema. Für die weitere Bearbeitung ist die Bildung von Kategorien sinnvoll, um Themen und Trends nach Ähnlichkeiten bzw. gemeinsamen zugrunde liegenden Kräften zusammenzufassen und so übersichtlicher und unter einem Oberbegriff zu behandeln.

Schritt 2: Ermitteln der Schlüsselfaktoren für die Entscheidung und Verbindung mit treibenden Kräften

Zunächst sind diejenigen Faktoren zu bestimmen, welche die anstehende Entscheidung direkt beeinflussen. Da langfristige Entscheidungen getroffen werden sollen, müssen zwangsläufig viele Faktoren prognostiziert werden – oder sie werden als konstant angenommen und nicht hinterfragt. Typische Entscheidungsfaktoren für Unternehmensentscheidungen sind die generelle ökonomische Situation, die rechtlichen Rahmenbedingungen, das Käuferverhalten und die Kundenwünsche, der Markt und die Situation der Branche (Lebenszyklus, Konkurrenz, Verhandlungsstärke von Kunden und Lieferanten, Bedrohungen durch Substitute und neue Wettbewerber). Typischerweise werden hier bis zu 20 zentrale Entscheidungsfaktoren ermittelt, die wiederum zu 4-6 Entscheidungsfeldern zusammengefasst werden.

Die Obergrenze für die zu berücksichtigenden Trends und Themen sollte bei 10-20 liegen (Ralston/Wilson 2006, S. 77; Fink et al. 2002, S. 74 ff.). Allerdings sind computergestützte Methoden in der Lage, wesentlich mehr Trends zu verarbeiten. Für jedes Thema ist eine treffende Bezeichnung zu wählen und eine etwa zweiseitige, zusammenfassende Beschreibung zu erstellen, mit der die folgenden Fragen beantwortet werden: Warum ist das Thema wichtig? Was sind die Schlüsseltrends? Welche Unsicherheiten bestehen? Was ist die Bandbreite möglicher Entwicklungen und Ergebnisse? Welche Wechselwirkungen bestehen zu anderen Themen? Welche Konsequenzen ergeben sich für das festgelegte Ziel?

Die Kräfte, welche die Entscheidungsfaktoren beeinflussen, müssen ermittelt und gezielt untersucht werden. So identifizierte bspw. Shell als entscheidende Kraft für die Ölfördermenge den Finanzbedarf der Ölförderländer und deren Möglichkeiten, die Fördererlöse sinnvoll zu verwenden. Daraufhin wurden die einzelnen Ölförderländer in dieser Hinsicht genauer untersucht.

Für das weitere Vorgehen ist ein dreistufiges Modell der Beeinflussung der Entscheidungsfaktoren notwendig. Im ersten Schritt werden Kräfte und Treiber in der allgemeinen externen Unternehmensumwelt ermittelt. Im zweiten Schritt müssen die Kräfte in der Branchenumwelt identifiziert werden, im dritten Schritt dann die Einflüsse: Die Kräfte in der allgemeinen Unternehmensumwelt und in der Branchenumwelt können sowohl direkt wie indirekt auf die Entscheidungsfaktoren einwirken. Die Abb. 7—32 zeigt dies für eine Szenarioanalyse zur Marktentwicklung von Elektrofahrrädern.

Für die ermittelten Kräfte müssen nun geeignete qualitative oder quantitative Deskriptoren gewählt werden. Die mögliche Bandbreite der Entwicklung und die Unsicherheiten darin sind abzuschätzen und ihre Bedeutung für die Entscheidungsfaktoren zu bewerten. An-

schließend werden sie aufgrund dieser Einstufung in ein Diagramm (Abb. 7—33) eingetragen.

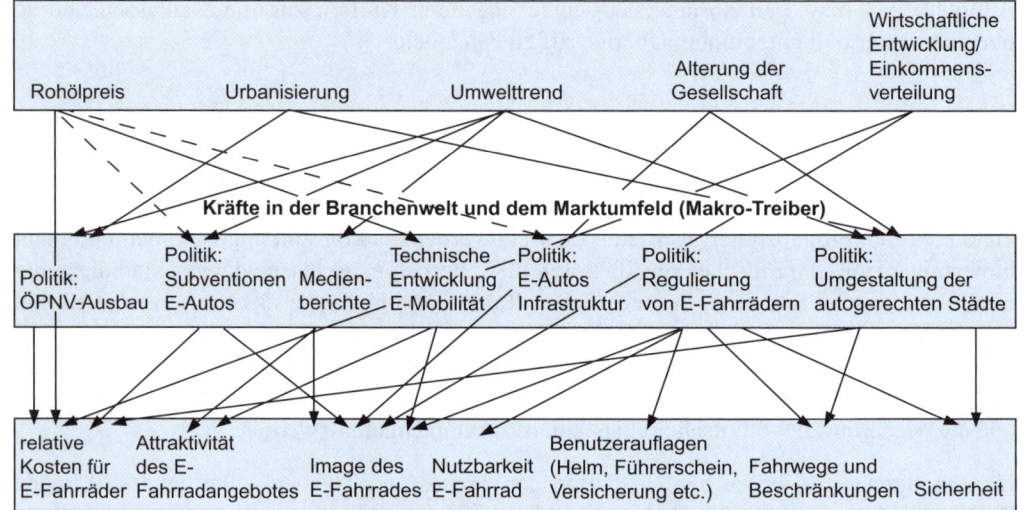

Abb. 7—32: Drei-Stufen-Modell (Quelle: in Anlehnung an Ralston/Wilson 2006, S. 89)

Bedeutung für Ziel/ Unsicherheit	Gering	Mittel	Hoch
Gering		Urbanisierung Umwelttrend Alterung der Gesellschaft Rohölpreis	
Mittel	Politik: ÖPNV-Ausbau	Politik: Subventionen E-Autos Politik: E-Autos Infrastruktur Politik: Regulierung von E-Fahrrädern Medienklima	
Hoch		Wirtschaftliche Entwicklung/ Einkommensverteilung Produktangebot Elektrofahrräder Image Elektrofahrräder	Technische Entwicklung: E-Mobilität Politik: Umgestaltung der autogerechten Städte

Abb. 7—33: Bewertung der Schlüsselfaktoren am Beispiel von Elektrofahrrädern (Quelle: in Anlehnung an Ralston/Wilson 2006, S. 104)

Mit Hilfe dieses Diagramms können die wichtigsten Kräfte (hohe Unsicherheit und hoher Einfluss) bestimmt werden. Gegebenenfalls kann für die ermittelten Schlüsselkräfte und -treiber eine vertiefte Untersuchung erfolgen. Pillkahn (2007, S. 35 ff.) empfiehlt, auch unvorhersehbare Ereignisse (Unfälle mit großen Auswirkungen, Kriege, Anschläge, Naturkatastrophen) als „Joker" mit einzubeziehen.

Sollte sich an dieser Stelle herausstellen, dass bei den vorab getroffenen Festlegungen implizit Annahmen über die Zukunft getroffen wurden, die jetzt als unsicher erscheinen, oder dass die ermittelten Kräfte der Rahmensetzung nicht entsprechen, muss eine Anpassung von Zielsetzung und/oder Untersuchungsrahmen erfolgen.

Schritt 3: Achsen der Unsicherheit festlegen und nach Logik selektieren und kombinieren

Je nach Zahl der ermittelten relevanten Kräfte müssen diese zunächst in einem weiteren Schritt zu einem Oberthema zusammengefasst werden, das dann als Unsicherheit mit zwei entgegengesetzten Ausprägungen eine „Achse der Unsicherheit" bildet. Im einfachsten Fall gibt es nur eine Achse. Mehr als vier Achsen sollten aus Gründen der Handhabbarkeit jedoch nicht gewählt werden. Aus der Kombination der Ausprägungen ergeben sich viele Kombinationen. Um deren Zahl zu reduzieren, gibt es zwei Ansätze:

Konsistenzprüfung: Bestimmte Ausprägungen auf unterschiedlichen Achsen können sich logisch oder aufgrund gemeinsamer zugrunde liegender Kräfte widersprechen. Um dies herauszufinden, werden jeweils zwei Achsen der Unsicherheit mit ihren sechs kombinatorischen Zustandsmöglichkeiten verglichen; durch Herausstreichen der inkonsistenten Kombinationen wird die Zahl der zu berücksichtigenden Kombinationen reduziert (Abb. 7—34). Diese Prüfung sollte doppelt erfolgen, um Fehlurteile und Voreingenommenheit zu minimieren.

Image	Staatliche Regulierung	
	Nutzerfreundlich	**Restriktiv**
Trendy, grün, für alle Bevölkerungsgruppen	Konsistent	Inkonsistent
Negativ, für Einkommens- schwache und Alte	Konsistent	Konsistent

Abb. 7—34: Konsistenzmatrix am Beispiel von Elektrofahrrädern (Quelle: in Anlehnung an Schoemaker 1995)

Auswirkungen auf Schlüsselfaktoren der Entscheidung: Verschiedene Kombinationen von Zuständen auf den Achsen der Unsicherheit (Kräfte) können zu einer gleichartigen Wirkung auf die Schlüsselentscheidungsfaktoren führen. Gleichartige Ergebnisse können dann mit einem typischen Szenario abgebildet werden.

Das Ergebnis dieser zwei Schritte ist eine Reduktion möglicher Umweltzustände; aus ihnen sollten drei bis fünf charakteristische Szenarien gebildet werden, die die Bandbreite der möglichen Umweltentwicklung beschreiben und damit die Auswirkungen auf die Entscheidungsfaktoren weitgehend abdecken. Einfache Größen können ggf. auch berechnet werden. Die Szenarien müssen sich deutlich unterscheiden: Es dürfen keine Variationen des gleichen Themas vorkommen. Denn sie beschreiben keinen kurzfristigen Übergangszustand, sondern einen Zustand, den das betrachtete System für längere Zeit einnehmen kann (Schoemaker 1995). Zusätzlich könnten auch das als am wahrscheinlichsten bewertete Szenario oder die bisherigen Erwartungen als Referenzszenario (Fortschreibung der bisherigen Trendentwicklung) herangezogen werden. Dies bietet den Vorteil, die Unterschiede deutlicher zu machen. Es entsteht jedoch die Gefahr, dass die jetzt als weniger wahrscheinlich eingestuften Szenarien nicht mehr ernst genommen werden und damit die Notwendigkeit einer Auseinandersetzung mit diesen Ergebnissen sinkt.

Schritt 4: Entwickeln und Beschreiben von detaillierten Szenarien

Typisch für die Szenariotechnik ist eine narrativ-visuelle Präsentation, die die Imagination der Adressaten anregt und ihr Verständnis weckt. Gleichzeitig werden damit die impliziten Annahmen, wie sich die Welt weiterentwickeln wird, offengelegt. Die „Geschichte" muss daher an den Interessen und den Entscheidungsnotwendigkeiten der Adressaten ansetzen. Die Szenarien werden nun im Detail entwickelt und plausibel beschrieben – wie wird die jeweilige konkrete Situation aussehen? Hilfreich kann eine Übersichtstabelle mit den wesentlichen Unterschieden zwischen den Szenarien sein. Wichtig sind dabei treffende Überschriften für jedes Szenario. Eine Kurzbeschreibung fasst die Situation in einem Szenario zusammen.

Das Szenario selbst beschreibt die folgenden Aspekte:

- Die Implikationen für die Entscheidungsfaktoren.
- Die Entwicklung, die zu diesem Szenario geführt hat.
- Die angenommenen Ursache-Wirkungsketten.
- Kritische Ereignisse und Stakeholder, die dabei eine wichtige Rolle gespielt haben.
- Wie in der Entwicklung Konflikte gelöst oder nicht gelöst wurden.
- Welche Konflikte, Gegensätze und Interessen den Inhalt des Szenarios bestimmen.

Die Szenarien können in Form einer Erzählung wie „Ein Tag im Leben von …", in Form von fiktiven Zeitungsartikeln, TV/Radio-Nachrichten der Zukunft, Theaterszenen oder auch in Form eines Briefes oder Memorandums veranschaulicht werden (O'Brien 2004). Die Szenarien müssen an die mentalen Landkarten, Interessen und Befürchtungen der Adressaten, in diesem Fall der oberen und mittleren Führungskräfte, anknüpfen (Schoemaker 1995). Anschließend sind die Szenarien allen Beteiligten und weiteren Adressaten im Unternehmen zu kommunizieren.

Schritt 5: Übertragen auf das strategische Problem

Die Übertragung auf das strategische Problem kann in unterschiedlicher Weise erfolgen:

- Zur Überprüfung einer Strategie werden deren Erfolgsaussichten und Risiken in den einzelnen Szenarien analysiert – wie robust ist die Strategie gegenüber den Umweltveränderungen? Gegebenenfalls ist die Strategie durch Anpassungen zu modifizieren, um sie gegenüber den Umweltveränderungen robuster zu machen. Alternativ kann geprüft werden, ob die Strategie rechtzeitig und erfolgreich verändert werden kann, wenn eine Entwicklung in Richtung eines für diese Strategie ungünstigen Szenarios eintritt. Wenn weder eine Anpassung noch eine schnelle Umstellung der Strategie als Reaktion auf eintretende Umweltveränderungen möglich ist, müssen die damit verbundenen Risiken diskutiert und bewertet und ggf. eine neue Strategie entwickelt werden. An dieser Stelle werden die Einschätzungen über die Wahrscheinlichkeit der Szenarien, über die die Methode selbst keine Auskunft gibt, eine Rolle spielen.

- Sofern noch keine Strategie festgelegt wurde, kann für jedes Szenario eine geeignete Strategie entwickelt oder umgekehrt bereits entwickelte Strategieoptionen auf ihre Erfolgsaussichten und Risiken in den einzelnen Szenarien geprüft werden. Sodann ist wie oben eine geeignete Strategie auszuwählen oder zu entwickeln.

Schritt 6 (optional): Verfolgen
Optional wird die Entwicklung der Schlüsselfaktoren regelmäßig beobachtet und damit geprüft, ob eine Veränderung erfolgt und in Richtung welchen Szenarios sich die Unternehmensumwelt entwickelt. Da die Szenarioanalyse im strategischen Management zur Entwicklung von Strategien genutzt wird, ist dieser Schritt als Prämissenkontrolle üblicherweise im strategischen Controlling angesiedelt. Die in der Szenarioanalyse ermittelten Schlüsselfaktoren müssen dazu in das strategische Controlling integriert werden.

Kritik des Instruments
Die Szenariomethode ist recht aufwendig in der Durchführung. Die Unterscheidung von Trends und Themen und zugrunde liegenden Kräften ist in der Praxis schwierig und begrifflich nicht ganz einfach. Die riesige methodische Vielfalt bei der Erstellung von Szenarien und die unterschiedlichen Begrifflichkeiten machen die Methodenauswahl zu einem eigenen Problem.

O'Brien (2004) kommt zu dem Ergebnis, dass in der Praxis die ökonomischen Faktoren dabei ein Übergewicht bekommen. Die Themenwahl ist oft gut vorhersehbar und beruht im Wesentlichen auf gerade aktuelle Faktoren. Implizite Annahmen werden den Teammitgliedern nicht bewusst. Insgesamt werden oft wenig neue Einsichten gefunden. Eine uninspirierte und unanschauliche Präsentation der Szenarioergebnisse vermindert ihren Nutzen.

Negativen Szenarios wird meist eine geringere Aufmerksamkeit geschenkt als den positiven (Harries 2003), oft werden sie ganz ausgeblendet. Der Zusammenhang zwischen der Technologie, der Organisationsstruktur und den Entscheidungsmechanismen der jeweiligen Industrie beeinflusst die Szenarienerstellung erheblich (Harries 2003). Ein weiteres Problem liegt in der Nutzung der Szenarien für konkrete Pläne und Aktionen und deren Umsetzung. Aus Sicht der Skeptiker handelt es sich ja lediglich um Gedankenspiele (Harries 2003).

Strategische Bedeutung und Nutzen
Die Szenariomethode ist heute in ihren unterschiedlichen Formen ein Standardinstrument des strategischen Managements. Empirischen Erhebungen zufolge wendete bereits Mitte der 1980er Jahre die Hälfte großer Unternehmen in den USA und in Europa derartige Methoden an (Bradfield et al. 2005).

Die Szenarioanalyse kann wichtige Entscheidungsgrundlagen für Unternehmen mit langen Planungszyklen und hohen Investitionen liefern, besonders wenn die zukünftigen Unsicherheiten hoch sind. Das Gleiche gilt für M&A, für Strategien in reifen Industrien, für Investitionen in neue Geschäfte, über die keine Erfahrungen vorliegen, für Investitionen in Forschung und Entwicklung oder für die Ermittlung und Bewertung politischer Risiken in instabilen Regionen (Ralston/Wilson 2006). Die Methode lässt die Kombination harter und weicher Daten zu, was vor allem für die langfristige Planung sehr wichtig sein kann.

Szenarioanalysen sensibilisieren Manager für Unsicherheiten der Umweltentwicklung und konfrontieren sie mit ihrer eigenen Voreingenommenheit, was die zukünftige Entwicklung betrifft. Zugleich macht die Methode die Unsicherheit über zukünftige Entwicklung zumindest teilweise handhabbar. Sie fördert kreatives Denken über die Zukunft (Harries 2003), ermöglicht deren teilweise Antizipation und führt zu einem anpassungsfähigen, organisatorischen Lernen (Bradfield et al. 2005).

Die Szenarioanalyse identifiziert mögliche Entwicklungen und wie das Unternehmen darauf reagieren kann und bildet so ein Frühwarnsystem. Eine Unterscheidung von unbestimmtem „Rauschen" und tatsächlicher langfristiger Veränderung wird aufgrund der Identifizierung von relevanten Kräften erleichtert.

"Scenarios are frameworks for structuring executive's perceptions about alternative future environments in which their decisions might be played out" (Ralston/Wilson 2006, S. 46). Sie erweitern die Wahrnehmung der möglichen Bandbreite von Chancen und Bedrohungen und führen zu einem besseren Verständnis der Umweltdynamik. Die Triebkräfte für Umweltveränderungen werden für das Management transparenter. Die Gesamtsituation wird aus einzelnen Trends abgeleitet, Widersprüche und Wechselwirkungen zwischen diesen können erkannt und untersucht werden. So lassen sich Diskontinuitäten in der Entwicklung antizipieren.

Indem Szenarien Situationen verständlicher machen, unterstützen sie die Entwicklung passender Strategien. Die Robustheit von Strategien gegenüber Umweltveränderungen kann geprüft und es können Aktionen vorausgeplant werden für den Fall, dass ein anderes Szenario eintritt. Ein Hauptnutzen besteht darin, jene Veränderungen zu erkennen, die eine Strategie völlig obsolet machen können (Cornelius et al. 2005). So kann die Szenarioanalyse die Verletzlichkeit des Unternehmens verringern. Schließlich ermöglicht sie auch eine situationsgerechte Anpassung von Zielen (Harries 2003). Mit Hilfe von Szenarien können die Ideen des Managements verständlich übersetzt werden, das Erkennen von Unsicherheit kann zur Veränderung genutzt werden (Harries 2003). Die Erkenntnisse der Szenarioanalyse können in der Folge für die gezielte Kontrolle der strategischen Prognosen und zur systematischen Umweltbeobachtung genutzt werden.

Ähnliche Instrumente

Forecast/Prognose
Prognosen (Forecasts) werden durch Auswerten von Vergangenheitsdaten mit statistischen Methoden erstellt (Mertens/Rässler 2004). Sie können durch die Entwicklung von Kausalmodellen unterstützt werden, andere Größen außer der Zeit beeinflussen dann die Ergebnisse. Bei größeren Unsicherheiten werden Expertenschätzungen hinzugefügt (z. B. mit der

Delphi-Methode). Im Unterschied zur Szenarioanalyse wird aber fast immer eine weitere kontinuierliche Entwicklung unterstellt – es kommt daher zu **einem** Ergebnis als Planungsgrundlage und nicht zu mehreren alternativen Entwürfen.

Überschneidungen mit anderen Instrumenten

PEST-Analyse

Der PEST-Rahmen (vgl. Abschn. 5.2.1) dient zur Ermittlung von Trends; er ermöglicht ein systematisches Vorgehen und eine Klassifikation von Trends in politische, ökonomische, soziokulturelle und technologische, ergänzend ökologische und gesetzliche Trends. Sie dienen als Input für die Szenarioerstellung.

Realoptionen

Cornelius et al. (2005) schlagen eine Verbindung von Realoptionen (vgl. Abschn. 7.2.6) und Szenarioanalyse vor und erläutern dies am Beispiel von Explorationsvorhaben in der Gas- und Ölindustrie. Der Barwert von Investitionen und die sich daraus ergebenden Handlungsmöglichkeiten werden sehr stark von den angenommenen zukünftigen Rahmenbedingungen beeinflusst. In der Erdgasindustrie hat die Entwicklung von neuen Fördermethoden für Schiefergas in den USA (technologische Unsicherheit!) den dort zukünftig erwarteten hohen Importbedarf verschwinden lassen. Damit verbundene Investitionen in Gasverflüssigungsanlagen, Terminals und Flüssiggastanker wurden unattraktiv.

TOWS-Matrix

In der TOWS-Matrix (vgl. Abschn. 4.2.2) werden interne Stärken und Schwächen des Unternehmens den externen Chancen und Bedrohungen gegenübergestellt und daraus strategische Handlungsoptionen abgeleitet. Mit der TOWS-Matrix können die Szenarien überprüft werden, ihre Bedeutung für die Organisation, welche Chancen sie bieten oder welche Bedrohungen sie darstellen und welche grundsätzlichen Optionen daraus abgeleitet werden können (O'Brien 2004).

7.3   Geschäftsfeldstrategien

7.3.1   Produkt-Markt-Matrix (Ansoff-Matrix)

Die Ansoff-Matrix typologisiert die Wachstumsstrategien eines Unternehmens durch die Kombination bestehender und neuer Produkte und Märkte. Die Felder der Matrix zeigen vier strategische Stoßrichtungen auf: Marktpenetration, Produktentwicklung, Marktentwicklung und Diversifikation. Aus den grundsätzlich möglichen Strategietypen muss das Unternehmen die am erfolgversprechendsten auswählen.

Beschreibung und theoretischer Hintergrund

Das ursprünglich von Ansoff (1965 und 1988) entwickelte Produkt-Markt-Modell ist eines der bekanntesten Instrumente der Strategieentwicklung und wird auf der Geschäftsbereichsebene und im strategischen Marketing eingesetzt. Die Matrix beinhaltet die zwei Dimensionen Produkt und Markt, die wiederum in bestehend und neu unterschieden werden (Abb. 7—35).

Produkte Märkte	Bestehend	Neu
Bestehend	Marktpenetration (I)	Produktentwicklung (II)
Neu	Marktentwicklung (III)	Diversifikation (IV)

Abb. 7—35: Ansoff-Matrix (Quelle: Ansoff 1995)

Die Strategie der Marktpenetration (I) oder Marktdurchdringung zielt auf einen Ausbau der vorhandenen Marktposition. Dazu wird das absatzpolitische Instrumentarium genutzt. Die Strategie der Produktentwicklung (II) bezieht sich auf eine Verbesserung und Erweiterung der Produktpalette, die aber weiter auf den bestehenden Märkten abgesetzt wird. Bei der Strategie der Marktentwicklung (III) wird das vorhandene Produktprogramm beibehalten. Es wird nach neuen, bisher nicht bearbeiteten Märkten für die vorhandenen Produkte gesucht. In einer Diversifikationsstrategie (VI) werden neue Produkte mit neuen Märkten kombiniert.

Für die Auswahl einer Strategie schlägt Ansoff (1965, S. 75 ff.) die Regel vom Gesetz der abnehmenden Synergie vor: Wenn ein Unternehmen in verwandte Produktfelder expandiert, entstehen Synergieeffekte durch Einsparungen sowohl bei der Investitionssumme als auch bei den laufenden Herstellungskosten. Die größten Synergien stammen aus der Marktpenetration, die geringsten entstehen bei einer Diversifikation. Unternehmen, die Wettbewerbsvorteile (z. B. Skaleneffekt) in der Produktion aufweisen, realisieren daher größere Synergieeffekte, wenn ihre Produkte auf neuen Märkten angeboten werden. Das Synergiegefälle zwischen den verschiedenen Wachstumsstrategien erstreckt sich für ein solches Unternehmen von I über III zu II und dann zu IV. Für ein Unternehmen mit Wettbewerbsvorteilen im Absatz hingegen lautet die Reihenfolge: I, II, III und IV (Macharzina/Wolf 2012, S. 343 f.). Dem Synergiegefälle entsprechend ist auch das damit verbundene Risiko zu beurteilen. Je geringer die mit einer bestimmten Option verbundenen Synergien ausfallen, desto größer dürfte auch das Risiko dieser Option sein.

	Produkte	Bestehend		Neu	
Märkte		Inland (I)	Ausland (A)	Inland (I)	Ausland (A)
Bestehend		Marktpene-tration (I)	Marktpene-tration (A)	Produktent-wicklung (I)	Produktent-wicklung (A)
Neu		Marktent-wicklung (I)	Marktent-wicklung (A)	Diversifi-kation (I)	Diversifi-kation (A)

Abb. 7—36: Ansoff-Matrix im internationalen Geschäft (Quelle: in Anlehnung an Perlitz/Schrank 2013)

Die ursprüngliche zweidimensionale Matrix hat Ansoff (1988, S. 84 ff.) zu einer drei-dimensionalen Darstellung erweitert. Als dritte Dimension wird die geografische Marktabde-ckung hinzugefügt. Auf diese Weise können internationale Expansionsaspekte in das Ansoff-Modell integriert werden. Perlitz/Schrank (2013) haben diesen Gedanken ebenfalls aufge-griffen und die klassische Ansoff-Matrix auf einfache Weise abgeändert (Abb. 7—36).

Die Ansoff-Matrix lässt sich zu einem generischen Modell zur Entwicklung von strategi-schen Optionen erweitern, indem Rückzugs- oder Konsolidierungsstrategien einbezogen werden (Johnson et al. 2011; Müller-Stewens/Lechner 2005). Für die Dimensionen beste-hende Märkte und bestehende Produkte gibt es nun zusätzlich die Option Rückzug. Ein sol-cher Rückzug kann zum einen eine Marktverdichtung bedeuten, d. h. eine Verringerung der Zahl der Märkte, die bedient werden, oder eine Produktverdichtung, d. h. eine Reduzierung der angebotenen Produkte und Dienstleistungen.

Das Ansoff-Modell kann auch auf der Ebene der Unternehmensstrategie genutzt werden (Abb. 7—37). Eine entsprechende Modifikation stammt von Knoll (2008). Hierbei wird unterstellt, dass mehrere Geschäftsbereiche bei der Entwicklung und Umsetzung von Wachs-tumsoptionen eng zusammenarbeiten.

Müller-Stewens/Brauer (2009, S. 369 ff.) erklären die einzelnen Wachstumsoptionen: Die koordinierte Marktdurchdringung kann die folgenden Aktivitäten mehrerer Geschäftsberei-che umfassen: Cross-Selling, Bundling, koordinierte Marketingaktivitäten oder eine Dach-markenstrategie. Die gemeinsame Produktentwicklung bezieht sich auf das Angebot inte-grierter Lösungen, die Entwicklung von Technologie- und Produktplattformen oder die innovative Kombination von Ressourcen verschiedener Geschäftsbereiche. Die koordinierte Marktentwicklung beinhaltet die Zusammenarbeit verschiedener Geschäftsbereiche mit dem Ziel, neue geografische Märkte oder neue Kundensegmente zu erschließen. Die kombinatori-sche Diversifikation hat die Zielsetzung, in für das Unternehmen neue Märkte zu expandie-ren bzw. völlig neue Märkte zu schaffen – auch wieder durch die Kooperation verschiedener Geschäftsbereiche.

Produkte/Dienst-leistungen / Märkte	Bestehende Produkte/ Dienstleistungen	Neue Produkte/ Dienstleistungen
Bestehende Märkte	Koordinierte Marktdurchdringung	Gemeinsame Produktentwicklung
Neue Märkte	Gemeinsame Marktentwicklung	Kombinatorische Diversifikation

Abb. 7—37: Ansoff-Matrix zur Entwicklung von Unternehmensstrategien (Quelle: Knoll 2008; Müller-Stewens/Brauer 2009)

Praktische Anwendung

Die folgenden Ausführungen zeigen die Anwendung der Ansoff-Matrix auf die Entwicklung von Wachstumsoptionen für die Geschäftsbereichsebene.

Schritt 1: Beschreibung und Ausgangslage

Um brauchbare Wachstumsoptionen zu entwickeln, sind drei Vorarbeiten notwendig: Zunächst einmal sollte eine klare Beschreibung der derzeitig bearbeiteten Märkte und der angebotenen Produkte/Dienstleistungen vorliegen. Weiterhin ist es sinnvoll, mit Hilfe des SWOT-Modells (vgl. Kap. 4) Stärken und Schwächen der zu analysierenden Geschäftseinheit zu erfassen. Drittens ist ein gutes Verständnis der Formalziele der Geschäftseinheit (z. B. Umsatz- und Gewinnziele) für die nächsten Jahre notwendig.

Schritt 2: Brainstorming der Optionen

Nun gilt es, die Optionen für die einzelnen Felder der Matrix zu entwickeln (Abb. 7—38). Gut eignet sich hierfür ein Workshop mit Vertretern aus den verschiedenen Funktionsbereichen (z. B. Marketing, F&E, Produktion, Controlling, Unternehmensentwicklung). Durch die funktionsübergreifende Zusammensetzung können alle relevanten Gesichtspunkte in die Analyse und die Vorschläge einfließen. Die folgende Tabelle enthält eine Reihe von Ansatzpunkten, die zur Entwicklung von Optionen genutzt werden können (Kotler/Keller 2005, S. 47 ff.; Pearce II/Robinson 2007, S. 111; Macharzina/Wolf 2012, S. 342).

Schritt 3: Bewertung der Optionen

Sodann sind Zielkriterien für die Bewertung festzulegen. Die Optionen sind anhand dieser Kriterien zu beurteilen. Mögliche Zielkriterien sind: Synergiepotenziale, Risiko, Rendite, Ressourcenaufwand oder Wettbewerbsvorteile. Nach der Bewertung und Auswahl der Optionen wird die Expansionsstrategie formuliert.

Marktpenetration

- **Produktnutzung durch den Kunden erhöhen**
  - Variation der Verpackungsgrößen
  - Werbung für neue / veränderte Nutzungsmöglichkeiten
  - „Künstliche" Alterung
  - Preisnachlässe

- **Kunden von Konkurrenten überzeugen**
  - Bessere Differenzierung im Vergleich zur Konkurrenz
  - Fokussierung der Verkaufsförderung
  - Preisnachlässe

- **Neukunden akquirieren, die das Produkt noch nicht kennen**
  - Testkäufe und Proben
  - Preisaufschläge oder -abschläge
  - Zusätzliche Werbemaßnahmen

Marktentwicklung

- **Neue geografische Märkte erschließen**
  - Regional
  - National
  - International

- **Neue Marktsegmente erschließen**
  - Neue Produktvarianten
  - Neue Distributionskanäle

Produktentwicklung

- **Neue Produkteigenschaften entwickeln**
  - Anpassung an neue Umwelt- und Marktentwicklungen
  - Äußerliche Veränderung der Produkte (Form, Farbe, Verpackung etc.)

- **Qualität verändern**

Diversifikation

- **Vertikal: Das Unternehmen bewegt sich entlang der Wertschöpfungskette in neue Tätigkeitsfelder**
  - Vorwärtsintegration in Richtung Kunden
  - Rückwärtsintegration in Richtung Zulieferer

- **Konzentrisch: Das Unternehmen erschließt eine neue Branche und kann vorhandene Kompetenzen in der neuen Branche nutzen**

- **Lateral oder Bildung eines Konglomerates: Das Unternehmen bewegt sich mit völlig andersartigen Produkten in neue Märkte**

Abb. 7—38: Entwicklung von Optionen mit der Ansoff-Matrix

Kritik des Instruments
Die Kritik am Ansoff-Modell setzt an den folgenden Punkten an.

- Das Ansoff-Modell entspricht der Grundhaltung, dem Bewährten treu zu bleiben (Macharzina/Wolf 2012, S. 345). Weiter kritisieren Macharzina/Wolf, dass dieses Modell keine konkreten Strategieempfehlungen, sondern nur generelle Leitlinien liefert. Pearce II/Robinson (2007, S. 154 ff.) sprechen in diesem Zusammenhang von „grand strategies". Zusätzliche detaillierte Analysen sind erforderlich, um konkrete Handlungsstrategien zu erhalten.
- Die Ansoff-Matrix weist keinen expliziten Bezug zur Konkurrenz und zum Markt auf. Im Hinblick auf Kunden und Wettbewerber werden Strategieoptionen nur im Sinne der Ceteris-paribus-Bedingung entwickelt. Die Gegenreaktionen von Wettbewerbern z. B. bei der Marktpenetration dürfen aber nicht vernachlässigt werden.
- Die Abgrenzung bestehend und neu ist problematisch. Bezieht sich neu auf eine Produktneuheit, also etwas, das bisher noch nicht existiert, oder existiert dieses Produkt bzw. dieser Markt bereits und ist lediglich neu für das Unternehmen? In der Praxis wird neu meist auf das Unternehmen bezogen.

Strategische Bedeutung und Nutzen
Die Ansoff-Matrix ist ein sehr einfaches und plausibles Instrument, um strategische Handlungsoptionen zu ermitteln. In Verbindung mit der Lückenanalyse lassen sich recht schnell pragmatische Wachstumsstrategien entwickeln. Dieses Modell dürfte wohl zu den bekanntesten und vermutlich zu den am meisten genutzten Instrumenten der Strategieentwicklung zählen.

Ansoff stellt in seinen Überlegungen zur Strategieauswahl ganz bewusst auf die Synergieunterschiede zwischen verschiedenen strategischen Handlungsoptionen ab. Damit bilden die Nähe zum Kerngeschäft, also der Ressourcen- und Kompetenzbasis des Unternehmens, sowie Risikoaspekte, die sich aus einer relativen Ferne zum Kerngeschäft ergeben, wichtige Kriterien für die Strategieauswahl.

Die Ansoff-Matrix ist die erste systematische Erfassung von wachstumsrelevanten Strategieoptionen und liegt mehr oder weniger deutlich vielen später folgenden Verfeinerungen und Modifikationen zugrunde (vgl. z. B. Wheelen/Hunger 2012, S. 230 ff.; Johnson et al. 2011, S. 231 ff.; Müller-Stewens/Lechner 2005, S. 257 f.).

Ähnliche Instrumente

Strategie als Revolution
Hamel (1996, 2002) entwickelt ein ähnliches Konzept. Aus strategischer Sicht teilt er Unternehmen in drei Kategorien ein: (1) Unternehmen, welche die Branche aufgebaut haben (Rule Makers), (2) Unternehmen, die der ersten Kategorie folgen (Rule Takers) und (3) Unternehmen, die neue Regeln schaffen (Rule Creators). Interessant ist dabei offensichtlich die dritte Kategorie. Diese Unternehmen verfolgen revolutionäre Strategien und definieren nicht allein Produkte auf neue Weise, sondern auch Dienstleistungen, Markt- und Branchengrenzen und können so aus vorhandenen Wettbewerbsstrukturen ausbrechen. Dazu liefert Hamel eine Reihe von Strategieempfehlungen. Sein Modell eignet sich ebenfalls zur Strategiefindung, stellt aber im Unterschied zum Ansoff-Ansatz auf den Wettbewerb und die Suche nach völlig neuen Wachstumsfeldern ab.

Blue-Ocean-Strategie

Kim/Mauborgne (1999, 2005a) haben den gleichen Ausgangspunkt, nämlich die Suche nach neuen Wachstumsfeldern (vgl. Abschn.7.3.4). Sie kommen in ihrem Ansatz zu sechs verschiedenen Strategieoptionen: (1) Einstieg in Substitutionsprodukte, (2) Expansion in neue strategische Gruppen innerhalb der Branche, (3) Weiterentwicklung entlang der Wertkette der Kunden, (4) Angebot von komplementären Produkten und Dienstleistungen, (5) Verbesserung der funktionalen oder emotionellen Attraktivität des Produkts bzw. der Dienstleistung und (6) Nutzung von Trends.

Überschneidungen mit anderen Instrumenten

SWOT und TOWS-Matrix

Die SWOT-Analyse (vgl. Abschn. 4.2) enthält wichtige Ausgangsinformationen, die für die Entwicklung von Optionen mit Hilfe des Ansoff-Modells gut genutzt werden können. Die Fortentwicklung der SWOT-Analyse zur TOWS-Matrix zeigt eine gewisse Überlappung mit der Ansoff-Matrix. Beide eignen sich zur Ableitung von strategischen Optionen, wobei der SWOT-/TOWS-Ansatz systematischer und fundierter ist. Während der ursprüngliche Ansoff-Ansatz sich in erster Linie auf Wachstumsstrategien bezieht, deckt TOWS alle möglichen Strategievarianten ab.

Lückenanalyse

Diese Analyse (vgl. Abschn. 3.3.4) liefert einen guten Startpunkt für die Ansoff-Matrix. Sie beschreibt die strategische Lücke, die mit Hilfe des Ansoff-Modells geschlossen werden muss, wenn das Unternehmen seine langfristigen Ziele erreichen will.

Portfolio-Modelle

Die BCG-Matrix (vgl. Abschn. 7.2.2) oder die GE-/McKinsey-Matrix (vgl. Abschn. 7.2.3) können ebenfalls zur Entwicklung von Strategien genutzt werden. Im Unterschied zur Ansoff-Matrix berücksichtigen diese Modelle explizit sowohl die externe (über das Marktwachstum bzw. die Marktattraktivität) als auch die interne Perspektive (über den Marktanteil bzw. die Stärke des Wettbewerbsvorteils). Außerdem geben die Portfolio-Modelle ein klares Zielkriterium zur Bewertung der Optionen vor (Cashflow bzw. Return on Investment).

7.3.2   Generische Strategietypen

„In Gefahr und großer Not bringt der Mittelweg den Tod" (Friedrich von Logau, dt. Schriftsteller, 1605-1655).

Um Wettbewerbsvorteile aufzubauen und damit überdurchschnittliche Gewinne zu erzielen, müssen Unternehmen entweder in einem weiten Wettbewerbsfeld die Kostenführerschaft anstreben oder ihr Angebot klar von dem der Wettbewerber differenzieren. Alternativ können sie sich auf bestimmte Marktsegmente und Kunden fokussieren und dort ebenfalls einen Kosten- oder Differenzierungsschwerpunkt setzen. Unternehmen müssen sich für einen dieser Strategietypen entscheiden. Wenn sie versuchen, Kosten- und Differenzierungsmerkmale gleichzeitig zu verfolgen, sind sie zur Mittelmäßigkeit verdammt und werden allenfalls durchschnittliche Gewinne realisieren.

Beschreibung und theoretischer Hintergrund

Porter beschreibt drei (eigentlich vier) grundlegende Strategietypen, mit deren Hilfe Unternehmen im Wettbewerb längerfristig überdurchschnittliche Gewinne erzielen können (Porter 1980, 1985). Sein Konzept (Abb. 7—39) wird in erster Linie auf der Ebene der strategischen Geschäftseinheiten angewandt. Das Unternehmen kann demnach seine Produkte auf einem breiten Markt dem Kunden zu einem günstigeren Preis aufgrund niedrigerer eigener Kosten oder zu einem höheren Preis aufgrund besonderer Leistungen (z. B. in der Produktqualität) anbieten. Unternehmen können sich aber auch auf bestimmte Marktsegmente mit besonderen Kundenbedürfnissen beschränken, um sich auch hier wiederum über niedrige eigene Kosten oder besondere Leistungen der Produkte von den Wettbewerbern zu unterscheiden. Auf diese Weise versuchen Unternehmen, in der Preis-/Angebotskurve einen monopolistischen Bereich zu schaffen (Besanko 2010, S. 379 f.) und damit höhere Gewinne zu realisieren.

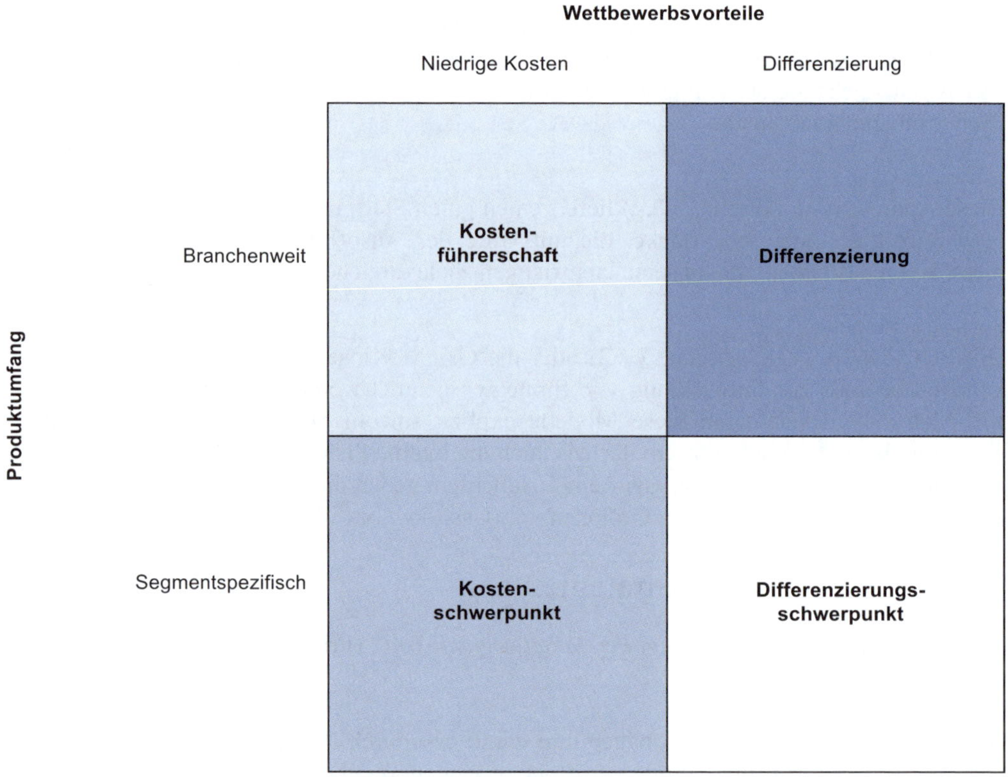

Abb. 7—39: Generische Strategien (Quelle: in Anlehnung an Porter 1985, S. 12)

Breite Marktabdeckung: Kostenführerschaft

Unternehmen können branchenweit (in einem weiten Wettbewerbsfeld) Standardprodukte anbieten und versuchen, bei einer akzeptablen und vergleichbaren Qualität (paritätische Differenzierung) Kostenvorteile über Skaleneffekte, die Erfahrungskurve, Technologie, Rohstoffe etc. aufzubauen. Der Preis für die Produkte des Kostenführers liegt meistens etwas unter dem üblichen Marktpreis. Die überdurchschnittlichen Gewinne entstehen nur dann, wenn die Kostendifferenz zum Wettbewerb deutlich größer ausfällt als die Preisdifferenz.

Breite Marktabdeckung: Differenzierung

Hier versucht das Unternehmen, sein Angebot im Vergleich zu den Wettbewerbern zu differenzieren. Dazu muss es nach Merkmalen suchen, für welche die Kunden höhere Preise zu bezahlen bereit sind: beim Produkt selbst, dem Marketing, dem Service oder dem Kundendienst. Wenn die erzielbaren Preisaufschläge höher sind als die Kosten der Differenzierung, lassen sich überdurchschnittliche Gewinne erzielen.

Enge Marktabdeckung – Kosten- oder Differenzierungsfokus

Ein Unternehmen kann sich auf eine bestimmte Kundengruppe mit besonderen Bedürfnissen konzentrieren und – quasi unter Ausschluss der Konkurrenz – maßgeschneidert die Bedürfnisse dieser Kundengruppe zufriedenstellen. Erfolgsvoraussetzung ist ein spezielles Produktions- oder Liefersystem für dieses Segment, das Wettbewerber mit einer breiten Marktabdeckung nicht effizient aufbauen bzw. betreiben können. Ist das Segment strukturell attraktiv, kann ein Unternehmen für dieses Segment kostengünstiger (Kostenfokus) oder besondere und bessere Leistungen anbieten (Differenzierungsfokus). Im Ergebnis sollten in beiden Fällen überdurchschnittliche Gewinne erzielt werden können.

Nach Porter (1980, S. 16 f.) kann ein Unternehmen in einer Kombination von Kostenführerschaft und Differenzierung nur dann erfolgreich sein, wenn die Konkurrenten ebenfalls keine der generischen Strategien verfolgen, sich also „zwischen den Stühlen" positionieren, wenn die Kosten maßgeblich von Marktanteilen oder Verflechtungen abhängen oder wenn das Unternehmen bahnbrechende Innovationen umgesetzt hat.

Praktische Anwendung

Strategietypen werden nicht wie andere Methoden des strategischen Managements in einer Schrittfolge beschrieben und angewendet. Eine Entscheidung für einen der Strategietypen kann mit Hilfe der folgenden Kriterien getroffen werden:

Breite Marktabdeckung

Zunächst ist die Ausgangslage des Unternehmens zu prüfen: die Breite seines Angebotes, sein Marktanteil, seine Kostenposition und seine Qualitäts- und Leistungsposition. Verfügt das Unternehmen über allgemeine Wettbewerbsvorteile, wird es einen Strategietyp mit einer breiten Marktabdeckung, also ein weites Wettbewerbsfeld, wählen. Das Unternehmen muss dazu Standardprodukte anbieten, die einen großen Kundenkreis ansprechen.

Unternehmen mit einem breiten Angebot und einem hohen Marktanteil können die Kostenführerschaft als Strategie prüfen. Voraussetzung dafür sind Kostenvorteile bei branchendurchschnittlicher Qualität der Produkte. Mit einer strategischen Kostenanalyse lassen sich weitere Kostenvorteile erschließen. Die Kostenführerschaft erfordert schlanke, straffe Lenkungsstrukturen, Gemeinkostenminimierung, Skalen- und Lernkurveneffekte in der Organisation und eine sparsame, disziplinierte und detailfokussierte Unternehmenskultur (Porter 1985, S. 70).

Unternehmen mit einem breiten Angebot, einem nicht so hohen Marktanteil und ohne besondere Kostenvorteile sollten mögliche Differenzierungsmerkmale ermitteln. Zentrale Aspekte sind die zusätzliche Zahlungsbereitschaft der Kunden für besondere Produkt- und Leistungsmerkmale und das Marktpotenzial dafür. Nach einem Abgleich der Kosten für das Herstellen solcher Merkmale mit den dafür erzielbaren Preisaufschlägen kann die Differenzierung ausgewählt werden. Zu prüfen ist, ob die gewählten Differenzierungsmerkmale leicht von den Konkurrenten nachgeahmt werden können, ob die Grundlagen der Differenzierung langfristig für die Abnehmer von Bedeutung sind oder ob Wettbewerber mit einer Schwerpunktsetzung in den wichtigen Marktsegmenten eine stärkere Differenzierung anbieten. Die notwendigen Ressourcen und Kompetenzen zur Bereitstellung der Differenzierungsmerkmale müssen vorhanden sein. Im Unternehmen selbst sind eine differenzierte Organisation und eine Unternehmenskultur der Innovation, Individualität, Kundenleistung und Risikobereitschaft erforderlich.

Enge Marktabdeckung

Für eine enge Marktabdeckung (oder Schwerpunktsetzung) wird der Markt nach Kunden, Regionen, Produktanforderungen, Lieferungsanforderungen usw. segmentiert. Langfristig attraktive Markt- oder Kundensegmente mit spezifischen Leistungsanforderungen werden identifiziert. Anschließend ist zu prüfen, ob das Unternehmen über die Ressourcen und Fähigkeiten verfügt, um diese spezifischen Leistungsanforderungen zu erfüllen.

Der Kostenfokus sollte immer dann gewählt werden, wenn das Unternehmen in der Lage ist, die besonderen Leistungsanforderungen des Segments aufgrund seines Standorts, seines Produktions- oder Liefersystems oder aufgrund von Ressourcen und Fähigkeiten kostengünstiger zu erfüllen als die Wettbewerber.

Die Kriterien Segmentanforderungen in Verbindung mit dem Standort, dem Produktions- und Liefersystem sowie Ressourcen und Fähigkeiten bestimmen auch, ob ein Differenzierungsfokus relevant ist. In diesem Fall erhalten die Kunden einen deutlichen Mehrwert und sind bereit, dafür einen Aufpreis gegenüber dem Angebot der Wettbewerber zu zahlen.

Kritik des Instruments

Das Modell ist keine Methode, die mit einer spezifischen Schrittfolge abgehandelt werden kann. Es ist vielmehr als grundlegender Denkansatz zu verstehen.

Empirische Befunde zeigen, dass Unternehmen die Strategiewahl oft erst auf der Produktebene und nicht auf der Ebene der strategischen Geschäftseinheiten treffen (Nayyar 1993). Ein Unternehmen kann in einer strategischen Geschäftseinheit gleichzeitig sowohl Produkte für den breiten Markt als auch für bestimmte Kundensegmente anbieten. Damit wird das Modell in der Realität oft nicht auf der Ebene von Geschäftsbereichen, sondern nur auf einzelne Produkte angewendet.

Ein weiteres Problem liegt in den zunehmend verschwimmenden Branchengrenzen. Wenn aber die Branchengrenze unklar ist, kann das Wettbewerbsfeld im Sinne der generischen Strategien nicht korrekt bestimmt werden, ebenso schwierig wird dann die Festlegung der Kosten- oder Differenzierungsvorteile. Eonsoo et al. (2004) ziehen daraus den Schluss, dass bei unklaren Branchengrenzen (z. B. im e-Business) eine Verbindung von Differenzierung und Kostenführerschaft die dritte Strategiealternative darstellt, wobei die Fokussierung entfällt. Fraglich ist zudem, ob es heute überhaupt noch die Massenmärkte mit Commodity-Produkten gibt, bei denen eine Differenzierung keine wesentliche Rolle spielt und ein Kostenführer ein undifferenziertes Standardprodukt anbieten kann – was eine Voraussetzung für das Konzept ist. Die von Porter (1980, S. 41ff.) als „stuck in the middle" bezeichnete Position eines Unternehmens ohne wesentliche Differenzierungs- oder Kostenvorteile könnte durchaus Wettbewerbsvorteile in Bezug auf Flexibilität oder auf ein geringeres Risiko bieten (Fleck 1994, S. 13 ff.).

Porter (1980, S. 41 ff.) fasst Differenzierung und Kostenvorteile als entgegengesetzte Pole auf einer Achse auf – dafür gibt es aber keine allgemeine theoretische Begründung. Zwar sind beim Marktführer in einer Branche aufgrund der produzierten Mengen Kostendegressionseffekte zu erwarten, diese sind aber nicht immer relevant. Umgekehrt kann nicht zwingend abgeleitet werden, dass eine Differenzierung zu höheren Kosten führen muss. Relative Differenzierung und relative Kostenposition können mit gleicher Berechtigung als unterschiedliche Dimensionen aufgefasst werden (White 1986). Porter nimmt weiterhin eine grundsätzliche Unvereinbarkeit der Umsetzung von Strategien zur Differenzierung einerseits und Kostenführerschaft andererseits an und postuliert, dass sich ein Unternehmen nie gleichzeitig auf Differenzierung und Kostenführerschaft konzentrieren kann. Diese Annahmen erscheinen zunächst plausibel, die Unvereinbarkeit von Kosten- und Differenzierungsvorteilen kann mittlerweile aber als empirisch und theoretisch widerlegt gelten. Eine Übersicht über die zahlreichen Arbeiten dazu gibt Fleck (1994, S. 31 f.).

Viele Unternehmen entwickeln eine geschickte Kombination von Kostenführerschaft und Differenzierung und sind damit sehr erfolgreich, wie die Beispiele von Toyota, Dell oder Canon belegen. Dabei wird der Gestaltung der Wertkette besondere Aufmerksamkeit gewidmet. Porter selbst (1985, S. 36 f.) hat zwar bereits auf diese Möglichkeiten hingewiesen, diese aber nicht weiter behandelt. Unternehmen versuchen heute, für ihre Kunden meist ein attraktives Preis-Leistungsverhältnis auf der Basis von niedrigen Kosten und besonderen Leistungsmerkmalen aufzubauen (Grant 2013, S. 202). Daraus folgen hybride Strategien, die in folgende Kategorien eingeteilt werden können:

Bei *sequenziellen Hybridstrategien* (Gilbert/Strebel 1987) wechselt das Unternehmen die Ausrichtung: bspw. wechselt ein Innovator mit Differenzierungsvorteil nach Aufholen der Konkurrenz auf eine Strategie der Kostenführerschaft, um mit der nächsten Welle von Innovationen erneut mit einer Differenzierungsstrategie aufzutreten (z. B. Sony).

Die *multilokale hybride* Strategie differenziert räumlich, während „upstream" in der Wertkette bei den Vorleistungen die Kostenführerschaft gesichert wird (Carl 1989, S. 157 ff.; Kogut 1989). Globale Unternehmen sichern sich so gleichzeitig Kostenvorteile und die Vorteile einer Lokalisierungsstrategie mit Anpassung an unterschiedliche Märkte.

Komplementäre hybride Strategien (Fleck 1994, S. 84 ff.) basieren auf Differenzierung (Unterschiede zu Konkurrenzprodukten und Economies of Scope), auf Qualität (Differenzierung durch höhere Qualität und Vermeiden von Fehlerkosten) oder auf Innovation (Nutzen der Kosten- und Differenzierungsvorteile von innovativen Lösungen und Technologien: Economies of Quality, Speed and Scope).

Strategische Bedeutung und Nutzen

Die generischen Strategietypen sind branchenübergreifend anwendbar. Sie ermöglichen eine starke Reduktion der Komplexität und zwingen das Management, sich mit grundsätzlichen, gegensätzlichen Strategieoptionen auseinanderzusetzen und zwischen ihnen eine eindeutige Wahl zu treffen. Diese kann dann aufgrund ihrer grundsätzlichen Natur gut in die Vision oder das Leitbild integriert werden. Das Modell ist zudem leicht nachvollziehbar und unmittelbar verständlich. dies erleichtert die Kommunikation der Strategie, auch gegenüber den Kunden. Aus der Wahl des Strategietyps lassen sich Anforderungen an die Organisation, die Unternehmenskultur, das Personal sowie in allgemeiner Form die Programme der Strategieumsetzung formulieren, so dass sich daraus relativ einfach Schlussfolgerungen für die Implementierung der Strategie ableiten lassen.

Porter hat mit seinem Modell eine fruchtbare Diskussion entfacht. Wie die kritische Würdigung zeigt, steht den genannten Vorteilen jedoch eine zu starke und deshalb gefährliche Vereinfachung gegenüber: Die Möglichkeiten der hybriden Strategien werden ignoriert. Das Modell sollte daher trotz seines Bekanntheitsgrades, seiner scheinbaren Plausibilität und historischen Verdienste nur vorsichtig und unter Abwägung seiner Mängel eingesetzt werden. In vielen Fällen dürfte der Einsatz der strategischen Uhr trotz ihrer höheren Komplexität zu besseren Ergebnissen führen (Abb. 7—41).

Ähnliche Instrumente

TOWS-Normstrategien

Wie die generischen Strategietypen von Porter umfassen auch die TOWS-Normstrategien (vgl. Abschn. 4.2.2) vier grundsätzliche Strategietypen. Sie zielen jedoch nicht auf die Positionierung des Unternehmens im Markt, sondern auf die Handlungsrichtung des Unternehmens – Nutzen von Stärken, um Chancen zu ergreifen oder Bedrohungen abzuwehren oder die Überwindung von Schwächen, um Chancen ergreifen zu können oder Bedrohungen abzuwehren.

Disziplin der Marktführer

Treacy/Wiersema (1997) legen ebenfalls ein Konzept zur Entwicklung von Strategieoptionen vor. Sie unterscheiden drei Strategietypen: Produktexzellenz, operative Stärke, Kundenvertrautheit (Abb. 7—40). Strategien mit dem Fokus auf Produktexzellenz setzen auf hohe Produktqualität, Innovation und Markenmanagement im Sinne der von Porter beschriebenen Differenzierung. Die Strategie der operativen Stärke entspricht weitgehend der Kostenführerschaft bei Porter. Die Kundenvertrautheit zielt auf die gesamthafte Lösung von Kundenproblemen und eine besonders intensive Beziehung zu den Kunden. Treacy/Wiersema haben damit eine dritte, alternative Strategieoption geschaffen, die allerdings gewisse Ähnlichkeiten mit der Fokussierung bei Porter aufweist.

Jedes Unternehmen muss im Hinblick auf diese Dimensionen seine spezifische Positionierung suchen. Dabei gilt es, für zwei Dimensionen einen Mindeststandard zu erreichen. Die dritte Dimension bildet dann den zentralen Strategiefokus, der das Unternehmen deutlich von seinen Konkurrenten unterscheidet.

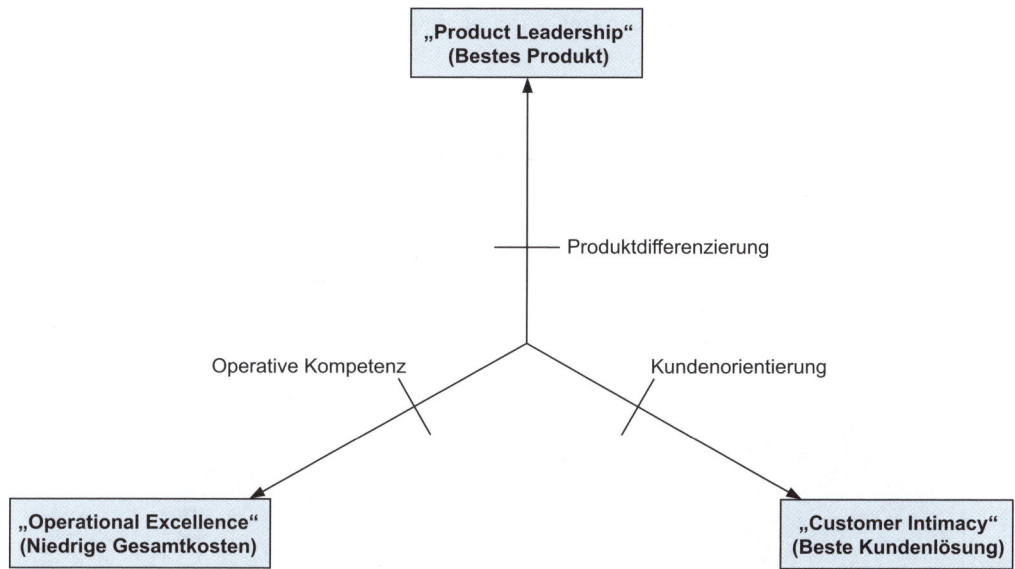

Abb. 7—40: Strategietypen der Marktführer (Quelle: in Anlehnung an Treacy/Wiersema 1997, S. 45)

Strategische Uhr

Die strategische Uhr von Bowman/Faulkner (1996) ermöglicht ebenfalls eine differenzierte Betrachtung von Wettbewerbsstrategien (Abb. 7—41). Sie basiert auf den Dimensionen wahrgenommener Kundennutzen und Preis. Bowman/Faulkner entwickeln acht verschiedene Strategieansätze, die in drei Gruppen eingeteilt werden: Differenzierungsstrategien, Niedrigpreisstrategien und gefährliche Strategien. Gefährliche Strategien führen nur in besonderen Marktsituationen wie z. B. in monopolistischen Märkten zum Erfolg. Wie in den generischen Strategien von Porter identifizieren auch Bowman/Faulkner Niedrigpreisstrategien und Differenzierungsstrategien als erfolgreiche Strategieansätze. Sie ergänzen den „No Frills"-Ansatz und führen, basierend auf der Kritik an Porters Modell, die hybride Strategie ein.

Die „No Frills"-Strategie ist vergleichbar mit der Kostenschwerpunkt-Strategie von Porter. Sie verbindet niedrige Kosten mit minimalem Zusatznutzen und bedient ein preissensitives Marktsegment. Mit einem Basisprodukt werden grundlegende Bedürfnisse erfüllt, der wahrgenommene Nutzenwert ist geringer als bei einem Standardangebot. Jede Leistung, die über den Basisnutzen hinausgeht, wird zusätzlich bezahlt. Ein typisches Beispiel dafür ist die Strategie der Fluggesellschaft RyanAir.

Im Rahmen der Differenzierungsstrategien von Bowman/Faulkner besteht die wichtigste Ergänzung zu Porters generischen Strategien im hybriden Strategieansatz. Dieser Ansatz widerspricht allerdings dem ursprünglichen Konzept von Porter, das besagt, dass Unternehmen ohne eindeutige strategische Ausrichtung schlechte Erfolgsaussichten haben. Bowman/Faulkner (1996) argumentieren, dass Unternehmen sowohl niedrige Herstellungskosten und damit relativ günstige Preise als auch eine Differenzierung vom Wettbewerb erreichen können. Dieses Konzept wird in der Praxis zum Beispiel durch Toyota und Ikea bestätigt.

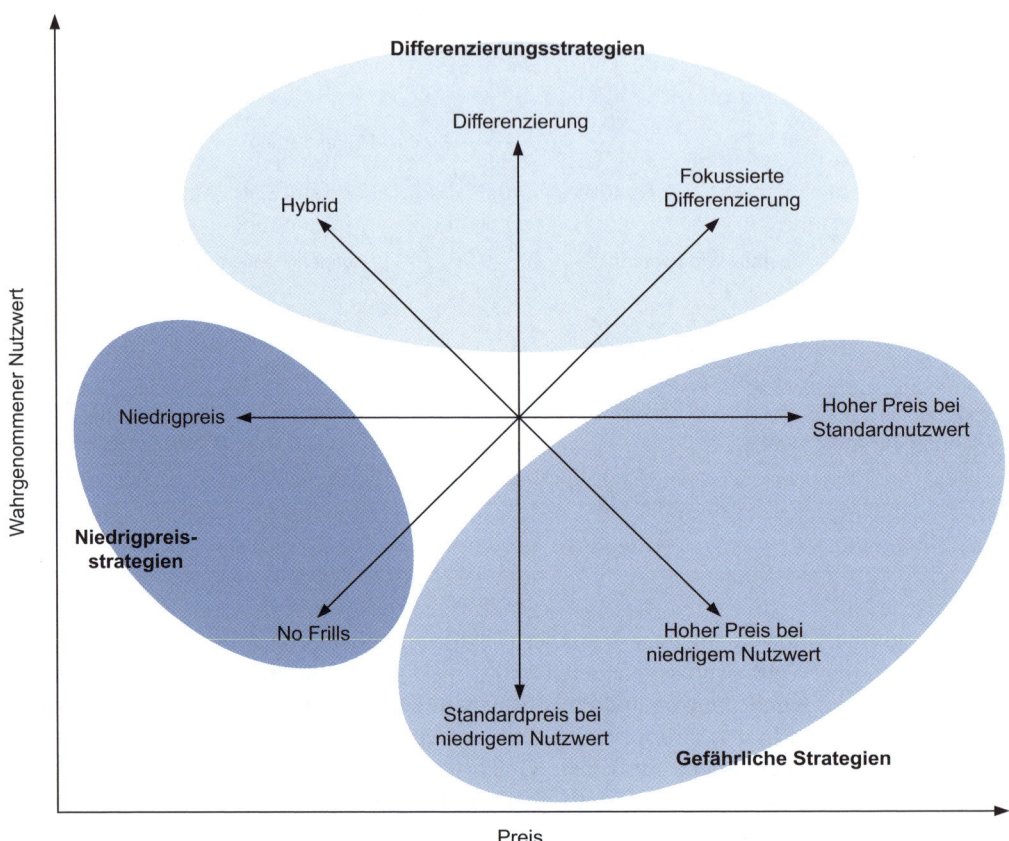

Abb. 7—41: Die strategische Uhr (Quelle: auf der Basis von Bowman/Faulkner 1996)

Überschneidungen mit anderen Instrumenten

Erfahrungskurve
Die Erfahrungskurve (vgl. Abschn. 7.3.3) liefert ein zentrales Argument für den Zusammenhang zwischen Marktführerschaft und Kostenführerschaft. Ein solcher Zusammenhang trifft jedoch nur bedingt zu und wird von Porter selbst kritisch diskutiert (Porter 1985, S. 187 ff.).

Wertkette
Die Wertkette von Porter (vgl. Abschn. 6.2.3) ist eng verwandt mit den generischen Strategien. Als Analyse- und Planungsinstrument können mit ihr strategische Kostenvorteile untersucht und konzipiert werden ebenso wie die Voraussetzungen für die Differenzierung. Gleichzeitig kann sie für einen Vergleich mit den Konkurrenten benutzt werden.

7.3.3   Die Erfahrungskurve

„Übung macht den Meister" (dt. Sprichwort).

Die Erfahrungskurve gehört zu den analytischen Strategieinstrumenten. Anhand von Daten zu kumulierten Produktionsmengen und Stückkosten können aufgrund empirischer Erfahrungen Aussagen zu zukünftigen Produktionskosten oder zu Produktionskosten von Konkurrenten getroffen werden. Somit lässt sich die eigene Kostenposition im Wettbewerb bestimmen, eine wichtige Information für die Ableitung zukünftiger Wettbewerbsstrategien. Die Erfahrungskurve führt zum Streben nach hohen Marktanteilen – größere Produktionsmengen bilden die Basis für sinkende Stückkosten und damit auch die Basis für einen Wettbewerbsvorteil.

Beschreibung und theoretischer Hintergrund
Erstmals beschrieben wurde ein ökonomischer Lernkurveneffekt bei wiederholten Tätigkeiten in der Flugzeugproduktion (Wright 1936). Der Arbeitsaufwand in Stunden (und damit die Kosten) zur Herstellung eines Flugzeuges verringerte sich empirisch um eine konstante Rate (etwa 10-15 %) bei jeder Verdoppelung der kumulierten Produktionsmenge. Eine grafische Darstellung ergibt eine degressiv fallende Kostenkurve (Abb. 7—42). Die Lernkurve wurde und wird in der Produktionstheorie zur Planung von Kapazitäten und Kosten genutzt.

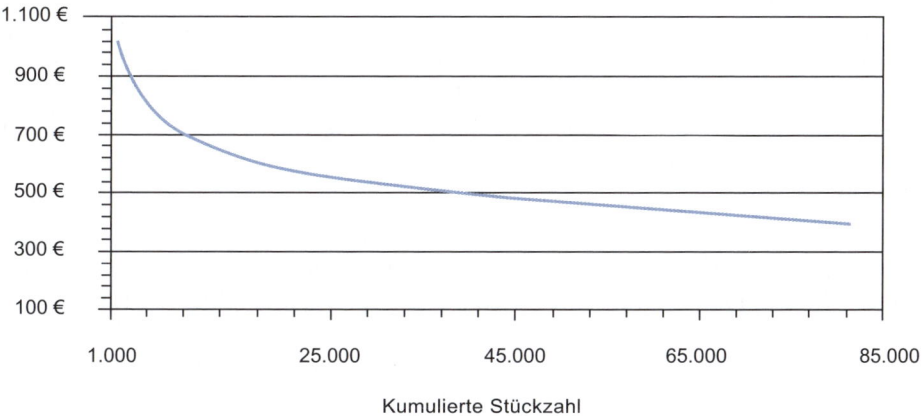

Abb. 7—42: Lernkurve

Werden Kosten und Stückzahlen logarithmiert, entsteht eine Gerade mit einer konstanten negativen Steigung (Abb. 7—43). Die absolute Verringerung der Stückkosten ist zu Beginn der Produktion bzw. des Produktlebenszyklus am stärksten und nimmt immer weiter ab. Diese empirische Erfahrung konnte in zahlreichen Fällen bestätigt werden.

Stückkosten

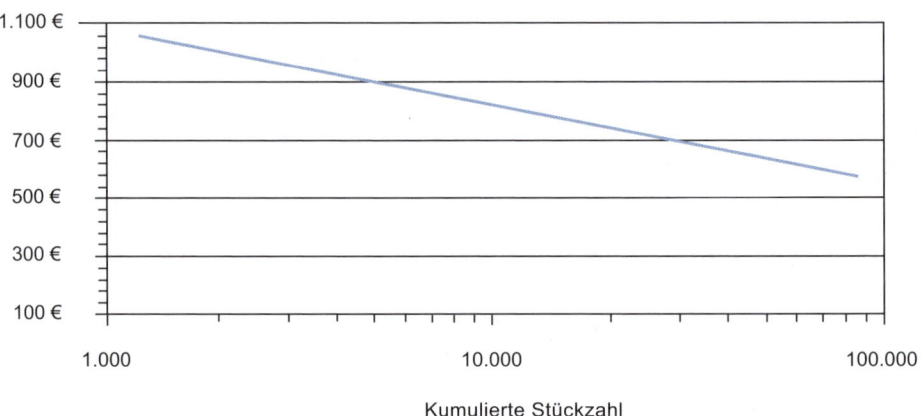

Kumulierte Stückzahl

Abb. 7—43: Lernkurve (logarithmiert)

Auf Basis des Lernkurveneffekts untersuchte die Boston Consulting Group ab 1966 in einer Reihe von Unternehmen die Produktionsstückkosten und stellte fest: "Costs of value added decline approximately 20 to 30 percent in real terms each time accumulated experience is doubled" (Henderson 1974a). Dieser deutlich stärkere Effekt geht über die Lernkurve hinaus und wird als Erfahrungskurve bezeichnet. Neben den Lerneffekten werden weitere Ursachen dafür in Spezialisierungsmöglichkeiten aufgrund größerer Produktionsmengen und -kapazitäten sowie in allgemeinen Skaleneffekten gesehen. So steigen die Investitionskosten für Anlagen typischerweise nur in der 6/10 Potenz der Kapazitätssteigerung (Henderson 1974b).

In der aktuellen Literatur werden als weitere Faktoren Fortschritte bei der Prozessgestaltung, den Beschaffungskosten, der Kapazitätsauslastung und sonstigen Effizienzfaktoren wie Management, Motivation und Unternehmenskultur angeführt (Grant 2013, S. 180 ff.). Henderson bezeichnete die Erfahrungskurve als ein allgemeines Gesetz. Wenn die nach seinem Konzept zu erwartenden Stückkostensenkungen nicht einträten, dann sei nicht ausreichend investiert oder die Wertschöpfung nicht sauber definiert worden. Oder die Ursache sei schlicht Missmanagement (Henderson 1974b)!

Die Erfahrungskostenkurve macht das Sinken der Produktionsstückkosten voraussagbar und damit kontrollierbar. Die Ergebnisse können für Entscheidungen über Eigenproduktion oder Fremdbezug, für Verhandlungen mit Lieferanten, zur Bestimmung des Marktpotenzials, zur Preissetzung und zu strategischen Entscheidungen über Marktanteile, Wachstum und Produktlinien genutzt werden. Die mathematische Formulierung ermöglicht es, aus den derzeitigen Stückkosten mit einer bekannten kumulierten Produktionsmenge die zu erwartenden Stückkosten bei einer zukünftig erreichten kumulierten Produktionsmenge zu errechnen. Weiterhin können Stückkostenvor- und -nachteile gegenüber Konkurrenten aus dem Vergleich kumulierter Produktionsmengen beziffert werden.

Praktische Anwendung

Schritt 1: Produkt und vorhandene Erfahrung bestimmen
Wird die Erfahrungskurve auf ein Produkt oder einen Produktionsprozess angewendet, ist zunächst abzuschätzen, wie stark das neue Produkt bzw. der Prozess sich von den vorher hergestellten Produkten oder benutzten Produktionsprozessen unterscheidet. Ist die Ähnlichkeit sehr groß, dann sind die Vorgänger zum Teil als Produktionserfahrung zu werten; das Unternehmen beginnt also nicht ganz vorne auf der Erfahrungskurve. Die weitere Kostensenkung wird langsamer eintreten als bei völlig fehlender Erfahrung. Das verbleibende Verbesserungspotenzial ist geringer, da die Mitarbeiter bereits über Erfahrung verfügen.

Schritt 2: Bestimmung der Produktionskosten (nur eigene Wertschöpfung)
Die Erfahrungskurve kann streng genommen nur auf die eigene Wertschöpfung und deren Kosten angewendet werden. Die Kosten für eingekaufte Leistungen und Vorprodukte unterliegen zwar auch Erfahrungskurven, diese können aber eine andere Steigung aufweisen; auch unterscheidet sich die Produktionserfahrung des Lieferanten von der des eigenen Unternehmens. Bei Lieferanten muss ermittelt werden, an welcher Stelle der Erfahrungskurve sich die Zulieferer befinden. Vereinfachend können neue Produkte mit der Erfahrungskurve unter Berücksichtigung der gesamten Produktionskosten analysiert werden.

Schritt 3: Daten ermitteln
Berechnungen mit der Erfahrungskurve sind sehr einfach, da nur wenige Daten erforderlich sind (Abb. 7—44).

Derzeitige kumulierte Produktionsmengen	Stückkosten bei derzeitigen kumulierten Produktionsmengen	Kumulierte Zielproduktionsmenge	Erfahrungskurveneffekt
- Eigene Produktionsstatistik	- Eigene Kostendaten - Abschätzungen oder Veröffentlichungen	- Aus Prognosen - Aus Marktwachstum oder -potenzial - Veröffentlichungen der Konkurrenzunternehmen - Aus Marktanteilen und Marktgröße der Konkurrenzunternehmen seit Produktionsbeginn	- Allgemeine Durchschnittswerte: 10% - 30% - Branchenwerte/veröffentlichte spezifische Durchschnittswerte (z.B. Stewart 1995, Gottfredson 2008) - Eigene Erfahrungen/fremde Erfahrungen - Berechnen aus Kostendaten und Produktionsmenge

Abb. 7—44: Datengrundlagen für die Ermittlung von Erfahrungskurven

Schritt 4: Berechnung[2]

Die Erfahrungskurve wird charakterisiert durch ihre Steigung b, aus der sich die Kosten in Abhängigkeit von der kumulierten Stückzahl ergeben.

$$k_n = k_1 n^b$$

$$k_n = Kosten\ bei\ Stückzahl\ n$$

$$k_1 = Kosten\ bei\ Stückzahl\ 1$$

$$n = Stückzahl$$

Die Steigung b kann beschrieben werden durch die konstante Kostenreduktionsrate R in Prozent (typischerweise 10 - 30 %) aufgrund der Erfahrung, die bei jeder Verdoppelung der kumulierten Produktion den gleichen Prozentsatz aufweist.

$$b = \frac{\ln\left(1 - \dfrac{R}{100}\right)}{\ln 2}$$

4.a Berechnung von Einzelstückkosten

Aus bekannten Einzelstückkosten bei einer bestimmten kumulierten Produktionsmenge können so zukünftige Einzelstückkosten bzw. Stückkostenvor- oder -nachteile gegenüber Konkurrenten bei einer bestimmten kumulierten Produktionsmenge berechnet werden:

$$k_n = k_{n1}\left(\frac{n_x}{n_1}\right)^{-b}$$

oder

$$k_n = k_{n1}\left(\frac{n_x}{n_1}\right)^{\left(\frac{\ln\left(1-\frac{R}{100}\right)}{\ln(2)}\right)}$$

4.b Bestimmung des Erfahrungskurveneffekts aus Einzelstückkosten

Auf einfache Weise kann die Steigung aus der logarithmierten Form der Gleichung bestimmt werden, bei mehreren Datenpunkten entsprechend über eine lineare Regression:

$$b = \frac{\left[\ln K_n - \ln K_m\right]}{\left[\ln n - \ln m\right]}$$

---

[2]   Ableitungen der Formeln bei Ehrmann (2007, S. 117 ff.); Stump (2002).

Kritik des Instruments

Die Erfahrungskurve ist empirisch zwar gut belegt, aber nicht wirklich kausal erklärt und steht theoretisch auf eher schwachen Füssen. Sie wird mit einer Reihe von Effekten begründet, deren jeweilige Rolle unklar bleibt. Zudem werden sowohl dynamische als auch statische Effekte beschrieben. Die Skaleneffekte sind statisch und nur vom jeweiligen Ausstoß bzw. der Kapazität abhängig und nicht von der kumulierten Produktion. Ein neuer Konkurrent kann die Skaleneffekte durch Aufbau einer großen Kapazität auch ohne hohe kumulierte Produktionsmengen für sich nutzbar machen.

Der Erfahrungskurveneffekt beschreibt ein Kostensenkungspotenzial, das aber nicht automatisch und in jedem Fall eintreten wird. Ein gutes Management muss die einzelnen Potenziale der Erfahrungskurve nutzbar machen.

Die Wettbewerber können von fremden Erfahrungen profitieren, indem sie technische Entwicklungen übernehmen (über die Lieferanten von Anlagen, Teilen und Materialien, durch Reverse Engineering der Produkte) oder die Erfahrung bspw. durch das Abwerben von Mitarbeitern erlangen. Der Wettbewerbsvorteil durch größere kumulierte Produktionsmengen kann so verloren gehen. Neue, effektivere Technologien können ebenfalls die Wettbewerbsvorteile aufgrund einer hohen kumulierten Produktionserfahrung entwerten: Mit einer neuen Technologie beginnt eine neue Erfahrungskurve, aber mit einer niedrigeren Stückkostenbasis.

Das Streben nach hohen Erfahrungskurveneffekten kann dazu führen, dass die Produktion weniger flexibel wird und trotz geringerer Stückkosten Wettbewerbsfähigkeit verloren geht. Umgekehrt können durch eine hohe Variantenvielfalt negative Erfahrungskurveneffekte auftreten, so dass die Stückkosten mit zunehmender Variantenvielfalt steigen (Ehrmann 2007, S. 122). Bei Produktionsunterbrechungen kann ein Teil der Erfahrungen verloren gehen. In der Serienproduktion ist damit zu rechnen, dass immer wieder ein Teil der Erfahrungen abhandenkommt und mit jeder neuen Serie auf der Erfahrungskurve bei Stückkosten, die einer geringeren kumulierten Produktionsmenge entsprechen, begonnen wird.

Der Erfahrungskurveneffekt kann dem unbegrenzten Fortschrittsglauben der 1960er Jahre zugeschrieben werden. Material und Energie waren unbegrenzt verfügbar, die Rationalisierung in der physischen Produktion wurde ständig vorangetrieben. Im 21. Jahrhundert werden voraussichtlich Energie- und Rohstoffkosten wieder sehr viel mehr an Bedeutung gewinnen. Möglicherweise wird der Erfahrungskurveneffekt damit in vielen Branchen als Basis für einen Wettbewerbsvorteil erheblich an Bedeutung verlieren.

Strategische Bedeutung und Nutzen

Das Instrument trifft quantitative Aussagen auf einer breiten empirischen Basis, wobei die Genauigkeit begrenzt ist. Es leitet Aussagen ab aus einer spezifischen Ressource des Unternehmens, der Produktionserfahrung, die mit den Marktanteilen in Verbindung steht. Mit Hilfe von sehr wenigen Daten können langfristige Abschätzungen getroffen werden, ohne dass genaue kausale Ursachen, in diesem Fall Kostenfaktoren, analysiert werden müssen.

Die Stückkosten sind ein wesentlicher Erfolgsfaktor und entscheiden mit über die Wettbewerbsfähigkeit eines Unternehmens. Höhere Marktanteile ermöglichen einem Unternehmen, zunehmend Kosten- und Wettbewerbsvorteile zu realisieren und damit höhere Renditen. Die Erfahrungskurve eignet sich gut zur Anwendung für Standardprodukte in kapitalintensiven Produktionsindustrien. Für Dienstleistungen und sehr spezialisierte Branchen mit einem hohen Anteil an kundenspezifischen Produkten ist dieses Konzept weniger geeignet, um Wettbewerbsvorteile aufzubauen (Simon/von Gathen 2002, S. 223 ff.).

Wenn die kumulierte Produktion die Stückkosten wesentlich bestimmt, dann ist es strategisch sinnvoll, hohe Marktanteile anzustreben. Dies kann durch ein breites, an der Erfahrungskurve orientiertes Sortiment und durch eine internationale Expansion erfolgen (Grant/Nippa 2006, S. 319 f.). Unter Berücksichtigung der Erfahrungskurve können Preise auf Basis zukünftig zu erwartender Stückkosten festgelegt werden (Penetrationspreise), womit gleichzeitig die Voraussetzung für das Erreichen hoher zukünftiger Stückzahlen geschaffen wird. Dabei ist jedoch die Marktgröße, das Verhalten der Konkurrenten und die Preiselastizität der Nachfrage im Auge zu behalten, denn das Streben nach hohen Marktanteilen in einer Branche kann zu einer höheren Wettbewerbsintensität mit sinkenden Renditen oder zu ruinösen Preiskämpfen führen.

Die Erfahrungskurve wird auch intensiv genutzt, um die langfristige Kostenentwicklung neuer Technologien nach der Markteinführung abzuschätzen und die Frage zu beantworten, wann mit deren Konkurrenzfähigkeit zu rechnen ist, z. B. im Bereich der erneuerbaren Energien. So beruht das deutsche Gesetz zur Förderung Erneuerbarer Energien (EEG 2009) mit seinen garantierten, aber jährlich sinkenden Einspeisevergütungen für den erzeugten Strom auf der Erfahrungskurve.

Ähnliche Instrumente

Technologie-S-Kurve
Ein S-förmiger Kurvenverlauf (vgl. Welge/Al-Laham 2012, S. 578) beschreibt das Ergebnis von Aufwendungen zur Verbesserung von Technologien – bei reifen Technologien können auch mit hohen Aufwendungen in der Regel nur noch geringe Effizienzsteigerungen erzielt werden. Die Untersuchung dieses Zusammenhangs liefert Hinweise auf den Entwicklungsstand der Technologie, das verbleibende Entwicklungspotenzial, die Effektivität von Investitionen in diese Technologie und die Notwendigkeit und den Zeitpunkt, nach neuen Technologien zu suchen. Mit dem Umstieg auf eine neue Technologie beginnt eine neue S-Kurve – die bisherigen Leistungsgrenzen werden durchbrochen.

Industriekostenkurve
Die Industriekostenkurve (vgl. Abschn. 5.2.6) beschreibt für eine Branche oder ein Produkt die Stückkosten der einzelnen Hersteller (diese können durch Faktorpreise, durch Skaleneffekte, durch Technologien oder eben durch die Erfahrungskurve bedingt sein). Aus ihr lässt sich ablesen, welche Hersteller bei einer Marktschrumpfung bzw. bei Preiskämpfen in welcher Reihenfolge bzw. bei welchem Preisniveau keine Gewinne mehr machen.

Überschneidungen mit anderen Instrumenten

BCG-Matrix
Die Erfahrungskurve bildet zusammen mit dem Produktlebenszyklus (vgl. Abschn. 5.2.7) den Rahmen für die Portfoliomethode der BCG (Abschn. 7.2.2). Die Einschränkungen der Erfahrungskostenkurve müssen also auch bei deren Anwendung beachtet werden.

Generische Strategietypen
Die Erfahrungskurve ist eine wesentliche Begründung für die Strategie der Kostenführerschaft (vgl. Abschn. 7.3.2) – das Unternehmen mit dem größten Marktanteil hat einen schwer angreifbaren Wettbewerbsvorteil. Wettbewerber können nicht direkt konkurrieren, sondern müssen sich differenzieren oder auf einen Teilmarkt fokussieren.

Benchmarking
Benchmarking-Prozesse können als systematischer Versuch verstanden werden, prozessbezogen von den Erfahrungskurveneffekten in anderen Unternehmen und Branchen zu profitieren und ähnliche Optimierungen im eigenen Unternehmen einzuführen (vgl. Abschn. 5.2.8; Camp 2006; Zdrowomyslaw/Kasch 2002).

5-Kräfte-Modell
Die Erfahrungskurve kann genutzt werden, um den Wettbewerb in der Branche, die Eintrittsbarrieren in eine Branche und vor allem die Bedrohung durch Ersatzprodukte näher zu analysieren (vgl. Abschn. 7.3.3). Große Erfahrungskurveneffekte stellen eine erhebliche Eintrittsbarriere für neue Wettbewerber dar.

7.3.4   Blue-Ocean-Strategien und Wertkurven

Blue-Ocean-Strategien und das damit verbundene Innovationskonzept sollen helfen, neue Märkte mit nachhaltigen und rentablen Geschäftsmodellen zu entwickeln. Zentrales Analyseinstrument ist die Wertkurve, mit der die relative Leistungsfähigkeit des Unternehmens innerhalb einer Branche analysiert wird. Mit Hilfe der Wertkurve wird ein andersartiges Leistungsangebot konstruiert, das den Kunden einen echten, differenzierten Nutzen bietet (blaue Ozeane). Auf diese Weise wird der Wettbewerb in gesättigten, oft hart umkämpften Märkten mit gleichen Produkten/Dienstleistungen und niedrigen Margen (rote Ozeane) umgangen.

Beschreibung und theoretischer Hintergrund
Die Blue-Ocean-Strategie wurde von Kim und Mauborgne, beide Professoren an der INSEAD Business School, entwickelt. Ihr 2005 veröffentlichtes Buch entwickelte sich schnell zum Managementbestseller (Kim/Mauborgne 2005a).

Die Grundlage bilden empirische Untersuchungen zur Einführung von neuen Produkten in 100 Unternehmen (Kim/Mauborgne 1997). 86 % der Neueinführungen waren Produktverbesserungen, die nur kleine Unterschiede zum vorhandenen Angebot beinhalteten und 62 % des Umsatzes und 39 % des Gewinns der untersuchten Unternehmen generierten. Nur 14 % der Neueinführungen konnten als wirklich innovativ im Sinne der Schaffung neuer Märkte klassifiziert werden; mit ihnen konnten die Unternehmen jedoch 38 % der Umsätze und 61 % der Gewinne erzielen.

Warum konzentrieren sich Unternehmen nicht viel stärker auf Wertinnovationen? Kim/Mauborgne (2005a, S. 12 ff.) erklären dies mit der in vielen Branchen und Unternehmen dominanten strukturalistischen Strategieperspektive, die einem deterministischen Weltbild entspricht. In ihm sind die externen Bedingungen und Strukturen vorgegeben, an die sich das Management anpassen muss. Diese Denkweise ist zwar in bestimmten Branchen und Situationen durchaus adäquat, fokussiert aber das Denken der Unternehmensführung sehr einseitig auf die Branche, in der das Unternehmen tätig ist. Ein größerer Kundennutzen kann entweder mit höheren Kosten für eine Produktdifferenzierung oder mit niedrigen Preisen und niedrigeren Kosten erreicht werden. Mit anderen Worten: Strategie ist im Wesentlichen eine Entscheidung über Differenzierung oder niedrige Kosten (vgl. Abschn. 7.3.2). Das Ergebnis ist dann eine Red-Ocean-Strategie – die Wettbewerber konkurrieren mit den gleichen Best-Practice-Regeln.

Kim/Mauborgne propagieren dagegen eine rekonstruktivistische Strategiesicht, die unterstellt, dass Unternehmen das Branchenumfeld verändern können. "Our analysis of industry history shows that the strategic move, and not the company or the industry, is the right unit of analysis for explaining the root of profitable growth" (Kim/Mauborgne 2005b, S. 25). Die Zielsetzung einer solchen Strategieinitiative besteht darin, neue Märkte mit neuen Wettbewerbsregeln zu finden. Das Schaffen eines blauen Ozeans bedeutet, Kosten zu senken und gleichzeitig den Nutzen für die Kunden zu erhöhen – also eine hybride Strategie zu verfolgen, um so den vorhandenen Wettbewerb zu umgehen. "Success comes not from battling competitors, but from making the competition irrelevant by creating 'blue oceans' of uncontested market space" (Kim/Mauborgne 2005b, S. 24).

Abb. 7—45 enthält eine Übersicht der wichtigsten Annahmen für die Red-Ocean- und die BlueOcean-Strategie.

„Red Ocean"	„Blue Ocean"
Konkurrieren auf existierenden Märkten	Schaffen eines noch nicht besetzten Marktes
Den Wettbewerb bekämpfen	Den Wettbewerb unwichtig machen
Bestehende Nachfrage nutzen	Neue Nachfrage schaffen und nutzen
Kompromiss zwischen Kosten und Kundennutzen finden	Kompromiss zwischen Kosten und Kundennutzen überflüssig machen
Sämtliche Unternehmensaktivitäten sind entweder auf Differenzierung **oder** Kostenführerschaft ausgerichtet	Sämtliche Unternehmensaktivitäten sind auf Differenzierung **und** Kostenführerschaft ausgerichtet

Abb. 7—45: Annahmen zur Red-Ocean- und Blue-Ocean-Strategie (Quelle: in Anlehnung an Kim/Mauborgne 2005a, S. 18)

Praktische Anwendung

Die Entwicklung einer Blue-Ocean-Strategie erfolgt in drei Schritten. Im Vorfeld ist die Bezugsbasis klar zu definieren. Dies können Unternehmen oder ein Unternehmensbereich sowie die relevanten Wettbewerber sein. In diesem Fall geht es in der Regel um das Finden eines grundlegend neuen Strategieansatzes. Ausgangspunkt können aber auch die strategischen Gruppen in einer Branche sein, wenn mit der Strategieformulierung ein Neueinstieg in diese Branche oder in ein spezifisches Branchensegment beabsichtigt ist.

Schritt 1: Aufstellung der Wertkurve und des Strategy Canvas

Zentrales Analyseinstrument ist die Wertkurve bzw. die Strategiekarte (Strategy Canvas). Die Wertkurve bezieht sich auf ein Unternehmen oder eine strategische Gruppe innerhalb einer Branche. Werden mehrere Wertkurven für unterschiedliche Unternehmen/strategische Gruppen in einem Chart abgebildet, entsteht die Strategiekarte.

Die horizontale Achse einer Wertkurve wird über die Schlüsselerfolgsfaktoren (vgl. Abschn. 5.2.9) bestimmt. In vielen Fällen sind solche Faktoren in der Marktforschung, im Marketing oder aus Strategieunterlagen verfügbar. Andernfalls müssen diese Faktoren mit Hilfe von Markt- und Wettbewerbsuntersuchungen ermittelt werden.

Die vertikale Achse beschreibt das Leistungsniveau innerhalb einer Branche, das mit einer Skala von niedrig bis hoch erfasst wird. Die zu untersuchende Einheit wird nun auf der Wertkurve eingeordnet. Erhält diese Einheit einen hohen Wert für einen Faktor, bedeutet dies eine bessere Leistung im Vergleich zu Wettbewerbern (und umgekehrt). Für diese Beurteilungen können Wettbewerbsanalysen und Benchmarking-Ergebnisse herangezogen werden. Letztlich ist hier auch die Einschätzung des Managements von Bedeutung.

Zusätzlich sind die Wertkurven wichtiger Konkurrenten oder relevanter strategischer Gruppen zu ermitteln. Zur Beurteilung der Leistungsstärke der einzelnen Leistungsdimensionen für die Vergleichseinheiten sind ebenfalls Wettbewerbsanalysen und Benchmarking-Studien heranzuziehen.

Schritt 2: Ermittlung einer neuen Wertkurve

In diesem Schritt werden die einzelnen Dimensionen der Wertkurve neu konstruiert. Dazu geben Kim/Mauborgne (2005a) vier Schlüsselfragen vor (Abb. 7—46):

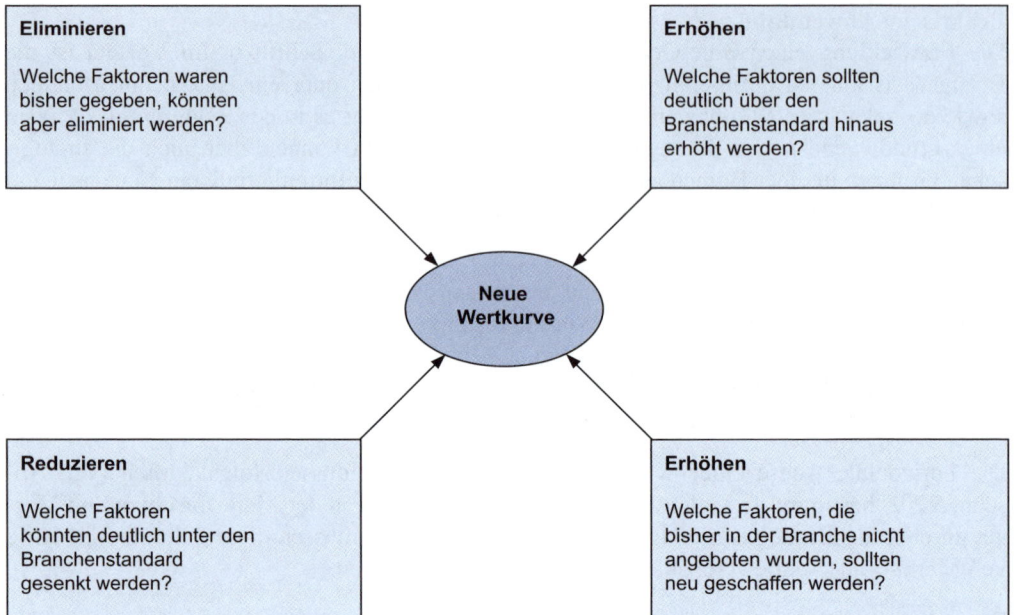

Abb. 7—46: Schlüsselfragen zur Ermittlung einer neuen Wertkurve (Quelle: in Anlehnung an Kim/Mauborgne 2005a, S. 29)

Die Fragen sollen die Unternehmensführung veranlassen, über grundsätzliche Branchenannahmen nachzudenken und diese infrage zu stellen. Dazu gehört auch die komplette Eliminierung einzelner Dimensionen, die aus Kundensicht keine große Rolle mehr spielen, und die Reduktion der Standards für andere Dimensionen, die im Zuge einer in der Vergangenheit verfolgten Differenzierungsstrategie weit über die Kundenbedürfnisse hinaus verbessert wurden. Bei anderen Dimensionen ist eine deutliche Verbesserung bestimmter Leistungsdimensionen bzw. die Schaffung neuer Dimensionen denkbar. Letztlich zwingen diese Fragen die Führungskräfte, die klassische Dichotomie zwischen Differenzierung und niedrigen Kosten aufzulösen und so ein neues, attraktives Angebot für die Kunden zu definieren.

Kim/Mauborgne (2005a, S. 48) empfehlen sechs Wege, die bei der Rekonstruktion der Wertkette eingesetzt werden können:

- *Die Perspektive systematisch auf weitere Branchen richten.* Unternehmen konkurrieren nicht nur mit den direkten Wettbewerbern, sondern oft auch mit Unternehmen aus benachbarten Branchen, die Substitute anbieten. Zum Beispiel konkurrieren Fluggesellschaften auf kurzen und mittleren Strecken mit Bahn und Auto. Billigflieger wie RyanAir oder EasyJet bieten eine Leistung an, welche die Schnelligkeit des Flugs mit dem regelmäßigen Fahrplan der Bahn und den niedrigen Kosten des Autos verbindet (Müller-Stewens/Lechner 2005, S. 374).

- *Übergreifende Angebote in einer Branche definieren.* Die meisten Branchen lassen sich in verschiedene strategische Gruppen aufteilen. Jede Gruppe hat eigene Produktangebote und bedient spezifische Käufersegmente. Nun ist zu überlegen, ob ein hybrides Produktangebot geschaffen werden kann, das die Vorteile der Produkte aus zwei strategischen Gruppen miteinander verbindet. POLO RALPH LAUREN bspw. ist es gelungen, eine Marke zu schaffen, die einerseits über einen Designernamen sowie elegante Einkaufsgeschäfte und wertvolle Stoffe Nähe zur Haute Couture vermittelt, andererseits jedoch mit einer moderaten Preisgestaltung und einem zeitlosen Stil die Vorzüge traditioneller Modeanbieter aufweist (Müller-Stewens/Lechner 2005, S. 403).
- *Neue Zielgruppen in der Käuferkette finden.* Hier geht es um die Frage, wie eine scheinbar einheitliche Zielkundengruppe weiter differenziert und mit einem besseren Angebot bedient werden kann. Kim/Mauborgne (2005a, S. 62 f.) nennen in diesem Zusammenhang Novo Nordisk, den dänischen Insulinhersteller. Ursprünglich konzentrierte das Unternehmen sich auf die Ärzte als Zielgruppe und entwickelte Insulin mit einem immer höheren Reinheitsgrad. In den frühen 1980er Jahren erkannte Novo Nordisk dann die Möglichkeit, aus diesem engen Wettbewerbsfeld auszubrechen. Das Unternehmen konzentrierte sich fortan mehr auf die Patienten und entwickelte eine Reihe von einfach zu handhabenden Injektionssystemen für Insulin. So konnte Novo Nordisk sich einen eigenen Markt schaffen.
- *Komplementäre Produkte und Dienstleistungen zu einer Gesamtlösung zusammenfassen.* Die Wertinnovation liegt im Angebot einer Gesamtlösung. Das ist bspw. Tetra Pak mit seinen integrierten Verpackungssystemen für Milch oder Obstsaft sehr erfolgreich gelungen. Die Gesamtlösung von Tetra Pak besteht aus der Abfüllanlage, der Bereitstellung des Verpackungsmaterials sowie einem umfassenden Dienstleistungsangebot (Schulung und Wartung, Finanzierung und Marketingberatung).
- *Funktionale oder emotionale Ausrichtung der Branche überprüfen.* Bestimmte Branchen entwickeln im Laufe der Zeit entweder eine überwiegend funktionale oder eine überwiegend emotionale Orientierung. So dominiert bspw. in technischen Branchen eine funktionale Ausrichtung. Die Kosmetikindustrie hingegen appelliert in erster Linie an Gefühle. Werden nun die Anreizfaktoren der jeweils anderen Argumentationslinie in das eigene Angebot integriert, können sich daraus interessante Wertinnovationen ergeben. Ein klassisches Beispiel hierfür liefert SMH mit der Swatch. Die Uhrenindustrie war ursprünglich sehr funktional ausgerichtet. Mit der Swatch kamen Design und Mode mit ins Spiel.
- *Veränderungen im Zeitablauf erkennen.* Branchenentwicklungen müssen beobachtet werden, um Veränderungen frühzeitig erkennen und an ihrer Gestaltung mitwirken zu können. Kim/Mauborgne (2005a, S. 76 ff.) zeigen dies am Beispiel von Apple und iTunes. Apple hatte den iPod entwickelt und sah die große Nachfrage nach MP3-Geräten und auch die zunehmende Nutzung des Internets für illegale Downloads von Musikstücken. Dies führte zur Einführung von iTunes online mit der Möglichkeit für die Nutzer, individuelle Musikstücke zu einem relativ niedrigen Preis und sehr einfach und bequem legal zu erwerben.

Mit solchen Wertinnovationen können Unternehmen neue Märkte schaffen und auf diese Weise den direkten Konkurrenzkampf für einige Zeit vermeiden.

Das folgende Beispiel zeigt, wie der Hotel-Konzern Accor mit Hilfe dieses Modells den erfolgreichen Einstieg in das Billigmarktsegment schaffte. Abb. 7—47 enthält eine Strategiekarte für 1- und 2-Sterne Hotels in Frankreich zu Beginn der 1990er Jahre. Die beiden Kurven zeigen ein gleichförmiges Profil; die Leistungsdimensionen liegen alle auf einem niedrigen Bewertungslevel. Eine Befragung von Nichtkunden zeigte, dass deren Anforderungen an ein Billighotel von den branchenüblichen Standards erheblich abweichen. Restaurants, große Eingangshallen und eine 24-Stunden-Rezeption waren nicht notwendig. Diese Ausprägungen des Angebots wurden also entweder ganz eliminiert oder deutlich reduziert. Hingegen legten die Nichtkunden großen Wert auf die Qualität der Betten und Hygiene. Die Standards wurden hier erhöht. Außerdem konnte mit einer Lärmisolierung der Gebäude und einer Standortverlegung an Ausfallstraßen eine neue Leistungsdimension für diese Hotelkategorie etabliert werden. So entstand eine neue, dem Wettbewerb überlegene Wertkurve für die Formule 1-Kette, die Accor zum Marktführer in der Kategorie der Billighotels machte.

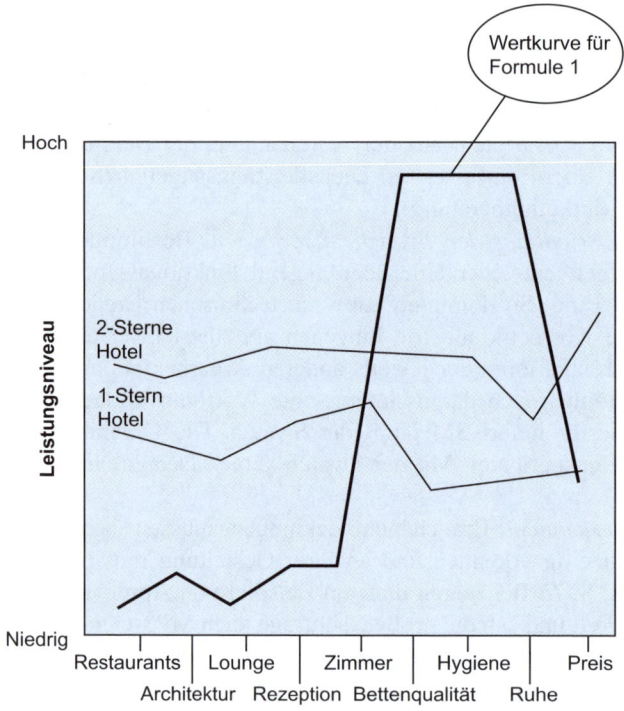

Abb. 7—47: Die Strategiekarte für 1- und 2-Sterne Hotels in Frankreich (Quelle: in Anlehnung an Kim/Mauborgne 1997; Westermann 2005)

Schritt 3: Implementierung der Wertinnovation

Kim/Mauborgne (2005a, S. 12 ff.) setzen sich explizit mit der Umsetzung einer Wertinnovation auseinander. In diesem Zusammenhang verwenden sie das Konzept der Tipping-Point-Führung (Gladwell 2002). In traditioneller Weise werden Veränderungen in einer Organisation über die Veränderung der Einstellungen der großen Masse der Mitarbeiter erreicht. Tipping Point hingegen geht davon aus, dass schon eine kleine Zahl von Mitarbeitern bzw. Aktivitäten, die aber einen überproportionalen Einfluss auf die Leistung haben, die Unternehmensleistung verändern können. Solche im Sinne der Wertinnovation gewünschten Veränderungen können aber nur greifen, wenn die Mitarbeiter auf Dauer die neuen Denk- und Verhaltensweisen übernehmen. Dazu ist es notwendig, eine Kultur des Vertrauens und der Einhaltung von Verpflichtungen aufzubauen. Dies geht nur mit einem fairen Managementprozess (Kim/Mauborgne 2005a, S. 12 ff.).

Kritik des Instruments

Der Begriff Blue Ocean ist zum Modewort geworden. Dass ein Unternehmen mit einem neuartigen Produkt am Markt erfolgreich ist und für einige Zeit eine quasi-monopolistische Marktstellung innehat, ist hingegen gar nicht so neu. In diesem Sinne verpacken Kim/Mauborgne längst vorhandenes Managementwissen mit neuen, sehr plakativen Begriffen.

Aus methodischer Sicht ist zu kritisieren, dass Kim/Mauborgne zahlreiche Einzelbeispiele verwenden, die sie sehr interessant und gelungen darstellen. Dabei werden die Marktabgrenzungen zum Teil sehr eng vorgenommen. Diese Fallbeispiele bestätigen die Blue-Ocean-Strategie sozusagen im Nachhinein. Allerdings gibt es auch eine Reihe von Fällen, in denen Unternehmen sehr erfolgreich über einen langen Zeitraum hinweg in roten Ozeanen konkurrieren, wie z. B. Wal-Mart im Einzelhandel. Genauso gibt es Beispiele für Unternehmen, die in blauen Ozeanen versunken sind, wie Iridium Inc. und die weltweite Sprach- und Datenübertragung mit Hilfe von Satellitentelefonen.

Rapp (2009) nennt drei Hauptprobleme des Blue-Ocean-Ansatzes: (1) Blaue Ozeane werden oft mit technischen Neuheiten und Produkterfindungen verwechselt. Das muss nicht immer der Fall sein. Ein blauer Ozean besteht nur dann, wenn das Produkt von den Kunden nachgefragt wird. In diesem Zusammenhang sprechen Kim/Mauborgne (2005a) vom Korridor der Massen. Der oft als Beispiel zitierte iPod von Apple war keineswegs der erste MP3-Player und entwickelte sich trotzdem zum blauen Ozean. (2) Die blauen Ozeane bestehen immer nur dann, wenn der mit einer Wertinnovation beabsichtigte Kundenwert vom Kunden auch geschätzt wird. Gerade diese Schnittstelle zwischen beabsichtigter Wertinnovation und Markt wird aber in vielen Projekten vernachlässigt. (3) Blaue Ozeane entstehen nicht in Workshops. Zur Umsetzung braucht es sehr viel Zeit, Ausdauer und strategischen Willen. Dies wird in der Praxis oft unterschätzt.

Eine erfolgreiche Blue-Ocean-Strategie soll einen intensiven Konkurrenzkampf überflüssig machen. Das ist sicherlich nur temporär möglich; jede erfolgreiche Strategie zieht irgendwann Wettbewerber nach sich. Burke et al. (2010) kommen in ihrer Studie des niederländischen Einzelhandels zu dem Ergebnis, dass eine Blue-Ocean-Strategie durchaus nachhaltig sein kann, aber der zunehmende Wettbewerb nach einiger Zeit zu einem Rückgang der Gewinne aus der Wertinnovation führt. Die Autoren schlagen eine Kombination aus Blue-

Ocean-Strategie und traditioneller Wettbewerbsstrategie vor. Ihnen zufolge kann nach der erfolgreichen Einführung einer Blue-Ocean-Strategie eine effiziente traditionelle Wettbewerbsstrategie helfen, die Gewinnerosion zu verringern und so finanzielle Mittel zu sichern, um Investitionen in weitere neue Blue Oceans zu tätigen.

Strategische Bedeutung und Nutzung

Das Blue-Ocean-Konzept versucht, ein grundsätzliches Problem üblicher Wettbewerbsstrategien zu lösen. Diese Strategien verfolgen nämlich das Ziel, Marktanteile zu steigern und den Wettbewerbern im Hinblick auf Differenzierungs- oder Kostenmerkmale immer einen Schritt voraus zu sein. So entstehen Leistungen, die weit über das hinausgehen, was der Kunde eigentlich verlangt. Der zunehmende Druck auf die Margen führt letztlich zu den roten Ozeanen.

Unternehmen müssen Nachfrage dort schaffen, wo sie noch gar nicht besteht; sie müssen also noch nicht bediente, konkurrenzfreie Märkte entdecken. Dies ist aber nur möglich, wenn es den Führungskräften gelingt, sich konsequent von traditionellen Strategie- und Managementvorstellungen zu lösen und neue Wege zu gehen.

Dazu stellen Kim/Mauborgne ein gut durchdachtes Instrumentarium vor, das nicht nur praktische Vorgehensweisen zum Finden der blauen Ozeane enthält, sondern sich auch dezidiert mit der Umsetzung auseinandersetzt und hier eine Reihe von wichtigen Konzepten bereitstellt. Weiter gelingt es Kim/Mauborgne mit zahlreichen Fallbeispielen und guten Metaphern wie bspw. den blauen und roten Ozeanen, ihr Konzept verständlich und interessant zu vermitteln.

Gerade in wirtschaftlichen Krisenzeiten kann die Blue-Ocean-Strategie für viele Unternehmen von großer Bedeutung sein (Kim/Mauborgne 2009). Krisen verändern die Wettbewerbslandschaft oft tiefgreifend. Solche Umbrüche bieten günstige Gelegenheiten, neue Märkte mit neuen Spielregeln zu schaffen und damit die Blue-Ocean-Strategie einzusetzen.

Ähnliche Instrumente

Disruptive Innovationen

Durchbruchsinnovationen oder zerstörerische Innovationen (Christensen 2003) entstehen auf Basis einer neuen Technologie oder eines neuen Geschäftsmodells. Während sich die Marktführer auf die Weiterentwicklung ihrer Kernprodukte konzentrieren und ein Angebot bereitstellen, das über die Kundenbedürfnisse weit hinausgeht, entstehen neue Anbieter, die sich mit einfachen, preiswerten Produkten im unteren Marktsegment positionieren (z. B. die Billigflieger) oder neue Kunden mit einem neuartigen Angebot ansprechen (z. B. eBay im Auktionsgeschäft). Dieser Ansatz ist mit dem Modell von Kim/Mauborgne vergleichbar, die ebenfalls nach unentdeckten Märkten suchen. Allerdings liegt der Schwerpunkt der Arbeiten von Christensen stärker auf der theoretischen Erklärung von Innovationen, während Kim/Mauborgne sehr viel praktischer vorgehen und eine Reihe von Empfehlungen für die Entwicklung und Umsetzung von Wertinnovationen abgeben.

Strategie als Revolution

Hamel/Prahalad (1994, S. 120 f.) betonen ebenfalls die Notwendigkeit für etablierte Unternehmen, weiße Flecken oder White Spaces auf der Wettbewerbslandkarte zu entdecken. Sie fordern Strategieinnovationen, die die Grundlagen des Wettbewerbs in bestehenden Branchen neu gestalten oder zur Erfindung völlig neuer Branchen führen. Dies bedeutet, Regeln zu brechen und eine „Revolution" innerhalb eines etablierten Unternehmens zu initiieren (Hamel 1996; 2002, S. 5 ff.).

Hamel's (1996) Zielsetzung entspricht den Vorstellungen von Kim/Mauborgne. Während Hamel eine Reihe von sehr wichtigen Denkanstößen und Empfehlungen gibt, liefert die Blue-Ocean-Strategie eine sehr praktische und unmittelbar umsetzungsfähige Vorgehensweise.

Bottom-of-the-Pyramid-Konzept und „Gandhi-Strategien"

Prahalad (2009) zeigt mit diesem Konzept auf, wie westliche Unternehmen in der Dritten Welt mit innovativen Geschäftsmodellen rentabel wachsen können und gleichzeitig einen wichtigen Beitrag zur Bekämpfung der Armut leisten. Die Grundfrage lautet: „Was wäre, wenn wir unsere betrieblichen Abläufe ändern und die Preise so weit senken, dass sich auch Menschen mit geringem Einkommen unsere Produkte leisten können?" Unternehmen mit Aktivitäten in Schwellenmärkten müssen neue Strategien („Gandhi-Strategien") entwickeln mit dem Ziel, die bisher unerfüllbare Nachfrage durch erschwingliche Produkte mit einem besonders guten Preis-Leistungsverhältnis zu befriedigen (Prahalad/Mashelkar 2010). Dazu müssen die in vielen Schwellenländern vorhandenen Beschränkungen mit kreativen Ideen überwunden werden.

Überschneidungen mit anderen Instrumenten

Externe Analysen

Die verschiedenen Instrumente der externen Analyse (vgl. Abschn. 5.2) können wichtige Ausgangsinformationen für die Erstellung der eigenen Wertkurve und der Wertkurven von Wettbewerbern (Strategy Canvas) liefern. Dabei sind die strategische Gruppenanalyse, Wettbewerbsanalysen (Hungenberg 2011) und Benchmarking-Analysen (Camp 2006) von großem Interesse. Weiter sind externe Analysen hilfreich bei der Rekonstruktion der Wertkurve und der Beurteilung der geplanten Veränderungen.

Interne Analysen

Die Ergebnisse der internen Analyse (vgl. Abschn. 6.2) sind bei der Implementierung einer Wertinnovation wichtig. Sie zeigen, wo das Unternehmen im Hinblick auf Ressourcen und Kompetenzen steht und welcher Veränderungsbedarf notwendig ist, um die Wertinnovation erfolgreich am Markt zu platzieren.

Schlüsselerfolgsfaktoren

Eine Analyse der Schlüsselerfolgsfaktoren (vgl. Abschn. 5.2.9) kann genutzt werden, um die horizontale Achse der Wertkurve zu beschreiben. Das setzt allerdings voraus, dass eine bereits vorhandene Analyse der Schlüsselerfolgsfaktoren der Definition des Geschäfts entspricht, auf die das Blue-Ocean-Modell angewandt werden soll.

7.3.5   Die Spieltheorie

Das Ziel der Spieltheorie ist es, das Verhalten von Spielern (hier: Unternehmen), die im Wettbewerb stehen und wechselseitig voneinander abhängig sind, zu prognostizieren und Strategieoptionen zu evaluieren. Dabei wird angenommen, dass die Spieler stets rational handeln und an erster Stelle daran interessiert sind, ihren eigenen Nutzen zu maximieren. Die Spieltheorie erkennt jedoch auch die Wichtigkeit der Kooperation zwischen den Spielern an.

Beschreibung und theoretischer Hintergrund

Als Teildisziplin der Mathematik wird die Spieltheorie heute in vielen Bereichen angewandt. Schon zu Beginn des Zweiten Weltkrieges nutzte die britische Marine Erkenntnisse der Spieltheorie, um die Züge des Gegners abzuschätzen. Sie konnte ihre militärischen Erfolge erhöhen, indem sie intuitive Entscheidungen durch eine systematische und rationale Modellierung und Analyse ihrer Wechselbeziehung zum Gegner ersetzte (Waddington 1973 zitiert in Brandenburger/Nalebuff 1996, S. 6).

Die theoretische Formulierung der Spieltheorie und die Anwendung auf ökonomische Sachverhalte erfolgte 1944 durch den Mathematiker von Neumann und den Ökonomen Morgenstern in ihrem Buch „Theory of Games and Economic Behavior" (1944). Sie erkannten eine Analogie zwischen Gesellschaftsspielen und Märkten. Diese Analogie besteht darin, dass die Spieler stets bemüht sind, ihren Nutzen zu maximieren und dabei zugleich in einer wechselseitigen Abhängigkeit zu anderen Spielern stehen. Somit sind die Akteure gezwungen, das Verhalten anderer Spieler zu prognostizieren und bei ihren Entscheidungen zu berücksichtigen. Die Arbeiten von von Neumann und Morgenstern bildeten die Basis für viele Forschungsarbeiten in Ökonomie, Recht, Politik, Biologie und anderen Bereichen (Hungenberg 2011, S. 269 f.)

Eine zentrale Fragestellung der Spieltheorie befasst sich damit, wie aus einer Ausgangssituation unter Beachtung der strategischen Spielzüge aller Akteure eine Gleichgewichtslösung gefunden werden kann. Das bekannteste klassische Gleichgewichtskonzept ist das Nash-Gleichgewicht, benannt nach dem Nobelpreisträger und Mathematiker John Nash. Es beschreibt eine Strategiekombination, bei der keiner der Akteure einen Anreiz hat, von diesem Gleichgewicht abzuweichen, weil er ansonsten seinen Nutzen schmälern würde (Nash 1950, 1951).

Ein beliebtes spieltheoretisches Modell, das häufig zur Erklärung des Nash-Gleichgewichts verwendet wird, ist das Gefangenendilemma. Es beschreibt die Situation von zwei Gefangenen, die gemeinsam ein Verbrechen begangen haben und ohne jede Kontaktmöglichkeit in getrennten Zellen sitzen. Die Höhe ihrer Strafe hängt nun davon ab, ob sie gestehen (defektieren) oder schweigen (kooperieren) und wie der andere sich verhält. Das Dilemma besteht darin, dass es dem einzelnen Gefangenen vorteilhaft erscheint, zu defektieren, weil er dann auf einen höheren Nutzen hoffen kann. Würden – und könnten – die Gefangenen jedoch beide kooperieren, würde sich die Haftstrafe für beide deutlich verkürzen (Axelrod 2000, S. 7). Bei einem einmaligen Spiel stellt die Defektion das Nash-Gleichgewicht dar.

Dieses Modell lässt sich auf viele Situationen in Unternehmen übertragen und wird im Folgenden am Beispiel einer strategischen Allianz veranschaulicht. Zwei Unternehmen (A und

B) beginnen eine Partnerschaft mit dem Ziel des Wissenstransfers im Bereich der Forschung und Entwicklung. Allianzen bergen erhebliches Konfliktpotenzial, da der Erfolg nicht nur von den Fähigkeiten und den Bemühungen der Kooperationspartner abhängt, sondern auch davon, inwieweit diese eigene Interessen verfolgen (Jost 2001, S. 287). Nach der nichtkooperativen Spieltheorie versuchen beide Unternehmen, ihren eigenen Nutzen zu maximieren, indem sie das Wissen des anderen Unternehmens abschöpfen und möglichst wenig vom eigenen preisgeben. Abb. 7—48 zeigt den Ablauf dieses simultanen und statischen Spiels. Die Pay-offs werden in Nutzeneinheiten gemessen.

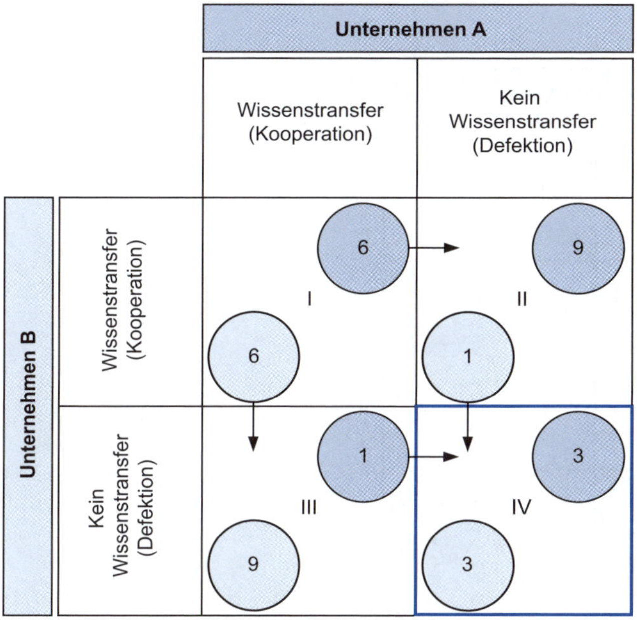

Abb. 7—48: Nash-Gleichgewicht in einer strategischen Allianz

Mit der „Cell-by-Cell"-Methodik können Quadrant für Quadrant alle Strategiekombinationen analysiert werden. Wenn beide Unternehmen (Spieler) eine kooperative Strategie verfolgen (Quadrant I), dann beträgt der Nutzen sechs Einheiten für jeden Spieler. Allerdings stellt diese Kombination kein stabiles Gleichgewicht dar, denn für beide Unternehmen gibt es Anreize, von der Strategie abzuweichen. Zum einen können sie ihren eigenen Nutzen maximieren, wenn sie defektieren. Zum anderen ist ihr Nutzen höher, falls der Partner ebenfalls rational handelt und defektiert. Unternehmen A versucht also, Quadrant II zu erreichen, um seinen Nutzen zu maximieren. Der Nutzen beträgt in Quadrant II für Unternehmen B allerdings nur eine Einheit, somit wird es ebenfalls defektieren. Quadrant III bildet die gleiche Situation mit umgekehrten Rollen ab. Unternehmen A und B befinden sich also in der gleichen Situation, deshalb kooperiert keines der beiden Unternehmen. Erst in Quadrant IV finden sie ein stabiles Gleichgewicht (Nash-Gleichgewicht) und erhalten jeweils nur drei Nutzeneinheiten.

Es gibt verschiedene Wege, dieses Dilemma aufzulösen und ein stabiles Gleichgewicht in der optimalen Strategiekombination (Quadrant I) zu erreichen. Im vorliegenden Beispiel könnte das optimale Ergebnis möglicherweise durch Sanktionszahlungen erreicht werden, die zu Beginn der Allianz vertraglich festgelegt werden. Das können zum Beispiel Vertragsstrafen für das Nichteinhalten von Vereinbarungen zum Informationsaustausch sein. Diese Sanktionszahlungen führen dazu, dass die ursprüngliche Auszahlungshöhe von neun Nutzeneinheiten bei einer einseitigen Defektion so stark reduziert wird, dass die Unternehmen keinen Anreiz mehr haben, von Quadrant I abzuweichen. Die Sanktionszahlung entspricht in diesem Beispiel vier Nutzeneinheiten, so dass beide Spieler ihren Nutzen optimieren können, indem sie kooperieren. Somit bildet Quadrant I ein stabiles Gleichgewicht (Abb. 7—49).

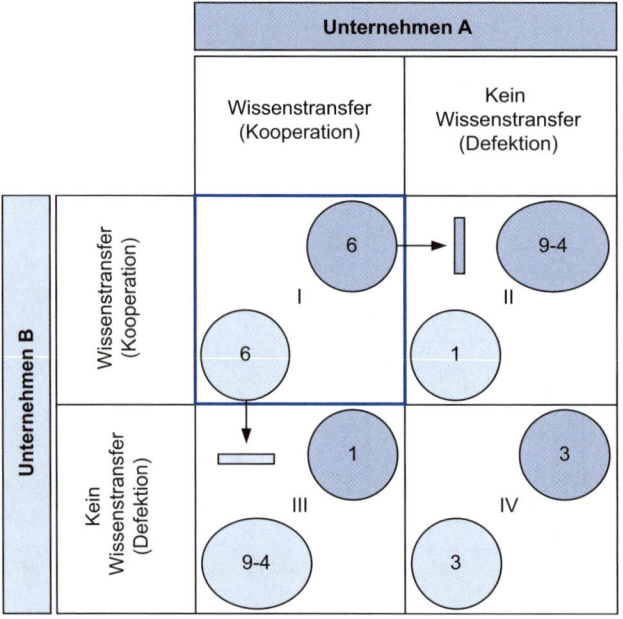

Abb. 7—49: Gleichgewicht bei Kooperation in einer strategischen Allianz

Wie das Beispiel zeigt, können Spieler das Ergebnis durch Signale beeinflussen. Jenkins/ Ambrosini (2007, S. 93 f.) unterscheiden drei Arten von Signalen, mit denen die Spieler explizit oder implizit kommunizieren und Informationen übermitteln. Die erste Art nennen sie „Cheap Talk" (leeres Gerede) – leere Versprechungen oder Drohungen. Die zweite Art beruht auf der Reputation, die das Unternehmen durch sein konsequentes Handeln über einen längeren Zeitraum aufbaut. Sie lässt den Partner/Gegenspieler erkennen, wie sich ein Unternehmen in bestimmten Situationen verhält. Die dritte Art ist das „Commitment" (eine Verpflichtungserklärung). Im Gegensatz zum „Cheap Talk" sind diese Versprechen oder Drohungen unwiderruflich. Oft werden sie, wie in dem eben erklärten Beispiel aus der Forschung und Entwicklung, durch Verträge rechtsverbindlich formuliert.

Im Modell der sequenziellen Spiele (Abb. 7—50) treffen die Akteure mehrmals nacheinander Entscheidungen und reagieren auf ihre Gegner. Im Gegensatz zu den simultanen Spielen sind sequenzielle Spiele durch einen sich ständig ändernden Informationsstand gekennzeichnet. Die dynamischen Spiele lassen sich am besten mit Hilfe eines Spielbaums darstellen (Welge/Al-Laham 2012, S. 65 f.).

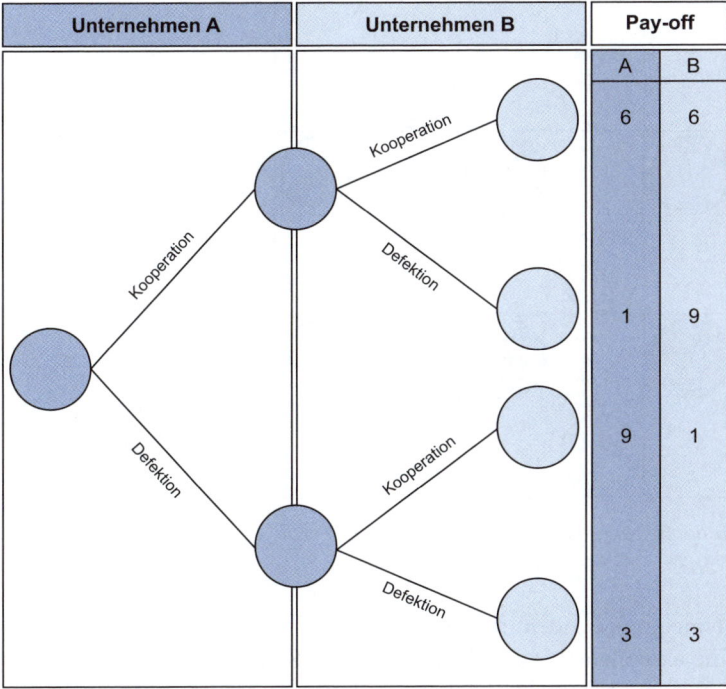

Abb. 7—50: Spielbaum für ein Unternehmensbeispiel

Praktische Anwendung

Zur Anwendung der Spieltheorie bietet sich ein methodisches Vorgehen in fünf Schritten an (in Anlehnung an Lynch 2009, S. 210; Papayoanou/Goldman 2003). Die spieltheoretischen Überlegungen werden anhand eines konstruierten Beispiels aus der Waschmittelindustrie in Deutschland veranschaulicht (Abb. 7—51). Der Konsumgüterhersteller Henkel steht dabei vor der Herausforderung, seine Marke Persil durch gezielte Marketingaktivitäten gegen den steigenden Wettbewerb zu behaupten.

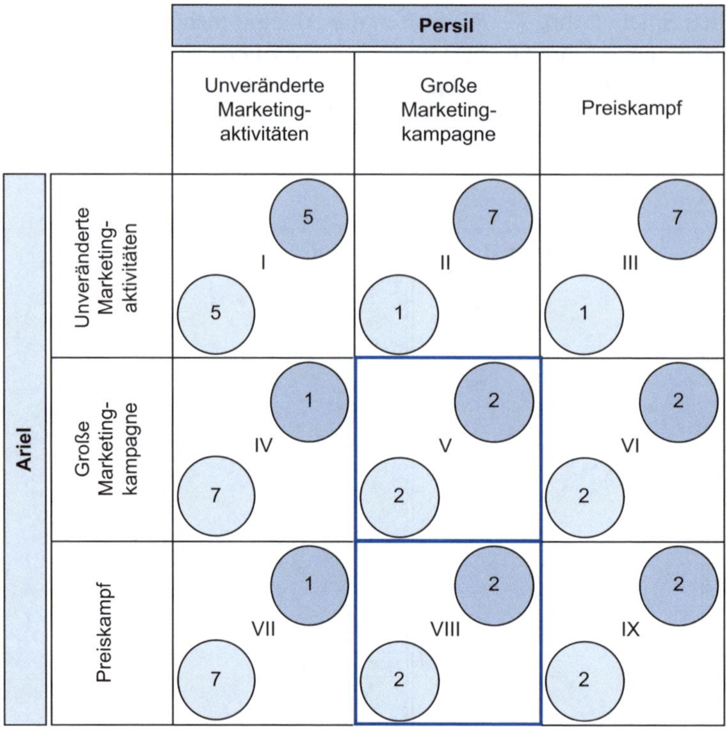

Abb. 7—51: Entscheidungsmatrix für die Marketingstrategie am Beispiel von Persil

Schritt 1: Spieler und Strategieoptionen identifizieren

Zunächst werden sowohl die aktuellen als auch die potenziellen Spieler identifiziert, um den Rahmen des Spiels abzugrenzen. Mitspieler können beispielsweise Lieferanten, Kunden, Wettbewerber oder Kooperationspartner sein. Als Nächstes werden alle Strategieoptionen und Ziele zusammengetragen, die sich den Spielern bieten könnten. Strategieoptionen können aus strategischen Planungsanalysen abgeleitet werden. Aus der strategischen Planung ergeben sich Stärken und Schwächen bzw. Chancen und Risiken des Unternehmens. Diese haben Rückwirkungen auf die Strategieoptionen der Wettbewerber.

Persil ist die Nummer eins auf dem Waschmittelmarkt in Deutschland. Der größte Teil der Wettbewerber verfolgt eine Niedrigpreisstrategie und besteht zum Teil aus Handelsmarken von Discountern. Konkurrent von Persil im Hochpreissegment ist die Marke Ariel der amerikanischen Procter & Gamble (P&G). Der Henkel-Konzern hat nun mehrere Optionen, seinen Marktanteil auf dem Heimatmarkt gegen Ariel zu behaupten bzw. auszubauen:

• Einen Preiskampf mit P&G.
• Eine kostenintensive, aggressive Marketingkampagne.
• Unveränderte Marketingaktivitäten.

Schritt 2: Stärken und Schwächen sowie Signale der Spieler analysieren

Um die Signale der Spieler zu verstehen, müssen die Stärken und Schwächen der Spieler sorgfältig analysiert werden. Auch das erweiterte Netzwerk des Gegners, zum Beispiel Kooperationen mit anderen Unternehmen oder die Nähe zu politischen Entscheidern, können das Spiel beeinflussen. Mögliche Signale des Gegenspielers müssen analysiert werden.

Henkel und P&G stehen für ein exzellentes Marketing; Persil und Ariel gehören weltweit zu den stärksten Marken. Auch die Forschung und Entwicklung hat einen hohen Stellenwert in beiden Unternehmen. P&G sendet seit seinem Markteintritt klare Signale auf dem deutschen Markt. Das Unternehmen attackiert den Marktführer mit einer aggressiven Marketingstrategie und nimmt hierfür auch Preissenkungen in Kauf. Henkel betont in der Außendarstellung die Innovationsführerschaft und signalisiert damit, dass es sich nicht auf einen dauerhaften Preiskampf einlässt.

Schritt 3: Pay-offs festlegen und sequenzielle sowie simultane Spielzüge bestimmen

Zunächst werden, basierend auf den Analyseergebnissen aus Schritt 1 und den ermittelten Strategieoptionen, Pay-offs (Auszahlungen) für alle Strategiekombinationen festgelegt. Diese Zahlenwerte spiegeln den erwarteten Nutzen der Strategiekombination für die Spieler wider. In den meisten Fällen handelt es sich um Schätzwerte, die beispielsweise mögliche Absatzsteigerungen, Kosteneinsparungen oder Auswirkungen auf das Image des Unternehmens beziffern.

Bei mehrperiodischen Spielen muss in der Praxis unterschieden werden, welche Spielzüge simultan und welche sequenziell erfolgen. Dabei sind die Spielzüge getrennt zu betrachten und folgende Unterschiede in der Lösungsmethodik zu beachten:

Simultane Spielzüge werden in einer Auszahlungsmatrix dargestellt. Hierfür werden die Pay-offs der Strategiekombinationen für beide Spieler in die jeweiligen Quadranten eingetragen. Zunächst gilt es, zu klären, ob es eine dominante Strategie gibt, d. h. eine Strategie, die dem Spieler, unabhängig von der Entscheidung des Gegenspielers, immer einen höheren Nutzen bringt. Falls es keine gibt, können dominierte Strategien, d. h. Optionen, die im Vergleich zu anderen Optionen für den Spieler immer unvorteilhaft sind, ausgeschlossen und ein Gleichgewicht gesucht werden (Jost 2001, S. 46). Um ein Spiel in Matrixdarstellungsform in einen Gleichgewichtszustand zu überführen, bietet sich die Lösungsmethodik der „Cell-By-Cell Inspection" an. Jede Zelle wird daraufhin geprüft, ob ein Strategiewechsel bei ihr mit Vorteilen für mindestens einen der Spieler verbunden ist. Besteht für keinen der Spieler in einer Zelle ein Anreiz zum Strategiewechsel, so ist ein Gleichgewichtszustand (Nash-Gleichgewicht) erreicht. Dabei sind auch mehrere Gleichgewichtslösungen (Zellen) denkbar.

Sequenzielle Spielzüge werden in einem Spielbaum dargestellt. In einem rückwärtsgerichteten Vergleichsverfahren werden die jeweiligen Strategiepfade paarweise gegenübergestellt. Dabei werden die Auszahlungspaare, also die Pay-offs für beide Spieler, jeder Strategiekombination verglichen. Ausgehend von den Endknotenpunkten werden unterlegene Strategiekombinationen nach und nach gestrichen, um letztendlich eine oder mehrere überlegene Strategiepfade zu identifizieren. Auch bei dieser Methode sind mehrere Gleichgewichte möglich.

Für die kurzfristige Planung kann die Frage zur Marketingstrategie von Henkel als simultanes Spiel beantwortet werden. Aus den Informationen und Strategieoptionen ergibt sich folgende Entscheidungsmatrix (Abb. 7—51) für die Marken Persil und Ariel:

Den maximalen Gesamtertrag würden die Unternehmen erreichen, wenn beide unveränderte Marketingmaßnahmen ergreifen (Quadrant I). Henkel muss allerdings davon ausgehen, dass P&G entweder mit niedrigeren Preisen oder mit einer großen Kampagne versuchen wird, Marktanteile zu gewinnen. Wenn Henkel in diesem Fall nichts unternimmt, so würde der Ertrag von Henkel auf eine Einheit sinken, während der Konkurrent sieben Einheiten erreichen würde. Deshalb startet Henkel eine große, kostspielige Kampagne und die Unternehmen treffen sich in Quadrant V oder VIII.

Schritt 4: Signale senden
Aus der Analyse kann abgeleitet werden, ob durch Signale an die anderen Spieler ein Ergebnis mit einem höheren als dem sonst erwarteten Nutzen erzielt werden kann. Weiterhin muss entschieden werden, welche Art von Signalen gesendet werden sollen.

Zwischen Henkel und P&G kann keine explizite Kommunikation erwartet werden, denn Kooperationen sind in der Waschmittelindustrie zwischen direkten Konkurrenten unüblich. In der Vergangenheit hat Henkel durch sein Verhalten implizit gezeigt, dass es sein Image als innovativer Konsumgüterhersteller pflegt, nämlich hohe Qualität zu hohen Preisen zu bieten. Damit entfallen die Strategiekombinationen des Preiskampfs (Quadrant III, VI, IX).

Schritt 5: Strategiewahl und -umsetzung
In mehrperiodischen Spielen ist es ratsam, den Spielverlauf regelmäßig zu überprüfen und neu zu bewerten, denn auch bei sorgfältiger Analyse kann es vorkommen, dass das Verhalten des Gegners nicht den Erwartungen entspricht.

Henkel muss seinen stärksten Konkurrenten genau beobachten. Sollte P&G eine größere Kampagne starten, muss das Unternehmen in der Lage sein, zeitnah zu reagieren. Auch potenzielle neue Konkurrenten in dem Hochpreissegment müssen ständig beobachtet werden, denn sie könnten die gesamte Struktur des Spiels ändern.

Kritik des Instruments
Die Spieltheorie ist ein sehr abstraktes Modell. Deshalb fällt der Transfer ihrer Erkenntnisse in die Praxis häufig schwer. Die Simulation der Auswirkungen von Strategiealternativen erfordert Annahmen über die Art und die Regeln des Spiels. Oft weichen diese restriktiven Annahmen stark von der Realität ab. Zudem funktioniert das Modell nur mit wenigen externen Variablen, also mit einem geringen Detaillierungsgrad. Das Ergebnis ist somit zwar mathematisch durchdacht, aber aufgrund des hohen Abstrahierungsgrads und unrealistischer Annahmen kann es dennoch zu falschen Ergebnissen kommen. Des Weiteren wird in spieltheoretischen Modellen in den meisten Fällen nur eine Größe für die Entscheidungsfindung berücksichtigt. Tatsächlich werden strategische Spielzüge allerdings von mehreren Faktoren und über mehrere Kanäle beeinflusst (Grant 2013, S. 96 f.; Hungenberg 2011, S. 272 f.). Die Spieltheorie kann deshalb strategische Fragen nicht umfassend beantworten.

Auch die Tatsache, dass die Spieler nur wenige vordefinierte Handlungsalternativen haben und über ihre Situation sowie die genauen Konsequenzen ihres Handelns vollkommen informiert sind, wird oft kritisiert. Zudem unterstellt die Spieltheorie, dass die Akteure stets rational handeln. Diese Annahme lässt sich indes in der Realität selten beobachten (Welge/Al-Laham 2012, S. 75; Rappaport 2008).

Ein zunehmender Komplexitätsgrad führt im Modell wiederum oft zu keinem oder zu mehreren Gleichgewichten, oder man erhält kein stabiles Gleichgewicht. Daher eignet sich die Spieltheorie nicht für die detaillierte Beschreibung der Auswirkungen einer Strategiealternative (Grant 2013, S. 96 f.).

Bei klassischen spieltheoretischen Untersuchungen wird von einem duopolistischen bzw. oligopolistischen Markt ausgegangen, denn mit der Anzahl an Spielern steigt auch der Komplexitätsgrad. Nur unter solchen Marktbedingungen kann bei strategischen Entscheidungen mit einer direkten Reaktion des Gegenspielers gerechnet werden (Welge/Al-Laham 2012, S. 75; Hungenberg 2011, S. 271). Am Beispiel der Flugzeugbauer Airbus und Boeing kann man die spieltheoretischen Überlegungen bei Entscheidungen über neue Flugzeugtypen deutlich nachvollziehen. Das Verhalten der beiden Hauptkonkurrenten zeigt auch eine Gefahr – neue heranwachsende Konkurrenten außerhalb des Spielfelds beispielsweise aus China, Brasilien, Japan oder Kanada erhalten zu wenig Aufmerksamkeit.

Strategische Bedeutung und Nutzen

Spieltheoretische Modelle haben ihren festen Platz in der strategischen Planung vieler Unternehmen, vor allem dann, wenn es um einfache, klar unterscheidbare Entscheidungen geht und nur ein oder wenige Unternehmen „mitspielen" – was typisch für konsolidierte Branchen oder Infrastrukturunternehmen ist. Beispiele dafür sind Entscheidungen über die Übernahme von Unternehmen, den Eintritt in einen Markt, Kapazitätsaufstockungen etc.

Ein weiterer Nutzen der spieltheoretischen Modelle liegt darin, dass sie dazu beitragen, die Struktur des Wettbewerbs und rationale Hintergründe der Wechselbeziehung zwischen den Akteuren zu verstehen (Grant 2013, S. 96). Sie zwingen das Management des Unternehmens, die Reaktionen der Konkurrenten auf das eigene Verhalten zu berücksichtigen. Zudem werden systematisch Strategieoptionen generiert, die aus der eigenen Perspektive und aus der Perspektive des Wettbewerbers evaluiert werden. Aus den Analyseergebnissen können theoretisch fundierte Prognosen erstellt werden, die beispielsweise bei der Planung von Vertragsverhandlungen, Unternehmenskooperationen oder größeren Marketingkampagnen hilfreich sein können. Die Spieltheorie hilft Managern, Spielzüge und Sequenzen von Spielzügen zu durchdenken und sich auf die Handlungsweisen und Reaktionen ihrer Wettbewerber einzustellen (Welge/Al-Laham 2012, S. 63).

Eine zentrale Erkenntnis aus der Spieltheorie lässt sich in dem Begriff „Co-opetition" zusammenfassen (Brandenburger/Nalebuff 1996, S. 6 ff.). Die Spieltheorie erkennt die Dialektik von Geschäftsbeziehungen. Häufig lässt sich beobachten, dass auch heftig konkurrierende Unternehmen kooperieren, um ihren Nutzen gemeinsam zu maximieren. Von Interesse für die strategische Unternehmensführung sind besonders die mehrperiodischen Spiele, in denen angenommen wird, dass es den Akteuren um eine langfristige Optimierung geht. Weiter sind

Spiele interessant, die sich zur Analyse von kooperativen und kompetitiven Strategien eignen (Brandenburger/Nalebuff 1996, S. 6; Müller-Stewens/Lechner 2005, S. 106).

Ähnliche Instrumente

System Dynamics

System Dynamics simuliert die Auswirkungen einer Strategiealternative (Hungenberg 2011, S. 274 ff.). Zunächst werden möglichst ganzheitliche Modelle mit Annahmen erstellt, beispielsweise über die Preis/Absatz-Funktion, die Produktionskosten einzelner Anbieter, das Konkurrenzverhalten oder die Wirkung von Werbemaßnahmen auf die Nachfrage. Aufbauend auf den Modellen werden die Auswirkungen der Strategieoptionen auf diese Einflussgrößen untersucht und ihre Entwicklung und deren Konsequenzen abgeschätzt. Die Vorgehensweise des System Dynamics findet man häufig in Unternehmensplanspielen wieder. Die Qualität der Ergebnisse hängt allerdings sehr stark von den Annahmen ab, die im Vorhinein getroffen werden müssen.

Business Wargaming

Mit Business Wargames simuliert ein Unternehmen die zukünftige Entwicklung eines Marktes und kann so unterschiedliche Fragestellungen untersuchen, wie beispielsweise die Auswirkungen von Strategieänderungen oder den Einfluss externer Änderungen (Hungenberg 2011, S. 276 ff.; Horn 2011). Wargames werden als mehrtägige Planspiele ausgeführt. Die Manager des Unternehmens arbeiten in Teams, welche die Rolle von unterschiedlichen Marktteilnehmern übernehmen (wie z. B. das eigene Unternehmen, Wettbewerber oder Kunden) und gegeneinander antreten. Der wesentliche Nutzen dieser Methode liegt darin, dass die Führungskräfte ein besseres Verständnis für die Struktur und die Zusammenhänge des eigenen Marktes gewinnen. Auch die Entwicklung von neuen Perspektiven ist ein wichtiger strategischer Lernprozess.

Principal-Agent-Theorie

Die Principal-Agent-Theorie untersucht ebenfalls die Wechselbeziehung zwischen mehreren Akteuren. Im Zentrum der Untersuchungen steht das Verhaltensmuster des Auftragnehmers (Agent), der von dem Auftraggeber (Principal) Entscheidungskompetenz übertragen bekommt. Das Verhältnis der Akteure ist durch Informationsasymmetrien gekennzeichnet. Es wird angenommen, dass der Agent seinen Informationsvorsprung ausnutzt und, ähnlich wie in der Spieltheorie, eigene Interessen vertritt, anstatt im Sinne des Principal zu handeln. Ziel der Methode ist es hier, Informationsasymmetrien aufzudecken und Anreize zu schaffen, den Interessenkonflikt zu lösen (Welge/Al-Laham 2012, S. 50 ff.). Ein Beispiel für die Principal-Agent-Problematik in Unternehmen ist das Verhältnis zwischen Topmanagement und untergeordneten Managementebenen bei der Strategieimplementierung.

Überschneidungen mit anderen Instrumenten

SWOT

Die SWOT-Analyse generiert aus wichtigen Einflussfaktoren (Stärken, Schwächen, Chancen und Risiken) eine Vielzahl strategischer Optionen (vgl. Abschn. 4.2.2). Man kann sie als komprimierte Zusammenfassung der Ergebnisse einer Unternehmens- und Umweltanalyse sehen. Die SWOT-Analyse ist in der Regel deutlich umfangreicher als die Untersuchungen bei spieltheoretischen Fragestellungen. Die Spieltheorie hat einen klaren Fokus auf der Interdependenzproblematik. Jedoch können Erkenntnisse aus der SWOT-Analyse als Entscheidungsgrundlage in der Spieltheorie genutzt werden (Jenkins/Ambrosini 2007).

5-Kräfte-Modell
Das 5-Kräfte-Modell von Porter (vgl. Abschn. 5.2.3) analysiert die Attraktivität einer Branche. Obwohl die zentrale Zielsetzung der Spieltheorie von der Industrieanalyse abweicht, können die Ergebnisse zum Verhältnis des Unternehmens zu den fünf Kräften auch für die Identifizierung und die Evaluation strategischer Optionen verwendet werden. Im Gegensatz zum 5-Kräfte-Modell von Porter werden in der Spieltheorie aber auch die Chancen durch eine Kooperation untersucht (Grant 2013, S. 65 ff.).

7.4   Literatur

Abell, D.F. (1980): Defining the Business. The Starting Point of Strategic Planning. Englewood Cliffs, NJ, USA

Andreae, M./De Bodinat, H. (1981): Moderne Methoden der strategischen Analyse, in: Harvard Business Manager, 3. Jg., Januar, S. 20–31

Ansoff, H.I. (1988): The New Corporate Strategy. New York et al.

Ansoff, H.I. (1979): Strategic Management. Basingstoke, Hampshire und London

Ansoff, H.I. (1965): Corporate Strategy. Harmondsworth, Middlesex, UK et al.

Ansoff, I. (1995): A continent paradigm for success of complex organizations, in: Siegwart, H./Malik, F./Mahari, J. (Hrsg.): Unternehmenspolitik und Unternehmensstrategie. Stuttgart et al., S. 31–50

Axelrod, R. (2000): Die Evolution der Kooperation. München

Balin, D. (2006): Szenarienentwicklung beim systemorientierten Management, in: Wilms, F. (Hrsg.): Szenariotechnik – Vom Umgang mit der Zukunft. Bern

Besanko, D./Dranove, D./Shanley, M./Schaefer, S. (2010): Economics of Strategy. 5. Aufl., Hoboken, N.J., USA

Black, F./Scholes, M. (1973): The Pricing of Options and Corporate Liabilities, in: Journal of Political Economy, 81. Jg., Nr. 3, S. 637–654

Bowman, C./Faulkner, D. (1996): Competitive and Corporate Strategy. Chicago

Bowman, E.H./Moskowitz, G.T. (2001): Real Options Analysis and Strategic Decision Making, in: Organization Science, 12. Jg., Nr. 6, S. 772–777

Bradfield, R./Wright, G./Burt, G./Cairns, G./van der Heyden, K. (2005): The origins and evolution of scenario techniques in long range business planning, in: Futures, 37. Jg., Nr. 8, S. 795–812

Brandenburger, A.M./Nalebuff, B.J. (1996): Co-opetition. New York

Brealey, R.A./Meyer, S.C./Allen, F. (2010): Principles of Corporate Finance. 10. Aufl., New York

Burke, A./Van Stel, A./Thurik, A. (2010): Blue Ocean vs. Five Forces, in: Harvard Business Review, 88. Jg., Nr. 5, S. 28

Buzzell, R.D./Gale, B.T. (1987): The PIMS-Principles. Linking Strategy to Performance. New York

Camp, R.C. (2006): Benchmarking. The Search for Industry Best Practices that lead to Superior Performance. Milwaukee, WI, USA

Camphausen, B. (2007): Strategisches Management. 2. Aufl., München

Carl, V. (1989): Problemfelder des internationalen Managements. München

Chandler, A.D.: (1962): Strategy and Structure. Chapters in the History of the American Industrial Enterprise. Boston, USA

Christensen, C.M. (2003): The Innovator's Dilemma: The Revolutionary Book that Will Change the Way You Do Business. New York

Collis, D.J./Rukstad, M.G. (2008): Can you say what your Strategy is?, in: Harvard Business Review, 86. Jg., Nr. 4, S. 82–90

Copeland, T.E./Keenen, P.T. (1998a): How Much is Flexibility Worth?, in: The McKinsey Quarterly, o. Jg., Nr. 2, S. 38–49

Copeland, T.E./Keenen, P.T. (1998b): Making Real Options Real, in: The McKinsey Quarterly, o. Jg., Nr. 3, S. 128–141

Copeland, T.E./Tufano, P. (2004): A Real-World Way to Manage Real Options, in: Harvard Business Review, 82. Jg., Nr. 3, S. 90–99

Copeland, T.E./Koller, T./Murrin, J. (1990): Valuation. Measuring and managing the value of companies. Hoboken, NJ, USA

Cornelius, P./van de Putte, A./Romani, M. (2005): Three Decades of Scenario Planning in Shell, in: California Management Review, 49. Jg., Nr. 1, S. 92–109

Cox, J.S./Ross, S.A./Rubinstein, M. (1979): Option Pricing: A Simplified Approach, in: Journal of Finance Economics, 7. Jg., Nr. 3, S. 229–263

Drews, H. (2008): Abschied vom Marktwachstums-Marktanteils-Portfolio nach über 35 Jahren Einsatz? Eine kritische Überprüfung der BCG-Matrix, in: Zeitschrift für Planung & Unternehmenssteuerung, 19. Jg., Nr. 1, S. 39–57

EAA (2009): Looking back on looking forward: a review of evaluative scenario literature. European Environmental Agency Technical Report Nr. 3. Kopenhagen

EEG (2009): Erneuerbare-Energien-Gesetz vom 25. Oktober 2008 (BGBl. I S. 2074), zuletzt geändert durch Artikel 5 des Gesetzes vom 28. März 2009 (BGBl. I S. 643)

Ehrmann, T. (2007): Strategische Planung. 2. Aufl., Berlin

Eonsoo, K./Dae-Il, N./Stimpert, J. (2004): The Applicability of Porter's Generic Strategies in the Digital Age: Assumptions, Conjectures, and Suggestions, in: Journal of Management, 30. Jg., Nr. 5, S. 569–589

Eversheim, W./Schuh, G. (1996): Betriebshütte: Produktion und Management, Teil 1. 7. Aufl., Berlin

Fink, A./Schlake, O./Siebe, A. (2002): Erfolg durch Szenario Management. Frankfurt

Fleck, A. (1995): Hybride Wettbewerbsstrategien. Wiesbaden

Fruhan, W.E., Jr. (1979): Financial Strategy. Homewood, IL, USA

Gausemeier, J. (2010): Undenkbares Denken, in: Harvard Business Manager, 32. Jg., Oktober, S. 29–32

Geißler, C. (2004): Was sind Realoptionen, in: Harvard Business Manager, 26. Jg., Juni, S. 77

Giesa, T. (2007): Bestimmung relativer Wichtigkeiten in der Kundenzufriedenheitsmessung, Lohmar/Köln

Gilbert, X./Strebel, P. (1987): Outpacing Strategies, in: Journal of Business Strategies, 8. Jg., Nr. 1, S. 28–36

Giordano, M./Wenger, F. (2008): Organizing for Value, in: McKinsey on Finance, o. Jg., Nr. 18, S. 20–25

Gladwell, M. (2002): The Tipping Point: How Little Things Can Make a Big Difference. Boston, USA

Götze, U. (2008): Investitionsrechnung: Modelle und Analysen zur Beurteilung von Investitionsvorhaben. 6. Aufl., Berlin

Götze, U. (2006): Cross-Impact-Analyse bei der Bildung und Auswertung von Szenarien, in: Wilms, F. (Hrsg.): Szenariotechnik – Vom Umgang mit der Zukunft. Bern, S. 9–38

Goold, M./Campbell, A./Alexander, M. (1994): Corporate-level Strategy: Creating Value in the Multibusiness Company. New York

Grant, R.M. (2013): Contemporary Strategy Analysis. 8. Aufl., Chichester, West Sussex, UK

Grant, R.M./Nippa, M. (2006): Strategisches Management. Analyse, Entwicklung und Implementierung von Unternehmensstrategien. 5. Aufl., München

Günther, T. (2000): Unternehmenswertorientiertes Controlling. München

Hamel, G. (2002): Leading the Revolution. Boston, USA

Hamel, G. (1996): Strategy as Revolution, in: Harvard Business Review, 74. Jg., Nr. 7, S. 69–82

Hamel, G./Prahalad, C.K. (1994): Competing for the Future. Boston, USA

Hamel, G./Prahalad, C.K. (1990): The Core Competence of the Corporation, in: Harvard Business Review, 68. Jg., Nr. 3, S. 79–91

Harries, C. (2003): Correspondence to what? Coherence to what? What is good scenario-based decision making?, in: Technological Forecast and Social Change, 70. Jg., Nr. 8, S. 797–817

Hax, A.C./Majluf, N.S. (1996): The Strategy Concept and Process. A Pragmatic Approach. 2. Aufl., Upper Saddle River, NJ, USA

Hedley, B. (1977): Strategy and the Business Portfolio, in: Long Range Planning, 10. Jg., Nr. 2, S. 9–15

Heinicke, A. (2006): Die Anwendung induktiver Verfahren in der Szenariotechnik, in: Wilms, F. (Hrsg.): Szenariotechnik – Vom Umgang mit der Zukunft. Bern, S. 183–213

Henderson, B.D. (1977): The Corporate Portfolio, in: Stern, C.W./Deimler, M.S. (Hrsg.): The Boston Consulting Group and Strategy: Classic Concepts and New Perspectives. Hoboken, NJ, USA, S. 262–264

Henderson, B.D. (1974a): The Experience Curve – Reviewed I. The Concept. Boston Consulting Group Perspectives No. 124, https://www.bcgperspectives.com/content/articles/ experience_curve_reviewed_the_concept/. Abrufdatum 10.04.2011

Henderson, B.D. (1974b): The Experience Curve – Reviewed III – Why Does It Work ? Boston Consulting Group Perspectives No. 128, https://www.bcgperspectives.com/content/ articles/experience_curve_reviewed_why_does_it_work/. Abrufdatum 10.04.2011

Henderson, B.D. (1973): The Experience Curve – Reviewed. II. History Boston Consulting Group Perspectives No. 125, in: https://www.bcgperspectives.com/content/articles/the_ experience_curve_reviewed_history/. Abrufdatum 10.04.2011

Henderson, B.D. (1970): The Product Portfolio, Boston Consulting Group Perspectives, www.bcgperspectives.com/content/Classics/the_product_portfolio/. Abrufdatum 22.12.2010

Hommel, U./Pritsch, G. (1999): Marktorientierte Investitionsbewertung mit dem Realoptionsansatz. Ein Implementierungsleitfaden für die Praxis, in: Finanzmarkt und Portfoliomanagement, 13. Jg., Nr. 2, S. 121–144

Hommel, U./Scholich, M./Baecker, P. (2003): Reale Optionen – Konzepte, Praxis und Perspektiven strategischer Unternehmensfinanzierung. Heidelberg

Horn, J. (2011): Playing war games to win, in: The McKinsey Quarterly, o. Jg., Nr. 2, S. 122–127

Hungenberg, H. (2011): Strategisches Management in Unternehmen: Ziele, Prozesse, Verfahren. 6. Aufl., Wiesbaden

Hungenberg, H./Wulf, T./Stellmaszek, F. (2005): Einsatzfelder und Operationalisierung der Realoptionstheorie. Implikationen für die wertorientierte Unternehmensführung. Hrsg. vom Institut für Unternehmensplanung Gießen, Arbeitspapier 05-01

IEA (2009): World Energy Outlook 2009. Paris

Jenkins, M./Ambrosini, V. (2007): Advanced Strategic Management – A Multi-perspective Approach. 2. Aufl., New York

Johnson, G./Scholes, K./Whittington, R. (2011): Exploring Corporate Strategy. 9. Aufl., Harlow, Essex, UK

Jost, P.J. (2001): Die Spieltheorie in der Betriebswirtschaftslehre. Stuttgart

Kahn, H./Wiener, A. (1967): The Year 2000. New York

Kiechel, W. III (2010): The Lords of Strategy. The Secret Intellectual History of the New Corporate World. Boston, USA

Kim, W.C./Mauborgne, R. (2009): Die Blue-Ocean-Strategie als Krisenhelfer, in: Harvard Business Manager, 31. Jg., September, S. 55–65

Kim, W.C./Mauborgne, R. (2005a): Blue Ocean Strategy. How to Create Uncontested Market Space and Make the Competition Irrelevant. Boston, USA

Kim, W.C./Mauborgne, R. (2005b): Value Innovation: A Leap into the Blue Ocean, in: Journal of Business Strategy, 26. Jg., Nr. 4, S. 22–28

Kim, W.C./Mauborgne, R. (1999): Creating New Market Space, in: Harvard Business Review, 77. Jg., Nr. 1, 1999, S. 83–93

Kim, W.C./Mauborgne, R. (1997): Value Innovation: The Strategic Logic of High Growth, in: Harvard Business Review, 75. Jg., Nr. 1, S. 102–112

Knoll, S. (2008): Cross-business synergies: A typology of cross-business synergies and mid-range theory of continuous growth synergy realization. Diss. Universität St. Gallen

Kogut, B. (1989): A Note on Global Strategies, in: Strategic Management Journal, 10. Jg., Nr. 4, S. 383–389

Koller, M./Goedhart, M./Wessels, D. (2010): Valuation. Measuring and managing the value of companies. 7. Aufl., Hoboken, NJ, USA

Kotler, P./Keller, K. (2005): Marketing Management Analysis, Planning and Control. 3. Aufl., Upper Saddle River, NJ, USA

Kreilkamp, E. (1987): Strategisches Management und Marketing. Berlin

Leslie, K.J./Michaels, M.P. (1997): The Real Power of Real Options, in: The McKinsey Quarterly, o. Jg., Nr. 3, S. 97–108

Lewis, T.G. (1995): Steigerung des Unternehmenswertes – Total Value Management. 2. Aufl., Landsberg/Lech

Link, J. (1985): Organisation der strategischen Planung. Aufbau und Bedeutung strategischer Geschäftseinheiten sowie strategischer Planungsorgane. Heidelberg

Lombriser, R./Abplanalb, P.A. (2010): Strategisches Management. 5. Aufl., Zürich

Luehrman, T.A. (1998): Strategy as a Portfolio of Real Options, in: Harvard Business Review, 76. Jg., Nr. 5, S. 89–99

Lynch, R. (2009): Strategic Management. 5. Aufl., Harlow, Essex, UK

Macharzina, K./Wolf, J. (2012): Unternehmensführung: Das internationale Managementwissen: Konzepte – Methoden – Praxis. 8. Aufl., Wiesbaden

Mandel, F. (1982): Scenarios and Corporate Strategy: planning in uncertain times. Menlo Park, CA, USA

Markowitz, H.M. (1959): Portfolio Selection: Efficient Diversification of Investments. New York

Markowitz, H.M. (1952): Portfolio Selection, in: The Journal of Finance, 7. Jg., Nr. 1, S. 77–91

Meadows, D./Meadows, D.L./Randers, J./Behrens, W. (1972): The Limits to Growth. New York

Mertens, P./Rässler, S. (Hrsg.) (2004): Prognoserechnung. 6. Aufl., Heidelberg

Müller-Stewens, G./Brauer, M. (2009): Corporate Strategy & Governance. Wege zur nachhaltigen Wertsteigerung in diversifizierten Unternehmen. Stuttgart

Müller-Stewens, G./Lechner, C. (2005): Strategisches Management: Wie strategische Initiativen zum Wandel führen. 3. Aufl., Stuttgart

Myers, S. (1977): Determinants of Corporate Borrowing, in: Journal of Financial Economics, 5. Jg., Nr. 2, S. 147–175

Nash, J.F. (1951): Non-Cooperative Games, in: Annals of Mathematics, 54. Jg., Nr. 2, S. 286–295

Nash, J.F. (1950): Equilibrium Points in N-Person Games, in: Proceedings of the National Academy of Science, 36. Jg., Nr. 1, S. 48–49

Nayyar, P. (1993): On the Measurement of Competitive Strategy: Evidence from a large Multiproduct U.S. Firm, in: Academy of Management Journal, 36. Jg., Nr. 6, S. 1652–1669

O'Brien, F. (2004): Scenario Planning-lessons for practice from teaching and learning, in: European Journal of Operational Research, 152. Jg., Nr. 3, S. 709–722

Osell, R./Wright, R. (1980): Allocating Resources in: Albert, K.J. (Hrsg.): Handbook of Business Problem Solving. New York, S. 1–89 – 1–109

Papayoanou, P./Goldman, J. (2003): Shaping Winning Business, in: Financial Executive, 19. Jg., Nr. 2, S. 70–71

Pearce II, J.A./Robinson, R.B. (2007): Strategic Management. Formulation, Implementation and Control. Boston et al.

Perlitz, M./Schrank, R. (2013): Internationales Management. 6. Aufl., Konstanz/München

Pillkahn, U. (2007): Trends und Szenarien als Werkzeuge der Strategieentwicklung. Erlangen

Piskorski, J.M. (2005): Note on Corporate Strategy, in: Harvard Business School Teaching Note, Nr. 9-705-449

Porter, M.E. (1996): What is Strategy?, in: Harvard Business Review, 74. Jg., Nr. 6, S. 61–78

Porter, M.E. (1985): Competitive Advantage. New York

Porter, M.E. (1980): Competitive Strategy. New York

Prahalad, C.K. (2009): The Fortune of the Bottom at the Pyramid. Eradicating Poverty through Profits. 5. Aufl., Upper Saddle River, NJ, USA

Prahalad, C.K./Mashelkar, R. (2010): Erfinderische Inder, in: Harvard Business Manager, 32. Jg., Oktober, S. 92–104

Ralston, B./Wilson, I. (2006): The Scenario-Planning Handbook. Mason, OH, USA

Rapp, R. (2009): 12 Jahre Blue Ocean Strategie – Wie findet man gerade im Sommer einen blauen Ozean, bei dem man alleine am Strand ist?, http://www.reinholdrapp.com/OHOI-Blog/?p=11. Abrufdatum 06.10.2010

Rappaport, A. (2008): Game Theory Versus Practice – More companies are using game theory to aid decision-making. How well does it work in the real world?, in: CFO Magazine, o. Jg., Juli/August 2008, S. 35–36

Rappaport, A. (1997): Creating shareholder value. New York

Rappaport, A. (1981): Selecting strategies that create shareholder value, in: Harvard Business Review, 59. Jg., Nr. 3, S. 139–149

Reimann, B.C. (1990): Managing for Value: A Guide to Value Based Strategic Management. 2. Aufl., Oxford, UK

Schoemaker, P. (1995): Scenario Planning: A Tool for Strategic Thinking, in: Sloan Management Review, 36. Jg., Nr. 2, S. 25–40

Schrank, R. (2000): Neue Wege für die Strategieentwicklung von Unternehmen, in: Der Unternehmensberater, o. Jg., Nr. 1, S. 30–40

Shell (2009): Shell energy scenarios to 2050, http://www-static.shell.com/static/aboutshell/downloads/our_strategy/shell_global_scenarios/ shell_energy_scenarios_2050.pdf. Abrufdatum 20.10.2010

Simon, H./v. Gathen, A. (2002): Das große Handbuch der Strategieinstrumente. Frankfurt

Stewart, R./Wyskida, R.M./Johannes, J.D. (1995): Cost Estimator's Reference Manual. 2. Aufl., Hoboken, NJ, USA

Stump, E. (2002): All About Learning Curves, http://www.galorath.com/images/uploads/LearningCurves1.pdf. Abrufdatum 03.07.2009

Treacy, M./Wiersema, F. (1997): The Discipline of Market Leaders. Reading, MA, USA

Trigeorgis, L. (1995): Real Options, Managerial Flexibility and Strategy in Resource Allocation. Cambridge, MA, USA

Von Neumann, J./Morgenstern, O. (1944): Theory of Games and Economic Behavior. Princeton, NJ, USA

Wack, P. (1985): Scenarios – unchartered waters ahead, in: Harvard Business Manager, 6. Jg., Mai, S. 73–89

Waddington, C.K. (1973): OR in World War II: Operational Research Against the U-Boat. London

Watson, D./Head, A. (2007): Corporate Finance. Principles and Practice. 4. Aufl., Harlow, Essex, England

Weber, M./Krahnen, J./Weber A. (1995): Scoring-Verfahren – häufige Anwendungsfehler und ihre Vermeidung, in: Der Betrieb, 48. Jg., Nr. 33, S. 1621–1626

Welge, M.K./Al-Laham, A. (2012): Strategisches Management. Grundlagen, Prozess, Implementierung. 6. Aufl., Wiesbaden

Weelen, T.L./Hunger, J.D. (2010): Strategic Management and Business Policy. Achieving Sustainability. 12. Aufl., Upper Saddle River, NJ, USA

Westermann, V.W. (2005): Mit Nichtkunden neue Märkte finden, www.handelsblatt.com/unternehmen/mittelstand/mit-nichtkunden-neue-maerkte-finden/2560590.html.   Abrufdatum 11.04.2011

White, R. (1986): Generic Business Strategies; Organizational Context and Performance. An Empirical Investigation, in: Strategic Management Journal, 7. Jg., Nr. 3, S. 217–231

Wright, T.P. (1936): Factors affecting the cost of airplanes, in: Journal of the Aeronautical Science, 3. Jg., Nr. 4, S. 122–128

Zentner, R. (1982): Scenarios, Past, Present and Future, in: Long Range Planning, 15. Jg., Nr. 3, S. 12–20

Zdrowomyslaw, N./Kasch, R. (2002): Betriebsvergleiche und Benchmarking für die Managementpraxis: Unternehmensanalyse, Unternehmenstransparenz und Motivation durch Kenn- und Vergleichszahlen. München

8 Instrumente zur Strategieumsetzung

8.1 Überblick

Die Strategieumsetzung oder -implementierung umfasst alle Entscheidungen und Aktivitäten, um eine Strategie in die Realität umzusetzen. Wheelen/Hunger (2012, S. 296) betrachten die Umsetzung von Strategien im Hinblick auf drei Themen:

1. *Welche Aufgaben sind für die Umsetzung zu definieren?* Dazu sind Aktivitäts- oder Projektpläne aufzustellen, Prozesse und Systeme zu definieren und Budgets auszuarbeiten.
2. *Wie wird die Umsetzung organisiert?* Diese Frage bezieht auf die Zuweisung von Verantwortlichkeiten und Zuständigkeiten, letztlich auf alle Veränderungen in einer vorhandenen Struktur bzw. den Aufbau einer neuen Organisation.
3. *Welche personellen Konsequenzen zieht die Umsetzung nach sich?* Hier geht es im weitesten Sinne um Personalfragen, die bei der Umsetzung einer neuen Strategie auftauchen, wie z. B. die Management- und Personalkapazitäten oder die Kompetenzen.

Parallel zur Umsetzung sind geeignete Kontrollsysteme aufzubauen, die eine Fortschrittskontrolle der Strategieumsetzung ermöglichen. Solche Systeme sind in der Regel im Controlling angesiedelt (Weber/Schäfer 2008; Baum et al. 2007).

Die Frage der Implementierung wird im strategischen Management häufig vernachlässigt. Während die Entwicklung einer Strategie oft als spannend und interessant empfunden wird, weil hier ins Blaue gedacht werden kann, scheint hingegen die Auseinandersetzung mit Fragen der Umsetzung, z. B. die Beschaffung der notwendigen Ressourcen oder das Veränderungsmanagement, weniger spannend und interessant. Also wird sie kurzerhand an die nachfolgenden Ebenen delegiert. Das mag ein wenig überzeichnet klingen; dennoch stellt im strategischen Management die Implementierung oft die „dunkle Seite der Strategie" dar, deren Vernachlässigung den Erfolg erheblich beeinträchtigen kann.

Die Unternehmensführung muss ergo sowohl der Entwicklung wie auch der Umsetzung der Strategie die notwendige Beachtung schenken, um Wettbewerbsvorteile aufzubauen und zu erhalten. "A strategy that is formulated without regard to its implementation is likely to be fatally flawed" (Grant 2010, S. xiii). Beide Phasen des strategischen Managements sind eng miteinander verknüpft. Die Umsetzung von Vorgaben aus der Strategieentwicklung führt zu Lernprozessen, die wiederum neue Impulse für die Strategieentwicklung geben können (vgl. zur lern- und erfahrungsorientierten Perspektive der Strategieentwicklung Abschn. 2.2).

Für die Implementierung gibt es eine Reihe von allgemeinen Managementinstrumenten (wie z. B. das Projektmanagement), deren Darstellung den Rahmen dieses Buchs sprengen würde. Umsetzungselemente sind außerdem in verschiedenen Strategieinstrumenten zu finden. So liefert z. B. das EFQM-Modell wichtige Informationen zur Strategieanalyse; es kann aber auch für die Strategieumsetzung und -kontrolle genutzt werden. In diesem Kapitel werden drei Instrumente zur Umsetzung vorgestellt:

- *Balanced Scorecard.* Das BSC-Modell ist ein umfassender und systematischer Ansatz zur Umsetzung und Kontrolle einer Strategie.
- *Six Sigma.* Dies ist ein System zum Qualitätsmanagement, das auch für die strategische Umsetzung und Kontrolle eingesetzt werden kann.
- *Phasenmodell für das Change Management.* Das Veränderungsmodell von Kotter (1996) ist insbesondere dann empfehlenswert, wenn mit der neuen Strategie auch eine grundsätzliche Veränderung der Unternehmenskultur verbunden ist.

8.2   Umsetzungsinstrumente

8.2.1   Balanced Scorecard

"If you can't measure it, you can't manage it" (zitiert nach Kaplan/Norton 1997, S. 20).

Die Balanced Scorecard (BSC) ist ein System unternehmens- und strategiespezifischer Kennzahlen. Sie leitet aus der Vision und der Strategie Ziele für die vier Perspektiven Finanzen, Kunden, interne Geschäftsprozesse und Lernen/Entwicklung ab. Die Ziele werden über kausale Wirkungsketten miteinander verbunden, begründet und überprüft. Ihnen werden Kennzahlen, Vorgaben und Maßnahmen zugeordnet; diese Größen bilden zusammen die Balanced Scorecard. Sie erlaubt eine umfassende Kommunikation und Realisierung der Strategie. Die BSC unterstützt die Planung der Strategieimplementierung und die Führung des Unternehmens mit strategischen Zielen. Die Rückkopplung von der Ergebnismessung auf die Strategie ermöglicht ein strategisches Lernen des Unternehmens.

Beschreibung und theoretischer Hintergrund

Zur Leistungsmessung und Unternehmenssteuerung werden traditionell die Finanzkennzahlen herangezogen. Diese nachlaufenden Kennzahlen sind aber das Ergebnis anderer Aktivitäten, welche zum Teil weit vor der Umsatzrealisierung liegen. Ihre Betrachtung führt zwangsläufig zu einer Überbewertung von kurzfristigen Entwicklungen gegenüber der Umsetzung der langfristigen strategischen Planung und zu einem eher reaktiven als strategischen und proaktiven Verhalten des Unternehmens. Diese Erkenntnis hat in der Vergangenheit zur Entwicklung zahlreicher unterschiedlicher Systeme zur Leistungsmessung geführt, die mit einem Mix aus finanziellen und nichtfinanziellen Kennzahlen einen umfassenderen Blick auf die Situation des Unternehmens ermöglichen. Das französische Kennzahlensystem Tableau de Bord (Lauzel/Cibert 1959) ist ein früher Ansatz, finanzielle und nichtfinanzielle Kennzahlen in einem System zur Unternehmenssteuerung zusammenzufassen. Allerdings fehlt diesem Tableau ein direkter Strategiebezug.

In den 1980er Jahren wurde beim US-Unternehmen Analog Devices ein kennzahlenbasierender „Quality Improvement Process" eingeführt, abgeleitet aus dem japanischen Total Quality Management (Schneidermann 2001). Er enthielt bereits den Begriff „Scorecard", eine Einteilung der Kennzahlen in verschiedene Bereiche, und die Ableitung von Unterzielen und Kennzahlen für die verschiedenen Ebenen und Abteilungen des Unternehmens. Kaplan/Norton (1992) beschrieben diese Entwicklung in Fallstudien und entwickelten sie zu einem eigenen Instrument der umfassenden Leistungsmessung weiter. Diese Balanced Scorecard (am besten übersetzt als ausgewogene Wertungsliste) verwendet neben den vergangenheitsorientierten Finanzkennzahlen kritische Indikatoren für den zukünftigen Unternehmenserfolg (Kaplan/Norton 1992, S. 3). Aus den Fragen: „Wie sehen uns die Kunden?", „In welchen Aktivitäten müssen wir uns auszeichnen?" und „Können wir uns zukünftig verbessern und Werte schaffen?" ergeben sich drei zusätzliche Perspektiven: Kunden, interne Geschäftsprozesse und Lernen/Entwicklung. Obwohl die BSC das Ziel verfolgt, den Shareholder Value zu steigern, betrachtet sie ihn als einzige Steuerungsgröße für das Unternehmen. Dies ist nicht ausreichend, weil der Shareholder Value allein auf einer Prognose des Cashflows basiert und Aktivitäten und Prozesse als Basis für den Unternehmenserfolg nicht direkt berücksichtigt. Abb. 8—1 enthält die typische BSC-Darstellung mit vier Perspektiven.

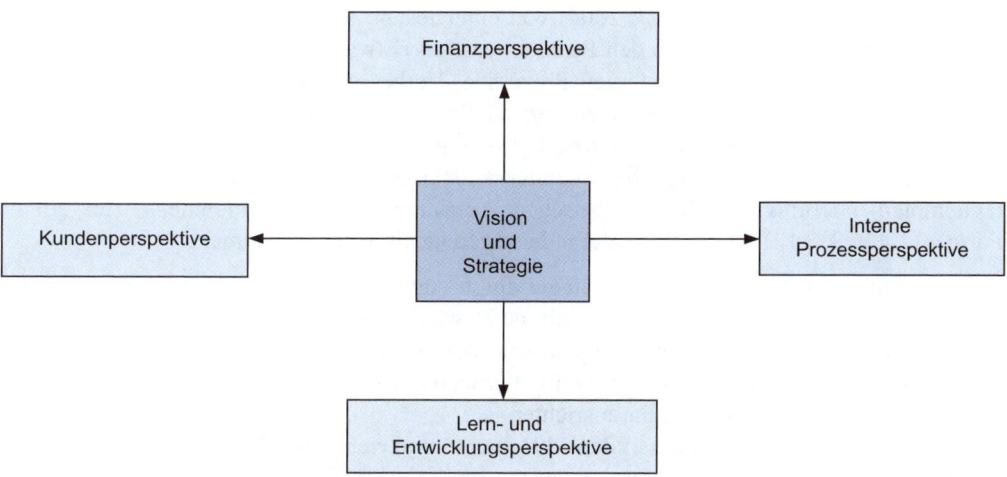

Abb. 8—1: Die BSC und die vier Perspektiven (Quelle: in Anlehnung an Kaplan/Norton 1997, S. 9)

Für jede Perspektive werden spezifische, messbare Ziele, Maßnahmen und Indikatoren festgelegt. Die Ausgewogenheit (Balance) verhindert, dass einzelne Ziele auf Kosten anderer erreicht werden. So könnte eine erhöhte Lieferbereitschaft als Verbesserung für die Kunden durch einen erhöhten Lagerbestand und höhere Kosten erkauft oder mit Einsparungen in der Forschung das finanzielle Ergebnis auf Kosten der Entwicklungsfähigkeit erhöht werden. Die BSC würde solche unerwünschten Effekte sofort sichtbar werden lassen. Die BSC geht überdies von keinem automatischen Zusammenhang zwischen einem richtigen operativen Handeln und dem finanziellen Erfolg aus. "Not all long-term strategies are profitable" (Kaplan/Norton 1992, S. 3 f.). Grundlegend, wenn auch nicht immer kurzfristig, müssen sich Verbesserungen in den drei nichtfinanziellen Perspektiven auch in einer Verbesserung der finanziellen Ergebnisse niederschlagen. Geschieht das nicht, sind die Grundannahmen zur Strategie und Vision zu überprüfen. Kaplan/Norton (1992) haben mit der Balanced Scorecard ein einfaches und allgemein anwendbares System geschaffen und mit dem einprägsamen, aus dem Golfsport abgeleiteten Namen Scorecard versehen. Die BSC fand schnell weite Verbreitung und wird heute in der Mehrzahl der Großunternehmen der westlichen Welt verwendet (De Geuser et al. 2009), wenn auch häufig nur als ein erweitertes Kennzahlensystem und nicht als Instrument der Strategieimplementierung.

Erst mit der Einbeziehung von Ursache-Wirkungsbeziehungen wurde aus der BSC ein Instrument der Strategieimplementierung, das sich von anderen bereits verwendeten multidimensionalen Kennzahlensystemen unterscheidet. Die zunehmende Bedeutung des Wissens als Wettbewerbsvorteil in vielen Branchen gegenüber materiellen Vermögenswerten stellt die Unternehmen vor das Problem, die Umsetzung von Strategien steuern zu müssen, deren zentrale Aspekte sie nur schwierig beschreiben und messen können. Eine zunehmend dynamischere Umwelt verlangt zudem schnellere Reaktionen und damit eine Ausrichtung aller Ebenen des Unternehmens auf die Strategie (Kaplan/Norton 2001, S. 2 f.).

Bei der Verknüpfung der Ziele mit Ursache-Wirkungszusammenhängen in einer Strategiekarte gehen Kaplan/Norton (1997, 2004) von einer festen Zielhierarchie und einer grundlegenden Wirkungslogik zwischen den Perspektiven aus. Etwa in der Art: Lernen und Innovationen führen zu verbesserten internen Prozessen. Verbesserte Prozesse wiederum erhöhen den Wert der Produkte für die Kunden, ein erhöhter Umsatz oder höhere erzielbare Preise sind die Folge, wodurch sich das finanzielle Ergebnis verbessert. Die BSC wurde mit diesen Erweiterungen von einer strategiebegleitenden Leistungsmessung zu einer Methode der Strategieimplementierung und der strategischen Ausrichtung des Unternehmens. Horváth & Partner (2000, S. 2 ff.) fassen diese Veränderungen idealtypisch zusammen:

1. Die BSC operationalisiert die Strategie durch Analyse und Beschreibung von Ursache-Wirkungszusammenhängen und durch messbare Zielsetzungen in den vier Perspektiven. Die BSC als Kommunikationsinstrument ermöglicht eine genaue Beschreibung und Vermittlung der Strategie im ganzen Unternehmen. Alle Mitarbeiter können sie verstehen und ihre Aktivitäten an ihr ausrichten.
2. Die BSC rückt die Strategie in den Mittelpunkt und richtet das Unternehmen an ihr aus. Die Fokussierung der Organisation auf die strategischen Themen und Prioritäten ermöglicht die Realisierung von Synergien zwischen den Geschäftsbereichen und funktionalen Abteilungen.
3. Strategie wird zur täglichen Angelegenheit aller Mitarbeiter. Die Strategie wird wahrgenommen und in eine persönliche BSC übersetzt. Die Vergütungssysteme sind an der persönlichen BSC orientiert.

4. Die Strategie wird zum kontinuierlichen Prozess. Strategie und Budgetierungsprozess müssen gekoppelt werden. Offene Informations- und Berichtssysteme auf Basis der BSC ermöglichen Führungskräften und Mitarbeitern die Verfolgung der Strategieimplementierung. Führungskräfte diskutieren regelmäßig (monatlich oder vierteljährlich) die Ergebnisse und treffen Entscheidungen zur weiteren Umsetzung. Die der BSC zugrunde liegenden Hypothesen (Ursache-Wirkungszusammenhänge) werden kontinuierlich überprüft und in der BSC entsprechend angepasst. Strategisches Lernen wird ermöglicht.

5. Die Führung muss zusammen mit der BSC einen Veränderungsprozess einleiten, der zu einem neuen, strategisch ausgerichteten Managementsystem führt.

Praktische Anwendung

Vorarbeiten: Organisatorische Einheit definieren, Vision und Strategie als Voraussetzungen für eine BSC überprüfen

Bereits vor der Erstellung einer Balanced Scorecard sollte das Unternehmen als generelle Zielvorstellung eine Vision und eine Strategie als Definition des Angebotsspektrums des Unternehmens, seiner Kostenposition, seiner Differenzierung im Wettbewerb und seiner Wachstums-, Umsatz- und Gewinnziele erarbeitet haben.

Der typische Anwendungsfall ist die BSC für eine strategische Geschäfteinheit (SGE) (Speckbacher et al. 2003). Die einzelnen SGE können anhand ihrer jeweiligen BSC auf Konzernebene diskutiert und bewertet werden. Deshalb ist zunächst die Geschäfteinheit oder Ebene auszuwählen, für die eine BSC erstellt werden soll. Gesamtunternehmen können zwar finanzielle Ergebnisse addieren, nicht aber die einzelnen Wertangebote für die Kunden. Deshalb ist die Erstellung einer BSC für ein Gesamtunternehmen schwierig. Obwohl ihr Nutzen begrenzt ist, werden dennoch Beispiele für Konzern-BSCs diskutiert (Kaplan/Norton 2001).

Aus der Vision und der Strategie ist abzuleiten, wie sich das Unternehmen nach der erfolgreichen Umsetzung von der Konkurrenz unterscheiden wird. Dabei hilft die Identifizierung der kritischen Erfolgsfaktoren, die wichtige Ziele der Strategieumsetzung und Hinweise für Messgrößen liefern können (Kaplan/Norton 1993). Horváth & Partner (2000, S. 76) schlagen einen Strategiecheck mit Interviews der Führungskräfte und einer SWOT-Analyse (vgl. Abschn. 4.2) sowie die Festlegung einer eindeutigen strategischen Stoßrichtung vor.

Weiter empfehlen Horváth & Partner (2000, S. 108 ff.), die Erstellung einer BSC als Projekt zu organisieren. Dazu werden eine Projektleitung, ein Kernteam, ein Lenkungsausschuss und verschiedene Arbeitsgruppen eingerichtet. Zur Vorbereitung der einzelnen Arbeitsschritte werden die Führungskräfte interviewt und deren Aussagen vom Kernteam ausgewertet und zusammengefasst. Die Ergebnisse der einzelnen Schritte werden jeweils in Workshops mit den Führungskräften diskutiert und überprüft. Das Ziel ist die Herbeiführung eines gemeinsamen Verständnisses und eines Konsens. Alle Autoren betonen die Bedeutung des Prozesses der Erstellung einer BSC, der wesentlich zum Ziel einer strategischen Ausrichtung des gesamten Unternehmens und seiner Einzelaktivitäten beiträgt. Die Vorgabe einer BSC kann dies nicht leisten. Abb. 8—2 beschreibt das Vorgehen für die Entwicklung einer BSC.

Schritte

Ergebnisse

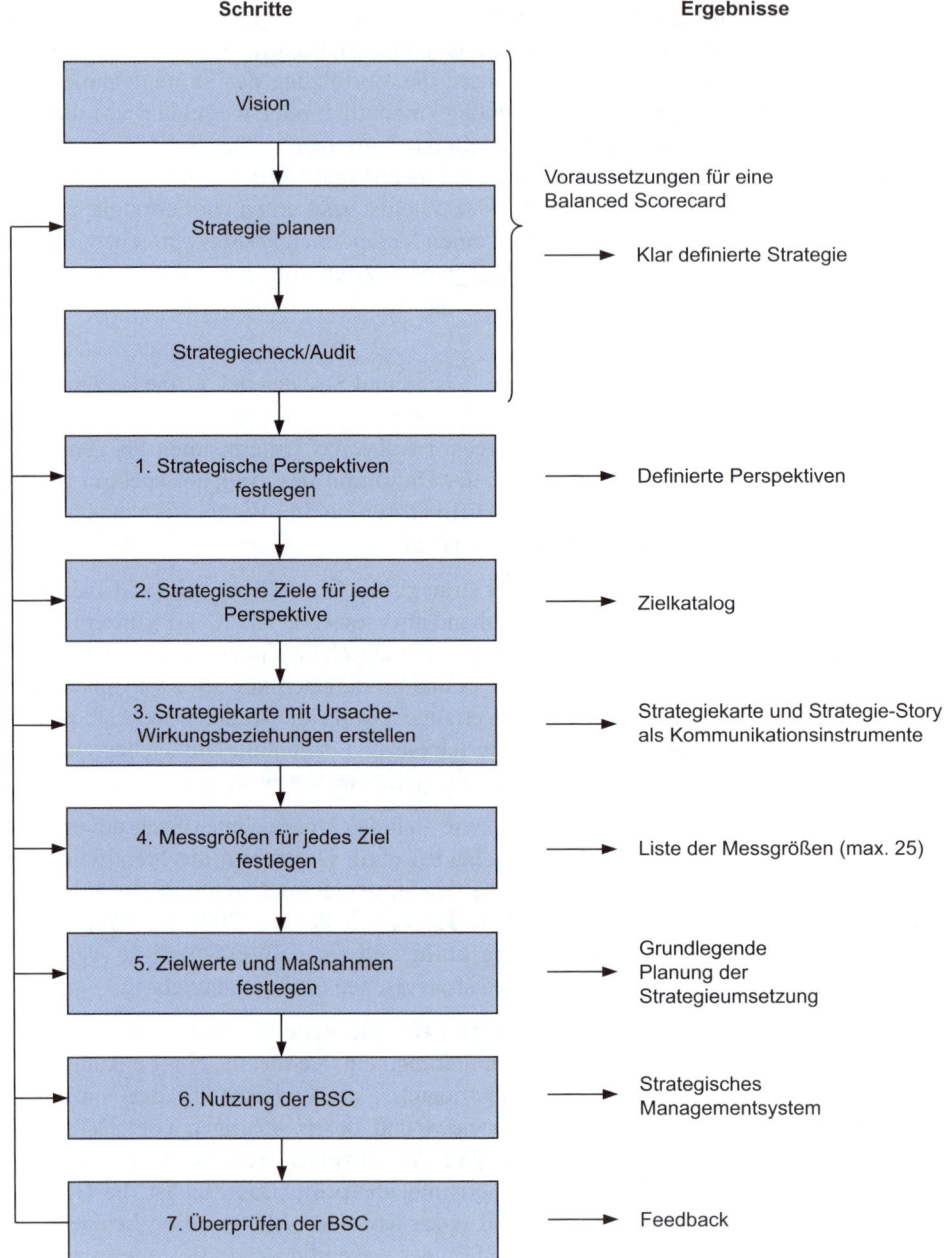

Abb. 8—2: Vorgehen bei der Erstellung einer Balanced Scorecard

Schritt 1: Strategische Perspektiven festlegen

Kaplan und Norton (1997, S. 9) schlagen vier Standardperspektiven (Abb. 8—1) vor:

1. Die *Finanzperspektive*. Sie beinhaltet z. B. Umsatzwachstum, Ertrag, Rendite, Unternehmenswert und Kosten.
2. Die *Kundenperspektive*. Sie fragt nach der Wahrnehmung der Leistung durch den Kunden und welche Kunden das Unternehmen gewinnen will.
3. Die *interne Geschäftsprozessperspektive*. Sie befasst sich mit Leistungen für das Erreichen von Finanz- und Kundenzielen.
4. Die *Lern- und Entwicklungsperspektive*. Sie beinhaltet personen- oder organisationsbezogene Aspekte wie Wissen, Innovationsfähigkeit oder Motivation.

Die BSC lässt sich durch die Auswahl der Perspektiven an die Gegebenheiten des einzelnen Unternehmens anpassen. Für den Handel z. B. könnte eine Lieferantenperspektive sinnvoll sein (Wie sehen uns die Lieferanten? Welche Lieferanten wollen wir haben?). Für die Kreditwirtschaft erscheint z. B. eine Refinanzierungs- oder Risikoperspektive als sinnvoll. Als Erweiterung werden Umwelt-, Sozial- oder Nachhaltigkeitsperspektiven diskutiert (Hahn/ Wagner 2001, S. 2 f.). Diese können instrumentell als ein Beitrag zur langfristigen Absicherung der finanziellen Ziele oder als ein eigenständiges Unternehmensziel angesehen werden, wobei dann das Verhältnis zu den finanziellen Zielen geklärt werden muss.

Schritt 2: Strategische Ziele ableiten

Für jede der im ersten Schritt ausgewählten Perspektiven sind nun die spezifischen strategischen Ziele abzuleiten. Im Vordergrund stehen dabei die besonderen Anforderungen der Strategie an die Leistungen (Differenzierungsmerkmale) und an die Effizienz (Kostenposition) des Unternehmens. Die Basisanforderungen können zunächst mit aufgeführt werden, müssen jedoch, um Klarheit und Transparenz für die Beteiligten herzustellen, deutlich von den strategischen Zielen unterschieden werden. Die Basisziele zur Aufrechterhaltung des Geschäfts und zu den Standardanforderungen der Branche werden ansonsten in der BSC nicht berücksichtigt. Sie unterliegen der Steuerung durch das operative Controlling (Horváth & Partner 2000, S. 149). Kaplan/Norton (1996, 2001) geben zur Orientierung Standardzielkategorien für jede Perspektive vor (Abb. 8—3):

- Finanzielle Ziele hängen vom Lebenszyklus des Geschäfts ab. Übergeordnetes Ziel ist der Unternehmenswert. In der Wachstumsphase werden vorwiegend Risiko-, Gewinn- und Wachstumsziele formuliert, in der Reifephase stehen Produktivitäts- und Kostenziele als Grundlage der Profitabilität im Vordergrund und in der Erntephase die Nutzung der Vermögenswerte.
- Übergeordnete Ziele in der Kundenperspektive sind der Marktanteil insgesamt oder bei der gewünschten Zielgruppe die Kundenbindung, die Kundengewinnung, die Kundenzufriedenheit und die Kundenprofitabilität. Die genaue Auswahl wird durch die strategische Grundorientierung an der Betriebsleistung (wettbewerbsfähige Preise, Produktqualität und Termintreue), der Kundennähe und der Produktqualität vorgegeben. Das Wertangebot an die Kunden erfordert Ziele in den Bereichen Produkt/Servicemerkmale (Kosten, Zeit, Qualität, Auswahl), Bezug (Service und Kundenbeziehungen) und Image. Ein Unternehmen mit der Strategie der Kostenführerschaft wird typischerweise die Zielkriterien Marktanteil,

Betriebsleistung und Kundengewinnung anwenden, mit der Strategie einer besonderen Kundenbeziehung dagegen eher Zielkriterien wie den Marktanteil in einem bestimmten Segment, Service, Kundenbeziehung, Kundenzufriedenheit und Kundenprofitabilität.

• In der Prozessperspektive unterscheiden Kaplan/Norton (2001, S. 91) grundlegend die Schaffung von Kundenwert durch Innovation, durch Leistungen in internen und logistischen Prozessen, im Kundenmanagement und durch gesellschaftliche Verantwortung

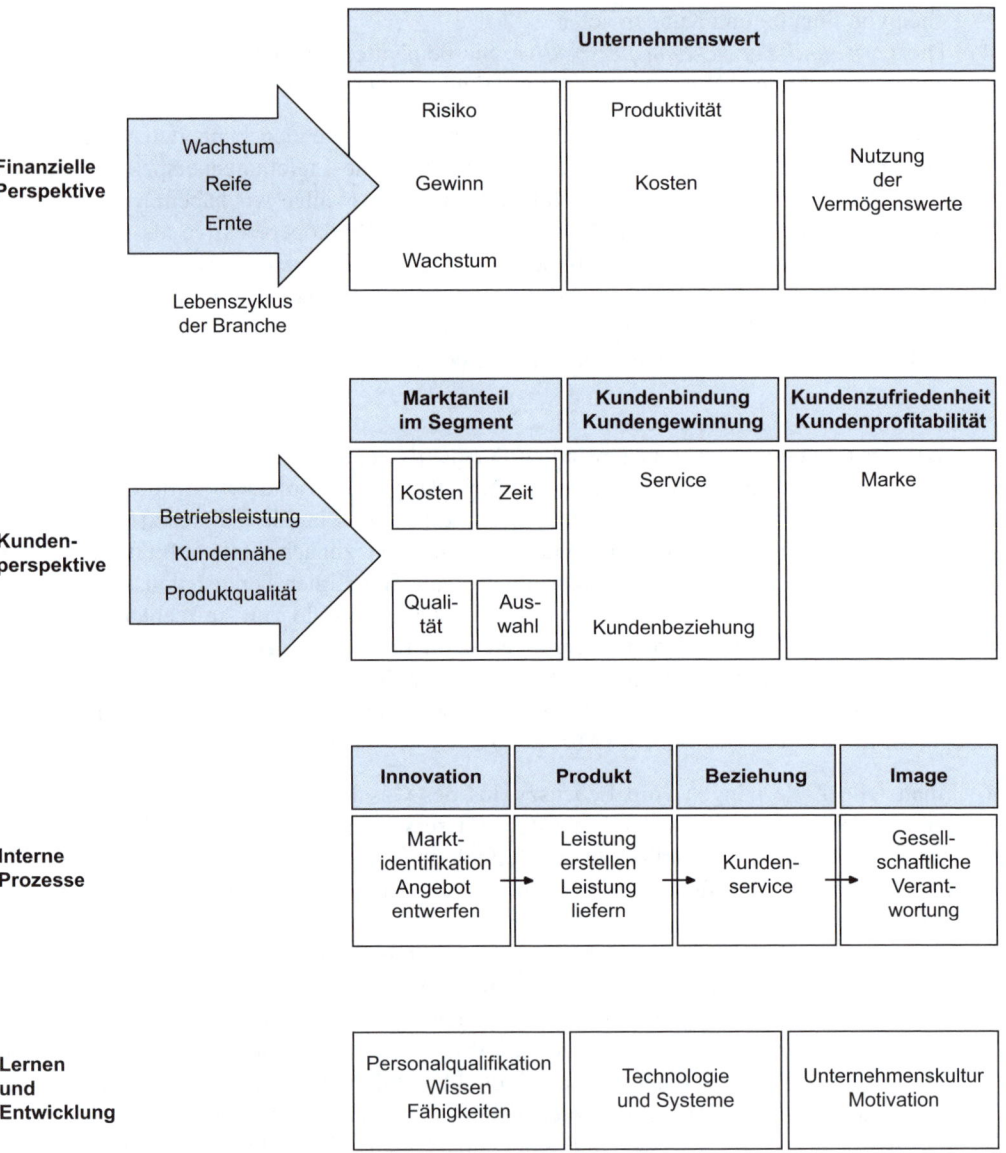

Abb. 8—3: Standardzielkategorien der BSC (Quelle: Kaplan/Norton 1996; 2001, S. 179)

(Einhalten von Gesetzen und Umweltschutz). Daraus ergeben sich Zielkriterien, die an den Prozessen in der Wertkette orientiert werden können (Kaplan/Norton 1996, S. 89 ff.).

- Die Lern- und Entwicklungsperspektive beinhaltet die Personalqualifizierung, die Technologie, die eingesetzten Systeme und die Unternehmenskultur. Hierzu werden keine genaueren Abhängigkeiten formuliert.

Um eine Fokussierung auf die strategisch zentralen Ziele zu erreichen, werden pro Perspektive etwa vier Messgrößen ausgewählt. Im Normalfall werden also etwa 16 bis 25 Messgrößen verwendet.

Schritt 3: Ursache-Wirkungsbeziehungen in einer Strategiekarte analysieren

Die Ziele aus Schritt 2 werden in einer Strategiekarte mit den Ursache-Wirkungsbeziehungen verknüpft. Dazu sind die Perspektiven untereinander anzuordnen; ganz oben die Finanzperspektive, darunter die Kundenperspektive, gefolgt von der internen Prozessperspektive und als Basis die Lern- und Entwicklungsperspektive. Werden andere oder zusätzliche Perspektiven gewählt, muss deren Reihenfolge genauer bestimmt werden. Aufgrund der Shareholder-Value-Logik der BSC sind sie unterhalb der Finanzperspektive und auch meist unterhalb der Kundenperspektive einzufügen.

Anschließend werden die zentralen (und nur diese, nicht alle möglichen) Ursache-Wirkungsbeziehungen, auf denen die Strategie beruht, von unten nach oben in die Perspektiven eingetragen. Die Ursache-Wirkungsbeziehungen werden horizontal (zwischen Zielen innerhalb einer Perspektive) und vertikal (von unten nach oben) untersucht. Zur Vereinfachung werden Rückkopplungen von oben nach unten außer Acht gelassen. Horváth & Partner (2000, S. 164 ff.) schlagen vor, zusätzlich Ursache-Wirkungsbeziehungen in der grafischen Darstellung nach ihrer zeitlichen Einordung (kurz-, mittel- und langfristige Wirkung) zu unterscheiden.

Die Strategiekarte liefert die Begründung dafür, wie immaterielle Vermögenswerte zu finanziellen Ergebnissen und materiellen Werten für den Kunden führen und erläutert damit die Grundzüge der Strategie. Damit ist die Strategiekarte weder eine umfassende Analyse aller Zusammenhänge noch eine Erklärung des Geschäftsmodells oder gar ein deterministisches, quantitatives Modell. Sie ist eine Erklärung der Strategie auf Basis eines gewählten Geschäftsmodells.

Die Strategiekarte dient gleichermaßen der Überprüfung der Strategie und der ihr zugrunde liegenden Annahmen. Eventuelle Widersprüche und Zielkonflikte werden deutlich und müssen durch eine Überarbeitung der Strategie korrigiert oder gelöst werden. Zugleich kann dabei untersucht werden, wo die größten Defizite für die Umsetzung der Strategie zu erkennen sind. In der Diskussion über die der Strategie zugrunde liegenden Wirkungsmechanismen wird ein gemeinsames Verständnis der Strategie unter den Beteiligten bzw. im Unternehmen herbeigeführt. Kaplan/Norton (2004) haben in einem weiteren Buch Vorlagen für Strategiekarten für die einzelnen generischen Strategien vorgestellt. Die Inhalte der Strategiekarte werden zusätzlich verbal formuliert (Strategy Story), da die Strategiekarten nicht immer direkt verständlich sind (Horváth & Partner 2000, S. 173). Abb. 8—4 zeigt ein Beispiel für eine Strategiekarte.

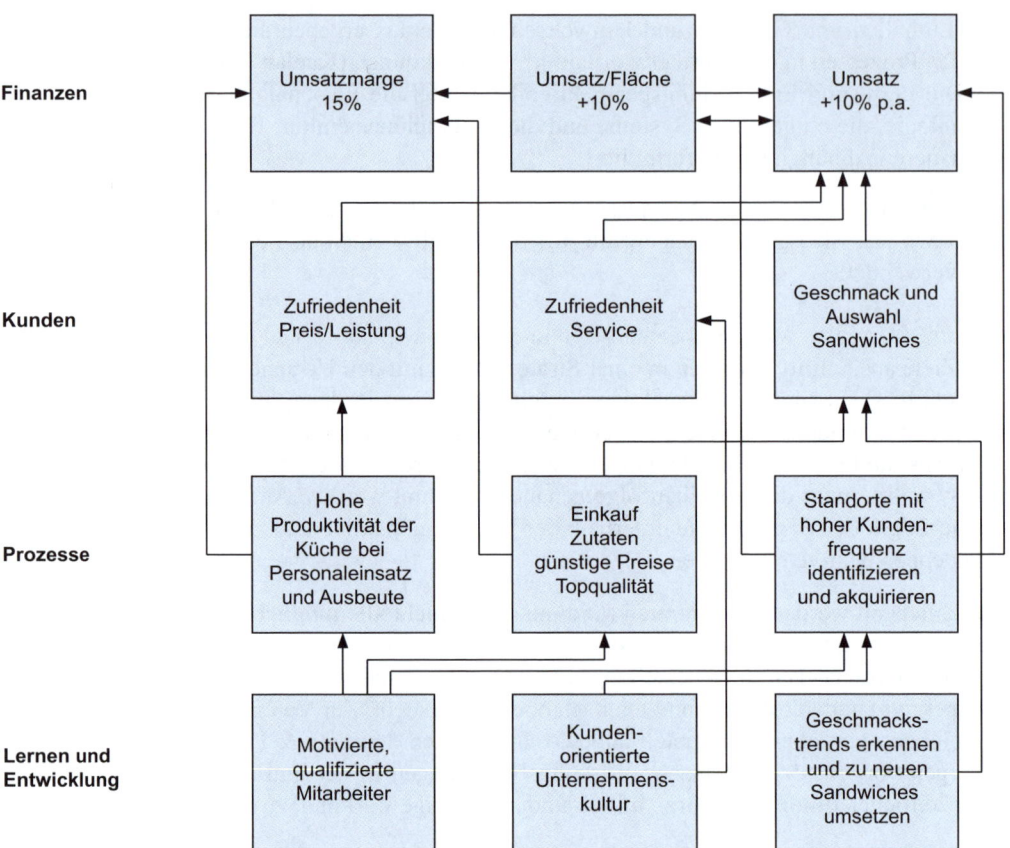

Abb. 8—4: Beispiel einer Strategiekarte für eine Kette von Sandwich-Bars (Quelle: in Anlehnung an Ambrosini et al. 1998, S. 22 ff.)

Schritt 4: Messgrößen für die Zielerreichung definieren und festlegen

Für die im vorausgegangenen Schritt formulierten Ziele werden Messgrößen festgelegt. Die Wahl der Messgrößen beeinflusst sowohl die Schwerpunktsetzung der Aktivitäten als auch die Beurteilung der Zielerreichung. Output- bzw. Ergebnisgrößen sind als Messgrößen zu bevorzugen, da Inputs nicht automatisch zu den gewünschten Ergebnissen führen. Bei der Auswahl der Messgrößen ist eine sorgfältige Abwägung zwischen den Anforderungen an eine hohe Zuverlässigkeit und Aussagekraft einerseits und dem Aufwand zur Datenerhebung anderseits notwendig. Aus den 16 bis 25 Zielen ergeben sich pro Perspektive etwa 4-5 Messgrößen (Horváth & Partner 2000, S. 32). Die gewählten Messgrößen sind genau zu bezeichnen, Einheiten und Berechnungsmodus sind zu definieren, der Rhythmus der Erhebung und die Datengrundlage sind zu dokumentieren (Abb. 8—5).

Perspektive	Lernen und Entwicklung	Interne Prozesse	Kunden	Finanzen
Relevante Stakeholder	Mitarbeiter	Organisation (Lieferanten)	Kunden	Eigentümer/ Kreditgeber
Typische Messgrößen	- Mitarbeiter-zufriedenheit - Zahl oder Wert der Verbesse-rungsvorschläge pro MA - Gewinn oder Umsatz pro MA - Zahl der Patent-anmeldungen pro Jahr	- Zentrale Produktivitäts-kennzahlen - % Anteil neuer Produkte/Umsatz - % erfolgreiche Angebote - Sicherheitsindex - Durchlaufzeiten - Termineinhaltung	- Nettokunden-nutzen - Kunden-zufriedenheit - Kundenloyalität - Kundenbindung - Neukunden-gewinnung - Marktanteil - Kundenrankings - Unabhängige Rankings und Bewertungen der Produkte oder Services	- Umsatz - Betriebsergebnis - Umsatzrendite - Cash Value-Added - ROCE - Cashflow - Zuverlässigkeit der Gewinn-prognosen - Auftragsbestand

Abb. 8—5: Perspektiven und typische Messgrößen

Schritt 5: Zielwerte und Maßnahmen festlegen

Für die einzelnen Ziele werden in der BSC Maßnahmen und quantitative Zielwerte festgelegt. Die Zielwerte müssen realistisch und mit den geplanten Maßnahmen erreichbar sein, aber dennoch eine Herausforderung darstellen. Strategische Maßnahmen und Projekte sind somit einzelnen strategischen Zielen genau zugeordnet, ihr Erfolg kann über den Zielbeitrag beurteilt werden. Zielkonflikte müssen über die Zielwerte gelöst werden, so dass eine Balance oder ein Optimum angestrebt wird (vgl. den typischen Zielkonflikt zwischen Lieferbereitschaft und Lagerbeständen). Mit den Zielwerten wird die Grundlage für einen Soll-Ist-Vergleich gelegt. Aus den Maßnahmen können Budgets, Termine und Verantwortlichkeiten abgeleitet werden. All das ist zusammen mit den Zielwerten zu dokumentieren. Anschließend kann entschieden werden, ob untergeordnete Ebenen oder Organisationseinheiten aus der bereits erstellten BSC Ziele für sich ableiten und eine eigene BSC für ihre Ebene erstellen. Über weitere Wirkungsketten können Unterziele abgeleitet und mit Kennzahlen belegt werden, so dass nicht nur auf Unternehmensebene, sondern auch für einzelne Abteilungen, Teams und sogar Mitarbeiter Balanced Scorecards erstellt werden können.

Schritt 6: Nutzung der BSC

Die Ergebnisse werden regelmäßig für die einzelnen Perspektiven und Messgrößen im Zusammenhang und im Vergleich zu den Plan- und Zielwerten berichtet. Einführung und Nutzung der BSC sind organisatorisch und informationstechnisch sorgfältig zu planen. Wichtige Fragen sind dabei:

- Auf welche Daten kann zugegriffen werden und welche müssen neu erhoben werden? (Dies wird oft durch die verwendeten IT-Systeme bestimmt oder durch den zusätzlichen Aufwand begrenzt.)
- Wer ist für die BSC verantwortlich?
- An wen wird berichtet?
- In welchem Rhythmus wird berichtet?
- Welche Software wird verwendet?
- Wie werden die Ergebnisse aufbereitet (z. B. Ampelsysteme oder Cockpits)?
- Welche Anreize werden mit den Zielen und Kenngrößen verbunden (Integration in Management by Objectives und Vergütungssysteme)?

Schritt 7: Regelmäßige Überprüfung

Die Messwerte der BSC werden laufend zur Steuerung der Strategieumsetzung verwendet. Es wird überprüft, ob Maßnahmen planmäßig umgesetzt und die mit ihnen angestrebten Ziele erreicht wurden. In größeren Abständen (Quartal, Jahr) werden die Messwerte zu einer grundlegenden Bewertung der Strategieimplementierung herangezogen. Jährlich oder zweijährlich muss die BSC selbst überprüft werden. Ziele und Zielwerte sind gegebenenfalls nachzujustieren. Wird die Strategie selbst verändert, muss auch die BSC sofort angepasst werden, andernfalls bliebe die alte Strategie unbeabsichtigt weiter in Kraft.

Eine weitere Rückkopplung ergibt sich aus der Überprüfung der Strategie anhand der Ursache-Wirkungsbeziehungen. Wenn die Ziele laut BSC mess- und überprüfbar erreicht wurden, aber die beabsichtigten Wirkungen ausbleiben, dann gehören die Strategie und die ihr zugrunde liegenden Annahmen über Ursache-Wirkungsbeziehungen auf den Prüfstand. Damit initiiert die BSC strategische Lernprozesse.

Kritik des Instruments

Immer mehr Kennzahlen verringern zwar die Gefahr von Informationsasymmetrien, sie vermindern jedoch auch die Eindeutigkeit und Klarheit der Verantwortung, verringern die Anreize und führen möglicherweise zu Zielkonflikten (Ehrmann 2007, S. 197 f.). Außerdem kritisiert Ehrmann (2007) eine mit der BSC angestrebte Mehrzieloptimierung und Ausrichtung auf unterschiedliche Stakeholder-Interessen. Er verkennt bei dieser Kritik jedoch die klare Ausrichtung der BSC am Shareholder-Value und die Lösung der Zielkonflikte durch die Festlegung von quantitativen Zielwerten.

Als Top-down-orientiertes Instrument setzt die BSC auf eine äußerliche Steuerung der Mitarbeiter, die dann nicht mehr intrinsisch motiviert aufgrund ihrer Fachkenntnisse das für das Unternehmen Richtige tun, sondern sich – verstärkt durch die Anreizsysteme – auf eine kennzahlendefinierte Zielerfüllung zu konzentrieren (Nørreklit 2000, S. 80). Die BSC kann auf diese Weise die Diskrepanz zwischen intendierter und realisierter Strategie im Vergleich zu einer Verwendung von rein finanziellen Kennzahlen sogar vergrößern. Nørreklit (2000)

bezweifelt auch, dass ein kennzahlengetriebener Top-down-Ansatz die angestrebte strategische Rückkopplung und das Lernen in der Organisation fördert. Auch Horváth & Partner
(2000, S. 47 f.) kritisieren den Top-down-Ansatz, der zu einer stärkeren Zentralisierung und
einer Einschränkung von Entscheidungsspielräumen führt. Um diese negativen Folgen zu
verringern, schlägt er ein partizipierendes Vorgehen bei der Erarbeitung der BSC sowie eine
Einschränkung der Vorgaben auf die Weitergabe des Zielsystems an die nachfolgende Stra-
tegieebene vor. Diese erarbeitet die BSC für ihre Ebene dann eigenverantwortlich.

Kaplan/Norton (2001, 2004) geben zudem keine Anleitung, wie denn genau zusätzliche Perspektiven in das Ursache-Wirkungsdiagramm einzuordnen sind, was ganz sicher die Neigung
zur Nutzung der Standardperspektiven verstärkt. Für die Ursache-Wirkungsbeziehungen enthält die BSC keine Methodik außer der grafischen Darstellung und den grundlegenden Zielka-
tegorien, die auf Porters generischen Strategien (vgl. Abschn. 7.3.2) und dem Branchenlebenszyklus (vgl. Abschn. 5.2.7) beruhen. Die BSC vereinfacht überdies die Ursache-
Wirkungsbeziehungen sehr stark und unterschlägt Rückkopplungen (Nørreklit 2000).
Nørreklit (2000) kritisiert die Vermischung logischer Schlussfolgerungen (aus der Begrifflichkeit – mehr „rentable" Kunden erhöhen den Gewinn) und kausaler Ursache-Wirkungsbeziehungen – führt Kundenzufriedenheit zu mehr Umsatz? Er schlägt daher vor, die Beziehungen zwischen den Zielen über den jeweiligen Zweck zu definieren.

Auch berücksichtigt die BSC den Faktor Zeit nicht explizit; bei den Ursache-Wirkungsbeziehungen ist zum Teil mit sehr langen Verzögerungen zu rechnen (Nørreklit 2000, S. 71).
Daher muss in der praktischen Anwendung bei den Zielwerten, Maßnahmen und Budgets
eine zeitliche Staffelung vorgenommen werden.

Weitere Kritik zielt auf den hohen Umsetzungsaufwand der BSC in der Praxis. Neue Messgrößen müssen oft aufwendig erhoben werden, was ein Hindernis für die Anwendung darstellt oder zur Verwendung wenig aussagefähiger, aber leicht zu erhebender Indikatoren
führt. Die Perspektive Lernen und Entwicklung ist hierfür ein Beispiel – die Ziele in dieser
Perspektive sind nur schwierig und meist kaum objektiv zu messen. In der Praxis werden
deshalb auch ungeeignete oder wenig aussagefähige Input-Messgrößen verwendet oder es
wird ganz auf diese Perspektive verzichtet (Speckbacher et al. 2003), obwohl gerade sie
Kaplan/Norton (1993) zufolge ein zentrales Argument für die BSC darstellt. Derartige, offensichtlich wenig geeignete Indikatoren können dazu führen, dass eventuell die ganze BSC
nicht ernsthaft angewendet wird.

Bei der Festlegung der Ziele, der Verantwortung und der Anreize für ihre Erreichung stellen
externe Faktoren (z. B. Konjunktur, Rohstoffpreise etc.) die tatsächliche Beeinflussbarkeit
der Ziele durch die verantwortlichen Führungskräfte oft infrage. Die Unterscheidung zwischen „zu verantwortenden" und „nicht zu verantwortenden" Planabweichungen ist schwierig und erfordert eine präzise Identifikation der Risiken.

Die direkte Verknüpfung der BSC mit der Strategie intendiert mit jeder Änderung der Strategie eine Überprüfung der BSC und ggf. deren Anpassung. Dieser hohe Aufwand birgt die
Gefahr, dass mit einer nicht mehr zur Strategie passenden BSC gearbeitet wird.

Die eventuelle Ableitung von weiteren BSC's auf untergeordnete Ebenen bis hin zu einzelnen Mitarbeitern erzeugt eine große Menge von Kennzahlen, die ständig aktualisiert, gemessen und bewertet werden müssen. In der Praxis kann dies zu großen Datenfriedhöfen führen,

die für das Management und die Mitarbeiter nicht relevant sind. Zudem laufen Manager Gefahr, ihre Führungsaufgaben mit der Definition und Messung einer Kennzahl als erledigt zu betrachten.

Strategische Bedeutung und Nutzen

Die Balanced Scorecard ermöglicht es, die Strategie zu operationalisieren, darzustellen und kommunizierbar zu machen. Die Strategie wird durch die BSC zu einem kontinuierlichen Thema und Prozess im Unternehmen. Prozesse, Ressourcen und Einheiten der Organisation werden auf die Strategie ausgerichtet und koordiniert. Die Balanced Scorecard bezieht vor- und nachlaufende Indikatoren sowie monetäre und nichtmonetäre Ziele ein, was sie zum Instrument eines ganzheitlichen Managementansatzes macht.

Die Vision bzw. Strategie lässt sich durch die Überführung in strategische Initiativen mit definierten Zielen auf operatives Handeln herunterbrechen und führt zu detaillierten Zielsetzungen und Planungen. Die BSC verknüpft also die strategische Planung mit der Umsetzung und der Kontrolle. Mit der Erstellung einer Strategiekarte werden im BSC-Prozess Unklarheiten und Meinungsverschiedenheiten deutlich und können geklärt werden. Die BSC als Rahmengerüst für die strategische Diskussion kann so ein gemeinsames Strategieverständnis herbeiführen und Ressortegoismen und eine interessengeleitete Wahrnehmung und Interpretation von Ergebnissen vermindern (Kaufmann 2004; Taylor 2010). Defizite in der strategischen Logik und das Fehlen wichtiger Aufgaben und Zielsetzungen können erkannt und behoben werden. Die einfache Struktur der BSC ermöglicht eine Komplexitätsreduktion in der Steuerung und eine Konzentration auf die strategisch wichtigen Ziele und Faktoren. Die Wirkungszusammenhänge zwischen den einzelnen Unternehmenszielen werden deutlich. Die Balanced Scorecard begründet Maßnahmen und Verantwortlichkeiten. Die Strategie kann mit der Strategiekarte und der „Strategy Story" wirkungsvoll und nachvollziehbar intern als auch extern (gegenüber Investoren und Kreditgebern) kommuniziert werden.

Dem Nutzen der BSC steht zwar ein hoher Aufwand gegenüber. Er ist zu rechtfertigen vor allem in Unternehmen, in denen tiefgreifende Veränderungen geplant sind. Wenn hingegen prinzipiell alles bekannt ist und wenig verändert wird, ist der Aufwand kaum sinnvoll. Mit der Balanced Scorecard kann die Verantwortung und Motivation der Mitarbeiter gestärkt werden, weil sie damit ihren Beitrag zur Umsetzung der Strategie des Unternehmens verstehen und messen können. Dies gilt aber nur, wenn der eigentliche Top-down-Charakter der BSC durch eine partizipierende Erarbeitung der BSC gemildert wird.

Die BSC ist auf geplante, präskriptive Strategien ausgerichtet. Unternehmen, die flexibel als Reaktion auf Umweltveränderungen und eigene Erfahrungen eine erfahrungs- und lernorientierte Strategie entwickeln, können die BSC zur schnellen Umsetzung und Kommunikation der Veränderungen in der Strategie nutzen.

Ähnliche Instrumente

ZVEI-Kennzahlensystem

Das Kennzahlensystem des deutschen Zentralverbands der Elektrotechnik- und Elekronikindustrie (ZVEI 1998) als Weiterentwicklung des DuPont-Kennzahlensystems enthält Wachstums- und Strukturkennzahlen und dient zur Unternehmenssteuerung. Es stützt sich auf überwiegend finanzielle Kennzahlen und es fehlt ein direkter Strategiebezug.

Überschneidungen mit anderen Instrumenten

Benchmarking

Aus dem Benchmarking (Camp 2006; Zdrowomyslaw/Kasch 2002) können die Zielwerte für die einzelnen Indikatoren abgeleitet werden – unter Berücksichtigung der Frage, ob es darum geht, einen Vorsprung zu erhalten oder auszubauen oder ob ein Rückstand gegenüber dem Wettbewerb aufgeholt werden muss.

EFQM

Die aus dem Total Quality Management entwickelte Methode der European Foundation for Quality Management (EFQM 2010) bewertet eine Organisation gesamthaft auf Basis von Standardkriterien mit fester relativer Bedeutung (Dror 2008). Diese Methode beinhaltet fünf Befähigungs- und vier Ergebniskriterien (vgl. Abschn. 3.2.2). Anders als beim Shareholder-Ansatz der BSC liegt dem EFQM-Modell ein Stakeholder-Ansatz zugrunde. Wie in der BSC können für die Indikatoren Zielwerte festgelegt werden. EFQM kann die Voraussetzungen für eine strategieorientierte Organisation schaffen, ist aber selbst kein spezifisches Instrument für die Strategieimplementierung wie die BSC.

Schlüsselerfolgsfaktoren

Mit der Analyse der Schlüsselerfolgsfaktoren werden direkte Steuerungsgrößen für das strategische Management ermittelt (vgl. Abschn. 5.2.9). Zusammen mit der Strategie bilden die Schlüsselerfolgsfaktoren eine Grundlage für die BSC – auf dieser Basis lassen sich die Ziele der BSC für die einzelnen Perspektiven ableiten. Umgekehrt können die ermittelten Schlüsselerfolgsfaktoren mit der Strategiekarte überprüft werden.

Wertkette

Mit der Wertkette (vgl. Abschn. 6.2.3) kann ein Unternehmen nicht nur analysiert werden; es lassen sich auch aus der Strategie Anforderungen an einzelne Schritte in der Wertkette ableiten. Das Vorgehen und die Ergebnisse sind dabei detaillierter als bei der BSC. Mit der Wertkette können ebenfalls Ziele und Messgrößen für die einzelnen Bereiche des Unternehmens abgeleitet werden und dann in aggregierter Form in die BSC einfließen.

8.2.2   Six-Sigma-Modell

Six Sigma ist ein Konzept zur Steigerung von Qualität und Prozessbeherrschung. Das Vorgehen folgt einem systematischen und streng formalisierten Ansatz, der auf Fakten und umfangreichen Datenerhebungen, die statistisch ausgewertet werden, beruht. Six Sigma wurde als Top-down-Ansatz aus dem Total Quality Management und der statistischen Prozesskontrolle entwickelt. Qualität wird in Six Sigma quantitativ gemessen, aus Kundensicht beurteilt und über die Ergebniswirksamkeit bewertet. Grundsätzliches Ziel ist es, die Fehlerhäufigkeit auf 3,6 pro Million Möglichkeiten zu reduzieren. Six Sigma kann als Ansatz zur Strategieumsetzung begriffen werden, wenn die Anwendung konzentriert auf strategisch ausgewählte Ziele und Prozesse erfolgt.

Beschreibung und theoretischer Hintergrund

Der Six-Sigma-Ansatz wurde ab 1979 bei Motorola entwickelt und basiert auf den Total-Quality-Management-Ansätzen. Während diese die ständige Verbesserung nach dem Plan-Do-Check-Act-Ansatz und das damit verbundene Lernen in den Vordergrund stellen, ist Six Sigma ingenieurwissenschaftlich und mathematisch begründet und mit einem stringenten Vorgehen aufgrund von Top-down-Anweisungen verbunden. Six Sigma baut dazu eine strenge Hierarchie der Beteiligten auf.

Die mathematische Definition von Six Sigma (Harry 2000, S. 142 ff.) beruht auf der Standard-normalverteilung (Abb. 8—6), der zufolge die Ergebnisse eines Prozesses statistisch um einen Mittelwert schwanken. Die Breite der Verteilung kann durch die Standardabweichung (Kürzel σ = Sigma) beschrieben werden. Zwischen der unteren und der oberen Spezifikationsgrenze liegt die akzeptable Bandbreite der Ergebnisse. Ein Fehler tritt erst dann auf, wenn die Spezifikationsgrenzen über- bzw. unterschritten werden. Je besser ein Prozess beherrscht wird und die Fehlerursachen durch systematische Datenerfassung und statistische Auswertung identifiziert und abgestellt werden, desto geringer wird die Streuung (ausgedrückt als Standardabweichung) und damit die Häufigkeit einer Überschreitung der Spezifikationsgrenzen. Gelingt es, die Standardabweichung auf ein Sechstel der Differenz zwischen Mittelwert und Spezifikationsgrenze zu verringern, ist das Ziel „Six Sigma" erreicht. Wenn eine Veränderung des Mittelwertes durch langfristige, schleichende Veränderungen des Prozesses mit der anderthalbfachen Standardabweichung (1,5 Sigma, empirischer Wert) eingerechnet wird, ergeben sich bei Six Sigma noch 3,4 mögliche Fehler pro einer Million Ereignisse.

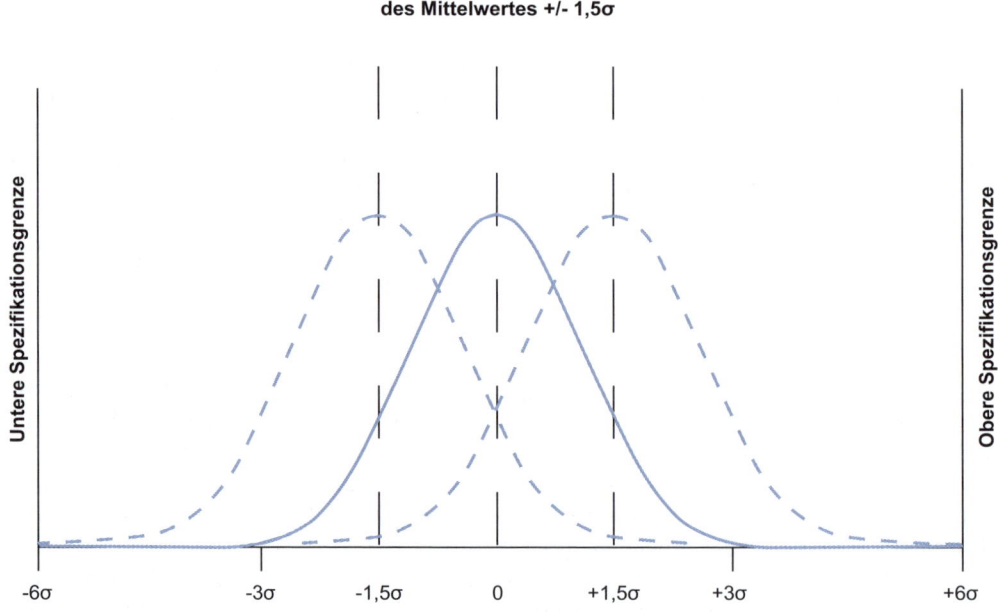

Abb. 8—6: Statistische Definition von Six Sigma über die Normalverteilung

Bei Motorola stand als Ziel die Verbindung von hoher Qualität mit niedrigen Kosten im Vordergrund. Bei der Halbleiterproduktion führten die einzelnen kleinen Fehlerraten in vielen aufeinanderfolgenden Prozessschritten in der Summe zu hohen Ausbeuteverlusten. Als das Ziel Six Sigma bei den einzelnen Prozessschritten etwa 1993 erreicht wurde, waren die Kosten deutlich gesenkt und die Gesamtausbeute deutlich gesteigert worden. Eine der Voraussetzungen dafür bot die Verfügbarkeit von PC-Hardware und statistischer Software; damit konnte eine durchdringende Umsetzung im Unternehmen erfolgen (Goh 2002). Heute ist der Six-Sigma-Ansatz, dessen Bedeutung zur Kostensenkung nachgewiesen wurde (Driel et al. 2004), eine weit verbreitete Methode in amerikanischen und europäischen Unternehmen. In den letzten Jahren wurde Six Sigma zunehmend auf den Dienstleistungssektor übertragen (Töpfer 2004; Guarraia et al. 2009). In Versicherungen, im Handel, in Banken, Callcentern oder Elektrizitätsunternehmen gibt es eine Vielzahl von sich wiederholenden Prozessen. Die Anwendung des Six-Sigma-Ansatzes zur Prozessverbesserung kann hier Kosten senken, Servicezeiten verringern und die Kundenzufriedenheit steigern (Furterer 2009, S. 443), allerdings mit der Einschränkung, dass dies wohl nur für hochstandardisierte Dienstleistungen gilt.

Mit Six Sigma werden Aufwendungen zur Behebung von Qualitätsmängeln, die aus unzureichend beherrschten Prozessen resultieren, transparent; die „versteckte Fabrik" (hidden factory) wird sichtbar. So wendet z. B. ein Unternehmen einen Großteil der Produktionszeit für die Prüfung der zugelieferten Teile und der Ergebnisse der einzelnen Montageschritte auf. Je nach Fehlerrate können Qualitätskosten ganz entscheidend für die Wettbewerbsfähigkeit werden; die folgende Abb. 8—7 zeigt die von Harry (2000) ermittelten Zusammenhänge zwischen Fehlerraten und Qualitätskosten.

Sigma-Level	Fehler Pro Million	Qualitätskosten als % des Umsatzes
2	308.537 (nicht wettbewerbsfähig)	-
4	66.807	25 - 40
4	6.210 (Industriedurchschnitt)	15 - 25
5	233	5 - 15
6	3.4 Weltklasse	< 1

Abb. 8—7: Qualitätskosten (Quelle: in Anlehnung an Harry 2000, S. 17)

Qualität wird in Six Sigma aus Kundensicht definiert, den Produkten oder Dienstleistungen werden kritische Qualitätsmerkmale (QTC – Critical for Quality Characteristic) zugeordnet, die weiter zerlegt werden und schließlich auf exakt messbare Größen zurückgeführt werden. Anschließend werden die einzelnen Prozessschritte untersucht. Ein Prozess besteht aus einer Gruppe von Aktivitäten, in denen ein Input eine Wertschöpfung erfährt. Industrielle Prozesse beruhen zu mehr als 80 % des Werts auf Maschinen; macht menschliche Aktivität einen höheren Anteil aus, werden sie als Geschäftsprozesse bezeichnet. Verhinderungskosten, Ermittlungs- und Bewertungskosten und die eigentlichen Fehlerkosten durch Nacharbeit, Ausschuss etc. als Folge schlechter Qualität sollen verringert werden. Gleichzeitig wird eine höhere Kundenzufriedenheit, eine Steigerung der Marktanteile und eine geringere Preissensitivität erreicht.

Six Sigma ist ein Top-down-Ansatz, bei dem Entscheidungen auf quantitativen Daten beruhen und die Priorität auf der Ergebniswirksamkeit liegt. Die Durchführung erfolgt in einzelnen Projekten auf der operativen und der Prozessebene. Da die Aufwendungen für Six-Sigma-Projekte hoch sind, lohnt sich der Einsatz meist erst, wenn Wertschöpfungszuwächse aus dem verbesserten Prozess von 50.000 € und mehr zu erwarten sind. Typische Projektlaufzeiten reichen bis zu maximal fünf Monaten. Das Vorgehen folgt dem **DMAIC**-Ansatz (Williams et al. 2000, S. 54 ff.):

Definieren (**D**efine): Das zu lösende Problem wird auf Basis der Kundenanforderungen definiert. Die allgemein formulierten Anforderungen des Kunden (VOC – Voice of the Customer) werden als messbare Leistungsstandards formuliert und die dafür relevanten Faktoren identifiziert (CTQ – Critical for Quality). Dazu dienen das Kano-Modell mit einer Unterteilung in Basis-, Leistungs- und Begeisterungsanforderungen (Kano 1984) und das Sipoc-Modell (Williams et al. 2000, S. 14 ff.) mit phasenbezogenen Anforderungen (Supplier, Input, Process Output, Customer). Für die Kosten- und Effizienzaspekte der Prozesse werden ebenfalls die kritischen Faktoren herausgearbeitet (CTB = Critical for Business). Ergebnis ist eine Schlüsselprozesscharakteristik und eine Definition des gewünschten Zielzustands sowie der vermuteten Ursachen für die derzeitige Abweichung vom Zielzustand und des folgenden Six Sigma-Projekts (Mitglieder, Ressourceneinsatz und Zeitplanung).

Messen (**M**easure): Die Messgrößen für den Prozess werden definiert, die Messverfahren ausgewählt und validiert und der Prozess wird mit einer Prozesskarte visualisiert. Nach der Planung der statistischen Datenerhebung und der Versuche erfolgen die Messungen.

Analysieren (**A**nalyze): Die Prozesse werden mit Wertschöpfungs-, Materialfluss- oder Wertstromanalysen untersucht. Die zuvor erhobenen Prozess- oder Versuchsdaten werden mit statistischen Verfahren ausgewertet (Pareto-Diagramm, Streudiagramme und Regressionsanalyse), um die Streuungen zu erklären. Fehlerursachen werden mit Ursache-Wirkungsbeziehungen, der Kategorienbildung von Fehlerursachen und grafischen Darstellungen als Fischgrätendiagramm oder Darstellungen in Tabellenform analysiert. Die Datenanalyse ermöglicht ein internes oder externes Benchmarking und die Definition von Leistungszielen für die Prozesse.

Verbessern (**I**mprove): Hier werden Hypothesen zum Prozessverhalten entwickelt. Nach einem Screening der Fehlerursachen können ein Brainstorming und andere kreative Techniken Lösungsideen erzeugen. Ein anderer Ansatz ist FMEA (Failure Mode and Effect Analysis) (vgl. z. B. Williams et al. 2000, S. 35 ff.), zusätzlich können Modelle entwickelt und Simulationen oder Versuche durchgeführt werden. Aus all dem lassen sich Verbesserungsmaßnahmen ableiten, nach Prioritäten auswählen, als Verbesserungen umsetzen und schließ-

lich als Prozessanweisung fixieren. Ziel aller Maßnahmen ist, die Prozessfähigkeit zu erreichen, d. h. aufgrund eines genauen Prozessverständnisses Fehlerquellen kontrollieren und das
Prozessergebnis steuern zu können.

Kontrollieren (Control): Die eingeleiteten Maßnahmen werden überwacht, z. B. durch die
Einführung einer statistischen Prozesskontrolle. Ziel ist die Beherrschung des Prozesses in
Bezug auf seine Zielleistung. Die Messungen erfolgen auch in finanziellen Größen. Die
erreichten Ergebnisse werden dauerhaft stabilisiert.

Abb. 8—8 enthält eine Übersicht über den DMAIC-Ansatz.

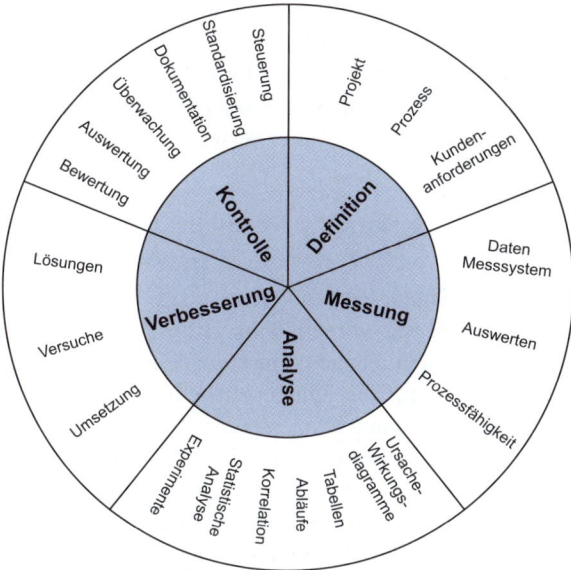

Abb. 8—8: DMAIC-Ansatz (Quelle: in Anlehnung an Rath & Strong 2002, S. 5 ff.)

Wichtiger Bestandteil von Six Sigma ist ein intensives Training der Beteiligten in Projektmanagement, der Six-Sigma-Methodik, Werkzeugen des Qualitätsmanagements und in statistischen Methoden. In Anlehnung an japanische Kampfsportarten (Belt = Gürtel) werden
die Mitarbeiter bezüglich ihres Qualifikationsniveaus klassifiziert und erhalten eine Zertifizierung. Den jeweiligen Gürtelfarben sind verschiedene Rollen zugeordnet: White und Yel-
low Belts verfügen über umfangreiche praktische Erfahrung im untersuchten Prozess, sie
erhalten zwei bis vier Tage Training zu Six Sigma und unterstützen Projekte in der praktischen Durchführung. Green Belts sind Projektmitarbeiter (einer pro 20 Mitarbeiter), die
zeitweise an Six-Sigma-Projekten arbeiten, vor allem in der Mess-, Analyse- und Verbesse-
rungsphase. Sie durchlaufen ein spezielles Training zu Six Sigma an einzelnen Werkzeugen.
Black Belts sind Prozesspromotoren (einer pro 100 Mitarbeiter); das sind die Projektleiter;
sie arbeiten nach einer intensiven Schulung (viermal je eine Woche) Vollzeit an Six-Sigma-
Projekten. Master Black Belts (einer pro 30 Black Belts) schließlich sind interne Six-Sigma-

Experten und Systempromotoren. Sie koordinieren die Projektauswahl und die Schulungen und verankern Six Sigma in der Organisation. Sie erhalten zwei weitere Trainingseinheiten von je einer Woche. Als Champions (einer pro Geschäftseinheit oder Produktionsstätte) fungieren leitende Führungskräfte, die ein spezielles einwöchiges Training durchlaufen. Sie sind Machtpromotoren, sie starten und konzipieren das Programm und setzen die notwendigen Veränderungen durch. Sie sind es, die das Six-Sigma-Programm steuern, für die Ausrichtung am Gesamtinteresse der Organisation sorgen und es aus Sicht der Unternehmensführung kontrollieren (Harry 2000, S. 178 ff.).

Eine Anwendung von Six Sigma als wirksame „Durchbruchstrategie" erfordert ein gezieltes und koordiniertes Vorgehen auf der Ebene der Geschäftseinheiten, der operativen Aktivitäten und einzelner Prozesse (Harry 2000, S. 108 ff.). Die folgende Beschreibung legt das Schwergewicht auf die strategische und operative Ebene eines Geschäftsfelds. Es geht um die Konzeption eines Six-Sigma-Programms mit Zielsetzungen, Projektauswahl und Fortschritts- und Ergebniskontrolle und gleichzeitig den Einsatz von Six Sigma als Managementsystem. Für Details auf der Projekt- und Prozessebene wird auf die Literatur verwiesen (Harry 2000; isixsigma 2010; Lunau 2004; Töpfer 2007; Williams 2000).

Praktische Anwendung

Schritt 1: Zustand des Geschäfts erkennen und Six-Sigma-Ziele ableiten
Bevor Six Sigma zur Umsetzung der Strategie eingesetzt werden kann, gilt es, sich zunächst ein genaues Bild vom Zustand des Geschäftsbereichs zu machen. Guarraia et al. (2009) sprechen von einer „Röntgenuntersuchung" im Hinblick auf die Kundenzufriedenheit, die Kosten, die Lieferzeit und Fehlerhäufigkeiten bei Produkten und Prozessen. In Abhängigkeit von der Vision und den strategischen Zielen ist aus dieser Bestandsaufnahme der grobe Veränderungsbedarf abzuleiten, der sich auf eine bestimmte Strategie und ein bestimmtes Geschäftsmodell bezieht. Davon ausgehend werden nun einzelne Systeme als Ursachen für Fehler und hohe Kosten identifiziert – eine erste Korrelation zu den Ursachen für die Probleme wird hergestellt. Als Systeme werden dabei die Strukturen, Organisationseinheiten, Kontroll- und Steuergrößen verstanden, mit denen das Unternehmen seine Leistungen erbringt. Beispielsweise sorgt die Disposition zusammen mit der Produktion und der Logistik für die Lieferfähigkeit.

Dann werden die relevanten Prozesse für die strategisch wichtigen Systeme überprüft und Ziele für sie formuliert. Je nach Abweichung des derzeitigen Zustandes von den Zielen werden mögliche Six-Sigma-Projekte identifiziert. Aus diesen werden dann anhand der Kriterien Kostensenkung und Qualitätsverbesserung, Bezug zum Geschäftsmodell und zur Strategie und zu kritischen Merkmalen sowie erwartetem Zeit- und Kostenbedarf jene Projekte ausgewählt, die mit der höchsten Effizienz schnelle Verbesserungen erwarten lassen. Kostensenkung und Qualitätsverbesserung können als monetärer Nutzen zusammengefasst und den Projektkosten gegenübergestellt werden. Jedenfalls sollte eine Konzentration auf wirklich wichtige Projekte erfolgen. Danach können die Verantwortlichen und Träger des Six-Sigma-Programms (Black Belts) bestimmt und Schulungsmaßnahmen nach Umfang und Zeit geplant werden.

Als Ergebnis des ersten Schritts erhält man Ziele bezogen auf Systeme und hat damit den Verbesserungsbedarf beschrieben. Gleichzeitig sind systemrelevante Prozesse identifiziert und Six-Sigma-Projekte ausgewählt worden.

Schritt 2: Messung
Auf der Ebene des Geschäftsbereichs bezieht sich die Messung nicht auf einzelne Prozesse und Parameter, sondern auf übergeordnete Ziele und das Six-Sigma-Programm selbst. Beides muss messbar gemacht werden; es müssen Messgrößen definiert werden. Mit ihnen wird verfolgt, ob mit dem Six-Sigma-Programm, abgesehen von einzelnen Prozessverbesserungen, die strategischen Ziele wie eine Verbesserung der Kostenposition oder die Erhöhung der Kundenzufriedenheit tatsächlich erreicht werden.

Das Six-Sigma-Programm wird über einfache Kennzahlen gemessen: Welcher Anteil der Prozesse, die für die Qualitätsmerkmale oder den Geschäftserfolg kritisch sind, würde, nach Six Sigma analysiert und statistisch optimiert, den Six-Sigma-Level erreichen? Auch zur Verfolgung der Fortschritte und Erfolge der einzelnen Six-Sigma-Projekte werden Kennzahlen festgelegt, um die Projekte einzeln und in der Gesamtheit verfolgen zu können.

Schritt 4: Analyse
Der Analyseschritt ermittelt, wie sich die Projekte in der Summe auf die übergeordneten Zielsetzungen ausgewirkt haben und welche Fortschritte hinsichtlich der Ziele erreicht wurden. Außerdem wird geprüft, ob die Projekte richtig ausgewählt wurden. Waren die angewandten Kriterien zur Projektauswahl geeignet? Konnten die ausgewählten Projekte erfolgreich bearbeitet werden? Wo traten Probleme auf und was waren die Gründe dafür? War die Vorgehensweise in den einzelnen Projekten angemessen und korrekt? Welche neuen Erkenntnisse wurden während der Umsetzung gewonnen?

Schritt 5: Verbessern
Verbesserungen werden in Bezug auf die Ausbildung, die eigentliche Six-Sigma-Anwendung und das Projektmanagement angestrebt. Aufgrund der Ergebnisse der Analysephase ist ein einfaches Qualitäts- und Projektinformationssystem für das Six-Sigma-Programm zu entwickeln. Es umfasst Messgrößen und Berichtssysteme. Zentrale Messgrößen sind die Projektdauer und -kosten, die erzielten Ergebnisse, der erreichte Sigma-Level und eine finanzielle Bewertung der Projekte. Ziel ist eine Kosten-Nutzen-Analyse von Projekten zur Verbesserung der Projektauswahl. Im Berichtssystem wird auf Besonderheiten der einzelnen Elemente der Projekte (Gliederung nach DMAIC) eingegangen, damit diese im Verhältnis zur Leistung verfolgt und verbessert werden können. Wichtig sind die gemachten Erfahrungen in den einzelnen Projekten.

Schritt 6: Kontrollieren, standardisieren und integrieren

Für das Six-Sigma-Programm ist ein Qualitäts-Informationssystem (QUIS) einzurichten, das auf verständlichen, einfachen, leicht zu erhebenden und kontrollierenden Werten beruht. Die kontrollierte Qualität der Prozesse ist systematisch auf die Qualitätsanforderungen der Kunden und die Erfolgsanforderungen des Geschäfts auszurichten. Die Einheiten und Beurteilungsskalen sind festzulegen. Die Ausrichtung, Funktion und Erfolgswirksamkeit ist durch Audits zu überprüfen.

Zur Standardisierung sind die besten Methoden und Ansätze zu identifizieren, zu vereinheitlichen und im Geschäftsbereich oder im ganzen Unternehmen einzuführen. Die Methoden und Ansätze müssen dokumentiert, verbreitet und verbindlich gemacht werden. Dafür ist es sinnvoll, dass alle Führungskräfte in das Six-Sigma-Programm eingebunden sind und eine Schulung durchlaufen haben. Besonders wirksam ist die Einbindung einer Tätigkeit als Black Belt in die Karrierelaufbahn. Zur Verankerung im Unternehmen und in der Personalführung wird das Six-Sigma-Programm mit Anerkennungen für Erfolge und mit Anreizen für Engagement und hohe Leistungen verbunden.

Das Six-Sigma-Programm wird in die strategische Planung integriert, einerseits durch Zielsetzungen bei Qualität und Effizienz, andererseits als integrierte Planung der Umsetzung der Strategien. Für das Six-Sigma-Programm wird langfristig festgelegt, in welchen Bereichen ein Six-Sigma-Level angestrebt wird und daraus abgeleitet die Ressourcen geplant.

Bei General Electric wird Six Sigma seit Mitte der 1990er Jahre unternehmensübergreifend und strategisch eingesetzt. Es wird hier mit Elementen der Prozessorganisation verknüpft (Macharzina/Wolf 2012, S. 766 ff.). Six Sigma wurde zu einer Kernkompetenz des Konzerns erklärt. Von den Leitern der Geschäftsbereiche wurde erwartet, dass sie den breiten Einsatz von Six-Sigma-Projekten selbst anstoßen, fördern und begleiten. Das Programm wurde unternehmensweit vereinheitlicht und konsequent angewendet, ein standardisierter Methodenapparat steht zur Verfügung. Mitarbeiter aller Hierarchiestufen wurden zu einem Six-Sigma-Training verpflichtet, rund zwei Prozent aller Mitarbeiter wurden für Six-Sigma-Programme sogar freigestellt.

Kritik des Instruments

Mast (2006) zufolge kann die Anwendung von Six Sigma durchaus zu einer Verbesserung der Qualität und Erhöhung der operativen Effizienz und Effektivität führen. Dies bringt seiner Einschätzung nach jedoch nicht zwangsläufig strategische Wettbewerbsvorteile mit sich, da es sich nicht um spezifische Qualitäten handelt, die sich zu einer Unterscheidung von den Wettbewerbern eignen. Zudem kann und wird Six Sigma von den Wettbewerbern imitiert werden; die Best Practices verbreiten sich schnell in einer Branche. Kosten- und Qualitätsvorsprünge aufgrund von Six Sigma gehen dann schnell verloren, womit das erreichte Kosten- und Qualitätsniveau dann zu einer Grundvoraussetzung wird, um im Geschäft zu bleiben. Für Unternehmen, deren Strategie auf einer zwar faktisch wahrgenommenen, aber nicht objektiv messbaren Qualität beruht, wird Six Sigma wenig Nutzen aufweisen. Stattdessen sollte das Unternehmen auf Markt- und Feldforschung setzen.

Goh (2002) kritisiert die mechanische und hierarchische Vorgehensweise, die Kreativität, Sensibilität für unterschiedliche Kundenerwartungen, komplexere Zielsetzungen oder soziale Verantwortung weitgehend ausschließt. Für wissensbasierte Organisationen scheint ihm Six Sigma deswegen gänzlich ungeeignet.

Guarraia et al. (2009) weisen darauf hin, dass der Einsatz von Six Sigma und der Black Belts oft nicht den erhofften Nutzen bringt, weil er nicht ausreichend gesteuert und breit gestreut erfolgt. Notwendig seien eine sorgfältige Zustandsanalyse des Geschäfts und der Prozesse, ein Benchmarking und eine fokussierte Auswahl der Six-Sigma-Projekte.

Weckheuer (2004) argumentiert, dass die von der amerikanischen Konzernkultur geprägte Six-Sigma-Methode in Europa angepasst werden muss, z. B. durch eine starke Einbindung von Black Belts in ihre Fachbereiche, ein gruppenbezogenes statt individuelles Prämiensystem und eine Integration von Six Sigma in die bestehenden Qualitätsmanagementsysteme (keine „Cowboy"-Qualität).

Die starke Aufgliederung in einzelne Prozesse und einzelne Messgrößen birgt die Gefahr in sich, dass der Blick für ein komplexes Gesamtsystem verloren geht. Der hoch formalisierte Ansatz, der zu standardisierten Prozessen führen soll, kann zu einer Vernachlässigung impliziten Wissens und einer Verringerung der intrinsischen Motivation der Mitarbeiter führen.

Strategische Bedeutung und Nutzen

Mit Six Sigma kann eine Differenzierungsstrategie mit höherer Qualität oder eine Strategie der Kostenführerschaft durch effizientere Prozesse umgesetzt werden. Nach Mast (2006) liegt die strategische Bedeutung von Six Sigma in den dadurch ausgelösten Veränderungen im Unternehmen. Mit Six Sigma werden schwierig zu transferierende und spezifische Fähigkeiten, Qualifikationen und Kompetenzen zur Wissensgenerierung und Nutzung von Wissen im Unternehmen erarbeitet:

- Durch die Six-Sigma-Trainings und die Verbreitung der Methoden erhält das Unternehmen umfassende Fähigkeiten zur wissenschaftlichen Untersuchung und Lösung von Problemen. Six Sigma stimuliert ein dezentralisiertes, analyseorientiertes und experimentierfreudiges Herangehen an Probleme im Unternehmen.
- Entscheidungen werden an kompetente Personen mit dem richtigen Wissen delegiert. Die Champions sorgen mit ihren Reviews dafür, dass Ziele entsprechend den strategischen Zielen der Organisation und nicht individuellen oder Abteilungspräferenzen und Interessen folgend gesetzt werden.
- Six Sigma fördert im Unternehmen den Einsatz von exakten Messgrößen und Kennzahlen, die Kundenanforderungen mit Produkteigenschaften verbinden. So wird die relative Bewertung von Problemen wesentlich verbessert.
- Mit der bei GE erprobten Vollzeittätigkeit als Black Belts über einen Zeitraum von zwei Jahren für die zukünftigen Führungskräfte werden der Kundenfokus, die Prozessdisziplin und das Perfektionsstreben von Six Sigma in der Gedankenwelt des Managements verankert.

Ähnliche Instrumente

Total Quality Management (TQM)

Im Total Quality Management (Rothlauf 2010; Pfeifer et al. 2007) wird Qualität als eigenes strategisches Unternehmensziel und über die Kundenzufriedenheit definiert. Es soll proaktiv über einen kontinuierlichen Verbesserungsprozess auf allen Ebenen des Unternehmens erreicht werden, während Six Sigma auf einzelne ausgewählte und von der Unternehmensleitung vorgegebene Projekte setzt. TQM bezieht wie Six Sigma tendenziell die ganze Lieferkette mit ein, ist also unternehmensübergreifend. Wichtige Instrumente sind die Selbstkontrolle, Qualitätszirkel mit Beteiligung aller Mitarbeiter und einem Lernanspruch sowie die Qualitäts-Audits (Macharzina/Wolf 2012, S. 774 ff.).

Value Stream Mapping

Das Value Stream Mapping (Nash/Poling 2008) analysiert Produktions- und Transaktions-prozesse mit dem Ziel einer umfassenden Optimierung anhand unternehmenseigener Zielsetzungen. Das Value Stream Mapping bezieht sich auf die operative Ebene. Mit ihm können Strategien operativ umgesetzt und verfeinert werden. Beim Value Stream Mapping stehen das Verständnis für den Prozess, dessen Gestaltung und die Ziele Schnelligkeit, Leistung und Kosten im Vordergrund. Six Sigma betont hingegen die Zuverlässigkeit.

Überschneidungen mit anderen Instrumenten

Balanced Scorecard (BSC)

Die Balanced Scorecard (vgl. Abschn. 8.2.1) als System unternehmens- und strategiespezifischer Kennzahlen, die aus der Vision und der Strategie Ziele für die vier Perspektiven Finanzen, Kunden, interne Geschäftsprozesse und Lernen/Entwicklung ableitet, unterstützt die Auswahl von Six-Sigma-Projekten. Prozesse, die für die strategischen Ziele der BSC wichtig sind, sind zugleich Kandidaten für Six-Sigma-Projekte. Außerdem kann mit der BSC die Wirkung eines Six-Sigma-Programms oder auch einzelner Projekte kontrolliert werden – es muss ein Erfolg bei strategisch wichtigen Zielen erkennbar werden. Die Rückkopplung über die Ergebnismessung mit der BSC ermöglicht die Verbesserung eines Six-Sigma-Programms.

8.2.3   Phasenmodell für das Change Management

„Ändern sich aber Zeit und Umstände, so geht er [der Fürst] zugrunde, weil er seine Handlungsweise nicht ändert. ... teils weil er nicht von dem lassen kann, wozu seine Natur ihn treibt, teils weil er sich nicht entschließen kann, von dem Weg abzugehen, der ihn bisher stets zum Erfolg geführt hat" (Machiavelli 1513).

Die Umsetzung von Strategien zieht in der Regel Veränderungsprojekte nach sich. Doch häufig scheitern die geplanten Veränderungen. Kotter hat aufgrund empirischer Untersuchungen einen achtstufigen Ansatz entwickelt, um in Unternehmen Veränderungen erfolgreich umzusetzen. Für jede Stufe werden Ziele und Prioritäten gesetzt und grundlegende Aktivitäten definiert. Der Ansatz betont den Wert der Kommunikation mit den Mitarbeitern und eignet sich besonders dann, wenn eine Veränderung der Unternehmenskultur notwendig erscheint.

Beschreibung und theoretischer Hintergrund

Eine bekannte Erklärung von Veränderungsprozessen in Gruppen geht auf den Psychologen Kurt Lewin zurück, der sich in den 1940er und 1950er Jahren mit sozialen Veränderungen in einer Gesellschaft beschäftigte (Lewin 1997, S. 210 f.). Er entwickelte ein 3-Phasen-Modell, das durchaus auch für die Erklärung und Steuerung von Veränderungsprozessen in Unternehmen genutzt werden kann:

1. *Unfreezing (Auftauen):* In dieser Phase deuten sich Veränderungen an. Das Festhalten am Status quo wird bewusst infrage gestellt.
2. *Moving (Bewegen):* Neue Lösungen werden entwickelt, neue Arbeits- und Verhaltensweisen getestet. Die Veränderung wird umgesetzt.
3. *Refreezing (Einfrieren):* Die neuen Arbeits- und Verhaltensweisen müssen in der Organisation verankert werden. Hierzu sind insbesondere Instrumente der Personalpolitik zu nutzen.

Der Begriff Strategie beschreibt, vereinfachend ausgedrückt, wie ein Unternehmen eine bestimmte Zielsetzung in der Zukunft erreichen kann (vgl. Abschn. 2.1.1). Zur Umsetzung einer Strategie bedarf es in der Regel der Veränderung von Strukturen, Prozessen und Verhaltensweisen innerhalb des Unternehmens. Deshalb scheitern Strategien, mögen sie noch so brillant ausgedacht und analytisch fundiert sein, in der Praxis oft an einem untauglichen Umsetzungs- bzw. Veränderungsmanagement (Change Management).

Das Grundschema von Lewin liegt auch dem Ansatz von Kotter zugrunde. In den 1980er und 1990er Jahren beschäftigten sich viele Unternehmen mit der Entwicklung und Umsetzung von neuen Strategien, Akquisitionen, Restrukturierungen oder der Einführung von Systemen zum Qualitätsmanagement. Kotters Stufenmodell beruht auf der Analyse einer großen Zahl solcher Vorhaben (Kotter 1995a; Kotter 1996). Sein Modell wurde vor wenigen Jahren populärwissenschaftlich als Fabel aufbereitet: Da muss sich eine Pinguin-Kolonie auf einem abschmelzenden Eisberg in der Antarktis den Herausforderungen eines Veränderungsprozesses stellen (Kotter/Rathgeber 2009).

Kotter kommt in seinen Arbeiten zu dem Schluss, dass nur etwa 30 % aller Projekte die angestrebten Veränderungen erreichen (Kotter 2008, S. 12). Das Scheitern führt er auf acht Kardinalfehler zurück. Aus diesen Fehlern leitet er sein Stufenmodell ab, das dezidierte Empfehlungen und Ratschläge für die Umsetzung eines geplanten Veränderungsprojekts gibt. Die folgende Übersicht enthält eine Zusammenfassung der Kardinalfehler und der Lösungsansätze (Abb. 8—9):

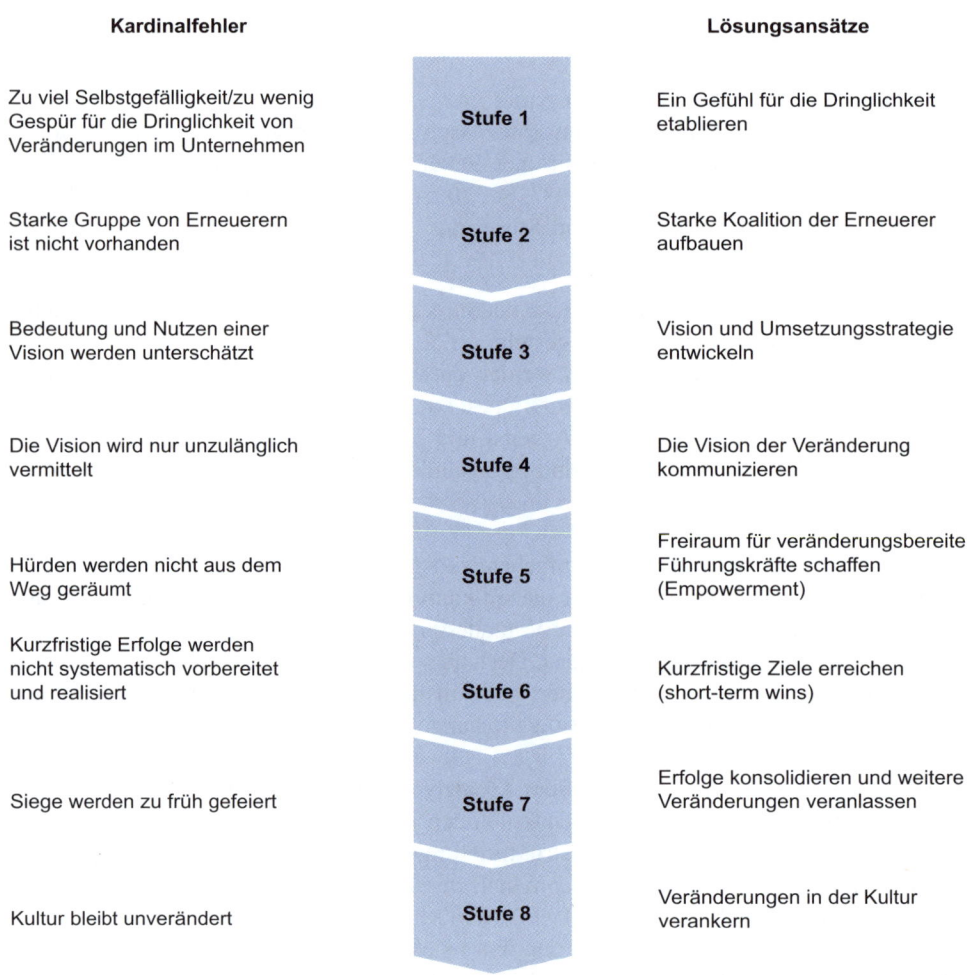

Kardinalfehler		Lösungsansätze
Zu viel Selbstgefälligkeit/zu wenig Gespür für die Dringlichkeit von Veränderungen im Unternehmen	Stufe 1	Ein Gefühl für die Dringlichkeit etablieren
Starke Gruppe von Erneuerern ist nicht vorhanden	Stufe 2	Starke Koalition der Erneuerer aufbauen
Bedeutung und Nutzen einer Vision werden unterschätzt	Stufe 3	Vision und Umsetzungsstrategie entwickeln
Die Vision wird nur unzulänglich vermittelt	Stufe 4	Die Vision der Veränderung kommunizieren
Hürden werden nicht aus dem Weg geräumt	Stufe 5	Freiraum für veränderungsbereite Führungskräfte schaffen (Empowerment)
Kurzfristige Erfolge werden nicht systematisch vorbereitet und realisiert	Stufe 6	Kurzfristige Ziele erreichen (short-term wins)
Siege werden zu früh gefeiert	Stufe 7	Erfolge konsolidieren und weitere Veränderungen veranlassen
Kultur bleibt unverändert	Stufe 8	Veränderungen in der Kultur verankern

Abb. 8—9: Fehler bei Veränderungsprojekten und Lösungsansätze (Quelle: in Anlehnung an Kotter/Cohen 2002, S. 3 ff.)

Kotter (1996, S. 25) legt weniger Gewicht auf die harten Faktoren, sondern betont vielmehr die Bedeutung der weichen Faktoren für einen erfolgreichen Veränderungsprozess: "Careful thinking is always essential, but there is a lot more involved here than (a) gathering data, (b) identifying options, (c) analyzing, and (d) choosing." Die Führungskräfte erfüllen nicht nur die klassischen Managementfunktionen (Planung, Organisation und Kontrolle), sondern müssen eine Vision für die angestrebten Veränderungen entwickeln und die Belegschaft im Hinblick auf diese Vision und die daraus abgeleiteten Ziele inspirieren und motivieren.

Praktische Anwendung

Jede Implementierung von Visionen und Strategien erfordert Veränderungen im Unternehmen. Die dafür notwendigen Projekte müssen für eine erfolgreiche Umsetzung alle acht Stufen des Modells in der vorgegebenen Sequenz durchlaufen. Werden einzelne Stufen übersprungen oder ihre Reihenfolge verändert, führt dies zu Problemen auf den nachfolgenden Stufen. Im Folgenden werden die einzelnen Stufen erklärt. Als praktisches Beispiel dient die erfolgreiche Kooperation zwischen Renault und Nissan (Morosini 2005).

Stufe 1: Ein Gefühl für die Dringlichkeit etablieren

Die Überwindung der Selbstzufriedenheit und Trägheit in einer Organisation ist ein zentrales Problem im Umsetzungsprozess vieler Unternehmen (Kotter 2008, S. 4 f.). Dazu ist es notwendig, Markt und Wettbewerb, Krisen, potenzielle Krisen und interessante Chancen zu analysieren und zu diskutieren – unter Umständen mit der Unterstützung von externen Beratern. Auf der Basis von Fakten und unterstützt von einem der Dringlichkeit entsprechenden Auftreten und Verhalten der Führungskräfte wird die Notwendigkeit der Veränderungen für die Organisation klar.

> Renault war 1998 gerade aus einer Turn-around-Situation gekommen und erzielte wieder Gewinne. Die Dringlichkeit des Handelns ergab sich aus den folgenden Gründen: (1) Renault fehlte eine globale Ausrichtung für die Zukunft, weil das Unternehmen in wichtigen Automärkten wie den USA und Japan nicht vertreten war. (2) Daimler hatte im Mai 1998 den Zusammenschluss mit Chrysler in die Wege geleitet. Die kleineren Autohersteller glaubten damals, ebenfalls handeln zu müssen, um mit Partnern größere Einheiten zu schaffen. (3) Nissan befand sich in einer äußerst schwierigen finanziellen Situation, verbunden mit deutlich sinkenden Marktanteilen und Produktionszahlen. Die damaligen CEOs von Renault und Nissan waren sich der Notwendigkeit des Handelns bewusst und suchten eine enge Zusammenarbeit beider Unternehmen als Weg, um die zukünftigen Herausforderungen bewältigen zu können.

Stufe 2: Eine starke Koalition der Erneuerer aufbauen

Nachdem die Dringlichkeit der Veränderung bewusst gemacht worden ist, gilt es nun, die Befürworter der Veränderung zu suchen. Sie sind später häufig auch verantwortlich für die Umsetzung der Veränderungsprojekte und versprechen sich davon persönliche Chancen und Gewinne. Eine starke Koalition von Befürwortern als Träger der Veränderung muss über folgende Voraussetzungen verfügen: Entscheidungs- und Beeinflussungsmöglichkeiten aufgrund der hierarchischen Position, Expertise sowie Glaubwürdigkeit in der Organisation und Führungsqualitäten. Eine solche Koalition sollte als Team funktionieren, d. h. auf der Basis von gegenseitigem Vertrauen eine gemeinsame Zielvorstellung entwickeln.

In dem Renault-Nissan-Beispiel wählten die CEOs aus beiden Unternehmen eine Gruppe von 100 Ingenieuren und Führungskräften aus, um in einem Zeitraum von sechs Monaten in mehreren Arbeitsgruppen Kooperationsmöglichkeiten zu diskutieren. In den Teams entwickelte sich sehr schnell eine Atmosphäre des Vertrauens und der Offenheit, in der die Teammitglieder ohne Vorurteile und spezifische Ziele Gemeinsamkeiten zwischen beiden Unternehmen und Verbesserungspotenziale diskutieren konnten.

Stufe 3: Vision und Umsetzungsstrategie

Im Regelfall ist davon auszugehen, dass das Spitzenmanagement bereits grobe Vorstellungen über die zukünftige Vision (vgl. Abschn. 3.3.1), die strategische Ausrichtung und die daraus resultierenden Veränderungsnotwendigkeiten entwickelt hat. In diesem Fall dient diese Stufe der Ausarbeitung einer konkreten Veränderungsvision mit den entsprechenden detaillierten Strategien für spezielle Umsetzungsprojekte.

Die Vision ist sozusagen der Richtungsgeber für die Umsetzung. Notwendig ist bei ihrer Entwicklung ein partizipierendes Vorgehen, um sicherzustellen, dass sie von Führungskräften und Mitarbeitern akzeptiert und unterstützt wird. Außerdem muss sie mit konkreten Umsetzungsplänen verbunden werden, um ihre nutzenstiftenden Wirkungen entfalten zu können.

Im Fall von Renault-Nissan war das Management beider Unternehmen sich über die Notwendigkeit von strategischen Veränderungen und die Schaffung einer größeren Unternehmenseinheit zur Sicherung des Überlebens und der zukünftigen Entwicklung im Klaren. Die Präsentation der Ergebnisse der Arbeitsgruppen machte deutlich, dass nur eine Partnerschaft, nicht hingegen eine Akquisition, Sinn macht. Der CEO von Renault gab danach eine Pressemitteilung heraus, die als erste Beschreibung einer konkreten Vision zu verstehen war. Zentrales Thema darin war die Komplementarität beider Unternehmen verbunden mit den positiven Konsequenzen, die sich aus einer engen Partnerschaft ergeben könnten. Als Resultat der Verhandlungen beteiligte Renault sich an Nissan mit 36,6 % und unterstützte Nissan mit 5,4 Mrd. US-$. Carlos Ghosn wurde zunächst zum COO und später CEO von Nissan ernannt und erarbeitete mit mehreren unternehmens- und funktionsübergreifenden Arbeitsgruppen konkrete Strategien für den Nissan-Turnaround. Das Ergebnis war der Nissan Revival Plan (NRP) mit dem Ziel, in drei Jahren die Nissan-Produktpalette mit 22 neuen Modellen grundlegend zu erneuern und das Unternehmen wieder rentabel zu machen.

Stufe 4: Die Vision der Veränderung kommunizieren

Um innerhalb des Unternehmens Akzeptanz und Unterstützung aufzubauen, ist die Veränderungsvision möglichst breit zu kommunizieren,. Dazu gehört nicht nur eine einfache und klare Sprache und die Nutzung verschiedener Kommunikationsplattformen, sondern vor allen Dingen auch ein entsprechendes Verhalten der Führungskräfte („walk the talk"). Diese Vorbildfunktion, die Konsistenz zwischen Reden und Handeln, ist wichtiger als die klassische Kommunikation über das Internet oder diverse Newsletter. Auf diese Weise vermittelt die Unternehmensführung Integrität; die Veränderungen werden glaubhaft und nachvollziehbar.

Bei Renault-Nissan übernahm Carlos Ghosn die zentrale Rolle als Kommunikator. Er hat mit hohem persönlichen Einsatz das NRP-Projekt nach innen und nach außen vorgestellt und vorangetrieben. Um die Kommunikation zwischen beiden Unternehmen zu erleichtern, forcierte Ghosn die Verwendung der englischen Sprache. Weiterhin wurde ein unternehmensspezifisches Wörterbuch mit den 100 wichtigsten Begriffen wie z. B. Ziele, Transparenz oder Autorität geschaffen. Ghosn selbst wählte für seine Kommunikation eine einfache und präzise Sprache – für größere Vorhaben wurden leicht einprägsame Begriffe wie der Nissan-Revival-Plan oder später das „180"-Projekt gefunden (Die 1 steht für eine Million zusätzlich verkaufte Autos, die 8 für eine Marge von 8 % und die 0 für einen vollständigen Schuldenabbau). Gleichzeitig war Ghosn für Führungskräfte und Mitarbeiter in beiden Unternehmen immer erreichbar und ansprechbar.

Stufe 5: Empowerment im Unternehmen verankern

Nun geht es für das Unternehmen darum, die verabschiedeten Pläne umzusetzen. Hürden, die den Veränderungen entgegenstehen, müssen aus dem Weg geräumt werden. Hier zu nennen sind insbesondere die in vielen Unternehmen vorhandenen so genannten heiligen Kühe wie z. B. die Unantastbarkeit bestimmter Unternehmensstandorte oder die Vorstellung, eine möglichst große Fertigungstiefe im Unternehmen zu erreichen. Kreatives Denken, Experimentier- und Risikofreude sind gerade auf der mittleren Managementebene notwendig, um traditionelle Strukturen, Systeme und Arbeitsweisen infrage zu stellen. Die Unternehmensleitung muss diese Kräfte unterstützen und ihnen den notwendigen Freiraum schaffen, um neue Lösungen zu finden. Empowerment wird hier verstanden als Ermächtigung zu einem selbstständigen Handeln im Rahmen der Veränderungspläne. Entscheidungen über Veränderungen sind schnell und effizient zu treffen.

Mit dem Nissan-Revival-Plan brachen Ghosn und seine Führungsmannschaft Strukturen und Systeme auf, die in Japan als nicht veränderbar galten: z. B. das lebenslange Beschäftigungssystem, das fest etablierte Verhältnis vieler Lieferanten mit dem Hersteller (Keiretsu), die Vermeidung von Werksschließungen oder das Senioritätsprinzip bei Beförderungen und der Bezahlung. Sobald die funktionsübergreifenden Teams einen Vorschlag vorlegten, wurden Entscheidungen im Board schnell getroffen.

Stufe 6: Kurzfristige Ziele erreichen

Schnell sichtbare Erfolge motivieren und unterstützen und beschleunigen den Veränderungsprozess. Werden die dafür verantwortlichen Führungskräfte und Manager für solche Leistungen herausgestellt und belohnt, entsteht ein Nachahmungseffekt. Das schwächt zugleich die gegen die Veränderungen agierende Opposition.

Als Beispiel für einen solchen Erfolg ist die Steigerung der Auslastung des mexikanischen Nissan-Werks zu nennen. Renault hatte sich komplett aus dem mexikanischen Markt zurückgezogen. Das regionale Renault-Nissan-Team schlug nun aber vor, zusätzlich zu Nissan-Fahrzeugen die Produktion von Renault-Autos in diesem Werk aufzunehmen. Die Umsetzung dieses Vorschlags verbesserte schnell die bis dahin schlechte Auslastung des Werks und Renault war außerdem wieder auf dem mexikanischen Markt präsent. Dieser Erfolg markierte einen wichtigen Meilenstein im Nissan-Revival-Plan und gab damit gleichzeitig auch ein Signal für neue Investitionsvorhaben in den USA und in Brasilien.

Stufe 7: Erfolge konsolidieren und weitere Veränderungen veranlassen

Auf der Basis der erreichten Erfolge ist der Veränderungsprozess weiter voranzutreiben. Systeme, Strukturen und Prozesse, die nicht zur Vision passen, werden weiter verändert. Hier spielt die Personalpolitik eine sehr große Rolle. Ganz bewusst sollten nur solche Mitarbeiter eingestellt bzw. befördert werden, die bereit sind, die Vision mitzutragen und in der Lage sind, zu weiteren Veränderungen beizutragen. Mit den neu eingestellten Führungskräften wird der Veränderungsprozess neu belebt.

Nach der erfolgreichen und schnellen Umsetzung des Nissan-Revival-Plans wurde das bereits erwähnte „180"-Projekt, ebenfalls ein 3-Jahresplan, aufgesetzt. Außerdem nutzte Ghosn die Personalpolitik als wichtiges Instrument, um die erreichten Erfolge zu konsolidieren. Er ließ ein neues Aktienoptionsprogramm für die Nissan-Führungskräfte entwickeln. Es schuf Anreize für wichtige Mitarbeiter, aus den Nissan-Abteilungen für Forschung, Entwicklung und Einkauf in globale Zentralbereiche zu wechseln, um damit einen unternehmensübergreifenden Austausch von Wissen zu ermöglichen.

Stufe 8: Veränderungen in der Kultur verankern

Die Interdependenz zwischen neuen Verhaltensweisen und Unternehmenserfolg muss allen Führungskräften klar sein und zum Bestandteil der Unternehmenskultur werden. In diesem Sinne sind die in Stufe 7 etablierten Einzelprogramme umfassend und nachhaltig in das Unternehmen zu integrieren. Dabei spielen die Führungskräfteentwicklung, -nachfolge und -kompensation eine zentrale Rolle. Führungskräfte, die den Veränderungsprozess nicht mittragen können oder wollen, sind verzichtbar.

Renault-Nissan etablierte ein neues globales Gehalts- und Beförderungssystem. Für beide Systeme wurde mit großem Aufwand sowohl bei Nissan als auch bei Renault geworben. Das Gehaltssystem stellte auf den Gewinnbeitrag der Führungskräfte ab anstatt auf das bis zu diesem Zeitpunkt geltende Senioritätsprinzip. In ähnlicher Weise setzte das neue Beförderungssystem Leistung an die Stelle der Seniorität. Diese neuen Systeme lieferten die Grundlage für die Freisetzung einer Reihe von Führungskräften, die ihre im Zuge des Veränderungsprozesses vorgegebenen Ziele nicht erreicht hatten. Immerhin gelangte so zum ersten Mal in der Unternehmensgeschichte von Nissan eine Frau in eine Führungsposition.

Kritik des Instruments

Zum Thema Change Management ist im Laufe der letzten Jahre eine Vielzahl von Büchern und Artikeln publiziert worden – sowohl aus theoretisch-empirischer Perspektive wie auch aus praktischer Sicht. Trotzdem hat sich die Erfolgsquote von Veränderungsprojekten seit den Ergebnissen von Kotter (1996) anscheinend nicht verbessert. Eine McKinsey-Studie (2008) kommt nämlich ebenfalls zu dem Ergebnis, dass – wie bei Kotter – ein Drittel aller Veränderungsstrategien die ursprünglich anvisierten Ziele nicht erreicht. Das Stufenmodell von Kotter und vergleichbare Modelle werden aus verschiedener Sicht kritisiert:

• Die Modelle unterstellen einen rational steuerbaren Prozess. Die praktische Umsetzung sieht aber oft anders aus. Kotter (1996, S. 25) selbst argumentiert: "... the end result is often complex, dynamic, messy and scary." Einschränkungen in punkto Rationalität sind auf drei Umstände zurückzuführen: (1) Die Zukunft ist nicht vorhersehbar; es kommt zu ungeplanten Ereignissen, die den Veränderungsprozess und seine Ziele beeinflussen können. (2) Menschen handeln nicht immer rational; es kommt zu anderen Ergebnissen als geplant (Aiken/Keller 2009). (3) Grundlegende Transformationsstrategien ziehen sich manchmal mehrere Jahre hin, sind oft sehr komplex und bestehen aus zahlreichen überlappenden Projekten, die sich in unterschiedlichen Stadien des Veränderungsprozesses befinden. Diese Komplexität ist nur begrenzt steuerbar.

• Der Ansatz von Kotter wird als universell betrachtet, die darauf basierenden Analysen werden für unterschiedliche Veränderungsprojekte in unterschiedlichen Kulturkreisen eingesetzt. Auf die enorme Bedeutung einer differenzierten Analyse der Ausgangslage weisen Doppler/Lauterburg (2008, S. 174) hin. Jede Veränderungsstrategie wird von anderen situativen Faktoren beeinflusst, wie z. B. durch die Art der Veränderung (inkrementell oder radikal), die Besonderheiten des Unternehmens (großer Konzern vs. KMU) oder des Kulturkreises (Asien vs. Europa).

• Das Kotter-Modell unterstellt, der Veränderungsprozess sei zu einem bestimmten Zeitpunkt abgeschlossen. Mit den „Refreeze"-Aktivitäten erreiche das Unternehmen dann einen neuen Gleichgewichtszustand. In der Realität trifft dies aber selten zu. Gerade in einer Zeit der Globalisierung und technischen Entwicklung folgt eine Veränderung der Vorhergehenden; ein Gleichgewichtszustand wird, wenn überhaupt, nur für sehr kurze Perioden erreicht.

• Kotters Ansatz beschreibt im Grunde genommen ein Top-down-Vorgehen. Konkret heißt dies, dass die Notwendigkeit der Veränderung, also die neue Vision und Strategie, von den Spitzenführungskräften zumindest in groben Zügen bereits definiert ist. Diesem Personenkreis kommt damit eine zentrale Rolle im Veränderungsprozess zu, wie dies das Beispiel des charismatischen Carlos Ghosn deutlich zeigt. Ein Interessenausgleich zwischen verschiedenen Anspruchsgruppen bezüglich der strategischen Veränderungen wird damit nicht partizipierend erarbeitet, sondern vom Management gesteuert.

Diese Kritikpunkte weisen auf eine Reihe von Unzulänglichkeiten der Stufenmodelle hin, die vermutlich auch den hohen Prozentsatz der nicht erfolgreichen Veränderungsprojekte erklären. Die Modelle zur Umsetzung von geplanten Veränderungsprojekten sind im Laufe der Zeit zwar verbessert worden, befinden sich letztlich aber immer noch in einem Entwicklungsstadium (Cummings/Worley 2008, S. 709).

Strategische Bedeutung und Nutzen

Das Kotter-Modell stellt einen sehr breiten und umfassenden Ansatz dar, mit dem Veränderungen definiert und umgesetzt werden können. Kotter (1996, S. 35) hat insbesondere die folgenden Situationen für eine Anwendung seines Modells im Blick: "... taking a firm that is on its knees and restoring it to health, making an average contender the industry leader, or pushing a leader farther out front ..." Das Modell bietet die folgenden Vorteile:

- Die spezifische und konsequente Abfolge von Schritten hilft, die Implementierung eines komplexen Strategievorhabens zu vereinfachen. Der Prozess ist in sich logisch aufgebaut und rational nachvollziehbar. Veränderungen sind besser plan- und steuerbar, da einzelne Phasen mit spezifischen Aktivitäten und Prioritäten unterschieden werden können.
- Das Modell berücksichtigt explizit die sog. weichen Faktoren bei der Umsetzung von Veränderungen. Gerade die Rolle der Unternehmenskultur und die Veränderungsbereitschaft einer Organisation und der Organisationsmitglieder werden sonst oft unterschätzt. Kotter (1995a) nimmt an, dass für eine erfolgreiche Implementierung einer Veränderung wenigstens 75 % der Führungskräfte diese Veränderung mittragen und unterstützen sollten. In diesem Sinne betont Kotter die große Bedeutung von Kommunikation, Partizipation, Inspiration und Motivation für eine erfolgreiche Veränderung.

Das Stufenmodell von Kotter schafft eine Verbindung zwischen empirischen Analysen und Erfahrungen einerseits und dem allgemeinen theoretischen Konzept von Lewin andererseits. Kotter liefert treffende Erklärungen für gescheiterte Veränderungsprojekte und gibt eine Reihe von Empfehlungen für ein erfolgreiches Vorgehen.

Ähnliche Instrumente

Aktionsforschung

Die Aktions- oder Handlungsforschung (im Englischen als Action Research bezeichnet) zählt ebenfalls zu den Methoden einer geplanten Veränderung (Cummings/Worley 2008, S. 24). Die Veränderung wird hierbei im Sinne einer Organisationsentwicklung als zyklischer Prozess begriffen. Auf der Grundlage einer sorgfältigen Datenanalyse werden Informationen abgeleitet, die zu bestimmten Aktionen führen. Die Ergebnisse dieser Aktionen werden beurteilt und die daraus folgenden Informationen für Entscheidungen über neue Aktionen genutzt. Dieser Prozess wiederholt sich. Veränderungen und Veränderungsbedarf werden stärker aus dem Unternehmen heraus definiert und nicht von der Unternehmensspitze vorgegeben. Hier steht die Partizipation der Mitarbeiter im Vordergrund. Beim Einsatz in größeren Unternehmenseinheiten entsteht jedoch sehr schnell eine hohe Komplexität. Diese Methode dürfte vor allen Dingen von Nutzen sein, wenn eine tiefgreifende Veränderung der Unternehmenskultur notwendig ist.

Appreciative Enquiry (Wertschätzendes Erkunden)

Dieses Verfahren baut auf der Wertschätzung des Individuums, des Teams oder der Organisation auf (Zur Bonsen/Maleh 2001, S. 14) und wird am treffendsten als „wertschätzendes Erkunden" oder Untersuchen übersetzt. Es ist ebenfalls ein Stufenmodell, mit dem grundsätzliche Veränderungen in einer Organisation herbeigeführt werden können (Cooperrider et al. 2008). Während das Kotter-Modell und die Aktionsforschung von einem Defizit, also einer Schwäche, ausgehen, konzentriert das Appreciative-Enquiry-Verfahren sich auf Stärken und Potenziale. Im Mittelpunkt stehen die wertschätzende Untersuchung bzw. das wertschätzende Interview. Das Verfahren arbeitet mit vier Stufen: (1) Discovery – entdecken, verstehen, (2) Dreams – Visionen, Träume, (3) Design – Entscheidungen treffen und (4) Destiny – Umsetzen der Vision.

Das Appreciative-Enquiry-Verfahren hat im Vergleich zu Kotters Stufenmodell eine gröbere Schrittfolge und ist damit auch vom Ergebnis her sehr viel offener. Es verlangt ein hohes Maß an Partizipation und Kooperation seitens der Führungskräfte und der Mitarbeiter. Dieses Verfahren dürfte weniger gut geeignet sein, um im klassischen Sinne zielorientiert eine Strategie umzusetzen. Der Einsatz dürfte vor allem dann sinnvoll sein, wenn die Zukunft einer Organisation grundsätzlich neu gestaltet werden soll.

Überschneidungen mit anderen Instrumenten

Vision

Das Thema Vision (vgl. Abschn. 3.3.1) spielt eine zentrale Rolle im Kotter-Modell und erfüllt drei wichtige Funktionen für den Veränderungsprozess: (1) Mit der Vision wird die generelle Richtung der Veränderung definiert. (2) Die Vision dient der Motivation der Mitarbeiter und (3) die Vision hilft, die Entscheidungen der Mitarbeiter zu koordinieren und zielbewusst auszurichten. Diese Funktionen können aber nur erfüllt werden, wenn Führungskräfte in den Prozess der Formulierung der Vision eingebunden sind und die Vision akzeptieren.

Balanced Scorecard

Das BSC-System ist speziell für die Umsetzung und Fortschrittskontrolle von Strategien entwickelt worden (vgl. Abschn. 8.2.1). Im Mittelpunkt stehen die Finanzen, Kunden, internen Prozesse und die Mitarbeiter. Auf der Basis strategischer Ziele werden Umsetzungsmaßnahmen und ihre Messung definiert. Dieses Instrument arbeitet überwiegend mit den quantitativen Faktoren und vernachlässigt die Bedeutung der weichen Faktoren, insbesondere die Rolle der Unternehmenskultur als eine zentrale Kraft in Veränderungsprozessen.

7-S-System

Das 7-S-System (vgl. Abschn. 3.2.1) dient in erster Linie der Diagnose einer Ausgangssituation und verwendet die Dimensionen Strategie, Struktur, Systeme, Spezialkenntnisse, Stammbelegschaft, Stil und Selbstverständnis. Dieses Instrument kann auch zur Umsetzung einer Strategie eingesetzt werden. Auf der Grundlage der Diagnose und den Zielvorstellungen der Unternehmensführung werden Veränderungsprojekte in Gang gesetzt. Nach Abschluss dieser Projekte kann der Erfolg der Umsetzung mit Hilfe des 7-S-Systems gemessen werden.

8.3   Literatur

Aiken, C./Keller, S. (2009): The Irrational Side of Change Management, in: The McKinsey Quarterly, o. Jg., Nr. 2, S. 101–109

Ambrosini, V./Johnson, G./Scholes, K. (1998): Exploring Techniques of Analysis and Evaluation in Strategic Management. Harlow, Essex, UK

Baum, H.-G./Coenenberg, A./Günther, T. (2007): Strategisches Controlling. 4. Aufl., Stuttgart

Camp, R.C. (2006): Benchmarking. The search for industry best practices that lead to superior performance. Milwaukee, WI, USA

Cooperrider, D.L./Whitney, D./Stavros, J.M. (2008): Appreciative Enquiry Handbook: For Leaders of Change. 2. Aufl., Brunswick OH, USA

Cummings, T.G./Worley, C.G. (2008): Organizational Development and Change. 9. Aufl., Mason, OH, USA

De Geuser, F./Mooraj, S./Oyon, D. (2009): Does the Balanced Scorecard Add Value? Empirical Evidence on its Effect on Performance, in: European Accounting Review, 18. Jg., Nr. 1, S. 93–122

Doppler, K./Lauterburg, H. (2008): Change Management: Den Unternehmenswandel gestalten. 12. Aufl., Frankfurt

Driel, O./Kotte, W./Rudberg, P. (2004): Beschleunigung und Verbreitung von Six Sigma in Europa durch den European Six Sigma Club, in: Töpfer, A. (Hrsg.): Six Sigma. Berlin, S. 41–44

Dror, S. (2008): The Balanced Scorecard versus quality award models as strategic frameworks, in: Total Quality Management, 19. Jg., Nr. 6, S. 583–593

EFQM (2010): EFQM Excellence Model. 2010 Version. Brüssel

Ehrmann, T. (2007): Strategische Planung. 2. Aufl., Berlin

Furterer, S. (Hrsg.) (2009): Lean Six Sigma in Service. Boca Raton, FL, USA

Guarraia, P./Carey, G./Corbett, A./Neuhaus, K. (2009): Six Sigma at Your Service, in: Business Strategy Review, 20. Jg., Nr. 2, S. 56–61

Goh, T. (2002): A Strategic Assessment of Six Sigma, in: Quality and Reliability Engineering International, 18. Jg., o. Nr., S. 403–410 (DOI 10.1002/qre.491)

Grant, R.M. (2010): Contemporary Strategy Analysis. 7. Aufl., Chichester, West Sussex, UK

Hahn, T./Wagner, M. (2001) Sustainability Balanced Scorecard. Diss. Universität Lüneburg

Harry, M./Schroeder, R. (2000): Six Sigma. New York

Horváth & Partner (Hrsg.) (2000): Balanced Scorecard umsetzen. Stuttgart

I-SIXSIGMA 2010: Tools and Templates,
http://www.isixsigma.com/index.php?option=com_content&view=article&id=205&Itemid=
48. Abrufdatum 12.10.2010

Kano, N. (1984): Attractive Quality and Must-be Quality, in: Journal of the Japanese Society for Quality Control, 14. Jg., Nr. 4, S. 39–48

Kaplan, R./Norton, D. (2004): Strategy Maps. Der Weg von immateriellen Werten zum materiellen Erfolg. Stuttgart

Kaplan, R./Norton, D. (2001): Die strategiefokussierte Organisation. Stuttgart

Kaplan, R./Norton, D. (1997): Balanced Scorecard. Stuttgart

Kaplan, R./Norton, D. (1996): The Balanced Scorecard: Translating Strategy into Action. Boston

Kaplan, R./Norton, S. (1993): Putting the Balanced Scorecard to work, in: Harvard Business Review, 71. Jg., Nr. 5, S. 134–147

Kaplan, R/Norton, S. (1992): The Balanced Scorecard – Measures that drive Performance, in: Harvard Business Review, 70. Jg., Nr. 1, S. 71–79

Kaufmann, L. (2002): Der Feinschliff für die Strategie, in: Harvard Business Manager, 24. Jg., Juni, S. 35–41

Kotter, J.P. (2008): A Sense of Urgency. Boston

Kotter, J.P. (1996): Leading Change. Boston

Kotter, J.P. (1995a): Leading Change: Why Transformation Efforts Fail, in: Harvard Business Review, 73. Jg., Nr. 2, S. 59–67

Kotter, J.P. (1995b): Acht Kardinalfehler bei der Transformation, in: Harvard Business Manager, 17. Jg., März, S. 21–28

Kotter, J.P./Cohen, D.S. (2002): The Heart of Change. Real-Life Stories of How People Change Their Organizations. Boston

Kotter, J.P./Rathgeber, H. (2009): Das Pinguin Prinzip. Wie Veränderung zum Erfolg führt. München

Lauzel, P./Cibert, A. (1959): Des ratios au tableau de bord. Paris

Lewin, K. (1997): Resolving Social Conflicts and Field Theory in Social Science (Originalausgabe 1948). Washington, DC, USA

Leyendecker, B. (2004): Ableitung von Six Sigma Projekten aus den Unternehmenszielen, in: Töpfer, A. (Hrsg.): Six Sigma. Berlin, S. 475–487

Lunau, S. (Hrsg.)/Roenpage, O./Staudter, C./Meran, R./Johm, A./Beernhardt, C. (2007): Six Sigma und Lean Toolset. Berlin

Macharzina, K./Wolf, J. (2012): Unternehmensführung – Das Internationale Managementwissen. 8. Aufl., Wiesbaden

Machiavelli, N. (1961): Der Fürst. Aus dem Italienischen übertragen von Ernst Merian-Genast mit einer Einführung von Hans Freyer (Originalausgabe 1513). Stuttgart

Mast, J. (2006): Six Sigma and Competitive Advantage, in: Total Quality Management, 17. Jg., Nr. 4, S. 455–464

McKinsey & Company (2008): Creating Organizational Transformations. McKinsey Global Survey Results, in: The McKinsey Quarterly, o. Jg., Juli, S. 1–7

Morosini, P. (2005): Renault-Nissan. The Paradoxical Alliance. European Case Clearing House, Fallstudie-Nr. ESMT-305-0047-1

Nash, M./Poling, S. (2008): Mapping the Total Value Stream. Boca Raton, FL, USA

Nørreklit, H. (2000): The balance on the balanced scorecard – a critical analysis of some of its assumptions, in: Management Accounting Research, 11. Jg., o. Nr., S. 65–88

Pfeifer, T./Schmitt, R./Masing W. (Hrsg.) (2007): Masing Handbuch Qualitätsmanagement. 3. Aufl., München

Rath & Strong (2002): Six Sigma Pocket Guide – 34 Werkzeuge zur Prozessverbesserung. Köln

Rothlauf, J. (2010): Total Quality Management in Theorie und Praxis. Zum ganzheitlichen Unternehmensverständnis. München

Schäfer, H. (2005): Sustainability Balanced Scorecard als Managementsystem im Kontext des Nachhaltigkeits-Ansatzes – aktueller Stand und Perspektiven, in: Controlling, 17. Jg., Nr. 1, S. 5–14

Schneidermann, A. (2001): The First Balanced Scorecard, in: Journal of Cost Management, 15. Jg., Nr. 5, S. 16

Speckbacher, G./Bischof, J./Pfeiffer, T. (2003): A descriptive Analysis of the Implementation of Balanced Scorecards in German-speaking countries, in: Management Accounting Research, 14. Jg., o. Nr., S. 361–387

Taylor, W. (2010): The Balanced Scorecard as a Strategy Evaluation Tool: The Effects of Implementation Involvement and a Causal Chain-Focus, in: The Accounting Review, 85. Jg., Nr. 3, S. 1095–1117

Töpfer, A. (2004): Six Sigma in Banken und Versicherungen, in: Töpfer, A. (Hrsg.): Six Sigma. Berlin, S. 431–459

Weber, J./Schäffer, U. (2008): Einführung in das Controlling. 12. Aufl., Stuttgart

Weckheuer, K. (2004): Einführung von Six Sigma in der chemischen Industrie in: Töpfer, A. (Hrsg.): Six Sigma. Berlin, S. 406–420

Wheelen, T.L./Hunger, J.D. (2012): Strategic Management and Business Policy. Achieving Sustainability. 13. Aufl., Upper Saddle River, NJ, USA

Williams, M./Bertels, T./Dershin, H. (Hrsg.) (2000): Rath & Strong's Six Sigma Pocket Guide. Lexington, MA, USA

Zdrowomyslaw, N./Kasch, R. (2002): Betriebsvergleiche und Benchmarking für die Managementpraxis: Unternehmensanalyse, Unternehmenstransparenz und Motivation durch Kenn- und Vergleichsgrößen. München

Zur Bonsen, M./Maleh, C. (2001): Appreciative Enquiry (AI): Der Weg zu Spitzenleistungen. Weinheim/Basel

ZVEI (1998): ZVEI Kennzahlensystem. 4. Aufl., Frankfurt

Register